Cordula Falt

Elisabeth Vreede   Astronomie und Anthroposophie

Astronomie und Anthroposophie

Elisabeth Vreede

Herausgegeben von der Mathematisch-Astronomischen
Sektion der Freien Hochschule Goetheanum

Philosophisch-Anthroposophischer Verlag
Goetheanum Dornach/Schweiz

Das vorliegende Werk ist die zweite Buchausgabe der von der Mathematisch-Astronomischen Sektion am Goetheanum in den Jahren 1927–1930 herausgegebenen ‹Astronomischen Rundschreiben›.

1. Auflage 1954 Novalis-Verlag, Freiburg i.Br.
2. neu bearbeitete Auflage 1980

Einbandgestaltung Walther Roggenkamp

© Copyright 1980 by Philosophisch-Anthroposophischer Verlag, Goetheanum, Dornach/Schweiz. Alle Rechte, auch die des auszugsweisen Nachdrucks und der photomechanischen Wiedergabe, vorbehalten.
Werner Druck AG, Basel – Buchbinderei Schumacher AG, Bern

ISBN 3-7235-0250-4

Inhalt

Geleitwort (Georg Unger) 7
Vorwort (Wim Viersen) 10
Zur Einleitung (Elisabeth Vreede) 13
Astronomie und Anthroposophie 15
Über Rhythmen und Konstellationen 25
Über die Tagesbewegung am Sternenhimmel 34
Über die Jahresbewegung der Sonne – Die dreifache Sonne 43
Über die Jahresbewegung von Sonne und Sternen 56
Über unser Planetensystem 64
Über die Bewegungen von Venus und Merkur. Das Osterfest 72
Über die Planetenwelt 82
Über Sonnen- und Mondfinsternisse. Das Pfingstfest 91
Über die Finsternisse. Die Sarosperiode 101
Über die Präzessionsbewegung 110
Über die Präzession. Die Nutation 120
«Da Merkurius in der Waage stand». Die Sternenschrift 132
Über das Wesen der Astrologie 141
Über Astrologie im Lichte der Geisteswissenschaft 152
Isis-Sophia 162
Das Leben zwischen Tod und neuer Geburt
im Lichte der Astrologie I 173
Das Leben zwischen Tod und neuer Geburt
im Lichte der Astrologie II 182
Das Leben zwischen Tod und neuer Geburt
im Lichte der Astrologie III 190
Über das Horoskop 200
Die Zukunft der Astrologie.
Das Leben Christi astrologisch betrachtet 210
Über Kometen I 221
Über Kometen II 233
Über Kometen III. Über Sternschnuppen und Meteore 242
Über Kometen IV. Sternschnuppen und Meteore. Das kosmische
Eisen 251
Die Sternenwelt: Planeten und Fixsterne 263

Die Sternenwelt: Die geistigen Wesenheiten in den Sternen 272
Die Sternenwelt: Menschen und Sterne 284
Die Sternenwelt: Pflanzen und Sterne 295
Die Sternenwelt: Über Nebelflecke 309
Die Sternenwelt: Nebelflecke und veränderliche Sterne 321
Die Sternenwelt: Über Neue Sterne 336
Über das kopernikanische System 349
Über Kopernikus, Kepler und ihre Systeme.
Die Apsidenbewegung I 360
Die Apsidenbewegung II. Eiszeitperioden 376
Über die Weltalter 390
Anmerkungen 398
Sachregister 408
Anhang: Tafeln 418

Geleitwort

In seinem Geleitwort zur ersten Buchausgabe der «Astronomischen Rundschreiben» von *Elisabeth Vreede* beginnt *George Adams* mit einem Hinweis auf das Wesen der Anthroposophie und fährt fort: «Der sichtbare Sternhimmel, für die naturwissenschaftliche Vorstellungsart in bloss räumliche Gedankenbilder eingefangen, erscheint für ein geistig erwachendes Bewusstsein als äussere Offenbarung spiritueller Weltbereiche, welche auch unmittelbar mit dem geistig-seelischen Wesen und Schicksal des Menschen zusammenhängen. Zur Pflege dieses Teiles der Geisteswissenschaft richtete Rudolf Steiner bei der Neubegründung der Anthroposophischen Gesellschaft zu Weihnachten 1923 in der Freien Hochschule für Geisteswissenschaft am Goetheanum in Dornach die Mathematisch-Astronomische Sektion ein, deren Leitung er der Verfasserin des vorliegenden Werkes anvertraute.» Es folgen biographische Angaben, die damals äusserst willkommen waren. Heute dürfen sie angesichts der schönen, zum 33. Todestag erschienenen Würdigung (Elisabeth Vreede *Ein Lebensbild* Arlesheim 1976), auf die besonders hingewiesen sei, fortfallen. Dann folgt bei Adams eine Charakterisierung ihres Werkes, die wir auch heute noch für vorbildlich ansehen: «In den ‹Astronomischen Rundschreiben› hat Dr. Vreede die vielseitigen Mitteilungen Rudolf Steiners aus dem Gebiet der Sternen- und Himmelskunde verarbeitet. Zu gleicher Zeit werden die äusseren Tatsachen, wie sie sich den Sinnen räumlich und in dem Zeiterleben als Jahres- und Tagesrhythmen darbieten, allgemeinverständlich geschildert. Dies geschieht vor allem als Anleitung zur eigenen Beobachtung der wirklichen Erscheinungen am Sternenhimmel, welche heutzutage meist allzurasch durch die in ihrer Art gewiss berechtigten Vorstellungsbilder des ‹Kopernikanischen Systems› ersetzt werden. Auch wird der Wandel in den astronomischen Anschauungen und Weltbildern immer wieder im Zusammenhang mit der durch Geisteswissenschaft erkannten Bewusstseinsentwicklung der Menschheit dargestellt. – Die ‹Astronomischen Rundschreiben› erscheinen hier in wesentlich unveränderter Form. Ursprünglich waren sie an Mitglieder der Anthroposophischen Gesellschaft gerichtet, die sich mit den grundlegenden Anschauungen der Geisteswissenschaft vertraut gemacht hatten. Auch der heutige Leser wird nicht umhin können, sich diese Kenntnisse aus den Werken Rudolf

Steiners zu erarbeiten. Ohne diese Voraussetzung könnte manche Darstellung in diesem Buche missverstanden werden. Rudolf Steiners Angaben auf dem Gebiete der Astronomie – wie auf allen anderen Gebieten – sind in einer Form gegeben, die zum selbständigen Weiterarbeiten auffordert. Sie wirken keimhaft. Sie enthalten Hinweise auf eine noch zu erarbeitende Umwandlung des wissenschaftlichen Weltbildes, der unmittelbaren Herzempfindung dem Weltall gegenüber, der geistgemässen Durchgestaltung auch des praktischen Lebens. Selbstverständlich erhebt dieses Buch keinen Anspruch auf Vollständigkeit. Es ist nicht in der Form eines Leitfadens geschrieben, sondern es geht immer wieder lebensvoll von diesem oder jenem Gesichtspunkte aus. Aber durch Dr. Vreedes Liebe zur Sache, durch ihre innere Wachheit und ihr wirkliches Darinnenstehen, durch ihr Gefühl der Verantwortlichkeit als Leiterin der ihr anvertrauten Sektion, hat dieses Werk dennoch umfassenden Charakter. Es trägt in dieser neuen Form zu Recht den Titel ‹Anthroposophie und Astronomie›; denn aus dem Ganzen, aus dem innersten Nerv der Anthroposophie, geht es an die Astronomie heran. [Ungeachtet der inneren Berechtigung dieses Titels habe ich dem gegenwärtigen vor allem um der leichteren Identifizierung willen zugestimmt.]

Wir leben heute um die Jahrhundertmitte in einer Zeit, in der durch gewaltige, aber sehr einseitige physikalisch-technische Errungenschaften alle möglichen Phantasien eingegeben werden, welche das irdische Menschsein in die Weiten des Kosmos hinausprojizieren möchten. Da ist es um so mehr vonnöten, dass ein gesundes, von innerer Ruhe und Ehrfurcht getragenes Erleben der Sternenwelt neu erwacht, eben jene Art des Erlebens, welche das kosmische Menschsein empfindet, das über die Grenzen von Geburt und Tod hinausreicht. Ruhe und Ehrfurcht gebietet für ein gesundes Herz schon der unmittelbare Anblick des nächtlichen Sternenhimmels; doch es bedarf unserer Zeit gegenüber der bewussteren Erkenntnis. Aus solcher Ehrfurcht heraus wird diejenige Wissenschaft immer mehr geboren werden, welche die mathematisch-astronomischen Erkenntnisse der kopernikanischen Zeit in eine neue geistgemässe Astronomie verwandelt. Durch sie wird der Mensch den Sternenhimmel bis in die exakte Wissenschaft hinein nicht nur als toten Mechanismus, sondern in seinem geistigen Zusammenhang mit den Naturreichen und mit der eigenen Menschenwesenheit erleben.»

Heute, gegen das Jahrhundertende zu, haben diese Worte wenn möglich noch grösseres Gewicht.

Beim schon lange bestehenden Wunsch nach einer Neuauflage des Werkes wurde, besonders von holländischen Freunden, betont, dass der ursprüngliche Charakter der «Rundbriefe» als Zeugnis der initiativen Sektionsarbeit von E. Vreede zur Geltung gebracht werden möge. Drs. Wim Viersen hat die heikle und mühevolle Aufgabe übernommen, den ursprünglichen Text noch einmal von Grund auf durchzuarbeiten und mit der ersten Buchausgabe zu vergleichen. Ihm sei an dieser Stelle für seinen Einsatz und Enthusiasmus herzlich gedankt. So konnten einige Fehler berichtigt werden. Unter Berücksichtigung der seinerzeit geleisteten Vorarbeit gelang es auch, einige wissenschaftliche Erläuterungen und Ergänzungen hinzuzufügen und zugleich den Stil der «Rundbriefe» zu wahren. In dankenswerter Weise hatte auch Frau H. Verrijn Stuart ihr Material zur Verfügung gestellt.

Der Verlag hat keine Mühe gescheut, aus den verwitterten und vielfach überarbeiteten ersten Vervielfältigungen eine brauchbare Druckvorlage zu machen; dafür und besonders für die gute Ausstattung des Werkes sei unser Dank ausgesprochen.

Dornach, Ostern 1980

Für die Mathematisch-Astronomische Sektion

Dr. Georg Unger

Vorwort

Die Notwendigkeit der verschiedenen Zeiträume ändert sich. Was vor einem Vierteljahrhundert als sinngemäss erschien, verliert zum Teil seine Gültigkeit für heute. Ein Vierteljahrhundert, nachdem Elisabeth Vreede die «Astronomischen Rundschreiben» an einen kleinen Kreis von Mitgliedern der Anthroposophischen Gesellschaft geschickt hatte, einen Kreis von Freunden, die Rudolf Steiner und Elisabeth Vreede meist selbst persönlich kannten und daher auch deren eigene Sprechweise erlebt hatten, wurde (1954) versucht, die Rundschreiben – jetzt in Buchform – einem breiten Leserkreis zugänglich zu machen. Es ist intensivem Arbeiten einiger Persönlichkeiten (George Adams, Elisabeth Mulder, Dr. C.A. Mier, Dr. E. Marti, Luise Schünemann, Ernst Meyer u.a.) zu verdanken, dass dies auch gelungen ist; es fragen heute viele Menschen nach dem schon lange vergriffenen Buch, das auch ins Französische übersetzt worden ist.

Jetzt, ein halbes Jahrhundert nach dem ersten Rundschreiben (Michaeli 1927) und 100 Jahre nach Elisabeth Vreedes Geburt (1879–1943), in einer Zeit, da immer weniger Menschen uns von ihrem persönlichen Kontakt mit Rudolf Steiner, ja auch mit Elisabeth Vreede erzählen können, ist es berechtigt, so weit wie möglich zu den ursprünglichen Rundschreiben zurückzukehren, unter Berücksichtigung der mit einer Buchausgabe verknüpften Bedingungen. Wir lernen dadurch besser die Individualität von Elisabeth Vreede und ihr Bestreben kennen, im Sinne der Weihnachtstagung 1923, als die Anthroposophische Gesellschaft als Allgemeine Anthroposophische Gesellschaft neu begründet worden war, zu handeln. So sind jetzt wiederum die Rundschreiben als Grundlage genommen; allerdings wurde die bereits geleistete Arbeit der Buchausgabe (1954) mitberücksichtigt. – In der Ausdrucksweise Elisabeth Vreedes spürt man ihre enge Zusammenarbeit mit Rudolf Steiner; der Stil, manchmal ihr Heimatland Holland verratend, wurde möglichst beibehalten. Ihre sorgfältige geisteswissenschaftliche Arbeitsweise lässt die astronomischen Phänomene innerhalb des anthroposophischen Geistesgutes sprechen.

Beim Arbeiten mit den Rundbriefen ist zu bedenken, dass vor 50 Jahren viele Vorträge Rudolf Steiners noch nicht zugänglich waren. Deshalb sind in diesen Briefen viele Zitate aus Vorträgen und auch längere Zusammenfassungen von Elisabeth Vreede enthalten. Die vielen Angaben über die speziellen Konstellationen des betreffenden Zeitpunktes der Briefe haben wir stehengelassen und – wie auch die Bemerkungen des Herausgebers – mit entsprechenden Zeichen versehen (siehe Anmerkung 2). Als Anhang werden einige Tafeln – Kometen und Meteorströme betreffend – aus der Fachliteratur abgedruckt. Das Stichwortregister wurde fast ganz aus der ersten Buchausgabe – von Dr. C.A. Mier zusammengestellt – übernommen.

In bezug auf Einzelheiten, vor allem in den Rundbriefen über Nebelflekken und veränderliche Sterne, sowie in denen über Kometen, sollte der Leser sich dessen bewusst sein, dass seit 1930 natürlich viel Neues entdeckt worden ist (man denke z.B. an die sensationellen Pulsare). Deshalb bringen die «Anmerkungen» einige Ergänzungen zum gegenwärtigen Stand der Wissenschaft. Für die Hilfe verschiedenster Art möchte ich danken Frau H. Verrijn-Stuart, Werner Kehlert, Rodney Sutton, Prof. Konrad Rudnicki, John Meeks und dem Verlag, sowie Dr. Georg Unger für das Mittragen dieser Neuausgabe, von der ich hoffe, dass sie der weiteren Forschung dienen wird.

Dornach, Michaeli 1979 — Drs. Wim Viersen

Zur Einleitung

Die astronomische Wissenschaft ist ja diejenige, welche am ehesten Gelegenheit hat, wieder zurückgeführt zu werden in die Spiritualität[1].

Mit diesem Rundschreiben[2] soll versucht werden, nun auch für die Mathematisch-Astronomische Sektion in ganz anfänglicher Weise zur Ausführung zu bringen, was Dr. Steiner in seinen Briefen über «die Freie Hochschule für Geisteswissenschaft» als Aufgabe des Vorstandes hingestellt hat, «die Ergebnisse seiner Arbeit an diejenigen in einer ihm möglichen Art zu bringen, die sie haben wollen . . . In der Teilnahme an der Arbeit am Goetheanum durch die gesamte Mitgliederschaft wird die beste Gewähr für das Gedeihen der Gesellschaft liegen. Und der Vorstand wird bestrebt sein, alles, was durch die Mitglieder geschieht, zum Inhalt der Gesellschaft zu machen[3].»

In diesen Worten liegt schon ausgedrückt, dass die Rundschreiben in der zunächst geplanten Form nur ein vorläufiges Stadium darstellen können, und ist auch der Weg zu einer möglichen späteren Erweiterung angegeben. Doch mag es gerade auf dem astronomischen Gebiete berechtigt erscheinen, zunächst allgemein orientierende Erkenntnisse unter denjenigen Mitgliedern zu verbreiten, die solche wünschen.

Das ganze Werk Rudolf Steiners enthält ja eine grossartige Kosmogonie. Und dieser steht in dem allgemeinen Menschenbewusstsein nur eine dürftige, mathematisch-mechanische Weltanschauung gegenüber, die auch das astronomische Weltbild geformt hat. In der gesunden Menschenseele lebt aber das Bedürfnis nach einer Erkenntnis der kosmischen Gesetzmässigkeit, die so gestaltet ist, dass das Menschenwesen sich in diesen Kosmos eingegliedert fühlt. Miterleben mit dem Kosmos möchte der heutige Mensch. In unvergleichlicher Art hat uns Rudolf Steiner eine Anleitung zu solchem «Sich-Einfühlen» in seinem «Seelenkalender»[4] geschenkt. So wie der Jahreslauf hat jedes zeitliche Geschehen im Kosmos sein eigenes Leben.

Da handelt es sich darum, dieses zeitliche Geschehen kennen zu lernen, zunächst ahnend sich mit den wirkenden Kräften zu verbinden. In dreierlei Stufen erhebt sich die Erkenntnis des Weltalls: von der Astronomie zur Astrologie, zur Astrosophie. Doch sind diese Erkenntnisarten heute alle mehr oder weniger verzaubert. Die astronomische Wissenschaft ermangelt der Spiritualität, zu der sie zurückgeführt werden muss. Die Astrologie konserviert alte Spiritualität, die nicht mehr für unsere Zeit volle Geltung haben kann. Wahre Astrosophie ist heute wohl nicht ausserhalb der Geisteswissenschaft Rudolf Steiners zu finden. Sie ist das Ziel einer anthroposophischen Wissenschaft vom Kosmos und war zugleich deren Ausgangspunkt. So möge gerade diesmal begonnen werden mit einer Wiedergabe jenes herrlichen Vortragszyklus, den unser Lehrer 1912 in Helsingfors gehalten hat über «Die geistigen Wesenheiten in den Himmelskörpern und Naturreichen»[5]. Es gibt keine bessere und vollständigere Einführung in die anthroposophische Astronomie als gerade diesen Zyklus.

Mit den wirkenden Wesenheiten im Kosmos uns zu beschäftigen, legt uns auch gerade der Zeitpunkt des Erscheinens dieser Briefe nahe. Das Michaelsfest rückt heran. Michael, der Christus- und Sonnenbote, hat in der Sternenwelt seine ganz besonderen Aufgaben. Schwingt er sein Sternenschwert, so schwindet der schweflige Drache der Sommerhitze. Wird ein Mensch geboren, so lebt Michaels Weltenwille in der Konstellation seiner Geburt, denn ohne Michaels Zutun wären Menschheit und Sternenwelt auseinandergefallen. Astrologie bewirkt er so, Astrosophie gab er, indem in seinem Zeitalter die Geisteswissenschaft entstehen konnte[6].

Das nächste Mal soll dann von den Weltenrhythmen und Sternkonstellationen mehr im einzelnen die Rede sein.

Dornach, September 1927

Mit freundlichem Gruss

Elisabeth Vreede
phil. doct.
Leiterin der Mathematisch-Astronomischen Sektion

Astronomie und Anthroposophie

1. Rundschreiben I, September 1927

Die Geisteswissenschaft Rudolf Steiners hat uns eine geistgemässe Kosmologie geschenkt, die den *Menschen* wiederum in das Weltbild hineinstellt und Himmel und Erde zu einer Einheit verbindet. Zu gleicher Zeit hat er überall die Brücke zu schlagen versucht zwischen diesen Erkenntnissen und denen der Astronomie, wie sie in der heutigen Wissenschaft gepflogen werden. Dass eine solche Brücke notwendig ist, geht ja aus dem Grundsatz alles geistigen Erkennens hervor, dass die äussere Sinneswelt eine Maja ist, eine Illusion, und die Geisteswissenschaft zu der dahinter stehenden Realität vordringen will. Wie und wo Maja und Realität sich berühren, ist die grosse Frage. Über diese Frage sprach Rudolf Steiner im Jahre 1912 in Helsingfors in einer Reihe von Vorträgen über «Die geistigen Wesenheiten in den Himmelskörpern und Naturreichen»[5].

Ein genaues Studium dieses Zyklus zeigt uns den Weg von der äusseren Maja in die innere geistige Realität. Da wird auf die *Vergangenheit* hingewiesen, wenn man dasjenige finden will, was der Realität entspricht. «Die physische Himmelskörperwelt stellt die Reste vergangener Taten der entsprechenden Wesenheiten der Hierarchien dar, die nur noch in ihrer Nachwirkung hineinreichen in die Gegenwart.»

So ist die Sternenwelt ebenso eine Maja wie die übrige Natur, und zwar eine Maja der Vergangenheit! Dringt man hinter diese Maja, so enthüllen sich einem die Sterne als «Kolonien geistiger Wesenheiten». Wir werden geführt zu der Betrachtung der Wesen der höheren Hierarchien, die sich über den Menschen in neun Stufen erheben, und die alle in irgendeiner Weise mit der Sternenwelt oder ihrer kosmologischen Entwicklung verbunden sind. In dem Buche Rudolf Steiners «Die Geheimwissenschaft im Umriss»[7] finden wir sie näher geschildert.

Über den Menschen erhebt sich als erstes Reich dasjenige der *Engelwesenheiten,* der Angeloi, die die Schutzgeister der Menschen sind und diese von Inkarnation zu Inkarnation begleiten. Sie leben in der Mondensphäre, wenn sie auch nicht auf dem Monde selbst ihre Wirksamkeit zunächst entfalten können. Denn dazu sind grössere Kräfte erforderlich, die nur bei den *Erzengeln* und *Archai* oder Urkräften zu finden sind. Diese Wesenheiten, die mit den Engeln zusammen die unterste Hierarchie der geistigen Welt ausmachen, leiten auf Erden die Völker und die grossen

Zeitepochen; die Erzengel sind zugleich Volksgeister, die Archai Zeitgeister, so dass diese Hierarchien, die bis zum Monde hinaufreichen, im wesentlichen mit dem geschichtlichen Leben der einzelnen Menschen und der Völker zu tun haben.

In der Sonne wiederum finden wir jene Wesen, die wir die zweite Hierarchie nennen, zu der gehören die *Geister der Form, die Geister der Bewegung, die Geister der Weisheit.* Diese Wesenheiten wohnen gewissermassen in der Sonne, aber sie wirken von dort aus auf die Planeten, schicken ihre Kräfte von den Planeten aus auch zur Erde hernieder. Die Geister der Form geben jedem Planeten die äussere Gestalt, die Konfiguration; die Geister der Bewegung bewirken die innere Beweglichkeit des Planeten – nicht die Bewegung im Raum, sondern die Veränderungen, die im Laufe der Jahrhunderte und Jahrtausende, zum Beispiel auf der Erde durch Ebbe und Flut, durch Vulkane und Erdbeben, durch meteorologische und klimatische Einflüsse bewirkt werden. Etwas anderes ist es wiederum mit den Geistern der Weisheit. Diese wirken *von der Sonne* selber aus, vermitteln Sonnenkräfte dem Planetensystem. Während die innere Konfiguration und die innere Beweglichkeit für alle Planeten verschieden sind, je nach den Kräften des wirkenden Geistes der Form oder der Bewegung, ist die Wirksamkeit der Geister der Weisheit für alle Planeten dieselbe. In der Pflanzenwelt können wir am einfachsten dieses gemeinsame Wirken der Geister der Weisheit verfolgen. Die Gestalten der Pflanzen sind verschieden, ihre Blattansätze, ihre Ranken zeigen verschieden spiralige Gesetzmässigkeit; in dieser spiegeln sich die Planetenkräfte wider, die je von einem Geist der Form oder einem Geist der Bewegung herrühren, der auf dem betreffenden Planeten den Angriffspunkt seines Wirkens hat. Aber eines ist allen Pflanzen gemeinsam: die senkrechte Richtung ihres Stengels, von der Erde weg zur Sonne hin. Darin drückt sich das für alle Pflanzen gleiche Wirken der Geister der Weisheit aus. Es ist wie eine Art einfachstes gemeinsames Bewusstsein des ganzen Planetensystems darinnen, so etwa wie in allen Menschen aus dem Unterbewussten Gemeinsames an Gefühlen und Trieben heraufkommen kann. Die Geister der Weisheit sind nicht nur auf der Sonne, sondern auf allen Fixsternen zu finden, so dass das erste Gemeinsame der ganzen Fixsternwelt eben in diesen Geistern der Weisheit zu suchen ist. Daher werden sie auch das Einfallstor für den Christus genannt, der gewissermassen durch die Geister der Weisheit hereingeleuchtet hat in die Sonne, in der Zeit vor dem Mysterium von Golgatha, als er sich noch nicht mit der Erde vereinigt hatte.

In der ersten Hierarchie haben wir die erhabensten Wesen des ganzen Kosmos, die *Throne, Cherubime, Seraphime,* wie sie die alte esoterische

Weisheit genannt hat. Die Throne oder Geister des Willens sind es, die die Bewegung der Planeten *im Raum* regeln; die Cherubime bringen Ordnung in die verschiedenen Bewegungen hinein, sie bewirken eine Verständigung von Planet zu Planet. Sie sind für diese die Boten, so wie die Engel Boten für die Menschenwelt sind. Die Seraphime wiederum haben dieselbe Aufgabe in bezug auf die ganze Sternenwelt, sie bewirken gegenseitige Verständigung von der Sonne zu den anderen Sternen, von Fixstern zu Fixstern, schliessen das ganze Weltall zu einer Einheit zusammen.

Wir kommen damit zu dem folgenden Schema:

Seraphime
Cherubime — *Kometen*

Throne
Geister der Weisheit — *Fixsterne*

Geister der Bewegung
Geister der Form — *Planeten*

Archai
Erzengel — *Mond*

Engel
Menschen — *Erde*

Bei den Seraphimen und Cherubimen müssen wir noch die *Kometen* als das spezielle Gebiet ihrer Wirksamkeit erwähnen. Es mag vielleicht verwundern, dass gerade die Kometen, diese Rebellen der kosmischen Gesetzmässigkeit, den höchsten Wesenheiten, die wir bis jetzt betrachtet haben, zugeschrieben werden. Um dieses zu verstehen, müssen wir tiefer in das Verhältnis von Realität und Maja einzudringen versuchen.

Das, was oben ausgeführt wurde, enthält gewissermassen den göttlichen Weltenplan, den die Wesen der höheren Hierarchien (insbesondere der ersten Hierarchie) von dem göttlichen Weltengeist entgegennehmen und im Verlaufe der ganzen ungeheuren Weltevolution zur Ausführung bringen. Aber in diesem Verlauf hat manches hineingespielt, was eben die geistige Realität zu der heutigen sinnlich-wahrnehmbaren Maja gemacht hat, in der wir alle leben. Dazu gehört vor allem dieses, dass die Bewegungen der Planeten und Fixsterne (auch die sogenannten scheinbaren Bewegungen sind gemeint) sich mit einer solchen Regelmässigkeit abspielen, dass dem modernen Menschen wohl die Frage kommen kann: Was haben die Throne usw. denn an den äusseren Bewegungen der Planeten noch zu regeln? Das geht doch alles nach streng mechanischer Gesetzmässigkeit!

So war es aber nicht immer und ist es in gewissem Sinne auch heute nicht. Schon die Kometen machen eine gewisse Ausnahme, und so kann man vielleicht schon etwas ahnen davon, dass gerade deren Bewegungen von den erhabensten Geistern dirigiert sein müssen. – Wir müssen jetzt betrachten, dass das Weltall verschiedene Stadien durchgemacht hat, die in Rudolf Steiners «Geheimwissenschaft»[7] als Saturn-, Sonnen-, Monden- und Erden-Zustand geschildert werden und müssen dasjenige dazunehmen, was in den «Leitsätzen»[8] gegeben wurde. In jedem von diesen Zuständen war auch die Sternenwelt eine andere. Auf dem alten Saturn waren eigentlich nur geistige Wesenheiten da, diejenigen, die wir eben vorher angeführt haben. Sie drückten sich aber noch nicht in einer Sternenwelt aus, sondern es war höchstens eine erste Andeutung einer solchen vorhanden. Während der alten Sonnenentwicklung waren die Sterne *Offenbarungen* der geistigen Wesenheiten. Sie waren in ihren Bewegungen usw. unmittelbarer Ausdruck der sie bewohnenden Wesen, so wie der menschliche Leib von dem ihn bewohnenden Geiste in seinen Bewegungen und Ausdrücken dirigiert wird. In dem nächsten Stadium konnten die geistigen Wesen nur noch ihre *Wirksamkeit* in die Himmelskörper hineinschicken. Sie selber zogen sich immer mehr von diesen zurück. Um diese Sache etwas zu verdeutlichen, wollen wir den historischen Verlauf der Erden-Entwicklung von diesem Gesichtspunkt aus kurz darstellen. Die Erde stellt an sich das vierte Stadium dar, das Rudolf Steiner die *Werkwelt* nannte, in der eben das verwirklicht ist, was am Anfang dieses Rundschreibens angeführt wurde. In den historischen Zeiten aber durchlebte der Mensch noch einmal in seinem Bewusstsein die früheren Stadien. Er stellte sich in der alt-indischen Zeit zum Beispiel so zur Sternenwelt, dass er sie eigentlich gar nicht beachtete (man muss noch in die Zeit vor den Veden zurückgehen), er hielt sich an die geistigen Wesen selber. – In der alt-persischen Zeit erhielt Zarathustra die *Offenbarung* des Sonnenwesens. (Die Sonne selber bewegte sich damals selbstverständlich schon nach derselben Gesetzmässigkeit wie heute, während sie in dem alten Sonnenzustand noch unmittelbarer Ausdruck des Sonnengeistes war. Der altpersische Mensch erlebte eben ein früheres Stadium in einem späteren darinnen.) Die alten Chaldäer und Ägypter empfanden besonders stark die *Wirksamkeit* der geistigen Wesen in den Himmelskörpern, daher ihre für die damalige Zeit so wundervolle Astrologie (die nur nicht auf unsere heutige Menschheit in denselben Formen angewendet werden darf). Es war eine Art Wiederholung des alten Mondenzustandes. Sie schauten Wesenheiten verbunden mit Sonne, Mond, Planeten und Sternen, aber diese Wesenheiten waren nicht mehr diejenigen der höheren Hierarchien unmittelbar. Die Göttergestalten der Ägypter, Menschenleiber mit Tierköpfen oder Tiergestalten überhaupt, die an dem ägyptischen Sternhimmel auftreten, gehören nicht unmittelbar zu den vorher erwähnten Wesen der Hierarchien selber, sondern es sind ihre Nachkommen, Wesen, welche die Hierarchien von sich abgespalten haben. Diese sind es, die nun gewissermassen diejenige Tätigkeit ausführen, von der sich ihre Schöpfer, die Hierarchien selber, zurückgezogen haben, nachdem der Plan für die Bewegungen usw. im Planetensystem festgelegt war. Es sind viele solche niedrigeren Gottheiten im Weltenall wirksam, und der Ägypter oder Chaldäer, besonders der späteren Zeit, der sich nicht mehr zu den Sternengöttern selber erheben konnte, betrachtete die Wirksamkeit dieser mehr untergeordneten Wesen. Diese Nachkommen der verschiedenen Hierarchien verrichten das, wovon der Mensch heute meint, dass es «von selber» gehe. Für die Entwicklung der Freiheit des Menschen war es notwendig, dass die höheren Wesen sich aus der Sternenwelt und der ganzen Natur zurückzogen und diese scheinbar einem geistlosen Mechanismus überliessen. (Über die Bedeutung und Art dieses Sich-Zurückziehens wird noch ausführlicher gesprochen werden – siehe Seite 25 ff.)

In diesem Mechanismus wie in allen Naturerscheinungen wirken aber trotzdem geistige Wesen, die «Nachkommen der höheren Hierarchien». Dass im Frühling die Pflanzen hervorkommen aus dem Boden, dass sie Blüten und Früchte ansetzen, wieder welken im Herbst, dass das Frühlingsleben – dann, wenn wir hier Herbst haben – auf der anderen Seite der Erdkugel beginnt aufzuspriessen, das bewirken die *Naturgeister,* die Sylphen, Undinen, Gnomen, die die Nachkommen sind der *dritten Hierarchie* (Engel, Erzengel, Archai), mit den Salamandern, die von den Geistern der Form abgespalten worden sind. Sie bewirken es unter der Anführung der *Geister der Umlaufszeiten,* die sie über die Erde hin dirigieren, die es auch sind, welche die Erde um ihre Achse drehen, während andere die Erde und die Planeten um die Sonne in ihren gesetzmässigen Bahnen herumführen usw. Die Geister der Umlaufszeiten sind die Nachkommen der höchsten Hierarchien, der *Seraphime* und *Cherubime,* während die Geister der Bewegung, Geister der Weisheit und Geister des Willens als Nachkommen diejenigen Wesen haben, die wir die *Gruppenseelen der Tiere, Pflanzen* und *Mineralien* nennen können.

Wir können in einem Schema aufzeichnen, welche Wesen von den einzelnen Hierarchien als «Nachkommen» abgespalten werden:

Seraphime *Cherubime*	*Geister der Umlaufszeiten*
Throne	*Gruppenseele der Mineralien*
Geister der Weisheit	*Gruppenseelen der Pflanzen*
Geister der Bewegung	*Gruppenseelen der Tiere*
Geister der Form	*Feuergeister*
Geister der Persönlichkeit (Archai)	*Gnomen*
Erzengel	*Undinen*
Engel	*Sylphen*

Es sind dies alles Wesenheiten, die niedrigerer Art sind als ihre Erzeuger, und die gewissermassen im göttlichen Auftrage bewirkt haben, dass natürliche und sittliche Weltenordnung nicht mehr zusammengehen, sondern für den äusseren Beobachter einen gewissen Dualismus darstellen. Daher kommt es, dass wir in der Natur und im Kosmos einer Maja gegenüberstehen, in der die blossen *Naturkräfte* als ein Abdruck der Tätigkeit der *Naturgeister* erscheinen. Und an Stelle des unmittelbaren Hereinwirkens der Hierarchien finden wir jetzt die *Naturgesetze* als Abdruck der *Geister der Umlaufszeiten* in der Welt der Maja. So haben wir in diesen «Nachkommen» Wesenheiten, die uns einen Schritt näher bringen zu dem, was sonst in der äusseren Wissenschaft betrachtet wird.

Während sich dies alles mit jener Gesetzmässigkeit vollzieht, die der Mensch in der äusseren Welt braucht, damit er in seinem Inneren zum Erleben der Freiheit kommen kann, sind gerade die *Kometen* etwas, das nicht voll in diese Gesetzmässigkeit hineingeht. Wenn sie auch als sogenannte periodische Kometen sich in die Gesetze des Planeten-Systems mehr oder weniger einordnen, das Auftreten von neuen Kometen (und Kometen sind zahlreich wie die Fische im Meer, sagte schon Kepler) zeigt immer wieder ein Durchbrechen dieser Gesetze. Sie sind ein Element, bei dem noch etwas von einem unmittelbaren Hereinwirken geistiger Mächte zu spüren ist, und zwar eben der höchsten Mächte, der Seraphime und Cherubime. Gerade das, was die gewöhnliche Gesetzmässigkeit durchbrechen soll, erfordert höchste Kraft und Einsicht. Die Kometen sind eben eine ganz besondere Einrichtung unseres Planetensystems, die ihr polares Gegenbild in den Monden des Planetensystems hat. So wie die Monde eine Art Leichnam sind, den das Planetensystem mit sich schleppt, so sind auf der andern Seite die Kometen eine Art fortwährender Reiniger der astralen Atmosphäre innerhalb des Sonnensystems. Sie wurden in früheren Zeiten mit Furcht als die «Zuchtruten Gottes» betrachtet, und viel Aberglaube hat sich an sie geheftet, aber auch für den geistigen Blick sind sie Gebilde, die unreine astralische Kräfte immer wieder aus dem Kosmos fortschaffen oder neue Impulse hereinbringen müssen.

So kann man gewissermassen die Glieder des Planetensystems betrachten, wenn man – wie Rudolf Steiner in dem Helsingforser Zyklus[5] sagt – den okkulten Blick auf die verschiedenen Himmelskörper richtet. Die Monde – es haben ja auch Mars, Jupiter, Saturn usw. ihre Monde – geben den Gesamt-Eindruck eines Leichnams. Wie der menschliche Leichnam gewissermassen eine Erinnerungsvorstellung ist von etwas, was einmal lebendig war, so sind die Monde im Planetensystem etwas wie eine Erinnerung an einen einmal lebendigen Zustand, der aber vollständig abgestorben ist. Das Planetensystem hat also als unterstes Glied seinen Leichnam, seine Monde, wie der Mensch als unterstes Glied seinen physischen Leib hat. Wenn man dagegen die Planeten betrachtet im Sonnen-System, so geben alle zusammen einen Eindruck, der sich ungefähr deckt mit dem okkulten Eindruck, den man von dem physischen Leib in seiner Abgrenzung haben kann. Die Planeten stellen also gewissermassen den physischen Leib des Sonnensystems dar. Von den einzelnen Planeten gehen ja auch Wirkungen aus, die des Menschen innere Organe aufbauen.

Wenn man die Sonne ins Auge fasst als Fixstern im Planetensystem, so erweckt sie einen Eindruck, der sich vergleichen lässt mit dem Ätherleib, nicht aber des Menschen, sondern der Pflanzenwelt, jenem reinen, nicht von Astralischem durchsetzten Ätherleib der Pflanzen.

Der Astralleib des Sonnensystems besteht eigentlich in einer Fülle von Wesenheiten, wie diejenigen sind, die wir vorhin aufgezeichnet haben – die Hierarchien und die Geister der Umlaufszeiten –, aber auch jene Wesenhaftigkeit gehört dazu, die von den bösen Gedanken der Menschen ausströmt, oder von sogenannten zurückgebliebenen Wesenheiten herrührt. (Diese Substanzen sind es eben, die von den Kometen fortgeschafft werden müssen.)

Auch von einem Ich der Planeten kann man sprechen, – für die Erde von dem «Erdgeist», dessen Abdruck in der äusseren Welt der *Sinn der Erde* ist. In alten Zeiten war einer der Elohim, *Jahve* oder *Jehova,* dieser Geist der Erde. Seit dem Mysterium von Golgatha ist es der *Christus,* der «der Erde ihren Sinn gegeben hat». Er muss daher in einer viel innerlicheren Weise gefunden werden als irgend ein anderes geistiges Wesen.

Die Geister der Umlaufszeiten, die den Astralleib der Erde darstellen, haben noch eine gewisse Verwandtschaft mit dem menschlichen Astralleib. Beide sind gewissermassen eine Vielheit, ein Mannigfaches. Wir empfinden diese Verwandtschaft, wenn wir den Jahreslauf seelisch auf uns wirken lassen, wie es zum Beispiel im «Seelenkalender»[4] angegeben ist. Auch ihr äusserer Abdruck, die Naturgesetze, sind etwas der menschlichen Seele Verwandtes, aus ihr Geborenes. – Weniger innere Verwandtschaft hat der Mensch mit den Naturkräften (wenn er sie auch durch die Kenntnis der Naturgesetze meistern lernt). Diese Naturkräfte sind ja ein Abdruck der Naturgeister, Gnomen, Undinen usw. Eine Vielheit von solchen Wesen bildet den Ätherleib der Erde. Der Mensch aber empfindet sich in seinem Ätherleib zunächst als eine Einheit. Daher steht er dem Reich der Naturgeister innerlich nicht nah.

Nehmen wir die Sinneswelt als den physischen Leib der Erde, der sich einfach der sinnlichen Wahrnehmung zeigt, so ergibt sich folgendes Schema:

Planetengeist	*Sinn der Natur*	*Ich*
Geister der Umlaufszeiten	*Naturgesetze*	*Astralleib*
Welt der Naturgeister	*Naturkräfte*	*Ätherleib*
Sinneswelt	*Wahrnehmungen*	*physischer Leib*

Es sind nun aber im Kosmos nicht bloss diejenigen Wesenheiten und Kräfte vorhanden, von denen bis jetzt die Rede war. Wäre es so, so würde der ganze Kosmos eigentlich nur aus Wesenhaftigkeit bestehen, ohne sichtbare Substanzen. Die Himmelskörper würden für uns nichts Sichtbares, auch die Erdensubstanz nichts Greifbares sein. Um die Maja voll zu verstehen, muss man auch berücksichtigen, dass noch andere Wesenheiten, die die «Geheimwissenschaft»[7] die luziferischen und ahrimanischen nennt, in die Entwicklung miteingegriffen haben. Sie sind Wesen der höheren Hierarchien, die aber nicht dieselbe Entwicklung wie diese durchmachen, sondern stehenbleiben, zurückbleiben, während die normalen Geister zu immer höheren Stufen aufsteigen. So gibt es zum Beispiel zurückgebliebene Geister der Form, die eigentlich Geister der Bewegung sein sollten, aber auf der Stufe der Geister der Form stehengeblieben sind. Wenn nun die ätherische Saturn- oder Jupitersphäre von den Geistern der Form gebildet und die innere Beweglichkeit von den Geistern der Bewegung gegeben worden ist, werfen sich diesen entgegen die rebellischen Geister der Form, die, statt an der Bewegung mitteilzunehmen, durch Stauung an einem bestimmten Punkte der Sphäre eine Form erzeugen. Und diese Form ist eben der Planet, den wir jetzt am Himmel sehen! Die Planetensphäre bleibt ein ätherisches Gebilde, in dem astrale Kräfte wirken, der Planet selber bewegt sich nur an der Peripherie dieser Sphäre. Zugleich kommen andere luziferische Wesen und werfen sich den Seraphimen und Cherubimen, die das geistige Licht der Sonne in den ganzen Weltenraum hinaustragen, entgegen und rauben es, behalten einen Teil in den Planeten darinnen, stossen einen andern Teil zurück, der zum äusserlich wahrnehmbaren Lichte wird, so dass der Planet auch äusserlich sichtbar wird. Ahrimanische Wesenheiten fügen später der Erde ihre feste Materie ein und bewirken den dichten Schleier der Maja, der nun die äussere Sinneswelt darstellt. All das, was so Gegenstand der äusseren Forschung sein kann, hat irgendwie das Element des Luziferischen, des äusseren Lichthaften, und des Ahrimanischen, der Schwere, in sich eingegliedert. Auch das gehört mit hinzu zu der Maja, die sich über die geistige Realität ausbreitet.

Wir können dieses wiederum an besonderen kosmischen Gebilden studieren, an den Meteoren, die ja auch mit den Kometen in Zusammenhang stehen. Die Kometen sind so, wie sie von den höchsten Geistern in das Weltall hineingeschickt werden, geistige Gebilde, denen sich aber im Verlaufe ihrer astral-reinigenden Tätigkeit mancherlei Substanzielles anschliesst, Gase usw. Aber es werfen sich diesen Gebilden wiederum andere entgegen, die von abnormen Geistern herrühren, nämlich von den Thronen, die eigentlich Seraphime oder Cherubime sein sollten, die aber auf der Stufe der Throne stehengeblieben sind und nun mit der ungeheuren, starken Gewalt wirken, die sie eben ihrem Beharren auf einem früheren Zustande entlehnen. Die Throne sind ja die Schöpfer der Gruppenseelen der Mineralien, und die zurückgebliebenen Throne erzeugen nun feste mineralische Gebilde im Kosmos, in den Meteoren usw., die sich oft den Kometen beigesellen oder auch als Meteorschwärme in mehr oder weniger regelmässigen Zeiträumen sich in unserer Erdatmosphäre zeigen. So finden wir bei diesen Gebilden, die sich der gewöhnlichen Gesetzmässigkeit des Planetensystems in einem gewissen Grade entziehen, hohe Geistigkeit mit derbster Materialität vereinigt. Von dem Wesen der Kometen und Meteore soll später mehr im einzelnen die Rede sein.

Gerade das Verhalten der Kometen kann uns immer wieder daran erinnern, dass man mit der Newtonschen Gravitationslehre nicht restlos die

Vorgänge im Sonnensystem erklären kann. Es bleibt auch bei den andern Himmelskörpern gewissermassen immer ein Rest, der eben, wenn er über lange Zeiträume summiert wird, dasjenige ausdrückt, was im Sonnensystem das lebendige Wirken der geistigen Wesenheiten ist, was nicht ganz in die Werkwelt eingegangen ist. Nur bei den Kometen und Meteoren tritt teilweise das Unberechenbare auf, die Willkür; bei den andern Himmelskörpern zeigt das Inkommensurable der Verhältniszahlen ihrer Bewegungen, dass sie eine andere Betrachtungsweise fordern als die für die Erde geltende Betrachtung der Gravitation. *Rhythmus* und *Periodizität* leben in den Planetenbewegungen und sind ihre ureigene Gesetzmässigkeit, wie es für die unmittelbare Erdenumgebung die Schwerkraft ist. (Selbstverständlich hat auch die Erde als *Himmelskörper* an dieser kosmischen Gesetzmässigkeit von Rhythmus und Periode Anteil.) Diese Gesetze sind dieselben wie diejenigen, nach denen der Mensch und die andern Naturreiche aufgebaut sind. Auf diesem Wege werden Mensch und Weltall wieder zusammengeschlossen werden, auf diesem Wege wird auch das religiöse Empfinden sich wieder mit der Sternenwelt verbinden können. Sind uns doch die Sterne die Spuren der göttlichen Taten, die hinaufführen durch die Wesen der Hierarchien an die Grenze der Gottheit selber. Und so konnte Rudolf Steiner in dem genannten Zyklus sagen zu seinen Zuhörern, die er so von der Anthroposophie zur Astronomie geführt hat: Indem wir das Leben der Sternenwelt betrachten, betrachten wir die Leiber der Götter und zuletzt des Göttlichen überhaupt.

Über Rhythmen und Konstellationen

Die Himmelskörper werden durch geistig-seelische Ursachen in solche Lagen und Bewegungen gebracht, dass im Physischen die geistigen Zustände sich ausleben können[7].

2. Rundschreiben I, Oktober 1927

Die Sternenwelt hat sich uns als eine letzte Offenbarung von geistigen Wesenheiten gezeigt, die ihre Kräfte immer mehr und mehr zurückgezogen haben, die nur wie ein liebevolles «Streicheln», wie es Rudolf Steiner nannte, ihr astrales Wesen im Ätherischen offenbaren. Dieser gewissermassen absteigende Entwicklungsweg geht von der alten Saturnzeit bis in unsere Zeit hinein. Er betrifft nur die jetzt äusserlich sichtbaren Himmelskörper, während hinter den Sternen oder in den Sphären noch immer die wirkenden Kräfte und Mächte der Geistwesen zu finden sind, – wenn auch mit diesen selbstverständlich im Laufe jener gewaltigen Perioden eine Entwicklung vor sich gegangen ist, wie in der «Geheimwissenschaft»[7] geschildert wird. Um den alten Saturn herum wäre noch keine Sternenwelt zu sehen gewesen, sondern etwas wie Flammenstreifen, aus denen sich während der alten Sonnenzeit zuerst der Tierkreis herausgestaltete. – In mächtiger Wechselwirkung stand der alte Mond mit dem ganzen ihn umgebenden Universum. Als die Erde zuerst aus dem geistigen Zwischenzustand, der der Mondenzeit folgte, auftauchte, enthielt sie das ganze zukünftige Planetensystem noch in sich. Die Abtrennung der Sonne, dann des Mondes aus dem gemeinsamen Erdenkörper während der zweiten und dritten grossen Epoche der hyperboräischen und lemurischen Zeit, war eine Tat geistiger Wesenheiten, und die Kräfte und Substanzen, die der Erde dabei entzogen wurden, waren auch zunächst rein geistiger Natur. Mit heutigen physischen Augen wären sie nicht zu sehen gewesen.

Schon vor dem Austritt der Sonne hatten die Saturnwesen, dann die Jupiter-, die Marswesen ihre Kräfte aus dem Erdenkörper losgelöst. Merkur und Venus gingen mit der Sonne aus der Erde, verliessen die Sonne erst, nachdem diese die Erde verlassen hatte. Über die Gründe für diese Abtrennungen unterrichtet uns wieder die «Geheimwissenschaft» und auch die Aufsätze über die «Akasha-Chronik»[9].

Es ist selbstverständlich, dass die Planeten und Gestirne, die nun im Kosmos da waren, nicht sogleich in der Weise da waren und sich bewegten, wie wir das heute wahrnehmen, so dass noch lange Zeit nach der

Abtrennung der Sonne von der Erde nicht von einer Chronologie im heutigen Sinne gesprochen werden kann; «Jahr» und «Tag» noch nicht so gemessen werden konnten wie heute (vgl. «Geheimwissenschaft»). Auch die übrigen Planeten waren in ihren Bewegungen Ausdruck der sie bewohnenden Wesen, und nach geistigen Notwendigkeiten regelten sich diese Bewegungen. Wie zum Beispiel Mars und Merkur sich seit dem Beginn der Erdentwicklung zu unserer Erde verhalten haben, wird von Rudolf Steiner in «Evolution der Erde»[10] und in «Die Technik des Karma»[11] erzählt.

In der «Geheimwissenschaft» wird auch geschildert, wie der grösste Teil der Menschenseelen die Erde verlassen musste, als sich die Daseinsbedingungen auf ihr immer schwieriger gestalteten. Später, als der Mond die Erde verlassen hatte, und bis in die atlantische Zeit hinein, kamen die Seelen wieder auf die Erde zurück. Wir haben da ein Zusammenwirken des ganzen Planetensystems mit der Erde, das noch ganz ein Ausdruck des Geistig-Seelischen ist. Geistige Wesen stiegen von den anderen Planeten auf die Erde hernieder, umkleideten sich mit den damaligen Menschenformen und lehrten die junge Menschheit, brachten ihr Künste und Wissenschaften bei. Später konnten sie nur in den Mysterien zu den Menschen herabsteigen, und auch da wurden die Bedingungen für diesen Verkehr immer schwieriger.

Diese Verhältnisse, die noch durchaus dem Stadium der *Offenbarung* und der *Wirksamkeit* entsprechen in dem Sinne, wie diese Bezeichnungen vorher gebraucht worden sind, unterlagen einer gründlichen Wandlung in der atlantischen Zeit. Die Mitte dieser Periode entspricht zugleich der Mitte der Erdentwicklung überhaupt. Der Einschlag des Ich, das sich gerade auf Erden entwickeln soll, wurde mächtig. Es kam jene Zeit, in der sich die Nebelmassen, die «Wasserluft», die über der alten Atlantis lagerte, teilte und die Sonne zum ersten Mal hervortrat. Wäre nicht der luziferische Einschlag als hemmender Faktor am Anfang der Erdenentwicklung da gewesen, so wäre zu dieser Zeit – Mitte der atlantischen Periode – der Christus aus der Sonne heraus als Bringer des Ich-Impulses für die Erde geboren worden. Die Christus-Konstellation war da. Doch hätte die Menschheit den Christus noch nicht in Freiheit aufnehmen können. So musste sein Kommen zurückgestellt und die Welt weiter so eingerichtet werden, dass das Ich sich frei entwickeln konnte.

Es war das auch jene Zeit, in der die Sternenwesen sich so weit aus den Himmelskörpern zurückgezogen hatten, dass diese nun in festumgrenzten Bahnen mit streng eingehaltenen Umlaufszeiten ihre Bewegungen ausführten. Jene scheinbar mechanisch-mathematische Gesetzmässigkeit, in der wir auch jetzt noch darinnen stehen, fing damals an zu wirken. Es ist das die Gesetzmässigkeit, die gewissermassen die ganze mittlere Periode der Erdenentwicklung beherrscht und deren Ende wir uns allmählich nähern. Für die Freiheit der Menschen musste dies alles geschehen. Nur innerhalb einer Welt, die nicht von plötzlich eingreifendem Götterwillen und tumultuarischen Geisteroffenbarungen beherrscht wird, konnte der zarte Keim des Menschen-Ichs sich in Freiheit entwickeln.

Die Planetenkörper gerieten in eine solche Gesetzmässigkeit hinein, dass ihre Bahnen und Stellungen sich errechnen lassen. In grandioser Ruhe und Regelmässigkeit ziehen sie ihre Bahnen, die die Wege ihres Wirkens bezeichnen. Für das menschliche Erleben trat allmählich die *Werkwelt* ein. Wenn auch der Mensch noch lange Zeiten hindurch, ja, bis in die historische Epoche hinein, imstande war, die *Wirksamkeit* der göttlichen Mächte zu empfinden. – Und wenn der Mensch im Leben zwischen dem Tode und einer neuen Geburt weilt, so entschwindet ihm die Werkwelt, er ist in der Welt der geistigen Wesen selber, und er erlebt, insbesondere bei der Rückkehr zur Wiedergeburt, die dann immer mehr verglimmenden Offenbarungen und zuletzt noch die Wirksamkeiten der Wesen der geistigen Welt. Einen letzten Zusammenhang zwischen Menschen und Sternenwelt drückt dann der Augenblick der Geburt aus. Dann steht er im Leben darinnen, und für sein Betrachten bleibt die Werkwelt, deren scheinbar mechanisches Verhalten ihn hinwegtäuschen kann über die Wahrheit, dass doch von der grossen Himmelsuhr die Geschicke der Erdenwelt nicht bloss angezeigt, sondern auch bewirkt werden.

Es treten bei dieser nun geltenden Weltordnung zur gesetzten Zeit die Konstellationen ein: Neumond, Vollmond, Planetenaspekte, Finsternisse usw. (Es wird hier von «Konstellationen» gesprochen im Sinne von «Aspekten», Gestirnswinkeln, nicht im Sinne der *festen* Konstellationen oder Sternbilder, wie das Wort wohl auch gebraucht wird.) Das, was für den Menschen die Grundlage seiner Freiheit bedeutet, ist für die geistige Welt gewissermassen eine Einschränkung ihres Wirkungsbereiches. Die für ein Ereignis oder für eine bestimmte Entwicklung notwendige Konstellation muss abgewartet werden, sie kann nicht durch unmittelbares Eingreifen der geistigen Mächte bewirkt werden. (Eine gewisse Ausnahme bilden, wie wir schon gesehen haben, die Kometen.) Aber gerade in diesem Punkt zeigt sich, wie weit entfernt die Bewegungen im Kosmos von denjenigen einer von Menschen gemachten Maschine sind! In wunderbarer Weise, in einem lebendigen Rhythmus, dem nichts Mechanisches anhaftet, in unendlicher Variation, die doch nur auf einigen wenigen Zahlenverhältnissen gegründet ist, spielt sich das kosmische Wechselspiel von Planeten und Sternen am Himmelsgewölbe ab. – Gewiss, es tritt innerhalb von

30 Tagen jeden Monat einmal der Neumond, einmal der Vollmond ein. Doch steht der Mond dann jedesmal bei einem anderen Stern, und wenn er alle 19 Jahre als Vollmond annähernd wieder bei demselben Stern steht, so sind dann doch alle anderen Verhältnisse, die sich auf ihn beziehen, anders als vorher. In diesen Rhythmen mit ihren inkommensurablen Zahlenverhältnissen liegt das *Leben* des Kosmos verborgen, das er sich auch in seinem Daseinszustand als Werkwelt bewahrt hat. In den nach der allgemeinen Anziehungskraft, der Schwerkraft, errechneten Bewegungen drückt sich dagegen das Todes-Element aus, das dem lebendigen Kosmos beigemischt werden musste, damit der Mensch frei werden kann. Dagegen dort, wo wir es rein mit den Rhythmen der ätherischen Welt zu tun haben, bei den Schwingungszahlen der Töne, die ja von altersher mit den Planetensphären in Beziehung gebracht wurden, treten einfache kommensurable Zahlenverhältnisse auf. Rhythmisches Geschehen, «Gravitation» – sie sind nicht im Widerspruch zueinander, sondern sie verhalten sich so wie der Ätherleib eines Menschen zu seinem physischen Leib. Es müssen also nach diesen Gesetzmässigkeiten die Konstellationen zwischen den Gestirnen und Planeten sich bilden; darauf muss, gewissermassen bis auf die rechte Zeit, gewartet werden.

Sowohl die wirkenden Kräfte müssen sich nach dem vorgeschriebenen Himmelsgang richten als auch der Mensch. Das tut er erstens bei seiner Geburt, wenn er sich nach den Konstellationen, die seinem Karma entsprechen, geboren werden lässt. Das hat er aber ganz besonders in den alten Mysterien, etwa bis in die ägyptisch-chaldäische Zeit hinein, getan. Da hat der Mensch zu den Sternen aufgeschaut, um zu wissen, ob die Götter zu ihm kommen können. Ein ununterbrochener Verkehr zwischen Göttern und Menschen, wie in den früheren Erdenzeiten, war nicht mehr möglich. Aber gerade das nicht-äusserlich-mechanische Zusammenstimmen der Himmelsrhythmen gab die Möglichkeit, dass die Götter in den Mysterien zu den Menschen herabstiegen. Sonne, Mond und Sterne, sie haben alle ihren eigenen Rhythmus. Der Sonnentag ist anders als der Sternentag, der Sonnenmonat anders als der Sternenmonat usw. Und gerade da, wo sich nicht sozusagen eine zwingende Konstellation bildet, sondern wo der eine Rhythmus, eben infolge der Inkommensurabilität, gewissermassen einen Überschuss über den anderen hat, da ist ganz besonders die Möglichkeit gegeben, dass die geistige Welt eingreifen kann. Das sind jene Zeiten – Tage oder auch nur Stunden –, wo in den späteren Mysterien die Priester den Verkehr mit den Götterwesen pflegen konnten. Aber auch im heutigen alltäglichen Leben spielt dasjenige eine besondere Rolle, was nicht ein äusserlich-sichtbares Zusammenstehen der Gestirne, sondern einen solchen Überschuss des einen Rhythmus über den anderen darstellt, eine Geschwindigkeitsdifferenz, die dann als realer Faktor im Menschenleben mitwirkt. Nehmen wir dafür ein Beispiel:

Man kennt in der Astronomie seit undenklichen Zeiten den Unterschied zwischen dem sogenannten *synodischen* und dem *siderischen Mondenumlauf.* Letzterer stellt eben den Gang des Mondes durch die Sternenwelt dar, die Zeit, die der Mond braucht, um zu einem bestimmten Stern (sagen wir zum Beispiel Regulus im Löwen) zurückzukehren. Man kann ja mit dem blossen Auge leicht verfolgen, wie der Mond jeden Tag zur selben Zeit um ein bestimmtes Stück mehr östlich gerückt ist – einen ganzen Himmelsumgang macht er in etwa 27⅓ Tagen (genauer: 27 Tagen 7 Stunden 43 Minuten 11,545 Sekunden –, aber auch diese Angabe ist nur ein Durchschnitt und schwankt um etwa 3 Stunden, eben wegen der inneren Lebendigkeit des kosmischen Systems. Es kann uns also hier auf die minutenweise Genauigkeit nicht ankommen.) War nun der Mond beim ersten Zusammentreffen mit Regulus zum Beispiel Vollmond, so wird er nach dem einmaligen Rundgang durch den Tierkreis (denn Mond, Sonne und Planeten bewegen sich für den äusseren Anblick ja durch den Tierkreis) noch nicht zum gleichen Verhältnis zur *Sonne* zurückgekehrt sein, da die Sonne selber sich inzwischen auch durch ihren Jahresgang am Himmel fortbewegt hat. Der Mond wird etwas mehr als 2 Tage brauchen, um wieder Vollmond zu werden, das heisst, zu der Sonne in der gleichen Stellung zu stehen, wie er vorher stand, als er das erste Mal beim Regulus war. In der ganz einfachen *Zeichnung 1* können wir es so wiedergeben: Der Kreis stelle das Himmelsgewölbe dar, insbesondere den Tierkreis (Ekliptik). Mond und Sonne stehen sich gegenüber (M_1 S_1), wie man sagt: in Opposition. Es ist also Vollmond. Der Mond steht beim Regulus, kehrt nach einmaligem Umgang zu ihm zurück, muss aber noch zu M_2 wandern, um wiederum der inzwischen in S_2 angekommenen Sonne gegenüberzustehen. Das ist, was man den *synodischen* Umlauf des Mondes nennt, der 29½ Tage dauert (29 Tage 12 Stunden 44 Minuten). In diesen 2⅕ Tagen, die den Mondenrhythmus in bezug auf die Sterne von dem Mondenrhythmus in bezug auf die Sonne trennen, liegt gewissermassen ein Spielraum, der sich im Menschen mikrokosmisch spiegelt in dem Verhältnis zwischen Astralleib und Ätherleib. Während der Astralleib die Erlebnisse des Wachbewusstseins schnell auffasst, braucht der Ätherleib länger, bis sie sich so in ihn abdrücken, dass sie Erinnerung, Gedächtnis werden können, und zwar eine Zeit von 1 bis 2 oder 2½ Tagen. Diese Zeit entspricht aber dem Intervall zwischen siderischem und synodischem Mondumlauf. Es muss der Mensch einige Male dazwischen *geschlafen* haben – das heisst, den

Astralleib vom Ätherleib getrennt haben –, damit dieses Abdrücken geschehen kann. Dem schnelleren Rhythmus des Astralleibes (Sternenumgang des Mondes!) folgt erst nach 2 oder 3 Nächten der langsamere Rhythmus des Ätherleibes (Sonnenumgang des Mondes), daher sind auch die *Bilder* unserer Traumwelt zu allermeist den Erlebnissen entlehnt, die 1 bis 2 Tage zurückliegen (vgl. Vortrag vom 8. 5. 1920[12]). Es handelt sich hier, wie gesagt, um Rhythmen-Differenzen, die als solche wirken, nicht um die Konstellation oder Phase selbst, die gerade am Himmel da ist.

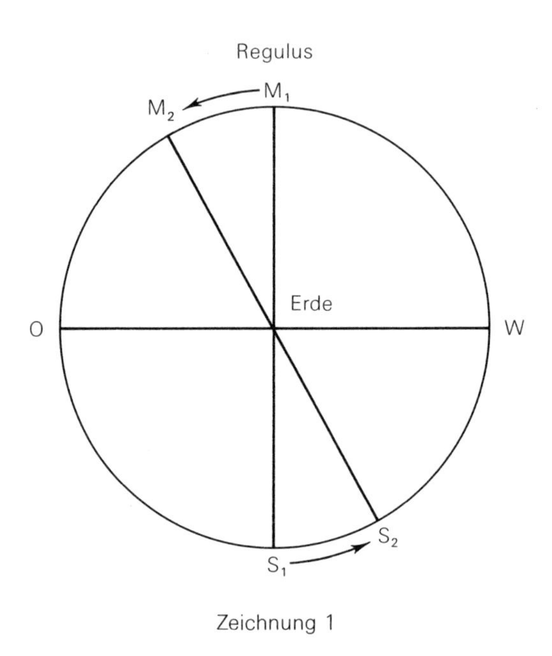

Zeichnung 1

Oder nehmen wir ein anderes Beispiel, bei dem jedenfalls eine bestimmte Zeitperiode deutlich zum Ausdruck kommt. Es ist der Überschuss von dem *Sonnenjahr* über das *Mondenjahr*. Das Sonnenjahr hat bekanntlich eine Länge von 365¼ Tagen (wenn wir von Minuten und Sekunden absehen), das heisst, die Sonne kehrt nach diesem Zeitverlauf an denselben scheinbaren Ort zurück. Bildet man für den Mond entsprechend 12 (synodische) Monate, so bekommt man 12 mal 29½ Tage = 354 Tage (und einige Stunden) für das sogenannte Mondenjahr. Die Sonne hat also gewissermassen eine längere Wirkungszeit als der Mond, und diese spiegelt sich in dem Zeitraum von Weihnachten bis Dreikönigstag. Da ist es so, als ob der Mond seine Tätigkeit für eine Weile zurückgestellt hätte, als ob reine, ungetrübte Sonnenkräfte während 12 Tagen oder 13 Nächten wirken können, die Kräfte jener Sonne, die der Christus zur Erde sendet.

Solche Zeiträume waren es eben, die in den alten Mysterien angesehen wurden als günstig für den Verkehr mit göttlichen Wesenheiten, für die gewissermassen dann das Tor zur Erde offen ist.

Noch einen Schritt weiter kommt man in das freie Wirken der geistigen Kräfte hinein, da, wo überhaupt nur *Verhältnisse* (nicht bloss Differenzen) der kosmischen Rhythmen zueinander vorliegen. Im ganzen Altertum hat man, auch für das soziale Leben, auf solche Zahlen gebaut, bei denen verschiedene Zeitrhythmen zusammenwirken. Auch das Alte Testament, das sonst allem Astrologischen abhold ist, wiederholt die alte chaldäische Regel: Ich gebe dir je einen Tag für ein Jahr (Hesekiel IV, 6). Damit haben wir wohl die häufigste Zusammenstellung der alten, geistgemässen Astrologie: ein Tag wie ein Jahr. Nehmen wir als Beispiel das, was wir die Erzengelperiode nennen können, und gehen wir wiederum aus von dem oben genannten Monden-Jahr zu 354⅓ Tagen. Entspricht der Tag einem Jahr, so gibt es offenbar eine Periode von 354 Jahren 4 Monaten (und 12 Tagen, wenn man die Minuten in die Rechnung miteinbezieht). Das ist genau diejenige Zahl, die der Mystiker Trithemius von Sponheim angibt für die Zeit der Ablösung in der Herrschaft der Erzengel in der uns bekannten Reihenfolge (Michael – Oriphiel – Anael – Zachariel – Raphael – Samael – Gabriel – Michael). So kommt er, durch die Jahrtausende rechnend, zuletzt auf September/Oktober 1879 für den Anfang des Michaelzeitalters, und den 4. Juni 1525 für den Anfang der vorangehenden Gabrielperiode. Die Herrschaft der 7 Erzengel entspricht so einer Zeitdauer von 7 solcher Perioden, das heisst 7 mal 354⅓ oder ca. 2480½ Sonnenjahren.

In dieser Rechnung liegt ein wunderbares Geheimnis verborgen! Vom Monde sind wir ausgegangen (Monden-Jahr), die Sonne trat dazu und auch die Erde, indem 1 Tag = 1 Jahr genommen wurde, und zuletzt sind mit den 7 Erzengeln, die sich gegenseitig ablösen, die 7 Planeten vertreten. So ist in diese Erzengelperiode das ganze Planetensystem hineingeheimnist, und auch die Sternenwelt ist durch die Zahl 12 (12 synodische Umläufe = 1 Mondenjahr) als Zahl des Tierkreises vertreten. Uralte Weisheit drückt sich darin aus, eine Weisheit, die nur im Rhythmischen webt und west. Sie muss aber dafür absehen von den «Zufälligkeiten» und besonderen, aus der geistigen Welt heraus einschlagenden Ereignissen, die es im historischen Leben immer gibt und die hemmend oder beschleunigend auch auf die göttliche Führung einwirken müssen. Wir wissen, dass Rudolf Steiner für eine Erzengelperiode «3 bis 4 Jahrhunderte» angegeben und auch einzelne Daten genannt hat, die nicht genau mit denen des Trithemius von Sponheim übereinstimmen. So für den Anfang der Michaelperiode: November 1879, und auch für die Gabrielperiode eine längere Zeit. Nicht um einen Widerspruch handelt es sich hier, sondern um wirklich historisches Vorgehen auf der einen Seite, um ein *bloss* rhythmisches Betrachten auf der anderen. – Das Altertum hat solche Rhythmen und Perioden der verschiedensten Art gekannt, und je mehr man in sie eindringt, desto mehr lernt man den wunderbaren Reigen der Sternenwesen kennen, die in den Bewegungen der Himmelskörper bloss noch ihren äusseren Abdruck zeigen.

Selbstverständlich hat man zu allen Zeiten auch viel auf die unmittelbar vorhandenen Konstellationen oder Aspekte am Himmel gesehen, sei es das Wiedererscheinen des neuen Mondes, das Eintreten des Vollmondes, der Weg der Sonne durch die Tierkreiszeichen oder das Zusammenstehen oder Sich-Gegenüberstehen der Planeten. Da zeigt sich die Sternenwelt in ihrer Wirksamkeit und es ist gut, sich auch jetzt mit dem Gang der Sterne und Planeten vertraut zu machen, ein Bewusstsein von ihren Stellungen und Begegnungen hervorzurufen. Ob zu- oder abnehmender Mond ist, ob für mehrere Monate der Jupiter oder der Saturn am Himmel glänzt oder die Frau Venus uns als Morgen- oder Abendstern besucht, ob nach längerer Abwesenheit der kriegerische Mars wieder am Osthimmel erscheint und bisweilen Merkur am tiefen Westhorizont in der Abenddämmerung zart sichtbar wird, all das zu verfolgen, bringt uns allmählich zu einem Miterleben jener rhythmischen Vorgänge, aus denen das Geistige des Planetensystems spricht. Auch der Gang der Sterne, ihr Auf- und Untergehen, ihr allmähliches Erscheinen und Wieder-Verschwinden im Laufe des Jahres sollte uns geläufig sein, insofern die Grossstadtluft das überhaupt noch gestattet! Anleitung zu solcher Kenntnis kann jeder auf den gebräuchlichen Sternkarten oder im jährlichen Sternkalender[13] finden.

⟨Auch an dieser Stelle soll auf bedeutsame Konstellationen für den jeweils kommenden Monat hingewiesen werden, doch muss versucht werden, zu gleicher Zeit ein *Verständnis* für sie wachzurufen, so dass es sich weder um ein blosses Anglotzen, noch um ein astrologisches «Deuten» handeln kann. Das nächste Mal soll an diesem Punkt angeknüpft werden.

Für dieses Mal möge schon hingewiesen werden auf den Vorübergang des Merkur vor der Sonne, der am 10. November stattfinden soll. Es ist dies eine Erscheinung, die nicht allzu häufig ist, und sich in unregelmässigen Zeiträumen von 13, 7, 10 und 3 Jahren wiederholt. (Der letzte Übergang war am 7. Mai 1924.) Leider wird man in Europa nicht viel von dem Ereignis sehen können, da die Sonne beim Eintritt des Merkur auf ihre Scheibe noch nicht aufgegangen sein wird. Nur die letzte Hälfte, beziehungsweise nur der Austritt wird wahrzunehmen sein und zwar umsomehr, je weiter der Beobachtungsort nach Osten liegt. Genaue Zeiten anzugeben erübrigt sich, da man eben bloss versuchen kann, die Sonne gleich nach ihrem Aufgang zu erhaschen. (Nicht ohne dunkles Glas schauen!) Das Ende der Erscheinung fällt für Mitteleuropa auf 9.30, für England, der Greenwichzeit entsprechend, eine Stunde früher (8.30). Wie ein kleiner, aber scharf umrissener schwarzer Punkt (sich dadurch von den gerade jetzt so zahlreichen Sonnenflecken unterscheidend) wird Merkur im Verlaufe von 4½ Stunden von Ost nach West über die Sonnenscheibe ziehen. So klein die äusserlich sichtbare Scheibe des Merkur sich vor der mächtigen Sonnenscheibe ausnehmen wird, es handelt sich doch um eine Verfinsterung der Sonnenkräfte durch die Merkurkräfte. Aber auch das muss zur rechten Zeit immer wieder eintreten.〉

Über die Tagesbewegung am Sternenhimmel

3. Rundschreiben I, November 1927

Die Darstellungen des letzten Rundschreibens führten uns aus der Welt der Wesenheiten bis in die Werkwelt hinein. Bei den Beispielen, die angeführt wurden, kamen wir umgekehrt immer mehr von dem äusserlich Sichtbaren, das der Werkwelt angehört, in das innere Rhythmische der wirkenden Kräfte hinein. Die Konstellationen Neuer Mond, Mondviertel, usw. sind äusserlich sichtbar am Himmel da. Sie spielen sich in der Werkwelt ab, sind aber in dieser gewissermassen die Anzeiger für die Verhältnisse in der elementarischen Welt. Dieses auch experimentell nachgewiesen zu haben, ist das grosse Verdienst von Lili Kolisko[14].

Dagegen dort, wo mit dem Überschuss oder auch der Differenz zweier Rhythmen gerechnet wird, erleben wir das Stadium der *Wirksamkeit* astraler Kräfte. – Die *Offenbarung* geistiger Wesenheiten drückt sich kosmisch in solchen Verhältnissen aus, wie zum Beispiel in dem Aufeinanderfolgen der verschiedenen Erzengelherrschaften. Es offenbart Michael sein Wirken (das selbstverständlich auch in den Zwischenzeiten da ist) dann, wenn seine Zeit angebrochen ist, die so bemessen wird, dass nicht auf eine augenblickliche Situation hingewiesen werden kann, sondern auf ein Zusammenwirken aller Rhythmen des Planetensystems.

In ganz einzigartiger Weise stand der Christus zum Weltall in jener Zeit, da er in Menschengestalt auf Erden wandelte. Darüber unterrichtet uns die kleine Schrift «Die geistige Führung des Menschen und der Menschheit»[15]. Es war so, als ob der Christus in jedem Augenblick den ganzen Sternenhimmel in sich trug mit all den Konstellationen und Kräften, die in jedem Moment da waren. Mit anderen Worten: das, was die Werkwelt dem Menschen zeigt, das war in ihm zugleich Wirksamkeit und Offenbarung. Während beim gewöhnlichen Menschen der Augenblick der Geburt gewissermassen stehen bleibt, kosmisch gesprochen, war es hier wie ein fortwährendes Geborenwerden. Es lebte, als der Christus auf Erden wandelte, die Menschheit noch einmal während dreier Jahre unmittelbar mit einem Wesen der geistigen Welt zusammen.

Es obliegt uns nun, die *Werkwelt* kennen zu lernen, wie sie sich den Sinnen offenbart, und zwar als Himmelswelt vorzugsweise dem Sehorgan. Darum unterscheidet sie sich ja von der uns umgebenden Erdenwelt, weil sie nicht unmittelbar gehört oder geschmeckt, vor allem nicht getastet werden kann. Erst wenn wir durch die Werkwelt hindurchstossen, bemerken wir, dass die Erde der Spiegel des Himmels ist und dass nach der alten hermetischen Regel alles, was oben ist, auch unten zu finden ist.

Um dieses wieder empfinden zu können, muss *eine* Vorstellung unbedingt aus dem modernen Bewusstsein verschwinden. Es ist das eine Vorstellung, die als eine Folge des kopernikanischen Systems aufgetreten ist und die durch die allgemeine Popularisierung der Wissenschaft mit mehr oder weniger Deutlichkeit eigentlich in allen Köpfen spukt, die Vorstellung von den ungeheuer grossen Entfernungen der Sterne, von «Lichtjahren», die nach Tausenden und Zehntausenden bemessen werden, welche das Licht brauchen würde, um von einem Stern zu uns hernieder zu kommen. Dadurch wird gewissermassen das Weltall in einen unendlich grossen, leeren Raum zersprengt, in dem nur ganz vereinzelt die trotz ihrer Anzahl immer noch wenigen Sterne verstreut und einsam umherwandeln, unter denen dann unsere Sonne ein Stern von mittlerer Grösse und nicht mehr ganz jugendfrischem Alter wäre, die Erde ein an sich dunkles Staubkörnchen von völliger Bedeutungslosigkeit. (Die neueren Vorstellungen neigen zwar erfreulicherweise wieder dazu, das Weltall als geschlossen und sogar messbar anzusehen, es werden auch Masse angegeben [auch heute noch gibt es Vertreter dieser Schule der «gekrümmten Räume»[15a]], doch handelt es sich uns jetzt darum, die vielfach unbewusst in den Seelen liegenden Vorstellungen zu charakterisieren.)

Es kann an dieser Stelle noch nicht darauf eingegangen werden, auseinanderzusetzen, wodurch diese Vorstellung heraufgekommen ist. Sie war, wie gesagt, eine Folge des kopernikanischen Systems und war im tieferen Sinne selbstverständlich eine geschichtliche Notwendigkeit im Zeitalter der Bewusstseinsseele. Bis dahin hatte die Menschheit keine andere Vorstellung, als dass sich unmittelbar an die Planetenwelt die Sternenwelt anschliesse, die zugleich die Welt der Toten ist, – die Sternensphäre unmittelbar «hinter» der Saturnsphäre, wie man es auf alten Karten abgebildet sieht. Man dachte damals in bezug auf die Sternenwelt überhaupt weniger räumlich als zeitlich, in Rhythmen und Umlaufszeiten, wie wir sahen. Wenn Ptolemäus[16] den alten Satz wiederholt: «Die Erde steht zu den Himmelskörpern (das heisst, zu der Entfernung bis zur Fixsternsphäre) im Verhältnis eines Punktes», so ist das nicht im Sinne eines unendlichen Weltalls gemeint – denn «Das Himmelsgewölbe hat Kugelgestalt und dreht sich wie eine Kugel», sagt Ptolemäus ebenfalls –, sondern es ist der wissenschaftliche Ausdruck seiner Zeit für den alten Gegensatz der Genesis: Himmel-Erde.

Erst als Kopernikus die Erde aus dem Mittelpunkt des Weltalls wegnahm, wo man sie seit Urzeiten empfunden hatte, kam die Frage nach den Ausmassen des Weltalls wirklich auf. Die «Sphären» waren endgültig durchbrochen. Für diejenigen allerdings, die dann zuerst das kopernikanische System aufnahmen, bewirkte dieses Durchstossen des im mittelalterlichen Empfinden immer dichter gewordenen «Kristallhimmels» zunächst ein Gefühl der Befreiung. Wie eine Stadt, die sich von ihren Mauern befreit und sich nun unbegrenzt weiter ausdehnen kann, so empfand Giordano Bruno den unermesslichen Weltenraum als Befreiung aus kosmischen Banden. Er besang geradezu diese Unermesslichkeit und die ihn beglückende Vorstellung von einer unendlichen Vielheit bewohnter Welten. Sie wurde ihm zum Verhängnis und führte ihn auf den Scheiterhaufen.

Erst als man daran gehen wollte, Beweise für die kopernikanische Theorie zu finden – was bekanntlich erst Jahrhunderte nach Aufstellung der Lehre gelang –, rückten die Sterne immer weiter weg. Das Weltall zerstob, es wurde leerer und leerer, die Sterne versanken in einem Meer von Dunkel und Kälte. So wurde der Mensch im Zeitalter der Bewusstseinsseele ganz auf sich selbst gestellt, indem er das Verstandesdenken auf den Sinnenschein richtete und zu gleicher Zeit in den Sinnenschein korrigierend eingreifen wollte.

Gehen wir in die Zeiten der Empfindungsseele, in die ägyptisch-chaldäische Zeit zurück, so finden wir, dass nicht der sinnlich-sichtbare Kosmos auf den Menschen wirkt, sondern das Imaginative, das, was sich hinter der Sinneswelt offenbart. Ja, die Sinneswelt, die für uns sichtbare Sternenwelt, war für die alten Menschen (zu denen wir ja auch mit unseren Seelen gehörten) noch nicht da. Stattdessen erlebten sie Bilder, Imaginationen, die ihnen die Sternenwelt – wie es Rudolf Steiner ausdrückte – von der anderen Seite zeigten. Eine räumliche Auffassung wäre da ganz deplaziert gewesen. Wer so erlebt wie die alten Chaldäer, für den ist die Sternen- und Planetenwelt näher und «begreiflicher» als ein naher Berg, der seinen Gipfel in Wolken hüllt. Auch noch die griechischen Götter wohnten ja auf dem Olymp, in einer anderen Welt, fern von Menschen.

Es ist gerade in jener griechischen Zeit, als die ägyptisch-chaldäische Kultur allmählich in die Dekadenz geriet, dass das Bewusstsein für eine äussere Sternenwelt erwacht. Die alten Bilder verblassen. Für die Verstandes- oder Gemütsseele offenbart sich besonders das Bild des «Augenscheins»: das runde Himmelsgewölbe, die daran gehefteten Sterne, die Planeten in mannigfachen Bewegungen dazwischen kreuzend. Die Verstandesseele richtet ihr Denken auf dieses Bild. Das Ergebnis wurde, mehrere Jahrhunderte später, in dem ptolemäischen System niedergelegt: Verstandesdenken auf den Sinnenschein gerichtet, aus dem das Imaginative allmählich verschwunden ist, – aber der Sinnenschein als Grundlage.

Kopernikus durchbrach am Ausgangspunkt der fünften nachatlantischen Kulturperiode den Sinnenschein. Das Denken der Bewusstseinsseele, noch an den Sinnes-Nerven-Menschen gebunden, will dasjenige korrigieren, was ihm der eine Teil des Kopfmenschen – eben der Sinnesteil – darbietet. Ein ödes, trostloses Weltbild entsteht. Es führt schliesslich zu Extravaganzen wie zum Beispiel in der Relativitätstheorie. Die Sinnesempfindung gilt nicht mehr, das von ihr befreite und doch sich auf sie berufende Denken bietet keine mögliche Weltanschauung.

Es spricht aus alledem klar die Notwendigkeit, von einer ganz anderen Seite an das Problem heranzugehen. Man wird verstehen, wie Rudolf Steiner in bezug auf das Verstandes-Vorstellen sagte: «Astronomie ist etwas, was eigentlich nicht in unsern Kopf hineingeht, sie passt nicht hinein.» Nicht durch Theoretisieren kommt man der astronomischen Wirklichkeit näher. Lassen wir einmal den Sinnenschein zu uns sprechen, denkend an das tiefe Goethe-Wort: «Die Sinne trügen nicht, aber das Urteil trügt.» Denn das, was zum Beispiel der Gesichtssinn uns offenbart, ist auch ein Teil der Wirklichkeit, jener Teil, der eben dem Kopfmenschen angehört. Er wird uns Führer sein können zu jenem Geistigen, das hinter allem äusserlich Sichtbaren verborgen ist.

Da ist es zunächst der Wechsel von Tag und Nacht, der sich für uns in der Ost-West-Bewegung von Sonne und Sternen spiegelt. Er ist zweifellos etwas, das mit unserem ganzen Menschen zu tun hat, er beeinflusst Leib, Seele und Geist. Man braucht bloss das kleine Kind zu beobachten, um zu sehen, wie es die Wirkung des Tageslichtes ist, die es allmählich zum Bewusstsein erwachen lässt. Auf der anderen Seite ist der 24-Stundenlauf in unsere Nahrungsaufnahme, unseren Stoffwechsel eingeschrieben, während wir uns im Schlafen und Wachen, insbesondere für geistige Betätigungen, schon stark von ihm emanzipiert haben.

Betrachtet man in dieser Weise Tag und Nacht, so hat man es mit umfassenden Tatsachen zu tun, die wiederum der Ausdruck von grossen, erhabenen Wesenheiten sind. Für den Gesichtssinn, den «astronomischen Blick», sind diese Tatsachen gewissermassen am Himmel verzeichnet, eingeschrieben als eine Umdrehung, eine Rotation des ganzen Sternenhimmels um eine Achse. Das Auf- und Untergehen des Tages- und des Nachtgestirnes, von Sonne und Mond, der nächtliche Wandel von Sternen und Planeten, sie offenbaren uns den ersten grossen Rhythmus, der eben in 24 Stunden, grob gesagt, sich vollzieht. Denken wir dabei zunächst einmal *nur* an die Sterne, streichen wir für einen Augenblick gewissermassen Sonne,

Mond und Planeten aus unserem Bewusstsein, so haben wir das Bild eines ewig Gleichmässigen, das sich nicht einmal mehr nach «Tag» und «Nacht» unterscheidet, vielmehr eine ewige Nacht darstellt, in der bloss die Sterne durch ihr Auf- und Untergehen ein Mass der Zeit angeben. Einige werden nie auf- oder untergehen (die sogenannten Zirkumpolar-Sterne), einer wird scheinen ganz still zu stehen, – es ist der Polarstern, zu dem die Erdachse hinweist, oder in antiker Sprache: durch den die Himmelsachse hindurchgeht.

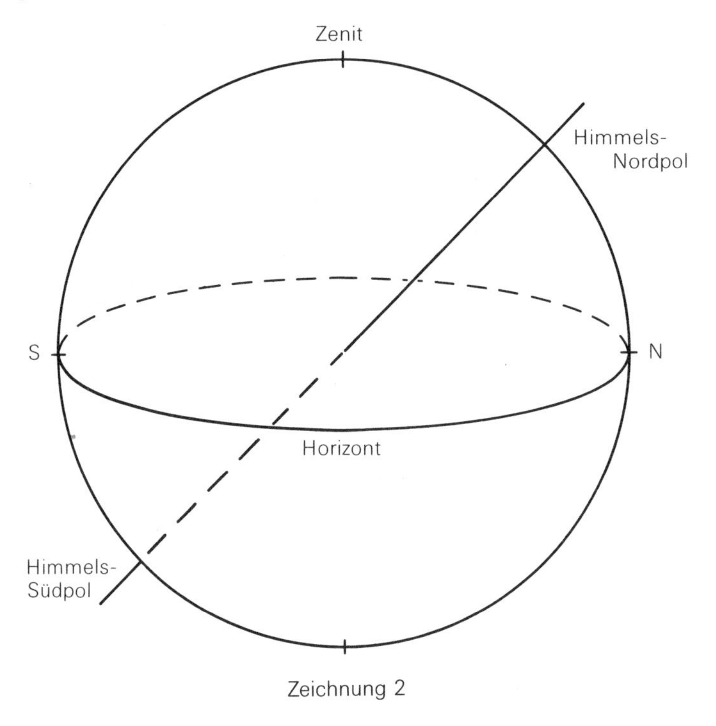

Zeichnung 2

Nehmen wir die ganz einfache *Zeichnung 2,* die zwar abstrakt ist, die uns aber manches zeigen kann, was sich dann am Himmel wiederfinden lässt. Man soll sich selbst *innerhalb* der Zeichnung denken, eben im Mittelpunkt. Der Kreis, der in der Zeichenebene liegt, sei der Meridian des Beobachtungsortes, für den die Zeichnung gemacht wird, das heisst, der Kreis, der durch den Zenit (höchster Punkt unmittelbar uns zu Häupten) und den Polarstern (genauer gesagt: Himmelspol) geht. Dieser Kreis mündet beim Horizont unmittelbar in den Nord- und Südpunkt. Der Horizont wird eben durch den «horizontal» gedachten Kreis dargestellt. Der Mittelpunkt beider Kreise ist der Ort, auf dem wir gerade stehen; denn jeder Mensch ist zu jeder Zeit immer im Mittelpunkt seines Weltalls und trägt gewissermassen seinen eigenen Himmel – seinen Zenit, seine Polhöhe und seine Himmelsrichtungen – mit sich. Wenn man fragt, wo in dieser Zeichnung nun eigentlich die Erde sei, so kommt man zu der merkwürdigen Schlussfolgerung, dass im Grunde genommen hier die Erde eigentlich nur vertreten ist durch die Horizontalebene, oder auch durch den blossen Punkt in der Mitte, wenn man bedenkt, dass selbstverständlich die Kreisscheibe, auf der wir stehen, nicht bis zum Sternengewölbe reichen kann, wenn auch am Horizont Himmel und Erde sich zu berühren scheinen. Denn wie sollten sonst Sonne, Mond und Sterne auf- und untergehen! Durch eine solche Darstellung erlebt man wiederum etwas von dem, was die alten Astronomen ausdrückten mit dem Begriff: Die Erde verhält sich zum Himmel wie ein Punkt zum Umkreis.

Die Sterne also, an unserem sonnenlos gedachten Firmament, beschreiben kleine und grosse Bahnen um den Polarstern herum *(Zeichnung 3).* Es sind darunter solche, die genau an zwei diametral gegenüberliegenden Punkten auf- und untergehen (einen sogenannten «grössten

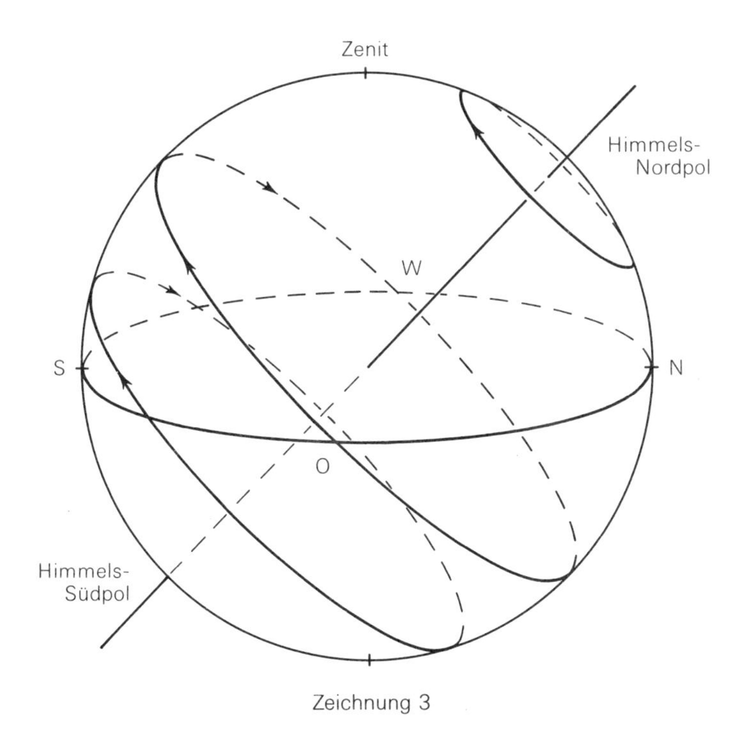

Zeichnung 3

Kreis» beschreiben). Es sind das der Ost- und Westpunkt des Horizontes, wobei wir bedenken müssen, dass wir hypothetisch die Sonne ausgeschlossen haben aus unserem Weltbild, so dass wir nicht durch das Aufgehen der Sonne auf die Begriffe «Ost» und «West» geführt werden können. Wäre die Welt wirklich so eingerichtet, man würde die «Zeit» bloss nach dem Umgang der Sterne bemessen müssen. Man würde vielleicht ebenso wie wir Sonnenmenschen es tun, den Sternentag in 24 Stunden einteilen. Doch wären das merkwürdigerweise andere Stunden als die, die wir kennen.

Die Welt ohne Sonne, Mond und Planeten ist natürlich eine schlimme Abstraktion. Man empfindet sogleich, dass, wenn sie so wäre, auch der Mensch ganz anders sein müsste, als er jetzt ist. Ja, man kann sagen: Der Mensch würde aus physischem Leib bestehen, keinen Ätherleib, Astralleib und kein eigenes Ich haben können. Er würde etwas wie ein Mineral mit einem kosmischen Bewusstsein sein können. In ewiger Gleichmässigkeit würde sich die Welt umdrehen in ewiger Nacht, zur selben Zeit würden immer dieselben Sterne auf- und untergehen.

In diese zur Verdeutlichung einmal hypothetisch vorgestellte Welt lassen wir jetzt das Sonnenhafte, Mondhafte, das planetarische Dasein einschlagen! Sogleich kommt Leben, Wachstum, Mannigfaltigkeit hinein. Sogleich ändert sich aber auch die *Zeit*. Sie wird etwas verlangsamt, als ob eine leise Hemmung, Verzögerung eingreifen würde. Denn die Sonne, die jetzt Herrscherin des Tages wird und diesen von der Nacht scheidet, kommt immer ein klein wenig später an einem Ort an (sagen wir: am Meridian, wenn sie, wie man sagt, «kulminiert» oder auch am östlichen Horizont, wenn sie aufgeht) als der Stern, mit dem sie vorher zusammen war. Der Stern eilt gewissermassen etwas voraus. War er zuerst in den Sonnenstrahlen verschwunden, so wird er nach einiger Zeit wieder vor Sonnenaufgang sichtbar werden, weil er der Sonne vorausgeeilt ist. Der ganze Sternenhimmel scheint sich vorwärts zu bewegen (von Ost nach West) in bezug auf den Sonnenlauf.

Wir können diese Tatsache auch so ausdrücken: Die 24 Stunden des sonnenlosen «Sternentages», von dem wir vorhin sprachen, sind etwas kürzer, weil schneller ablaufend als die 24 Stunden des «Sonnentages», nach dem wir uns zu richten pflegen. Wenn auch die Sonne für alle Orte, die nicht auf dem Äquator liegen, zu verschiedenen Zeiten im Jahr aufgeht, so kommt sie doch immer in der Mitte ihres Tageslaufes an den Meridian, den höchsten Punkt für den Tag, sie «kulminiert». Die Zeit zwischen zwei solchen «Mittagen» bemessen wir nach 24 Stunden. (Die wunderbare Lebendigkeit und Beweglichkeit des ganzen Kosmos macht es, dass auch solche genauen Angaben in Wirklichkeit nicht stimmen. Es sind immer nur Annäherungen. Die Sonne passiert den Meridian bald etwas früher, bald etwas später, in einem Zeitunterschied, der sich nach Minuten bemessen lässt.) Die Zeit aber zwischen zwei aufeinanderfolgenden Kulminationen ein und desselben Sternes ist, mit demselben Massstab wie für die Sonne gemessen, nicht 24 Stunden, sondern bloss 23 Stunden 56 Minuten 4 Sekunden. Die Sterne gehen also etwas schneller als die Sonne. Die Sonne bleibt gewissermassen etwas zurück. Wir rechnen nun, da wir nicht jene mit automatischem Bewusstsein beseelten Minerale sind, von denen wir vorhin sprachen, im alltäglichen Leben nicht nach der Sternenzeit, sondern nach der Sonnenzeit. Wir gehen in unserer Zeitrechnung irgendwie mit der Sonne mit, nicht mit den Sternen (nur der Astronom benutzt für seine Beobachtungen und Berechnungen die unveränderliche Sternenzeit des Sternentages).

Es soll nun später noch gezeigt werden, dass dadurch, dass wir in unserer Zeitrechnung mit der Sonne mitgehen und nicht mit den Sternen (obwohl die tägliche Umdrehung der Sterne um die Weltachse eigentlich das Urphänomen des Tageslaufes darstellt, das genaue Spiegelbild der Umdrehung der Erde um ihre Achse), nun andererseits die Sterne diesen Unterschied zwischen ihrer Geschwindigkeit und derjenigen der Sonne im Laufe des Jahres deutlich zeigen, indem sie zu immer früheren Zeiten am östlichen Horizont aufgehen. Betrachten wir zum Beispiel den Tierkreis in dieser Herbst-Jahreszeit um etwa 9 oder 10 Uhr abends, so werden wir die Zwillinge aufgehen sehen, nach einigen Wochen geht zur selben Zeit der Krebs auf, mitten im Winter der mächtige Löwe, während die Zwillinge dann schon um etwa 8 Uhr aufgehen. Diese Unterschiede, die sich für eine oberflächliche Betrachtung erst nach Tagen und Wochen bemerkbar machen, summieren sich aus den 3 Minuten 56 Sekunden, wodurch sich der Sternentag vom Sonnentag unterscheidet. Daran sehen wir das schnellere sich Vorwärtsbewegen der Sterne im Vergleich mit dem langsameren Vorgehen der Sonne, nach der wir uns in unseren Tageseinrichtungen ja richten müssen, da wir eben nicht bloss aus einem physischen Leib bestehen, sondern auch einen Ätherleib, Astralleib und ein Ich haben. – Rudolf Steiner hat diesen Unterschied zwischen dem System der Sterne und demjenigen der Sonne in Zusammenhang gebracht mit dem Gegensatz zwischen der Wesenheit des Luzifer und des Jahwe. Man bedenke, dass nach dem Austritt der Sonne aus der Erde der luziferische Einfluss auf den Menschen stattfand. Da musste die Sonnenbewegung so geregelt werden, dass dem luziferischen Streben nach einer verfrühten, vorschnellen Entwicklung ein Gegengewicht geboten wurde. Luzifer wollte zu schnell gewisse Fähigkeiten des Menschen entwickeln, besonders die Ausbildung des Denkens, des vom Kosmos losgerissenen Intellektes. Dieses Tempo drückt sich in der Geschwindigkeit des Sternenumlaufes – oder, kopernikanisch gesprochen, in der Geschwindigkeit der Erdumdrehung um ihre Achse – aus. Die guten Götter mussten die Sonne – die ja auch ein Stern unter Sternen ist – etwas zurückhalten, nicht ganz an dem Sternentempo teilnehmen lassen. Dadurch hat der Mensch zum Erkennen der Welt nicht bloss das verhältnismässig schnelle Auffassen seines Intellektes, sondern auch das langsamere *Erleben* des so Aufgenommenen in sich. Mit dem Verstande ist man eher mit einer Sache fertig als mit dem Erleben. – (Es ist dieses in gewissem Sinne dasselbe, was im Rundschreiben «Über Rhythmen und Konstellationen» über das Verhältnis des Mondes zu den Sternen und zu der Sonne gesagt wurde. Das Wiederüberholen eines Sternes durch den Mond nimmt weniger Zeit in Anspruch als das Überholen der Sonne. Würden wir in das vorhin geschilderte hypothetische Weltbild ohne Sonne noch den Mond eingefügt haben, dann würden wir nur den siderischen Umlauf des Mondes kennen, nicht aber die Vollendung des siderischen Monats zum synodischen während 2⅕ Tagen.)

Das so Geschilderte stellt auf dem Felde des Menschenlebens dasselbe dar, wie wenn wir, von Wesenheiten ausgehend, sagen: Jahwe musste dem zu schnellen Vorwärtsstürmen des Luzifer Einhalt gebieten. Und es ist wiederum dasselbe, wenn wir am Himmel äusserlich sichtbar erleben, wie die Sonne zurückbleibt gegenüber den Sternen, wie diese im Laufe der Tage, Wochen und Monate vorwärtsdrängen, immer früher am Osthimmel erscheinend, am Westhimmel untergehend.

Über die Jahresbewegung der Sonne

Einleitendes 4. Rundschreiben I, Dezember 1927

Die herannahende Weihnachtszeit lenkt unsere Gedanken auf den Jahreslauf der Sonne. An dem tiefsten Punkt ihrer Bahn angekommen, fängt sie an, vom 24. Dezember ab allmählich wieder höher zu steigen. Es ist das jene «scheinbare» Bahn der Sonne, die Ekliptik genannt wird (der Name ist eigentümlicherweise von den Finsternissen, Eklipsen, entlehnt) und die die Mitte des Tierkreisgürtels durchzieht. Auf dieser Bahn bewegt sich die Sonne im *Jahreslauf* und zwar entgegengesetzt zu der Richtung, in der sie im Tageslaufe mitgerissen wird. Während wir also täglich die Sonne von *Ost nach West* gehen sehen um das ganze oder jedenfalls halbe Himmelsgewölbe herum, rückt sie jeden Tag auf ihrer Jahresbahn um ein kleines Stückchen von *West nach Ost,* im Durchschnitt etwa 1° (in 365¼ Tagen ja um 360°) und durchwandert so – nur unbemerkbar durch die Tageshelle, die keinen Vergleich mit den hinter der Sonne stehenden Sternen gestattet –, den Tierkreis in der Richtung Widder, Stier, Zwillinge usw. *(Zeichnung 4).*

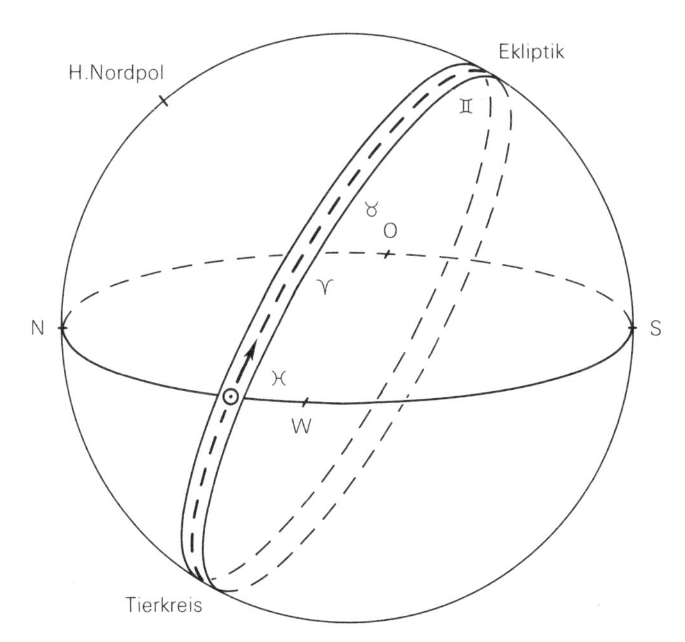

Zeichnung 4

Es ist das die Bewegung, von der das vorige Mal die Rede war als von der den Tageslauf leise hemmenden Bewegung der Sonne. Diese Verzögerung rührt – von einem anderen Gesichtspunkt betrachtet – von dem Jahreslauf der Sonne her, der sich entgegengesetzt und in einem anderen Kreise vollzieht als der Tageslauf (nämlich in der Ekliptik, während die Tagesbewegung parallel zum Äquator verläuft).

Luziferisches Vorwärtsdrängen im Tage, jehovistisches, göttlich-geistiges Zurückhalten im Jahre, so spielen die Kräfte ineinander. Durch den Jahreslauf kommt all das, was Wachstum, Entstehen und Vergehen ist, was «seine Zeit braucht», um zu reifen, was mit dem menschlichen Fühlen auch verbunden ist. Ätherisch-Astralisches gesellt sich zum Physikalischen der blossen Erdumdrehung.

Um diese grundlegenden Verhältnisse besser kennen zu lernen, werden noch einige Ausführungen nötig sein. Aber die Jahreszeit selber legt uns nahe, nicht ein Kapitel aus der Astronomie, sondern eines aus der Astrosophie zu bringen, das sich gerade mit den wirkenden Wesenheiten beschäftigt, die wir im Zusammenhang mit der Sonne betrachten müssen. Darum sollen die mehr theoretischen Erörterungen das nächste Mal fortgesetzt und dieses Mal eine Betrachtung über die «dreifache Sonne» eingefügt werden.

Die dreifache Sonne

Mit dem Mysterium der dreifachen Sonne berührt man eines der grössten Mysterien der Weltentwicklung. Und es wäre uns selbstverständlich nicht möglich, über dieses Mysterium zu sprechen, wenn wir nicht den Lehrer gehabt hätten, der als der Erneuerer der Mysterien für die heutige Zeit anzusehen ist, Rudolf Steiner[17]. Er war es, der uns bei den verschiedensten Gelegenheiten auf dieses Mysterium hingewiesen hat, der es für uns verbunden hat auf der einen Seite mit dem Mysterium des dreifachen Menschen, auf der anderen Seite hinaufgewiesen hat in das allerhöchste und heiligste Mysterium, das der menschliche Geist kaum umfassen kann, das Mysterium der Dreieinigkeit.

In den alten Mysterien, so sagte uns Rudolf Steiner, wurde gelehrt das Wissen von der dreifachen Sonne. Und in den verschiedenen Zeiten der menschlichen Entwicklung wurde Verschiedenes über diese dreifache Sonne gelehrt. Verschiedenes nicht im Sinne eines inneren Widerspruches selbstverständlich, sondern in dem Sinne, dass die fortschreitende Menschheitsentwicklung die Menschheit auch innerhalb der Mysterien in verschiedener Weise mit diesem Mysterium verbinden musste und mit den Wesenheiten, die man berührt, wenn man von der dreifachen Sonne spricht.

Da lehrte man – um es in eine etwas allgemeinere Form jetzt zu fassen – von der ersten Sonne, die ja uns allen bekannt ist, die wir Tag für Tag am Himmel erscheinen und wieder verschwinden sehen, die für unser Auge strahlend, ja blendend ist, die physisch-materielle Sonne – wie man sie heute auffasst –, die Sonne, die für uns die Gegenstände der Welt sichtbar macht. Und man lehrte in den alten Mysterien: Diese Sonne strahlt und glänzt nur deswegen für uns, weil Luzifer sie uns sichtbar gemacht hat. Er hat unsere Augen geöffnet, er hat für unser Auge, das auch aus der Sonne heraus geschaffen ist, diese Sonne sichtbar gemacht. Eine luziferische Sonne, die auch ihrer äusseren Konstitution nach, so wie sie heute – vom wissenschaftlichen Standpunkte aus – geschildert wird, Luziferisches in sich hat, so nannte man die erste Sonne die äussere sichtbare Sonne.

Aber in ihr verbirgt sich eine andere Sonne. Das ist diejenige Sonne, der wir verdanken, dass wir Menschen ein Seelenleben haben, dass wir ein Gedächtnis haben, dass wir ein Ich sind: ein solches Ichwesen, das am Faden des Gedächtnisses seine Erlebnisse aufreihen kann und dadurch immer wieder von sich wissen und auf diese Weise ein geschlossenes Seelenleben haben kann, das Denken, Fühlen und Wollen vereint. Und die Wesenheiten, zu denen man in alten Zeiten aufsah als zu den Schenkern dieses menschlichen Seelenlebens, die nannte man im althebräischen Sinne die Elohim. Von ihnen sagte man, dass sie sich in der Sonne befinden, dass sie eine geistig-seelische Sonne gegenüber der äusseren materiellen Sonne darstellen. Von einem dieser Elohim, Jahve oder Jehova, wissen wir, dass er sich mit dem Monde vereinigt hat. Aber die Elohim, die zu den Geistern der Form gehören, zu der zweiten Hierarchie, sind es, die innerhalb der Sonne leben, die dort verborgen sind für den äusseren Blick. So hatte man eine zweite Sonne innerhalb der ersten, sichtbaren Sonne. Und die erste, von Luzifer entzündete Sonne, deckte diese zweite Sonne zu, in der nicht bloss die Elohim, sondern auch die Geister der Bewegung, die Geister der Weisheit, die ganze zweite Hierarchie zu denken ist in gewissem Sinne, wenn wir auch mit Recht die Geister der Form als die eigentlichen Repräsentanten dieser zweiten Sonne ansehen dürfen.

Aber hinter dieser Sonne – so lehrte man in den Mysterien – verbirgt sich noch eine andere Sonne, die eigentliche geistige Sonne. Darin lebt dasjenige Sonnenwesen, das überhaupt sein Wesen erst mit der Sonne vereinigt hat und dadurch die Sonne erst zu dem gemacht hat, was sie ist: zu dem strahlendsten Stern im ganzen Kosmos. Es ist das Wesen, das man mit verschiedenen Namen benannt hat: das Wesen, das für uns Erdenmenschen der jetzigen Zeit zunächst nur genannt werden kann mit dem Namen des Christus. Denn diese dritte Sonne ist es ja, die sich mit der Erde verbunden hat durch das Mysterium von Golgatha. Auf dieses Sich-Verbinden der dritten Sonne mit der Erde konnte man in vorchristlichen Zeiten nicht hinweisen. Aber hinweisen konnte man darauf, dass dieses Wesen, das der eigentliche Sonnengeist genannt werden kann, dem Menschen das Ich gegeben hat: ein Ich, das nicht bloss an dem Faden des Gedächtnisses hängt, und das verschwindet, wenn das Gedächtnis aufhört, zum Beispiel im Schlafe, sondern das Ich, das von Inkarnation zu Inkarnation geht, was den Menschen als ein bleibendes, göttliches Wesen darstellt. Indem man von dieser dritten Sonne sprach, sprach man von dem Gange dieses Sonnenwesens im Laufe einer langen Menschheitsentwicklung zur Erde hin, und man musste sagen: aus den Weiten des Weltenraumes heraus und noch von jenseits des Raumes kam diese Wesenheit zur Sonne und von der Sonne zur Erde hin.

Wenn wir die verschiedenen nachatlantischen Kulturperioden betrachten, so werden wir verschiedene Etappen finden in dem Verhältnis, das der Mensch gehabt hat zu dieser Sonne in ihren verschiedenen Aspekten, Etappen, die damit zusammenhängen, dass des Menschen Entwicklungsfähigkeiten immer andere waren, dass der Mensch in immer anderer Weise zur Welt, auch zur geistigen Welt, gestanden hat. In der urindischen Zeit finden wir den Hinweis auf ein Wesen, von dem man sagt, dass es eigentlich jenseits der Menschheitssphäre war, Wishwakarman, das Wesen, das «Alles gemacht hat», wie der Name ausdrückt, das für den Inder das war, was für uns der Christus ist, das aber keine Beziehung zur altindischen Kultur haben konnte, weil die Zeit dazu noch nicht gekommen war. Aber in der zweiten Kulturperiode, der urpersischen, sehen wir Zarathustra, wie er die Sonne wahrnimmt, und um die Sonne herum eine Aura, die «grosse Aura», Ahura Mazdao. Sie spricht zu ihm, eben als das Sonnenwesen, und offenbart sich für ihn als das Wesen, das wir als die eigentliche geistige Sonne, als erste Sonne (ich habe sie vorhin als dritte Sonne aufgezählt) anzusprechen haben.

Im dritten nachatlantischen Zeitraum nahm man (wie schon früher ausgeführt wurde) die Wirksamkeit der geistigen Wesen wahr. Und die Sonne wird ein Wesen, das nicht mehr unmittelbar das Geistige offenbart, das gerade in seinen Bewegungen, in seinen Strahlungen, seinen Wirkungen eben, Astralisch-Ätherisches offenbart. Da sprachen die Ägypter von Re Osiris, dem Sonnengott. Re, der Osiris als seinen Repräsentanten auf Erden hat, ist das Wesen, das die Sonne herumführt am Sternenhimmel, das sie in einem Sonnenboote auf den Wassern des Himmels herumfahren lässt. Denn der Ägypter fühlt den Himmel mit dem wässerigen Element verwandt. – Es ist die zweite Sonne, die wirksame Sonne, die ihre Wärme und ihr Licht zur Erde strahlt – aber nicht das äussere Licht ist zunächst gemeint, sondern das innere Licht, das auch im Menschen als Gedankenlicht leuchtet –, solcher Art ist die Sonne, welche in dieser Zeit zunächst wahrgenommen wird.

Kommen wir in die späteren Perioden des Ägyptertums, wo die eigentliche ägyptische Kultur bald von einer anderen abgelöst werden wird, dann können wir sehen, dass nun auch die äussere Sonne immer mehr betrachtet wird. Wir finden eigentlich das erste Aufmerksammachen auf die Tätigkeit der äusseren, physisch-wahrnehmbaren Sonne durch jenen grossen Pharaonen Echnaton, Amenophis IV., der im 14. Jahrhundert v. Chr. gelebt hat und dessen «Hymnen an die Sonne» uns überliefert sind. Da findet man stark betont dasjenige, was eben von der Sonne ausstrahlt und zur Erde kommt als physische Strahlen, die den Menschen erwärmen und erleuchten:

«Herrlich ist dein Aufleuchten im Horizonte des Himmels,
O Schöpfer Aton, der am Uranfang lebte!
Wenn du aufsteigst im Osten des Himmels,
Liegt jedes Land unter dir leuchtend in Schönheit.
Du bist schön und gross und funkelnd und hoch über der Erde;
Die Länder, und Alles, was du geschaffen,
Umarmst du liebend mit deinen Strahlenhänden.
Du bist Re, der sie leitet und hütet,
Der sie fesselt mit dem Bande der Liebe.
Bist du auch fern, so sind deine Strahlen doch auf der Erde,
Und dein Angesicht ist ewig ihr zugewandt auf deiner Bahn.»

Da wird dasjenige betrachtet, was als Wirksamkeit von der Sonne zur Erde herunterströmt.

Noch mehr ist dieses der Fall, wenn wir den vierten nachatlantischen Zeitraum betrachten, denjenigen Zeitraum, in den das Mysterium von Golgatha fiel. Zwar auch bei den Griechen finden wir, dass hingewiesen wird auf die dreifache Sonne. Die Griechen hatten noch aus ihrer Geistigkeit heraus, aus ihrem Anknüpfen an die Geistigkeit ihrer Mysterien und der Mysterien der anderen umliegenden Völker, eine Vorstellung, eine Ahnung wenigstens von der dreifachen Sonne. In der ersten, der geistigen Sonne, empfanden sie den Quell alles Moralischen. Das *Gute* war für sie mit dieser

Sonne verknüpft. Und in diesem Sinne spricht Plato von dem Guten als einem Urprinzip und verbindet es mit der Sonne. Da ist die geistige Sonne als moralischer Quell erfasst. – Die zweite Sonne nannten die Griechen Helios. Gewiss, die Griechen hatten mehrere Sonnengötter; aber gerade Helios ist derjenige Gott, der die Sonne herumführt am Firmament, der sie für die Menschen scheinen lässt. Er ist für die Griechen eigentlich dasselbe, was Re Osiris für die Ägypter war. Und als dritte Sonne, als das, was wir heute als die äussere Sonne empfinden, fühlten die Griechen nicht bloss die blendende, strahlende Sonne, sondern, man kann sagen, den ganzen sonnenhaften Erdenäther; alles, was um die Erde herum als Äther vorhanden ist und von der Sonne nur durchstrahlt und durchströmt wird. Darin lebten die geistigen Wesenheiten ihrer Götter. Darin wirkte und waltete vor allem Zeus. Und Zeus ist ja auch, wie die griechischen Götter überhaupt, in gewissem Sinne eine luziferische Wesenheit. Zeus war für sie der Repräsentant dieser dritten Sonne, der äusseren Sonne. Aber noch nicht im scharf abgegrenzten Sinne, wie wir die Sonne heute haben; sondern wir müssen schon den Äther, wie er über den griechischen Meeren und Landen sich ausbreitete, dazurechnen, um zu empfinden, was für den Griechen die Sonne war, die auf die Erde herunterschien, die den Olymp überschien. Eine dreifache Sonne wurde so noch in den griechischen Mysterien gelehrt.

Anders ist es, wenn wir zu den Römern kommen. Die Römer waren, im Gegensatz zu den Griechen, ein viel abstrakteres, ungeistigeres Volk, aber in ihren Anfängen knüpften sie in ihrem Geistesleben vielfach an griechisches Geistesleben an. Sie liessen sich vieles von den Griechen übermitteln. So ist es auch bei den Römern Helios, der angerufen wird, um die Menschen zu führen zu dem, was nun die Römer als ihren Sonnengott hatten, zu dem Mithras. Im Mithrasdienst haben wir Mithras als ein Sonnenwesen, einen Sonnengott, der auf dem Stier des übrigen Kosmisch-Planetarischen reitet, jedoch an sich ein Sonnenwesen ist. Aber insbesondere in der Zeit, als das Römertum sich ausbreitet über die ganze Welt, als sich auch ausbreitet der Mithrasdienst als die Religion des einfachen römischen Soldaten sogar, wird man finden, dass man nur von einer zweifachen Sonne wusste: einer äusseren Sonne, wie wir sie kennen, und einer geistigen Sonne, die man im Mithrasdienst verehrte. Die dreifache Sonne ist zusammengeschmolzen zu einer zweifachen, indem die Erkenntnis der eigentlichen geistigen Sonne verschwunden ist. Wir wissen ja, dass inzwischen das Mysterium von Golgatha stattgefunden hat, dass die geistige Sonne sich mit der Erde verbunden hat. Wir wissen auch, dass viele Mysterien sich nur schwer zu dieser Erkenntnis durchgerungen haben und noch lange nach dem Mysterium von Golgatha nicht gewusst haben, dass es wirklich stattgefunden hatte. Dadurch zeigten sie, dass sie keine vollberechtigten Mysterien mehr waren. In der späteren römischen Zeit sehen wir also das Erschütternde, dass die Römer nur von zwei Sonnen wissen, dass die Erkenntnis der dritten Sonne, also eigentlich der ersten, der geistigen Sonne, verschwunden ist. Da sehen wir etwas, was tief verknüpft ist mit der ganzen weiteren Geistesentwicklung der Menschheit. Wir wissen, wie Rudolf Steiner immer wieder davon sprach, dass der Mensch aus Leib, Seele und Geist bestehe, dass er eine Dreiheit sei. Und er sprach davon, dass diese Trichotomie des Menschen zu einer bestimmten Zeit durch Konzilsbeschluss [des achten ökumenischen Konzils in Konstantinopel im Jahre 869] abgeschafft worden sei, dass von da ab der Mensch nur aus Leib und Seele bestehen durfte[18]. Aber dieser Konzilsbeschluss, der ein Dogma trocken und nüchtern festlegte, wäre nicht möglich gewesen, wenn nicht vorher in der Entwicklung das schon stattgefunden hätte, dass die erste Sonne verlorenging im Bewusstsein der Menschen; dass die Menschen die geistige Sonne vergassen, die man dereinst verehrt und angebetet hatte, dass jener Dichotomie, der Zweiteilung des Menschen, eine kosmologische Zweiteilung statt einer Dreiteilung vorangehen musste. Der Geist, der 869 durch Konzilsbeschluss abgeschafft wurde, ist des Menschen wahres Ich, das von Inkarnation zu Inkarnation geht, das sich auch nur forterhalten kann, wenn es sich mit dem Christuswesen, mit der geistigen Sonne verbindet. So ist man in historischen Zeiten von einer dreifachen Sonne zu einer zweifachen Sonne übergegangen, und verlorengegangen ist das Geheimnis von dem Christus als Sonnenwesen. Wir haben nach und nach jenes unkosmische Christentum bekommen, unter dem heute noch die Kultur so schwer leidet.

Aber wenn wir weitergehen, sehen wir die natürliche Fortsetzung dieses Verlaufes, indem nun auch diejenige Sonne, die die Römer noch gekannt und verehrt haben, vergessen wird. Wir sehen, wie nur noch eine einzige Sonne da ist, eben das äussere Sonnenhafte, der Sonnenball, den man heute am Himmel wahrnimmt, den die Wissenschaft untersucht und in ihrer Art schildert und erklärt, den sie für das einzige hält, was wirklich ist. Von einem Geistigen in der Sonne zu reden, ist heute weder im wissenschaftlichen noch im religiösen Sinne möglich, wenn man bei dem Gebräuchlichen stehen bleibt. Ein glühender Gasball ist das, was die Sonne für die heutigen Menschen geworden ist; eine Kugel, die aus glühenden Gasen besteht und vom Himmel Wärme herunterschickt, so wie ein Ofen Wärme ausstrahlt. Diese Sonne, die letzte, die noch übrig blieb, ist die luziferische Sonne, in der zurückgebliebene Wesenheiten, von den höchsten bis zu den niedrigsten, walten und wirken. Rudolf Steiner hat einmal die Naturwissenschaft, die er einerseits ja ausserordentlich hochschätzte, und die man ja schätzen muss, wenn man sie kennt, – er hat sie einmal mit einem lapidaren Satz geschildert: «Was geschieht eigentlich in der Naturwissenschaft? Dieses: Ahriman beschreibt Luzifer![19]» – Mit diesen Worten ist eben ausgesprochen, dass die Fähigkeiten, die Ahriman im Menschen entwickelt hat, die Erkenntnismittel, sowohl wie die Hilfsmittel und Instrumente, die durch ahrimanische Kräfte gefunden sind, dazu verwendet werden, dasjenige zu schildern, was ja eigentlich überall in der Natur das Stehengebliebene, das Zurückgebliebene ist, «Ahriman beschreibt Luzifer». So wird auch geschildert diese Sonne, die Sonne der zurückgebliebenen Wesenheiten, die man heute als die einzige Sonne kennt. Denn so schön sie ist – Luzifer ist auch ein strahlendes Wesen –, sie ist ein Wesen, das zusammengesetzt ist aus zurückgebliebenen Wesenheiten. Mit Spektroskop, Teleskop, mit anderen von Ahriman inspirierten Erfindungen untersucht man die Sonne. Und bei dieser Untersuchung kommt man zu folgendem Ergebnis. Da sagt man: Ja, die Sonne muss einen Kern, einen inneren Teil haben. Von dem können wir nicht wissen, was darin eigentlich vorgeht. Denn dieser Kern ist zugedeckt von dem, was darübergelagert ist.

Nun, gerade dieser Sonnenmittelpunkt, dieser Sonnenkern, von dem man spricht, das ist jener Raum, der kein Raum im gewöhnlichen Sinne ist, von dem Rudolf Steiner immer sagte, er sei leerer denn leer; er sei nicht bloss leer, sondern er sei ein negativer, ein saugender Raum. Das ist der Raum, in dem Platz haben die geistigen Wesenheiten (man muss schon einen räumlichen Ausdruck gebrauchen), die Wesenheiten der zweiten Hierarchie. Von diesem Sonneninnern sagt die Naturwissenschaft mit vollem Recht, man könne von ihm nichts wissen, weil sich darüberlagert die Oberfläche der Sonne; wir betrachten nur die Oberfläche. Da hat man dann zuerst die Photosphäre. Das ist dasjenige, was wir sehen von der Sonne, wenn wir sie entweder durch ein verdunkeltes Glas betrachten oder auch, wenn sie untergeht. Was ist diese Photosphäre? (Die Chromo- und Atmosphäre wollen wir mit dazurechnen.) Sie ist das, was uns den Eindruck gibt einer wirklichen Sonnenscheibe oder einer Kugel, also eines Räumlichen. Aber was Raum ist, was nicht ist die Negation des Raumes, das gerade ist das Erzeugnis zurückgebliebener Geister der Form. Es sind ja die normalen Geister der Form, die wahrhaft im Innern der Sonne wohnen. Ihr Wesen macht das Wesen der inneren Sonne aus. Aber vor ihnen lagern sich zurückgebliebene Geister der Form, die eigentlich Geister der Weisheit sein sollten, aber zurückgeblieben sind, und die nun als Illusion erzeugen das Bild von einer räumlichen Sonne, die räumlich am Himmel vorüberzieht. Der Raum wird eigentlich mit dem Lichte ausgestrahlt; er ist ein Erzeugnis der *abnormen Geister der Form.* – Der naive Mensch denkt, der Raum müsse doch eine Form haben, aber er hat keine Form. Gerade darin zeigt sich ein Gebilde von zurückgebliebenen geistigen Wesenheiten, von zurückgebliebenen Geistern der Form. Sie sollten Geister der Weisheit sein, sind aber auf der Stufe der Geister der Form stehengeblieben und zaubern uns den Raum vor, den wir als etwas Geformtes empfinden möchten, und der doch keine Form hat. (Es verbirgt sich viel, viel mehr hinter diesem Mysterium des Raumes, selbstverständlich; aber dieses können wir zunächst an ihm empfinden.) Und das Symbolum für einen solchen Raum, der eigentlich keiner sein sollte, ist die Sonnenscheibe, die aus glühendem Gas bestehen soll, die sich für uns als Photosphäre kundgibt.

In dieser Photosphäre zeigen sich dunkle Flecken, die Sonnenflecken. Sie sind dunkle Stellen gegenüber dem Licht, das da ausstrahlt von der Photosphäre. Da sind die Wesenheiten darinnen, die nicht mitgemacht haben den Übergang von der alten Saturnentwicklung in die alte Sonnenentwicklung, die zunächst stehengeblieben sind während der alten Saturnentwicklung und die dadurch nicht aufgenommen haben das Lichthafte, das ja mit der Sonne gekommen ist. Es sind *stehengebliebene Geister der Persönlichkeit,* Archai, die ihre Menschheitsstufe auf dem alten Saturn durchgemacht haben.

Die Photosphäre kann man immer sehen, wenn man das Sonnenlicht genügend abblendet. Die Sonnenflecken sind nur höchst selten mit dem unbewaffneten Auge zu sehen, sie können im allgemeinen nur durch das Fernrohr beobachtet werden. Schwieriger noch wahrzunehmen sind die sogenannten Protuberanzen. Sie sind bei einer totalen Sonnenfinsternis zu sehen oder auch zu anderen Zeiten mit gewissen Instrumenten, die auch wiederum das Licht abblenden. Dann treten die Protuberanzen hervor, die «Sonnenflammen», wie man sagt. Sie machen zunächst den Eindruck, als ob sie flammenartig von dem Sonnenrand aufschiessen würden, so wie etwa glühende Lavamassen bei einem Vulkanausbruch auf der Erde *(Zeichnung 5).* Doch gerade darin liegt das dem Sonnenwesen Widersprechende auch dieser Erscheinung. Denn auf der Sonne tendiert alles nach dem Mittelpunkt hin, nach dem ätherischen Raum, der alles vernichtet, was ihm zustrebt. Aber nehmen wir die Schilderung des alten Sonnenzustandes, zum Beispiel in dem Zyklus «Die Geheimnisse der biblischen Schöpfungsgeschichte[20]», wie leuchtende, wunderbare, pflanzenartige Lichtgebilde durch die Sonne ziehen, sich von ihr loslösen, wieder hineinfallen, entstehen und verschwinden, – da haben wir dasjenige, was in den heutigen Protuberanzen als zurückgebliebene Wesenhaftigkeit der alten Sonne lebt, so wie die Sonnenflecken noch die Gesetzmässigkeiten des alten Saturn zeigen, als es Wärme, aber noch kein Licht gab. In den Protuberanzen haben wir die *zurückgebliebenen Engelwesen* [vermutlich: Erzengelwesen] der alten Sonnenentwicklung. Sie sind eigentlich ahrimanische Wesen. Und das letzte, was die Wissenschaft an der Sonne studiert,

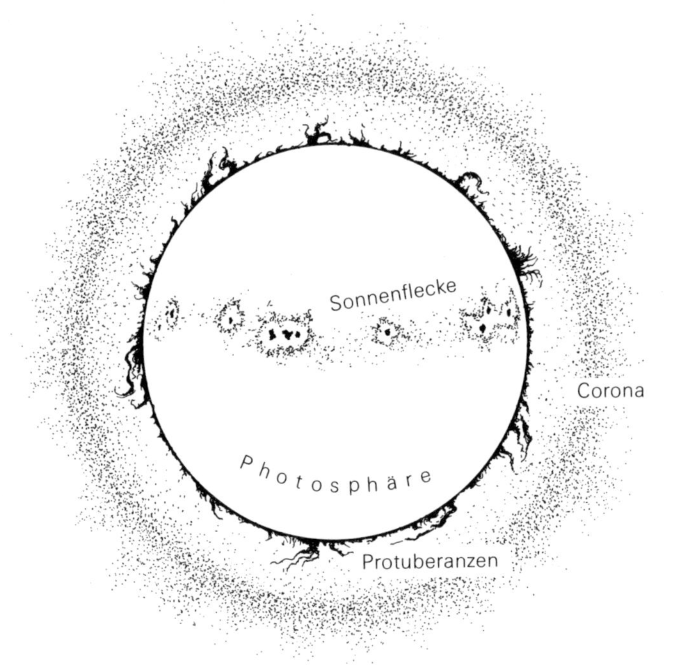

Zeichnung 5

das ist jene seltsame Erscheinung, die nur bei einer totalen Sonnenfinsternis zu beobachten ist, die Corona, die sich dann um die verfinsterte Sonne herum erstreckt. Und in diesem schwächsten Gebilde, in dieser zwar weit ausgedehnten, aber schwach-leuchtenden Offenbarung, haben wir das letzte Zurückgebliebene zu sehen, was während des alten Mondendaseins stehengeblieben ist als Engelwesenheiten. In der Corona sehen wir die *zurückgebliebenen Engel.* Diese Wesen der sichtbaren Sonne müssen alle als zurückgeblieben bezeichnet werden.

Betrachten wir die Sonne nochmals in ihrer Dreifachheit, so, wie sie heute zu betrachten ist. Nur weniges kann angedeutet werden von dem vielen, was da zu sagen wäre.

Wir wissen, auch der Mensch ist uns als dreigliedrig geschildert worden: als Kopfmensch, Brustmensch, Stoffwechsel-Gliedmassenmensch. Unser Kopfmensch ist derjenige, der am meisten harte Materie enthält; wo es am meisten auf die Materie ankommt und wo der Geist am meisten heraussen ist, nicht in der Materie drinnen ist. Da kommt uns derjenige Geist zum Bewusstsein, der an diesem unbeweglichen Gehirn, so möchte man sagen, eine Widerlage findet, an der er sich spiegeln kann. Da haben wir dasjenige, was am meisten Materie in uns ist. Aber in unserem Kopfe sind auch am meisten zerstörende Kräfte, Abbaukräfte. Abbaukräfte sind ja fortwährend notwendig, damit ein Bewusstsein in uns auftauchen kann. Dieses Bewusstsein aber, das wir nur auf Grund von Abbauerscheinungen entwickeln, ist dasjenige, das Luzifer zunächst in dem Menschen entzündet hat. Und wir reden nicht umsonst von dem Licht unserer Gedanken, dem Licht des Intellektes. Wir haben es da mit einem Licht im eigenen Gedankenleben zu tun, das tatsächlich ein luziferisches Gedankenleben, ein luziferisches Licht darstellt, dasjenige, was als Sonne der Erkenntnis, aber zunächst als luziferische Sonne in uns leuchtet. (Es ist das auch jenes hellwache Tagesbewusstsein, das mit der täglichen Umdrehung des Sternenhimmels zu tun hat. Die Sonne nimmt an dieser zu schnellen Umdrehung teil [siehe Seite 41], insofern sie die tägliche Ost-West-Bewegung der Gestirne mitmacht. Auf diese von Luzifer herumgeführte Sonne der Tagesbewegung wirkt verzögernd – wie wir gesehen haben – die Sonne in der Jahresbewegung. Sie beeinflusst nicht den Kopf, sondern das Herz, das Gefühlsleben.)

In dem Brustmenschen haben wir ineinanderwogend Geist und Materie. Da findet ein fortwährendes Hin- und Herpendeln zwischen beiden statt. In dem Brustmenschen lebt die Atmung, von da geht die ganze Blutzirkulation, alles Rhythmische aus. Da wirken diejenigen Geister, die dem Menschen auch den Odem, den Atem eingehaucht haben, die Jahve-Elohim-Geister, die sich mit dem Menschen in Liebe verbunden haben eben durch den Brustmenschen am Anfang der Erdenentwicklung. Da haben wir die zweite Sonne, die Sonne der zweiten Hierarchie, mit der sich der Christus ganz besonders verbunden hat, bevor er sich mit der Erde verband. In dem Blute, dem Rhythmus, dem Pulsschlag lebt eigentlich die zweite Sonne im Menschen darinnen.

Und im Stoffwechsel-Gliedmassen-Menschen sind Geist und Materie am meisten miteinander verbunden. Wir dürfen da selbstverständlich nicht stillstehen bleiben bei den gewöhnlichen Vorstellungen, die das Stoffwechselleben als etwas Minderwertiges betrachten. Man schätzt nicht sehr den Geist, der da so ganz mit der Materie verwoben ist, der aber das

Wunder zustandebringt, dass er den ganzen Menschen aufbaut und erhält; dass er wiedergutmacht, was der Kopf zerstört. Während wir durch den luziferischen Intellekt immer Abbau- und Vernichtungskräfte in den Leib hinunterschicken, wird in fortwährenden Lebensprozessen wieder aufgebaut durch den Stoffwechselmenschen. In diesem Stoffwechsel-Gliedmassen-Menschen können wir auf der einen Seite stark das Wirken des Vaterprinzips empfinden, das ja in allen Stoff, in alle Materie ordnend eingreift. Aber wir können auch empfinden das Wort des Christus: Ich und der Vater sind eins. Da sind eben eins Geist und Materie. Man darf diese Worte selbstverständlich nicht zu sehr pressen; es sind Mysterienworte; sie müssen, ich möchte sagen, mit ihrer ganzen Aura genommen werden. Aber es gehört zu den heiligen Sakramenten, dass man auch dem Stoffwechselmenschen die Substanz des Gottes zuführt und ihn das Göttliche erleben lässt. So kann man versuchen, die geistige Sonne zu verstehen, die mit dem Stoffwechselmenschen, mit dem Willensmenschen auch, verbunden ist. *Licht* lebt im Kopfmenschen. *Liebe* wallt und webt im Brustmenschen. Das *Leben* strömt im Stoffwechsel-Willensmenschen. Und mit den drei Worten Licht, Liebe, Leben haben wir eine rein christliche Benennung für die dreifache Sonne. Im wahren esoterischen Christentum ist das Wissen von der dreifachen Sonne nie untergegangen. Es sind diese Worte ja mit dem Christus verknüpft worden. Der sie sprach, wusste, dass im Grunde die drei Sonnen eins sind.

Die erste, höchste Sonne ist die Christus-Sonne. Sie war im Urbeginn und hat alle Dinge erschaffen. Die zweite Sonne entsteht, als die Wesenheiten der höheren Hierarchien, unter der Anführung des Christus, die zu starken geistigen Kräfte aus der Erde loslösen und nun einen Sonnenkörper im Weltall gründen müssen. Diese Sonne wäre für heutige physische Augen nicht sichtbar gewesen. Erst das Wirken Luzifers brachte mit sich, dass die Sonne von sichtbarer, leuchtender, ja blendender Substanz umgeben ist.

Die Christussonne hat sich mit der Erde vereinigt. Das ist das Geschehen, dessen wir in der Osterzeit gedenken. Und in der heiligen Weihnacht sehen wir das Kind geboren werden, das der Christusträger werden soll. Alle Jahre wieder kommt das Christuskind, denn die Sonne kommt alle Jahre einmal an jenen Punkt, wo sie am tiefsten steht in ihrer Bahn, das heisst, am wenigsten die verführerischen Höhenkräfte entwickelt, und zugleich an jene Stunde, wo sie als Mitternachtssonne, ohne sichtbares Licht, nur dem Geistesauge leuchtet.

Und in dem Christusgeschehen, das 30 Jahre nach der Geburt mit der Taufe im Jordan am 6. Januar anfängt und dann 3⅓ Jahre dauert, liegt der

Keim dazu, dass die zweite Sonne sich am Ende der Erdenentwicklung mit der inzwischen vergeistigten Erde verbinden kann, der Keim auch zur Erlösung der luziferischen Sonne, die für sich allein verbrennend auf die Erde wirken müsste.

So gedenken wir in diesem Sinne beim Weihnachtsfest, wie die Erde dazu ausersehen ist und von dem Menschen weiter vorbereitet werden soll,

«dass auch sie einst Sonne werde».

Über die Jahresbewegung von Sonne und Sternen

5. Rundschreiben I, Januar 1928

Wir leben jetzt in einer Jahreszeit, wo die Tage länger werden, die Sonne höher steigt. Ein Blick auf die *Zeichnung 4* (Seite 43) zeigt uns die Sonne auf dieser aufsteigenden Bahn, allerdings für einen späteren Moment des Jahres, nämlich den, wo sie im Begriff steht, in das Zeichen des Widders einzutreten.

Die Tierkreisbilder und ihre Zeichen

Widder ♈	*Krebs* ♋	*Waage* ♎	*Steinbock* ♑
Stier ♉	*Löwe* ♌	*Skorpion* ♏	*Wassermann* ♒
Zwillinge ♊	*Jungfrau* ♍	*Schütze* ♐	*Fische* ♓

Man muss, um sich einen klaren Blick über diese Verhältnisse zu verschaffen, zuerst ganz absehen von der täglichen Bewegung der Sonne (oder, wenn man will, der Erde). So, wie wir im 3. Rundschreiben I gewissermassen hypothetisch die Sonne ausgeschaltet haben und nur die Erdumdrehung betrachteten, so müssen wir jetzt von dieser Erdumdrehung, also von dem Aufgehen der Sonne und der Sterne im Osten usw. absehen, und müssen uns klarmachen, was dann an Bewegungen am Firmament noch übrig bleibt.

Es stellt sich dann heraus, dass, so betrachtet, die Sonne im Laufe eines Jahres gewissermassen im Westen erscheint, den Horizont überschreitet, durch den Meridian geht (das heisst, ihren höchsten Punkt erreicht), um im Herbst im Osten gewissermassen unterzugehen. Zu Weihnachten würde sie dann an dem untersten Punkt ihrer Bahn sein. Sie durchläuft so die Ekliptik – wie schon gesagt, ist das der Kreis, der mitten durch die Tierkreissternbilder hindurchgeht – und braucht dazu ein ganzes Jahr. Diese Bewegung ist nicht unmittelbar mit dem Auge zu verfolgen, da ja das Sonnenlicht die Sterne zudeckt und wir überdies die *Zeit* so eingerichtet haben, dass diese Bewegung mit einbezogen wird (Unterschied zwischen Sonnentag und Sternentag [siehe Seite 41]).

Dafür aber spiegelt sie sich – wie ebenfalls schon angedeutet wurde – in den Sternen, die nun eine entgegengesetzte Bewegung ausführen (alles «Scheinbewegungen» vom modernen Standpunkt aus), also gegen die Pfeilrichtung in der schon erwähnten Zeichnung. Man wird daher im Laufe des Jahres den Widder zuerst untergehen sehen, dann Stier, Zwillinge usw., jeden Monat ein weiteres Sternbild des Tierkreises. Ebenso steigt jeden Monat ein weiteres Sternbild im Osten auf. Diese Ost-West-Bewegung, die nicht mit der Tagesbewegung verwechselt werden darf, ist eigentlich eine doppelte Maja, denn sie ist die Umkehrung der durch die «Sonnenzeit» verdeckten Sonnenbewegung von Westen nach Osten, und diese muss wiederum im kopernikanischen Sinne als eine Scheinbewegung angesehen werden. Doch braucht uns die letztgenannte Tatsache noch nicht zu kümmern.

Auch der weitere Sternenhimmel nimmt selbstverständlich an dieser Bewegung teil. Nicht nur neue Tierkreisbilder ziehen im Laufe des Jahres im Osten herauf; auch die anderen Sternbilder – insofern sie nicht zirkumpolar, das heisst, wegen ihrer Polnähe niemals untergehend sind – markieren durch ihr früheres oder späteres Erscheinen die Jahreszeiten. Für den Winterhimmel sind ja charakteristisch: der Orion, der mit seiner Keule den Stier bedroht, der funkelnde Sirius im grossen Hund – der hellste Stern am Firmament überhaupt, Prokyon im kleinen Hund usw. Im Sommer stehen in unseren Gegenden Wega in der Leier, Arktur, Herkules, dann der Schwan besonders hoch. Doch lässt sich die Jahresbewegung am besten am Tierkreis verfolgen.

Sie vollzieht sich um eine Achse, die ebenso am Himmelsgewölbe durch einen Punkt bezeichnet wird, wie die verlängerte Erdachse den Polarstern gewissermassen als ihren Endpunkt bezeichnet. Jener Punkt, der Polpunkt des Tierkreises, ist sehr charakteristisch im Sternbild des Drachens gelegen. Die alte traumhaft-hellseherische Weisheit hat hier den Drachen gewissermassen als den Hüter dieses Punktes geschaut. Das Sternbild des Drachens ist verhältnismässig leicht zu finden, indem es sich zwischen dem Grossen und Kleinen Bären hindurchwindet und in seiner letzten Windung, nahe beim Kopfe, der sich als ein kleines Sternenviereck zeigt, den Ekliptikpol umschliesst. Dieser Pol liegt also von jedem Punkt der Ekliptik gleich weit entfernt. – Der auf der *Zeichnung 4* (Seite 43) mit «Pol» bezeichnete Punkt ist der Äquator- oder Nordpol des Himmels, der sich beim Schwanzende des Kleinen Bären befindet. Um diesen letzteren Punkt vollzieht sich die gesamte Tagesbewegung von Ost nach West, um den ersteren, der im Drachen liegt, die gesamte Jahresbewegung.

Wir haben auf *Zeichnung 6* ebenso ein Bild der ausschliesslichen Jahresbewegung wie auf *Zeichnung 3* (Seite 39) von der ausschliesslichen Tagesbewegung. Dort war der Pol nach der anderen Seite gerichtet, doch kann es ebensogut anders dargestellt werden. *Dort* war der Mittelkreis der, den wir den Himmelsäquator nennen; alle Tagesbewegungen verlaufen parallel zu ihm. *Hier* stellt der Gürtel in der Mitte den Tierkreis dar und es sind in den kleinen Kreisen die Jahresbewegungen zum Beispiel des Arktur oder des Sirius zu sehen [man wird leicht an einer «Jahresbewegung der Fixsterne auf Parallelkreisen zur Ekliptik» Anstoss nehmen, es sei deshalb besonders auf die Darstellung in der Anmerkung verwiesen][21].

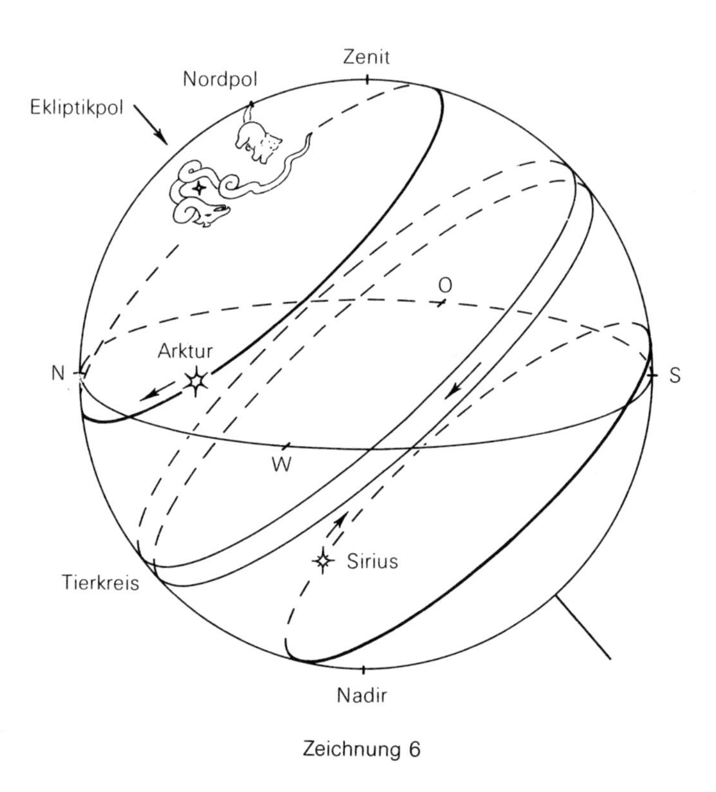

Zeichnung 6

Betrachten wir nun aber beide Bewegungen zusammen! Das heisst, geben wir die einseitige Betrachtung der blossen Jahresbewegung und der blossen Tagesbewegung auf, und fragen wir uns, was im Laufe eines Tages geschieht.

Da wird natürlich sich stark bemerklich machen das, was die eigentliche Tagesbewegung ist, jene von Osten nach Westen, die sich auf dem Äquator und parallel zum Äquator vollzieht. Mit dem Äquator ist dabei nicht der irdische Äquator gemeint, der mitten zwischen den irdischen Polen verläuft, sondern die Fortsetzung gewissermassen einer Kreisebene in das Himmelsgewölbe hinein, wo er mitten zwischen den beiden Himmelspolen (Nordpol und Südpol) sich erstreckt. Da wird er zu einem Kreis, der den Horizont für jeden Ort im Ost- und Westpunkt schneidet und sich über den Süden zu einer Höhe erhebt, die unmittelbar von der geographischen Breite abhängig ist. Je näher zum Nordpol hin, desto flacher liegt der Äquator, während der Polarstern in nördlichen Gegenden immer höher steigt[22].

Gegenüber dieser in 24 Stunden verlaufenden Bewegung ist die andere, sich «parallel zum Tierkreis» vollziehende Jahresbewegung der Sterne nur eine sehr langsame, da sie ja 365¼ Tage zu ihrer Vollendung braucht. Daher wird zum Beispiel das Sternbild des Stieres etwa 2 Stunden brauchen zum Aufgehen, aber es wird ungefähr ein Monat verlaufen, bis – infolge der Jahresbewegung – zur selben Abendstunde das Sternbild der Zwillinge aufgehen wird.

Der ganze Tierkreis wird selbstverständlich von der täglichen Umdrehung ebenso mitgerissen wie der übrige Sternhimmel, und da der Tierkreis schief zum Äquator steht, ergibt diese Umdrehung jeden Tag eine höchst merkwürdige Schlängelbewegung des Tierkreises in bezug auf den Äquator und dadurch in bezug auf Horizont und Meridian (siehe *Zeichnung 7*).

Wer gute Gelegenheit hat, den Sternenhimmel zu beobachten, das heisst, wer nicht gerade in der Grossstadt wohnt, kann verfolgen, wie schon nach wenigen Stunden der Tierkreis – jener Teil, der gerade im Osten oder im Westen ist – den Horizont an einem ganz anderen Punkte schneidet als vorher: etwas mehr nach Norden oder mehr nach Süden, oder auch, dass er sich jetzt höher oder tiefer, steiler oder flacher über dem Horizont erhebt als vorher. In der beigefügten *Zeichnung 7* steht zum Beispiel der Tierkreis – für die nördliche Erdhälfte – höher als der Äquator, seine Schnittpunkte mit dem Horizont liegen nördlich vom Ost-, südlich vom Westpunkt. Nach vielleicht zwei Stunden würden diese Schnittpunkte mit dem Ost- und Westpunkt zusammenfallen, dann auf der anderen Seite sein, während sich der Halbkreis, der über dem Horizont ist, zu gleicher Zeit immer flacher legen würde, um nach mehreren Stunden dasselbe Spiel in entgegengesetzter Richtung fortzusetzen.

Dasselbe, was der Tierkreis so in einem Tage ausführt, das zeigt er auch in einem Jahr, wenn man immer um dieselbe Stunde, zum Beispiel Mitternacht, seine Beobachtungen anstellt. In Winternächten wird er sich, geschmückt mit Stier und Zwillingen, hoch erheben, in Sommernächten sich flach zum Horizonte hinneigen. Auch die Auf- und Untergangspunkte verschieben sich am Horizont.

Dieselbe Erscheinung liegt vor mit den Auf- und Untergangspunkten, dem höher und weniger hoch Ansteigen der Sonne im Jahreslauf, – denn die Sonne befindet sich ja immer im Tierkreis. Am 21. März geht die Sonne genau im Osten auf, im Westen unter, dann verschiebt sich ihr Aufgangspunkt täglich mehr nach Norden hin, und auch der Untergangspunkt (bis die Sonne beim Westen angekommen ist, hat sich der Tierkreis auch so weit nach Norden vorgeschoben). Der Mittagspunkt, der Kulminationspunkt, steigt höher, so dass überhaupt immer längere Tagesbögen

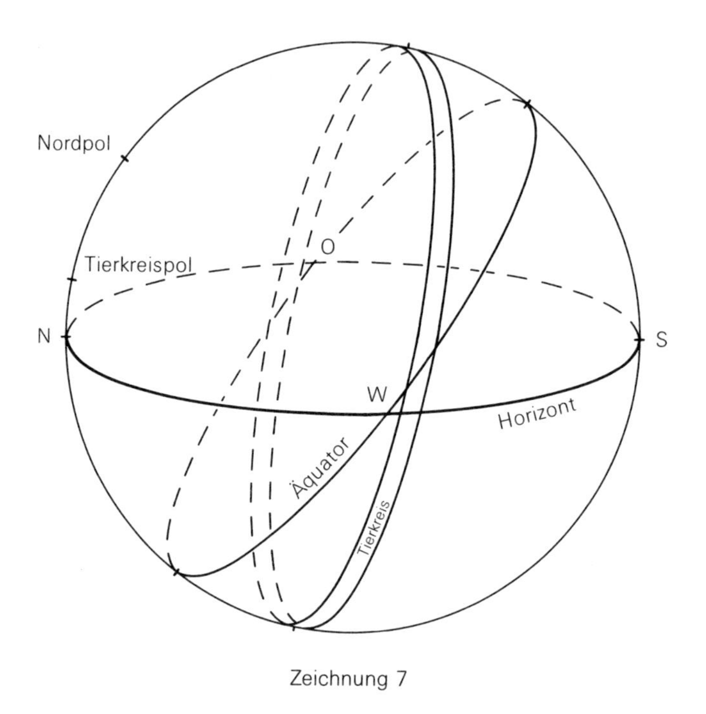

Zeichnung 7

zustande kommen. Das geht so bis zum 22. Juni, wo die Sonne in unseren Gegenden etwa 36° vom genauen Ostpunkt entfernt aufgeht, ebensoweit vom Westpunkt untergeht. Mehr nach Süden hin wird der Unterschied geringer, bis 23½° am Äquator. Dann beginnt der Rückweg: am 24. September wird wieder der Ost- und Westpunkt erreicht und nachher werden die Auf- und Untergangspunkte mehr nach dem Süden hin am Horizonte liegen, der Kulminationspunkt immer tiefer sein, der Tagesbogen kürzer.

Wer in der Lage ist, von seinem Zimmer aus, entweder den West- oder den Osthimmel zu überschauen, kann diese Verschiebungen der Auf- und

Untergangspunkte gut verfolgen, denn sie sind, wenn man ein Vergleichsobjekt hat – einen Baum, ein Haus, einen Berg – sogar von Tag zu Tag bemerkbar. Auch der Ekliptik- oder Tierkreispol – der Punkt im Drachen – muss sich täglich um den Äquatorpol – den Punkt im kleinen Bären – drehen. Dagegen werden wir später sehen, dass gegenüber dem grossen Platonischen Weltenjahr von 25 920 Jahren wiederum der Drachenpunkt der unbewegliche ist, und der Polpunkt sich um ihn bewegen muss, wodurch ja die Menschheit zu verschiedenen Zeiten immer andere Polarsterne gehabt hat, um sich zu «orientieren». Noch die Griechen schauten bei ihren Schiffahrten im Mittelmeer zu einem hellen Stern im Drachen (es ist der hellste Stern dieses Sternbildes überhaupt, nach dem Schwanzende zu gelegen) als zu ihrem Pol- oder Leitstern auf, während der vorhin als Ekliptikpol bezeichnete Punkt auch damals Ekliptikpol war. So kann man gegenüber dieser Jahrtausende währenden Bewegung wohl empfinden, dass mit Recht der Drache dahin versetzt wurde, um den «ruhenden Pol in der Erscheinungen Flucht» von Äon zu Äon zu bewachen. Doch soll von diesen Verhältnissen noch später die Rede sein.

Kehren wir zu unserer Jahresbewegung der Sonne zurück, die von West nach Ost geht, und die Sonne den Tierkreis in einem Jahr im Sinne der Zeichen durchlaufen lässt. Wenn die Sonne zum Beispiel im 1. Grad des Widders steht, wird sie den ganzen Tag sozusagen in diesem 1. Grad stehen, wenn auch ihr Vorrücken selbstverständlich ein allmähliches ist, und sie wird mit dieser bestimmten Stelle des Tierkreises zusammen den täglichen Umgang, parallel zum Äquator, von Ost nach West mitmachen müssen, so dass sie mit diesem Punkt – 1. Grad Widder – aufgeht, durch den Meridian schreitet, untergeht. Bis sie wieder aufgeht, hat sie den 2. Grad erreicht usw. Die Ekliptik oder Sonnenbahn wird ja wie jeder Kreis in 360° eingeteilt und in 12 mal 30° unterteilt, von einem der beiden Punkte abgerechnet, wo sich Tierkreis und Äquator schneiden, nämlich von demjenigen, wo die Sonne am 21. März steht.

Es ist interessant, diese Bewegungen mit denen des Mondes zu vergleichen. Der Mond ist immer der grosse Lehrmeister der Astronomen gewesen, da seine hauptsächlichsten Bewegungen wenigstens leicht zu überschauen sind. Er ist dadurch allerdings auch einige Male der Irreführer der Astronomen geworden. Denn dadurch, dass er keine eigentliche Achsendrehung hat, sondern immer dieselbe Seite der Erde zuwendet, wurden die alten Astronomen immer wieder von der Möglichkeit der Erdumdrehung abgelenkt, indem sie meinten: da der Mond sich nicht drehe, so könne es auch die Erde nicht tun. – Als im 17. Jahrhundert Newton sein Gravitationsgesetz gerade am Mond prüfte und bestätigt fand, schloss er daraus auf eine Allgemeingültigkeit dieses Gesetzes für das ganze Weltall bis zu den fernsten Sternen und brachte so endgültig den Materialismus in die Astronomie hinein.

Der Mond macht die Tagesbewegung mit wie die Sonne, wie alle Sterne und Planeten. Dass er nicht klar und deutlich jeden Tag im Osten aufzugehen *scheint* (eigentlich tut er es ja doch!), hat damit zu tun, dass bei ihm die West-Ost-Bewegung, die der Jahresbewegung der Sonne entspricht, sehr stark in Betracht kommt, während sie bei der Sonne, wie wir gesehen haben, nur einen ganz kleinen Schritt jeden Tag bedeutet. Der Mond geht ja in 27⅓ Tagen um den ganzen Himmel herum, statt in einem Jahre, und es ist bei der Festsetzung der Länge des Tages nicht mit ihm gerechnet worden, so dass er seine Bewegung nicht auf die Sterne abládt, wie die Sonne es mit ihrer Jahresbewegung tut, sondern sie uns deutlich vor Augen führt. Er steht ja jeden Tag oder jede Nacht um etwa 12° mehr nach Osten hin – die Sonne nur um 1°. Man kann, wenn der Mond gerade in der Nähe eines Sternes oder eines Planeten steht, gut bemerken, wenn man ihn nur eine Stunde verfolgt, dass er von Westen nach Osten an dem Stern vorbeischreitet, während er zu gleicher Zeit mit dem Stern oder dem Planeten zusammen die allen gemeinsame Drehung von Ost nach West vollführt. Man denke sich diese Bewegung zwölfmal verlangsamt, so hat man diejenige der Sonne in ihrer Jahresbahn.

Auch die Mondbahn liegt im Tierkreis, wenn auch nicht genau zusammenfallend mit der Ekliptik-Sonnenbahn. Der Tierkreis ist eben ein Gürtel von der Breite ungefähr der Tierkreissternbilder, und so können in ihm auch etwas schrägstehende Bahnen liegen. Solche in bezug auf die Ekliptik etwas geneigte Bahnen haben sowohl der Mond wie auch die Planeten.

Wir haben über das Verhältnis vom Mond zur Sonne schon gesprochen (siehe Seite 29). Wenn der Mond bei der Sonne gewesen ist, das heisst, Neumond war und dann als Sichel zum ersten Mal wieder sichtbar wird, hat er sich in seiner Monatsbewegung schon 2 oder 3 Tage von der Sonne entfernt, so dass sie ihn nicht mehr mit ihren Strahlen verdeckt. Man muss sich natürlich vorstellen, dass auch an dem betreffenden Tage, wo der Mond in der westlichen Abenddämmerung sichtbar wird, er am selben Morgen kurz nach der Sonne im Osten aufgegangen und ihr den ganzen Tag sozusagen nachgewandert ist, allerdings unter allmählichem Zurückbleiben von mehreren Graden. Während das Morgensonnenlicht ihn überstrahlt hat, kann er abends kurze Zeit, nachdem die Sonne untergegangen ist, als junge Sichel glänzen, um dann, der Tagesbewegung folgend, bald darauf im Westen unterzugehen.

Bis der Mond voll wird, ist er ganz von der Sonne weg zur entgegengesetzten Seite, nach Osten, gewandert und geht dann eben auf, wenn die Sonne untergeht. Von da ab kann man verfolgen, wie er jeden Tag später heraufkommt, so wie er am Anfang seiner monatlichen Laufbahn jeden Tag später untergegangen ist. Diese Verspätungen seines täglichen Auf- und Unterganges betragen zumeist etwas über eine Stunde, können aber auch bedeutend geringer sein. Diese interessanten Unterschiede hängen wiederum mit der schiefen Stellung des Tierkreises zum Äquator zusammen und bringen eine grosse Mannigfaltigkeit in das Weltbild hinein.
Es sollte hier auf die grundlegenden Begriffe des Tages- und Jahreslaufes, vom Augenschein aus, so ausführlich eingegangen werden, weil nur, wenn diese völlig erfasst sind, ein Verfolgen der Himmelserscheinungen und ein sich mit ihnen Vertrautmachen möglich ist. Alles andere lässt sich leicht auf diese Bewegungen aufbauen, wenn die Grundbegriffe einmal angeeignet worden sind.

Über unser Planetensystem

6. Rundschreiben I, Februar 1928

In Sonne, Mond und Erde erblicken wir jene Dreiheit von Himmelskörpern, die wie grosse Merkzeichen der kosmischen Entwicklung sind. Sie führen den Geistesblick zur alten Sonnenzeit, zur Mondenzeit und eben an den Anfang unserer Erdentwicklung zurück, als Sonne und Mond nacheinander den gemeinsamen Erdenkörper verliessen. Nur der alte Saturn scheint aus noch früheren Daseinsstufen herüber.

In diesem ganzen Verlauf drücken sich gewaltige Entwicklungs-Tatsachen aus. Wir werden erinnert an die Versuchung durch Luzifer, der nun mit seinen Scharen eine führende Rolle auf Erden bekommt, – an den Verzicht des Jahwe, der sich mit dem Monde verband, während die Geister gleichen Ranges, die Elohim, bei der Sonne bleiben, – und an die Tat des Christus, der als höchster Repräsentant der Sonnengeister mit diesen die Erde verliess (siehe «Geheimwissenschaft»[7]). Geistige Tatsachen, Kämpfe sowohl wie Entwicklungszustände liegen dem Sonnensystem, wie es heute ist, zugrunde. Auch die Planeten müssen in dieser Weise betrachtet werden, wenn sie uns mehr als blosse herumwandelnde Lichtpunkte sein sollen.

Nun gab es schon während der alten Mondenentwicklung eine grössere Anzahl von Himmelskörpern neben Sonne und Mond[7]. Sie waren die Folge von dem Zurückbleiben von Wesenheiten auf verschiedenen Stufen während des Saturn-, Sonnen- und Mondendaseins. Die Wesenheiten verbanden sich mit gewissen Substanzen, die ebenfalls «zurückgeblieben» sind, denn ohne dieses würde es nicht Substanzen, sondern nur Wesenhaftigkeit in der Welt geben. Mit diesen Substanzen verlassen sie den alten Mond und gründen sich eine Stätte im Weltenall, um ihrem Wesen gemäss wirken zu können. Dass dieses Abtrennen nicht ohne Kämpfe vor sich ging, erfahren wir aus dem Zyklus «Geistige Hierarchien und ihre Widerspiegelung in der physischen Welt»[23], wo geschildert wird, wie die heutigen Planetoiden zwischen Jupiter und Mars gewissermassen das Trümmerfeld sind eines titanischen Kampfes, der gekämpft wurde von der alten Sonnenzeit bis zur Mondenzeit, als es sich darum handelte, den alten Sonnenkörper, der bis zu der heutigen Jupiterbahn reichte, bis zur Marsbahn zusammenzudrängen. – Die Sonne selbst überragte schon damals die übrigen Himmelskörper durch ihre vorgeschrittene Geistigkeit, die sie derjenigen Wesenheit verdankt, die wir später auf Erden als den Christus erkennen.

Um diese Sonne, die von den Geistern der Bewegung so weit zusammengedrängt war, kreiste der alte Mond. Und in diesem Umkreisen haben wir gewissermassen die erste rotierende Bewegung im Sonnensystem zu sehen. In dem herrlichen Zyklus «Die Evolution vom Gesichtspunkte des Wahrhaftigen»[24] wird geschildert, wie dieses Inbewegungbringen – das eben von Geistern der Bewegung ausging – ein Ausdruck war für ein innerliches Unbefriedigtsein, ein Sehnsuchtsvolles, das in den Wesenheiten auftreten musste, die nicht mehr mit der fortschreitenden Entwicklung mitgehen konnten. Etwas wie eine innere Unruhe ergriff die Wesen und brachte die Körper in Bewegung. Und damit haben wir in dem luziferischen, zurückgebliebenen Element im Kosmos den Ursprung alles planetarischen Sich-Bewegens, des Bewegens der «Irrsterne», wie sie mit feinem Empfinden einstmals genannt wurden, wenn auch das Irren schon seit langen Zeiträumen gesetzmässig verläuft.

Während der Erdenentwicklung spalten sich zunächst Saturnwesen, dann Jupiter- und Marswesen aus dem gemeinsamen Erdenplaneten ab und gründen sich Stätten im Kosmos. Nicht nur übermenschliche Wesen, auch menschliche Seelen, die die Erdenentwicklung schon in ihren Anfangsstadien nicht mitmachen können, ziehen zu diesen neuen Planeten von der Erde fort. Dann, am Ende der sogenannten hyperboräischen Zeit, verlässt die Sonne die Erde, mit sich nehmend jene Wesenheiten, die bald darauf den Merkur- und den Venusplaneten zwischen Erde und Sonne bilden. Es waren das Wesenheiten, die den luziferischen Einschlag in sich hatten, das heisst, das Ziel der Mondenentwicklung nicht voll erreicht hatten. Sie stehen aber weit über den Menschen, denen sie Lehrer und Führer in Urzeiten waren. – Es muss der Unterschied betrachtet werden zwischen den regelmässig fortgeschrittenen Wesenheiten, die wie die Erzengel oder die Archai in der Merkur- und Venus*sphäre* sind (für diese Sphären bilden der äussere [sichtbare] Merkur und die Venus eine gewisse Grenzmarke) – und den mehr oder weniger zurückgebliebenen Wesenheiten, die mit den einzelnen Planetenkörpern verbunden sind. Doch sind selbstverständlich auch normale Geister der höheren Hierarchien mit den Planeten in Beziehung. Auf die Tätigkeit von luziferisch gearteten Wesen bei der Entstehung der Planeten wurde schon im 1. Rundschreiben I hingewiesen.

Die Sonne nahm bei ihrem Fortgehen aus der Erde bekanntlich die Ätherarten: Lebensäther, Klangäther usw. mit, aber auch eine mehr physikalische Substanz, nämlich die *Luft.* Mit dem Element der Luft hatte der Christus sich schon während der alten Sonnenzeit verbunden – obwohl das damals dichteste Element nicht seinem erhabenen Wesen angemessen war. Er hatte damit den Grund gelegt zu jenem Opfer, das er dann auf Erden in Palästina bringen konnte: in einen menschlichen Leib hinabzusteigen und durch ihn den Tod zu erleben. Er musste daher, als die Sonne die Erde verliess, sich wiederum mit der dichtesten der damals vorhandenen Substanzen – eben der Luft – umkleiden, um sie der Sonne einzuverleiben, damit das Opfer auf Golgatha später wirklich vollzogen werden konnte, Sonne und Erde wieder zu vereinigen[25]; so dass wir auf der heutigen Sonne, neben den verschiedenen Wesenheiten und Substanzen, die wir schon früher erwähnt haben, auch dieses finden: das von der Christuskraft durchzogene Gasige, Luftförmige, das mit der Erdenluft auch heute noch eine gewisse Verwandtschaft zeigt. Und wir können verstehen, dass von einer Wiederkunft Christi «in den Wolken», im Element der Luft, gesprochen wird, nicht der gewöhnlichen äusseren Luft, sondern derjenigen gewissermassen ätherischen Luft, wie sie am Anfang der Erdenentwicklung da war.

Anders ging es wiederum in dieser Urzeit der Erde mit dem Monde. Der Mond musste die Erde verlassen, als der luziferische Einschlag zu solchen Lebensbedingungen auf Erden geführt hatte, dass die Menschenseelen bis auf wenige Ausnahmen nicht weiter die Menschenkörper bewohnen konnten. Dieser Mond, der die Erde verliess, war eigentlich ein «imaginatives» Gebilde, er bestand aus solchen Substanzen, dass ihn ein heutiges menschliches Auge nicht hätte erblicken können. Er enthielt zunächst die Wirkungen des alten Mondes und hätte in dem Menschen ein starkes «atavistisches» Hellsehen angeregt, das ihn nicht zur Freiheit hätte kommen lassen. Die weiteren Angriffe Luzifers (und Ahrimans) zwangen die guten Götter, vor allem den Jahwe-Gott, den Mond gewissermassen umzugestalten, ihn mit fester, der Erde entnommener Materie zu durchsetzen, so dass der Mond ein dichtes, mineralisches Gebilde wurde, das den Angriffen Luzifers und Ahrimans standhalten konnte. Die vom Mond ausgehende Kraft zum Imaginieren, die ja auch heute noch in unserem Phantasieleben wirkt, wurde im Verlauf der Entwicklung so abgeschwächt, dass sie statt des alten Hellsehens nur die schattenhaften Bilder unseres Gedankenlebens bewirkt. Die Freiheit des Menschen war gesichert.

Wir sehen aus alledem, wie die Geschichte von der Entstehung der Himmelskörper zunächst ausgehen muss von der Betrachtung der Entwicklung der höheren und auch der zurückgebliebenen Wesenheiten, wie dann allmählich der Mensch ein Hauptfaktor in diesem Verlaufe wird. Um seinetwillen müssen draussen im All Weltenkörper begründet werden, verlassen Wesen ihre Wohnorte und steigen auf die Erde hernieder.

Wir sind bei dieser Schilderung noch durchaus bei den ersten Stadien der Entwicklung des Sonnensystems, von denen im 1. Rundschreiben I die Rede war. Die Werkwelt, eine errechenbare, streng gesetzmässig verlaufende Welt auch in bezug auf die Glieder des Sonnensystems, tritt eigentlich – wie schon früher gesagt – erst seit der Mitte der atlantischen Zeit auf. Und nachdem der Mensch in der früher angedeuteten Art die vorhergehenden Stadien in den nachatlantischen Kulturperioden gleichsam für sein Erleben wiederholt hat, kommt mit der griechischen Kultur nun allmählich ein theoretisches Sich-Beschäftigen mit dem Sonnensystem. Die früheren Völker – Ägypter, Babylonier – haben eigentlich über die Rätsel der Sternenwelt nicht *nachgedacht,* sondern sie haben die Gesetze des Kosmos unmittelbar erlebt und haben sich von den Sternen die Einrichtungen der Erdenverhältnisse sagen lassen. Auch die älteren Griechen beschäftigen sich noch in untheoretischer Weise mit der Sternenwelt. «Man wird sich zum Beispiel das Vorstellen des Thales ganz sicher irrtümlich zurechtlegen, wenn man denkt, dass er als Kaufmann, Mathematiker, Astronom über Naturvorgänge nachgedacht habe, und dann in unvollkommener Art, aber doch so wie ein moderner Forscher seine Erkenntnisse in den Satz zusammengefasst habe: ‹Alles stammt aus dem Wasser›. Mathematiker, Astronom usw. sein, bedeutete in jener alten Zeit, *praktisch* mit den entsprechenden Dingen zu tun zu haben, ganz nach Art des Handwerkers, der sich auf Kunstgriffe stützt, nicht auf ein gedanklich-wissenschaftliches Erkennen[26].»

Mit der «Geburt des Gedankens» kommt unvermeidlich das herauf, dass der Mensch sich Gedanken über das Weltall macht. Während «oben», im Planetensystem, durch die Gesetzmässigkeit gewissermassen Ruhe und Beharrlichkeit auch in der Bewegung herrscht, entsteht auf Erden das vielfach bewegte und veränderliche Bild, das die Menschen sich im Verlaufe der Zeit von dem Sonnensystem gemacht haben. Es erfahren die Griechen, die nach Ägypten und Babylonien reisen, um sich dort einweihen zu lassen, von den uralten Aufzeichnungen jener Völker über die Bewegung der Planeten, über den Rhythmus von Sonnen- und Mondfinsternissen usw. Fast erschütternd wirkt diese Erkenntnis auf die Griechen der Plato-Zeit. Dass die Planeten sich vor- und rückwärts bewegen können, dass sie Stillstände, unregelmässigen Gang zeigen, stösst das griechische Empfinden für Schönheit und göttliches Walten ab. Sie empfinden die Himmelskörper ja noch als göttliche Wesen oder wenigstens als den Leib eines göttlichen Wesens. Aristoteles zum Beispiel spricht nicht von Venus, Merkur, sondern von dem Stern der Aphrodite, dem Stern des Hermes. Das Luziferische, das mit ihnen verknüpft ist, wird nicht als ungöttlich empfunden; waren doch die griechischen Götter alle mehr oder weniger luziferischer Natur. Sollte es aber möglich sein, dass ein Gott dahintorkelt wie ein Betrunkener? so fragt einer jener alten Astronomen. Und Plato hat seinen Schülern eine bestimmte Aufgabe hinterlassen: die Bewegungen der Planeten so zu erklären, dass sie als *gleichförmige* Bewegungen, die in *Kreisen* verlaufen, erscheinen, denn nur die gleichförmige, regelmässige Bewegung und die als göttlich empfundene Kreisform geziemt, nach Plato, den Göttern.

Man sieht an diesem Punkt den bedeutsamen Übergang von den in den Mysterien gegebenen Unterweisungen über die Planetensphären zu der Erkenntnis der Planetenbewegungen, die gewissermassen die Sphären umgrenzen. Doch wird der Planet noch durchaus mit der Sphäre verbunden gefühlt. Es soll sich die ganze Sphäre so bewegen, dass der Zusammenklang der Bewegungen eben die Planetenbahn mit ihren Rückläufen und Stillständen ergibt. Eudoxus, der in Ägypten Eingeweihte, der zu der platonischen Schule in Beziehung stand, löst zuerst die von Plato gestellte Aufgabe[27]. Aristoteles führt sie weiter fort, bis in das Physikalische hinein, könnte man sagen, wo sie zunächst stecken bleiben muss. Die 55 Sphären, die er braucht, um die Bewegungen der 5 Planeten, Sonne und Mond zu erklären, sind schon eine Art Mechanismus und weit entfernt von den Sphären der alten Mysterienlehre, die aus der Erforschung des nachtodlichen Lebens herrühren. – Die Aufgabe wurde dann von den Astronomen der alexandrinischen Schule in einer mehr mathematisch-geometrischen Weise in Angriff genommen. Die Sphären verlieren allmählich ihre Substantialität, werden einfach zu Kreisen, die sich aufeinander, umeinander bewegen.

Es muss diese historische Auseinandersetzung hier gegeben werden, um ein Verständnis für das ptolemäische System, das die Zusammenfassung alles Vorhergegangenen war, zu erleichtern. Ptolemäus, der im zweiten nachchristlichen Jahrhundert in Alexandrien wirkte, hat die Sphären gleichsam nur im Hintergrund seines Systems, aber er empfindet sich ganz als der Erfüller der Platonischen Forderung. Daher sagt er in seinem berühmten «Handbuch der Astronomie»[16]: «Wenn wir uns die Aufgabe gestellt haben, auch für die fünf Wandelsterne, wie für die Sonne und für den Mond, den Nachweis zu führen, dass ihre scheinbaren Anomalien alle vermöge *gleichförmiger Bewegungen auf Kreisen* zum Ausdruck gelangen, weil nur diese Bewegungen den göttlichen Wesen entsprechen, während Regellosigkeit und Ungleichförmigkeit ihnen fremd sind, so darf man wohl das glückliche Vollbringen eines solchen Vorhabens als eine Grosstat bezeichnen, ja in Wahrheit als das Endziel der auf philosophischer Grundlage beruhenden mathematischen Wissenschaft.» So hat er Kreis auf Krei gesetzt, Epizykel auf Deferenten (oder Exzenter), bis die Schleifenbahnen der Planeten mit all ihren Eigentümlichkeiten herauskommen. So lässt er sämtliche Planeten um die Erde kreisen, aber – mit Ausnahme von Sonne und Mond – nicht unmittelbar, sondern die Planeten beschreiben kleine Kreise (Epizyklen), deren Mittelpunkt sich auf einem grossen Kreis (Deferent) bewegt, der dann die Erde umschliesst *(Zeichnung 8)*. Die Deferenten von Merkur ☿ und Venus ♀ werden ebenso wie die der Sonne ☉ in *einem* Jahr beschrieben; die Epizyklen von Merkur und Venus in einer Zeit,

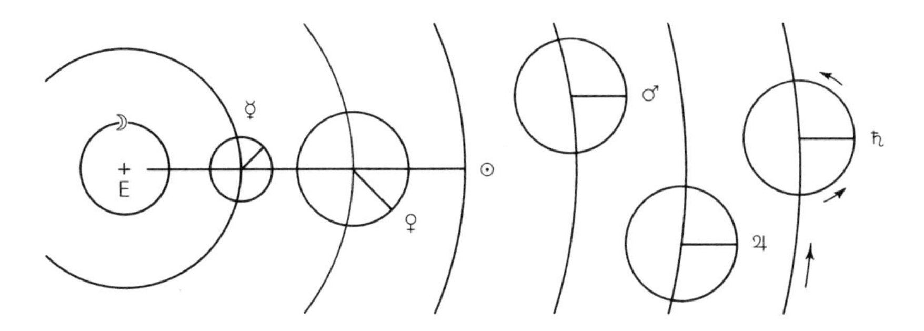

Zeichnung 8

die ihrem sogenannten synodischen Umlauf entspricht (das ist die Zeit von einer Konjunktion mit der Sonne bis zur nächsten). Bei den oberen Planeten wird dagegen der kleine Kreis in *einem* Jahr beschrieben, der grosse in der Zeit, die der Planet braucht, um einmal durch den ganzen Tierkreis zu gehen, also in einem siderischen Umlauf (für den Jupiter ♃ 12 Jahre, für den Saturn ♄ fast 30 Jahre). Eine besondere Eigentümlichkeit dieses Systems ist noch, dass die Mittelpunkte der Merkur- und Venus-Epizyklen immer mit dem Mittelpunkt der Sonne in *einer* Linie liegen (die auf der Zeichnung angedeutet ist), während die beiden unteren Planeten selber gewissermassen an einer Stange, auch nach einer bestimmten Gesetzmässigkeit, um den Epizykelmittelpunkt herumgeführt werden. Dagegen ist es bei den oberen Planeten so, dass sie innerhalb ihrer Epizyklen immer mit ihrer «Stange» parallel zu der erstgenannten Linie gerichtet sein müssen, während der Epizykel zu gleicher Zeit sich an irgend einem Punkt des entsprechenden Deferenten (des grösseren Kreises) befinden kann. Auf der Zeichnung 8 sind Mars, Jupiter, Saturn nur aus Platzrücksichten alle in der Nähe voneinander und von der Sonne gezeichnet, sie könnten sich auch auf der entgegengesetzten Seite der Erde und der Sonne befinden –

das heisst, sie könnten in Opposition sein, so wie der Mond bei Vollmond. Bei den unteren Planeten merkt man dagegen eine viel innigere Verwandtschaft mit der Sonne, aus deren Schoss sie ja unmittelbar hervorgegangen sind, – sie können sich nie sehr weit von ihr entfernen, sind wie mit einer grossen Stange durch ihre Epizykelmittelpunkte mit ihr verbunden. Es kommen so durch die ptolemäische Darstellung verschiedene intime Gesetzmässigkeiten des Sonnensystems in schöner Weise zum Ausdruck, die einen entfernten Ursprung aus dem Mysterienwissen noch erkennen lassen. Auch der wesenstiefe Unterschied zwischen den inneren und äusseren Planeten – den obersonnigen und den untersonnigen –, der im kopernikanischen System so stark verwischt ist, tritt hier (durch die Vertauschung in der Rolle von Epizykel und Deferent usw.) schön zu Tage.

Es handelt sich bei dieser ganz schematischen und gewissermassen modernen Wiedergabe des ptolemäischen Systems immer nur um *einen* Epizykel (mit Ausnahme von Sonne und Mond, die keinen haben) und einen Deferenten, auf dessen Umkreis sich der Epizykel-Mittelpunkt bewegt. In seiner vollen Ausgestaltung war das ptolemäische System viel komplizierter, doch treten seine Haupteigenschaften hier klar hervor.

Es wurde gesagt, dass die Umdrehung der unteren Planeten im Epizykel der synodischen Umlaufszeit entspricht (Merkur 116, Venus 584 Tage). So wird es auch von Ptolemäus selber dargestellt. Die kleinen «Stangen» aber drehen sich [bezüglich der Tierkreis-Ebene, respektive Zeichnungs-Ebene] in der siderischen Umlaufszeit einmal herum (für Merkur 88, für Venus 225 Tage). Der Unterschied ist in derselben Weise begründet wie beim Mond (siehe 2. Rundschreiben I). Bei den oberen Planeten drehen sich die «Stangen» eben in *einem* Jahr herum, wie die Sonne und die unteren Planeten in ihren Deferenten. Ptolemäus selber hat die siderische Umlaufszeit von Merkur und Venus nicht gekannt, sie ist eigentlich nur Rechnungsergebnis, während die synodische Umlaufszeit sich unmittelbar aus der Beobachtung der aufeinanderfolgenden Konjunktionen mit der Sonne ergibt.

Das System ist, wie gesagt, ein rein phoronomisch-geometrisches, das heisst, es ist die von Plato gestellte Aufgabe für die damalige Zeit restlos gelöst (denn auch die Gleichförmigkeit der Bewegung ist beibehalten), ohne irgendwie nach den treibenden Kräften hinter den Bewegungen zu fragen. Für ein heutiges, durch Newton beeinflusstes Denken ist ein Planet, der sich im Kreise um einen Punkt bewegt, in dem nichts vorhanden ist, kein Körper, also keine Materie, ein rein mathematischer Punkt oder ein «fiktiver Planet» (das ist nämlich der Mittelpunkt des Epizykels, der auf dem Deferenten herumgeht) – eine mechanische Unmöglichkeit. Nach solchen Mechanismen fragten aber die Alten nicht. Das Herumführen der Planeten und der Kreise besorgten immer noch die Götter, man dachte nicht an «Anziehung» oder «Gravitation».

Auch *Kopernikus* (1473–1543) hatte in dieser Hinsicht noch ganz die alte Seelenverfassung. Auch sein System ist rein geometrisch. Es ist nur «einfacher» als das ptolemäische. Geometrisch geht es auch so, dass man die Sonne in den Mittelpunkt stellt, die Planeten herumkreisen und die Erde um ihre Achse drehen lässt. (Eine Zeichnung erübrigt sich wohl; vgl. [23] und Seite 73.) Dieses System ist ja im Altertum bei den Griechen bekannt gewesen, war aber nicht durchgedrungen. Es geht auch ebenso nach dem alten sogenannten ägyptischen System, in dem schon Merkur und Venus sich um die Sonne bewegen [übrigens auch die anderen Planeten; die Sonne aber um die Erde;[28]] und das mit dem so interessanten System des *Tycho Brahe* (1546–1601) eine gewisse Verwandtschaft hat. *Kepler* (1571–1630) entwickelte an dem kopernikanischen System seine drei Gesetze aus einer noch vom Geist durchdrungenen Mechanik, wobei zum ersten Mal die Platonische Forderung nach Gleichförmigkeit und Kreisförmigkeit der Bewegungen fallengelassen wird.

Newton (1643–1727) übertrug, wie schon gesagt, mechanische Erd-Mond-Gesetzmässigkeit auf das ganze Weltall. Er schaffte das letzte Sphärische, das noch geblieben war, ab und ersetzte es durch Radiales, durch irdische Kräfte-Komponenten. Eine weitere notwendige Stufe in der Entwicklungsgeschichte des menschlichen Geistes war damit erreicht. Die Frage nach den Bewegungen im Planeten-System ist für die ganze mittlere Phase der Erdenentwicklung (das heisst, von der atlantischen Zeit bis über unsere Zeit hinaus) keine Götterangelegenheit mehr, sondern eine Angelegenheit des menschlichen Bewusstseins und seines Verhaltens zum Weltall.

Über die Bewegungen von Venus und Merkur
Das Osterfest

7. Rundschreiben I, März 1928

Wir haben gesehen, wie das Planetensystem von den Menschen im Laufe der Zeiten in der verschiedensten Weise betrachtet worden ist, und wie jede dieser Betrachtungsweisen eine gewisse Berechtigung, ja Notwendigkeit hat, wenn man die Geistesgeschichte der Menschheit, die zugleich eine «Erziehung des Menschengeschlechtes» darstellt, ins Auge fasst. So wird man auch verstehen können, dass mit dem zum Spirituellen neu erwachenden Bewusstsein der Gegenwart und der nächsten Zukunft eine neue Anschauung des Weltalls kommen muss. Aus ganz anderen Seelenkräften heraus muss dieses Weltbild geboren werden als etwa das ptolemäische oder das kopernikanische. Mythologie wäre es, zu glauben, dass Kopernikus mit seinen einsam im Raum rollenden Kugeln ein für allemal das Richtige gefunden hätte. Aber es wäre auch verfehlt, zu meinen, dass eine neue Anschauung der Planetenbewegungen, wie sie uns Rudolf Steiner vermittelt hat, in eben derselben Weise aufgenommen werden könne wie das kopernikanische System. Gerade weil an ein neues Bewusstsein appelliert werden soll, können die lemniskatischen Bewegungen, von denen Rudolf Steiner gesprochen hat, nicht in einem abstrakten Schema dargestellt werden. Es handelt sich vor allem darum, aus dem ganzen Umfang des geisteswissenschaftlichen Strebens heraus die Bedingungen für die Erforschung eines neuen Systems zu schaffen. Denn nicht eine neue intellektuelle Erklärung des Weltalls tut uns not, sondern ein neues gefühls- und willensmässiges Verbundensein des Menschen mit dem Kosmos; dieses aber kann wiederum nur durch die Erkenntnis fruchtbar werden, durch das Kennenlernen der Phänomene oder des Wissens der Menschen von diesen Phänomenen einst und jetzt. Jede Darstellung der Erscheinungen, sei es durch das Wort oder noch mehr durch die Zeichnung, kann nur eine Einseitigkeit geben. Insbesondere die an sich zweidimensionale Zeichnung kann immer nur einen Aspekt, den man gerade beleuchten will, wiedergeben. Man muss daher versuchen, durch Darstellungen von verschiedenen Gesichtspunkten aus ein einigermassen vollständiges Bild hervorzurufen, und der Leser muss in der Lage sein, den Gesichtspunkt jeden Augenblick wechseln zu können. Wenn wir jetzt an die Schilderung der einzelnen Planetenbewegungen herangehen wollen, ist das oben Gesagte besonders zu berücksichtigen.

Halten wir uns zunächst an den blossen Augenschein, der sich uns am Himmel darbietet und über dessen Berechtigung wir uns im 3. Rundschreiben I geäussert haben: dann finden wir die beiden unteren Planeten, Merkur und Venus, abwechselnd als Morgen- und Abendstern. Wir können sie mit dem Mond vergleichen, der in den letzten Tagen vor Neumond gewissermassen Morgenstern und nach der Konjunktion mit der Sonne als junger zunehmender Mond gewissermassen Abendstern ist. Nur dass sich der Mond dann immer mehr von der Sonne entfernen kann – er dreht sich ja um die Erde und ist gewissermassen mit dieser, nicht mit der Sonne durch eine Stange verbunden –, während Venus und Merkur sich nur wenig von der Sonne entfernen können und am Tage durch das helle Sonnenlicht überstrahlt werden. (Die Venus kann allerdings bei günstigen Verhältnissen auch mitten am Tage mit dem blossen Auge gesehen werden, und für das Fernrohr ist sie dann immer erreichbar.)

Man kann sich nun das Verhältnis der Venus oder des Merkur zur Sonne leicht so vorstellen, dass beide sich um die Sonne drehen, das heisst, dass in der vorangehenden *Zeichnung 8* die drei Deferenten von Merkur, Venus und Sonne, die ja alle drei in derselben Zeit, nämlich in *einem* Jahr, durchlaufen werden, in eins zusammenfallend gedacht werden. Man geht damit von dem ptolemäischen System zu dem sogenannten ägyptischen System über. Auch Kopernikus ging so vor, dass er die Deferenten der unteren Planeten wegliess und ihre Epizykel-Mittelpunkte in die Sonne verlegte, wobei er aber auch die Erde sich um die Sonne drehen liess. – Man wird hier nebenbei die merkwürdige Entdeckung machen können, dass in *Zeichnung 9* ganz von selbst die kopernikanische Reihenfolge der unteren Planeten: Erde, *Venus, Merkur,* Sonne herauskommt, während in der *Zeichnung 8* (Seite 69) die alte esoterische Folge: Erde, Mond, *Merkur, Venus,* Sonne beibehalten ist. Ohne auf die sehr komplizierte Frage der «Verwechslung von Venus und Merkur» in Einzelheiten einzugehen, kann hier gezeigt werden, wieso Ptolemäus und Kopernikus beide denselben Stern «Venus» nennen und doch eine andere Reihenfolge haben konnten. Man bedenke dabei auch, dass das ptolemäische System nicht eigentlich auf räumliche Verhältnisse Rücksicht nahm, sondern auf zeitliche, auf die gleichförmigen Rhythmen, die ja herauskommen sollten. Und da geht der Merkur eben in kürzerer Zeit in seinem Epizykel herum als die Venus, ist also – in dieser Auffassung – der stillstehenden Erde am nächsten. Die relative Entfernung der Planeten von der Erde oder von der Sonne zu beurteilen, lag Ptolemäus ferne, er stellt lediglich eine Reihenfolge der *Sphären* fest. Und da ist es ihm klar, dass sich die Sphären des Saturn, Jupiter und Mars in grösserer Erdferne als die Sphäre der Sonne befinden (obersonnig sind), dass die der Venus und des Merkur unter der Sonne liegen, obwohl – wie er sagt –, einige ältere Astronomen auch dieses angezweifelt haben und die Frage (bei dem damaligen Stand der Beobachtungen) nicht entschieden werden könne: «So scheint grössere Glaubwürdigkeit die Anordnung der älteren Astronomen zu verdienen, welche die zur Opposition gelangenden Planeten von diesen scheidet, welche diese Stellung nicht erreichen, sondern immer in der Nähe der Sonne verweilen[16].» Dass Merkur der erdnächste Planet sein müsse, dass die Venus folgt, wird eigentlich der Tradition entlehnt, und diese Tradition war ja eine aus den Mysterien. Denn in den alten Mysterien wusste man, dass der Mensch im Leben nach dem Tode zuerst die Mondsphäre passiert, dann die Merkur-, dann die Venussphäre. Aber für die äussere Anschauung und für die später möglich gewordenen Beobachtungen und Berechnungen (zum Beispiel der Merkur- und Venusübergänge vor der Sonne) war es ebenso klar, dass der kleine, rötliche, schwer sichtbare Merkur der Sonne am nächsten steht, die

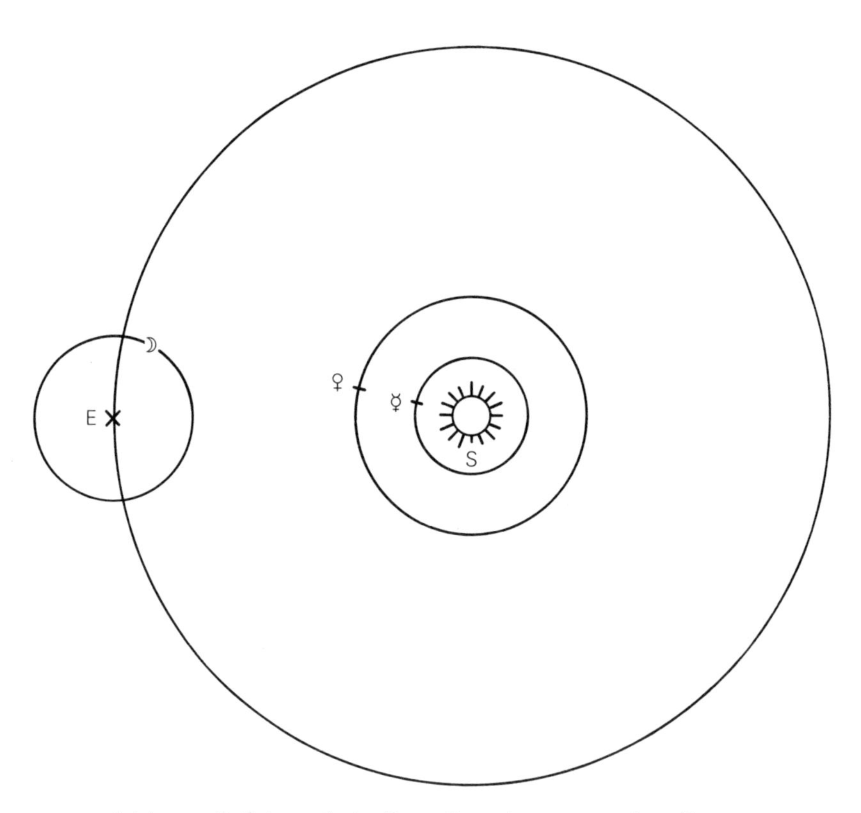

Zeichnung 9: Schematische Darstellung der untersonnigen Planeten.

helle, strahlende, sich von der Sonne weiter entfernende Venus der Erde am nächsten. Was also vorliegt, ist ein Nicht-Übereinstimmen, eine Verwechslung der *Sphären* mit den betreffenden *Planeten.* Nur soweit soll diese Frage jetzt berührt werden.

Nehmen wir nun den Fall ‹wie er noch in diesem Monat vorliegt› die Venus sei Morgenstern. In der beigefügten *Zeichnung 10* stelle der Kreis

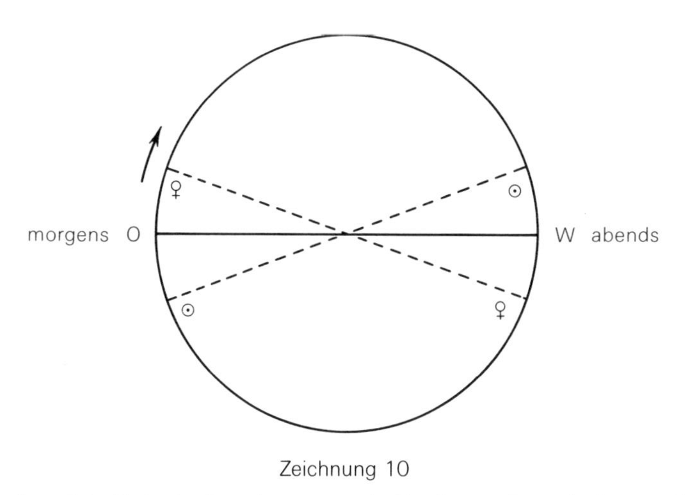

Zeichnung 10

Der Tierkreis und der Kreis der Tagesbewegung sind in *dieser* schematischen zweidimensionalen Darstellung zusammenfallend gezeichnet.

den Tierkreis dar, in dem sich Sonne und Venus bewegen, die Linie Ost-West den Horizont eines bestimmten Ortes (für Himmelsdarstellungen wird umgekehrt wie für Erdkarten der Osten links, der Westen rechts genommen, so dass der höchste Bahnpunkt [Süden] oben kommt). Der Pfeil gebe die Richtung der Tagesbewegung an. Die obere Hälfte ist also das sichtbare Himmelsgewölbe. Wir stellen den Moment dar, in dem die Sonne kurz vor dem Aufgang steht; die Venus ist ihr voraus, am Osthimmel sichtbar, also Morgenstern. Sie steht nun eigentlich «westlich» von der Sonne, daher spricht man bei ihrer grössten Entfernung von der Sonne am Osthimmel von einer «westlichen Elongation». Sobald die Sonne aufgeht, oder schon etwas vorher, löscht ihr Licht das der Venus aus. Diese wird für den Tag unsichtbar, und da sie ja der Sonne vorauswandert, geht sie vor ihr im Westen unter, ist also unter dem Horizont verschwunden, bevor sie Gelegenheit hatte, sich in der Abenddämmerung zu zeigen. (Man stelle sich an Hand der Zeichnung die Lage am selben Abend im Westen bei Sonnenuntergang vor!)

Das wiederholt sich so längere Zeit – für die Venus mehrere Monate lang. Nur dass sie als Morgenstern zuerst sich von der Sonne immer mehr entfernt, das heisst, immer längere Zeit vor der Sonne aufgeht, bis die «grösste Elongation» erreicht ist. Dann wird sie sich wieder der Sonne nähern, sie kommt zur Konjunktion, geht mit der Sonne zusammen auf, ist also ganz unsichtbar. Nach einer Weile erscheint sie auf der anderen Seite der Sonne. – Nun können wir uns vorstellen, dass die Sonne im Tageslauf im Westen untergeht, die Venus erst nach ihr den Horizont erreicht, sie ist Abendstern geworden! (Siehe *Zeichnung 11.*)

Man kann diesen Verlauf in der verschiedensten Weise darstellen. Es soll hier nun noch eine Art der Darstellung gegeben werden, aus der hervorgeht, wieso die Venus – und auch der Merkur – ebenso wie der Mond Phasen zeigen muss. War bei den *Zeichnungen 10 und 11* der Tierkreis

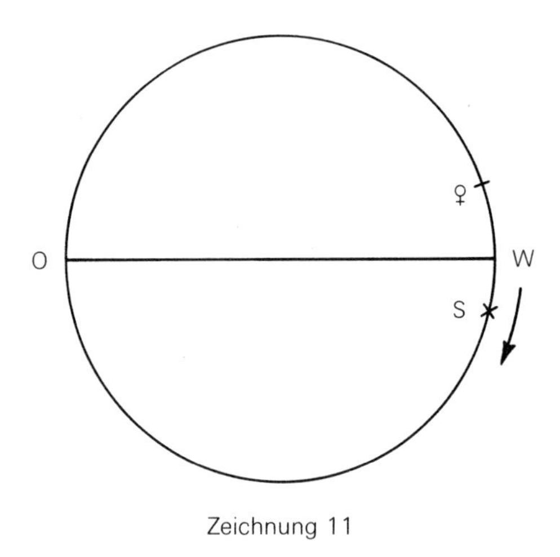

Zeichnung 11

in die Zeichenebene gelegt, so muss man ihn sich jetzt gewissermassen in Perspektive vorstellen. So haben wir hier den Lauf der Venus um die Sonne und die Erde als fernen Zuschauer des Sonnen-Venus-Spieles, aber ohne Beziehung zu einem Horizont, das ist zu einem bestimmten Punkt auf der Erdoberfläche. Wir bekommen dann die *Zeichnung 12.* Man sieht, dass es so etwas wie eine «neue Venus» gibt, das ist die «untere Konjunktion», wenn Venus zwischen der Erde und der Sonne steht. Durch ihre grössere Erdnähe zeigt sie dann eine sehr grosse Scheibe, nur ist sie eben infolge der Konjunktion einige Tage lang nur sehr schwer oder gar nicht sichtbar. Gleich nachher tritt sie als Morgenstern am Osthimmel auf. Sie ist dann,

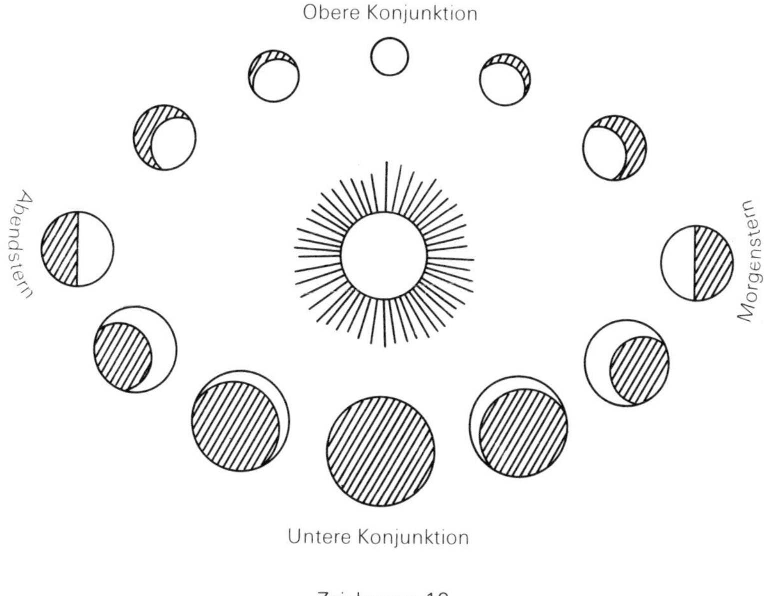

Zeichnung 12

trotz der grossen Scheibe, noch etwas lichtschwach, denn sie zeigt nur eine schwache Phase wie der Mond als kleine Sichel. In Gestalt entspricht sie dann dem abnehmenden Mond, der ja auch im Osten sichtbar wird. Nach etwa 35 Tagen erreicht sie ihren «grössten Glanz» bei noch immer kleiner Phase, aber verhältnismässig grosser Scheibe; sie schaut dann so aus wie der 5 Tage alte Mond – nur eben abnehmend. Dann, nach weiteren 35 Tagen, kommt sie in «grösste Elongation» oder Sonnenentfernung, sie steigt am höchsten am Osthimmel auf, geht die längste Zeit vor der Sonne auf (über 4 Stunden), um dann 7 Monate später langsam zur Sonne zurückzukehren. Sie ist nun «Volle Venus» und in ihrer «oberen Konjunktion», das heisst, hinter der Sonne, was sich in der Kleinheit ihrer Scheibe bemerkbar macht. Bei Venus und Merkur gibt es also zweierlei Arten von Konjunktionen und keine Opposition. Man kann zwar die obere Konjunktion mit dem «Vollmond» vergleichen, doch kann eben Venus niemals im Vergleich zur Sonne auf der anderen Seite der Erde stehen. Da sie nun an der Sonne vorbeigegangen ist, zeigt sie sich nach der oberen Konjunktion auf der anderen Himmelsseite, als Abendstern im Westen. Da durchläuft sie wiederum die Phasen, nur in umgekehrter Reihenfolge, kommt wieder zur grössten

Elongation, zum grössten Glanz, geht zur Sonne zurück. In der Nähe der unteren Konjunktion angelangt, beschreibt sie eine Schleife: Sie steht für kurze Zeit scheinbar still, geht dann etwa 6 Wochen rückwärts, das heisst, von Ost nach West, der Sonne entgegen, die ja in ihrer Jahresbewegung von Westen nach Osten geht. Mitten in dieser rückläufigen Bewegung findet die untere Konjunktion statt. Nun wird sie wieder Morgenstern – der Stern des Luzifer, der einstmals seine Heimat war und heute seine Sehnsucht ist. Für die Alten war nur der Morgenstern Luzifer – Phosphoros; der Abendstern – Hesperos – strahlte ganz anderes aus. Auch bei Hermes oder Merkur wurde der Morgen- vom Abendstern als Wesen unterschieden: da war der Morgenstern der helle Götterbote, der geflügelten Fusses die Götterkunde zur Erde bringt – und als Abendstern war er der Führer der Seelen in die Unterwelt, oder, vom heutigen Standpunkt aus, der Führer zu der und in der Welt der wahren Imaginationen (vgl. «Das Initiaten-Bewusstsein», 10. Vortrag[29]). Die Phasen selber waren dem ganzen Altertum unbekannt. Sie sind ja auch dem blossen Auge nicht wahrnehmbar, sondern sogar die stark sichelartige Venus zeigt sich für das unbewaffnete Auge nur wie ein stark strahlender Stern. Erst Galilei fand die Phasen, als er im Jahre 1610 das neu entdeckte Fernrohr auf die Venus richtete.

Man muss sich nun die Sonne, die wir wie stillstehend dargestellt haben, gewissermassen wieder in Bewegung versetzen, so wie sie im Laufe des Jahres durch den Tierkreis geht und die Venus oder der Merkur zugleich um sie herumpendeln, um den sogenannten synodischen Umlauf zu betrachten. 584 Tage oder 19½ Monate – weit über 1½ Jahre – braucht die Venus von einer unteren (bzw. oberen) Konjunktion bis zur nächsten; die Hälfte dieser Zeit – 290 bis 294 Tage – ist sie entweder Morgen- oder Abendstern. Um jede Konjunktion herum liegt eine gewisse Zeit der Unsichtbarkeit für das blosse Auge. – Für den Merkur liegen die Verhältnisse ähnlich, doch sind seine Zeiten, infolge der grösseren Sonnennähe, alle viel kürzere, – im ganzen nur 116 Tage. Er kann sich nur etwa 29° von der Sonne entfernen (die Venus 48°) und ist daher viel schwerer sichtbar. Er kann es im Jahr bis zu 7 Konjunktionen und 4 allerdings nicht ganz vollständigen Schleifen bringen, während die Venus unter Umständen sich ein ganzes Jahr mit *einer* Konjunktion begnügt und, wenn diese eine obere Konjunktion ist, in dem Jahr gar nicht zu einer Schleifenbildung kommt. Um einen Begriff von der Lebendigkeit der Merkurbewegung zu geben, wird hier seine Bahn – wiederum von einem gewissen Gesichtspunkt aus – dargestellt werden, so wie sie für ein bestimmtes Jahr sich ausnimmt. Die ganze Beweglichkeit des Merkur drückt sich in dieser *Zeichnung 13* aus.

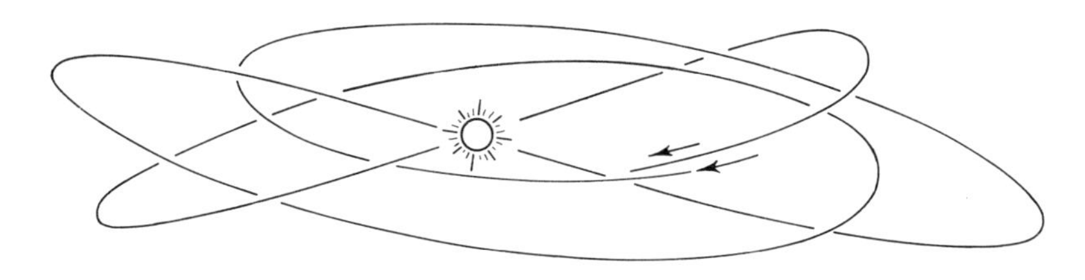

Zeichnung 13

⟨ Im Augenblick ist Merkur Morgenstern, er kann unter günstigen Verhältnissen um den 22. März herum im Osten gesehen werden, da er dann seine grösste Elongation hat. Von Mai ab ist er schon wieder Abendstern und bietet Anfang Juni wieder eine Möglichkeit der Entdeckung und so noch einige Male im Laufe des Jahres. Venus ist zur Zeit Morgenstern, kommt am 1. Juli in oberste Konjunktion mit der Sonne, wird also im kommenden Spätsommer und Herbst wieder in voller Pracht an unserem Abendhimmel strahlen.⟩

Die oberen Planeten, die gewissermassen leichter in ihren Bewegungen zu verfolgen sind, sollen später betrachtet werden. Angefügt möge jetzt noch eine Betrachtung werden, die sich auf das herannahende *Osterfest* bezieht.

Das Osterfest ist bekanntlich in astronomischer Hinsicht bemerkenswert durch seine Veränderlichkeit und die Art der Bestimmung seines Datums. Wir haben in dieser Bestimmung, die das Erinnerungsfest an ein historisches Ereignis – das grösste Ereignis der Erdgeschichte – an den Kosmos anknüpft, eine letzte Reminiszenz an alte Mysterienweisheit und Einweihungserlebnisse. Denn das Konzil von Nicäa, das im Jahre 325 das bewegliche Osterfest einführte und Regeln für seine Errechnung gab, tagte unmittelbar vor Anbruch jener Periode der Weltgeschichte, da die Möglichkeit aufhörte, kosmische Gedanken zu haben, und das Konzil war an sich nicht so verlaufen, dass man, nach heutigem Massstab gemessen, besondere göttliche Inspirationen erwarten würde. Dennoch sehen wir tiefe Weisheit in der Bestimmung des Osterfestes walten. Es soll stattfinden am Sonntag nach dem ersten Vollmond, der auf Frühlingsanfang folgt. Der Frühlingsbeginn ist astronomisch dadurch gekennzeichnet, dass die Sonne den Äquator überschreitet. Wir sehen da Sonne und Erde in ein Verhältnis zueinander gebracht: die siegreiche Sonne, die das dunkle Erdreich überwindet. Nun tritt der Mond hinzu, der Vollmond soll es sein, und dann muss der Sonntag abgewartet werden, in der Reihenfolge der 7 Planetentage. Wir haben hier – so wie Rudolf Steiner es uns in seinem letzten Osterkurs auseinandergesetzt hat[30] – eine kosmische Veräusserlichung eines früheren Einweihungserlebens. Der Mensch in den alten Mysterien lernte sich mit seinem Ätherleib in das Licht des Vollmondes hinein –, in den Kosmos hinausbegeben, und er nahm mit seinen höheren Gliedern, Astralleib und Ich, teil an der Sonnenkraft, wurde Sonnenträger, während er in seinem Ätherleib eben nur das zurückgestrahlte Sonnenlicht, das vom Vollmond kommt, aufnehmen durfte. – Die Mysterien waren verklungen, die Menschenseele konnte nicht mehr in den Kosmos hineingeleitet werden. Aber man blickte auf den äusseren Vollmond, gerade in jener Zeit, da die Erde anfängt, ihre Seele in den Kosmos hinauszusenden, der Sonne entgegen, und man schaute auf den Sonntag als den «Tag des Herrn» und verband Sonne, Mond und Erde, so wie einstmals mit Sonne und Mond sich geistig der Mensch verbunden hatte.

Und nehmen wir es wiederum von einer anderen Seite, wie vieles drückt sich aus in diesem gegenseitigen Verhältnis von Sonne, Mond und Erde zur Bestimmung des Osterfestes, des Festes der Auferstehung! Christus, Jahwe, Luzifer – die ganze Menschheitsentwicklung wie in einem Querschnitt! Ja, es liegt noch etwas wie eine Erinnerung an das dritte Stadium des kosmischen Seins, dasjenige der «Wirksamkeit» der Sternenmächte, in dieser Zusammenstellung. Denn der Vollmond kann längere oder kürzere Zeit nach dem 21. März fallen (und auf den 21. März wurde durch die spätere Einrichtung der Schaltjahre der Frühlingsanfang ein für allemal festgelegt); er kann auf den Anfang oder auf das Ende der Woche fallen, das heisst, die drei Ereignisse: Äquatorübergang der Sonne, Vollmond, Sonntag können ganz nah zusammengerückt oder weiter auseinanderliegen, und in jedem einzelnen Falle ist die Wirksamkeit des Kosmos eine andere. Wie sie gerade fallen, muss am Himmel abgelesen oder auch errechnet werden nach der alten, noch vom Konzil herrührenden Regel. Und diese Regel ist selber wieder ein schönes Beispiel für die alte rhythmische Astronomie. Es wird nach bestimmten Rhythmen gerechnet, die sich nicht um die – übrigens auch wiederum gesetzmässigen – Unregelmässigkeiten des Mondumlaufs kümmern. Daher kommt bisweilen ein Ostertag heraus, wenn der Vollmond eigentlich noch nicht ganz da ist! Ja, die ganze Art, die Erinnerungsfeier für ein doch gewiss einmaliges historisches Ereignis an ein wandelbares Datum zu knüpfen, leuchtet tief hinein in die alte Seelenverfassung. Man könnte diese Art vielleicht heute als antiquiert empfinden. Aber man muss sich dann auch fragen, ob dasjenige, weswegen man heute das Osterdatum festlegen will, das Hinwegfegen solch eines alten Weisheitsgutes rechtfertigen könne. Und ob nicht in dem bisher noch Vergeblichen dieses Bemühens doch etwas gesehen werden könne wie Ein-sich-stärker-Erweisen der alten Spiritualität gegenüber dem modernen Materialismus? Könnte es nicht sein, dass auch hier von Michael Vergangenheit in die Gegenwart auf *berechtigte* Weise hereingetragen wird, wie es seine Aufgabe ist?

Verklungen, aber dem Luzifer verfallen, ist die alte Sternenweisheit. Hier, in der Festsetzung des beweglichen Osterfestes, lebt sie noch an *einem* Punkt in unserer Kultur fort, deswegen in berechtigter Weise, weil sie in unmittelbaren Zusammenhang mit dem Mysterium von Golgatha gebracht ist. Und so ist es auch möglich, die alte Weisheit in modernen Worten auszusprechen. – Worum es sich handelt, das ist, dass so etwas wie ein gegenseitiges Kräfteverhältnis zwischen Sonne, Mond und Erde zum Ausdruck kommt. Es hat Rudolf Steiner einmal darauf hingewiesen, wie der Frühlingsanfang eigentlich für den Menschen deshalb so beglükkend ist, weil die neu aufspriessenden Kräfte in der Erde ihm sagen, dass die Erde noch länger bereit ist, ihn zu tragen, auf dass er seine Mission auf ihr erfüllen könne. Sie wird es aber nur dann können, wenn nicht nur äusserlich-räumlich die Sonne den Äquator überschreitet, sondern auch wirklich, real, in der Sonne die Kräfte vorhanden sind, die chaotischen Winterkräfte der Erde zu überwinden. Die Sonnenkräfte sind nicht im Zunehmen begriffen im jetzigen Verlauf der Erdenentwicklung, denn die Sonne hat ihr Bestes an die Erde abgegeben, – sie ist im Abnehmen. Und der Mond ist es eben, der als Vollmond der Sonne ihre Kräfte raubt. So ist bei jedem Frühlingsanfang die Sonne schwächer geworden in ihrer Wirkung und die Frage kann wohl entstehen: Wird die Sonne die Erde so lange lebend halten können, als der Mensch sie für seine Entwicklung braucht? Dann schaut der Vollmond herein, früher oder später nach dem Frühlingsanfang, je nach der Beschaffenheit des Jahres, so wie der zürnende Jahwe-Gott herabschaute auf die von Luzifer verführte Menschheit des paradiesischen Erdenanfanges. Aber an dem Sonntag, der da auf Vollmond folgt, steht Christus aus dem Erdengrabe auf, und der Mensch kann wissen, wenn er sich mit der Christus-Kraft verbindet, dass er mit der Sonne die Erde tragen hilft.

Über die Planetenwelt

8. Rundschreiben I, April 1928

Wir kommen zu der Betrachtung der oberen Planeten Saturn, Jupiter, Mars, die sich auch für eine geistgemässe Betrachtung stark von den unteren Planeten unterscheiden. Wiederum wird sich zeigen, dass für eine solche Betrachtung aus der ptolemäischen Darstellung des Weltalls am meisten abzulesen ist. Denn in diesem System sind die unteren Planeten von den oberen durch die Sonne getrennt. In dem System des Kopernikus steht an dieser Stelle die Erde, und die Planeten werden in einer ziemlich einförmigen Reihenfolge von dem gemeinsamen Mittelpunkt ihrer Bahnen, der Sonne aus aufgezählt, also: Sonne, Merkur, Venus, Erde, Mars, Jupiter, Saturn. Der Mond gilt in dieser Betrachtungsweise nicht als Planet, sondern als Trabant der Erde, gleichwie auch um die oberen Planeten sich jeweils mehrere Monde drehen. – Die Reihenfolge, die sich nach den Planetensphären richtet, ist bekanntlich: Erde, (Mond), Merkur, Venus, Sonne, Mars, Jupiter, Saturn. So tritt hier die Sonne als das verbindende und zugleich trennende Element zwischen den unteren und den oberen Planeten auf.

Die oberen Planeten kennzeichnen sich sogleich durch die grössere Freiheit ihrer Bewegung in bezug auf die Sonne. Sie können sich, im Vergleich zur Sonne, auf der anderen Seite der Erde befinden. Das tun sie in jenen Zeiten, da sie nachts an unserem Himmel glänzen, während die Sonne dann eben unterhalb, auf der anderen Seite der Erde ist. Daher die Vorliebe der Astronomen für die «Opposition» der oberen Planeten (die von den sogenannten Astrologen aus ganz anderen Gründen nicht geteilt wird), da sie zu solcher Zeit am günstigsten für die Beobachtung stehen. Wenn der Saturn zum Beispiel in Opposition ist, geht er um Mitternacht (grob gesprochen) durch den Meridian, oder, anders gesagt, er kulminiert, er erreicht – im Süden – den höchsten Stand seiner nächtlichen Bahn. Er ist also die ganze Nacht sichtbar. Besonders wenn der Mars zur Opposition gelangt (man versteht darunter stillschweigend immer die Opposition zur Sonne), pflegen die Astronomen ihm grosse Aufmerksamkeit zu schenken, vor allem, wenn zur Zeit der Opposition Mars der Erde sehr nahe kommt, was gerade bei ihm infolge seiner exzentrischen Bahn zu verschiedenen Gelegenheiten sehr verschieden ausfallen kann. ⟨ Man wird sich vielleicht noch an den etwas unwissenschaftlich anmutenden Lärm erinnern, der im

Sommer 1924 um die damalige Marsopposition gemacht wurde. Seitdem hat uns Mars schon einmal wieder in ähnlicher Stellung besucht, nämlich im November 1926; doch blieb er damals der Erde ferner. Auch in diesem Jahr kommt er wieder zur Opposition mit der Sonne.⟩

Jupiter und Saturn, die nicht solch exzentrische Bahnen haben, geometrisch gesprochen, wie Mars, sind eine viel gleichbleibendere Erscheinung. Auch sind die Zeiten ihrer Rückkehr zur Opposition (beziehungsweise Konjunktion) kürzer als die des Mars. Man muss da wiederum den Unterschied zwischen dem siderischen und dem synodischen Umlauf ins Auge fassen, wie wir es für den Mond, für Merkur und Venus getan haben. Der erstere stellt den Planeten in seinem Verhältnis zur Sternenwelt dar, sein «astrales Verhältnis» gewissermassen, der letztere sein Verhältnis zur Sonne, das mehr ätherischer Natur ist. Der siderische Umlauf ist ja die Zeit, die der Planet braucht, um den Tierkreis zu durchlaufen, also zu demselben Stern zurückzukehren. Inzwischen ist die Sonne auch im Tierkreis fortgeschritten, und wenn wir von einer Konjunktion mit der Sonne ausgehen, muss das Wiedererreichen der Sonne noch einige Zeit in Anspruch nehmen; so entsteht die synodische Revolution für Mond, Merkur und Venus. Für *Saturn* ist die eigentliche Umlaufszeit, die siderische, bekanntlich fast 30 Jahre, genauer: 29 Jahre 167 Tage. Ist nach einem Jahr die Sonne an ihren früheren Ort im Tierkreis zurückgekehrt, so ist Saturn nur um $\frac{1}{30}$ seines Bahnkreises weitergerückt, das heisst, so viel, wie die Sonne in $\frac{1}{30}$ Jahr oder 12 Tagen zurücklegt. Die Sonne braucht daher etwas mehr als 12 Tage, um den Saturn wieder zu überholen. (Das Ganze ist so etwas wie das Problem des Achill und der Schildkröte.) Daher beträgt die synodische Umlaufszeit des Saturn nur 378 Tage: 1 Jahr und 13 Tage. Daraus folgt, dass Saturn jedes Jahr nur mit 12 oder 13 Tagen Verspätung an unserem nächtlichen Osthimmel neu erscheint, die Opposition durchmacht usw. ⟨Gelangte er im vorigen Jahr am 26. Mai zu dieser Opposition, so dieses Jahr am 6. Juni, nächstes Jahr am 18. Juni usw.⟩ Die Konjunktion mit der Sonne, bei der Saturn längere Zeit unsichtbar wird, folgt immer $\frac{1}{2}$ Jahr und 6 Tage nach der Opposition. Mitten dazwischen liegen die sogenannten Quadraturen, das ist eine Entfernung von 90° von der Sonne, so dass der Planet kulminiert, wenn die Sonne untergeht usw. [Dieses gilt im allgemeinen nur sehr ungefähr; exakt nur in einigen Fällen, zum Beispiel, wenn die Sonne beim Untergang im Frühlingspunkt ist.]

Gegenüber diesem vom Jahreslauf der Sonne überwiegend bestimmten synodischen Umlauf des Saturn steht seine ihm eigene langsame, schwerfällige Bewegung im Tierkreis, der 30jährige siderische Umlauf. Im Durchschnitt weilt Saturn $2\frac{1}{2}$ Jahre in *einem* Zeichen des Tierkreises, 2 bis

3 mal nacheinander trifft die Sonne den Saturn in ihrem Jahreslauf in demselben Sternbild an.

Für *Jupiter* ist die siderische Umlaufszeit ziemlich genau 12 Jahre. Die Sonne braucht daher $^{1}/_{12}$ Jahr oder 1 Monat, um ihn zu überholen, wenn sie nach Jahresfrist an ihren Ausgangspunkt zurückkehrt. Die Opposition findet daher jedesmal mit etwas über einen Monat Verspätung statt. ⟨ Für dieses Jahr am 29. Oktober, die Konjunktion am 6. April (weshalb Jupiter augenblicklich nicht sichtbar ist). Vor einem Jahr waren die Daten 22. September und 1. März.⟩

Beim *Mars* ist die Zeit zwischen 2 Oppositionen bedeutend länger, eben weil er selber viel schneller um den Himmel herumgeht, so dass die Sonne ihm lange nachlaufen muss, bis sie ihn wieder erreicht. Seine siderische Umlaufszeit ist 687 Tage, noch nicht ganz 2 Jahre; seine synodische 780 Tage: 2 Jahre und etwa 50 Tage. ⟨ Er kommt dieses Jahr am 21. Dezember zur Opposition zur Sonne und fängt jetzt eben an, in den frühen Morgenstunden aufzugehen, vom Juli ab wird er vor Mitternacht aufgehen und dann immer früher bis Jahresende.⟩

Bei all diesen Bewegungen muss die wichtige Tatsache in Betracht gezogen werden, dass sie nicht gleichförmig verlaufen, sondern mit Rückläufen und Stillständen. Die Planeten beschreiben Schleifen oder Zickzacklinien während jeder synodischen Periode, und zwar – wiederum ein bedeutender Unterschied! – die oberen Planeten bei der Opposition, die unteren bei der unteren Konjunktion. Die Schleifen sind sehr beträchtlich, sie dehnen sich in der Länge über mehrere Grade am Himmel aus, sind also mit dem blossen Auge gut zu verfolgen, sobald man nur einige hellere Fixsterne als Vergleichspunkt in der Nähe hat. Im vorigen Frühjahr [1927] boten die Sterne des Skorpions deutliche Anhaltspunkte zum Verfolgen der Schleifenbildung des Saturns. In diesem Jahr [1928] befindet sich Saturn ganz im östlichen Teil des Skorpions, der nicht so gute Vergleichsmöglichkeiten gibt; dennoch wird man die Rückläufigkeit, die schon am 29. März eingesetzt hat und bis zum 17. August dauert, mit dem blossen Auge wohl beobachten können. Auch für den Mars wird man in der zweiten Jahreshälfte und bis zum nächsten Frühling in den Zwillingen und im Stier gute Vergleichssterne haben. Die Jahresbewegung der Planeten ist ja, wie die der Sonne und des Mondes, von West nach Ost gerichtet, entgegengesetzt der Tagesbewegung. Man sieht also den Saturn, wenn er nicht rückläufig ist, sich vom Skorpion in die Richtung des Schützen bewegen. Dann verlangsamt sich die Bewegung und kommt für einige Tage zum Stillstand (das war eben in diesem Jahr um den 29. März herum) und geht nun nach der anderen Seite, nach Westen, in die Richtung des Antares, den er aber nicht mehr erreicht. (Von der täglichen Umdrehung des ganzen Sternenhimmels ist bei dieser Schilderung immer abgesehen worden.) Gegen den 17. August wieder eine Verlangsamung und Stillstand und dann wieder ein Vorwärtsschreiten von West nach Ost. Nach 8 Monaten wiederholt sich das ganze Spiel. Die Opposition selber liegt in der Mitte, sowohl zeitlich wie räumlich, zwischen den beiden Stillständen. Erst Anfang des nächsten Jahres [1929] wird Saturn in den Schützen eintreten, um dann dort bis 1931 zu weilen.

Je langsamer der Planet geht, desto mehr Zeit nimmt die Rückläufigkeit in Anspruch. Während der Mars verhältnismässig schnell mit ihr fertig wird (180 Tage auf einen synodischen Umlauf von 26 Monaten), ist Jupiter fast 120, Saturn 140 Tage in jeder synodischen Periode rückläufig. Der *Uranus* – der noch ausserhalb der Saturnbahn in 84 Jahren einmal herumgeht und daher nur 369,66 Tage für seinen synodischen Umlauf braucht (beim *Neptun* sind die Zahlen 165 Jahre, beziehungsweise 367½ Tage, [bei *Pluto* ca. 248 Jahre, beziehungsweise 367 Tage]) – verbringt 5 Monate des Jahres mit der Rückläufigkeit [Neptun und Pluto brauchen wiederum ein wenig länger].

Betrachtet man dagegen die ganze Zeit, die der Planet braucht, um die Schleife zu beschreiben, also nicht bloss den rückläufigen Teil, sondern die zwei Zeitpunkte, wo er annähernd dieselbe Stelle seiner Bahn passiert, so findet man, dass der Mars seine Schleife in ungefähr 4½ Monaten beschreibt, Jupiter in 6, Saturn in 8 Monaten. Man sieht daraus, welche wichtige Rolle die Schleifenbildung schon rein äusserlich im Erscheinen der Planeten spielt.

Es ist am besten, diese Schleifenbildung ganz als Phänomen zu betrachten, das heisst, keine perspektivische Erklärung, sei es im ptolemäischen, sei es im kopernikanischen Sinne zu versuchen. Denn sie ist eben für den äusseren Anblick ohne wirkliche Erscheinung und kann, auch im Sinn einer lemniskatischen Planetenbewegung, nur als eine solche Realität aufgefasst werden. Ja, Rudolf Steiner hat gerade darauf aufmerksam gemacht, dass die äusseren Planeten am wirksamsten sind, wenn sie mit ihrer Schleifenbildung beschäftigt sind. Bei den inneren Planeten ist der übrige Teil der Bahn, da, wo der Planet in grösster Elongation, grösstem Glanz oder auch in oberer Konjunktion ist, am wirksamsten[31]. Die Venusschleifen, von denen es in 8 Jahren fünf gibt, sind zwar an Grösse die beträchtlichsten aller Planetenschleifen, aber sie werden trotzdem schneller durchlaufen als die der oberen Planeten und sie stellen in der Venusbahn etwas ganz anderes dar als die Mars-, Jupiter-Schleifen usw. Mit dem blossen Auge ist von der Rückwärtsbewegung der Venus sehr wenig zu verfolgen, beim Merkur sozusagen gar nichts, sie fallen eben um die Konjunktion herum. Eigentümlicherweise vollziehen Venus und auch Merkur eine Umkehrung ihrer Bewegung, jedesmal, wenn sie von der «grössten Elongation» wiederum zur Sonne zurückkehren. Doch handelt es sich hier nicht um eine rückläufige Bewegung im eigentlichen Sinne, obwohl sie beim Abendstern sogar von Ost nach West gerichtet ist, denn Venus zum Beispiel geht dann nicht *gegen* die Richtung des Tierkreises, also etwa Zwillinge, Stier, Widder wie bei dem Rückwärtslauf in der Schleife, sondern das Phänomen wird hervorgerufen durch eine Verlangsamung der *direkten* Bewegung im Vergleich zur Sonne, eine allmähliche Verlangsamung, die bis zum kurzen Stillstand führt, der die eigentliche rückläufige Bewegung einleitet. Etwas anders wiederum liegen die Verhältnisse beim Morgenstern. Im Verfolgen dieser Verhältnisse wird man sogar rein äusserlich darauf gewiesen, dass Venus als Morgenstern und als Abendstern eben zwei verschiedene Wesen offenbart. Und so auch der Merkur.

Die Formen, in denen die Schleifen sich in bezug auf die Ekliptik am Himmel abzeichnen können, sind hier für Mars und Saturn nach den Bahnen des Jahres 1928 angegeben; da Venus in diesem Jahr zu keiner Schleifenbildung kommt, ist die vom Jahre 1927 genommen worden *(Zeichnung 14)*.

⟨ Die Mars-Opposition kommt erst am 21. Dezember, der Planet ist dann in den Zwillingen, nachdem er vom Spätsommer an im Stier leicht zu finden sein wird. *Jupiter* bewegt sich im Widder von Anfang September bis Ende Dezember rückläufig, seine Bewegung wird sich gut verfolgen lassen. Von Saturn haben wir schon gesprochen. *Uranus* ist in den Fischen, *Neptun* im Löwen nahe beim Stern Regulus, beide Planeten sind unsichtbar für das blosse Auge und auch für ein kleineres Fernrohr nicht ohne weiteres erkennbar – sonst wären sie nicht erst im 18. beziehungsweise 19. Jahrhundert aufgefunden worden! ⟩

Betrachten wir die Planeten mehr von ihrem geistigen Aspekt, so finden wir, wie schon angedeutet wurde, dass die unteren Planeten in vieler Hinsicht eine Umkehrung der oberen sind. Was diese als mehr geistige Funktionen haben, wird von jenen mehr ins Leibliche, Organische hineingearbeitet.

In dem Zyklus «Das Verhältnis der Sternenwelt zum Menschen und des Menschen zur Sternenwelt» (1. Vortrag)[32] ist auseinandergesetzt, wie die Menschenseele, die durch das Leben zwischen Tod und neuer Geburt hindurchgeht, in der Marssphäre zu dem Weltenlogos kommt, in der Jupitersphäre zu den Weltgedanken, in der Saturnsphäre zur Weltorientierung. Das heisst, der Mensch erlebt die kosmischen Urbilder derjenigen Kräfte, die er als Kind in den ersten Lebensjahren sich als Erdenkräfte wieder erobern muss. Es geschieht das in derjenigen Zeit, in welcher der Mensch das eigentliche Geisterland (im Sinne von «Theosophie»[33] und «Geheimwissenschaft»[7]) durchlebt, wenn nach dem Durchschreiten der Sonnensphäre und dem Ablegen des Astralleibes, des «dritten Leichnams», der Mensch als wirklich kosmisch-geistiges Wesen durch die Sphären der oberen Planeten hindurchschreitet. Dann, auf dem Rückweg zur Wiedergeburt, ergreifen ihn allmählich die Planeten mit ihren verschieden gearteten «Schweren». Rudolf Steiner sprach von solchen Schwere-Kräften, die sich der Mensch aneignet, wenn in ihm die Sehnsucht nach der Verkörperung

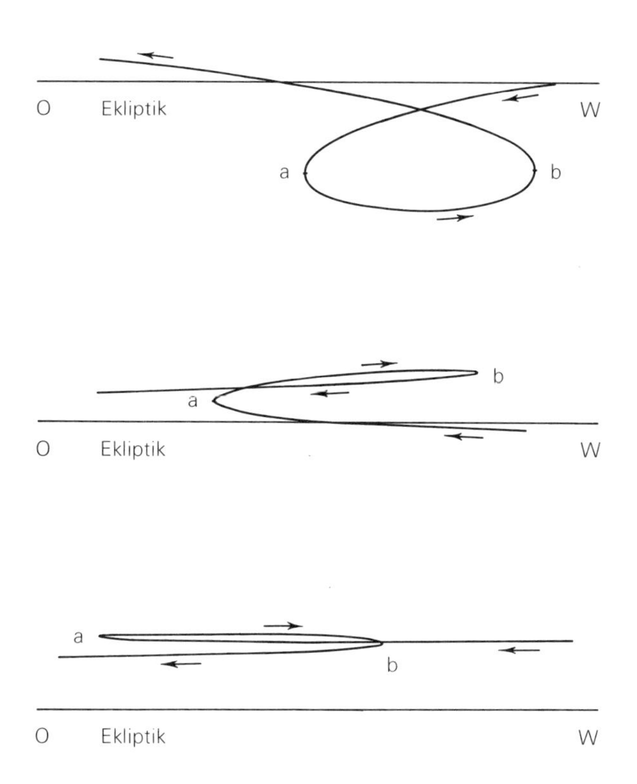

Zeichnung 14:

Bahn der Venus vom 16. Juli bis zum 19. Oktober 1927; rückläufig vom 20. August (a) bis zum 2. Oktober (b).
Bahn des Mars von September 1928 bis April 1929; rückläufig vom 12. November (a) bis zum 27. Januar (b).
Bahn des Saturn von Ende 1927 bis Ende 1928; rückläufig vom 29. März (a) bis zum 17. August (b). – Der Massstab gegenüber der Mars- und Venus-Bahn ist dreimal vergrössert.

wieder erwacht. Saturn selber verleiht ihm die freudige Sehnsucht als Schwere, Jupiter das freudevolle Ergreifen der Erdenaufgaben usw.

Die Sonne nun wandelt die zuerst geistig erlangten Eigenschaften in mehr physisch-ätherische um. Durch Venus eignen wir uns die Fähigkeit an, später eine Erdensprache sprechen zu können, die durch einen Kehlkopf tönt, Merkur verleiht Gedanken, wie sie in einem Erdengehirn gedacht werden können, im Gegensatz zu der kosmischen Weisheit des Jupiter, – Gedanken der Logik, des kombinierenden Verstandes. Der Mond endlich bringt den Menschen in den Bereich der Erdenschwere, er einverleibt der herabsteigenden Seele solche Kräfte, durch die sie später auf Erden befähigt wird, mit einem physischen Leibe gehen zu können. Es entspricht also der Saturn in gewissem Sinne dem Monde, der Jupiter dem Merkur, der Mars der Venus. Auf diesem ganzen Weg zur Erde hin spielen die Stellungen der Planeten im Tierkreis und auch ihre Bahnen – die Schleifen, ob Morgen- oder Abendstern usw. – eine wichtige Rolle.

Auf der Erde angekommen, fängt der Mensch gewissermassen beim Monde wieder an. Die ersten 7 Jahre unterliegen in ihrer Entwicklung den Mondenkräften, die zweiten den Merkurkräften usw. Die erste Fähigkeit, die sich das Kind aneignet, ist das Gehen, das Sich-Aufrichten und Bewegen innerhalb der irdischen Schwerkraft. Dann folgt das Sprechen, zuletzt das Denken. Dass hier eine scheinbare Vertauschung in der Reihenfolge der Kräfte vorliegt, braucht uns nicht zu wundern, es ist jene schon kurz angedeutete Vertauschung, die in bezug auf Venus und Merkur immer wieder auftreten muss.

Anders stehen gerade zum heutigen Menschen die unteren wie die oberen Planeten. Die unteren Planeten, deren Sphären erst dann durchschritten werden, wenn der zur Erde zurückkehrende Mensch schon wieder mit einem Astralleibe umkleidet ist (in der Mondensphäre kommt dann noch der Ätherleib hinzu), haben viel mit der Bestimmung des Karma zu tun. Wenn auch das «Schicksalspäckchen», wie es Rudolf Steiner nannte, erst wieder in der Mondsphäre aufgenommen wird, so arbeiten schon Venus und Merkur stark an demjenigen Karma, das sich im leiblichen Wesen des Menschen ausdrückt. Volk, Familie, Sprache des neuen Erdenlebens werden innerhalb dieser Sphären entschieden, auch Charakter- und Temperamentanlagen bilden sich durch die Sonne und die unteren Planeten; Absonderungs-, Drüsen-Funktionen usw. unterstehen ihnen während des Erdenlebens. – Dagegen ist der Mensch durch die oberen Planeten viel mehr in Freiheit versetzt. Diese haben ihre Wirkung zu einem Teil wenigstens vom Menschen zurückgezogen, und zwar dadurch, dass sie nicht mehr auf dem Umwege einer *moralischen Naturwirkung* an ihm arbeiten.

Für frühere Zeiten, die beim Mysterium von Golgatha ihren vorläufigen, wenn auch nicht endgültigen Abschluss gefunden haben, waren die Wirkungen von Saturn, Jupiter, Mars in den äusseren Naturreichen durchaus solche, die im Menschen als moralisch bildende Kräfte zum Ausdruck kamen. Durch seine Sinne, namentlich das Auge, nahm der frühere Mensch zum Beispiel Saturnwirkungen wahr; indem das Licht farbig von den Gegenständen zurückstrahlte, erlebte er es ganz von selbst als eine geistige Kraft, als ein Moralisches. Weltgedanken strömten mit den Sinneswahrnehmungen ein, Weltensprache tönte aus den Gegenständen und Wesenheiten der Sinneswelt. Sie wurden in ihm nicht bloss zur Erkenntnis, sondern eben zu einer sittlichen Kraft. Der Mensch konnte aber dadurch nicht völlig frei werden. So mussten sich diese Kräfte aus der Natur allmählich zurückziehen, eben um den Menschen zur Freiheit gelangen zu lassen. Die äussere Natur verlor das kosmisch-moralische Element; sie bot dem Menschen nur tote Sinneswahrnehmung, auf die er seine abstrakte Gedankenerkenntnis anwenden konnte. Es ist das ein langer Prozess, der bis in das Mittelalter zu verfolgen ist, wo die alte geistdurchtränkte Naturanschauung ganz versiegte und die neuere Naturwissenschaft heraufkam.

Aber indem diese Kräfte sich von der äusseren Welt zurückzogen, sind sie nicht unwirksam geworden. Sie müssen nur vom Menschen jetzt gewissermassen in freier geistiger Tätigkeit ergriffen werden. Statt dass er durch die Augen mit dem farbigen Licht der Naturgegenstände moralische Saturnkraft einatmet, muss er durch innere Anstrengung, wie sie bei den von Rudolf Steiner angegebenen Konzentrationsübungen notwendig ist, sich fähig machen, selber geistige Augen zu entwickeln. Er muss sich durch Versenkung in die Weltgedanken mit der freigewordenen Jupiterkraft verbinden; er muss auch die Sprachkräfte so behandeln lernen, dass sie nicht bloss durch den Organismus bedingt sind, sondern eine Offenbarung des Weltenlogos werden können.

Man sieht: es ist der ganze Entwicklungsweg in die höheren Welten hinein – das was Rudolf Steiner die neuere Esoterik nannte, die etwa seit dem Mittelalter ausgebildet worden ist – in dieser kurzen Schilderung enthalten. Statt eines letzten verzweifelten Suchens nach moralischen Kräften in den Naturprozessen wie bei den Alchimisten, statt eines Hängens an alten astrologischen Regeln, die für eine Zeit der menschlichen Unfreiheit dem Kosmos gegenüber gegolten haben, obliegt es dem in michaelischem Sinne modernen Menschen, sich der planetarischen Kräfte zu bedienen, die sich seinetwegen aus seiner unmittelbaren Erdenumgebung zurückgezogen haben und die in Freiheit von dem Menschen ergriffen sein wollen. Man betrachte einmal in diesem Lichte die Werke Rudolf Steiners wie die

«Philosophie der Freiheit»[34], «Wie erlangt man Erkenntnisse der höheren Welten?»[35] usw., und auch das, was er für Sprachgestaltung in unserer Bewegung gegeben hat[36], und man wird von einer anderen Seite wiederum die ungeheure Tragweite, die kosmische Gesetzmässigkeit seines Lebenswerkes erfassen können.

Während die oberen Planeten sich aus der äusseren Natur, was ihre moralische Wirkung anbelangt, zurückgezogen haben, wirken sie im Menschen selber weiter, aber auch hier sind ihre Wirkungen feinere, geistigere als die der unteren Planeten. Diese sind eben mehr die schicksalbedingenden Planeten, jene die Freiheit verleihenden[37]. Allerdings hat Rudolf Steiner auch ausgesprochen, dass ein Nichtbeachten dieser freigewordenen Saturn-, Jupiter-, Marskräfte, wie es in der äusseren Kultur üblich ist, zu schlimmen Erscheinungen führen müsse. Nervosität als Kulturerscheinung, vermehrte Illusionsfähigkeit, zunehmende Lügenhaftigkeit sind die Folgen, wenn die Menschen diese Kräfte gleichsam frei hin- und herschiessen lassen, statt neue geistige Organe für ihre Aufnahme zu schaffen. Eine ernste Mahnung, die Lehren der Geisteswissenschaft nicht bloss als Lehren zu nehmen, sondern als Aufforderung zur eigenen aktiven Betätigung, liegt in dieser Erkenntnis von der Wirkung der Planeten auf den Menschen beschlossen.

Über Sonnen- und Mondfinsternisse
Das Pfingstfest

9. Rundschreiben I, Mai 1928

⟨ Der Monat Mai bringt für dieses Jahr den Anfang der ersten Periode der Finsternisse, die sich dann noch in den Juni hinein fortsetzt. Eine zweite Periode folgt 6 Monate später, im November und Dezember.⟩ Jedes Jahr treten zwei Perioden auf, die jede 1 bis 3 Finsternisse umfassen; aber jedes Jahr liegt ihr Anfang früher, im Durchschnitt 20 Tage, doch können es auch bloss 8 Tage oder auch 4 Wochen – eine volle Mondperiode – sein. Um eine Vorstellung von dem Immer-Wiederkehren und immer früheren Eintreten der Finsternisse zu vermitteln, werden hier die entsprechenden Daten der Jahre 1924–1928 gegeben (M = Mond-, S = Sonnenfinsternis).

1924		
20. Febr. M – 5. März S	*31. Juli S – 14. Aug. M – 24. Aug. S*	
1925		
24. Jan. S	*20./21. Juli S – 4. Aug. M*	
1926		
14. Jan. S	*9./10. Juli S*	
1927		
3. Jan. S	*15. Juni M – 29. Juni S*	*8. Dez. M – 24. Dez. S*
1928		
	19. Mai S – 3. Juni M – 17. Juni S	*12. Nov. S – 27. Nov. M*

Man sieht aus dieser Tabelle die zwei Perioden deutlich auftreten. Dass es 1927 anscheinend 3 Finsternisperioden gegeben hat – im Januar, Juni und Dezember – rührt nur davon her, dass die dritte Periode gewissermassen die durch die Verfrühung um die Jahreswende hinübergekommene Periode von Januar 1928 ist. Auch sieht man, dass – wie schon gesagt – die Anzahl der Finsternisse in jeder Periode zwischen 1 und 3 schwanken kann, dass innerhalb einer Periode immer abwechselnd eine Sonnen- auf eine Mondfinsternis folgen muss und umgekehrt, dass aber jede neue

Periode sozusagen frisch anfangen kann, entweder mit einer Sonnen- oder mit einer Mondfinsternis. Treten in einem Jahre nur 2 Finsternisse auf (wie 1926), was überhaupt das Minimum darstellt, so sind diese immer beide Verfinsterungen der Sonne. Der Beweis für alle diese Regeln kann hier selbstverständlich in Kürze nicht gegeben werden.

Was hier als «Perioden der Finsternisse» bezeichnet worden ist, hängt nicht nur mit der Bewegung von Sonne und Mond (oder der Erde) zusammen, sondern auch mit der Bewegung von den Schnittpunkten der Sonnen- und Mondbahn, die man die *Knoten* nennt und von denen die Alten sprachen als von dem Drachenkopf (☊, aufsteigender Knoten) und Drachenschwanz (☋, absteigender Knoten). Diese Knoten stellen für die Mondbahn etwas Ähnliches dar wie Frühlings- und Herbstpunkt für die Sonnen-Erdenbahn, insofern sie ein Auf- und Absteigen des Mondes auf seiner Bahn bedeuten und auch in rückläufiger Bewegung begriffen sind. Diese Rückwärtsbewegung der Knoten, die in 18 Jahren 7 Monaten einmal eine volle Umdrehung machen, bewirkt das frühere Eintreten der Finsternisse in jedem Jahr, denn diese sind an die Lage der Knoten gebunden.

Die Mondbahn macht einen Winkel von 5° mit der Ekliptik oder Sonnenbahn (der in der *Zeichnung 15* etwas übertrieben dargestellt ist). Auch die anderen Planeten zeigen am Himmel Bahnen, die mehr oder weniger schräg zur Sonnenbahn, der Ekliptik, stehen, die aber alle innerhalb des Tierkreises, der ja ein ziemlich breiter Gürtel ist, liegen. Eine Ausnahme bilden nur manche von den kleinen Planeten oder Planetoiden zwischen Mars und Jupiter, die oft so stark geneigte Bahnen haben, dass sie weit ausserhalb des Tierkreises wandern können. Sie gehören ja nicht zu den «normalen» Gebilden unseres Sonnensystems, sondern sind das Ergebnis eines Weltenkampfes (5. Vortrag)[23].

Es ist gut, sich die Knotenpunkte, die auch in unserem Seelenleben eine wichtige Rolle spielen, einmal am Himmel aufzusuchen und sich danach die Mondbahn für den betreffenden Monat vorzustellen. 〈 Zurzeit liegt der aufsteigende Knoten im Stier, unweit vom Stern Aldebaran (siehe *Zeichnung 16*), der absteigende Knoten am gegenüberliegenden Punkt des Tierkreises, das ist im Skorpion, über dem roten Antares. In der Gegend von Zwillingen, Krebs, Löwe usw. steigt also die Mondbahn noch über die höchste Stellung der Sonnenbahn hinaus. Doch ändern sich beim Monde all diese Verhältnisse ziemlich rasch. Schon im April nächsten Jahres wird der eine Knoten im Widder, der andere in der Waage sein. (Es sind immer die Sternbilder selber gemeint.) 〉

Bevor wir auf die Knoten weiter eingehen, muss das Prinzip der Finsternisse, so wie sie sich rein äusserlich darstellen, ins Auge gefasst werden.

Zeichnung 15

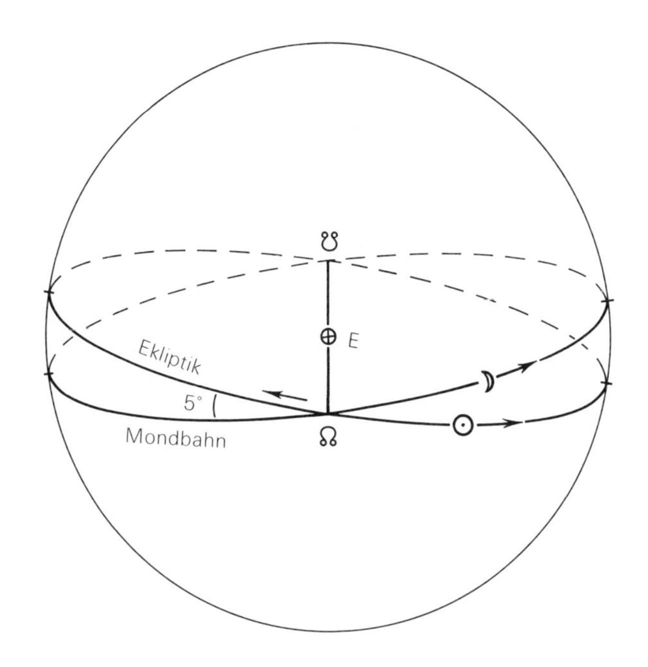

Zeichnung 16

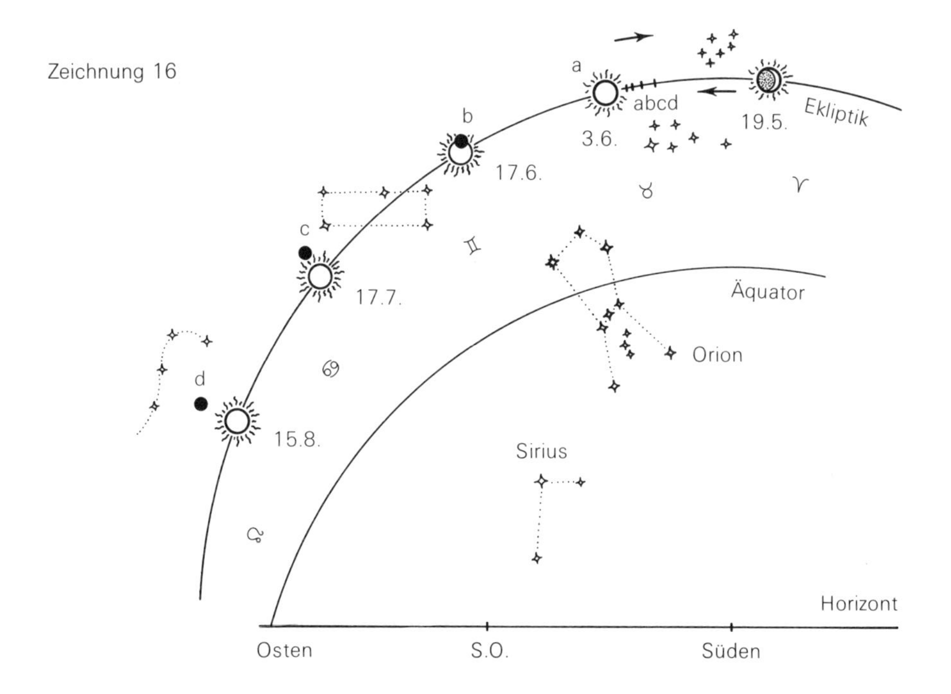

Und zwar liegt etwas sehr Verschiedenes den Mond- und den Sonnenfinsternissen zugrunde.

Weil Mond- und Sonnenbahn einen Winkel von 5° miteinander einschliessen, kann eine Bedeckung von der Sonne durch den Mond, also eine Sonnenfinsternis nur dann stattfinden, wenn erstens Neumond ist, zweitens beide in der Nähe von einem der Knoten stehen. Hat sich die Sonne auf ihrer jährlichen Bahn schon zu weit von dem Knoten entfernt, oder ist sie noch zu weit von ihr ab (die Grenze beträgt für Sonnenfinsternisse 18°, für Mondfinsternisse 12°), so steigt die Mondbahn und auf ihr der Mond selber über die Sonne hinauf oder unter sie hinunter, so dass keine Bedeckung zustande kommen kann. Das ist ja dasjenige, was bei jedem gewöhnlichen Neumond vorliegt, es ist dann Konjunktion, aber keine Bedeckung. Nur eben in der Nähe der Knoten können Sonnen- und Mondscheibe übereinanderfallen. Aus der *Zeichnung 16* wird man das ersehen können. Es ist jener Teil der Ekliptik dargestellt, in welchem sich die Finsternisse der ersten Periode des Jahres 1928 abspielen. Der aufsteigende Knoten ist für vier aufeinanderfolgende Zeitpunkte in seiner rückläufigen Bewegung als a, b, c, d angegeben, entsprechend dem Sonnenstand am 3. Juni, 17. Juni, 17. Juli und 15. August.

Am *19. Mai* ist eine *totale Sonnenfinsternis,* der Knoten würde dann etwas links von a liegen. Die Mondbahn geht an dieser Stelle eigentlich schon ziemlich stark unter der Sonnenbahn durch, denn der Mond ist noch vor dem aufsteigenden Knoten. Dass trotzdem eine Bedeckung und sogar eine vollständige zustandekommen kann, liegt nur daran, dass der Mond in den Tagen gerade der Erde am nächsten ist (im «Perigäum») und dadurch seine Scheibe am grössten ist, so dass diese wenigstens für kurze Zeit die Sonne bedecken kann. Die Finsternis spielt sich in den Gegenden des Südpols ab, sie ist, auch in ihrem partiellen Teil, kaum in bewohnten Gegenden sichtbar.

14 Tage später, am *3. Juni,* ist Vollmond, die Sonne ist dann unmittelbar beim aufsteigenden Knoten gelegen (a), der Mond ihr gegenüber beim absteigenden Knoten im Skorpion: *totale Mondfinsternis.* (Der Mond konnte in diesem Falle selbstverständlich nicht auf der Zeichnung angegeben werden.)

Wiederum 14 Tage später: *17. Juni,* Neumond. Jetzt kommt aber nur eine ganz kleine partielle Sonnenfinsternis zustande, die Mondbahn hebt sich, der Mond geht schräg über den obersten Rand der Sonnenscheibe hinweg.

Für den nächsten Stand: 17. Juli, ist die Sonne schon zu weit vom Knoten, der Mond berührt sie nicht mehr. Beim nächsten Neumond,

15. August, ist der Unterschied noch grösser. Erst wenn die Sonne beim anderen Knoten angekommen sein wird, im November, entsteht wiederum eine Bedeckung. Die Sonne passiert diesen Knoten am 23. November, die Neu- und Vollmonddaten jenes Monats (12., 27. November) sind so gelegen, dass nur 2, nicht 3 Finsternisse entstehen können. Von diesen 5 Finsternissen wird nur die partielle Sonnenfinsternis am 12. November in Mitteleuropa zu sehen sein.

Die Sonnen- und Mondfinsternisse eines bestimmten Jahres wiederholen sich in derselben Reihenfolge und, mit nur 10 Tagen Unterschied, an denselben Daten, immer nach Ablauf von 18 Jahren. So entsprechen die 5 Finsternisse dieses Jahres denen vom Jahre 1910, aber statt am 19. Mai am 9. Mai, statt 3. Juni am 21. Mai usw. Nur der diesjährige Neumond vom 17. Juni hatte es damals, am 7. Juni, noch nicht zu einer Bedekkung gebracht. Auf diese so interessante Tatsache des Entstehens und Vergehens von Finsternissen wollen wir später (siehe Seite 101 ff.) eingehen. Wir haben da die berühmte, schon von den Chaldäern gekannte Sarosperiode, die eng mit der rückläufigen Bewegung der Knoten zusammenhängt. Vieles ausserordentlich Wichtige ist mit der Sarosperiode verknüpft, von dem wir ebenfalls später sprechen wollen.

Wir müssen, um die Finsternisse beschreiben und im äusseren Sinn erklären zu können, ein räumlich-perspektivisches Element in Betracht ziehen, dessen wir uns sonst nicht zu bedienen brauchten. Bei den Finsternissen handelt es sich um ein räumliches Voreinanderstehen von Sonne, Mond und Erde und sogar um das Schattenwerfen durch den einen Körper auf den anderen. Konnten wir vorher die Mond- und die Sonnenbahn am Himmelsgewölbe aufzeichnen und ihre Schnittpunkte, die Knoten, darstellen, muss jetzt für die Finsternis selber doch ins Auge gefasst werden, dass die Mondbahn *innerhalb* der Sonnenbahn liegt, der Mond näher zur Erde ist als die Sonne, gewissermassen eine radiale, statt einer sphärischen Anschauung. Diese zweifache Betrachtungsart, wozu die Finsternisse nötigen, offenbart uns schon etwas von ihrer zwiespältigen Natur.

In der äusseren Realität entsteht ja eine *Mondfinsternis* dadurch, dass der Mond in jenen Schattenkegel eintreten soll, den die Erde im Raume nach der von der Sonne abgewendeten Seite wirft. Schon die alten griechischen Astronomen kannten diese Erklärung der Finsternisse, ja sie schlossen gerade aus dem Umriss des Schattens auf der Mondscheibe zurück auf die Kugelgestalt der Erde. Man findet diesen Erdschattenkegel in den gebräuchlichen astronomischen Werken zumeist bloss schematisch abgebildet, ohne Rücksicht auf die Grössenverhältnisse, denn diese gestatten nicht die deutliche Wiedergabe auf einer gewöhnlichen Druck-

Zeichnung 17

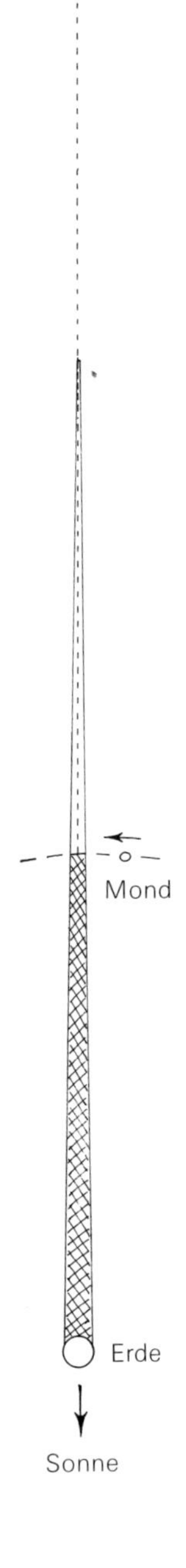

Zeichnung 18

seite. Der Kegel, den die Erde als Schatten in den Raum hineinwerfen soll, ist nämlich ungeheuer lang und schlank im Verhältnis zum Erddurchmesser, wenn man von den gewöhnlichen Zahlenverhältnissen für Mond- und Sonnenentfernung ausgeht. Nimmt man den Durchmesser der Erde zum Beispiel als 12 mm (1 mm für 1000 km), so würde der Schatten etwa 1,35 m lang sein, während die Sonne auf der entgegengesetzten Seite in einer Entfernung von 150 m zu denken wäre. Auf ⅓ seiner Länge wird der Schatten von der Mondbahn geschnitten, wenn nämlich die Mittelpunkte von Sonne, Erde und Mond in einer Geraden liegen, die eben die Himmelskugel in der Nähe der Mondknoten treffen muss. Dann entsteht ja die Mondfinsternis, sonst geht die Mondbahn bei Vollmond gerade über oder unter dem Schatten durch. Der Schatten hat da, wo der Mond bei Finsternissen in ihn eintaucht, nur mehr eine Breite von 3 Vollmondscheiben. Auf *Zeichnung 17* ist schematisch, aber annähernd im richtigen Verhältnis, der Erdschatten dargestellt, wenigstens bis zur Mondbahn, die letzten ⅔ sind nur durch die punktierte Linie angedeutet.

Es ist gewiss berechtigt, die Frage aufzuwerfen, ob es diesen Schatten denn in Wirklichkeit gibt, der eigentlich, wenn nicht gerade Mondfinsternis ist, in den «leeren Raum» hineinfällt, denn ist ein Schatten denkbar, der ins Nichts fallen würde? In der allernächsten Erdumgebung, in dem Luftkreis der Erde, bewirkt er diejenige Erscheinung, die für uns die Nacht ist, indem er eben in der Atmosphäre sich abzeichnet. (Die Erde dreht sich gleichsam in 24 Stunden unter dem Schattenkegel durch, der Kegel selber würde in einem Jahr einmal ganz herumwandern.) Ausserhalb der Erde kann der Schatten eigentlich nur als geistiges Gebilde vorhanden sein, als Sammelplatz von geistigen Finsterniswesen, und nur wenn der Mond in seinen Bereich tritt, wird der Schatten gewissermassen verkörpert, da er dann auf einen materiellen Körper auffallen kann. So finden wir durch diese Betrachtung schon vorgebildet dasjenige, was später über das geistige Wesen der Finsternisse noch zu sagen sein wird.

Bei den *Sonnenfinsternissen* wiederum ist es der Mond, der sich vor die Sonnenscheibe stellt und nun selber einen Schatten produziert, der mit seiner äussersten Spitze die Erde berühren kann. Man soll bei totalen Finsternissen diesen Schatten, der bis 200 km Breite haben kann, mit grosser Geschwindigkeit von West nach Ost über den Erdboden ziehen sehen, alles in Nacht und Dunkel hüllend. (In derselben Darstellung wie die der Mondfinsternis würde auch dieser Mondschatten nur wie ein dünner Strich sein, und es wäre ihm ebenso nur innerhalb der Erdatmosphäre Realität zuzuschreiben, *Zeichnung 18*.) Geht der Mond nicht zentral, sondern etwas höher oder tiefer an der Sonnenscheibe vorbei, so kommt bloss teilweise

Bedeckung zustande: eine partielle Sonnenfinsternis. Jede totale Sonnenfinsternis ist überdies noch für die Gegenden, die nicht in der Zentralitätszone liegen (links und rechts vom Schattenband), bloss eine partielle. Der Schattenkegel kann bisweilen, wenn der Mond der Erde etwas ferner steht (im «Apogäum»), mit seiner Spitze die Erde gar nicht erreichen, sondern schwebt gleichsam oberhalb der Erde; dann gibt es statt einer totalen eine sogenannte ringförmige Finsternis.

Hier spielen Perspektive oder Parallaxe eine bedeutende Rolle. Anders ist das bei den Mondfinsternissen. Wenn der Mond überhaupt ganz in den Erdschatten eintaucht, die Finsternis also total ist, so ist sie das für sämtliche Orte der Erde, die den Mond überhaupt über ihrem Horizont haben, jedenfalls einen bedeutenden Teil der ganzen Erde. Die Sonnenfinsternisse sind viel mehr eine lokale Erscheinung.

So nehmen sich die Finsternisse im äusseren Betrachten aus. Dass mit ihnen anderes noch vorgeht als das bloss Äussere hat Rudolf Steiner schon 1910 im Vortragszyklus über «Die Mission einzelner Volksseelen im Zusammenhange mit der germanisch-nordischen Mythologie»[38] ausgesprochen (9. Vortrag):

«Wenn der alte nordische Mensch sich verständlich machen will über das, was er sieht bei einer Sonnenfinsternis – natürlich sah der Mensch zur Zeit des alten Hellsehens noch anders, als heute bei Benutzung des Fernrohres –, so wählte er das Bild des Wolfes, der die Sonne verfolgt und der in dem Momente, wo er sie erreicht, die Sonnenfinsternis bewirkt. Das steht im innersten Einklang mit den Tatsachen ... Die materialistischen Menschen von heute werden sagen: Das ist aber doch Aberglaube, es verfolgt doch kein Wolf die Sonne ... Für den Okkultisten gibt es etwas, was noch in höherem Grad Aberglaube ist. Das ist, dass eine Sonnenfinsternis dadurch entsteht, dass sich der Mond vor die Sonne stellt. Das ist für die äussere Anschauung ganz richtig, ebenso richtig, wie für die astrale Anschauung die Sache vom Wolf richtig ist. Die astrale Anschauung ist sogar richtiger als die, welche Sie in den gegenwärtigen Büchern finden, denn die ist noch mehr dem Irrtum unterworfen.»

Von dem, was nicht bloss mit den räumlich sich bewegenden Himmelskörpern, sondern was in den *Sphären* vorgeht, wenn eine Finsternis herannaht, spricht diese Stelle[39]. Denn die Finsternisse sind ja «solche Übergangserscheinungen ..., die zwischen dem rein Physisch-Kosmischen und dem Kosmisch-Geistigen mitten drinnen stehen»[40]. Sie verleugnen das Geistige zugunsten des äusserlich Räumlichen. Der Raum, so wie wir ihn auf Erden zu kennen glauben, wie er eine berechtigte Erscheinung unseres Erdendaseins ist, wird gewissermassen in den Kosmos hineingetragen bei den Finsternissen. Der Schatten, sei es vom Mond oder von der Erde, sonst nur im Elementarischen vorhanden, verdichtet sich zu einem sichtbaren Gebilde.

Wir wissen ja, gerade aus dem Vortrag Rudolf Steiners, der soeben angeführt wurde, dass all dieses seinen guten Grund und seine Notwendigkeit im Weltenall hat. Auch für das Böse, das in Willen und Gedanken lebt, müssen Ventile da sein, und diese Ventile sind eben die Finsternisse, das für kürzere oder längere Zeit abwesende Sonnen- oder Mondlicht. Da das Böse durch göttlichen Ratschluss in der Welt zugelassen worden ist, sind auch die Finsternisse durchaus etwas im göttlichen Plan Gelegenes. Man möchte fast sagen: als die Werkwelt eingesetzt wurde, hätte die göttliche Weisheit es leicht auch so einrichten können, dass keine Finsternisse entstehen! Es brauchte nur der Mond der Erde ein klein wenig ferner zu sein als er ist, so könnte seine Scheibe niemals die Sonnenscheibe vollständig bedecken, es gäbe keine totalen Sonnenfinsternisse. (Zugleich aber würde dann der Mensch ganz anders geartet sein müssen!) Indem die Finsternisse auftreten, wird den Geistern des Finstern und des Bösen der Weg in den Weltenraum hinein offen gelassen in dem Masse und an den Orten, wie es nötig ist.

Das Gute aber, der Geist, den wir den Heiligen Geist nennen, lebt nicht im Raum und nicht einmal in der Zeit. Und in dem Pfingstfest haben wir das Gedenken desjenigen Erlebens, das die Jünger Christi für eine Weile aus dem Raum und der Zeit heraushob.

Betrachten wir so die drei Feste, die das Urchristentum am Jahresanfang – vom tiefsten Sonnenstand ab gerechnet – eingesetzt hat. Da wird in der Tiefwinterzeit das Jesuskind in den Erdenraum hinein geboren. Da liegt die Erde wie ein Stern im Kosmos, auf den der ganze Kosmos gleichsam den Blick gerichtet hält. Räumliches von kosmischen Vaterkräften durchzogen, sogar von der Sonne nur als Mitternachtssonne durchstrahlt, offenbart uns das Weihnachtsfest.

Im Osterereignis schon wird der Raum überwunden. Der Christus ist auferstanden, er hat den Tod, die Erde, den Raum besiegt. Sogar seine räumlichen Reste, der heilige Leichnam ist aus der Gruft verschwunden. Der Auferstandene aber erscheint den Jüngern da und dort in einem Leib, der wie der physische Raumesleib und doch nicht ihm ähnlich ist. Da beginnt sein Wirken in der *Zeit.* Für die Weiterentwicklung des Christus-Impulses ist nicht der Raum von Bedeutung, nicht einmal der Erdenraum, auf dem der Christus Jesus gelebt hat. Für die Menschen aller Völker ist Christus gestorben, und nur in der Zeit kann verfolgt werden, wie sein Impuls über den Erdenraum sich verbreitet. Auch die Festsetzung des

Osterfestes richtet sich nach Prinzipien der Zeit, wie wir schon besprochen haben.

Das Pfingstfest aber ist die Erinnerung und immer wieder Erneuerung von jenem Ereignis, das im tiefsten Grunde weder ein räumliches noch ein zeitliches Ereignis ist. Da ist der Mensch tatsächlich jenseits des Raumes, und da leuchtet jenseits von Raum und Zeit der Heilige Geist in den Menschengeist hinein. Wie feurige Zungen, die wie Blitze sind – und der Blitz hat keine Zeit und zerreisst den Raum –, so strahlt aus den Seelen der Apostel heraus das, was der Heilige Geist über sie ausschüttet. Der Heilige Geist ist derjenige Geist, der nicht in der Materie lebt, der daher heilig ist, das heisst, heilend, gesundend wirkt im Menschen. Er ist derjenige Geist, von dem der Christus sagt, dass er erst kommen könne, nachdem Christus selber durch das Mysterium von Golgatha gegangen sein wird, nachdem er sich durch den Tod, den Raum überwindend, mit dem Vater wieder vereinigt hat. Und die Menschen, die da anwesend waren, als zum ersten Mal der Heilige Geist sich in Menschen offenbaren konnte; sie hörten die Apostel reden «ein jeglicher mit seiner Sprache». Der Raum war überwunden, denn jeder war gleichsam im eigenen Lande, daheim. Die Zeit war überwunden, denn das Mysterium von Golgatha stand als ein unmittelbar erlebtes Geschehnis vor der Seele der Apostel. Aus dem Jenseits von Zeit und Raum leuchtet herein – damals und zu allen Zeiten –, was der Heilige Geist den Menschen zu sagen hat.

Diese Gedanken geziemt es zu denken in einer Zeit, die mit einer Sonnenfinsternis am 24. Dezember 1927 anfing und die auch das Pfingstfest mitten in eine Finsternisperiode hineinfallend hat.

Über die Finsternisse
Die Sarosperiode

10. Rundschreiben I, Juni 1928

Es ist schon ausgeführt worden, wie die Mondknoten, jene Schnittpunkte der Sonnen- und Mondbahn ⟨ die sich zur Zeit im Stier und im Skorpion befinden ⟩, in 18 Jahren 7 Monaten (und einigen Tagen) einmal um den ganzen Tierkreis herumgehen. In jedem Menschenleben spielt diese Periode eine Rolle. Denn die Knoten sind nicht bloss als mathematische Punkte aufzufassen, als Schnittpunkte der «verlängerten Mondbahn-Ebene» mit der «scheinbaren Sonnenbahn», wie es die heutige Astronomie ausdrücken müsste, sondern sie sind so etwas wie Einlasstore für das Astralische, wie astral-empfindliche Punkte in dem Geburtshimmel eines jeden Menschen. Rudolf Steiner hat darauf hingewiesen, dass jedesmal, wenn die Knoten wiederum an den Ort zurückkehren, den sie bei der Geburt eingenommen haben, wenn also der Mensch 18 Jahre 7 Monate, 37 Jahre 2 Monate usw. alt geworden ist, er dann in seinem Unterbewusstsein besonders empfänglich ist für die astrale Welt, was sich durch merkwürdige Träume und dergleichen äussern kann. Es sind die Nächte, die in solchen Zeiten erlebt werden, die wichtigsten unseres ganzen Lebens. Nur «verschlafen» die Menschen zumeist diese wichtigen Perioden, weil sie nicht darauf aufmerksam sind[12]. Bei Goethe jedenfalls, der volle vier Mal eine solche Periode erlebte, lässt sich aus seiner Biographie, aus den Tagebüchern, Briefen oder Gesprächen in interessanter Weise der Einfluss des Knotenüberganges nachweisen[41]. Es ist gut, wenn Anthroposophen versuchen, solche Zeitpunkte in ihrem Leben abzufangen. Man wird sie vielleicht auch für die halbe Periode finden können, nach je 9 Jahren 3½ Monaten, wenn der aufsteigende und der absteigende Knoten ihren Platz im Tierkreis gewechselt haben.

Diese Periode hat zudem noch ihr Abbild in der sogenannten Nutation der Erdachse, von der das nächste Mal die Rede sein wird.

Eine gewisse Verkürzung des Knotenumlaufs gibt die *Sarosperiode,* die mit der Rückkehr von Finsternissen zu tun hat. – Nehmen wir an, es sei totale Sonnenfinsternis gewesen, Sonne, Mond und Knoten (S, M, K) haben eng zusammengestanden an einem bestimmten Ort im Tierkreis. Nun setzen alle drei ihre Bewegungen fort: die Sonne geht annähernd in einem Jahre einmal herum, der Mond in einem Monat, der Knoten in entgegengesetzter Richtung in 18 Jahren 7 Monaten. Es stellt sich nun heraus, dass, kurz bevor der Knoten wiederum an seinen früheren Ort zurückgekehrt ist, nach 18 Jahren 10 Tagen, er die Sonne wiederum trifft und auch der Mond wiederum zur Stelle ist (dieser ist inzwischen 223 mal herumgegangen, jene 18 mal), so dass die frühere Finsternis sich fast unter denselben Verhältnissen in K_1 wiederholt. – Natürlich hat es in der Zwischenzeit immer wieder Sonnenfinsternisse und auch Mondfinsternisse gegeben, sobald Sonne und Mond sich an irgendeiner Stelle des Tierkreises mit den Knoten trafen. Bei der Sarosperiode ist es aber so, dass die Entfernung der Sonne zu dem Knoten, die Lage des Mondes, die Grösse der Finsternis-Phase den Verhältnissen von vor 18 Jahren 10 Tagen entsprechen, – *fast* genau entsprechen. Dadurch werden auch die weiteren Finsternisse, die der zuerst angenommenen vorangegangen oder gefolgt sind, sich in derselben Reihenfolge wiederholen. Es wurde schon darauf hingewiesen, wie, mit ganz geringen Ausnahmen, die notierten Finsternisreihen von 1924–1928 entsprechen den gleichen Reihen aus den Jahren 1906–1910 (siehe Seite 95), und ebenso denen von 1942–1946, nur mit 10 oder 11 Tagen Unterschied. Es gibt also eine Reihe von Sonnen- und auch Mondfinsternissen, die sich in einer Periode von 18 Jahren 10 Tagen abspielen und die dann, auf längere Zeit, immer wiederkehren (siehe *Zeichnung 19*).

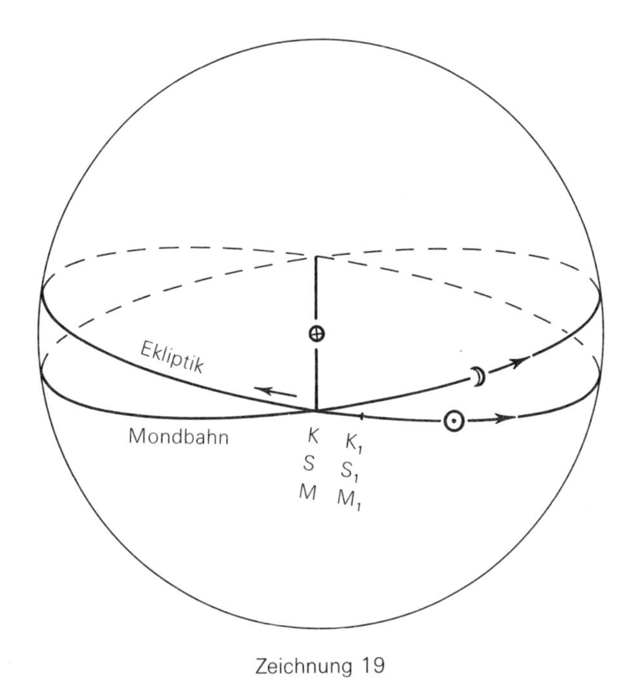

Zeichnung 19

Gerade an dieser Regel kann man aber wiederum das wunderbare Lebendige der kosmischen «Mechanik» erleben. Denn all diese Verhältnisse treffen «beinahe» zu; der kleine Unterschied, der sich überall herausstellt, bewirkt die Abwechslung in der sonstigen Einförmigkeit. Eine bestimmte Finsternis kehrt unter fast denselben Bedingungen nach 18 Jahren 10 Tagen zurück (es können auch 11 Tage sein, je nachdem in den 18 Jahren gerade vier oder fünf Schaltjahre enthalten waren). Dadurch, dass zu den 18 Jahren diese 10 Tage hinzukommen, ist die Sonne um ungefähr 10° weitergerückt, die Finsternis findet also nicht genau an derselben Stelle am Himmel statt, sondern 10° mehr östlich. Aber es sind auch nicht genau 10 (beziehungsweise 11) Tage, sondern 10 Tage 7 Stunden 42 Minuten. Die neue Finsternis wird an dem betreffenden Tage um 7 Stunden 42 Minuten, das ist fast ⅓ Tag verspätet, stattfinden. Das will sagen, dass die Erde um ⅓ Achsendrehung weiter rotiert ist, die Finsternis (besonders die so lokale Sonnenfinsternis) findet bei der Wiederholung nicht in derselben Erdgegend statt wie das erste Mal, sondern in einer Gegend, die ⅓ Erdumfang weiter nach Westen liegt. Die zweitfolgende um ⅔ Erdumfang, und erst die dritte Wiederholung, die vierte Finsternis also, nach 54 Jahren 33 Tagen, fällt wieder annähernd in dieselbe Gegend wie die erste (nur wiederum nördlich oder südlich verschoben). Es entstehen somit dreifache Finsternisreihen, die dreifache Sarosperiode von 54 Jahren 33 Tagen. Aber auch dann noch geschieht die neue Finsternis nach *einer* Sarosperiode nicht genau in derselben Entfernung vom Knoten wie die alte, sondern sie rückt allmählich, ganz langsam, von Ost nach West an den Knoten heran und über ihn hinaus. Dadurch kommt eben das zustande, dass ein Neumond im Laufe der Zeiten in solche Nähe von einem Knoten fällt, dass eine ganz geringe Bedeckung der Sonnenscheibe möglich ist: es tritt zum ersten Mal die Finsternis als ganz kleine partielle Finsternis in Erscheinung, die nun weiter ihren Platz in der Sarosreihe behauptet. Das nächste Mal, nach 18 Jahren 10 Tagen, wird sie auch partiell, aber schon ein klein wenig grösser sein, nach vielleicht 6–10 Sarosperioden wird sie so nahe zum Knoten gerückt sein, dass sie als totale Finsternis auftritt. Dann wird sie sich viele Jahrhunderte lang als totale (eventuell auch ringförmige) Finsternis behaupten. Alle 18 Jahre kommt sie etwas näher an den Knoten heran, dann über ihn hinaus, bis sie wieder bloss partiell wird und endlich aufhört, eine Finsternis zu sein: es ist einfach Neumond, ohne Bedeckung. Ein Gleiches findet in bezug auf die Mondfinsternisse statt, nur dass der Vollmond eben immer beim entgegengesetzten Knoten steht wie die Sonne.

Man kann diese Verhältnisse sehr gut verfolgen, wenn man die *Zeich-*

nung 16 einmal betrachtet. Die Finsternis vom 17. Juni ist eben eine solche, die zum *allerersten Mal* eintritt. Es wurde schon gesagt, dass sie in der Reihe von 1910 fehlt. Sie wird sozusagen als Finsternis in diesen Tagen «geboren». In 18 Jahren 10 Tagen wird die Entfernung von Sonne und Mond zum Knoten ein klein wenig geringer sein als jetzt, und das Finsternisgeschehen, wie gesagt, 10° mehr nach den Zwillingen hin liegen. Dadurch werden Sonnen- und Mondscheibe einander etwas mehr bedekken können. Erst im 22. Jahrhundert wird die Finsternis so nahe beim Knoten stattfinden, dass sie total sein wird[42].

Oder verfolgen wir die Finsternis vom 19. Mai. Sie liegt ganz rechts vom Knoten, das heisst, dass sie aus dem Finsternisbereich herausrückt. Sie war in der Tat am 19. Mai *zum letzten Mal* total; schon das nächste Mal, am 30. Mai 1946, wird sie partiell sein, und dann immer mehr abnehmen bis zum 3. August 2054, wo sie als Finsternis überhaupt aufhört zu existieren. Rückwärts verfolgt, war diese Finsternis ab 936 n. Chr. ringförmig (was eine Art Totalität darstellt, nur mit zu kleiner Mondscheibe) und hat also als solche 1000 Jahre gelebt. «Geboren» wurde sie, ganz links vom aufsteigenden Knoten, am 24. Juni 792 n. Chr. und «sterben» wird sie, wie gesagt, am 3. August 2054.

Wir haben also in der Finsternisperiode von 1928 die an sich seltene Tatsache von einer neu entstehenden Sonnenfinsternis und von einer als totale aufhörenden Finsternis. Die Lebensdauer von totalen Sonnenfinsternissen beträgt etwa 1200 Jahre, bei Mondfinsternissen ist sie etwas kürzer.

Die genannte Sonnenfinsternis vom 12. November ist wiederum deswegen partiell, weil sie über ihre Totalitätsperiode (die von 1171–1874 dauerte, aber eigentlich ringförmig war) schon hinaus ist und jetzt erneut als partielle erscheint. Das erste Mal wieder partiell war sie 1892.

Man kann dieses Leben und Weben der Finsternisse noch deutlicher sich vorstellen, wenn man sie nicht am Himmel, sondern auf der Erde verfolgt, besonders die so markanten Sonnenfinsternisse. Diese bestehen ja darin, dass der Mondschatten, von dem schon die Rede war, einen Streifen über die Erde zieht, der während höchstens 4 Stunden mit Schnellzugsgeschwindigkeit eine Bahn auf der Erdoberfläche beschreibt. (Die Totalität selber kann an einem bestimmten Ort der Erde nur höchstens 8 Minuten währen.) Nach 18 Jahren kehrt diese Bahn, einen Drittel Erdumfang weiter gelegen, zurück, nach 54 Jahren ist sie gewissermassen parallel zum ersten Bahnstreifen.

Es ist nun so, dass eine neu entstehende Sonnenfinsternis, wie zum Beispiel diejenige vom 17. Juni, immer die Erde zuerst an den Polen streift, und zwar am Nordpol bei einer Finsternis, die beim aufsteigenden Knoten – dem Drachenkopf – entsteht; am Südpol, wenn sie beim absteigenden Knoten – dem Drachenschwanz – entspringt. Auch ihre erste Totalität erreicht sie immer noch in den Polargegenden. Dann steigt sie allmählich herab, kommt im Laufe der Jahrhunderte mehr zum Äquator hin (sie findet dann beim Knoten statt), durchwandert die andere Erdhälfte, um beim entgegengesetzten Pol ihr Leben zu beenden. Auf die diesjährigen Sonnenfinsternisse angewendet, finden wir ganz im Konkreten:

19. 5.: Entstanden 24. 6. 792 am Nordpol; jetzt zum letzten Mal total, daher in ihrer Totalitätsphase ganz in den Südpolgegenden verlaufend.

17. 6.: Zum ersten Mal überhaupt, daher ganz ins nördliche Eismeer fallend.

12. 11.: Entstanden 12. 4. 991 am Südpol (da beim absteigenden Knoten stattfindend), schon wieder in die Partialität zurückgelangt, daher in ihrer grössten Phase schon stark in nördlichen Gegenden verlaufend. In den geringeren Phasen der Partialität erstreckt sie sich noch weit über Asien hinaus und wird als ganz kleine Finsternis auch in unseren Gegenden beim Sonnenaufgang zu sehen sein.

Die Mondfinsternis vom 3. 6. findet nahe beim Knoten statt, ist also gewissermassen, im mittleren Lebensalter stehend, mitten in ihrer Totalitätsperiode darinnen. Sie war in unseren Gegenden nur deshalb nicht zu sehen, weil der Mond zur Zeit des Durchgehens durch den Erdschatten noch nicht aufgegangen war, ihre Sichtbarkeit lag westlich von Nord- und Südamerika. – 17. 11.: Diese Mondfinsternis hat mit der vorhergehenden ziemliche Ähnlichkeit, nur dass die Sonne jetzt beim absteigenden Knoten steht. Sie ist ebenfalls total, von mittlerer Lebensdauer, schon mehr nördlich gelegen. Nur kommt, wenigstens für West- und Nordeuropa, eine kurze Sichtbarkeit unmittelbar vor Monduntergang zustande. In Mitteleuropa wird nichts von ihr wahrzunehmen sein.

Höchst merkwürdig sind die Bahnen der Sonnenfinsternisse auf der Erde, so wie sie von der die Erde berührenden Spitze des Mondschattenkegels beschrieben werden. Es wird hier die dreifache Sarosperiode dreimal aufgezeichnet werden *(Zeichnung 20)* für die Sonnenfinsternis, die am 29. 6. 1927 war, ‹an die sich viele noch erinnern werden›. Sie war in Nordengland und Skandinavien total, verlief weiter durch das nördliche Eismeer und den nordöstlichen Teil Sibiriens. Sie ist noch verhältnismässig jung, besteht erst seit 1639 als partielle und seit 1891 als totale Finsternis, daher spielt sie sich noch immer in ziemlich nördlichen Gegenden ab. Man denke sich nun die Erde so projiziert, dass der Nordpol der Mittelpunkt des Kreises ist, der Kreis selber den Erdäquator darstellt. Die Länder sind so darauf zu denken, dass die Linie Nordpol – 0° der Meridian von Greenwich ist.

Die Finsternis, um die es sich handelt, ist von 1891 ab bis 2035 für jede Sarosperiode angegeben, 3 mal 3 Sarosperioden also, durch verschieden punktierte Linien angedeutet. Man sieht das allmähliche Herabsteigen vom Pol zum Äquator hin, worauf dann in späteren Jahrhunderten ein weiterer Abstieg bis zum Südpol folgen wird.

Wir sehen gewissermassen die Erde im Raum und in der Zeit überzogen mit einem merkwürdigen Netz von Finsternisbahnen, so dass gleichsam

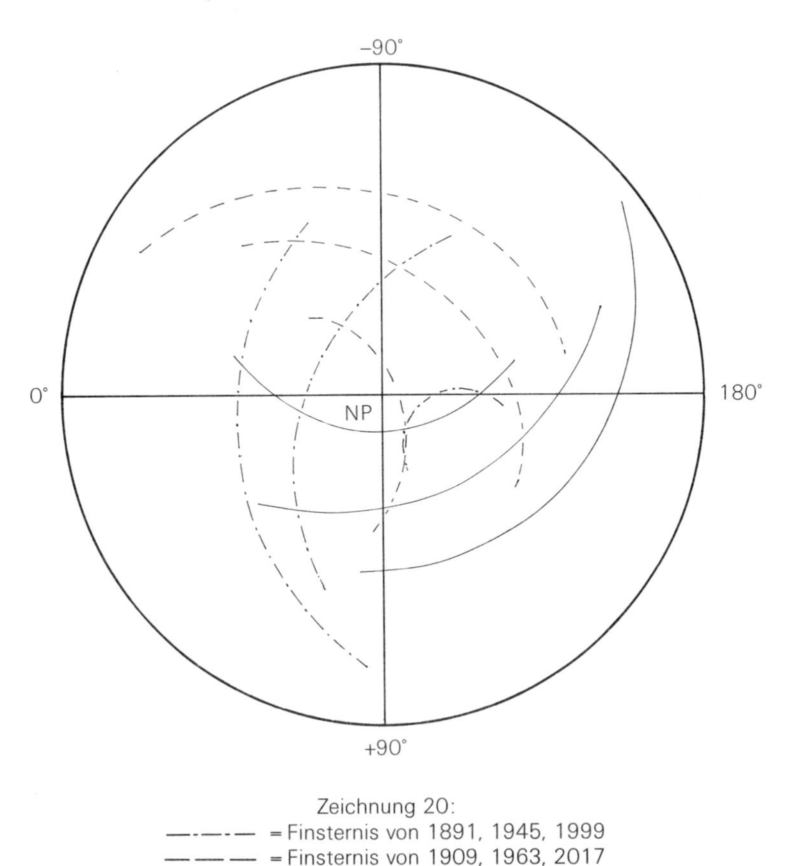

Zeichnung 20:
—·—·— = Finsternis von 1891, 1945, 1999
— — — = Finsternis von 1909, 1963, 2017
———— = Finsternis von 1927, 1981, 2035
(gezeichnet nach Joachim Schultz, Rhythmen der Sterne)

das Böse überall einmal Gelegenheit bekommt, sich auszuwirken. Jedes Jahr zieht eine Reihe von Finsterniskurven mehr vom Nordpol hinab zum Südpol hin, und eine andere Reihe (die vom absteigenden Knoten) steigt hinauf in entgegengesetzter Richtung. In mannigfachen Runen sind diese Bahnen im Laufe der Jahrhunderte in die Erde eingeschrieben. Ja, man bekommt, beim Verfolgen dieser Schriftzeichen, den Eindruck, dass man es mit den Abdrücken oder Fussspuren von bestimmten Finsternis-Wesen zu tun hat, die ihre Geburt, ihr Leben und Absterben in ganz bestimmter Weise von Pol zu Pol erleben[43]. Die eine Finsternis überzieht in ihren Saros-Wiederholungen die Erde mit schön angefügten Linienreihen, wie die in *Zeichnung 20* dargestellte, die 1927 auftrat. Eine andere, wie die eben abgelaufene vom 19. Mai, beschreibt wahre Kratzbürsten auf der Erdoberfläche. Wieder andere haben ihre Sarosperioden so liegend, dass je zwei Finsternisbahnen sich in Form von Mondsicheln schneiden. (Siehe *Zeichnung 21*. Die Zahlen bezeichnen das Jahr der Finsternis.)

Im ganzen gibt es etwa 70 Finsterniswesen, 30 vom Monde, 40 von der Sonne. Die Mondfinsternisse machen im ganzen einen weniger individualisierten Eindruck als die Sonnenfinsternisse, sie beschreiben auch nicht solche bestimmten Bahnen, sondern überscheinen mehr ganze Erdteile. Wir können das auch verstehen, wenn wir die Finsternisse als «Sicherheits-

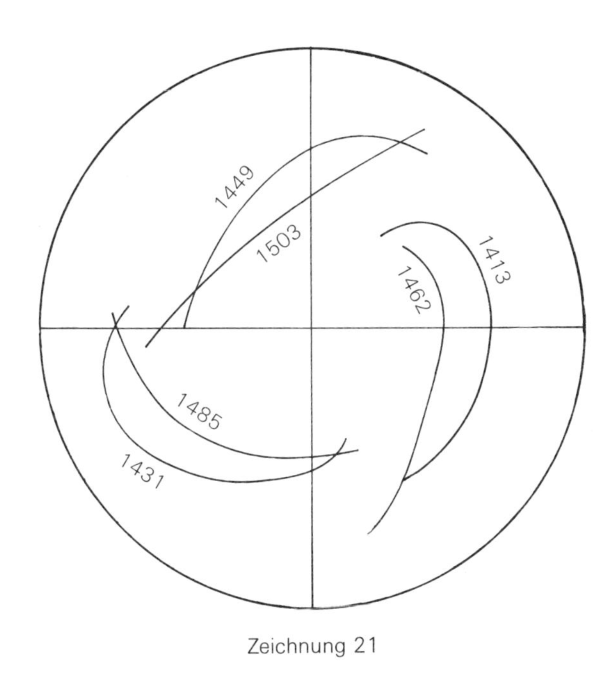

Zeichnung 21

ventile» ansehen: die Sonnenfinsternisse für den bösen *Willen*, der von der Erde in den Kosmos hinausstrahlt, während die Mondfinsternisse die schlechten *Gedanken* von dem Weltall auf die Erde fliessen lassen.

Von den alten Eingeweihten wird im Vortrag vom 25. Juni 1922[40] über das Sonnen- und Mondenlicht erzählt, dass sie ihre Fragen dem Weltall bei Sonnenaufgang, und zwar bei Neumond, übergeben haben. Eine Sonnenfinsternis entsteht auch zu Neumond, und zwar eigentlich immer an einem Ort der Erde, wo die Sonne gerade aufgeht. Die Antwort erwarteten die Mysterienpriester beim Vollmond. Da werden wir an die Mondfinsternisse erinnert, die nur bei Vollmond sein können. Wir sehen, wie in diesem Sinne für die alten Eingeweihten die Finsternisse, wenn sie eintraten, eine Unterbrechung in dem Walten ihres Amtes bedeuteten. Der Willensakt, der im Fragen liegt, durfte nicht bei Sonnenfinsternis, die Gedankenerleuchtung, die die Antwort bringen sollte, nicht bei Mondfinsternis stattfinden. Wir verstehen so, warum man in früheren Zeiten, als man noch keine «abstrakte Wissenschaft» trieb, so sehr das Eintreten der Finsternisse verfolgt hat. – Vielleicht liegt hier auch der wahre Grund für die tragische Geschichte, die immer in populären Werken erzählt wird, von den beiden chinesischen Astronomen Hi und Ho, die versäumt hatten, dem Kaiser des himmlischen Reiches eine Sonnenfinsternis von 2154 v. Chr. richtig vorher anzumelden – nach einigen Berichten, weil sie zuviel getrunken, nach anderen, weil sie sich verrechnet hatten –, und die deswegen geköpft wurden. In letzterem Fall wäre das Urteil gewiss ungerecht, wenn man bedenkt, dass noch bis zum letzten Jahrhundert es nicht möglich war, den Eintritt von Finsternissen auf Minuten genau zu errechnen und dass auch heute noch immer eine Ungewissheit von mehreren Sekunden herrscht. [Die Finsternis-Berechnungen gehören immer noch zum Kompliziertesten in der mathematischen Astronomie.] Die ungeheure Beweglichkeit und Veränderlichkeit der Mondbahn lässt sich in starre Formeln nie ganz einfangen.

Während einer Sonnenfinsternis verlässt das Böse in den Willensimpulsen der Menschen die Erde, ohne durch das Sonnenlicht verbrannt zu werden, und gelangt so in das Weltall hinein, «wo es dann weiteres Unheil anrichtet». Aber auch auf Erden geht in dem unheimlich fahlen Lichte, das der Dunkelheit der totalen Verfinsterung vorangeht, mancherlei vor sich, das zum Reiche des Bösen gehört. Aus den Gebilden der menschlichen Technik – wie Rudolf Steiner erzählt hat – erheben sich während der Finsternis furchtbare Dämonen, so das wahre Wesen offenbarend, das in unsere heutige Technik hineingebannt ist. – Bei einer Mondfinsternis dagegen wird bösen Menschen die Gelegenheit geboten, sich von «Teufelsgedanken» inspirieren zu lassen.

Wir sehen aus all dem, wie es eben durch Geisteswissenschaft möglich ist, das Wort zu realisieren, das wir schon einmal anführten: «Man lernt dann aber auch solche Übergangs-Erscheinungen in der richtigen Weise bewerten, die – ich möchte sagen – zwischen dem rein Physisch-Kosmischen und dem Kosmisch-Geistigen mitten drinnen stehen[40].»

Über die Präzessionsbewegung

11. Rundschreiben I, Juli 1928

Wir müssen zu all den Bewegungen in unserem Sonnensystem, die wir schon betrachtet haben, noch eine weitere ins Auge fassen, die gerade vom anthroposophischen Gesichtspunkt aus die allergrösste Bedeutung hat. Es ist das Vorrücken des Frühlingspunktes auf der Ekliptik, das man «Präzession» genannt hat, wenn auch diese Bewegung, ähnlich wie die Knotenbewegung des Mondes, eine rückläufige ist.

Von mehreren Gesichtspunkten aus kann diese Bewegung, auch rein astronomisch, geschildert werden. Sie gehört zu den grossen Rhythmen des Weltalls, denn sie vollzieht sich in einer Zeit, die man nach alter okkulter Überlieferung auf 25 920 Jahre stellen kann. Die heutige Astronomie gibt allerdings auf Grund ihrer Berechnungen eine etwas andere Zahl, doch handelt es sich bei der erstgenannten um kosmische Rhythmen in dem Sinne, wie im 2. Rundschreiben I davon die Rede war, und auch um eine etwas andere Berechnung des Jahres, als die heutige ist.

Die Sonne überschreitet jedes Jahr, indem sie durch den Tierkreis geht, zweimal den Himmelsäquator, im Frühlingsbeginn und zu Herbstanfang *(Zeichnung 22)*. Es sind die Schnittpunkte von Ekliptik und Äquator, an denen dieses geschieht, der Frühlingspunkt und der Herbstpunkt, zugleich die Tag- und Nachtgleichen, die gewissermassen den Knoten der Mondbahn entsprechen, – bei den anderen Planeten werden die entsprechenden Punkte ja auch Knoten genannt. Die Sonne erreicht sie am 21. März und am 23. September (nach der seit 1582 geltenden Jahreseinteilung). Von dem ersteren der beiden Punkte aus wird der Anfang des Tierkreises gerechnet, so dass zum Beispiel die Angabe, ein Stern oder Planet befinde sich in 300° Länge, bedeutet: er steht, auf der Ekliptik gemessen, 300° (5/6 Kreisumfang) von dem Schnittpunkt mit dem Äquator, dem Frühlingspunkt, entfernt.

Dieser Anfangspunkt ist nun eben kein stillstehender; auch hier wiederum Bewegung, Veränderlichkeit. Wenn die Sonne nach einem Jahr den Tierkreis – oder die Ekliptik – durchwandert hat, findet sie den Frühlingspunkt nicht mehr an demselben Ort, sondern um ein ganz klein wenig ihr entgegengekommen, so dass das Jahr eigentlich verkürzt wird. Der astronomische Frühlingsbeginn (= Äquatorüberschreitung) tritt jedes Jahr um etwa 20 Minuten früher ein, oder, in Raumesmass ausgedrückt, der Frühlingspunkt liegt 50" (50 Bogensekunden) mehr nach Westen hin auf der Ekliptik. In 72 Jahren durchwandert dieser Punkt so einen Grad (1°) und im Laufe von 2160 Jahren ein ganzes Zeichen vom Tierkreis. An dieser so geringen Verkürzung von 20 Minuten im Jahr hängt unser ganzes Kulturleben . . .

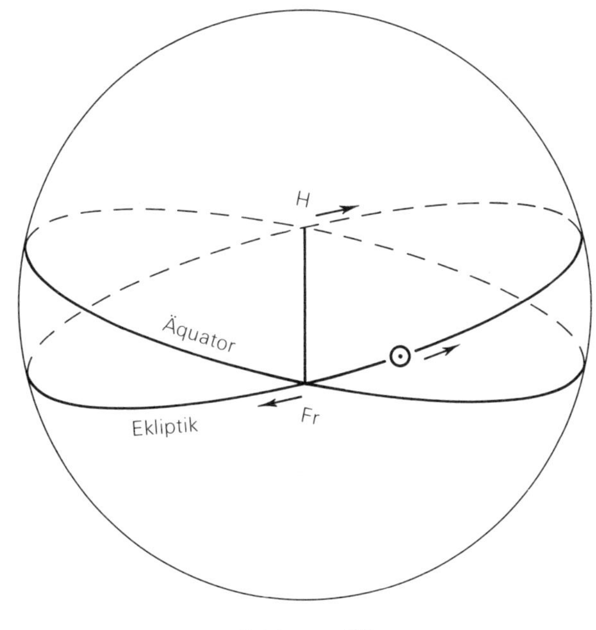

Zeichnung 22

Es wandert nun nicht bloss dieser mathematische Punkt oder die mathematische Linie, der die beiden Schnittpunkte verbindet, sondern es ist der Äquator – der Erdäquator, der als Ebene seine Fortsetzung in dem Himmelsäquator findet –, welcher die Drehung verursacht, die dann die Linie der Tag- und Nachtgleichen durch die Ekliptik hindurch drehen lässt. Wir können daher das, was vorgeht, sowohl an der Erde wie am Himmel verfolgen.

Die Erde, so kann man sagen, bewegt sich wie ein Kreisel, ihre Achse (die Äquatorachse) beschreibt einen Kegel um die Ekliptik-Achse im Laufe von 25 920 Jahren. Man kann sich diese Bewegung an einem gewöhnlichen Erdglobus leicht veranschaulichen *(Zeichnung 23).* Die Ekliptikachse, die ihren nördlichen Pol im Sternbild des Drachen hat (siehe 5. Rundschreiben I), schneidet die Erde, und zwar, bei der üblichen Aufstellung der Erdgloben, in dem höchsten und tiefsten Punkt, sie ist mit anderen Worten als vertikalstehend gedacht, die Ekliptikebene, auf die Erde projiziert, als eine Horizontalebene. (Natürlich ist das eine Art Konvention; «vertikal» und «horizontal» haben immer nur relative Bedeutung.) Um diese senkrechte Richtung lasse man die eigentliche Äquatorachse, die an den Globen handgreiflich vorhanden ist, eine Drehung, einen Kegel beschreiben, ohne dass die Erde dabei selbst um diese Achse rotiert. Man sieht also ab von der Tagesdrehung, lässt aber die ganze Erde die beschriebene Kreiselbewegung von Ost nach West ausführen. In Wirklichkeit braucht sie 25 920 Jahre für eine einmalige Drehung dieser Art! Zu gleicher Zeit ist es klar, dass auch der Erdäquator die Bewegung anzeigt, er hebt und senkt sich gewissermassen, während die Horizontalebene, die durch den Mittelpunkt der Erde geht und der Ekliptikebene entspricht, unveränderlich bleibt; so dass wir diese irdischen Verhältnisse nur auf das sichtbare Himmelsgewölbe auszudehnen haben, um die Bewegung des Himmelsäquators in bezug auf die Ekliptik, oder auch der Äquatorpole (NP – SP), um den Ekliptikpol zu bekommen. Für die Sternenwelt bedeutet das: Die Achse NP – SP wird in 25 920 Jahren einen Kreis am Himmel beschreiben um den Drachenpunkt, den Ekliptikpol. Nach dem halben Zeitraum wird er in N_1P_1 – S_1P_1 angekommen sein, und es wird sowohl der Nordpol wie der Südpol auf einen ganz anderen Stern hinweisen. – Unser jetziger Polarstern hatte nicht immer diese Funktion, wir haben darauf schon auf Seite 61 hingewiesen. Sucht man sich am Himmel beide Polpunkte – im Kleinen Bären und im Drachen – auf, dann wird man sich den Kreis vorstellen können, der im Laufe der Jahrtausende von dem Äquatorpol beschrieben wird. Wenn NP auf der *Zeichnung 23* den jetzigen Polarstern bezeichnen soll, so wäre N_1P_1 unweit von der Wega gelegen! Denn diese soll in 10 000 Jahren Polarstern werden. Zugleich wird der Frühlingspunkt dann in der Jungfrau liegen.

Wir wissen aus vielen Vorträgen und Ausführungen Rudolf Steiners, dass die alten Kulturperioden in ihrer Zeitdauer durch diesen Lauf des Frühlingspunktes bemessen wurden. Wird der Tierkreis in 12 gleiche Teile eingeteilt, so wird jedes «Zeichen» in 2160 Jahren durchlaufen. So lange dauerte das «Stierzeitalter» der ägyptisch-babylonischen Kultur, so lange das «Widderzeitalter» der griechisch-römischen Kultur, und heutzutage leben wir im Zeitalter der Fische. In einfachen, monumentalen Worten wird in der Erstausgabe des «Seelenkalenders»[44] von Rudolf Steiner auf diese Verhältnisse hingewiesen: «Während eines Monats ungefähr kann die Stellung der Sonne zu einem Tierkreisbilde in Betracht kommen. Nach Ablauf des Jahres wiederholen sich annähernd dieselben Stellungen. Die Bezeichnung ‹annähernd› ist berechtigt, weil im Laufe der fortschreitenden Zeit

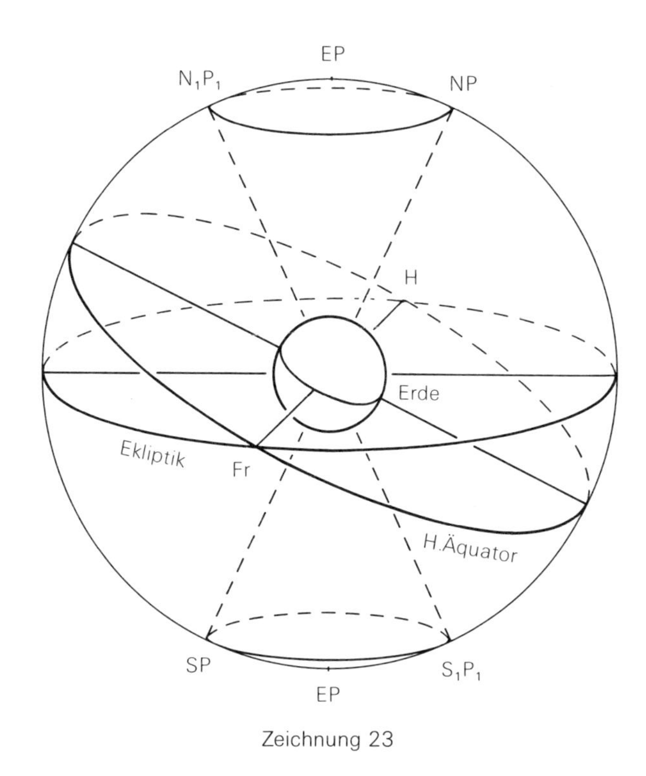

Zeichnung 23

eine Verschiebung der Stellungen stattfindet. Während zum Beispiel vor Jahrhunderten der Blick zur aufgehenden Sonne im März zugleich auf das Sternbild des Widder fiel, fällt er gegenwärtig in derselben Zeit auf das der Fische.»

Wie ein Schriftzeichen auf seinen Laut, so kann der Mensch die Stellung der Sonne zu einem Sternbild des Tierkreises auf das Erleben beziehen, das er im Zusammensein mit dem Weltenwerden hat. Für den gewöhnlichen Jahreslauf handelt es sich um die verhältnismässig rasch wechselnden Eindrücke, welche die verschiedenen Monate uns bringen können. Damit sie auch in ihrer Innerlichkeit erlebt werden können, ist uns gerade der «Seelenkalender» gegeben worden.

In ganz anderer, gewaltiger Weise verschieden noch sind die Erlebnisse des Menschen in den verschiedenen Kulturperioden. Sie kommen für ihn nur durch die Inkarnationen, die er in den verschiedenen Kulturen durchmacht, zum Ausdruck. Während die Sonne in ihrem Jahreslauf durch den Tierkreis wandert: Widder, Stier, Zwillinge . . ., trifft der Mensch bei jeder Verkörperung die Sonne zum Frühlingsbeginn in einem anderen Sternbild oder jedenfalls an einer andern Stelle desselben Sternbildes, rückwärts gerechnet: Stier, Widder, Fische ... Wenn es auch für die aller-, allermeisten Menschen im tiefen Unbewussten bleibt, die Weisen haben das Zeichen am Himmel immer wohl erkannt. Für die alten Kulturperioden lässt sich nachweisen, dass sie gewissermassen durch einen Mysterienakt eingeleitet worden sind. Für unser Zeitalter, das nach dieser Art der Berechnung im 15. Jahrhundert angefangen hat, konnte das nicht geschehen, denn die letzten 1500 Jahre waren die mysterienlose Zeit ...

Wir können von dem Schriftzeichen, das mit dem Frühlingspunkt am Himmel eingeschrieben ist, noch etwas mehr zu der Realität übergehen, zu jener Wirklichkeit, die die Alten eben kannten und von der sie in ihren Mythen Zeugnis ablegten. Ohne die Bewegung des Frühlingspunktes könnte kein eigentlich historischer Fortschritt in der Menschheit sein. Ein Zeitalter *muss* anders sein, das zur Zeit des Frühlingsanfanges die Fische-Kräfte mit denen der Sonne mischt oder die Widder- oder die Stierkräfte. (Es ist ja auch schliesslich eine ganz reale Bewegung der Erde selber, die all dieses hervorruft.) Für den Menschen ist die Präzessionsbewegung so etwas wie der stets wechselnde Ausblick aus einem Eisenbahnfenster. Wir würden gewissermassen immer an demselben Ort bleiben, geschichtlich, die aufeinanderfolgenden Inkarnationen würden uns nichts Neues bieten können ohne die Präzession. Zu dem ewigen Einerlei des Tageslaufes, zu dem immer noch kurzen Wechsel des Jahreslaufes gesellt sich so diese merkwürdige Präzessionsbewegung, die gewissermassen wieder eine Verzögerung der Sonne gegenüber den Sternen darstellt, so wie die Jahresbewegung in die Tagesbewegung verzögernd eingreift. Die Sonne, die am 21. März mit einem Stern der Fische zusammen aufgeht, wird nach längerer Zeit – mehreren Jahrhunderten – zusammen mit einem Stern aus dem Wassermann aufgehen. Sie erscheint dann erst mehrere Tage später am Horizont mit ihrem früheren Weggenossen, dem Fischestern, zusammen.

Die Präzession ist in ihrer geistigen Bedeutung zweifellos im Altertum bekannt gewesen, auch was das Zahlenmässige an ihr ist. Denn die Zahl 25 920 wird ja die platonische Zahl genannt. An die Geheimlehren des Plato, der uralte ägyptisch-babylonische Kosmologie nach Griechenland gebracht hat, wird man erinnert. Rein äusserlich-astronomisch wurde die Präzession dann 150 v. Chr. entdeckt, ohne dass ein Zusammenhang zwischen dieser Entdeckung und der Mysterientradition zu bestehen scheint. Der alexandrinische Astronom Hipparch fand, einfach durch Vergleichen seiner Beobachtungen von Sternlängen (= Abstand, auf der Ekliptik gemessen, vom Frühlingspunkt) mit denen von älteren Astronomen, dass sämtliche Längen im Laufe der Jahrhunderte zugenommen hatten, und zwar alle um einen gleichen Betrag *(Zeichnung 24).* Er schloss daraus auf eine rückwärtsgerichtete Bewegung des Ekliptikanfanges, des Frühlingspunktes, wodurch ja die Entfernung des Sternes vom Ausgangspunkt der Zählung sich allmählich vergrössern muss. Die wahre Grösse – oder vielmehr Kleinheit – der Präzession herauszufinden, war infolge der Langsamkeit der Bewegung erst viele Jahrhunderte später möglich. Aus der platonischen Zahl (die allerdings direkt nicht bei Plato erwähnt wird, sondern nur aus einer sehr dunklen Stelle im 8. Buch von Platos «Republik» geschlossen werden kann) folgt ja ohne weiteres, dass in 72 Jahren die Veränderung 1° sein muss (25 920 : 360 = 72). Hipparch schätzte die Bewegung auf 1° in 100 Jahren. Auch Ptolemäus (120 n. Chr.) rechnet mit diesem Betrag. Erst die arabischen Astronomen des frühen Mittelalters kommen zu besseren Zahlen. Kopernikus führt noch in seinem Werk eine ganze Reihe von Errechnungen für die Präzession, die er für veränderlich im Laufe der Zeiten hält, auf und setzt für seine Zeit 1° in 85½ Jahren fest. Erst ganz allmählich ist die Grösse der Präzession genauer bekannt geworden, und dann ist man auf dem Wege der äusseren Beobachtung ziemlich genau zu der antiken Zahl zurückgekehrt.

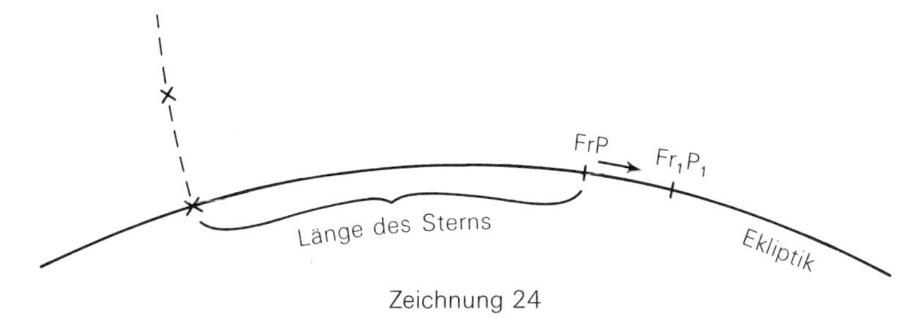

Zeichnung 24

Diese äusserlich-astronomische Entdeckung der Präzession hatte ein eigentümliches Schicksal. Sie wurde vielfach heftig bekämpft und geleugnet, besonders von all denjenigen, die nicht bloss äussere Astronomie, sondern die im späteren Hellas so blühende Astrologie trieben. Dass der Anfang des Tierkreises, der Ausgangspunkt aller Berechnungen, nicht immer an derselben Stelle liegen sollte, dass die «Zeichen» Widder, Stier ... sich von den «Sternbildern» unterscheiden könnten, – diesen Gedanken wollte man durchaus nicht gelten lassen. Man berief sich auf die Jahrtausende alten Beobachtungen der Babylonier, die niemals einen Unterschied ergeben hätten; als man dann schliesslich die zweifellos konstatierte Rückwärtsbewegung des Frühlingspunktes nicht länger leugnen konnte, klammerte man sich an die Hoffnung, dass es sich vielleicht um ein blosses Hin- und Hergehen innerhalb bestimmter Grenzen, um ein Pendeln des Frühlingspunktes handeln würde.

So fielen gerade an diesem Punkte der Präzessionsbewegung allmählich die wissenschaftliche Astronomie und die traditionelle Astrologie auseinander. Ein bemerkenswertes Beispiel hierfür ist Ptolemäus selber. Als Astronom lässt er die Präzession voll gelten, ist stolz darauf, in seinem Sternkatalog die von Hipparch übernommenen Sternlängen alle um den Betrag der Präzession von 150 v. Chr. bis 125 n. Chr. zu vergrössern (allerdings noch in der Annahme von 1° auf 100 Jahre). Aber nebenbei war er auch Astrologe, schrieb seinen «Tetrabiblos» ganz im althergebrachten astrologischen Sinne. Da findet sich keine Spur von der Präzession. Das heisst, Ptolemäus geht von dem ersten Grad des Widder als von dem Anfang des Tierkreises aus, aber zu seiner Zeit war der Frühlingspunkt schon einige Grade in die Fische hinein gewandert – wie sogar aus dem Sternkatalog in seinem «Almagest» deutlich hervorgeht. So sehen wir bei ihm unvermittelt nebeneinander stehen «Zeichen» und «Sternbild», ein Übel, das heute, wo wir 1800 Jahre weiteren Rückganges erlebt haben, noch viel stärker geworden ist.

Man bedenke einmal, was es bedeute! – Man hatte schon sehr lange den Tierkreis in 12 gleiche Teile, zu je 30°, eingeteilt und diese Widder, Stier, Zwillinge usw. genannt und vom Widder ab als erstem gerechnet. Die Sternbilder selber hatten erst, als man anfing Sternkataloge zu machen, mehr oder weniger klare Umrisse bekommen; sie waren, im Tierkreis, von ungleicher Ausdehnung, nicht immer 30° sondern von 21° bis zu 43°. – Die gleichmässige Zwölfteilung des Tierkreises entspricht im gewissen Sinne dem Jahreslauf, wenn man diesen vom Frühlingsbeginn ab rechnet: der erste Monat, nachdem die Sonne nach aufwärts den Äquator überschritten hat, ist der Widdermonat (21. März bis 21. April), der zweite der Stiermonat (21. April bis 21. Mai) usw., Sommeranfang im Krebs, Herbst in der Waage, Winter im Steinbock. So stimmte es auch mehr oder weniger für die ganze Blütezeit der griechischen Kultur. Doch hörte diese Gesetzmässigkeit von einem bestimmten Momente auf, volle Gültigkeit zu haben, als nämlich der Frühlingspunkt von dem Widder in die Fische überging, und diesen Moment können wir in die Zeit des Mysteriums von Golgatha legen. Da ging der Frühlingspunkt rückwärtswandernd in die Fische über. Doch blieb man, wie gesagt, beharrlich dabei, den Tierkreisanfang als den Widderpunkt zu bezeichnen (das tut sogar die heutige Astronomie, um den Ausgangspunkt der Zählung für Ekliptik- und Äquatorkoordinaten zu bezeichnen). Heute aber liegt der Frühlingspunkt schon ziemlich gegen das Ende der Fische zu.

Es ist dadurch eine Diskrepanz entstanden, die doch auf Tieferes hinweist. Nicht zufällig war es, dass der Christus an der Zeitenwende erscheinen musste, wo der Frühlingspunkt die «hellen» Zeichen verliess und in die «dunklen» Zeichen des Tierkreises eintrat[45]. Wer den Widder immer noch als Anfangspunkt des Tierkreises bezeichnet, leugnet eigentlich den Christusimpuls und zugleich das Geistige des Sternenhimmels, die *reale* Geistigkeit, die zum Beispiel von den Fischen ausgeht und die eben ganz anders beschaffen ist als diejenige, welche vorher von dem Widder, noch früher von dem Stier ausging. Man richtet den Blick nur auf den Jahreslauf der Sonne und gibt den Zwölfteilen desselben gewissermassen immer weiter die alten Namen, wenn man den ersten Frühlingsmonat als Widdermonat bezeichnet.

Es soll gewiss nicht geleugnet werden, dass auch in *dieser* Auffassung die alten Benennungen sogar eine gleichsam ewig dauernde Berechtigung haben, wie zum Beispiel die «Waage» für denjenigen Monat, in welchem die Sonne – jetzt nach abwärts – den Äquator überschreitet für die Herbst-Tag- und Nachtgleiche also; oder der Krebs als Wendepunkt des Sonnenlaufes, des Sommersolstitiums usw. Wir finden die alten Namen auch in dieser Weise von Rudolf Steiner angewendet, zum Beispiel in dem Gedicht «Zwölf Stimmungen»[46], das vielen aus der Eurythmie-Darstellung bekannt sein wird, oder in dem bei der Grundsteinlegung des ersten Goetheanums gebrauchten Ausdruck: «Da Mercurius als Abendstern in der Waage stand»: Merkur hatte an dem betreffenden Tage (20. September 1913) kurz vor der feierlichen Handlung den Äquator überschritten, hatte eine «Waage»-Stellung zwischen dem oberen und unteren Tierkreis. Doch liegt dieser Punkt heutzutage in der Jungfrau. Wäre aber gesagt worden: Da Merkur in der Jungfrau stand, – so würde das, worauf es ankommt, das Stehen im Gleichgewicht, nicht zum Ausdruck gekommen sein!

Man kann die ganze Zwiespältigkeit empfinden, die eigentlich in unsere Kultur durch kosmische Notwendigkeit hineingekommen ist. Denn in einem ganz bestimmten Sinne *ist* ja der Widder der Anfang des Tierkreises, so wie der Kopf der Anfang des Menschen ist. Daher auch die wunderbare Ausgeglichenheit der griechischen Kultur, als der Frühlingspunkt tatsächlich im Widder war, die Übereinstimmung zwischen kosmischem und irdischem Leben auch am Himmel verzeichnet war. Mit dem Übergang in die Fische war diese Harmonie zerstört. Sie *musste* zerstört werden, gerade durch den Christusimpuls, der kosmische Kräfte geistig-real mit der Erde verbunden hat. Nicht Jahwe und die Elohim beherrschen weiter geistig das Menschengeschlecht, – mit der fortschreitenden Rückwärtsbewegung des Frühlingspunktes werden neue Kräfte entbunden. Christus erscheint kurze

Zeit nach seinem Erdenleben unter dem Bilde eines Fisches, während er vorher als der gute Hirte, der das Lamm trägt, ja selber als das Lamm Gottes verehrt wurde.

Es wäre heute, bald zwei Jahrtausende nach dem Mysterium von Golgatha, wirklich an der Zeit, mit der Präzession ernst zu machen und das Verhältnis der wirklichen *Sternbilder* zu Sonne, Mond und Planeten zu betrachten, damit wir die realen Wirkungen der Sternbilder beobachten können, die nicht immer weiter durch veraltete Benennungen zugedeckt werden dürfen. Der «Anthroposophische Seelenkalender» in seiner 1. Auflage hält sich ganz an die Sternbilder, wie ja aus der Vorrede und den beigegebenen Abbildungen klar hervorgeht. Der kleine, von der mathematisch-astronomischen Sektion herausgegebene Kalender ist nach demselben Prinzip bearbeitet[47]. – Noch wichtiger fast wird der Unterschied da, wo er auch wirklich sichtbar am Himmel auftritt – was ja bei der Sonne nicht der Fall sein kann, einfach weil sie die Sterne auslöscht mit ihrem Glanz. In Bauernkalendern und auch in sogenannten astrologischen Ephemeriden findet man die Stellung von Mond und Planeten immer restlos nach den alten «Zeichen» angegeben. ⟨ So wird man zum Beispiel für den Saturn, seit Dezember 1926, finden, dass er im Schützen steht, aber, wie schon im 8. Rundschreiben I angegeben wurde und wie gerade jetzt ein Blick auf den Abendhimmel lehren kann, steht er in Wirklichkeit noch immer im Skorpion.⟩ Dasselbe gilt für den Mond in den Kalendern mit «astronomischen» Angaben, er wird ebenso um fast *ein* Zeichen falsch angegeben. Denn die Rückwärtsbewegung des Frühlingspunktes hat diesen und damit den ganzen Jahreskreis schon um mehr als 26° von dem Anfang des Sternbildes Widder ab geführt. Dadurch wird der Mensch von der Betrachtung des Sternenhimmels eigentlich abgelenkt, wenn er die Angaben, die er in den Kalendern liest, niemals mit dem, was er wirklich wahrnehmen kann, in Übereinstimmung findet. Man müsste eben *zweierlei* Ausdrücke haben: für die gleichmässige Zwölfteilung des Jahreskreises, die Zeichen, *und* für die am Himmel sichtbaren Sternkonfigurationen, die wirklichen Sternbilder des Tierkreises. Die überlieferten Namen «Widder, Stier» usw. haben eigentlich von beiden etwas in sich. Daher ist es so ausserordentlich schwierig, eine richtige Trennung zwischen «Zeichen» und «Sternbild» vorzunehmen. Man braucht bloss den Widder einmal in einer sternenhellen Nacht ganz deutlich konfiguriert mit dem zurückgewendeten Kopf am Himmel zu erkennen, um gewissermassen die alten Imaginationen aufleuchten zu sehen, von denen die Sternbilder ihre Namen haben. Ebenso beim Löwen, beim Schützen usw. Auf der anderen Seite bleibt die Tag- und Nachtgleiche immer eine «Waage», wenn auch dieser Punkt, wie schon gesagt, jetzt in der Jungfrau liegt. Doch müssen wir uns klar sein, dass die Namen überhaupt aus dem alten traumhaften Hellsehen stammen und im Grunde genommen für unsere Zeit *alle* antiquiert sind. Der moderne Mensch muss den Sternenhimmel – ob Zeichen, ob Sternbild – anders erleben. Darauf weist eben in so grossartiger Weise der «Seelenkalender»[44] hin mit seinen Abbildungen von dem Tierkreis nach *neuem* geistigen Schauen. Doch fehlen für diese Bilder in gewissem Sinne die Namen, die neuen Namen für den Sternenhimmel! Es könnten, wenn solche Namen einmal da wären, dann *vielleicht* für die «Zeichen» die alten beibehalten werden, doch müssten diese dann ganz von den sichtbaren Sternbildern losgelöst werden, nur Ekliptik-Äquator-Einteilung sein, so dass zum Beispiel die Bezeichnung «Saturn im Schützen» bedeuten würde: Saturn steht zwei Zeichen oder um 60°–90° von dem Schnittpunkt mit dem Äquator entfernt, er befindet sich in dem unteren Teil des Tierkreises, kurz vor dessen tiefstem Punkt. Und zugleich müsste als das *Sternbild,* in dem er sich befindet, jenes Wesen erwähnt werden, das im «Seelenkalender» als eine Art von Januskopf mit männlichem und weiblichem Antlitz dargestellt ist und das am Himmel die Gestalt des Sternbildes hat, das man früher den Skorpion nannte, und das auch tatsächlich äusserlich wie ein Skorpion aussieht.

Es werden diese Dinge hier nur gesagt, um auf eine vielleicht ferne Zukunftsperspektive hinzuweisen. Denn neue Namen zu geben, würde nur dann einen Sinn haben, wenn diese Namen von der ganzen Kulturmenschheit angenommen würden. Sonst würde man bloss eine kosmologische Sektiererei treiben. Doch wird zweifellos nur das, was Anthroposophie an Wissenschaft und besonders auch an Kunst und an innerem Erleben des Sternenhimmels zu bringen hat, die Bedingungen reifen lassen, die zu einer sachgemässen Namengebung, sei es von den Sternbildern, sei es von den Zeichen oder von beiden, einmal wird führen können.

Der Lehrgang, der in diesen Rundschreiben beabsichtigt war, konnte – wie ja leicht einzusehen ist – noch nicht voll zu Ende geführt werden. Es muss noch über wichtige Teile des astronomischen Gebietes, wie zum Beispiel über die eigentliche Sternenwelt, ausführlicher gesprochen werden. Es soll daher ein 2. Jahrgang folgen, der insofern zugleich einen neuen Anfang darstellen kann, dass von kosmologischen und astrologischen Problemen im geisteswissenschaftlichen Sinne in weiterem Umfang gehandelt wird.

Über die Präzession
Die Nutation

12. Rundschreiben I, August 1928

Wir haben gesehen, dass die Bewegung des Frühlingspunktes, die Präzession genannt wird, von 3 Gesichtspunkten aus zu beschreiben ist: 1. Der Frühlingspunkt geht in 25 920 Jahren einmal um den ganzen Tierkreis herum, die Sonne kommt am Frühlingsbeginn immer in andere Sternbilder des Tierkreises hinein. Dies ist, vom heutigen astronomischen Standpunkt aus, eine «Scheinbewegung». 2. Der Erdäquator bewegt sich in derselben Zeit so, dass seine Achse eine Drehung um die Ekliptikachse vollzieht, die Kreiselbewegung der Erde, die als eine «wirkliche» Bewegung angesehen wird. 3. Der Nordpol der Erdachse beschreibt am Himmel wiederum in derselben Zeit einen Kreis um den Nordpol der Ekliptik, so dass im Laufe der Zeiten immer ein anderer Stern Polarstern wird, auch das eine «Scheinbewegung».

Es ist gut, sich die entsprechenden Punkte am Himmel aufzusuchen. Der Frühlingspunkt ist am leichtesten zu finden, wenn man von dem grossen Viereck im Sternbild Pegasus ausgeht, das in dieser Jahreszeit [Spätsommer] nachts im Osten steht. Der Frühlingspunkt befindet sich jetzt rechts von der Verbindungslinie der beiden links übereinanderstehenden Sterne des Quadrats *(Zeichnung 25)*, er liegt in einer sternenarmen Gegend und ist nicht durch einen hellen Stern in der Nähe gekennzeichnet. Um einen Begriff von der majestätischen Langsamkeit der Präzession zu haben, kann man sich sagen, dass das Sternviereck im Pegasus eine Seitenlänge von etwa 15° hat (es ist natürlich kein mathematisches «sphärisches Quadrat»), so dass der Frühlingspunkt über 1000 Jahre brauchen würde, um eine ähnliche Strecke zu durchlaufen.

Der Herbstpunkt liegt in der Jungfrau, im oberen Teil gegen den Löwen zu, in einem der beiden Flügel, mit denen sie oft dargestellt wird. Sehr roh gesprochen, liegt er zwischen Regulus und Spica, jedoch näher zu dieser. Zur Zeit des Mysteriums von Golgatha lag er ganz nah bei der Spica. Das war auch jener Stern, an dem Hipparch die Präzession des Frühlingspunktes rein äusserlich erkannte, wie schon geschildert wurde. Da wir uns jetzt dem Herbst nähern, ist der Herbstpunkt, die Herbst-Tag- und Nachtgleiche, auch in der Abenddämmerung schon nicht mehr gut zu finden, die Sonne wird sich bald mit ihm vereinigen.

Der Sommerpunkt, der höchste Punkt der Sonnenbahn, da, wo die

Sonne ihren Abstieg zu Johanni beginnt, liegt ganz am Ende der Zwillinge, unweit des unteren Stierhornes. Er rückt in den frühen Morgenstunden kurz vor der Dämmerung herauf, denn die Sonnenwende liegt schon zwei Monate hinter uns. Der Winterpunkt, die Wintersonnenwende befindet sich im Schützen in jenem Sternbild, das gerade jetzt in den kurzen Sommernächten sich in seiner charakteristischen Kentaurengestalt über dem Südhorizont erhebt. Er ist schon unmittelbar an der Grenze des Sternbildes gelegen, da, wo der Schlangenträger in den Tierkreis hineinbricht und den Schützen vom Skorpion trennt.

Es muss hier im Zusammenhang mit der Bedeutung des Frühlingspunktes für die Geschichte noch auf eine Sache hingewiesen werden, die sonst leicht zu Missverständnissen führen kann. Die verschiedenen Kulturperioden haben ihren Anfang, astronomisch gesprochen, nicht am Anfang, sondern in der Mitte des Sternbildes, mit dem sie dann identifiziert werden (vgl. die etwas schematisch gehaltene *Zeichnung 26,* die die Umrisse der Sternbilder angibt). Man hat auch die Zeichen in früheren Zeiten von der Mitte der Sternbilder aus, später von dem 8.° ab gerechnet. So dass also die Sonne etwa 4300 v. Chr. in das Sternbild des Stieres, von der Zwillings-

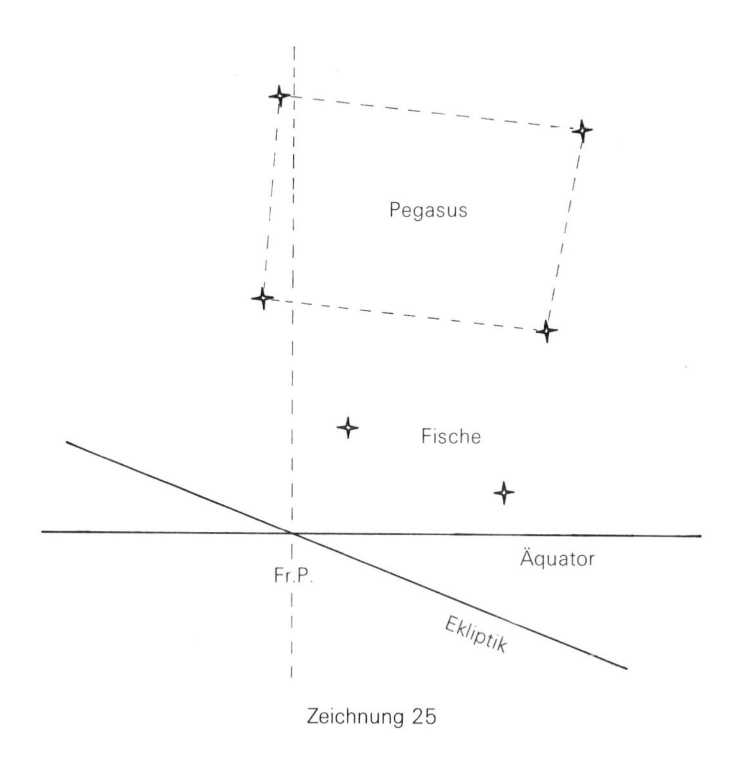

Zeichnung 25

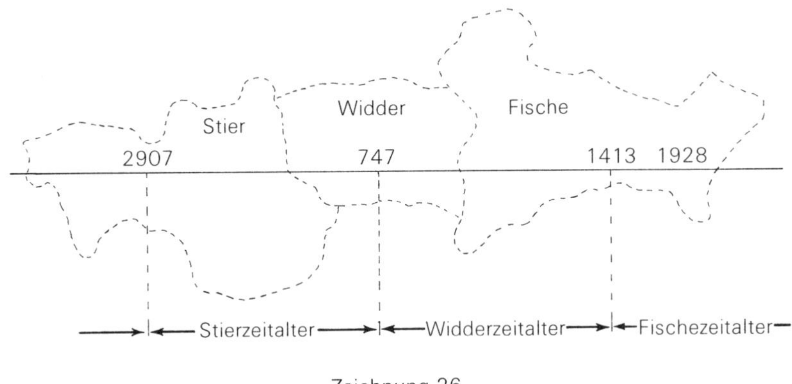

Zeichnung 26

seite her, eingetreten ist und es schon 1800 v. Chr. verlassen hat, während das Stierzeitalter von 2907 bis 747 v. Chr. gerechnet wird. In dem Sternbild des Widder war der Frühlingspunkt etwa vom Jahre 1800 v. Chr. bis zum Mysterium von Golgatha, aber das Widderzeitalter, die 4. nachatlantische Kulturperiode, dauerte von 747 v. Chr. bis 1413 n. Chr. Es gibt also jedesmal Übergangszeiten, wo zwar die Sonne zu Frühlingsbeginn schon in dem neuen Sternbild steht, aber ihre Kräfte noch nicht voll aus ihm beziehen kann.

Man betrachte von diesem Gesichtspunkt aus die untergehende römische Kultur! Sie hatte mit dem Ereignis von Golgatha eigentlich ihren Abschluss erhalten. Doch gehen die Dinge auf der Erde durch das Gesetz der Trägheit (das eben dem kosmischen All nicht eignet) noch lange im alten Geleise weiter, wenn sie auch innerlich schon durchbrochen sind. Das ganze Mittelalter bis zum Anbruch des 15. Jahrhunderts muss zur griechisch-lateinischen Kultur dazugerechnet werden, denn römisches Geistesleben waltete noch in dieser Zeit, trotz des sich verbreitenden Christentums.

In eigentümlicher Weise ist die Kenntnis von der Präzession mit der Geschichte des Kalenderwesens verknüpft. Zuerst war die Länge des Jahres ohne die Präzession festgestellt. Dadurch war das Jahr etwas zu lang genommen (um 20 Minuten), denn da der Frühlingspunkt der Sonne entgegenschreitet, verkürzt sich die Jahresdauer.

Rechnet man nun ohne die Präzession, so rutscht der Frühlingsbeginn – der ja astronomisch nicht von Wind und Wetter abhängig ist, sondern von dem Moment des Äquatorüberschreitens – immer früher in das Jahr hinein *(Zeichnung 27)*. Das war auch im Mittelalter geschehen, so lange man

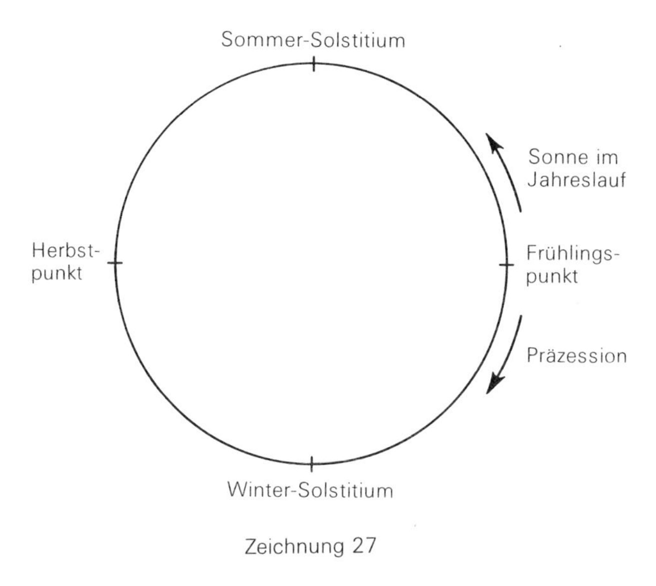

Zeichnung 27

nach dem julianischen Kalender rechnete, dem von Julius Cäsar, mit Hilfe des ägyptischen Priesters Sosigenes aufgestellten Kalender, der erst beim Konzil von Nicäa richtig eingeführt wurde, und der das Jahr mit 365¼ Tagen eben zu gross genommen hatte. Schon zur Zeit des Konzils 325 war der Frühlingsbeginn vom 24. auf den 21. März gekommen, und als im Jahre 1582 endlich Papst Gregor XIII. eine genauere Zeitrechnung gab, der wir auch heute noch folgen, lag er sogar am 11. März. Das Jahr wurde nun so eingerichtet, dass die Frühlings-Tag- und Nachtgleiche *immer* auf den 21. März fallen muss; es wird das bekanntlich mit Hilfe der ausgeschlossenen Schalttage bei den meisten Jahrhundertwenden erreicht. Man sieht daraus, dass die Zeitrechnung, die früher ein Ausdruck göttlicher Gesetzmässigkeit gewesen ist, immer mehr zum Ergebnis eines Rechenexempels gemacht wurde. Die Schalttage werden so eingeführt, dass die Rechnung klappt, das heisst, gerade dasjenige feststeht, was man festhalten will, in diesem Fall der Frühlingsanfang an einem bestimmten Datum. In früheren Zeiten – jedenfalls vor denen des Römertums gelegen – waren die Schalttage, Wochen oder Monate wirklich aus dem Geistigen heraus bestimmte Perioden, in welchen sich Götter den Menschen offenbaren konnten. Wir haben schon im 2. Rundschreiben I davon gesprochen.

Wir wollen jetzt von dem eigentlich unerschöpflichen Thema der Präzession übergehen zu demjenigen der *Nutation.* Hier treffen wir, trotz des fremdklingenden Namens, im Grunde genommen einen alten Bekannten. Denn die Nutation ist nichts anderes als die Spiegelung der Mondknotendrehung in einer Bewegung um die Erdachse, genauso wie die Präzession sich spiegelt (das Wort natürlich im uneigentlichen Sinne gebraucht) in der Drehung der Erdachse um die Ekliptikachse, oder vom Polarstern um den Drachenpunkt. Da aber die Nutationsbewegung gewissermassen aufgepfropft ist der Präzessionsbewegung der Erdachse, kann sie nur nach dieser geschildert werden.

Erinnern wir uns an die rückläufige Bewegung der Mondknoten in 18 Jahren 7 Monaten (9. Rundschreiben I). Ebenso wie bei der Präzession können wir hier von der Beschreibung der Umdrehung eines Punktes am Himmel (Frühlingspunkt, beziehungsweise Mondknoten) übergehen zu der Drehung einer Achse um eine andere, und zwar ist es die Achse der Mondbahn, die in der angegebenen Zeit sich um die Ekliptikachse dreht. Beide Achsen schliessen, ebenso wie die Ebenen, auf denen sie senkrecht stehen (Mondebene, Ekliptikebene), einen Winkel von 5° miteinander ein *(Zeichnung 28).* Die Ekliptikachse mündet bekanntlich am Himmel mitten in der oberen Windung des Sternbildes des Drachen, wie es früher

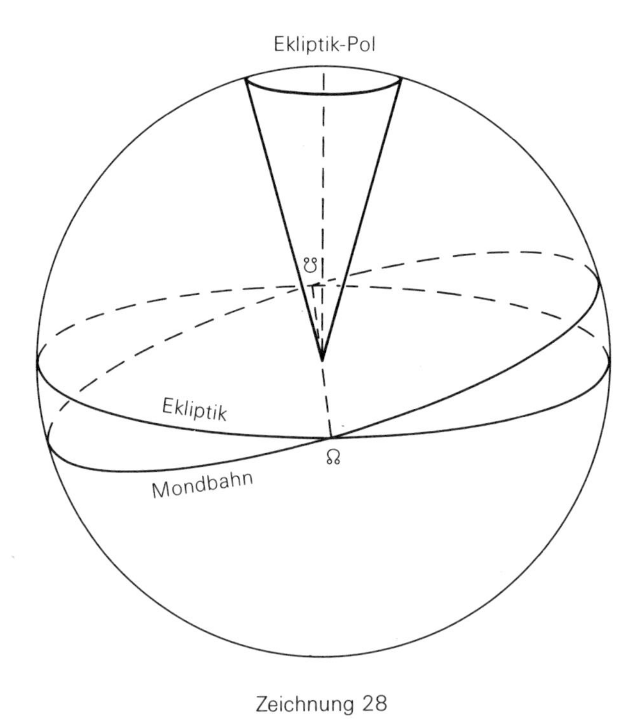

Zeichnung 28

(5. Rundschreiben I) dargestellt wurde. (Dieser Drache ist nicht zu verwechseln mit dem mythischen Drachen, der, um die Mondbahn gelagert, seinen Kopf im aufsteigenden und seinen Schwanz im absteigenden Knoten hat!) Die Achse der Mondbahn beschreibt nun im Laufe von 18 Jahren 7 Monaten (18,6 Jahre) einen kleinen Kreis um jenen Ekliptikpol, während bekanntlich die Erdachse, der Äquatorpol, in einer Entfernung von 23½° ebenfalls einen Kreis um den Drachenpunkt beschreibt, aber in ca. 1400 mal längerer Zeit, nämlich in 25 920 Jahren.

Die *Zeichnung 29* ist wie eine Art Aufsicht von oben zu dem Vorhingesagten. Der kleine, gestrichelte Kreis bezeichnet die Punkte, wo im Laufe von 18,6 Jahren die Achse der Mondbahn hinweist; der äussere Kreis diejenigen Punkte, die nacheinander im Laufe von 25 920 Jahren Polarstern werden. Es entspricht dieser äussere Kreis demjenigen, bezeichnet mit NP – N_1P_1, in *Zeichnung 23* (Seite 113) und der innere demjenigen der *Zeichnung 28.* Die beiden Kreise sind gewissermassen die Öffnungen zweier

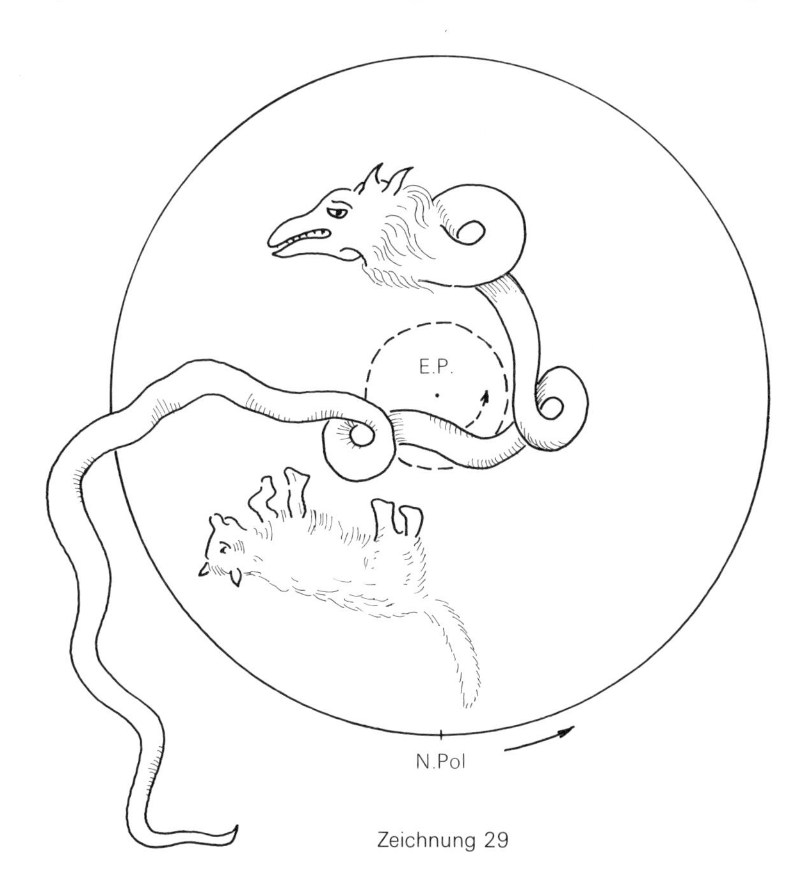

Zeichnung 29

ineinander geschachtelter Kegel, deren Spitze im Mittelpunkt der Erde liegt.

Man stelle sich einmal lebhaft vor, wie der erste Kreis sehr viele Male schneller durchlaufen wird als der zweite, fast 1400 mal so schnell. Sovielmal schneller dreht sich die Achse der Mondbahn als die Erdachse. In eigentümlicher Weise nun offenbart sich die eine Drehung in der anderen. Während die Erdachse in dieser langsamen, kreiselartigen Bewegung begriffen ist, die wir geschildert haben, erfährt sie zugleich eine leise Schwankung, ein sanftes Erzittern, sie «nickt», beschreibt eine leicht wellenartige Linie statt eines einfachen Kreises. So müsste auch der Kreis aus *Zeichnung 29* als Wellenlinie dargestellt werden, mit 1400 kleinen «Zähnen» *(Zeichnung 30)*. Jede von diesen kleinen Wellen oder Zähnen stellt eigentlich einen kleinen Kreis dar, spiegelt den inneren Kreis wider, der nur infolge der fortschreitenden Bewegung der Erdachse selber nicht zu einem vollen Kreis hier werden kann, sondern eben bloss zu einem leisen Wellen

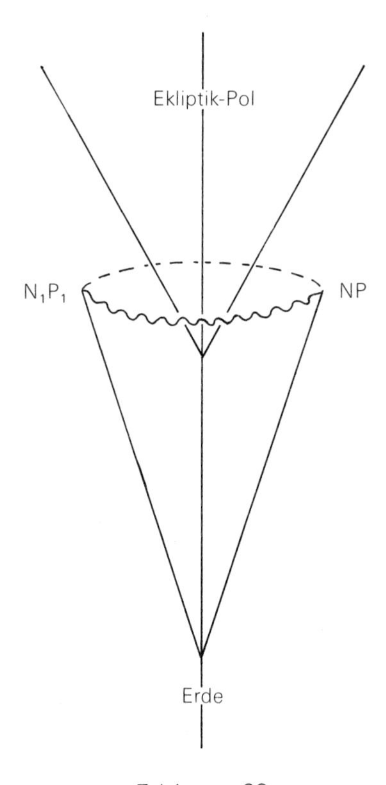

Zeichnung 30

wird. Das ist es eben, was die Nutation, das «Nicken» der Erdachse genannt wird.

Diese Bewegung, die an sich eine sehr geringe ist (in 18,6 Jahren wird ja erst eine solche kleine Welle ausgeführt), wurde erst im 18. Jahrhundert von Bradley entdeckt, indem er einfach in der fortschreitenden Bewegung des himmlischen Nordpols solche Schwankungen nachweisen konnte. Er fand auch bald (1747) eine Erklärung für diese neue Bewegung der Erde, die sie zu all den früher genannten noch hinzu ausführen muss, denn da es sich um ein Schwanken der Erdachse handelt, finden wir hier die Bewegung, die wir zuerst als eine solche der Mondbahn sahen, als eine der Erde wieder.

Es war ganz selbstverständlich, dass Bradley eine Erklärung für diese Erdbewegung nur im Sinne der dazumal schon fest ausgebauten Newtonschen Gravitationstheorie geben konnte, die ja auch für die Erklärung der Präzession beigezogen wurde. Die Mondbahn, so sagte er, nimmt in 18,6 Jahren alle möglichen Stellungen im Verhältnis zur Erdbahn ein, denn ihre Knoten durchwandern die Ekliptik in dieser Zeit. Dadurch zerrt der Mond gewissermassen an der Erde immer in einer anderen Richtung, denn er übt eine besondere Wirkung auf den etwas verdickten Äquatorwulst der Erde aus. (Die Erde ist ja an den Polen etwas abgeplattet, sie hat sozusagen mehr Materie nach dem Äquator hin.) Dadurch würde die Erdachse anfangen, sich um die Mondachse zu drehen. In 18,6 Jahren würde eine solche Drehung stattfinden, wenn nicht infolge der auch noch vorhandenen Kreiselbewegung der Erdachse, der Präzession, bloss ein leises Nikken, eine «Nutation» zustande kommen würde.

Es wird hier diese Erklärung nicht mitgeteilt, damit man sich besonders den Kopf darüber zerbrechen solle, sondern um auf etwas anderes aufmerksam zu machen. Betrachtet man bloss die *Zeichnung 31*, so ist nicht aus ihr zu ersehen, warum der Polpunkt, der sich im äusseren Kreis bewegt, der 1400 mal so langsam durchlaufen wird als der innere, die Bewegung in diesem inneren Kreis irgendwie mit anzeigen soll, mit-nicken soll. Es ist kein ursächlicher Zusammenhang zu finden. Auch wenn man sagt: Die Achse der Mondbahn dreht sich um die Achse der Ekliptik, – so könnte man fragen: was geht denn das die Achse der Erdkugel an, warum soll sie sich auch in demselben Tempo um die Ekliptikachse drehen? Mit anderen Worten: warum finden wir eine Bewegung der Mondknoten als eine Bewegung der Erde wieder?

Auf diese Frage gibt die Newtonsche Lehre von der Anziehungskraft der Himmelskörper in ihrer Art eine Antwort, wie wir gesehen haben, indem sie dem Monde eine Wirkung auf den Äquatorwulst der Erde zuschreibt. Aber man kann auch von einem solchen, gewissermassen grob-materiellen Ursachenzusammenhang zunächst absehen und kann dann bloss sagen: Die Knoten der Mondbahn gehen in 18,6 Jahren einmal um den Tierkeis herum und die Erde *begleitet* diese Bewegung mit einem leichten Schwanken, Nicken, Grüssen. Es braucht nicht ein solcher Zusammenhang wie zwischen Ursache und Wirkung zu bestehen.

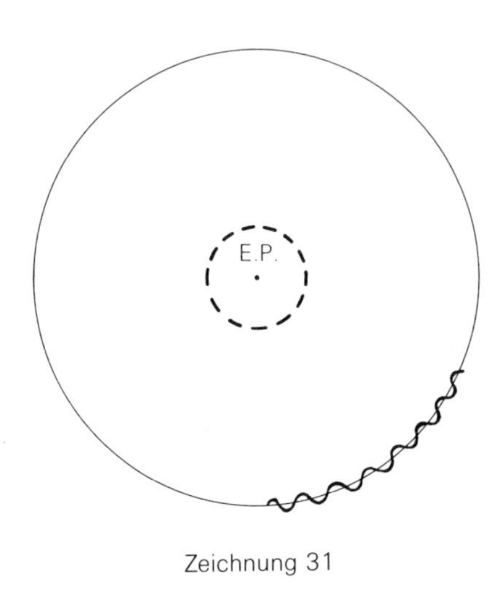

Zeichnung 31

Das sind eben die Ausdrücke, die Rudolf Steiner für diese Bewegung, von der er so oft gesprochen hat, gebrauchte!

«Nicht nur, dass dasjenige, was die Astronomen diese Nutation, dieses Erzittern der Erdachse, dieses Drehen der Erdachse in einem Doppelkegel um den Mittelpunkt der Erde, nennen, nicht nur, dass das in 18 Jahren verläuft, sondern mit dem gleichzeitig geschieht etwas anderes ... Sie sehen, diese Nutation hängt mit dem Himmelsgang des Mondes zusammen, so dass man sagen kann: diese Nutation zeigt überhaupt nichts anderes an, als den Himmelsgang des Mondes. Diese Nutation ist nur die Projektion dieser Bewegung des Mondes» (16. April 1920)[12].

Man fühlt durch diese Ausdrücke sich aus der Welt der Schwere, des «Äquatorwulstes», in eine leichtere, rhythmische Welt hinaufgehoben! Rudolf Steiner hat uns auch gesagt, welche Welt das ist. «Wir können also tatsächlich das Atmen des Makrokosmos beobachten. Wir brauchen nur den Gang der Mondbahn während 18 Jahren zu beobachten, beziehungsweise die Nutation der Erde zu beobachten. Die Erde tanzt ... Dieses Tanzen, das spiegelt ab das Atmen des Makrokosmos, so dass wir sagen können: wir schauen in das Atmen des Makrokosmos hinein. Durch diese Nutations-, beziehungsweise Mondbewegung haben wir das Entsprechende für das Atmen ... Es kann sich also gar nicht darum handeln, dass wir in unserer Umgebung nur eine einzige Welt haben. Wir haben diejenige Welt, die wir als die Welt der Sinne verfolgen können, dann aber eine Welt, der eine andere gesetzmässig zugrunde liegt, die zu der unsrigen sich verhält, wie unser Atmen zu unserem Bewusstsein sich verhält, und die sich uns verrät, wenn wir in der richtigen Weise die Mondbewegung zu deuten verstehen, respektive ihren Ausdruck, die Nutation der Erde ... Beiden Welten muss eine eigene Gesetzmässigkeit zugeschrieben werden. Solange man der Meinung ist, eine einzige Art von Gesetzmässigkeiten genügt für unsere Welt, alles hänge nur an dem Faden von Ursache und Wirkung, solange gibt man sich greulichen Irrtümern hin. Nur wenn man an so etwas, wie es die Nutation der Erde und die Mondbewegung sind, ermessen kann, dass in der Tat eine andere Welt da hineinragt, dann kommt man zurecht ... Es ist nicht so, dass man sagen kann: die Welt, die uns umgibt, die ist nur durchdrungen, abstrakt durchdrungen von der astralischen Welt, sondern sie atmet die astralische Welt, und wir können in ihren Atmungsprozess, das Astralische, hineinschauen durch die Mondbewegung, beziehungsweise die Nutation[12].»

Rhythmisches Geschehen, atmende Bewegung offenbaren sich für uns in dem Herumgehen der Mondknoten – dem Sich-Heben und -Senken der Mondbahn einerseits – und in dem leichten Sich-Heben und -Senken, wie das Atmen einer Brust, das die Nutation zu der Präzession hinzufügt. Wir können so verstehen, warum der Rhythmus des Mondknotenumlaufs mit unserem Unterbewusstsein, unseren Träumen zu tun hat, wie es im 10. Rundschreiben I auseinandergesetzt wurde, und wir können auch verstehen, dass der Atemrhythmus des Menschen selber in diese Gesetzmässigkeit hineingebannt ist.

Wir kommen da auf jene Zahlenverhältnisse, von denen Rudolf Steiner in seinen Vorträgen immer wieder und wieder gesprochen hat, die er sogar in einem der allerletzten, die er gehalten hat, noch einmal eindringlich erwähnte, zu dem Verhältnis des Atem- zum Blutrhythmus, der Nutation (beziehungsweise Saros), zur Präzessionsbewegung, von 1:4 oder 18:72[48].

In 72 Jahren geht der Frühlingspunkt um 1° zurück und bezeichnet damit die eigentliche Dauer eines Menschenlebens.

In 18 Jahren (von den 7 Monaten soll hier jetzt abgesehen werden) gehen die Mondknoten einmal herum. 18 Atemzüge hat der Mensch durchschnittlich in der Minute und 72 Pulsschläge. Nach diesem Durchschnitt berechnet, hat der Mensch 25 920 Atemzüge in einem Tag. Aber er hat auch in einem Leben von ca. 72 Jahren 25 920 Tage erlebt, hat gewissermassen 25 920 mal sein Ich und seinen Astralleib im Schlafen und Wachen ein- und ausgeatmet. So schliessen sich kosmische und menschliche Rhythmen zusammen.

Will man alles nur aus dem Prinzip der Schwerkraft erklären, so werden die Dinge eben schwerfällig. Für die Nutation haben wir es schon gesehen. Merkwürdigerweise ist auch die Präzession nach dem Newtonschen System das Ergebnis eines Zerrens, einer Anziehung von Sonne *und* Mond auf den Äquatorwulst, und zwar zerrt der Mond, als der der Erde am nächsten stehende Himmelskörper, am stärksten, zweimal so stark wie die Sonne, so dass man in der wissenschaftlichen Literatur spricht von einer «luni-solar Präzession», und betont, dass ⅔ dieser Anziehungskraft von dem Monde herrührt und nur ⅓ von der Sonne. Die Nutation ist dann nur eine leichte Variante der gewaltigen Mondenzerrkraft der Präzession.

Mit einer solchen Anschauung lässt sich – trotzdem sie ziemlich schwerfällig ist – gut rechnen. Sie entspricht derjenigen Anschauung, die auch im Menschen nur den physischen Leib, das heisst, eigentlich nur den Leichnam sieht.

In derjenigen Wirklichkeit, die mehr als das bloss Physische umfasst, ist auch die Präzession Ausdruck einer ganz anderen Welt als die Nutation. Wir haben *drei* Welten, die sich durchdringen, um uns herum: «Eine Welt: die Welt, die uns umgibt, die wir wahrnehmen; eine zweite Welt, die sich herein ankündigt durch die Bewegungen des Mondes; eine dritte Welt, die sich herein ankündigt durch die Bewegungen des Frühlingspunktes der Sonne, also in gewissem Sinne durch den ‹Weg des Sonnenweges›, müssen wir sagen. Da sehen wir auf eine dritte Welt hin, die allerdings so unbekannt bleibt, wie die Welt unseres Willens dem gewöhnlichen Bewusstsein unbekannt bleibt» (16. April 1920)[12]. Das ist die Welt der Präzession, der aufeinanderfolgenden Kulturperioden, der Inkarnationen des Menschengeistes, der auf Erden durch den ihm zunächst tief unbewusst bleibenden Willen den Fortschritt in der Kultur bewirkt.

Nicht mit dem Monde hat diese dritte Welt zu tun – wenn das auch gut gesichertes Ergebnis der Newtonschen Gravitationstheorie ist. Im Monde, in der Nutation, der Atmung, wirkt Jahwe. In der Sinneswelt, besonders derjenigen des sichtbaren Sternhimmels, offenbart Luzifer seine Wirkung. In die Welt der menschlichen Inkarnationen, der fortschreitenden Kulturen, die gewissermassen symbolisiert wird durch die im Osten aufgehende Sonne am Frühlingsbeginn, tritt herein der Christus.

«Es handelt sich darum, dass man *dreierlei* Gesetzmässigkeit sucht, nicht eine bloss ... Er (der Mond) deutet auf den Atmungsprozess unseres Weltsystems, wie die Sonne hindeutet auf das Durchdrungensein mit dem Äther ... Und die Bewegungen, die sich ausdrücken in der Nutation, sind Bewegungen, die von der Astralität herrühren, nicht von irgend etwas, was durch Newtonsche Prinzipien aufgesucht werden darf[12].»

Der Christus aber lebt innerhalb der Welt der Sinneswahrnehmung nach der Gesetzmässigkeit jener anderen Welt. «Zunächst war daher eine Notwendigkeit vorliegend, den Christus, der in Jesus lebte, nach einer anderen Gesetzmässigkeit zu denken als nach der Gesetzmässigkeit, welche der gewöhnlichen Naturerkenntnis vorliegt. Wenn man aber eine solche Gesetzmässigkeit nicht gelten lässt, wenn man glaubt, die Welt hänge nur nach Ursachen und Wirkungen zusammen und sei eine kausal zusammenhängende Welt, dann ist kein Platz für dasjenige, was der Christus ist. Man muss erst vorbereiten den Platz für den Christus, indem man die drei sich ineinander gliedernden Welten ins Auge fasst.»

Dreierlei Welten – dreierlei Gesetzmässigkeiten! «Und diese dreierlei Gesetzmässigkeiten werden wir eben im *Menschen* zu suchen haben[12].»

Das soll in den weiteren Ausführungen, die diesem ersten Jahrgang folgen, auch immer mehr versucht werden.

«Da Merkurius in der Waage stand»
Die Sternenschrift

1. Rundschreiben II, September 1928

Die bevorstehende Eröffnung des Goetheanums zu Michaeli führt uns jenen Septemberabend vor die Seele, da bei einbrechender Nacht der Grundstein für das der Geisteswissenschaft gewidmete Haus von Rudolf Steiner in feierlicher Handlung gelegt wurde. Unter Anrufung der Hierarchien wurde der Grundstein, der doppelte Dodekaeder, «Sinnbild in seiner doppelten Zwölfgliedrigkeit der strebenden, als Mikrokosmos in den Makrokosmos eingesenkten Menschenseele» in das «verdichtete Reich der Elemente» niedergelassen. Ihm wurde beigegeben die Urkunde, die die Angelobeformel des Menschen gegenüber der geistigen Welt enthält. Dieses Dokument schliesst mit den Worten: «Gelegt vom Johannes-Bau-Verein . . . am 20. Tage des September-Monats 1880 nach dem Mysterium von Golgatha, das ist 1913 nach Christi Geburt, da Merkurius als Abendstern in der Waage stand[49].»

Mit diesen Worten wurde der Grundstein auch dem Sternenhimmel vermählt. Auf eine bestimmte Konstellation wird mit wenigen Worten hingewiesen, eine Konstellation, die als so bedeutsam angesehen wird, dass sie neben den gewaltigen Hierarchien-Namen auf dem Grundsteinlegungs-Dokument erscheint. Wir können fragen: Was will uns dieser Ausspruch sagen, der da in jenem Augenblick, an jenem Orte geschah, als derjenige Stein in die Erde versenkt wurde, auf dem auch das neue Goetheanum sich als auf seinem Grundstein erhebt?

Gehen wir von der rein äusseren Konstellation aus, die da erwähnt wird: Merkur in der Waage. Schlagen wir eine sogenannte Ephemeride für den 20. September 1913 auf, so finden wir, dass an demselben Tag gegen 11 Uhr vormittags der Planet Merkur den himmlischen Äquator nach abwärts überschritten hatte, so dass er abends noch im 1. Grad des Zeichens der Waage stand. (Es handelt sich hier um den astronomischen Merkur, den immer in der Nähe der Sonne befindlichen, kleinen rötlichen Planeten, also nicht um den im landläufigen Sinne «Abendstern» genannten Planeten, die Venus. Auch ist hier von dem *Zeichen* der Waage die Rede, nicht von dem Sternbild der Waage. Auf diesen Unterschied wurde im 11. und 12. Rundschreiben I hingewiesen.) Unweit von ihm stand die Sonne, mit der er kurz vorher in Konjunktion gewesen war. Durch diese Konjunktion war Merkur von der Westseite der Sonne als Morgenstern zu der Ostseite übergegangen, war Abendstern geworden und hatte sich, für das äussere Auge noch ganz unwahrnehmbar, erst 3½° von ihr entfernt. Da nun die Sonne am 20. September in Dornach um 18.30 MEZ untergeht, war in jenem Augenblick, da die eigentliche Grundsteinlegung stattfand, Merkur unmittelbar am Horizont im Untergehen begriffen. Da er aber soeben den Äquator überschritten hatte, stand er im «Herbstpunkte» der Herbst-Tag- und Nachtgleiche, die die Sonne erst am 23. September erreichen sollte. Der Äquator aber mündet beim Horizont eines jeden Ortes genau im Osten und Westen. Die Ost-Westlinie bezeichnet immer die Schnittpunkte des Himmelsäquators mit dem Horizont. Folglich war Merkur in bezug auf den Bau genau im Westpunkt stehend, das heisst, er war unmittelbar in der Längsachse unseres ja streng «orientierten» Goetheanums gelegen, zu gleicher Zeit durch die Erddrehung den Horizont, durch seine Eigenbewegung den Äquator nach abwärts überschreitend *(Zeichnung 32).*

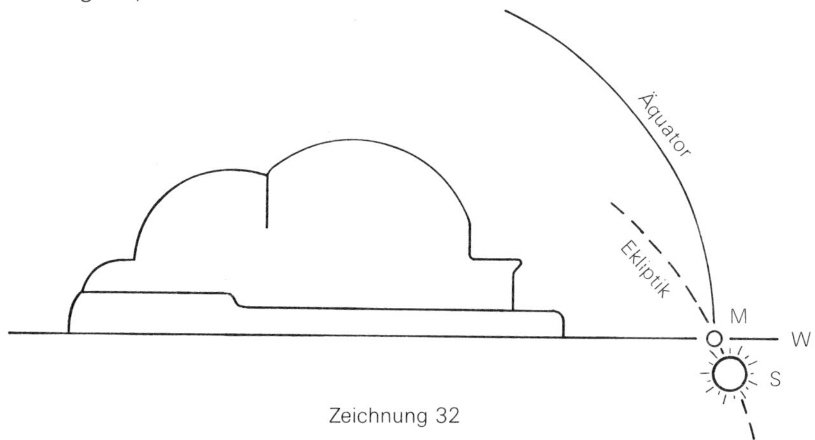

Zeichnung 32

Was wir so rein astronomisch erforschen können, es soll uns, so wie der Grundstein selber bei dem Weiheakt, zu einem *Sinnbild* und zu einem *Zeichen* werden. Fragen wir zunächst: Ist die Tatsache, dass «Merkurius als Abendstern in der Waage stand», an sich etwas so Besonderes? Bei der Beantwortung dieser Frage müssen wir uns gründlich lossagen von all dem, was wir vielleicht aus einer äusseren «Astrologie» aufgenommen haben. Denn nicht darum handelt es sich bei der Aussage «Merkur in der Waage», dass auf eine einmalige, oder nur ausnahmsweise vorhandene Konstellation hingewiesen wird, bei der man sich – trivial gesagt – die Finger ablecken kann, weil sie so «interessant» ist, oder gar auf besondere

«Aspekte», aus denen man ganz besondere Zukunftsperspektiven oder Schicksalsverbindungen herauslesen will. Die Stellung ist an sich eine ganz gewöhnliche, in der betreffenden Jahreszeit immer wieder zurückkehrende. Da die Sonne immer am 23. oder 24. September selber den Äquator überschreitet, der Merkur sich nie sehr weit von ihr entfernen kann, so steht er als Abendstern am 20. September eigentlich fast immer im Zeichen der Waage (als Morgenstern würde er in der Jungfrau stehen)[50]. – Die Bezeichnung: Merkur als Abendstern in der Waage würde für fast die Hälfte aller Jahre am 20. September zutreffen. Wir müssen uns zu anderen Vorstellungen aufschwingen, um die Bedeutung der Konstellation einzusehen und dabei werden wir uns von einer landläufigen Astrologie immer mehr entfernen, um zu geisteswissenschaftlichen Imaginationen aufzusteigen.

Schon die *Zeichnung 32,* die hier noch einmal als Grundriss gewissermassen wiedergegeben wird *(Zeichnung 33),* spricht eine imaginative Sprache. Wir sehen die Längsachse des Baues – die einzige Symmetrieachse, die von West nach Ost geht und die auch die Symmetrieachse des Grundsteins ist – (diese Verhältnisse treffen ja auch für das zweite Goetheanum zu), unmittelbar hinführend zu dem unter den Horizont tauchenden Merkur, der genau seine Gleichgewichtsstellung zwischen Himmel und Erde – Äquator und Ekliptik – zwischen oberirdischer und unterirdischer Welt hat. Diese Symmetrieachse ist zu gleicher Zeit die Willensachse des Baues. In dieser Richtung strömen die Worte und Willensimpulse, die von Bühne und Rednerpult herunterfliessen, in den Raum hinein. Sie treffen ihrerseits auf das in den Weltenäther eingeschriebene Zeichen des auf Horizont und Äquator bei dem Geburtsmoment des Baues stehenden Merkurius. Eine Waage-Stellung, eine Gleichgewichtslage, wie sie grösser nicht sein könnte.

Was aber sagt uns dieser Merkur in der Waage zwischen Himmel und Erde? Ein Zeichen soll er uns sein, das wir lesen lernen wie einen Buchstaben aus der Sternenschrift.

Wir finden in «Das Initiaten-Bewusstsein»[29], 10. Vortrag, die Schilderung, wie der Mensch, der in sich geistiges Bewusstsein erweckt, zunächst einen inneren Mond in sich aufgehen fühlt. Nicht der äussere Mond darf da hineinwirken, sonst würde der Mensch zum Nachtwandler und zuletzt zum Medium werden, sondern in das Bewusstsein des Tages hinein werden die Mondes-Nachtwirkungen gezaubert. Das Geistige beginnt zu leuchten. Da leben die Kräfte der Mondsphäre im Menschen und bilden einen zweiten Menschen in ihm aus. Der äussere Mond ist nur wie ein Zeichen für diese geistigen Mondenwirkungen, sein Licht wird zum allgemeinen Lebenselixier, in dem man sich drinnen fühlt. «Dann geht allmählich

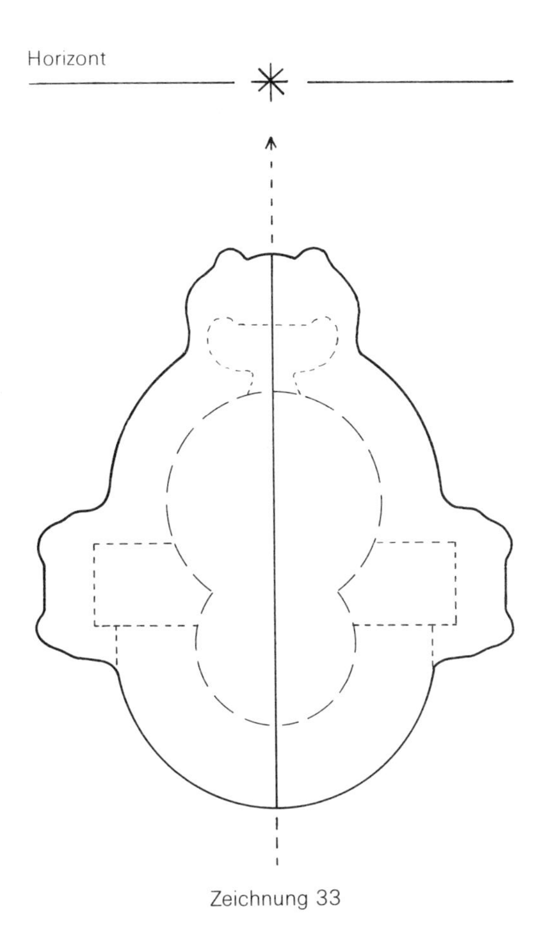

Zeichnung 33

der Geiststern Merkur in dieser in den Tag hineingezauberten Nacht auf. Heraus tritt aus diesem funkelnden Dämmern und dämmernden Funkeln, in dem einem der Merkur entgegentritt, diejenige Wesenheit, die dann als das Götterwesen Merkur bezeichnet wird. Den braucht man. Den braucht man unbedingt, sonst kommt Verwirrung zustande ... – Und dadurch, dass man ihn kennenlernt, kann man den zweiten Menschen, der in einem belebt wird, nun beherrschen, willentlich beherrschen[29].» Der Mond allein würde uns bloss Visionen übermitteln, Imaginationen zwar, aber von denen man nicht wissen kann, ob sie eine Realität darstellen. «Aber indem man in die Merkurwirkungen eintritt, gehen diese Imaginationen zu ihren Wesenheiten über ... Und so werden Sie sich der Merkurwirkungen bewusst, indem Ihre visionäre Welt in eine wahre Wahrnehmungswelt des Geistigen hineinfliesst[29].»

So sehen wir wie eine Imagination des Kosmos selber an dem Abend der Grundsteinlegung Merkur in der Waage stehen: den Götterboten zu den wahren Imaginationen, erglimmend am Horizont, auf der Waage zwischen Himmel und Erde! Wir haben es zu tun mit einem geistigen Wesen, das für uns versinnbildlicht wird in dem Planeten Merkur, das diesen Planeten gewissermassen als Götterleib ausser sich hat. Der Planet Merkur geht seine vorgeschriebenen Wege, er ist wie das Zeichen für die in der ganzen Merkursphäre waltenden geistigen Kräftewirkungen. Er selber zeigt den Verlauf dieser Wirkungen an. In der «Werkwelt» der jetzigen Erdenepoche entfaltet nicht der Planet selber die Wirkungen wie noch in der Zeit, da die Sternenwelt ihre «Wirksamkeit» offenbarte (vgl. Rudolf Steiners Brief «An die Mitglieder» vom 25. Oktober 1924[8] und auch das 1. und 2. Rundschreiben I).

Merkur gilt in der okkulten Überlieferung als der Gott des kombinierenden Verstandes. Das ist er aber nur für den an das Gehirn gebundenen Verstand. Für den Geistesforscher ist er der Führer in die Welt der wahren Imaginationen. So kannten ihn auch in ihrer Art die alten Eingeweihten. Denn Merkur war für die Griechen Hermes, dasselbe Wesen, das die Ägypter Thoth nannten. Er war der Erfinder der Künste und Wissenschaften, die von Osiris, dem Gatten und Bruder der Isis, unter den Menschen in grauer Vorzeit verbreitet wurden. Das Wesen, die Schicksale dieser Götter wurden von den alten Ägyptern mit Hilfe der Sternenschrift geschildert, «der Schrift, welche die Himmelskörper im Weltenraume schreiben» (16. Februar 1911)[51]. Diese Sternenschrift bildete für den alten Ägypter ganz reale Erlebnisse ab. Er wusste: In urferner Vergangenheit war unter den Menschen das Hellsehen lebendig. Das war die Zeit, da Hermes oder Thoth die Menschen unterrichtete, da Osiris die Schrift bildete, die der Sternenschrift nachgebildet war. Die Kräfte von Isis und Osiris, von Hermes fühlte man in der Seele, sie waren von allem Anfang an dagewesen. Für diese Kräfte waren Sonne, Mond, Merkur ein Sinnbild, aber ein Sinnbild, das zugleich etwas zu tun hat mit dem, was es abbilden soll, wie die Buchstaben einer Schrift, nur nicht einer solchen Schrift, wie wir sie heute haben, sondern eben wie die Himmelsschrift, die von Thoth den Menschen gelehrt wurde. «Es ist alles oben so wie unten.» Wenn Sonne und Mond am Himmel kreisen und sich zu den Sternbildern in ein Verhältnis stellen, dann ist das wie eine Offenbarung von geistig-übersinnlichen Kräften, die diese Stellung hervorgerufen haben und sich in der Himmelsschrift ein Ausdrucksmittel für die übersinnlichen Mächte und Kräfte verschafft haben.

In dieser Himmelsschrift war Osiris die Sonne; die tätige Sonnenkraft des Osiris fühlte der Ägypter zugleich in sich. Sie lebte in ihm in den älteren Zeiten als Kraft des Hellsehens. Eine hellseherische Kultur war um die Menschen herum zu jener Zeit, da Osiris, da Hermes wirkte. Sie lebten in atavistischen Imaginationen. Daher verstand Osiris aus der Himmelsschrift die Bilderschrift zu gestalten, die Hieroglyphen, zu denen der Nichteingeweihte in scheuer Ehrfurcht blickte. Nun aber spielte sich dasjenige ab, was später als die Osiris-Isis-Legende erzählt wurde.

Osiris hatte einen Bruder, den bösen Typhon (= Lufthauch). Dieser tötete den wohltätigen Osiris, indem er ihn durch List dazu brachte, sich in einen Sarg zu legen und ihn darin verschloss. Der Sarg wurde dann mit Blei übergossen und ins Meer hinausgeworfen. Er kam nach Byblos in Phönizien. Isis findet den Sarg nach langem Suchen, sie bringt ihn nach Ägypten zurück; wiederum bemächtigt sich Typhon des Osiris und zerreisst ihn in 14 Stücke. Nur mit grösster Mühe gelingt es der trauernden Isis, die Teile zu finden und diese zu begraben. Das Land schenkt sie den Priestern und lässt einen Osirisdienst einrichten. Zwischen Typhon und Isis, zwischen ihrem Sohn Horus und Hermes spielen sich nun verschiedene Ereignisse ab, die hier nicht aufgezählt zu werden brauchen.

Auf wichtige Erlebnisse der Menschenseele wird mit dieser Legende hingewiesen. Es ist das Hinschwinden des alten Hellsehens, der Übergang auch von den heiligen, der Himmelsschrift entlehnten Hieroglyphen zu der abstrakten Schreibweise der späteren Zeit. «Osiris» stellt nicht ein einmaliges Wesen dar, sondern die Zeit des Hellsehens überhaupt. Typhon ist dasjenige Wesen (er entspricht dem Ahriman), das das alte Hellsehen tötet, es durch den Intellekt – zunächst in der Form von Schlauheit, List, ersetzen will. «Der Lufthauch tötet das Lichtwesen», in diesem Bilde lebten Reminiszenzen an die alte lemurische Zeit, als die Lichtatmung durch die Luftatmung abgelöst wurde. Denn die ägyptische Kultur war ja ein Nacherleben der alten lemurischen Epoche. Nun aber kann Osiris nicht mehr die Sonne sein. Er kann nur noch das Sonnenlicht in abgedämpfter Form zurückstrahlen. Er ist Mond geworden; die 14 Stücke, in die er zerrissen wird, sind die 14 Tage um den Vollmond herum. Isis aber, die treue Gemahlin, ist der Neumond; gegenüber Osiris immer noch die dunkle, passive Hälfte.

Auch Hermes in dieser Himmelsschrift ist zweierlei. Als Thoth ist er der Morgenstern, der Gott der Weisheit, der geflügelten Fusses zur Erde herabsteigt. Als Abendstern ist er Hermes Psychopompos (Anubis oder Hermanubis bei den Ägyptern), der Führer der Seelen in die Unterwelt, der sie zu Osiris bringt. Denn Osiris ist nach seinem gewaltsamen Tode nicht mehr bei den Lebenden zu finden, in der Oberwelt, sondern er muss bei den Toten gesucht werden, in der Unterwelt. Daher führt nur mehr der Tod – oder die Einweihung – zu Osiris. Im ägyptischen sogenannten «Totenbuch» findet man die Szene dargestellt, wie Toth-Hermes – oder auch der schakalköpfige Anubis – die Seelen zum Richten zu Osiris führt, wie er der Schriftführer der Unterwelt ist.

In unserer 5. nachatlantischen Kulturperiode müssen die alten Imaginationen neu erstehen. Daher brauchen wir den Merkur als Abendstern in der Waage, wir brauchen ihn unbedingt.

Als Sonne ist Osiris untergegangen; die Zeit des alten Hellsehens ist endgültig vorbei. Als Mond ist er später wieder da. Auch dieses Ereignis wird durch die Sternenschrift ausgedrückt. Es wird erzählt, dass der Tod des Osiris stattfand, als die Sonne im 17. Grad des Skorpion stand und der Vollmond auf der entgegengesetzten Seite aufging. Wir haben da eine Äusserung (sie findet sich unter anderem bei Plutarch «Über Isis und Osiris»), die ganz im Sinne der späteren astrologischen Denkweise gehalten ist, die schon Spekulatives enthält und nicht mehr die reine Bildhaftigkeit der eigentlichen Legende hat. Rudolf Steiner sagte ja auch von dieser Angabe: «So haben auch diejenigen, die an die Osirismythe ihre Gedanken anschlossen, zurückverwiesen auf ganz bestimmte Sternkonstellationen» (5. Januar 1918)[52]. An einer anderen Stelle bezieht Plutarch die Zahl 17 auf das Alter des Mondes, der, seit 2 Tagen über den Vollmond hinaus, deutlich zeige, dass er im Abnehmen begriffen ist.

Nehmen wir das Bild von der untergehenden Sonne im Zeichen des Skorpion, der das Zeichen der Unterwelt und des Todes war. Sie steht unweit von dem roten Antares. Osiris verschwindet in die Unterwelt, aber schon bald nachher geht er als Vollmond am Osthimmel wieder auf. Hermes begleitet ihn. Merkur ist ja wie eine Art Mond zur Sonne, auch für die Ägypter, die schon den Merkur und die Venus um die Sonne kreisen liessen. Merkur benimmt sich in mancher Hinsicht in bezug auf die Sonne so, wie unser Mond in bezug auf die Erde.

Die hier geschilderte Konstellation: die Sonne im 17. Grad des Skorpion, der Vollmond im Stier, bei den Pleiaden, ist wiederum keine einmalige, die zum Beispiel auf ein bestimmtes historisches Datum führen könnte. Denn diese Verhältnisse zwischen Sonne und Mond kehren in regelmässigen Zeitintervallen immer wieder zurück. Wir haben hier ein Beispiel von der «rhythmischen Astronomie». Alle 19 Jahre werden sich Sonne und Mond, beide, sich annähernd, an derselben Stelle am Himmel befinden, wo sie vor diesem Zeitraum waren, so dass auch die Phase dieselbe ist. Es ist das der sogenannte Metonsche Zyklus, der noch zu den anderen

Sonnen-Mondrhythmen, wie Sarosperiode usw. hinzukommt. In dieser Weise betrachtet, ist das Töten des Osiris durch den Typhon auch ein immer wiederkehrendes, weiter wirkendes Ereignis. Alle 19 Jahre, so könnte man sagen, immer, wenn die Sonne in den Novembertagen im 17. Grad des Skorpion steht und es zu gleicher Zeit Vollmond ist, wird erneut ein Anstoss gegeben, dass das Hellsehen etwas mehr hinschwindet. So war es wenigstens während ganzer Zeiträume. Einmal aber ist das Ende erreicht. Weit über die ägyptische Zeit hinaus, fast bis in unsere Zeit hinein, hat es atavistisches Hellsehen gegeben. Dann aber ändern sich die Wirkungen und dieselbe Konstellation müsste jetzt in ganz anderem Sinne gelesen werden.

Für die alten Ägypter war Osiris von der Seite der Isis verschwunden. Ein Bleisarg zu Byblos in Phönizien, dem Lande der Erfindung der Buchstabenschrift, blieb auf der Erde übrig. Auf Papyrus-Nachen fährt Isis über Sümpfe und Flüsse, Osiris zu suchen. Wie eine typhonische Vorahnung der Buchdruckerkunst, die das 5. nachatlantische Zeitalter einleitete, mutet uns die alte Legende an. Wer heute Osiris suchen will, ohne von Typhon zerrissen zu werden, der muss selber zu den Toten gehen. Die Toten, so sagte Rudolf Steiner, sind heute die einzigen menschlichen Wesen, die die Himmelsschrift lesen. Von den Toten können wir sie lernen, wenn wir mit ihnen gemeinsame Formen des Erlebens finden können.

Kehren wir zu unserer Grundsteinlegungs-Konstellation zurück! Sie ist äusserlich etwas wie eine Reminiszenz an die Osiris-Typhon-Konstellation. Die untergehende Sonne; der im Stier, zwischen Vollmond und letztem Viertel stehende, noch nicht ganz aufgegangene Mond; Hermes-Merkur, die Sonne in die Unterwelt begleitend; der absteigende Mondknoten unweit von der Sonne, es ist wenige Tage nach einer Mondfinsternis. Wir dürfen das Bild nicht im alten Sinne deuten, denn die Erlebnisse und die Erlebensart des ägyptischen Zeitalters sind endgültig vorbei. Doch ist das 5. nachatlantische Zeitalter ja die Wiederholung und soll sein die verchristlichte Auferstehung des 3. Zeitraumes. Wir haben gleichsam die Aufgabe, das Gegenbild der Osiris-Isis-Legende zu schaffen. Von dem Bleisarg und den Typhonränken des irdischen Verstandes hinweg zu einer neu erstandenen Osiriskraft. Durch eine neue Himmelsschrift zu einem wahrhaft kosmischen Erleben. Nicht in Trauer wie der Ägypter sollen wir zum Himmel aufschauen. Die neue Sternenschrift wird nicht nur von Göttern geschrieben, sondern auch von Menschen in Freiheit erlebt, denn zwischen dem tragischen Schicksalserleben der vorchristlichen Zeit und dem heutigen Erleben der Sternenschrift liegt eben das Ereignis von Golgatha. Schon das Hinweisen auf die Grundsteinlegungs-Konstellation ist nicht der

Hinweis auf ein unentrinnbares Schicksal, sondern es ist vielmehr ein Gelöbnis!

Wiederum kann Hermes-Merkurius uns Künste und Wissenschaften lehren, wenn wir gewillt sind, als Wissenschaftler dem Hermes-Psychopompos in die Welt der wahren Imaginationen zu folgen, die uns zunächst wie eine Unterwelt vorkommen mag. Sonst wird er zum Typhon oder Seth – so hiess auch der Abendstern Merkur bei den Ägyptern, wenn diese, ohne seinen Zusammenhang mit dem Morgenstern Merkur zu erkennen, ihn als ein Wesen für sich betrachteten. – Der Künstler wird sich begleiten lassen von dem Sonnenboten Merkur als Morgenstern, dem Gotte der Weisheit. Die Griechen nannten ihn in dieser Gestalt auch Apollo; für die Ägypter war er Horus, der Isis und des Osiris Sohn, der mit Seth in stetigem Kampfe lag. Beide aber führen zur Vereinigung mit der Sonne, zur unteren oder zur oberen Konjunktion hin. Beide zusammen können wir in diesem Sinne als den Erzengel Raphael ansprechen, der im Westen steht.

Und dieses kann unser Gelöbnis beim Betrachten der Grundsteinlegungs-Konstellation sein: Möge uns führen das Götterwesen Raphael-Merkurius zu den wahren Imaginationen einer neuen Wissenschaft, einer neuen Kunst. Gabriel, der Mondengesandte allein soll uns nicht genügen. Merkur führe uns auch an den Klippen der Venuswesenheit vorbei. Nicht Luzifer soll uns entgegentreten, wenn die Imaginationen zu ihren Wesen hingehen, sondern das leere Bewusstsein stelle sich ein statt der bilderfüllten Welt des Merkurbewusstseins. Dann dringen wir zum Erleben der Sonne durch.

Wir haben geistig den Weg zurückgelegt, der für uns auch in einer Himmelsschrift aufgezeichnet ist durch die Planetenwelt vom Mond bis zur Sonne. Und wenn wir im Geiste bei der Sonne ankommen, dann ist kein glühender Gasball da, sondern eine Welt der Inspiration. Da tritt uns Michael entgegen in seinem Strahlenkleide der Sonnenmächten entsprossenen Geisteswesen, deren Leuchtewort einst den erharrenden, durstenden Seelen strahlen wird.

Über das Wesen der Astrologie

2. Rundschreiben II, Oktober 1928

Wir leben in einer Zeit, in der unter den mannigfachen geistigen Bewegungen, die da auftreten, auch eine, die sich Astrologie nennt, zu finden ist. Sie beruft sich für ihre Lehren auf alte Erkenntnisschätze aus ferner Vergangenheit. Sie unterscheidet sich darin von der anthroposophischen Geisteswissenschaft, denn in dieser haben wir es mit Ergebnissen moderner spiritueller Erforschung zu tun, nicht mit dem Weiterbilden alter Traditionen. Doch herrscht auch unter den Mitgliedern der Anthroposophischen Gesellschaft oft eine gewisse Ratlosigkeit gegenüber solchen Erscheinungen, wie sie die sogenannte «moderne Astrologie» heute darbietet. Man findet nicht die Berechtigung, sie von vorneherein abzuweisen und weiss sie doch nicht recht mit den anthroposophischen Einsichten zu verbinden. Es soll daher versucht werden, über diesen Punkt einige Klarheit zu schaffen.

Dass es so etwas wie eine «Astrologie» neben der Astronomie geben kann, das hat Rudolf Steiner selber angedeutet, als er von der Dreiheit: Astronomie, Astrologie, Astrosophie als von drei Wissenszweigen des menschlichen Erkennens sprach. Da, wo nicht bloss auf das Dasein, sondern auf das reale Wirken der Himmelskörper eingegangen wird, da ist Astrologie. Es blühte eine solche Astrologie in der Zeit, da sich der Mensch durch die Empfindungsseele – den Astralleib – mit der Sternenwelt besonders verbunden fühlen konnte. Wir wissen, dass das während der ägyptisch-chaldäischen Epoche der Fall war. In der Blütezeit jener Kultur erlebte der Mensch insbesondere im Schlafzustande während der Nacht das Verbundensein mit der Sternenwelt. Die Stern-Konstellationen waren wie die Zeichen, die Buchstaben einer okkulten Schrift. Diese kündeten von der Wirksamkeit der geistigen Wesenheiten, deren man immer weniger selber ansichtig werden konnte. Den Menschen empfand man als ganz eingegliedert in das Sternenwirken. Wie er sich nach Leib, Seele und Geist entwikkelte, was er in seinem Lebenslaufe tat, wie die Verhältnisse seines Erdenraumes auf ihn wirkten, das verlief alles restlos nach Sternengesetzmässigkeit. Auch das äussere soziale Leben wurde nach diesen Gesetzen geregelt.

Die Fähigkeit, mit der Sternenwelt in einer solchen unmittelbaren Verbindung zu stehen, ging verhältnismässig früh verloren. Sie wurde, besonders bei den Chaldäern, allmählich durch eine andere neu-erwachende

Fähigkeit ersetzt, diejenige des Rechnens. Man fing an, zunächst die Konstellationen aufzuzeichnen, so dass man innerhalb der Mysterienschulen auf Tontafeln und dergleichen nachschauen konnte, wie die Planeten gestanden hatten usw. Vom 6. Jahrhundert vor Chr. an wurde jene, wenn auch zunächst primitive, doch im heutigen Sinne «rechnende Astronomie» ausgeübt. Damit war neben der alten Astrologie auch die Astronomie als ein Erkenntnisgebiet entstanden. Dies gestattete, die aus den Zeiten des alten Hellsehens gewonnenen Erkenntnisse noch immer weiter anzuwenden, aber es hatte sich zwischen den Kosmos und den Menschen eben die Rechnung eingeschaltet.

Die Griechen lernten die Kunst der Astrologie von den Chaldäern. Sie blühte bei ihnen auf, gerade auch zu der Zeit und nach der Zeit, in die das Mysterium von Golgatha hineinfiel. Und doch hatte mit dem Ereignis von Golgatha die Astrologie ihre innere Berechtigung im Grunde genommen verloren. Denn durch die Christustat sollte der Mensch allmählich frei werden vom Kosmos. Bei dem Tode am Kreuz wurden der Erde selber kosmische Kräfte eingepflanzt, die der Mensch in Freiheit aufnehmen kann. Er steht seitdem nicht mehr in demselben Verhältnis zum Sternenall wie vorher. Denn dasjenige, was durch den «Sündenfall» veranlagt war, was nach der atlantischen Zeit in besonders starkem Masse aufgetreten war, die enge Verbindung zwischen physischem Leib und Ätherleib, hatte immer mehr ein richtiges Einwirken der kosmischen Kräfte auf diese unteren Glieder der Menschenwesenheit unmöglich gemacht. Man könnte sagen: Das Horoskop stimmte für diese Glieder nicht mehr, und gerade in dem heutigen Michaelzeitalter muss es immer weniger zutreffend sein. (Rudolf Steiner sagte einmal: von Jahrzehnt zu Jahrzehnt sei das zu bemerken.)

Diese Erscheinung des nicht mehr voll stimmenden Horoskopes wurde durch den Christusimpuls gleichsam von einem Verfallsphänomen in eine Tatsache der menschlichen Freiheit umgewandelt. Ja, das Erscheinen des Christus selber war für diese Tatsache ein «reales Sinnbild». Denn nach seinen astralen Zusammenhängen hätte der Christus viel früher, nämlich um die Mitte der atlantischen Zeit, kommen sollen. Dann aber hätte die Menschheit, die eben erst den Einschlag des Ich erhalten hatte, ihn nicht in Freiheit aufnehmen können. Er kam zu einer späteren Zeit, die nicht in erster Linie aus den Bedingungen der kosmischen Welt heraus bestimmt war, sondern aus den Nöten der Menschheitsentwicklung heraus, nach dem, was die Menschheit als Folge des Sündenfalles unschuldig-schuldig erleiden musste. So durchbrach der Christus Jesus mit seinem Erscheinen den astralen Zusammenhang, ebenso wie er für die Verhältnisse seiner

Umgebung den Blutszusammenhang des jüdischen Volkes durchbrach, da er aus dem Mischling-Volke der Galiläer geboren wurde. Und so wie er die alte Form der Einweihung mit der Lazarus-Erweckung vor allem Volke aufhob und wie von dem Momente dieser «mystischen Tatsache» an die alte Einweihung nicht mehr wirksam sein konnte – wenn auch noch jahrhundertelang Menschen mehr oder weniger zu Recht in der alten Art initiiert wurden –, so wurde von der Christuszeit ab das Verhältnis des Menschen zur Sternenwelt ein anderes, freieres.

Nicht als ob die Menschheit plötzlich von der Sternenwelt losgerissen wäre! Die Dinge gehen nicht nur langsam und allmählich vor sich, auch wenn sie die Folge eines plötzlich einsetzenden neuen Impulses sind, wie es der Christusimpuls war, sondern es ist auch, man möchte sagen, im Weltall dafür gesorgt, dass die Kontinuität immer erhalten bleibt. (Es nehmen ja auch heute noch nicht alle Menschen den Christusimpuls in ihre Seele auf.) So war andererseits das Kommen des Christus durch ein bedeutsames Zeichen am Himmel eingeschrieben, das darauf hinweist, dass er im 4. nachatlantischen Zeitraum nur zu *der* Zeit kommen konnte, zu der er eben gekommen ist. Es ist das Übergehen des Kulturimpulses aus dem Sternbild des Widders in dasjenige der Fische, von den «hellen» in die «dunklen» Zeichen des Tierkreises (siehe 11. Rundschreiben I).

Gerade in den Jahrhunderten aber, die auf das Christusereignis folgten, verbreitete sich die chaldäisch-hellenistische Astrologie ausserordentlich. Es war, als ob die Menschen sich erst recht an dasjenige klammern wollten, was ihnen immer mehr und mehr genommen werden sollte. Und man darf auch sagen, dass mit der zunehmenden Verdunkelung des spirituellen Lebens in den folgenden Jahrhunderten, in die herein nur das aufkeimende junge Christentum ein helles Licht warf, für viele Seelen das Sich-Beschäftigen mit den Sternengesetzen wenigstens noch einen inneren Zusammenhang mit den göttlich-geistigen Welten bedeutete. Aber immer traditioneller wurde die Astrologie, immer mehr auch blosses Rechenexempel. Und wenn man die Gelegenheit haben könnte, zu vergleichen, so würde man finden müssen: immer weniger stimmte das, was man vom Menschen auf Grund einer Geburtskonstellation oder über sein Schicksal auf Grund der während seines Lebens weiter auftretenden Konstellationen sagen konnte, mit der Wirklichkeit überein.

So kam im 15. Jahrhundert zuletzt eine kleine Gruppe von Menschen, die mit der geistigen Welt in Verbindung standen, dazu, die alte Sternenweisheit bewusst zu opfern, Verzicht zu leisten auf die höhere Erkenntnis, die sich auf das Wirken der Sternenwelt bezieht (6. Januar 1924)[53]. Und das Opfer wurde von der geistigen Welt angenommen.

Seit jener Zeit ist eine eigentliche astrologische Wissenschaft nicht mehr da. Trotzdem finden wir in den folgenden Jahrhunderten sogar erleuchtete Geister, die sich mit ihr beschäftigen. Es sind – wenigstens da, wo es sich wirklich um erleuchtete Geister handelt, auf die anderen kommt es nicht so sehr an – zunächst solche Menschen, die in der Zeit des heraufkommenden Materialismus noch einen instinktiven Zusammenhang mit dem Kosmos bewahrt haben, sei es aus einer besonderen Organisation ihres Wesens heraus, sei es durch das Heraufströmen spiritueller Impulse aus ihren früheren Inkarnationen. Rudolf Steiner hat in einem Vortrag[54] auf drei solche Geister hingewiesen.

Nostradamus, der aus seinem Beruf vertriebene Arzt, der um die Mitte des 16. Jahrhunderts lebte, kann sich dem Anblick des gestirnten Himmels stundenlang aussetzen; dann steigen ihm Bilder auf, die er in Verse kleidet, es sind allerdings dunkle Verse, aber sie haben prophetischen Charakter, und die Zukunft hat in der Tat bewiesen, dass die Prophetien richtig waren nicht nur für das, was er über seine nächste Umgebung und für die nächste Zukunft gesagt hat, sondern bis in unsere Zeit hinein. Es handelt sich nicht um ein Rechnen – denn das tat er überhaupt nicht –, auch nicht um ein Deuten der beobachteten Konstellationen, sondern die Sterne selber waren es, die die in ihm zurückgedrängten Kräfte seiner früheren Berufstätigkeit in Schauungen von der Zukunft umwandelten; sie waren nur das Mittel, diese Schauungen bei ihm auszulösen. Er war darin ein für sich dastehender Fall, wie etwa Paracelsus oder auch Swedenborg, mit dem er in seinem Lebensschicksal sogar eine gewisse Verwandtschaft zeigt.

Anders war es wiederum bei Tycho Brahe (1546–1601), der ein nur um einige Jahrzehnte jüngerer Zeitgenosse des Nostradamus war. Auch er beschäftigte sich mit Astrologie, wenn auch zumeist auf königlichen Befehl, doch machen seine Horoskope für die kleinen Dänenprinzen [die Söhne König Friedrichs II.] durchaus den Eindruck, dass er den Einfluss des Sternenhimmels auf das Menschenschicksal ernst genommen habe, und zugleich, dass er nicht übermässig viel Rechnung anwendete, um zu einer Deutung der Geburtskonstellation zu kommen, sondern diese Deutung mehr einem instinktiven Elemente seines Wesens entnahm, das noch mit seiner früheren Inkarnation als Julian Apostata zusammenhängen mag.[54a] – Sein späterer Mitarbeiter und Nachfolger in der praktischen Sternenkunde, Kepler, ist eigentlich der Astrologie schon mehr abhold. Er schimpft über sie, und doch muss er, der wiederverkörperte ehemalige ägyptische Eingeweihte, an sie glauben, er handhabt sie sogar mit grosser Sicherheit. Aber er muss viel Rechnung anwenden, und er ist für die Deutung ganz auf die Tradition angewiesen. So sehen wir in dem kurzen Zeitraum von etwa 50 Jahren den Übergang vom Schauen zum Rechnen, vom unmittelbaren Wissen zum Traditionellen; wie rekapitulierend den Übergang vom ägyptisch-chaldäischen zum griechisch-lateinischen Zeitalter. Mit Kepler, so kann man sagen, ist es mit einer Astrologie von erleuchteten Geistern endgültig aus.

Die drei Jahrhunderte, die seitdem verflossen sind, haben den Menschen immer mehr zu einem rechnenden Wesen gemacht und ihn innerlich immer mehr vom Kosmos entfremdet. Zu gleicher Zeit ist er in seiner Seele und sogar in seinen Leibesfunktionen immer freier vom Kosmos geworden. Alle diese Momente wirken gleichsam zusammen, um den heutigen Menschen zu einem schlechten Astrologen im traditionellen Sinne zu prädestinieren. So können wir es verstehen, wenn wir bei Rudolf Steiner harte Worte ausgesprochen finden über das, was heutzutage Astrologie genannt wird. So sagt er in dem Vortrag, womit die «Zwölf Stimmungen» eingeleitet wurden[46]:

«Nicht um Nachahmung der Methoden etwa derjenigen modernen Astrologen, die in ihren Methoden jeden Materialismus überbieten und die zur materialistischen Unwissenheit nur den unwissenden Aberglauben hinzufügen, handelt es sich hier, sondern um das Eingehen auf die gesetzmässigen Zusammenhänge einer geistigen Welt, die ihre Offenbarung im Menschen ebenso hat wie im Kosmos. Wahre Geisteswissenschaft sucht nicht aus Sternen-Konstellationen Menschengesetze, sondern aus dem Geistigen sowohl Menschengesetze wie Naturgesetze. Obgleich diese Geisteswissenschaft mit den unsinnigen mystischen Bestrebungen der modernen Zeit immer wieder zusammengeworfen wird, hat sie doch damit gar nichts zu tun. Hier, wo in gewissen Äusserungen des Menschen Analogien mit kosmischen Verhältnissen als Grundlage einer Ausdrucksweise angewendet werden, muss besonders betont werden, dass Geisteswissenschaft nichts mit dem Dilettantismus moderner Astrologen und deren plumpen Offenbarungen zu tun haben will.»

Von einem anderen Gesichtspunkte her hörte ich einmal Dr. Steiner vor vielen Jahren gegen die Bestrebungen der Astrologie im Sinne des Horoskopdeutens sprechen, indem er hinwies auf die Gefahren, die gerade für den esoterisch strebenden Menschen entstehen müssen. Denn es liegt, so sagte er, ein verfeinerter Egoismus darin, in solcher Weise über sich oder auch über seine Mitmenschen etwas wissen zu wollen. Und gerade, wenn der Mensch eine innere Entwicklung anstrebt, könne er leicht zu einer solchen verfeinerten Selbstsucht kommen, die, weil sie intimer wirkt, umso gefährlicher ist. Die Erkenntnis aber der wiederholten Erdenleben und des Karma kann uns zeigen, wie wenig wir von dem wahren Menschen durch das Horoskop erfassen können. Denn in dem Leben, das die Menschenseele in der geistigen Welt vor seiner Geburt durchmacht, überschaut sie dasjenige, was sie aus der vorigen Inkarnation an Erfahrungen und Erlebnissen mitgebracht hat, was ihr an Fehlern und Mängeln geblieben ist. Darnach richtet sie das neue Erdenleben ein. Sie sucht die Gelegenheiten aus, die dazu führen können, ihre Eigenschaften zu verstärken oder sie umzuwandeln. Dazu sind bestimmte Geschehnisse in der physischen Welt notwendig, und die Seele wählt sich nun ihre Wiedergeburt in *der* Zeit und in der Umgebung, in der solche Geschehnisse stattfinden können. Solche Vorsätze aus dem vorgeburtlichen Leben werden Tatsachen, Ereignisse im Leben auf der Erde. Die Ereignisse können vielleicht in Katastrophen bestehen oder in Geschehnissen, die, nach menschlichen Begriffen gemessen, zu einem Erleben der Schande führen. Die Seele hat diese Erlebnisse trotzdem vor der Geburt gewollt und diese können nicht dadurch abgewendet werden, dass der verkörperte Mensch das Eintreten derselben sich aus dem Horoskop errechnen würde. Je mehr Anstrengungen man machen würde, sich seinem Schicksal zu entziehen (und es liegt eben in der Natur der menschlichen Selbstsucht, das zu wünschen), desto sicherer würden diese Anstrengungen zum vorbestimmten Ziele führen. Was aber der Seele dabei abgehen würde, das ist der Mut, die innere Seelenkraft, diese Ereignisse zu ertragen. Dieser Mut lebt sonst in den unterbewussten Tiefen der Menschenseele und ist ihr ein sicherer Führer. Alles Wissen um diese Dinge, das auf äussere Art erreicht wird, wie durch das Stellen eines Horoskops, kann nur lähmend auf diesen vorgeburtlichen Willen wirken. – Es sollen diese Worte Rudolf Steiners nicht so verstanden werden, als ob der Mensch sich nicht mit seinem Schicksal bekannt machen solle. Dazu hat er uns ja 1924 die «praktischen Karmaübungen»[55] gegeben. Es wird auch das Entziffern der Sternenschrift immer mehr zu einem Verständnis des menschlichen Schicksals führen. Doch stellt sich dann zwischen den Menschen und sein Schicksal eben nicht das errechnete Horoskop.

Anders wiederum ist es, wenn man die Sternengesetze durch eine Betrachtung der *Vergangenheit* ergründen will. Denn da kann der Egoismus nicht mitsprechen, da wir auf die Vergangenheit keinen Einfluss haben können. In diesem Sinne ist auch das zu verstehen, was Rudolf Steiner über die Sternkonstellation für den Moment des *Todes* sagte.[56, 57]. Auch auf die Seele, die in die geistige Welt eingegangen ist, können wir nicht mehr so einwirken wie auf den mit uns zusammen verkörperten Menschen. Doch muss man sich klar sein, dass man auch dabei mit der landläufigen Astrologie nicht weiterkommen könnte. Nur der erfahrenste Okkultist, der gewissermassen am Ende seiner Laufbahn steht, könne wirklich Astrologie treiben, – so schloss Rudolf Steiner seine Ausführungen.

Ausserordentlich aufschlussreich ist eine Fragenbeantwortung über Astrologie[58], die im Heft 28 von «Lucifer-Gnosis» von Rudolf Steiner gegeben wurde. Sie soll wegen ihrer Bedeutsamkeit hier zum grössten Teil wiedergegeben werden:

«Wie verhält sich die Theosophie zur Astrologie?

Da muss zunächst gesagt werden, dass man gegenwärtig sehr wenig kennt, was Astrologie wirklich ist. Denn was jetzt oft als solche in Handbüchern erscheint, ist eine rein äusserliche Zusammenstellung von Regeln, deren tiefere Gründe kaum irgendwie angegeben werden. Rechnungsmethoden werden angegeben, durch die gewisse Sternkonstellationen im Augenblicke der Geburt eines Menschen bestimmt werden können, oder für den Zeitpunkt einer anderen wichtigen Tatsache. Dann wird gesagt, dass diese Konstellationen dies oder jenes bedeuten, ohne dass man aus den Andeutungen etwas entnehmen könnte, warum das alles so sei, ja nur wie es so sein könne. Es ist daher kein Wunder, dass Menschen unseres Zeitalters dies alles für Unsinn, Schwindel und Aberglauben halten. Denn es erscheint ja alles als ganz willkürliche, rein aus den Fingern gesogene Behauptung . . .

Die wirkliche Astrologie ist aber eine ganz intuitive Wissenschaft und erfordert bei dem, der sie ausüben will, die Entwickelung höherer übersinnlicher Erkenntniskräfte, welche heute bei den allerwenigsten Menschen vorhanden sein *können*. Und schon, wenn man ihren Grundcharakter darlegen will, so ist dazu ein Eingehen auf die höchsten kosmologischen Probleme im geisteswissenschaftlichen Sinne notwendig. Deswegen können auch hier nur einige ganz allgemeine Gesichtspunkte angegeben werden. – Das Sternsystem, zu dem wir Menschen gehören, ist ein Ganzes. Und der Mensch hängt mit allen Kräften dieses Sternsystems zusammen . . . Die Sonne wirkt zum Beispiel noch durch etwas ganz anderes auf die Menschen, als durch das, was die Wissenschaft Anziehungskraft, Licht und Wärme nennt. Ebenso gibt es Beziehungen übersinnlicher Art zwischen Mars, Merkur und anderen Planeten und dem Menschen. Von da ausgehend, kann, wer dazu Veranlagung hat, sich eine Vorstellung machen von einem Gewebe übersinnlicher Beziehungen zwischen den Weltkörpern und den Wesen, welche sie bewohnen. Aber diese Beziehungen zur klaren, wissenschaftlichen Erkenntnis zu erheben, dazu ist die Entwickelung der Kräfte eines ganz hohen übersinnlichen Schauens notwendig. Nur die höchsten, dem Menschen noch erreichbaren Grade der Intuition reichen da heran. Und zwar nicht jenes verschwommene Ahnen und halbvisionäre Träumen, was man jetzt so häufig Intuition nennt, sondern die ausgesprochenste, nur mit dem mathematischen Denken vergleichbare innere Sinnesfähigkeit. Es hat nun in den Geheimschulen Menschen gegeben, und gibt noch solche, welche in diesem Sinne Astrologie treiben können. Und was in den zugänglichen Büchern darüber steht, ist auf irgendeine Art doch einmal von solchen Geheimlehren ausgegangen. Nur ist alles, was über diese Dinge handelt, dem landläufigen Denken auch dann unzugänglich, wenn es in Büchern steht. Denn um diese zu verstehen, gehört selbst wieder eine tiefe Intuition. Und was nun gar den wirklichen Aufstellungen der Lehrer von solchen nachgeschrieben worden ist, die es selbst nicht verstanden haben, das ist natürlich auch nicht gerade geeignet, dem in der gegenwärtigen Vorstellungsart befangenen Menschen eine vorteilhafte Meinung von der Astrologie zu geben. Aber es muss gesagt werden, dass dennoch selbst *solche* Bücher über Astrologie nicht ganz wertlos sind. Denn die Menschen schreiben um so besser ab, je weniger sie das verstehen, was sie abschreiben. Sie verderben es dann nicht durch ihre eigene Weisheit. So kommt es, dass bei astrologischen Schriften, auch wenn sie noch so dunklen Ursprungs sind, für denjenigen, welcher der Intuition fähig ist, immer Perlen von Wahrheit zu finden sind – allerdings *nur* für einen solchen ...

Die astrologischen Gesetze beruhen nun allerdings wieder auf solchen Intuitionen, gegenüber denen auch die Erkenntnis von Wiederverkörperung und Karma noch sehr elementar ist.»

Von solch tiefen Erkenntnissen, die zu einem wahren Verständnis der Astrologie notwendig sind, ist das Werk Rudolf Steiners erfüllt! Man braucht da nur auf seinen Brief «An die Mitglieder» vom 9. November 1924[8] hinzuweisen, der von «Michaels Mission im Weltenalter der Menschen-Freiheit» handelt. Wir finden da, den eigentlichen Leitsätzen vorangehend, die ganze Beziehung des Menschen zur kosmischen Umwelt durch den Zeitenlauf geschildert.

Der Mensch hat von den vergangenen Weltenzeitaltern her seinen physischen und Ätherleib erhalten. Sie sind ganz ein Ergebnis kosmischer Wirkungen und Kräfte, wenn auch durch die luziferische Versuchung verzerrt und, wie schon gesagt, zu stark aneinander gekoppelt. Der Astralleib ist schon eine jüngere Schöpfung, aber gerade in dem Ich, dem «Baby der Wesensglieder», erlebt der Mensch seine Freiheit. In früheren Zeiten allerdings strömte kosmisches Wirken nicht nur in den physischen und Ätherleib, sondern durch diese auch in den Astralleib und das Ich hinein. Der Mensch konnte nicht frei sein. Während er auch heute noch den physischen und Ätherleib dem göttlich-geistigen Wirken überlassen muss, kann er sich mit seinem Ich in die geistigen Welten erheben. Er muss sich für seine freie Erdentat der alten kosmischen Unterstützung entziehen und muss nun in anderer Weise in der geistigen Welt eine Stütze finden, damit die Freiheit nicht blosse Willkür, Gesetzlosigkeit sei, die zerstörend in der geistigen Welt wirken müsste. Und das, was ihm da entgegenkommt, was ihm eine wirkliche Unterlage für sein Handeln in Freiheit gibt, das ist dasjenige, was Michael auch wiederum aus der Vergangenheit herüberbringt, aber aus einer zurückgehaltenen, bewahrten Vergangenheit! Das sind Kräfte, die ebenfalls aus dem Kosmos, aus dem Sternen- und Planetensystem kommen, die aber nicht mehr zwingend sein können, da sie nicht in das Naturhafte eingreifen. In Urzeiten der Erdenentwicklung wurden geistig-moralische Kräfte aus dem Kosmos zusammen mit den äusseren Stoffen, mit der Sinneswahrnehmung auch aufgenommen; sie sublimierten sich gewissermassen in seinem geistigen Wesen zur Erkenntnis (vgl. auch den Schluss des 8. Rundschreibens I).

Dann kam die Zeit, die bis nahe an die Michaelszeit heranreicht, wo sich gewissermassen ein Zwischengebiet bildet, in das einerseits dasjenige, was aus dem Organismus heraufkommt, was also Kosmisches enthält, andererseits dasjenige, was als halbvergessene Sinneswahrnehmungen und Gedächtnisvorstellungen herabsinkt, zusammenströmt und dort eine Region des Unterbewussten bildet, gemischt eben aus kosmischer Gesetzmässigkeit und menschlichen unverdauten Seelenwirkungen. Gerade diese Region ist im 19. Jahrhundert viel erforscht worden, wenn auch nicht immer nach glücklichen Methoden, – und dahin schauen auch heute noch die Forscher, die nicht die Zeichen einer neuen Zeit deuten können.

Heute sollen diese Verhältnisse anders sein wenigstens für diejenigen Seelen, die sich im Sinne des Michaelzeitalters entwickeln wollen. Es heisst in dem angeführten Aufsatz Rudolf Steiners (9. November 1924):

«Des Menschen Stellung zum Weltwesen wird ihm fernerhin immer unverständlicher werden, wenn er sich nicht darauf einlässt, ausser seinen Beziehungen zu Naturwesen und Naturvorgängen auch noch solche anzuerkennen wie die zur Michael-Mission ... der Mensch stösst von sich kosmische Kräfte hinweg, die ihn weiterbilden wollen. Die seiner Ich-Organisation die nötigen physischen Stützen geben wollen, wie sie sie ihr gegeben haben vor dem Michael-Zeitalter ... Er (Michael) widmet sich der Aufgabe, dem Menschen aus dem geistigen Teil des Kosmos auf die hier geschilderte Art Kräfte zuzuführen, die die aus dem Naturdasein unterdrückten ersetzen können. Das erreicht er, indem er seine Wirksamkeit in den vollkommensten Einklang mit dem Mysterium von Golgatha bringt[8].»

Dann wird geschildert, wie der Mensch, ebenso wie er von der physischen Sonne Licht und Wärme empfängt, sich von der geistigen Sonne, Christus, mit Wärme durchdrungen fühlen kann.

«Er wird sich in dieser Durchdringung erfühlend sagen: diese Wärme löst dein menschliches Wesen aus Banden des Kosmos, in denen es nicht bleiben darf ... ‹Christus gibt mir mein Menschenwesen›, das wird als Grundgefühl die Seele durchwehen und durchwellen. Und ist erst *dieses* Gefühl vorhanden, so kommt auch das andere, in dem der Mensch durch Christus sich hinausgehoben fühlt über das blosse Erdensein, indem er sich mit der Sternen-Umgebung der Erde Eins fühlt und mit allem, was in dieser Sternen-Umgebung zu erkennen ist als Göttlich-Geistiges.

Und so mit dem geistigen Lichte ... Der Mensch vereinigt sich in der Gegenwart mit den geistigen kosmischen Leuchtekräften der Vergangenheit, in der er noch nicht eine freie Individualität war.»

Da haben wir ein Wirken, das dem fatalistischen Wirken, das doch in dem heutigen Astrologischen liegt, ganz entgegengesetzt ist! Auf *dieses* Wirken den Blick zu richten, soll uns vor allem ein Ideal sein. Erst, wenn wir dieses anstreben, werden wir zu demjenigen, was nun tatsächlich kosmisch bedingt erscheint wie die Sternkonstellation bei der Geburt, ein richtiges, das ist ein freies, weil von Erkenntnis durchdrungenes Verhältnis haben können. Die Grundlage zu dieser Erkenntnis finden wir in einem vorhergehenden Aufsatz (25. Oktober 1924) Rudolf Steiners[8]:

«Michael rechnet es sich zur tiefsten Befriedigung an, dass es ihm gelungen ist, die Sternenwelt *durch den Menschen* noch unmittelbar mit dem Göttlich-Geistigen auf die folgende Art verbunden zu erhalten. Wenn der Mensch, nachdem er das Leben zwischen dem Tode und einer neuen Geburt vollbracht hat, wieder den Weg zu einem neuen Erdendasein antritt, dann *sucht* er beim Hinabstieg zu diesem Dasein eine Harmonie zwischen dem Sternengang und seinen Erdenleben herzustellen. Diese Harmonie, die vor Zeiten selbstverständlich da war, weil das Göttlich-Geistige in den Sternen wirkte, in denen auch das Menschenleben seinen Quell hatte: sie würde heute, wo der Sternengang bloss die *Wirksamkeit* des Göttlich-Geistigen fortsetzt, nicht da sein, wenn der Mensch sie nicht suchte. Er bringt sein aus früherer Zeit bewahrtes Göttlich-Geistiges in ein Verhältnis zu den Sternen, die ihr Göttlich-Geistiges nur noch als Nachwirkung einer früheren Zeit in sich haben. Dadurch kommt ein Göttliches in das Verhältnis des Menschen zur Welt, das früheren Zeiten entspricht, doch aber in späteren Zeiten *erscheint*. Dass dies so ist, *das ist die Tat Michaels*. Und diese Tat gibt ihm eine so tiefe Befriedigung, dass er in dieser Befriedigung einen Teil seines Lebens-Elementes, seiner Lebensenergie, seines sonnenhaften Lebenswillens hat.»

Um unserer Freiheit willen ist die blosse Werk-Welt um uns herum ausgebreitet. Sie kann den Menschen in seinem Geistigen nicht zwingen. Zu dieser Werkwelt, dieser Maja-Welt gehört auch die äussere Maja-Erscheinung des Sternenhimmels im Augenblick einer Geburt. Sie *zeigt* bloss dasjenige *an,* was die Menschenseele in der geistigen Welt vor der Geburt mit den «geistigen kosmischen Leuchtekräften der Vergangenheit» zusammen erlebt hat. Alles Wirkliche, Wirksame spielt sich vorher in einem rein geistigen Dasein ab. Dass dieses Wirken sich auch noch in der Sternenwelt einen Bildabdruck verschafft, der in der Geburts-Konstellation, im «Horoskop» zum Ausdruck kommt, trotzdem – trivial gesagt – dieses nach dem Stande der Weltentwicklung nicht mehr «nötig» wäre, das ist eben Michaels Tat!

In dieser Erkenntnis liegt vielleicht auch die Einsicht verborgen, warum heute so viele Menschen nach einer Erneuerung der Astrologie streben. Auch sie suchen unbewusst Michael. Da es ihnen aber an der nötigen Erkenntnis fehlt, wie sie uns zum Beispiel in den Briefen «An die Mitglieder» und in dem ganzen Lebenswerk Rudolf Steiners geschenkt worden ist, müssen sie irregeführt werden. Sie können nicht Vergangenheits- vom Gegenwartswirken, vorgeburtlichen Willen von irdischer Bestimmtheit, geistige kosmische Leuchtekräfte von irdisch-strahlendem Sternenleuchten unterscheiden; daher kann der so gegangene Weg niemals zum Christus führen. Denn: «Das Göttlich-Geistige der Urzeit leuchtet nicht mehr. Im Lichte, das der Christus dem Menschen-Ich bringt, ist das Urlicht wieder da . . . Und er kann in *diesem* Lichte die Wege finden, die seine Menschenwesenheit recht führen, wenn er sich verständnisvoll in seiner Seele mit der Michael-Mission verbindet» (9. November 1924)[8].

Über Astrologie im Lichte der Geisteswissenschaft

3. Rundschreiben II, November 1928

Im letzten Rundschreiben wurde auf ein zweifaches Verhalten des Menschen zur Sternenwelt hingewiesen. In seinen leiblichen Prozessen erlebt der Mensch die Sternenwirkungen, die für ihn zunächst im Unbewussten bleiben. Sie haben mit demjenigen Teil seines Wesens zu tun, in welchem der Mensch nicht frei ist, nicht frei sein kann, weil er eben der Naturnotwendigkeit unterliegt. Doch ist es gerade ein Teil dieser Kräfte, der sich vom Menschen zurückgezogen hat und ihn frei lässt für geistige Betätigung. Da trifft er von der anderen Seite wiederum auf kosmische Wirkungen, die ihm durch die Michaelkraft vermittelt werden, wie das geschildert worden ist.

Als noch ein drittes mittleres Gebiet können wir dasjenige ansehen, auf das auch schon hingedeutet wurde, was von der Sternenwelt bestimmend auf das Schicksal des Menschen wirkt, insofern es nicht bloss leiblich, sondern mehr seelisch-geistig bedingt ist. Auch von diesem Gebiet konnte gesagt werden, dass es durch die Tätigkeit Michaels sich immer noch einen Abdruck in der Sternenwelt verschafft. Das ist das Horoskop des Menschen, aus dem sich sein Schicksal mit mehr oder weniger Deutlichkeit ablesen lässt – wenn man die nötige Intuition besitzt. Vor dieser Schicksalsdeutung musste im Sinne unserer Geisteswissenschaft gewarnt werden. So sagte auch Rudolf Steiner in «Die geistige Führung des Menschen und der Menschheit» (3. Vortrag)[59]:

«Es wird also der Mensch in das physische Dasein hineingestellt, und das Horoskop ist das, wonach er sich richtet, bevor er sich hineinbegibt in das irdische Dasein. Es soll diese Sache, die ja in unserer Gegenwart so gewagt erscheint, nicht berührt werden, ohne darauf aufmerksam zu machen, dass fast alles, was in dieser Richtung jetzt getrieben wird, der reinste Dilettantismus ist – ein wahrer Aberglaube – und dass für die äussere Welt die *wahre Wissenschaft* von diesen Dingen zum grossen Teile ganz verloren gegangen ist. Man soll daher die prinzipiellen Dinge, welche hier gesagt werden, nicht beurteilen nach dem, was gegenwärtig vielfach als Astrologie ein fragwürdiges Dasein führt. – Was den Menschen hereintreibt in die physische Verkörperung, das sind die wirksamen Kräfte der Sternenwelt.»

Um diese kennen zu lernen, müsste das Leben des Menschen zwischen Tod und neuer Geburt von diesem Gesichtspunkt aus geschildert werden. Es soll das ein anderes Mal geschehen (siehe 5.–7. Rundschreiben II).

Jetzt aber soll der Blick auf die erstgenannte Art des Wirkens gelenkt werden. Diese ist zunächst eine einheitliche für alle Menschen. Denn die Sonne sowohl wie die Sterne scheinen für alle Menschen in gleicher Weise, wenn auch erst im Laufe von 24 Stunden die einzelnen Teile des Firmaments sich über die verschiedenen Erdkontinente erheben. Die Planeten haben bestimmte Stellungen zueinander, die von Tag zu Tag wechseln, aber für die ganze Erde gelten. So sind immer diejenigen Wirkungen vorhanden, die das ganze Getriebe des menschlichen Organismus in Gang halten, die auch auf seine seelischen Funktionen noch eine Wirkung ausüben können, insofern das Seelische des Menschen auch in den physischen und Ätherleib hineinwirkt. Ist der Mensch mit seinem Seelisch-Geistigen selber noch an das Leibliche gebunden, dann werden diese unmittelbaren Sterneneinflüsse auch noch sein Seelenleben berühren. Man denke zum Beispiel an den Wandel des Mondes!

Von solchen allgemein geltenden Wirkungen, die ebenso zum menschlichen Gesamtleben gehören wie dasjenige, was der Mensch aus der alten Saturn-, Sonnen- und Mondenentwicklung mit hinübergebracht hat, finden wir manches in dem anthroposophischen Lehrgut aufgezählt. Sie werden uns so vorgeführt, dass sie nicht individuell-moralischer Natur sind, sondern mehr wie ein blosses Naturgesetz wirkend.

Nehmen wir als ein Beispiel für solches Wirken den *Saturn*. Er hat seine starke Beziehung zum Astralleibe des Menschen, besonders in der Hauptespartie, er gliedert diesen astralischen Leib in den physischen Leib des Menschen ein. Nun ist er ja der äusserste sichtbare Planet, derjenige, der der Erde am fernsten, dem Fixsternhimmel am nächsten ist. Er ist der Erzeuger des Bleis, sowohl in der Erde, als Überbleibsel aus der Zeit des Erdenanfangs, wie auch desjenigen Bleies, das sich in fein verteilter, mehr ätherischer Gestalt in der Erdatmosphäre befindet. So wirkt er erschwerend auf den menschlichen Organismus. In der alten überlieferten Astrologie, die aus einer Zeit stammt, da der Mensch sich noch nicht gerne mit der Erdenschwere verband, wird er als der «grosse Übeltäter» dargestellt, als derjenige Planet, der Unheilvolles über die Menschen bringt. Melancholisch, geizig, kalt mache er seine Kinder. Er ist in Wirklichkeit derjenige Planet, der des Menschen Sinnesorgane so mit Schwere durchsetzt, dass der Mensch sie dadurch erst richtig gebrauchen kann. Er tötet das zu strotzende Leben ab, das sie sonst haben würden. Dieses Leben wiederum kommt von der Sonne. Hätte die Sonne allein auf den Menschen gewirkt, wir würden uns unserer Augen, trotzdem sie «am Licht für das Licht» gebildet sind, nicht bedienen können. Sie wären zu Muskeln oder Gefässen geworden, nicht zu den kristallhaften Gebilden, die sie heute sind. Gerade durch das Zusammenwirken von Saturn und Sonne, durch den Bleiprozess, den Saturn dem Sehen beimischt, bekommt das Auge die leise Schwere, die das zu strotzende Leben abtötet.

Dieses Zusammenwirken ist nun nicht bloss einmal – in Urzeiten – da gewesen, sondern es muss fortwährend dieser Ausgleich zwischen Leben und Tod stattfinden, sonst würde der Mensch auch heute noch in Unordnung kommen. – Es gehen nun Saturn und Sonne beide am Himmel herum, die Sonne in einem Jahr, der Saturn in 30 Jahren, so dass die Sonne jedes Jahr einmal, nur immer mit 12 Tagen Verspätung, den Saturn überholt (vgl. 8. Rundschreiben I). Dadurch kommt jedes Jahr eine Konjunktion (Zusammenstehen ☌) und eine Opposition (Gegenüberstehen ☍) von Sonne und Saturn zustande *(Zeichnung 34).* Es wird also die Sonne einmal den Saturn mit ihren Strahlen überdecken, dieser wird unwirksam werden, die lebensspendende Kraft der Sonne wird sich stark entfalten können; – nach 6 Monaten und 6 Tagen, wenn die Opposition eintritt, wird Saturn am nächtlichen Himmel glänzen, während die Sonne durch die Erde hindurch wirken muss. Um Mitternacht wird er am höchsten stehen, und er wird die Bleiprozesse in der Erdenumgebung anregen und so die menschlichen Sinnesorgane beeinflussen. Könnten wir uns den Saturn plötzlich vom Himmel wegdenken, der Mensch würde nach einiger Zeit ein

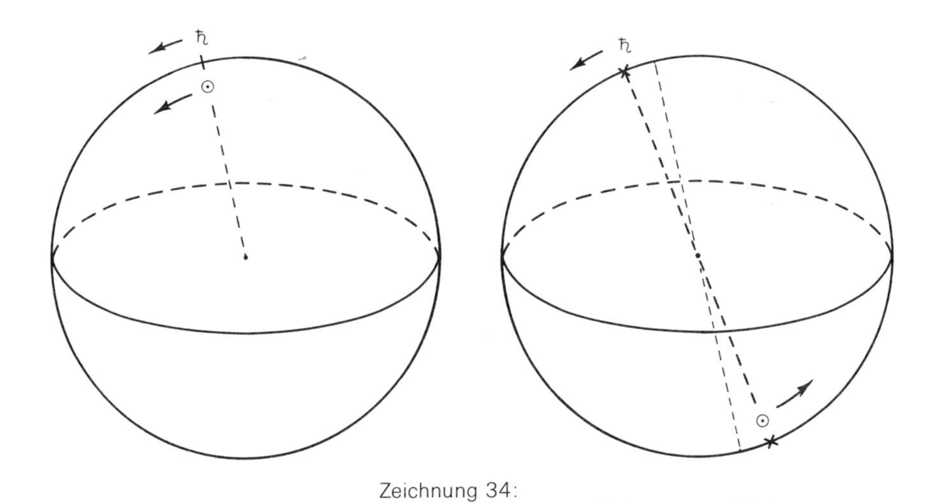

Zeichnung 34:

Saturn in Konjunktion mit der Sonne.

Nach 6 Monaten und 6 Tagen: Saturn in Opposition zur Sonne.

ganz anderes Wesen sein, das seine Sinne nicht mehr richtig gebrauchen könnte. So verdanken wir diesem ständigen Wechsel in der Saturn-Sonnen-Konstellation (zwischen den beiden genannten liegen dann immer die beiden Quadraturen, die Entfernung in 90° dazwischen) das Gleichgewicht zwischen zu starkem und zu dumpfem Sinnesleben. Die Werkwelt mit ihrem regelmässigen, scheinbar mechanischen Gang der Himmelskörper sorgt so dafür, dass das Getriebe des menschlichen Organismus instand gehalten wird.

So ist es auch mit dem Jupiter und den anderen Planeten unseres Sonnensystems. Sie alle kommen zu gesetzten Zeiten in Verbindung mit der Sonne und miteinander; der Jupiter zum Beispiel, der in 12 Jahren einmal durch den ganzen Tierkreis geht, wird die Sonne immer wieder im Laufe von einem Jahr und einem Monat antreffen, seine Wirkung wird in dieser Zeit allmählich anschwellen, zu einem Höhepunkt kommen, um dann wiederum durch die Sonne ausgelöscht zu werden. Im Laufe der 12 (beziehungsweise beim Saturn 30) Jahre wird sich dieser Vorgang abwechselnd in jedem der 12 Sternbilder des Tierkreises abspielen und auch dadurch eine Differenzierung erfahren.

So wie Saturn auf die Sinne, so wirkt Jupiter auf das Nervenleben des Menschen abdämpfend. Er macht das Dasein der Nerven erst möglich, indem er das Sonnenleben in besonderer Weise abtötet. Stellt sich die Sonne vor den Jupiter, so wird das Nervenleben besonders angeregt. Wirkt der Jupiter für sich (in der Opposition), so tritt Abdämpfung ein. Die Perioden, in denen das Nervenleben angeregt und wiederum beruhigt wird, entsprechen also fast genau denjenigen, in welcher der Saturn auf das Sinnesleben wirkt (1 Jahr 30 Tage, beziehungsweise 1 Jahr 12 Tage). Es ist nicht so zu denken, als ob jedes Mal, wenn zum Beispiel die Konjunktion des Saturn mit der Sonne stattfindet, die Menschheit in spürbarer Weise eine Anregung ihres Sinneslebens empfinden würde. Dazu bleiben diese Wirkungen zu stark im Unbewussten, ist der Mensch mit seinem Ichbewusstsein schon zu sehr emanzipiert. Aber im ganzen Jahreslauf wirken die Gegensätze: Saturn-Konjunktion – Sonne, Saturn-Opposition – Sonne eben ausgleichend auf das Sinnesleben der Gesamt-Menschheit. Ein zu starkes bewusstes oder halbbewusstes Miterleben dieser Konstellationen würde nur beweisen, dass der Mensch, der so erlebt, sich noch nicht, der Weltenevolution entsprechend, genügend von den kosmisch-leiblichen Wirkungen freigemacht hat.

Es haben selbstverständlich die Planeten noch manche andere Wirkungen ausser den abdämpfenden, von denen jetzt die Rede war. Auch muss man sich immer vor Augen halten, dass dasjenige, was als sichtbare oder auch unsichtbare Konstellation am Himmel auftritt, gewissermassen nur der Anzeiger ist für die Wirkungen, die die betreffenden Sphären während der Konstellationen aufeinander ausüben. Es kommt also auf die scheinbare «Grösse» des Planeten nicht an. Der kleine Merkur zum Beispiel wird sich mehrmals im Jahre vor die Sonne stellen (bei der sogenannten «unteren Konjunktion») und dabei jedesmal das Sonnenleben etwas abschwächen. Er wirkt auf das Stoffwechselleben, da müssen die schnelleren Wirkungen vorhanden sein: Anregen, Abschwächen im Laufe von nur wenigen Monaten. Wäre der Merkur nicht da mit seinen Stellungen zur Sonne, der Mensch würde alles Gegessene sogleich wieder von sich geben müssen.

All dieses wirkt auf die Menschheit im allgemeinen und so, wie es sich am Himmel darstellt. Der einzelne, individuelle Mensch aber gibt diesen allgemeinen Aspekten gewissermassen eine feste Unterlage durch sein Horoskop, durch die Stellung der Planeten und Fixsterne am Himmel im Augenblick der Geburt. Da fixiert sich für ihn der Sternenhimmel wie auf einer photographischen Platte, könnte man sagen. Es ist in Wirklichkeit die geistige Welt, die er, bis zu einem gewissen Grade, im Moment des ersten Atemzuges verlassen hat, die sich so in ihm abbildet, in seiner Aura und sogar physisch in seinem Gehirn[59]. Und so, wie man auf der photographischen Platte die Bewegung der Planeten gegenüber den relativ stillstehenden Fixsternen verfolgen kann, wenn die Aufnahme lange genug dauerte, so zeichnen sich die Bewegungen und Stellungen der Planeten zueinander gegenüber der Geburtskonstellation ab. So wie das Ich des Menschen bei der Geburt eigentlich ausserhalb des Erdbereiches stehen bleibt, nicht mit hineingeht in den zeitlichen Verlauf des Lebens, so bleibt der Stand des Sternenhimmels, der sich über dem Orte der Geburt wölbte, für das ganze weitere Leben stehen als Hintergrund gewissermassen, auf den sich die weiteren Bewegungen und Wirkungen des Planetensystems projizieren.

So wird sich für den einzelnen Menschen alle 30 Jahre die Konstellation erneuern, die der Saturn gegenüber der Sonne in seinem Horoskop hatte. Einmal in diesem Zeitraum wird der Saturn in Konjunktion, einmal in Opposition, zweimal in Quadratur zu dem Sonnenstand der Geburt kommen, ohne dass zu gleicher Zeit die entsprechende Konstellation am Himmel da zu sein braucht, das heisst, die Sonne kann an einer anderen Stelle stehen als bei der Geburt, aber der wirkliche Saturnstand des betrachteten Augenblicks, in das Geburtshoroskop hineinprojiziert, ergibt den wirkenden Aspekt. Es kommen dann solche Saturnwirkungen zustande, wie die oben geschilderten (Saturn wird hier immer nur als ein repräsentatives Beispiel für die Planetenwelt genommen), aber sie nehmen einen mehr individuellen, mit dem persönlichen Karma zusammenhängenden Charakter an. Wir haben da dasjenige Gebiet des Sternenwirkens, das wir auf Seite 152 als ein drittes, mittleres Gebiet zwischen dem leiblich-physischen und dem freien geistigen Verhalten des Menschen zum Kosmos genannt haben. Gerade auf diesem Gebiet drückt sich das Karma des Menschen aus, das aus seinen früheren Erdenleben kommt, das er im Leben zwischen Tod und neuer Geburt gestaltet und mit Hilfe Michaels in sein Horoskop abdrückt. Von diesem Gebiet gilt eben das, was in warnender Weise über das Stellen und weitere Verfolgen des Horoskopes gesagt werden musste.

Im Alter von 59–60 Jahren tritt wiederum dieselbe Saturnkonstellation ein wie bei der Geburt, – vorausgesetzt, dass bei der Geburt gerade ein ausgesprochener Aspekt zwischen Saturn und einem anderen Planeten vorhanden war. Wenn es sich um eine Konjunktion des Saturn mit der Sonne handeln würde (um eben bei diesem Beispiel zu bleiben), so würde in dem genannten Alter eine starke kosmische Anregung des Sinneslebens stattfinden. Es würde das zum Beispiel eine günstige Zeit für einen Maler sein, der gerade dann «der vielen Farben Licht» des Saturn im Umkreis empfänglich aufnehmen könnte.

All diese Wirkungen werden aber umso bedeutungsvoller sein, wenn der Mensch sich von den gebundenen, in seinem Organismus wirkenden Planetenkräften zu der freien Handhabung der kosmischen Kräfte erheben kann. Dann wird der Saturn zum Beispiel seines äusseren schicksalhaften, beschwerenden Charakters entkleidet und für den Menschen etwas wie ein Torhüter des Geistig-Kosmischen werden. An dem Beispiele des menschlichen Gedächtnisses können wir uns klarmachen, wie Saturn seine Wesenheit ändert für den Menschen, wenn er weder in das Organische, noch in das Seelisch-Schicksalhafte eingreift.

Saturn ruft ja auch das menschliche Gedächtnis hervor. Das ist eine Seelenfähigkeit, die sich aber für gewöhnlich in das Leiblich-Physische des Menschen abdrückt. Es ist auch eine Art Beschweren und zugleich Selbstlosmachen eines Sinneseindruckes, was bei einer Erinnerungsvorstellung vor sich geht. Statt dass der Eindruck vorüberhuscht, wird er gewissermassen fixiert. Statt der hervorgerufenen Empfindungen und Emotionen verbreitet die Erinnerung Gelassenheit über das Erlebte. Das alles besorgt der Saturn.

So wie dieser das Sonnensystem abschliesst gegen den Fixsternhimmel, so schliesst sich der Mensch in seinem Gedächtnis von der Umwelt ab. Das ist kein blosser Vergleich, sondern eine tiefe Eigenschaft der Saturnsphäre, die der Mensch erlebt, wenn er sie betritt im Leben zwischen Tod und Wiedergeburt.

Wenn der Mensch sich auf den Weg einer inneren Entwicklung begibt, wandelt er sein Gedächtnis um. Es wird zu einer Erkenntnisfähigkeit. Und da tritt ihm der Saturn nun als diejenige Wesenheit entgegen, die ihn mit denjenigen Eigenschaften ausstattet, die ganz besonders der Geistesforscher braucht. Der Saturn lebt ja in der Vergangenheit, in der Geschichte unseres Sonnensystems darinnen[37]. Die weiss er dem Menschen, der sich zu ihm erheben kann, in wunderbarer Weise zu schildern. Da ist er nicht mehr «das grosse Unglück» der überlieferten Astrologie, sondern er verleiht dem Menschen gerade diejenigen Eigenschaften, die das gewöhnliche Gedächtnis ersetzen. Durch immer wieder erneutes Erleben verschafft der Geistesforscher sich jene Kräfte, die anstelle des alten, mechanischen Gedächtnisses treten. Dieses Erleben, die nötige Konzentration und Meditation, müssen aber vom Menschen selber, von seiner freien Geistestat ausgehen! Dann kommen ihm die Saturnkräfte entgegen, die ihn geistig so stützen, wie er sich als Mensch im gewöhnlichen Leben auf das seelisch-leibliche Gedächtnis gestützt hat. Und dann kann Saturn ihm die kosmische Vergangenheit enthüllen, wie wir sie in der «Geheimwissenschaft» geschildert finden (vgl. auch Schluss des 8. Rundschreibens I).

In alten Zeiten wusste man, dass der Saturn es ist, der das Seelische (den Astralleib) mit dem physischen Leib des Menschen verbindet und dass diese Verbindung eine richtige sein soll, will man einen Menschen zur Einweihung führen können. Daher wurde in den ägyptischen Mysterien nach der Geburtskonstellation des Saturn gesehen bei einem Menschen, der die Einweihung erleben sollte. War die Konstellation eine im Sinne der damaligen Zeit ungünstige, so wurde der Mensch abgewiesen. Keiner hätte das als eine besondere Härte, sondern eher als etwas wie ein Naturgesetz empfunden. Man fühlte sich ganz als Glied des Kosmos. Heute braucht es sich keiner, der ein seelisch gesunder Mensch ist, zu versagen, den Weg zu gehen, der in «Wie erlangt man Erkenntnisse der höheren Welten»[35] vorgezeichnet ist, wie auch sein Horoskop beschaffen sein mag. Schon an dieser Tatsache können wir den ganzen Umschwung in der Einstellung seit der vorchristlichen Zeit ermessen.

Der Mensch, der eine einfache Konzentrationsübung beispielsweise an einer Stecknadel zu machen versucht, er wird die Schwierigkeit erleben, diese freien Saturnkräfte zu meistern, aber er wird in leibfreier Weise und ohne äusseren Schicksalszwang zu der kosmischen Welt in eine Beziehung treten. Dazu wird er gerade diejenigen Saturnkräfte gut brauchen können, die nicht durch die Sonnenkräfte abgeschwächt sind, – die Opposition zur Sonne also, die das gewöhnliche Sinnesleben herabdämpft, wenn der Saturn in der Nacht frei zur Erde herunterstrahlt. Jene Stellung, die gerade in der überlieferten Astrologie eine so gefürchtete ist, der Saturn im Gegenschein zur Sonne, und besonders um Mitternacht im Zenit scheinend, sie ist diejenige, die gewissermassen das Tor zur geistigen Welt öffnet, wenn man an die freien Saturnkräfte appellieren kann. Sie eignet dem Okkultisten, dem Geistesforscher, wenn sie auch in der äusseren Welt schicksalsmässig manche Opposition hervorrufen kann. Wir finden sie bei unserem Lehrer in ausgesprochener Weise vorhanden. Und wir sehen, wie gerade dann, als diese Konstellation sich zum zweiten Male wiederholte, ein ganz besonderes Sich-Befassen mit kosmischen Fragen da war. Gerade in jener Zeit hat Rudolf Steiner auch die Erkenntnis von der Wiederkehr der Saturn-Konstellationen ausgesprochen, von der hier die Rede war.

So stehen dem modernen Menschen Wege offen zu einem freien Erfassen der kosmischen Kräfte, die trotzdem gesetzmässig wirken, nach der höheren Gesetzmässigkeit der wahren geistigen Welt. Damit er zu dieser Stufe kommen konnte, musste er eine Weile in seinem Geistesleben von kosmischen Kräften möglichst frei sein. Es begann diese Zeit vom 15. Jahrhundert ab. Betrachtet man die Entwicklung der astronomischen und sonstigen Weltbilder gerade in den bedeutungsvollen Jahrzehnten, wo ein Kopernikus, Tycho Brahe, Kepler wirkten, so wird man diesen Prozess des Sich-Befreiens vom Kosmos sehr schnell sich vollziehen sehen. Seit der Michael-Herrschaft [vom letzten Drittel des neunzehnten Jahrhunderts ab] beginnt aber die Möglichkeit, sich neu mit dem Weltall zu verbinden.

Wiederum finden wir bei dem Christus Jesus dieses freie und doch gesetzmässige Verhalten zum Kosmos vorgelebt. In dem Buch «Die geistige Führung des Menschen und der Menschheit»[59] wird klar angegeben, wie jenes Zurückprojizieren der augenblicklich vorhandenen Konstellation auf den Moment der Geburt, von dem wir sprachen und wodurch das Karma sich in individueller Weise ausdrückt, bei dem Christus nicht vorhanden war, sondern «immer stand der Christus unter dem Einfluss des ganzen Kosmos, er machte keinen Schritt, ohne dass die kosmischen Kräfte in ihn hereinwirkten. Was hier bei dem Jesus von Nazareth sich abspielte, war ein fortwährendes Verwirklichen des Horoskopes; denn in jedem Moment geschah das, was sonst nur bei der Geburt des Menschen geschieht» (3. Vortrag).

Damit ist für die Menschheit ein neues Ideal vorgelebt worden! Wenn es auch nur zu der Zeit und mit derjenigen Wesenheit verwirklicht werden konnte, die als der Christus Jesus im Anfange unserer Zeitrechnung in Palästina herumging, vor die Menschheit ist das Bild hingestellt worden des vollkommenen Menschen, der das Karma, das sich im Horoskop ausdrückt, die «moralische Verlassenschaft» des vorigen Erdenlebens, wie es

Rudolf Steiner einmal nannte, überwunden hatte und der *nur* Ausdruck der kosmischen Vaterkräfte war: «Ich und der Vater sind eins.»

Für den heutigen Menschen beginnt erst allmählich die Realisierung solchen Verhaltens. Und hier wie überall stehen ihm zwei Wege der Abirrung offen. Der eine ist das Verweilen bei der alten Astrologie, die Menschlich-Allzumenschliches aus den Sternen ablesen und auf das Menschenleben anwenden möchte. Wir haben von diesem genügend gesprochen. Es ist die luziferische Versuchung, beim Alten stehen zu bleiben, die Freiheit, die durch den Christus-Impuls möglich geworden ist, nicht anzuerkennen.

Auf der anderen Seite will Ahriman den Menschen als kosmisches Wesen nehmen, ohne die Individualität, die berechtigte Einzelpersönlichkeit in Betracht zu ziehen. Wir finden den erschütternden Ausdruck dieser Tatsache in dem dritten Mysteriendrama, dem «Hüter der Schwelle»[60], wo Strader, von Benediktus geistig geschickt, bewusst Ahrimans Reich betritt und dort 12 Menschenseelen findet, ihre Leiber sind schlafend, ihre Seelen sprechen in stark herabgedämpftem Bewusstseinszustand allerlei schönklingende Sätze aus, die im Grunde genommen nicht von ihrem eigenen Ich herstammen, sondern mit denen sie lallend den kosmischen Geist des Tierkreises durch sich sprechen lassen. Dem Ahriman ist das ein grosser Spass, er spottet über die armen Menschen; dem Strader ist es ein ungeheurer Schmerz, diese Menschen so erleben zu müssen. Denn obwohl sie zum Teil Schönes, Moralisches aussprechen, er fühlt: ihre eigentliche Menschenwesenheit ist nicht dabei. Doch Ahriman sagt ihm:

> «Von Zeit zu Zeit betrachte ich die Menschen,
> Und forsche, wie sie sind und was sie können.
> Und hab' ich mir erst zwölfe ausgewählt,
> Dann brauche ich nicht länger noch zu suchen.
> Denn komme ich im Zählen an den dreizehnten,
> So gleicht er doch dem ersten ganz ersichtlich.»

Man sieht, er weiss ganz gut, dass es 12 Tierkreiszeichen gibt und dass die Menschen nach diesen geformt sind, und da ist ihm der dreizehnte genau soviel wert wie der erste, es wiederholt sich eben doch dasselbe Spiel! Er betrachtet die Menschen nur nach der Zahl, nicht nach der Individualität, er sieht ganz und gar vom «Horoskop» ab! Strader, der in der Technik drinnen steht, muss gerade an diesem abschreckenden Erlebnis erkennen, wo der Zahlen Macht liegt. So sagt ihm Benedictus, als Strader ihm von seinem schmerzvollen Erlebnis spricht, Ahriman habe diese Menschenseelen «nach dem Masse und der Zahl», die aus dem Lauf der Sonne durch die 12 Tierkreiszeichen genommen sind, an seine Seelenart binden wollen:

«Du hast der Zahlen Sinn im Weltenall
Durch Ahrimans Gewalt erkennen müssen,
So war es *deiner* Seelenrichtung nötig.»

Zwischen dem aus dem Kosmos bis in das organische und seelische Leben persönliche Bestimmtsein, das die heutige Astrologie noch betrachten möchte, und dem von dem Persönlichen ganz absehenden, nach kosmischer Technik rechnenden Ahriman, müssen wir die Christusmitte suchen, die Mensch und Weltall in freier Weise miteinander verbindet.

Isis-Sophia

4. Rundschreiben II, Dezember 1928

Das Weihnachtsfest, das jetzt wiederum herannaht, lenkt den Blick des suchenden Menschen nach zwei Richtungen: nach dem Menscheninnern mit seinen Mängeln und Nöten, nach dem Sternenhimmel in seiner Majestät, aus dem heraus die Friedensbotschaft den Hirten erklang, aus dem heraus die Weisen aus dem Morgenlande den Stern aufleuchten sahen, der sie nach Bethlehem führte. Wir wissen, dass die beiden Offenbarungen auf zwei verschiedene Geburtsereignisse hinweisen, die zeitlich sogar um Monate auseinanderliegen, aber nicht das soll uns jetzt beschäftigen, sondern der ganze Gegensatz, der da liegt zwischen der Weisheit, die den Hirten wird auf dem Felde und derjenigen der Magier, die den Stern im Osten sehen. Auf diese beiden Menschheitsströmungen hat Rudolf Steiner hingewiesen in den Weihnachtsvorträgen 1920[61] und hat sie mit dem Mysterium der Isis-Sophia verknüpft, das in engster Verbindung steht mit der Entwicklung des Mathematischen und des Astronomischen bis in unsere Zeit und in die Zukunft hinein, insofern diese Zukunft sich von der Geisteswissenschaft wird befruchten lassen. Darum soll gerade diesem Mysterium unsere Weihnachtsbetrachtung gewidmet sein.

In alten Zeiten war über die ganze bewohnte Erde eine Urweisheit verbreitet, verbunden mit einem primitiven, traumhaften Hellsehen. In den Jahrhunderten, die der Erscheinung des Christus Jesus vorangingen, schwand dieses Hellsehen rasch dahin. Und als das Jesuskind (oder die beiden Jesusknaben) geboren wurde, da konnten nur noch in Ausnahmefällen die Menschen direkte Kunde von der geistigen Welt erhalten. Das war ja der ungeheure Schmerz des heranwachsenden Jesus von Nazareth, dass die Menschen um ihn herum nicht mehr die Stimmen hören konnten, die noch den Vätern erklungen waren, und dass die erhabenen Geistesmächte nicht mehr sich auf die Altäre heruntersenkten, die verwaist oder gar von Dämonen beherrscht noch an den alten Kultstätten standen[62].

Zweierlei Menschenveranlagung gab es in den früheren Zeiten. Da waren solche Menschenseelen, zu denen dann als letzter Nachklang die Magier gehörten, die eine geistdurchdrungene Sternenwelt sahen, auch die Mineralien, Pflanzen in einer farbigen, von Bildern durchzogenen Welt erlebten. Eine tiefgeistige Astrologie war diesen alten Menschen eigen, eine Astronomie, die noch nicht rechnete, sondern schaute und hörte, denn: «Sterne sprachen einst zu Menschen». Jene Urweisheit, wie sie in Hermes, dem wiederverkörperten Zarathustraschüler lebte, der den Astralleib des Zarathustra an sich trug und von dem uns solch tiefe Ausdrücke überliefert sind wie der von der Erschaffung des Urwesens aller Dinge: «Die Sonne ist sein Vater, der Mond seine Mutter und der Wind hat es in seinem Bauche getragen.» Die Sterne, die mineralische und pflanzliche Welt regten in diesen alten Menschen ein Wissen an, das nicht intellektuell war, das aber in späterer Verwandlung zu unserem heutigen intellektuellen Wissen geworden ist. In seiner Urgestalt war es Imagination, bildhaftes Wissen. Das ist die eine Seite der göttlichen Sophia, diejenige Seite, die der Aussenwelt zugekehrt ist und von dieser Aussenwelt her den menschlichen Geist zur Weisheit angeregt sein lässt.

Anderes wirkte in jener Strömung, die wir als letzte Ausläufer durch die Hirten repräsentiert sehen. Diese Menschen sind mit den Erdentiefen verbunden, mit dem, was aus der Erde als Kräfte, als Fluidum, als Farbwolken aufsteigt und sich mit der Menschenseele auf der einen Seite, mit dem tierischen Leben auf der anderen Seite verbindet. Das strömt inspirierend in die Menschenseelen hinein, befruchtet ihr Wollen, ihr Gemüt vor allen Dingen. Innigkeit, Frommheit ist den Menschen dieser Strömung eigen, eine Weisheit des Herzens, so wie Erhabenheit, Majestät den anderen, die kosmische Weisheit besassen.

Die Eigenschaften, die in den Hirten walten, welche die Friedensbotschaft aus der Höhe erfahren, sind keimhafter Natur. Sie gehören zu demjenigen Teil des menschlichen Wollens, der erst nach dem Tode zur vollen Entfaltung kommen kann. Im verkörperten Menschen sind sie besonders in der Kindheit tätig, ziehen sich dann während des Lebens allmählich zurück, um erst beim Tode wieder aufzuleuchten, und nur bei besonders begabten Menschen sind sie auch im späteren Leben vorhanden. Ohne bis ins Alter bewahrte Kindlichkeit keine Genialität! Daher sind auch die Hirten kindliche Seelen, fromm und andächtig in ihre Herzen die Engelsbotschaft aufnehmend.

Dagegen war die kosmische Weisheit der Magier ein Nacherleben desjenigen, was der Mensch durchgemacht hat in dem Leben in der geistigen Welt vor der Geburt. Wie er durch die kosmischen Sphären geht, wie er nach den Sternen- und Planetenkonstellationen den Geistkeim seines neuen Leibes aufbaut, davon blieb diesen Menschen eine Fähigkeit zurück, die aber erst im späteren Leben, wenn der Mensch «alt und weise» geworden ist, hervortrat. An Weltenräumen ist das menschliche Dasein vor der Geburt gebunden. Weltenräume schauten die geistigen Vorfahren der Magier. Für sie waren die Sterne nicht Lichtpunkte, sondern aus dem auch am Tage schwarz-dunklen Himmelsgrund[63] – denn die blaue Farbe wurde damals noch nicht gesehen – quoll ein Geistiges, das sie mit Namen benannten, Namen, die wir zu einem grossen Teil auch jetzt noch – unverstanden zumeist – gebrauchen. Dieses Geistige sprach ihnen vom Schicksal des Menschen und insbesondere von dem Herabstieg der Menschenseele auf die Erde durch die Geburt. Besonders im alten Persien bei den iranischen Völkern war diese Fähigkeit vorhanden, und sie wurde gepflegt bis in das 6. Jahrhundert v. Chr., als Nazaratos, der wiederverkörperte Zarathustra, in Chaldäa der Lehrer des Pythagoras war, bis an die Schwelle jener Zeit, wo eben wegen des Zurücktretens der alten Fähigkeit die rechnende Astronomie ihren Anfang nimmt. Man kann sagen: So wie beim Kinde nach dem 7. Lebensjahr die Fähigkeit des Rechnens hervortritt in dem Masse, als die gestaltenden Kräfte der frühesten Kindheit sich in das Innere zurückziehen, so erwachte in der Menschheit die Fähigkeit, Mathematik und äussere Astronomie, später auch Mechanik, zu treiben, in dem Masse, wie die alten vorgeburtlich-imaginativen Fähigkeiten dahinschwanden. Es verwandelte sich die von aussen angefachte Erkenntnis in ein aus dem Menscheninnern aufsteigendes Wissen. Die farbige Aussenwelt, das Geistgewimmel am dunklen Himmelszelt verschwand vor dem Menschenblick. Mit dem Heraufkommen der blauen Farbe für die menschlich-irdische Wahrnehmung des Firmaments ist es mit dem alten Hellsehen vorbei. Stattdessen steigt im Innern die graue Mathematik auf und wird auf eine abstrakte Astronomie angewendet, die sich mit den Sternen als mit blossen Lichtpunkten beschäftigt, um dann, fast zwei Jahrtausende später, auch aus diesem nun völlig verintellektualisierten Innern die Gesetze der Physik, der Mechanik, zu entwickeln und auf den geistig leer gewordenen Sternenhimmel anzuwenden. Das ist der Weg, den die eine Strömung der Sophia, der Urweisheit, genommen hat. Von aussen nach innen, von dem Schauen der Sternengeheimnisse zum Hervorbringen der abstrakten Geometrie, Phoronomie und dergleichen.

Diejenigen Menschenseelen dagegen, zu denen als letzte Nachkommen die Hirtenseelen gehörten, sie erlebten das Gegenstück des Sternenhimmels, die Qualitäten der Erde, die sich durch ein inneres Wahrnehmungsvermögen ankündigten. Eigentümlichkeiten des Klimas, des Bodens, wurden ihnen durch das aufsteigende Fluidum kund, auch die Aura der Mitmenschen und der Tiere, all das, in dem die Erdenwärme lebt. Auch diese Fähigkeit verschwand als solche. Sie wandelte sich um, indem sie das Geistige nicht mehr vermitteln konnte, wurde zur äusseren Sinneswahrnehmung, die eine entgeistigte und entseelte Natur vor unsere Augen zaubert. Sie zog vom Innern des Menschen an seine Oberfläche, in seine

Sinnesorgane hinein und wurde, viele Jahrhunderte später, die moderne Naturerkenntnis, die heutige abstrakte Sinnesanschauung, die zur heutigen Naturwissenschaft geworden ist. Grau ist auch die Welt des Naturforschers, der hinter allen Farbenerscheinungen und Sinnesgegenständen Schwingungen und Atome vermutet.

Als der Christus Jesus geboren werden sollte, waren noch «im Morgenlande» die drei Weisen, einstmals Schüler des grossen Zarathustra, da, die sich die vorgeburtlichen Fähigkeiten erhalten hatten, die daher noch besonders befähigt waren, Geburten zu schauen, aus der Sternkonstellation das Herannahen von sich inkarnierenden Seelen zu sehen. (Bezeichnend ist, dass Cicero eine persische Legende erzählt, nach der von Magiern die Geburt Alexanders des Grossen als des zukünftigen Verwüsters Asiens und Persiens aus den Sternen heraus verkündet wird.) Die Magier am Anfange unserer Zeitrechnung sehen den Stern im Morgenlande. Sie folgen ihm, und er führt sie nach Bethlehem und bleibt über dem Hause stehen, darin das neugeborene Kindlein liegt. Wir brauchen dabei weder an einen gewöhnlichen noch an einen neuen Stern zu denken, noch auch an einen Kometen oder Planeten, wie es von wohlmeinenden Menschen bisweilen getan wird. Was die Magier schauten, das war allerdings eine bestimmte Konstellation, die sich auf das Sternbild der Jungfrau bezog – in Verbindung mit demjenigen der Zwillinge[64]. Aus diesem Erleben heraus ging ihnen die letzte Kraft der hellsehenden vorgeburtlichen Fähigkeiten auf, um den geistigen Stern des sich wiederverkörpernden Zarathustra zu schauen und den Weg, den dieser «Goldstern» (denn das bedeutet der Name Zarathustra) als ätherische Gestalt nahm bis zum Orte der Geburt. So wie die Evangelienschreiber aus einem letzten Zusammenfassen aller Kräfte der alten Weisheit, des alten Hellsehens heraus, imstande waren, die Geschichte des Christus Jesus zu schildern, so wurde auch die das Christusereignis vorbereitende Geburt des salomonischen Jesuskindes wahrgenommen durch ein letztes Aufgebot alter heiliger Menschenkräfte, die vollends wohl nur wegen dieses einzigartigen Ereignisses noch in so später Zeit bei einigen, karmisch vorbestimmten Seelen gepflegt und vorhanden waren. Sie wissen es, die Weisen aus dem Morgenlande, dass mit ihnen diese Fähigkeiten endgültig erlöschen werden. So opfern sie dem neugeborenen Jesuskinde, indem sie ihm das Gold der Weisheit schenken, den Weihrauch des geläuterten Gefühls und die Myrrhe des reinen Wollens – all das, was gewesen ist und verwandelt werden muss, um verchristlicht wieder aufzuerstehen. Das Opfer der Urweisheit symbolisiert sich in den Gaben der Könige aus dem Morgenlande, jener Urweisheit, die so gross, so gewaltig war, dass Rudolf Steiner von ihr sagte, dass die Gegenwart mit ihrem Wissen darüber schamrot werden könnte.

Das ist die Sophia, die dann in den Abgrund gefallen ist, wie es das gnostische Dokument, die Pistis Sophia, in so bewegten Worten schildert. Sie ist zugleich die alte Isis, die einstmals um Osiris trauerte. Vorchristliches Weltenschicksal, in kosmischen Bildern erlebt, verbindet sich mit demjenigen, was mit dem Christus, durch den Christus in die Welt gekommen ist. Tragik waltet über diesem Schicksal, waltet bis in unsere Zeit.

Wir haben schon früher die Isis-Osiris-Legende betrachtet und gesehen, in welcher Beziehung diese zu unserer Zeit steht. Osiris wird von Typhon-Ahriman getötet, in Stücke gerissen, von Isis gesucht, die dann die Mutter des Horuskindes wird. Osiris ist während seines Lebens und Herrschens für die Ägypter ein Sonnengott; sie schauen zu ihm als zu dem Sonnenwesen auf. In dieser Hinsicht ist er für sie ein Vorläufer des Christus gewesen. Doch kann der Christus nicht für die Erde getötet werden wie Osiris, er lebt in der Erdenaura weiter, obwohl der Christusträger, das in der Weihnachtszeit geborene Kind der jungfräulichen Mutter, sein Leben am Kreuz beendet. Für die Menschenseele ist der Christus immer da. Aber die Mutter, Maria-Sophia, die zur Sophia gewordene Isis der alten Zeit, sie ist es eigentlich, die für den heutigen Menschen verschwunden ist! *Sie* ist es, die getötet worden ist. Und wenn wir fragen, wer sie getötet hat, so ist uns die Antwort in dem Isis-Sophia-Spruch gegeben, der uns ebenfalls Weihnachten 1920 geschenkt wurde[46]:

> «Isis-Sophia,
> Des Gottes Weisheit,
> Sie hat Lucifer getötet
> Und auf der Weltenkräfte Schwingen
> In Raumesweiten fortgetragen.»

Bis zur Zeit des Mysteriums von Golgatha wirkte – wie wir sahen – Isis-Sophia in zweifacher Art: durch die Hirten – und durch die Magierströmung, als antikes Himmels- und Erdenwissen. Wir finden die letzten Reste dieser Weisheit noch durchaus in den ersten vorchristlichen Jahrhunderten wirkend. Sie wird dazu verwendet, um in das Christentum tiefer eindringen zu können. So, wenn zum Beispiel neben der Bezeichnung für den Christus als «Sonne der Gerechtigkeit» auch Johannes der Täufer als der Mond angesehen wird («Er muss zunehmen, ich aber muss abnehmen»). Und so wie Christus 12 Apostel haben muss, weil es 12 Zeichen des Tierkreises gibt, so muss der Täufer 29½ Jünger haben, da der Mond so viele Tage braucht, um zur Sonne zurückzukehren, wobei der Kommentator, Clemens

Romanus, erläutert, dass es sich um 29 Jünger und eine Jüngerin handelt, Helena genannt, die als Frau nur «eines Mannes Hälfte» darstellt. – Man sieht, dass hier, wie im ganzen späteren Altertum, die Menschengeschichte sich nach der Astrologie richtet. Der Himmel mit seinen Gesetzen ist das Primäre, das historisch sich Begebende kann nur ein Ausdruck dieser Gesetzmässigkeit sein.

All das, was einstmals so lebte und dann, wie im obigen Beispiel, zu einer gewissen Starrheit, einem Dogmatismus gekommen – oder zum Aberglauben, zur Phantasterei herabgesunken war – all das ist getötet worden. Es wurde getötet von jener anderen Seite des Christentums selber, die glaubte, das Alte zerstören zu müssen, damit das Neue sich einleben könne. Der Kampf der christlichen Kirche gegen die Gnosis – denn um Gnosis handelt es sich bei diesen Erkenntnissen – ist bekannt. Sogar Origenes (184–ca. 253), der Kirchenvater, der noch kosmische Anschauungen an das Christentum anknüpfen wollte, wurde verbannt. Von der Isis der alten Zeit ist nur ein Sarg übrig geblieben.

Wir können heute erkennen, dass eine Notwendigkeit in diesem Kampfe lag, dass er um unserer Freiheit willen geschehen musste. Der Mensch wäre von der alten kosmischen Abhängigkeit nicht frei geworden, wenn ihm nicht die alte Weisheit mit Gewalt fortgenommen wäre. Der Christuseinschlag war da, aber er war zunächst bloss schwach und zart in der Menschheit lebend. Er war im Menschengemüt verankert. In der Erkenntnis der Menschen lebte er noch nicht, ausser eben durch die Gnosis. Und diese hatte selber luziferische Züge angenommen. Es war ihr die Himmelswelt vertrauter als die Erdenwelt. Vertraten doch sogar einige gnostische Sekten die Ansicht, der Christus sei nicht in Wirklichkeit gekreuzigt, da er eigentlich gar nicht wirklich inkarniert gewesen sei, es habe sich bei dem Christusleben nur um eine ätherische Erscheinung gehandelt! Gegen solche Anschauung, die die Heilstat Christi zunichte machte, musste die Kirche angehen. Sie tat es mit Gründlichkeit und Grausamkeit, rottete unnachsichtlich alles aus, was an die alte Weisheit erinnern konnte. Noch heute schaudert es die Kirchenmänner der verschiedensten Richtungen, wenn das Wort «Gnosis» erklingt.

Aber was gestorben ist, muss auferstehen. Auch Luzifer wird sich einstmals zum heiligen Geist wandeln. Aus der alten Isis-Sophia soll die neue Isis-Sophia werden. Als die Hirten und die Magier, beide in ihrer Art, neben dem Kindlein auch die Jungfrau verehrt haben und ihr die Gaben hinlegten, da war der Anfang der neuen Isis-Sophia, Maria-Sophia. Dasjenige, was aus den Hirten- und Magierfähigkeiten heute geworden ist, das zimmert bloss an dem Sarg der alten Isis. Wir müssen diesen Sarg heute suchen.

Nicht den Osirissarg brauchen wir zu suchen, denn Der, der uns anstelle des Osiris geschenkt wurde, der ist mit uns «bis ans Ende der Welt.» Der Sarg der Isis ist nicht auf der Erde zu finden, er ist in den Himmeln ausgebreitet, er ist die heutige Naturwissenschaft, die Astronomie und Mathematik vor allen Dingen, die, nur aus dem Innern aufsteigend, auf einen geistleeren Raum abstrakte, geistleere Gesetze anwendet.

So sehen wir, wie die Entwicklung durch einen Nullpunkt gewissermassen hindurchgehen und zu einer Umstülpung, zur Kreuzung kommen musste. Die Kraft, mit der einstmals die Erdentiefen zu den Menschen sprachen, mit der noch die Hirten die Verkündigung der englischen Schar auffangen konnten, sie ist unwirksam geworden und hat sich jetzt im Menschen umgewandelt zum Schauen des Sinnenteppichs, der äusseren Maja. Sie ist die äussere Naturanschauung der Ärzte und Naturforscher geworden und lebt als Grundlage der Naturwissenschaft von heute. – Was in Vorzeiten die Astrologie und Astronomie der Weisen war und sich auf die Aussenwelt, die Himmelsräume und Sternenweiten richtete, es hat sich ins Innere zurückgezogen und lebt als Mathematik in jenen eigentümlichen Gebilden weiter, die zwar sinnlichkeitsfrei, aber zunächst unvermögend sind, das konkrete Geistige zu fassen.

Rudolf Steiner hat ausgeführt, dass eine gewisse Verschmelzung der beiden Kräfterichtungen im Altertum stattgefunden hat und zwar bei den jüdischen Propheten. Sie waren Menschen des Innenlebens, in welchen die nachtodlichen Eigenschaften stark waren. Diese allein hätten sie aber nicht zu ihrer prophetischen Gabe geführt. Doch spielten bei ihnen – als Ausnahmemenschen – auch die vorgeburtlichen Fähigkeiten hinein, die Magierkraft des Vorherschauens und Weissagens und so konnten sie die Zukunft ihres Volkes prophetisch deuten.

Man könnte sagen, dass auch heute eine solche Durchdringung vorliegt. Nur kann sie, solange Isis-Sophia nicht aus ihrem Sarge auferstanden ist, nicht heilsam sein. Die Naturforschung bleibt nicht vor dem Sinnesteppich stehen, sondern träumt hinter ihm Materielles, Mathematisches: Atome, Ätherschwingungen, elektromagnetische Gleichungen und dergleichen mehr, all dasjenige, was im Innern als die abstrakt gewordene Magierströmung lebt, was das luziferische Weltbild unseres Zeitalters ausmacht. Lässt sich dagegen die Mathematik auf den Sinnesteppich ein, so wird sie zur Technik, hantiert mit den Kräften der Erdentiefen, aber so, dass sie dem Ahrimanischen verfällt, dem Untersinnlichen. Nach jeder Richtung ruft uns die moderne Entwicklung zu: Suchet die Isis-Sophia, suchet ihren Sarg in Himmelsräumen und Unterwelten und hebt seinen Deckel auf mit der Kraft, die der Christus verleihen kann! Dann wird das Innere, das trokkene Mathematik geworden ist, «sich bildhaft intensivieren zur Imagination».

Darin lebt der Fortschritt der alten Magier-Weisheit. So wie die Magier – die vorchristlichen bis zu den Christusanbetern, den drei Weisen aus dem Morgenlande – den Himmel in mächtigen Bildern geschaut haben, so werden die Menschen in der Zukunft die Nachkommen jener Sternen-Imaginationen erleben, wenn sie die abstrakte Mathematik umwandeln werden. Gerade mit den mathematischen Fähigkeiten wird man die *Imaginationen* verstehen.

Und dasjenige, was äussere Sinneswahrnehmung geworden ist, was einstmals Herzensweisheit der Hirten war, es muss noch weiter nach aussen gehen, nicht an der Oberfläche des Leibes haften bleiben, sondern den Leib verlassen, leibfreie Erkenntnis werden, dann wird es zur *Inspiration.* Eine neue Wahrnehmungsfähigkeit wird so für die Menschen der Zukunft dasselbe vermitteln können, was einstmals die Hirten auf dem Felde in der Einfalt ihrer Herzen erfahren haben. Wiederum werden Menschen «den Engel singen hören». Die *ganze Natur* soll uns verkünden: Es offenbart sich der Gott in den Himmelshöhen und es kann werden der Friede unter den Menschen, die eines guten Willens sind.

Die blosse Raumesanschauung hat die Isis zerstückelt. Sie ist im Weltall ausgegossen, in Schönheit erscheinend, in der Schönheit des Kosmos, aber tot. Am Himmel müssen wir sie suchen. Und am Himmel haben im Grunde genommen die Menschen des materialistischen 19. Jahrhunderts sie gesucht, nur wussten sie von der neuen Isis nichts und wussten nicht, dass sie zur Sophia geworden ist, dass sie mit der Christuskraft nur gefunden werden kann. Und so bildete man jene Erkenntnis aus, die im Grunde noch heute die herrschende ist, die unendlich viel mehr verbreitet ist, als man zunächst vermuten würde, die mathematisch-mechanische Anschauung der Welt, die ihr Vorbild, ihr Muster geradezu in der entgeistigten Erkenntnis des Sternenhimmels gesehen hat.

Betrachten wir dieses Weltbild des 19. Jahrhunderts! Auf der einen Seite der Atomismus, der in der Bewegung kleinster Teilchen die Erklärung der Naturvorgänge sah. Auf der anderen Seite die mechanische Anschauungsweise in der Astronomie, die zu einem gewissen Abschluss gekommen war, nachdem Laplace seine «Himmelsmechanik» geschrieben hatte und Le Verrier nur durch Berechnungen, die auf Grund dieser Himmelsmechanik angestellt waren, den Neptun entdeckte. Zugleich wurde auch die «Einheit der Materie im Weltall» durch die Spektralanalyse dargelegt.

Man meinte nun: wenn man die Bewegungen – die zuletzt im menschlichen Gehirn, wenn ein Sinneseindruck auf den Menschen geschieht, vor sich gehen – so verfolgen und errechnen könnte, wie das mit den Bewegungen der Himmelskörper der Fall ist, so würde man genau wissen können, wie das Seelenleben, der Geist im Menschen wirken. – Gegen diese Erwartung musste Du Bois-Reymond sein «Ignorabimus» schleudern. Man wird, so führte er aus, selbst wenn sich das Ideal erfüllen könnte, die Bewegungen der kleinsten Teile im Gehirn «astronomisch» zu berechnen, doch niemals wissen können, *warum* diese Bewegungen sich für uns in Seelenerlebnisse umsetzen.

Rudolf Steiner hat in «Was hat die Astronomie über Weltentstehung zu sagen?» (16. 3. 1911)[67] darauf hingewiesen, dass für den ganzen Sternenhimmel genau dasselbe gelten müsse wie für das menschliche Gehirn, nämlich, dass man nicht von Bewegungen auf Geistig-Seelisches, das dahintersteht, schliessen könne.

«Wenn wir uns das menschliche Gehirn im Sinne Leibniz' und Du Bois-Reymonds so vergrössert denken, dass wir darin spazieren gehen könnten und die Bewegungen darin wie die Bewegungen der Himmelskörper ansehen, und wenn wir in diesen Bewegungen unseres Gehirns nichts wahrnehmen von seelischen Gegenbildern dieser Bewegungen, so brauchen wir uns nicht darüber zu wundern, wenn wir in einem solchen vergrösserten Gehirn – nämlich im Weltengebilde – drinnenstehen und auch nicht die Brücke finden können zwischen den Bewegungen der Sterne im Himmelsraum und den eventuellen Seelen- und Geistestätigkeiten, die den Weltenraum durchmessen, und die ebenso zu den Bewegungen der Sterne stehen würden wie unsere Gedanken, Empfindungen und Seelenerlebnisse zu den Bewegungen unserer eigenen Gehirnmasse.»

Kein Wunder also, dass der Astronom im Weltenall kein den Raum erfüllendes Geistig-Seelisches finden kann, denn aus den blossen Bewegungen heraus ist dieses nicht zu finden. Es ist ihm damit seine Grenze gewiesen. Man hätte ganz anders fragen müssen, als Du Bois Reymond gefragt hat – nämlich: «Gibt es eine Möglichkeit, auf eine andere Art vorzudringen, um etwa die den kosmischen Raum ausfüllenden Seelen- und Geisteswesenheit zu finden?» Die Antwort ist die Geisteswissenschaft, und die Erkenntnis, die man so gewinnt, ist die neue Isis, Isis-Sophia!

«Dann erst, wenn diese Erkenntniskräfte auf eine höhere Stufe hinaufgehoben worden sind, ist es möglich, anderes im Raume und in der Zeit zu finden als das, was man die idealste Erfüllung von Raum und Zeit im 19. Jahrhundert angesehen hat: die astronomisch feststellbaren Bewegungen der Kräfte und Atome im Raum.»

Eine Mathematik aus der Imagination heraus, eine Naturwissenschaft, die Inspirationen empfängt! Sie werden nur vom Menschen selber ausgehen können. Nehmen wir so einfache Wahrheiten wie diejenige von dem Zusammenhang der drei Dimensionen unseres gewöhnlichen Raumes mit dem Aufbau, den Funktionen der Menschengestalt, mit seiner Einteilung in links-rechts, oben-unten, vorne-hinten, und wir werden diese Menschengestalt selber als das Urbild des Mathematischen ansehen. Eine so erlebte Mathematik, die sich zur Imagination erhebt, wird auch in den Sternenhimmel eindringen können. «Der heutige Astronom», so sagte Rudolf Steiner, «sieht ja vom Sternenhimmel dasselbe, was ein heutiger Anatom vom Menschen sieht. Und so wenig der Leichnam der Mensch ist, so wenig ist der Inhalt der heutigen Astronomie der Sternenhimmel.» Nehmen wir dagegen dasjenige, was uns die «Geheimwissenschaft» bietet an Weltentstehung durch die Saturn-, Sonnen-, Mondenstufe hindurch, dann haben wir keine Leichnam-Astronomie, sondern dann haben wir die andere Seite der Sophia, der neuen Isis, die heute, für das äussere Auge unsichtbar, aber für den imaginativen Blick deutlich lesbar die Aufschrift trägt:

«Ich bin der Mensch, ich bin die Vergangenheit, die Gegenwart und die Zukunft. Meinen Schleier sollte jeder Sterbliche lüften»[52] (6. 1. 1918).

Aber, so führt an anderer Stelle Rudolf Steiner aus: «Man muss es verstehen, wie die Isis, die lebendige, die göttliche Sophia verlorengehen musste gegenüber jener Entwicklung, welche die Astrologie in die Mathematik, in die Geometrie, in die Mechanik hineingetrieben hat. Man wird es aber auch verstehen, dass, wenn aus diesem Leichenfelde, aus Mathematik, Phoronomie und Geometrie, auferweckt wird die lebendige Imagination, dass dieses dann das Finden der Isis bedeutet, das Finden der *neuen* Isis, der göttlichen Sophia, die der Mensch finden muss, wenn die Christuskraft, die er seit dem Mysterium von Golgatha hat, in ihm lebendig, voll lebendig, das heisst, lichtvoll durchdrungen werden soll» (25. 12. 1920)[61].

Wir stehen auch vor einem neuen Christusereignis: «Nicht dadurch, dass von aussen allein etwas eintritt, wird der Christus im Laufe des 20. Jahrhunderts wieder erscheinen in seiner Geistgestalt, sondern dadurch, dass die Menschen jene Kraft finden, die durch die heilige Sophia repräsentiert wird ... Wir blicken nur dann im rechten Sinne heute hin zu der Krippe, wenn wir dasjenige, was da den Raum durchwallt, in einer einzigartigen Empfindung durchleben und dann hinschauen auf jenes Wesen, das durch das Kind in die Welt gezogen ist. Wir wissen, wir tragen es in uns, aber wir müssen ihm Verständnis entgegenbringen. Deshalb müssen wir, so wie der Ägypter von seinem Osiris zur Isis hingeschaut hat, wiederum hinschauen lernen zu der neuen Isis, zur heiligen Sophia» (24. 12. 1920)[61].

Auf die Krippe werden wir zuletzt wieder hingewiesen, in welcher die Hirten das Christuskind fanden. Zu allertiefst spricht zu menschlichen Herzen immer wieder das Bild von dem Kindlein, zwischen Ochs und Esel in der Krippe liegend.

Alte Anschauungen sind versunken, durch ein Leichenfeld sind wir hindurchgegangen. Um eine neue Wissenschaft ringen wir, um die Neubelebung, die Entschleierung der Isis.

«Christus-Wollen
In Menschen wirkend,
Es wird Lucifer entreissen
Und auf des Geisteswissens Booten
In Menschenseelen auferwecken
Isis-Sophia,
Des Gottes Weisheit[46].»

Das Leben zwischen Tod und neuer Geburt im Lichte der Astrologie I

5. Rundschreiben II, Januar 1929

Anknüpfend an das 3. Rundschreiben II soll jetzt versucht werden, den Weg der Menschenseele zwischen Tod und neuer Geburt zu schildern, so wie er durch die Planeten- und Sternenwelt und wieder zurück zur Erde führt. Was die Seele dabei an Verarbeitung ihres Karmas erlebt und in dem Keim des neuen Menschenleibes zum Ausdruck bringt, das bildet die Grundlage einer wahren Astrologie. Für solches Unternehmen sind wir natürlich ganz auf die Mitteilungen des Geistesforschers, Rudolf Steiner, angewiesen. Was er im Laufe der Jahre aus den geistigen Welten an übersinnlichen Erkenntnissen heruntergeholt hat, das gliedert sich zu einem Wissen zusammen, das uns Führer sein soll im Suchen nach einer Astrologie der Zukunft. Nur einiges davon kann selbstverständlich hier betrachtet werden.

Der Mensch, der durch die Todespforte schreitet, verlässt den physischen Leib und lebt, wie wir wissen, noch einige Tage mit seinem Ätherleib zusammen. Er ist in dieser Zeit noch mit der physischen Welt zusammenhängend, aber ganz besonders mit der Planetenkonstellation, die da war im Augenblick des Todes[56, 57]. (Darauf wurde schon im 2. Rundschreiben II kurz hingewiesen.) So wie der Moment der Geburt etwas wie ein Erstarren darstellt der gerade vorhandenen Lage des Sternenhimmels, auf der sich dann alles weitere abzeichnet, so ist der Todesmoment ebenfalls etwas, was stehenbleibt für das weitere Leben in der geistigen Welt. Die Konstellation, namentlich der Planeten, die da herrscht, ist wie eine Zusammenfassung des vorangegangenen Lebens, des Karmas aus der eben abgeschlossenen Inkarnation. Und während der Mensch in seinem Ätherleibe das Lebenstableau erlebt, die bildhafte Rückschau des vergangenen Lebens, schwingen in ihm die Planetenkräfte in ihrem Zusammenwirken nach. Es ist so etwas – sagte Rudolf Steiner – wie das Schwimmen im Embryonalwasser beim Entstehen des physischen Menschen, nur dass das letztere während längerer Zeit vor sich geht und vor allem die Kräfte, die da im embryonalen Dasein wirken, zwar auch ätherische (im Wässrigen wirkende) sind, aber durchzogen von Erdenkräften, sogar stark mitbestimmt von dem Ort der Erde, wo sich das Embryonalleben abspielt.

Die Konstellation, die beim Tode da ist, drückt sich in den Tagen der

Rückschau in die Seele ab und bleibt für die erste Hälfte des nachtodlichen Lebens bestehen. Wenn die Seele wiederum zur Geburt zurückkehrt, muss sie sich dieser Konstellation irgendwie anpassen, sonst würde ihr neues Leben weder an das frühere Karma, noch an den Kosmos richtig angeschlossen sein. Sie hat daher das Bestreben, mit einer ähnlichen Konstellation zurückzukommen wie diejenige war, mit der sie die Erde verlassen hat, wenigstens einen wesentlichen Zug der Todeskonstellation für die neue Geburt wieder aufzusuchen. Es wiederholt sich ja bekanntlich der Himmelsaspekt eines bestimmten Momentes niemals genau so, wie er gewesen ist. Und gerade dasjenige, was die Seele weiter durchmacht im Leben zwischen Tod und neuer Geburt, muss sie dazu veranlassen, auch andere Konstellationen aufzusuchen, die einen Ausdruck des inzwischen ausgearbeiteten Karmas für die neue Verkörperung darstellen. Doch wird vielleicht *ein* charakteristischer Aspekt (=Verhältnis zweier Planeten zueinander) aus dem Todeshoroskop sich in dem neuen Geburtshoroskop wiederfinden. Wenn zum Beispiel eine Seele die Erde verlassen hat unter der Konstellation Saturn in Opposition zur Sonne, als hervorstechendstem der im Todesmoment waltenden Aspekte, würde die nächste Geburt unter derselben Konstellation stattfinden (sie tritt ja, wie wir früher sahen, einmal im Jahre auf), während die übrigen Planeten sich anders gruppieren als beim letzten Tode. Auch der Ort der Geburt wird im allgemeinen ein ganz anderer sein, doch dieser wird, wie schon gesagt, in der Embryonalzeit und dann besonders durch die Lage des Sternenhimmels in bezug auf den Horizont bei der Geburt seinen Stempel auf den werdenden Menschen drücken.

Wenn auch Untersuchungen über den Zusammenhang eines Todeshoroskopes mit dem Horoskop der nachfolgenden Geburt selbstverständlich nur schwer anzustellen sind, ist uns durch die Karma-Vorträge[55] Rudolf Steiners doch die Möglichkeit gegeben, eine Reihe solcher Fälle nachzuprüfen. Sie bestätigen eben das vorhin Gesagte und eröffnen neue Ausblicke für eine Geschichtsforschung der Zukunft.

Das nächste, was die Seele nach dem Tode erlebt, ist nun, dass der Ätherleib abgelegt wird – er hat sich ins Unendliche vergrössert und scheinbar aufgelöst – und die Seele die Erde verlässt; man könnte auch sagen, dass sie den Raum verlässt und in die Zeit eintritt. Und zwar tut sie das in einer ganz bestimmten Weise, die noch einen letzten räumlichen Anflug an sich hat, nämlich in der Richtung nach dem Osten. Der Osten ist ja für jeden Ort der Erde diejenige Richtung, in der sich das Irdische (Horizont, Äquator) mit dem Himmlischen (Tierkreis) in einer ganz besonderen Weise trifft, indem die himmlischen Gestirne dort ihren Aufgang haben.

Den aufgehenden Sonnenstrahlen entgegen verlässt die Seele die Erde als Raumgebiet.

Rudolf Steiner hat darauf hingewiesen, dass man in gewissen okkulten Gesellschaften den Ausdruck gebraucht: der Bruder Soundso ist in den ewigen Osten eingegangen, wenn er gestorben ist. Wir haben da ein reales Sinnbild. Die «Pforte des Todes», durch die man den physischen Plan verlässt, um in die geistige Welt einzutreten, befindet sich «im jeweiligen Osten». Es handelt sich nicht darum, dass man den Osten als einen relativen Begriff auffassen kann (da ja das, was für den einen «Osten» ist, für den anderen «im Westen» liegt), sondern um eine ganz bestimmte Richtung, die mit derjenigen der Erdumdrehung zusammenfällt – denn die Erde dreht sich ja von West nach Ost. (Es wird auf diese Sache bei einer späteren Gelegenheit zurückgekommen werden.) Die Erdumdrehung, die für die viergliedrige Menschennatur vollständig im Unbewussten verläuft, wird Bewusstseins-Phänomen gleich in den ersten Tagen nach dem Tode.

So löst sich der Mensch von dem Physischen und dann auch von dem Ätherischen los, und es folgt der Eintritt in die elementarische Welt, in die Mondensphäre. Es ist jene Sphäre, die als ihre äusserste Grenze die Mondbahn hat. Zu der Grösse dieser ganzen Sphäre dehnt sich die Seele allmählich aus. Sie «umfasst» dasjenige, was innerhalb des vom Monde beschriebenen Kreises liegt. Sie ist jetzt im «Seelenlande» angekommen, das in seinen unteren Partien mit der Mondensphäre identisch ist (1.4.1913)[68]. Und dort schafft sie sich sogleich die Wirkungen ihres Karmas aus dem verflossenen Erdenleben. In die Ätherwelt der Mondsphäre wird nämlich alles dasjenige eingegraben, als wirkliche Eintragung in die Akasha-Chronik, was wir auf der Erde an Unvollkommenheiten geleistet haben. All das, was der Mensch sich vorgenommen hat zu tun, aber nicht ausgeführt hat, oder in dessen Ausführung er stecken geblieben ist, oder was er hätte tun sollen besonders an Selbstvervollkommnung, aber unterlassen hat, all das gräbt sich im Leben nach dem Tode in die Mondsphäre ein. Auch in die anderen Sphären graben sich, wie wir gleich sehen werden, die Fehler und Eigentümlichkeiten der Menschen ein.

Es hat diese Tatsache wiederum eine starke Beziehung zu der dem Menschen gewährten Willensfreiheit. Würden die Eingrabungen nicht in die Ätherwelt der Sphären geschehen, so würden die Fehler sich unmittelbar in dem physischen Leib des Menschen ausdrücken. Eine Lüge zum Beispiel würde ihn sofort erblinden lassen. Diese unmittelbare Strafe für unsere Sünden ist uns von den guten Göttern abgenommen worden, damit wir in Freiheit das Gute tun sollen. Die Kraft aber, die sonst im Physischen wirken würde, wird gleichsam zurückgestaut, gräbt sich in den Weltenäther ein, und der Mensch trifft die Folgen seiner Taten, und insbesondere seiner Unterlassungen, erst im Leben zwischen Tod und neuer Geburt. Da erwekken sie in der Menschenseele, rein durch die Anschauung dieser Folgen im Äther, den Willen zum Wiedergutmachen unter denselben Bedingungen, unter denen die Taten begangen wurden, das heisst, wenn man wiederum einen physischen Leib an sich tragen wird. Ja, es entsteht der Drang, einen physischen Leib wieder anzunehmen, der «Durst nach Dasein», gerade durch das Erleben der Unvollkommenheiten nach dem Tode. Aus diesem Drang heraus wird der Keim für das neue Erdenleben ausgebildet und es wird beim Wiedererreichen der Mondsphäre auf dem Wege zur Wiederverkörperung auch die Planetenkonstellation dementsprechend benützt.

Es wird dasjenige, was so in die Mondensphäre eingeschrieben wird, vielleicht nur in seltenen Fällen moralische Verfehlungen betreffen, da diese zumeist sozialer, beziehungsweise unsozialer Natur sind, das heisst, mit anderen Menschenseelen zusammenhängen; während in der Mondsphäre dasjenige zum Austrag kommt, was den Menschen selber betrifft, wovon man sagen kann, er sei hinter seinen Veranlagungen zurückgeblieben, er trage eine Unvollkommenheit an sich, die nach den Vorbedingungen seines Daseins nicht da zu sein braucht und die eben bis zum Tode hin nicht ausgemerzt worden ist. – Es kann aber auch sein, was Rudolf Steiner nannte: eine edle Unvollkommenheit, Ideale, Absichten, die der Mensch gehegt hat, aber gerade wegen ihrer Grösse nicht voll hat verwirklichen können, zum Beispiel ein unvollendet gebliebenes Kunstwerk wie Goethes «Pandora». Nicht die Vollendung der Pandora selbstverständlich wäre in die Akasha-Chronik eingetragen, «sondern die Tatsache, die dem Goetheschen astralischen Leibe entspricht, dass er eine umfassende Absicht hatte und nur ein Stück davon ausführte. Solche Dinge sind alle zwischen der Erde und dem Monde eingegraben» (12.3.1913)[69].

Sind solcher Art Eintragungen von *einer* Seele in Überfülle da, so bleiben sie nicht an das Karma der Einzelpersönlichkeit gebunden, die sie gemacht hat, und die sonst kaum die Möglichkeit finden könnte, sie alle in einem zukünftigen Erdenleben karmisch auszugleichen, sondern sie werden gewissermassen Gemeingut der Menschheit. Rudolf Steiner zeigte das an dem Beispiel des Leonardo da Vinci auf. So ungeheur viel dieser gewaltige Geist auch auf Erden geleistet hat, noch unendlich viel mehr war dasjenige, was er von seinen Plänen und Absichten nicht verwirklicht hat, oder was durch die Zeitenungunst oder durch die Erdenbedingungen überhaupt unvollkommen bleiben musste. Dasjenige, was ein solcher Geist in die Ätherwelt einträgt, das löst sich von ihm los, das wird zur Inspiration für andere Seelen, die nach seinem Hingang auf Erden leben. Während dasjenige, was ein Genie an Vollkommenem zurücklässt, in einem gewissen Abschluss innerhalb der Erdenwelt dasteht, liegt in seinen unvollkommenen oder nicht ausgeführten Werken gerade der Keim der fortlaufenden Entwicklung. Da wird aus dem persönlichen Schicksal eines Menschen etwas hinausgehoben, das aus der Sphäre der Notwendigkeit und karmischen Bedingtheit in diejenige der Freiheit umgewandelt wird. Statt dass die unvollkommen gebliebenen Absichten eines Leonardo da Vinci in seinem nächsten Horoskop als Karma auftreten, bewirken sie ein neues Verhältnis zum Kosmos bei denjenigen Menschen, die sie in Freiheit als Inspirationen aufnehmen können.

Wir haben vorhin von denjenigen Dingen gesprochen, die den Menschen selber am nächsten angehen, daher auch in die nächste Sphäre, in die Äthersphäre zwischen Erde und Mond eingegraben werden. Gerade die erste Zeit des nachtodlichen Lebens verläuft für Menschen, die durch Begierden, Ehrgeiz und dergleichen stark mit dem Erdenleben verbunden waren, viel näher der Erde als der Mondbahn. Scheinbar räumliche Entfernungen entsprechen in der Sphärenwelt einem allmählichen Sich-Entfremden von den Erdenverhältnissen, bis die Seele in der Sternenwelt selber jene erhabenen Tätigkeiten ausführt (unter Mitwirkung der höheren Hierarchien), die zu einem neuen Menschenkeim führen. Die gewaltigen Entfernungen der Sterne von der Erde, von denen die heutige Wissenschaft träumt – sei es auch, dass der Traum mathematische Unterlagen hat –, drücken im Grunde doch nichts anderes aus, als dass die Menschen der letzten Jahrhunderte solcher erhabenen Geisttätigkeit sehr fremd gegenüberstanden. Wenn man wiederum die konkreten Aufgaben des Menschengeistes, besonders in der mittleren Zeit seines Lebens zwischen Tod und neuer Geburt, auf Erden verstehen wird, werden auch die Himmelswelten dem Menschen wieder nähergerückt erscheinen.

In der Merkursphäre untersteht der Mensch anderen Bedingungen. Da erlebt er dasjenige, was er als moralischer Mensch gewesen ist, oder auch – in fürchterlicher Einsamkeit – eben das, was unmoralisch war (5.11.1912)[68]. Auch Eingrabungen geschehen dort, wenn auch lange nicht so zahlreiche wie in der Mondsphäre. Waren es in dieser die unausgeführten Vorsätze, die unterlassenen Taten, all das, was, eben solange es unausgeführt bleibt, nur den Menschen selber betrifft – so in der Merkursphäre dasjenige, was von Mensch zu Mensch geht, aber nicht zur richtigen Durchführung gekommen ist, nicht gehaltene Versprechen zum Beispiel. – In der Venussphäre wird dasjenige durchgemacht, was Menschen auf der Erde zu Gruppen vereinigt, die geistig zusammengehören wie in Religionsgemeinschaften. Wer Atheist bis zu seinem Tod gewesen ist, wird in dieser Sphäre in völliger Einsamkeit leben. Mangel an Verständnis für das religiöse Leben gräbt sich dort ein und wirkt im nächsten Leben karmabildend.

Wir müssen uns nun vorstellen, dass die Seele auf dem Rückwege zu einer neuen Verkörperung wiederum die Planetensphären passiert und dass die Eintragungen, die wir da gemacht haben, schicksalbestimmend wirken, sei es, dass sie zu demjenigen Schicksal werden, das (scheinbar!) von aussen an uns herantritt, sei es, dass sie in die neue leibliche oder seelische Natur mit hineinverwoben werden. Das, was während des Erdenlebens zurückgestaute Kraft des nicht in das Leibliche eingreifenden Moralischen ist, was dann in den Weltenäther eingeschrieben wird, das kommt jetzt als Kraft des Schicksals heraus. Der Mensch kann es nicht auslöschen, sondern muss es eingraben in sein eigenes Wesen.

Rudolf Steiner hat das Beispiel gegeben, dass ein Mensch in einem Leben eine Unvollkommenheit in die Mondsphäre eingegraben hat – und jeder Mensch trägt da jedesmal sehr vieles ein – und nachher in die Marssphäre eine Charaktereigentümlichkeit, die mit seinem aggressiven Wesen zusammenhängt. Wenn er nun auf Erden wieder erscheint, hat er die Unvollkommenheit, die in die Mondsphäre eingegraben war, in sein Karma aufgenommen, aber der Mars wird jetzt in einer bestimmten Konstellation zum Monde stehen, denn die Sphären bewegen sich, und so kommt verschiedenes Zusammenstehen der Planeten zustande. So wird der Mars mit dem Mond zusammenwirken zum Beispiel durch die Konjunktion – durch das Hintereinanderstehen – und der Mensch wird durch aggressive Kraft dasjenige zu überwinden suchen, was ihm aus der Mondeneingrabung an Unvollkommenheit geblieben ist.

«So zeigt die Stellung der Planeten eigentlich das an, was der Mensch erst selber in die Sphäre eingeschrieben hat. Und wenn wir astrologisch ablesen die Stellungen der Planeten und auch die Stellung der Planeten zur Stellung der Fixsterne, so ist dieses wie eine Art Anzeige dessen, was wir selber eingeschrieben haben. Es kommt nicht so sehr auf die äusseren Planeten an –, was auf uns wirkt ist das, was *wir* in die einzelnen Sphären eingegraben haben. Hier haben Sie den eigentlichen Grund, warum die Konstellationen der Planeten doch wirken auf den Menschen . . ., weil der Mensch durch sie hindurchgeht. Und wenn der Mond in einer gewissen Stellung zum Mars steht und zu einem Fixstern, so wirkt diese Konstellation zusammen; das heisst Marstugend wirkt zusammen mit Mond und Fixstern auf den Menschen, und dadurch geschieht, was durch das Zusammenwirken geschehen kann. So aber ist es eigentlich unsere zwischen dem Tod und einer neuen Geburt abgelagerte moralische Verlassenschaft, die in einem neuen Leben als Sternenkonstellation in unserem Schicksal karmisch wiederum auftritt. Das ist der tiefere Grund der Sternenkonstellation und ihres Zusammenhanges mit dem menschlichen Karma» (12.3.1913)[69].

Es unterscheiden sich dabei die obersonnigen von den untersonnigen Planeten so, dass in jenen eigentlich mehr die Vollkommenheiten des Menschen, seine erworbenen seelischen Eigenschaften eingetragen werden, so dass sie dem Menschen dann an Kräften für seine neue Leiblichkeit etwas mitgeben, das wichtig ist für sein weiteres Karma, indem es ihn mit besonderen Fähigkeiten begabt. Besonders bedeutungsvoll ist in dieser Hinsicht das Durchgehen durch die Saturnsphäre.

Nehmen wir an, ein Mensch habe im Leben geistige Begriffe aufgenommen, wie diejenigen der Geisteswissenschaft sind. Dann wird für ihn der Durchgang durch die Saturnsphäre, der für die meisten Menschen im Unbewussten verläuft, weil sie eben dort keine Eintragungen machen können, von grosser Bedeutung sein. Der Saturn, den wir schon als den Planeten des Geistesforschers kennen lernten, wird die Eintragungen des geistig gesinnten Menschen im nächsten Leben so in leibliche Fähigkeiten umwandeln, dass der Mensch die Spiritualität dann als selbstverständliche Naturanlage haben wird, so dass er gewissermassen der geborene Spiritualist ist. Das selbstverständliche Christentum eines Raffael zum Beispiel, sein ganz natürliches Verhältnis zum Christusimpuls ist in der Saturnsphäre erworbene Veranlagung, die an sich natürlich wieder aus seinem Karma als Johannes dem Täufer, aus dessen mannigfachen Saturneingrabungen herrührt.

Es wird auch verständlich sein, dass sehr viele Seelen die Sphären der äusseren Planeten, besonders des Jupiter und Saturn nicht betreten können, weil sie nichts diesen Sphären Entsprechendes einzugraben haben. Rudolf Steiner hat in «Initiations-Erkenntnis» (28. 8. 1923)[70] ausgeführt, dass solche Seelen, anstatt diese Planeten zu erleben, nur zu geistigen Bewohnern der Planetoiden werden, derjenigen kleinen Weltenkörper, die zwischen der Mars- und der Jupiterbahn sich befinden und die, geistig geschaut, Kolonien des Jupiter und Saturn sind. Ein Beispiel des nicht voll Erlebenkönnens der Saturnregion bietet die Seele des Felix Balde im vierten Mysteriendrama. Er befindet sich da in dem geistigen Leben, das da liegt zwischen seiner Verkörperung als Joseph Kühne (aus der «Prüfung der Seele») und seiner bevorstehenden Verkörperung als Felix Balde. Es ist die Zeit geschildert, da Saturn das Geistgebiet «mit vieler Farben Strahlung übergiesst». In Einsamkeit muss die Seele des zukünftigen Felix Balde wallen, nur dumpf Schicksalsworte aus seinem letzten Erdenleben wiederholend, denn die Geistesart seiner mittelalterlichen Verkörperung führte nicht zu einer «Weltenmitternacht im Seelenwachen». Die Seele des Joseph Kühne kann nur zur Sonnenzeit wach sein und auch dann nur im Banne Luzifers aus ihrer Einsamkeit erlöst werden.

Wir haben das Durchgehen durch die Sonnensphäre, das von so ausschlaggebender Bedeutung ist für das Leben zwischen Tod und neuer Geburt, nocht nicht betrachtet. So wie überall, stellt sich auch hier die Sonne trennend und zugleich vermittelnd zwischen die unteren und die oberen Planeten. Dort lebt der Mensch, selbst Herz geworden, im Herzen des Sonnensystems, dort entscheidet sich sein Verhältnis nicht nur zu Menschen und Menschengruppen, wie in der Merkur- und Venussphäre, sondern zu der ganzen Menschheit, und in erster Linie ist da entscheidend das Verhältnis, das er selber auf Erden zum Repräsentanten der Menschheit, dem Christus gewonnen hat und zu demjenigen Geist, der in die Entwicklung der Menschheit so gewaltig eingegriffen hat, dem Luzifer.

Während seines Lebens auf der Erde soll der Mensch mit dem Christusimpuls bekannt werden, denn seit dem Mysterium von Golgatha weilt der Christus nicht mehr auf der Sonne. Nur dadurch kann der Mensch in der Sonnensphäre ein Verständnis für alle Menschen haben, dass der Christus für alle Menschen, gleichgültig welcher Rasse, ja sogar welcher Religion, gestorben ist. Da solches Verständnis dem Joseph Kühne abging, lebte er in der Sonnensphäre in finsterer Einsamkeit, bis Luzifer ihm zum Erlöser wurde[60]. Luzifer ist derjenige Geist, der die Seele begleitet auf ihrer Wanderung durch die äusseren Planetensphären. Da hat er seine berechtigte Mission. Aber er kann nur heilsam wirken, wenn Christus zuerst das Bewusstsein entzündet hat. So wie Christus – das heisst, dasjenige, was wir vom Christusimpuls aufgenommen haben – uns führt durch die unteren Planeten bis zur Sonnensphäre, so führt uns Luzifer, insoweit wir das Bewusstsein aufrecht erhalten können, bis zur Saturn-, ja bis zur Sternensphäre.

Dann kommt jener Moment, der die Weltenmitternacht genannt wurde, die Mitte des Lebens zwischen Tod und neuer Geburt, wo das letzte Erdenleben mit seinen Folgen restlos in den Kosmos übergegangen ist, wo der Rückweg zur Erde wieder angetreten wird. Bedeutsamstes Erlebnis für die Seele, die es wachend durchleben kann. Man kann diese Weltenmitternacht als in der Saturnsphäre durchlebt betrachten, wie wir es im 6. Bild des 4. Mysteriendramas finden, oder auch in der Sonnensphäre, wie es an manchen anderen Stellen bei Rudolf Steiner geschildert wird. In gewissem Sinne schliesst die Sonnensphäre die oberen Sphären mit in sich, so dass der Mensch eigentlich die Sonnensphäre nicht verlässt, auch wenn er in die Saturnzeit eintritt. Denn mit der Sonnensphäre beginnt das «Geisterland», das auch die Sphären der oberen Planeten umfasst, wo der Mensch auch den Astralleib seiner letzten Verkörperung als Leichnam zurückgelassen hat, während die Merkur- und Venussphären die höheren Partien der «Seelenwelt» darstellen.

Wie von da ab das neue Erdenleben vorbereitet wird, wie das Karma sich gestaltet in Zusammenhang mit der Planeten- und Sternenwelt, davon soll der nächste Brief handeln.

Das Leben zwischen Tod und neuer Geburt im Lichte der Astrologie II

6. Rundschreiben II, Februar 1929

Der Weg der Menschenseele zu einer neuen Verkörperung, den wir jetzt betrachten müssen, führt ganz besonders in diejenigen Gebiete hinein, die für die Betrachtung des Karma, insofern es im Geburtshoroskop zum Ausdruck kommt, wichtig sind.

Die «Mitternachtsstunde des Daseins» ist ja diejenige Zeit, wo die Seele sich endgültig von der letzten Inkarnation ab- und der neuen zuwendet. (In einem der Glasfenster des Goetheanums[71], demjenigen der «Geburt», ist oben die Seele mit einem janushaften Doppelkopf dargestellt, dessen eines Antlitz zurück zum abgelaufenen Erdenleben blickt, das andere aber herunterblickt zu dem neuen Elternpaar, das der Seele den Leib bereiten soll.) Alle Erfahrungen des letzten Lebens sind in Eigenschaften, in Fähigkeiten für die nächste Verkörperung umgewandelt. Die müssen jetzt eingegliedert werden dem, was der Geistkeim des neuen Erdenleibes genannt worden ist. Wir stellen uns einen Keim zumeist als etwas Kleines, Winziges vor; das ist aber nur der physische Keim. Der geistige Keim, der immer da sein muss, wenn etwas wachsen soll, ist an den Makrokosmos gebunden, ist zunächst ungeheuer gross, so gross wie das Weltall. Bis zur Saturnsphäre und darüber hinaus hat sich der Menschengeist ausgedehnt. Er lebt in der Sternenwelt, ja jenseits der Sternensphäre, und schaut von dort in die Planetenwelt zurück. Er durchwandert den Tierkreis und bildet zusammen mit den Wesenheiten der Hierarchien, die in dem Tierkreis tätig sind, die Geistkeime der einzelnen Organe und Glieder des menschlichen physischen Leibes aus. Die kosmischen Konsonanten – die Tierkreisbilder – verbinden sich mit den kosmischen Vokalen, die da von den Planeten erklingen. Anders gestaltet sich der Geistkeim, je nachdem die Sternkonstellation mit der Planetenkonstellation zusammenwirkt. Während die Menschenseele im Sternbild des Widders weilt, wird der Kopf ausgearbeitet, aber auch die «Aufrechtheit» erworben, die die Menschengestalt von der Tiergestalt unterscheidet; im Stier der Kehlkopf oder die «Hinordnung zur Tonbildung», – wiederum das Menschliche, das sich über das Tierische erhebt[72]. (Es handelt sich hier um die realen Sternbilder, nicht um die «Zeichen».)

Hier ist es auch, wo die «Eintragungen», die der Mensch in die verschiedenen Sphären gemacht hat, als reale Faktoren hineinwirken in den Aufbau des Geistkeimes. Die Planeten scheinen geistig, «von der anderen Seite», in die verschiedenen Tierkreissphären hinein, je nachdem, wo sie gerade ihre Bewegungen ausführen. Die Bewegungen, die zugleich als Sphärenklang tönend sind, sie offenbaren der Menschenseele als Weltenschrift und Weltensprache das, was er gut, das, was er schlecht gemacht hat. – Es sind an sich natürlich die gleichen Bewegungen für alle diejenigen Menschenwesen, die zusammen das Erlebnis, sagen wir des Mars vor dem Widder stehend, durchmachen, aber die Weltensprache tönt anders, je nachdem die Sphäre, zu der die Planeten gehören, die Marssphäre, die Venussphäre, anders zubereitet worden sind durch die Eingrabungen, die der Mensch da gemacht hat[73]. Diese Töne werden mit hineinverwoben in den Aufbau des künftigen physischen Leibes; so wird dieser ein Ausdruck des Karma.

Das alles geschieht unter Führung der geistigen Wesenheiten; der Mensch allein wäre dazu nicht fähig. Er lebt in dieser Zeit auf der kosmischen Stufe der Wesenhaftigkeit, die einstmals dem ganzen Weltensystem eignete (siehe Rundschreiben «Astronomie und Anthroposophie»).

Es sind nur *Wesen* da der Planeten- und der Sternenwelt, darunter auch luziferische Wesen der verschiedensten Grade, und jene Wesen, die noch über den Tierkreis hinausragen, die höchste Tätigkeiten im Kosmos vollbringen. Doch kommt aber die Zeit, wo die Wesen anfangen, sich vor dem Bewusstsein der Menschenseele zu verdunkeln. Darin besteht ja die Rückkehr zur Geburt, dass sich das rein Geistige immer mehr von dem Menschen zurückzieht, dass er immer mehr seinem zukünftigen Wirkungskreis entgegengeführt wird. Die Planetenwelt – so sagt Rudolf Steiner – ergreift den sich verkörpernden Menschen mit ihren Schweren (siehe 8. Rundschreiben I, wo auf diese Verhältnisse kurz hingewiesen wurde). Nicht mehr ausschliesslich die aufbauenden, organbildenden Kräfte wirken vorzugsweise in diesem Stadium, sondern das, was, aber geistig genommen, der irdischen Schwerkraft entspricht. Nur steht die irdische Schwerkraft gewissermassen am Ende der Leiter, die von dem Kosmisch-Moralischen, das die Sternenwelt für uns darstellt, hinunterführt zur amoralischen Schwere der Erdennatur. Die Sehnsucht nach dieser Schwere ist es allerdings, die den Menschen ergreift, wenn die Welt der geistigen Wesenheiten sich vor ihm verschliesst und auch die Offenbarungen aus dieser Welt immer dunkler werden. So wie während seiner Verkörperung der schlafende Mensch immer wieder zu seinem physischen Leib zurückgezogen wird, weil er Hunger hat nach der Schwere des physischen Planes, weil er nicht vertragen würde, immerfort im Lichte der geistigen Welt zu leben, – so auch der Mensch im Leben zwischen Tod und neuer Geburt. Man sehnt sich nach der geborgenen Festigkeit, die zugleich das Erleben der Freiheit ermöglicht, welche uns die Erde mit ihrer Schwere vermittelt.

Diese Schwere-Sehnsucht strahlt der Saturn aus, dessen Sphäre die Seele nun wiederum durchschreiten muss. Der Jupiter verleiht, indem seine Sphäre passiert wird, dieser Sehnsucht nach der Schwere eine gewisse Freudigkeit, so dass der Mensch auch freudig seiner neuen, vielleicht schweren Erdenaufgabe entgegensehen kann. Mars gibt ein kraftvolles, aktives Erfassen der Erdenaufgaben, ein mutvolles Entgegengehen und Ergreifen dessen, was des Menschen wartet. Venus wiederum mischt mit ihrer Schwere «diesem nach Kraft tendierenden, freudigen Sehnen ein liebevolles Erfassen der Erdenaufgaben bei»[74]. Auf der Erde angekommen, erlebt der Mensch die Schwere, die er erst im Sich-Aufrichten und im Gehen meistern muss, die dann aber zur Grundlage seines Freiheitserlebens wird, indem sie ihm den Widerstand bietet, die eine nur «natürliche» ist, daher die Seele frei lässt – innerhalb der Grenzen, die sie sich selbst durch das Karma gesetzt hat.

Es kommt auch bei diesem Durchgang durch die Sphären, zurück zur Erde, in Betracht, in welchem Sternbild der Planet sich befindet, wenn der Mensch an ihm vorbeischreitet. Ist zum Beispiel der Saturn im Löwen, so dass seine Kraft verstärkt wird durch den Löwen im Tierkreis, so wird sich die «Sehnsucht nach der Schwere» so modifizieren, dass er dem Menschen die Gabe verleiht, «äusseren Lebenszufällen gescheit zu begegnen», wenn es im übrigen durch das vorhergehende Karma bedingt ist. Steht der Saturn zu der Zeit im Steinbock oder im Wassermann, so wird er den Menschen zu einem schwachen machen, der leicht von den äusseren Lebensverhältnissen niedergeworfen werden wird[75]. Auch diese Verhältnisse kommen im Horoskop dann zum Ausdruck.

Haben wir bis jetzt zumeist von allgemein-menschlichen Eigenschaften gesprochen (mit Ausnahme eben der letzten Angabe über den Saturn), so muss nun auch dasjenige betrachtet werden, was mehr mit der Einzelpersönlichkeit zu tun hat, die sich da verkörpert. Sie hat ein ganz bestimmtes Karma zu absolvieren, sie muss in ganz bestimmte Verhältnisse hineingeboren werden. Wir kommen da zu denjenigen Gebieten, die einesteils auch von den regelmässig fortschreitenden Wesenheiten der Hierarchien, den «guten Göttern» geleitet werden, andernteils ohne den luziferischen Einschlag gar nicht so da sein könnten, wie sie eben sind. Gemeint ist insbesondere das *Volk*, in das man hineingeboren wird, wodurch man auch eine bestimmte Menschensprache spricht, und die *Familie*, die Generationenfolge, zuletzt das Elternpaar, das uns den physischen Leib verleiht und mit diesem zugleich in die Vererbungsströmung hineinzieht. Da spielt dasjenige Menschliche hinein, das eben von einer Verkörperung nicht abgestreift werden kann, das Menschengruppe von Menschengruppe durch Volk und Sprache trennt, oder das, wie eben in der Vererbung, die Seele hineinzwängt in einen Leib, der nie der volle Ausdruck ihres Wesens sein kann. Es ist eine merkwürdige Tatsache, die uns der Geistesforscher erzählt, dass schon sehr früh, gleich nach der «Mitternachtsstunde des Daseins», wenn der Geistkeim noch gar nicht angefangen hat, sich zu bilden, schon bestimmt wird, an welchem Ort der Erde, aus welchem Volke heraus der Mensch wiedergeboren werden wird. Es hat diese Bestimmung noch nichts zu tun mit dem unmittelbaren Wirken des Volksgeistes, der, als ein Erzengelwesen, zu der Merkursphäre gehört (wir kommen darauf später zurück), sondern es ist *Luzifer* –, von dem wir ja gehört haben, dass er in den höheren Sphären, von der Sonne aufwärts, eine so grosse und auch berechtigte Rolle spielen muss –, der für den Menschen das Volk aussucht, zu dem er kommen wird. Der Mensch kann zwar, wenn er den Christus auf Erden in sich aufgenommen hat, dasjenige in seiner Seele bewahren, was er sich erarbeitet hat, braucht die Früchte seines Lebens nach dem Tode nicht zu verlieren; aber er kann in der Regel noch nicht, in dem heutigen Stadium, sein zukünftiges Karma aus seiner eigenen Wesenheit heraus bestimmen. Er muss sich von Luzifer helfen lassen. Das ist eine berechtigte Aufgabe des Lichtträgers.

Luzifer sucht uns das Volk für die nächste Verkörperung aus. Und die Bestimmung bringt nun mit sich, dass in dem betreffenden Volke allerlei vorgehen muss, damit auch die richtige Umgebung – historisch, politisch usw. – für die Seele da sein kann, wenn sie sich, vielleicht Jahrhunderte später, in ihm inkarnieren wird. Selbstverständlich kommen da insbesondere diejenigen Seelen in Betracht, die durch ihr Karma wiederum vorbestimmt sind, in ihrem Volke oder durch ihr Volk für die Menschheit eine bedeutsame Rolle zu spielen. Man sieht dabei, möchte man sagen, die Hand Luzifers im Spiel. Was an Kämpfen, Kriegen, Umwälzungen während Jahrhunderten geschehen muss, damit eine Seele den ihr zubereiteten Erdenplatz finden kann, das könnte ohne Luzifers Wirken nicht geschehen. Es ist das, was da vorgeht, in gewissem Sinne dem gesetzmässigen Astralen sehr entzogen. Es waltet darinnen das Eingreifen Luzifers.

Etwas Ähnliches wiederholt sich bei der später erfolgenden Bestimmung der Familie, aus der heraus man geboren werden wird. Es kann noch nicht von einem bestimmten Elternpaar gesprochen werden, denn diejenigen, die die Eltern sein werden, sind in der Regel zu dieser frühen Zeit der Wiederkehr zur Erde selber noch nicht verkörpert, auch nicht die 2., 3., 4. Vorelterngeneration. Aber eine bestimmte Vererbungsströmung ist da, ein

«Stammbaum», und in diese wird vorbereitend hineingewirkt. Wenn man sich vorstellt, dass zugleich für die eigenen Eltern, für die noch ungeborenen Gross- und Urgrosseltern usw. ebenso gearbeitet werden muss, dann bekommt man ein Bild von einer ganzen webenden, waltenden Welt von wirkenden Kräften, die durch ganze Scharen von Wesenheiten (sie gehören zu den Hierarchien, werden aber von Luzifer darin unterstützt) gelenkt und geleitet werden muss. Was man als einen komplizierten, vielverzweigten Stammbaum von einem alten Geschlecht aufgezeichnet finden kann, das gibt nur das zur Ruhe gekommene Bild dieses umfangreichen Geistwirkens, das über die Jahrhunderte hinüberstrahlt, um die Bedingungen für ein einzelnes Menschenleben möglich zu machen.

«Wenn Sie sich das Komplizierteste vorstellen, was hier auf Erden gebildet werden kann, so ist das ein Primitives und Einfaches gegen jenes gewaltige Gewebe von kosmischer Grösse und Grandiosität, das da gewoben wird, und das dann zusammengeschoben, in sich verdichtet wird durch die Empfängnis und durch die Geburt, was mit physischer Erdenmaterie durchsetzt wird und physischer Menschenleib wird[75].»

Rudolf Steiner hat einmal ein konkretes Beispiel dieses Wirkens angeführt. Als Luther erscheinen sollte, so musste das im 8., 9. Jahrhundert vorbereitet werden. Da mussten schon die Kräfte in das Volk hineindirigiert werden, wo er wirken sollte.

«Dann vergeht wiederum einige Zeit. Und das nächste ist, dass über die Frage zu entscheiden ist – und das ist eine erschütternde Tätigkeit, man kann ja nicht anders als diese Dinge mit den gewöhnlichen Worten charakterisieren –, es muss die Frage entschieden werden: Wie muss denn eigentlich das Elternpaar beschaffen sein in seinen eigenen Charaktereigenschaften, welches tatsächlich den Menschen, der nun an einem bestimmten Ort, zu einer bestimmten Zeit zur Erde gebracht werden soll, hervorbringen muss? Das muss alles schon lange vorher bestimmt werden . . . Es musste für Luther schon im 10., 11. Jahrhundert bestimmt werden, welche Ahnen es sein mussten, in deren Nachkommenschaft er geboren werde, damit das rechte Elternpaar Luthers da sein könne[76].» Luther selber wurde ja im 15. Jahrhundert geboren. Da schauen wir in das gewaltige Wirken hinein, das da nötig ist, damit ein einzelner Mensch seinem Karma gemäss geboren werden kann.

Wenn in dieser Weise schon das Volk und die Generationenreihe für den Menschen bestimmt worden sind, kommt später auch der Augenblick, wo das Elternpaar nun ausgesucht wird, wo eine zunächst noch seelisch-geistige Verbindung mit den Eltern stattfindet. Die Menschenseele ist dabei selber schon viel mehr beteiligt als bei dem Arbeiten an der Vererbungsströmung im allgemeinen. Unsere Eltern haben wir uns tatsächlich gewählt. Es geschieht das zu jener Zeit, wo nach dem Durchgang durch die Sonnensphäre der Mensch sich anschickt, die Venussphäre zu betreten. Da muss er sich erneut mit einem Astralleibe bekleiden. Dieser Astralleib schiesst blitzartig von allen Seiten zusammen, wie Eisenfeilspäne sich um einen Magneten scharen. Er ist genau ein Ausdruck des inzwischen ausgearbeiteten Karma und er hat die Gestalt – so schilderte es Rudolf Steiner – einer nach unten geöffneten Glocke, die in vielen Farbennuancen das Wesen der Seele genau spiegelt. Solche Glockengebilde schiessen mit ungeheurer Schnelligkeit in der astralen Welt hin und her während einer Zeit, die sich nur nach Stunden bemisst und suchen sich so das Elternpaar aus im Rahmen, so kann man sagen, der schon früher bestimmten Generationenströmung[10]. Hier wird jetzt die seelische Verbindung mit den Eltern geknüpft. Gerade in der Venussphäre, die der Wirkensbereich der Archai ist, entscheidet sich das mehr oder weniger Verbundensein des Menschen mit der Familie, die seelische Freiheit oder Abhängigkeit von der Familie.

Hier fangen nun die unteren Planeten an, in ihrem unmittelbaren Verhältnis zu Sonne und Erde eine Rolle zu spielen. Denn der Mensch wird anders in seiner Familie drinnen stehen, wenn er beim Durchgang durch die Venussphäre den *Planeten* Venus diesseits oder jenseits der Sonne antrifft. Wenn sie so steht, dass sie ihre Strahlen zur Erde sendet – also entweder als Morgen- oder als Abendstern am Himmel glänzt –, dann wird er ein Mensch werden, der sich sehr mit der Familie verbunden fühlt, wenn sie in Konjunktion zur Sonne steht, namentlich in oberer Konjunktion (Übergang vom Morgen- zum Abendstern, siehe auch das Rundschreiben «Über die Bewegungen von Venus und Merkur») –, dann wird er bei seinem Durchgang wenig von dem Venusplaneten berührt sein, es wird ihm an der Familie nicht so viel liegen (12.11.1922)[73].

Es folgt dann der Durchgang durch die Merkursphäre. Da wird der Mensch von dem betreffenden Erzengel mit dem Volke verbunden, zu dem er gehören wird. Nicht um die Auswahl des Volkes handelt es sich hier, denn diese ist, wie wir sahen, schon viel früher, unter der Mitwirkung Luzifers, geschehen, und eine Wahl würde, da die sich inkarnierende Seele schon vorher, in der Venussphäre, mit einem bestimmten Elternpaar verbunden worden ist, auch nicht mehr möglich sein, denn die Familie gehört im allgemeinen einem bestimmten Volke an. Es muss also unterschieden werden zwischen der zu einem bestimmten früheren Zeitpunkt geschehenen Wahl oder Bestimmung des Volkes und dann der Familie und der jetzigen seelischen Verbindung, zuerst mit dem Elternpaar in der Venussphäre, dann mit dem Volksgeist in der Merkursphäre. Auch bei dieser letzteren, wo die Volksseelenkräfte durch den Erzengel des betreffenden Volkes vermittelt werden, spielt die rein astronomische Stellung des Merkur eine Rolle. Ein Mensch wird während seines Lebens mehr oder weniger Verbindung mit dem Volksgeist empfinden, je nachdem die Stellung des Merkur zur Sonne und zur Erde in dieser Zeit des Durchgehens durch die Merkursphäre war. – Selbstverständlich sind alle diese Verhältnisse ausserordentlich kompliziert und nicht in ein einfaches Schema zu fassen. Man braucht bloss daran zu denken, dass nach geisteswissenschaftlicher Forschung der Planet Venus sich eigentlich innerhalb der Merkursphäre befindet, der Merkur in der Venussphäre, um zu sehen, wie auch hier die Verbindung mit Volk und Familie sich in eigentümlicher Weise durchkreuzt und vermischt. So gibt Venus zum Beispiel die Fähigkeit der besonderen Erdensprache. Durch Merkur als Volksgeist-Planet wird diese Sprache mittelbar bestimmt. Mars wiederum verleiht die Sprachkraft im allgemeinen, das Weltenwort, das eben durch die Venus zum Menschenwort umgestaltet wird. (Auf diese kosmischen Metamorphosen wurde ebenfalls im 8. Rundschreiben I kurz hingedeutet.)

Für den Menschen selber ist dies die Zeit, wo er nur noch die immer schwächer werdenden Offenbarungen der geistigen Wesen selber wahrnehmen kann. Er hat nicht mehr den unmittelbaren Verkehr, sie erscheinen ihm bloss in Bildern. Das Bewusstsein für die geistige Welt wird immer mehr verdunkelt. Die neue Verkörperung rückt immer näher heran. Doch fehlt dem Menschen in diesem Stadium ausser dem physischen Leib auch noch der Ätherleib, er ist ein geistig-seelisches Wesen, das sich immer mehr zusammenzieht; kleiner und kleiner wird der ausgebildete Geistkeim des zukünftigen physischen Leibes, und der Seelenblick wird immer mehr hingerichtet auf die gewaltige Aufgabe, die da bevorsteht: aus dem Geistkeim ein Menschenwesen zu machen, das auf Erden sein Schicksal erleben kann.

Wichtigstes spielt sich in dieser Beziehung in der Mondsphäre ab, in die der Mensch nun eintritt. Da ist der Augenblick gekommen, wo dem Menschen der Ätherleib eingegliedert wird. Aus einem Gefühle der Entbehrung, der Verlassenheit heraus vollzieht sich dieser Vorgang. Der Geistkeim, der durch lange, lange Zeiten aufgebaut worden ist, entfällt der Seele in der Mondsphäre. Er ist auf einmal wie nicht mehr vorhanden; die Frucht des Lebens und Arbeitens seit der Weltenmitternacht scheint verloren. In Wirklichkeit hat diese Frucht den Weg zur Erde, zur Empfängnis angetreten. Dadurch gliedert sich, in kurzen, bestimmten Momenten, der Ätherleib dem Menschen an. Dieser Vorgang ist gerade für die astralen Zusammenhänge ausserordentlich bedeutsam. Der Ätherleib schliesst sich nicht von selber an, wie das beim Astralleib der Fall ist, sondern er wird mit Hilfe von übersinnlichen Wesen aus den ätherischen Kräften des ganzen Planetensystems heraus gebildet. Dabei sind die geistigen Bewohner des Mondes besonders wirksam. Der Mond ist ja ein richtiger Spiegel des Weltalls, er spiegelt nicht nur das Licht der Sonne, sondern sammelt wirklich alle kosmischen Einflüsse in sich. Und die Mondwesen beobachten all das, was im Planetensystem vorgeht. Sie beobachten das, was der Mensch mit dem Saturn, dem Jupiter, dem Mars usw. durchgemacht hat und richten darnach den Ätherleib ein. Die ätherischen Bildekräfte werden von den Planeten herangezogen, der «moralische Äther» sowohl wie die vier Ätherarten – vor allem der Lichtäther, das «flutende Licht des Kosmos» – mit Ausnahme von dem Sonnenlicht, das zerstörend wirken würde. Es kann nur in der Form des Mondenlichtes, des von dem Monde zurückgestrahlten Lichtes der Sonne, dem menschlichen Ätherleib einverleibt werden. Und wenn kein Mondlicht scheint, bei Neumond, wirkt der ganze übrige Kosmos auf den zu bildenden Ätherleib ein. Da wird dasjenige vermittelt, was Rudolf Steiner den «moralischen Äther» nannte oder auch die «Innenseite des Ätherleibes», während die Aussenseite bei Vollmond gebildet wird (21. 4. 1924)[30]. Was da an Konstellationen vorhanden ist, wie die Planeten stehen und sich bewegen, das beobachten diese Mondwesen von ihrem Mondenstandpunkt aus, daraus lesen sie das Schicksal des Menschen ab, insofern es in einem Ätherleib zum Ausdruck kommen soll. Da trifft der Mensch eigentlich mit seinem ganzen Schicksal zusammen, so wie er es in seinem vorigen Erdenleben mit durch den Tod gebracht hatte. Aber er trifft darauf mit all dem, was inzwischen aus ihm selbst geworden ist. Den Ausgleich schaffen eben nach ihren kosmischen Beobachtungen die Mondwesen. Da gliedern sie das vorige Leben an das zukünftige durch den Ätherleib an und weben das Karma in die Seele hinein. An diesem wichtigen Punkte wollen wir die Betrachtung abbrechen, um sie das nächste Mal fortzusetzen.

Das Leben zwischen Tod und neuer Geburt im Lichte der Astrologie III

7. Rundschreiben II, März 1929

Der Durchgang durch die Mondsphäre, von dem im 6. Rundschreiben II die Rede war, wird in seinem Anfang durch ein wichtiges Ereignis charakterisiert, das sich längere (oder auch kürzere) Zeit vor der Eingliederung des Ätherleibes abspielt. Wiederum handelt es sich um eine Entscheidung. Nach derjenigen der Eltern und des Volkes kommt, eben beim Betreten der Mondsphäre, die Entscheidung über das Geschlecht. Erst jetzt wird die Frage, welchen Geschlechts die zukünftige Verkörperung sein soll, damit sie am besten den karmischen Bedingungen genüge, entschieden. Und wiederum spielen die Mondphasen dabei eine Rolle[73]. Um Mann zu werden, muss der Weg zur Erde, das Vorübergehen an dem Monde dann stattfinden, wenn, von der Erde aus gesehen, Neumond ist. Das heisst, von der anderen Seite des Mondes aus gesehen, ist dann gerade Vollmond. Es ist also nicht jener Vollmond gemeint, der sein Licht zur Erde strahlt, sondern es ist die andere, von der Erde immer abgewendete Seite des Mondes, die da in das Weltall hinein das zurückgestrahlte Sonnenlicht sendet. Solches Licht und die mit ihm verbundenen Kräfte leuchten der Menschenseele entgegen, die sich dem Monde in der Zeit nähert, eben weil sie ihr nächstes Erdenleben als Mann vollbringen will. – Für die Frau ist es umgekehrt. Zur Zeit, da das Licht des Vollmondes zur *Erde* herabstrahlt, nähert sie sich dem Monde, der dann seinen dunklen Teil ihr zuwendet. Denn wenn wir hier auf Erden Vollmond haben, bescheint die Sonne gewissermassen über die Erde hinweg die der Erde zugekehrte Mondscheibe, während die Rückseite des Mondes dann in Finsternis getaucht ist.

So haben wir für die von der Erde abgewendete Seite des Mondes ebenso vierzehntägige Phasen, von Neumond über Erstes Viertel nach Vollmond usw., wie für die uns sichtbare Seite. Wir können uns das so vergegenwärtigen: Ist die Sonne in der Richtung nach oben gedacht, die Erde im Mittelpunkt der Mondbahn, so geht der Mond in einem Monat um sie herum. (Erde und Sonne sind dabei als stillstehend betrachtet, denn ihre gegenseitigen Bewegungen kommen jetzt nicht in Betracht.) Von dem Monde sehen wir Erdenmenschen immer nur eine Seite, die Rückseite bleibt zum grössten Teil immer unsichtbar, sie bietet sich gerade der herabsteigenden Seele dar. In dieser schematischen Zeichnung wäre es daher so vorzustellen, dass derjenige, der Mann werden soll, von «oben» herkommt, so dass ihm die beleuchtete Mondseite entgegenstrahlt, während für die Erde Neumond ist. Die Frau würde «von unten», der *Zeichnung 35* entsprechend, sich dem Monde nähern, und dadurch der Kraft ausgesetzt sein, die bei dunkler Mondscheibe ihre Wirkung ins Weltall strahlt. Auf Erden ist dann Vollmondzeit.

Wir sehen, wie wir durch diese Betrachtungen immer mehr in räumliche Verhältnisse, die mit der Erde schon einen Zusammenhang haben, hineinkommen. Es war Kepler – wenn wir uns eine kleine geschichtliche Exkursion erlauben dürfen –, der zuerst die Kühnheit hatte, sich diese Mondverhältnisse ganz konkret vorzustellen. Angeregt durch das kopernikanische System, das er voll und ganz vertrat, musste er den Mond als einen Himmelskörper empfinden, der ebenso wie die Erde frei im Raume schwebt, der aber infolge seiner mangelhaften Achsendrehung (er richtet sich bei dieser ganz nach der Erde) so etwas wie eine Vorder- und eine Rückseite hat. Letztere unterscheidet sich von jener dadurch, dass sie niemals von

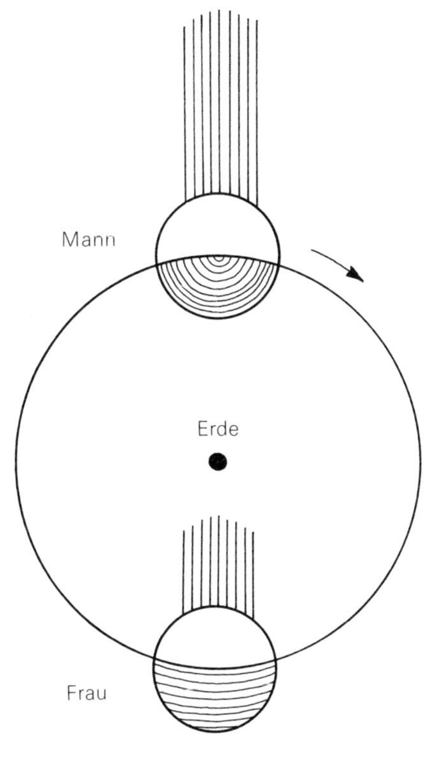

Zeichnung 35

der Erde beschienen werden kann, weder «Vollerde» noch «Neuerde» kennt, sondern nur eine vierzehntägige Periode des ununterbrochenen Sonnenscheins, abwechselnd mit einer ebenso langen der vollständigen Finsternis. In anmutiger, phantasiereicher und zugleich streng wissenschaftlicher Form hat Kepler in seinem «Mondentraum» diese Verhältnisse geschildert, beziehungsweise sie von einem Monddämon, der von einer weisen Frau auf Island beschworen wird, dem Sohne dieser Frau, einem ehemaligen Tycho-Brahe-Schüler, schildern lassen. Es war eine kühne Tat, sich die astronomischen Verhältnisse der beiden Mond-Hemisphären so in allen Einzelheiten klar zu machen. Spätere Astronomen, die an dieser Schilderung anknüpften, haben sich bisweilen seufzend gewünscht, eine Sternwarte auf der erdabgewandten Mondseite zu haben, wo sich die störenden Bedingungen unserer Erdverhältnisse nicht geltend machen können: niemals bewölkter Himmel, 14 Tage lang weder störendes Tages- noch Nachtlicht, sondern ununterbrochene schwärzeste Finsternis, in die nur die Planeten und Fixsterne hereinscheinen. – Man kann sich dem Gedanken nicht verschliessen, dass ein solches «Mondobservatorium», von dem aus in den weiten Weltenraum geschaut wird, im geistigen Sinne wirklich vorhanden ist und dass die Mondwesen, von denen das letzte Mal die Rede war, dort die Beobachter sind. Bei Kepler finden wir tatsächlich dasjenige geschildert, was die Menschenseele antrifft, wenn sie durch die Mondsphäre geht, nur müssen wir uns die wirklichen Verhältnisse selbstverständlich mehr geistig vorstellen. Auch das, was oben ausgeführt wurde – Neumond hier, Vollmond drüben usw. –, sind lichtätherische und astralische Verhältnisse, es kommt dabei nicht so sehr auf das Physische des Mondes an.

Man muss auch, wenn man den Menschen in diesem Stadium betrachtet, im Auge behalten – ebenso wie es bei der Wahl des Volkes, der Familie war –, dass es sich zunächst um geistig-seelische, noch keineswegs um physische Verhältnisse handelt. So wie der Mensch zu dieser Zeit, obwohl er schon die Verbindung mit einem Volksgeiste hat, noch keineswegs als «Deutscher» oder «Engländer» angesehen werden kann, so ist auch das Geschlecht zunächst nur charakterisiert durch dasjenige, was seelisch den Mann von der Frau unterscheidet. Dieses Seelische wird dann in den Geistkeim des physischen Leibes einverwoben, wodurch später, im Embryonalleben, auch die physische Differenzierung nach dem Geschlechte herauskommt.

Wir können auch in der eigentümlichen Doppelansicht des Mondes mit seinen entgegengesetzten Phasen, je nachdem man die Vorder- oder die Rückseite betrachtet, einen Hinweis sehen auf die Doppelgeschlechtlichkeit des Menschen, der ja im Ätherleib männlich ist, wenn der physische

Leib weiblich ist, und umgekehrt. Man muss dabei bedenken, dass in dem jetzt geschilderten Stadium der Mensch noch nicht den Ätherleib angegliedert hat, er ist eben noch ein Seelen- und Geistwesen.

Rudolf Steiner hat noch weitere Einzelheiten über die Wirkung des Mondes beim Herabsteigen des Menschen gegeben. Es kann nämlich auch sein, dass derjenige, der Mann werden soll und daher bei Neumond (beziehungsweise vom Kosmos aus gesehen bei Vollmond) sich der Erde nähert, noch eine halbe Mondperiode oben in der Mondsphäre bleibt, also noch den nächsten Vollmond abwartet, bevor er sich in die Erdsphäre begibt. Tut er das, so wird er schwarze Haare und dunkle Augen haben. Die Frau, die noch die nächste Neumondphase (wiederum von der Erde aus gerechnet) in der Mondsphäre abwartet, wird blonde Haare und blaue Augen haben. – Die zweite Hälfte des Mondumganges bringt daher erneut eine Entscheidung, aber jetzt eine, die sich noch weniger auf den «ganzen Menschen» bezieht als die Entscheidung des Geschlechtes, es handelt sich um die Haar- und Augenfarbe. Nicht physische Haare selbstverständlich wachsen dem Menschen zu dieser Zeit. Aber das, was man bei dem verkörperten Menschen seelisch an seinen dunklen oder hellen Augen und Haaren empfinden kann, das bildet sich als Anlage in dieser Zeit.

Man kann nun sagen, dass der soweit vorbereitete neue Mensch jetzt an dem Monde vorbei in die Erdensphäre eintritt, das heisst in das, was man in früheren Zeiten das Sublunarische oder die elementarische Welt genannt hat. Und damit fangen die Erdenverhältnisse an, immer mehr Bedeutung für den Menschen zu gewinnen. Doch dürfen wir diese noch immer nicht von ihrer physischen Seite her betrachten, sondern sie zeigen sich von der kosmisch-astralischen oder auch von der elementarischen Seite her. Für die Erde ist das Herabsteigen der Seelen etwas wie eine Befruchtung. Es gliedert sich dem Jahreslauf ein. So wie die Pflanzenkeime zu einer bestimmten Jahreszeit in die Erde gelangen, dort ihre Warte- und Reifezeit durchmachen müssen, so müssen die Menschenkeime, die geistigen Urbilder des zukünftigen Menschenwesens, sich ebenfalls zu einer bestimmten Zeit in die Erdenaura hineinbegeben. Es ist das die Zeit, die in unseren Gegenden dem Winter, von Weihnachten bis Frühlingsanfang, entspricht, jener Zeitspanne eben, in der Gabriel als kosmischer Erzengel im Jahreslauf wirkt (13. 10. 1923)[77]. Astronomisch haben wir dadurch ein bestimmtes Verhältnis zwischen Sonne und Erde gegeben, nicht mehr zu den Sternbildern oder deren geistigen Wesenheiten unmittelbar, wie es in der mittleren Zeit des Lebens zwischen Tod und neuer Geburt der Fall ist. Man könnte sagen: der Menschenkeim macht den Übergang vom Astralischen ins Ätherische, von den «Sternbildern» zu den «Zeichen». Denn

«Winteranfang» bedeutet astronomisch: die Sonne steht im Verhältnis zur Erde an dem tiefsten Punkt ihrer Jahresbahn, sie befindet sich in dem Abschnitt ihrer Bahn, den man immer mit dem «Zeichen des Steinbocks» gekennzeichnet hat. Zu Frühlingsbeginn überschreitet sie den Äquator, auf der Erde ist Tag- und Nachtgleiche, es ist das «Zeichen des Widders». Sonnen-Erden-Verhältnisse! Nicht um das äussere Metereologische der Jahreszeit handelt es sich – das macht sich erst bemerkbar, wenn der Mensch geboren ist –, sondern um das, was astronomisch und geistig-seelisch mit den Jahreszeiten – in unserem Fall mit dem Winter – verknüpft ist.

Die schliessliche Verbindung des geistigen Menschenkeimes mit der befruchteten Eizelle in der Mutter kann ja im Laufe des ganzen Jahres stattfinden, ist aus dem Gang der Jahreszeiten herausgehoben, doch die Verbindung mit der Erde, das Herabsteigen zur Erdensphäre, geschieht nur während der genannten drei Monate.

Es hat einmal eine Zeit in der Menschheitsentwicklung gegeben, in der – wenigstens bei bestimmten Völkerschaften, die den Hertha- oder Nerthusdienst hatten – auch die Befruchtung nur stattfinden konnte in der Zeit, die unmittelbar auf den Frühlingsbeginn, auf den Abschluss von der Periode der herunterströmenden Menschenseelen, folgt. Von dem Tage der Frühlings-Tagundnachtgleiche (21. März) bis zum darauffolgenden Vollmond, den wir heute den Ostervollmond nennen, lag die Zeit der Fortpflanzung für die Menschen[78]. Durch die Mysterien war all das geregelt, in heiligen Visionen erlebten die Menschen diesen Vorgang. Die Geburten erfolgten daher nur in der Zeit der zwölf heiligen Nächte oder etwas darüber hinaus. Es war eine gewaltige Umwälzung in der Menschheitsentwicklung, als – etwa drei Jahrtausende vor Christus – diese kosmische Ordnung durchbrochen und die Empfängnis und damit natürlich auch die Geburten über das ganze Jahr verstreut wurden. Die Loslösung der Menschen von dem alten traumhaften Hellsehen wurde damit erkauft. Doch ist auch heute noch die Zeit, wo die Erde von den einströmenden Menschenkeimen befruchtet wird, nur diejenige vom Winter bis zum Frühling. Findet die Empfängnis später im Jahre statt, so müssen die Seelen so lange in der Erdumgebung warten. Und dadurch färbt sich das Schicksal wiederum anders, das stärkere oder schwächere Verhältnis, das der Mensch zur Erdenwelt hat, je nachdem sie länger oder kürzer auf die Verbindung des Geistkeimes mit dem Erdenkeim, der von den Eltern herrührt, warten müssen.

Wir sind mit dieser Schilderung jetzt wieder an den Punkt gekommen, womit der letzte Brief abgebrochen wurde, an den Moment, wo die Frucht der erhabensten Geisttätigkeit, das Gebilde des Menschenkeimes der Seele entfällt. Dieses Gebilde gelangt früher auf die Erde als der

Mensch selber. Es vereinigt sich mit der Vererbungssubstanz, die von den Eltern kommt. Die Folge dieses Verlustes ist, wie wir wissen, die Eingliederung des Ätherleibes. Es spielt sich dieser Vorgang durchaus noch in der Mondsphäre ab, die ja die Erde ganz umgibt und bis zu einem geringen Grade auch durchdringt, wenn auch die Menschenseele sich schon in dem «Erdenumkreis» befindet, in dem sich die Wirkung des Planeten in besonderer Weise spiegelt. Gerade diese planetarischen Wirkungen aus dem «Umkreis» sind es ja, die in den Ätherleib einverwoben werden, wie wir gesehen haben.

Zu diesem Zeitpunkt spielt sich noch einmal ein dramatischer Moment ab, der das Spiegelbild ist eines anderen Vorganges, der sich gleich nach dem Tode abspielt. So wie dann, bevor der Ätherleib abgelegt wird, das Tableau des vorigen Lebens erfolgt, wo in mächtigen, ernsten Bildern sich das ganze Leben noch einmal vor der betrachtenden Seele abrollt, so hat die Seele in dem Augenblicke, wo unten auf Erden die Befruchtung stattfindet, eine Vorschau von dem kommenden Leben. Im Bilde wiederum zeigt sich das Leben, natürlich nicht in allen Einzelheiten, wie es bei dem abgelaufenen Erdenleben der Fall sein kann, aber in grossen Konturen, in dem allgemeinen Gefüge offenbart sich das Schicksal, das dem Menschen für das neue Leben bevorsteht. Während das Lebenstableau nach dem Tode in tiefernstem, von persönlichen Gefühlen ganz unberührtem Zustand aufgenommen wird, übt die Vorschau einen mächtigen und erschütternden Eindruck auf die Seele aus, aus dem sich manches an Schicksalsahnungen und Schicksalsempfindungen während des Erdenlebens erklären lässt. Rudolf Steiner hat ja da, wo er auf diese Vorschau hingewiesen hat (29. 5. 1907)[11], den Fall erzählt, wie die Seele durch den Anblick eines schweren Lebens, das ihrer wartet, einen Schock bekommt, gewissermassen vor der Verkörperung zurückzuckt, und dadurch die Veranlassung entsteht, dass die Inkarnation diejenige eines Idioten (oder Epileptikers) wird. Es lässt uns diese Mitteilung tief in das gewaltige Wirken des Karmas hineinblicken, das in seinen Einzelheiten im allgemeinen gewiss nicht von der sich verkörpernden Seele und deren Belieben, sondern von mächtigen Geistwesen ausgearbeitet wird, für die das Karma des Menschen eben wie ein aufgeschlagenes Buch offen liegt.

Es zeigt sich hier deutlich eine Parallelität des vorgeburtlichen mit dem nachtodlichen Leben, die wir auch noch in anderer Beziehung finden werden. So wie der Mensch nämlich nach der Auflösung des Ätherleibes in der Richtung nach dem Osten die Erde verlässt, so kehrt er in gewisser Beziehung auch wieder in der Richtung vom Osten zur Erde zurück.

Der Mensch ist ja während des Lebens in der geistigen Welt selber

Sphäre geworden, Planetensphäre, Himmelssphäre, aus dieser heraus bildet er sein Haupt. Er ist im wesentlichen Hauptesorganisation, wenn er zur Erde niedersteigt, und in bezug auf das Haupt kann man nicht von einer bestimmten Richtung sprechen, es umfasst eben die ganze Sphäre. Dieses Haupt ist, wie wir wissen, die Umwandlung, die Metamorphose von dem ganzen übrigen Organismus des vorhergehenden Erdenlebens. Man kann sagen: der Mensch bringt sein Haupt, das ja die Tendenz zum Kugeligen hat, aus der Sphäre mit. Die Gliedmassen und der ganze Stoffwechselmensch werden eigentlich durch die Erde selber erst später ausgebildet, an das Haupt angehängt, und zwar während der Embryonalzeit. Wir haben schon einmal davon gesprochen, dass gerade auf diesen unteren Menschen das bestimmte Territorium, auf dem sich die Mutter befindet, wo die Geburt sich vollzieht, einen grossen Einfluss ausübt. Die Kräfte dazu kommen aus dem Mittelpunkt der Erde und werden differenziert durch das Territorium. Doch es liegt ja zwischen der Hauptes- und der Unterleibsorganisation das Brustsystem: Herz, Lunge, Blutkreislauf. Diese Brustorgane werden weder aus der Sphäre der weitesten Fernen des Kosmos mitgebracht, noch erst auf der Erde ausgebildet, sondern sie kommen, wie es Rudolf Steiner ausdrückt, aus der Halbsphäre, sie sind eine Halbkugel, deren Mittelpunkt für gewöhnliche irdisch-geometrische Verhältnisse ein unendlich ferner ist, aber in der Richtung nach dem Osten liegt (21. 1. 1917)[57].

Wir sehen da wiederum den Begriff des Ostens auftreten, der in so merkwürdiger Weise eine spirituelle mit einer geographisch-astronomi-

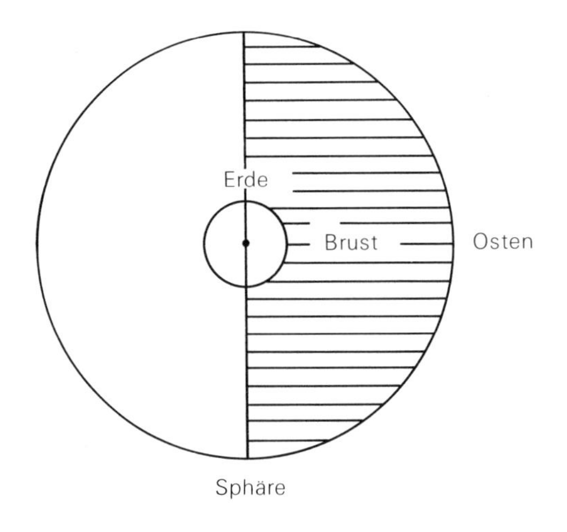

Zeichnung 36

schen Vorstellung verbindet. Der «Osten» ist für die ganze Erde eine bestimmte Richtung und zugleich für einen bestimmten Erdenort eine Richtung, die sich gewissermassen am Horizont verliert. Sie geht da gleichsam ins Unendliche, Unbestimmte weiter, aber in dieser Richtung erscheint täglich die Sonne, gehen die Planeten, die Sterne auf. In dieser Richtung verschwindet der Tote, verlässt er den dreidimensionalen Raum in die geistige Welt hinein; aus dieser Richtung kommt der Mensch, insofern er das rhythmische System in sich hat, insofern er sein Schicksal in seiner Brust, in dem «Herzens-Lungen-Schlage» mit sich trägt *(Zeichnung 36)*. Wir finden diese Bedeutung der Ost-Richtung zurück in dem Geburtshoroskop, in dem gerade der Ostpunkt, der sogenannte Aszendent, als der wichtigste Punkt im ganzen Horoskop angesehen wird.

Der Mensch ist in diesem Stadium noch in anderer Weise als dreifaches Wesen vorhanden. Wir haben einerseits die Seele selber, die, mit dem Ätherleib umkleidet, unmittelbar davorsteht, sich mit dem verlorenen Geistkeim wieder zu verbinden. Dieser Geistkeim ist als ein Zweites da und wirkt als das Antreibende, Gestaltende in der Eizelle, die, was ihre Substanz betrifft, durch die Befruchtung ins Chaos geworfen, den kosmischen Kräften des Geistkeimes Zulass gewährt. In der Eizelle selber wirkt das Dritte, die Vererbungssubstanz, die, durch die Eltern und Vorfahren gegeben, aus der ganzen Generationenströmung kommt, mit der die Seele wiederum von der geistigen Welt her kosmisch verbunden ist, denn auch die Vererbungsströmung kommt letzten Endes aus der geistigen Welt *(Zeichnung 37)*.

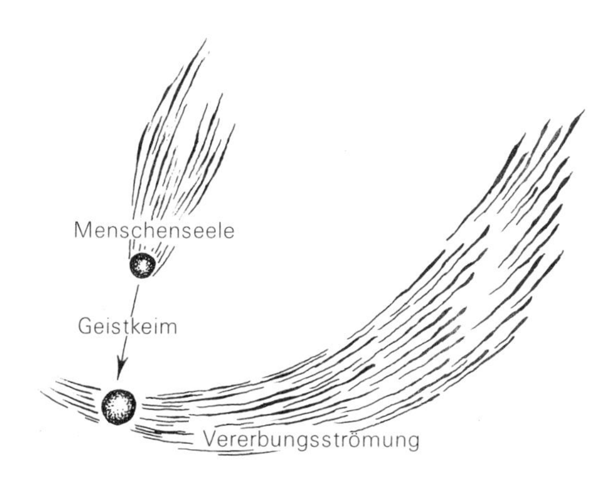

Zeichnung 37

Es findet dann sehr bald die Vereinigung der Seele – oder des Ich – mit dem befruchteten Keim statt. In der 3., 4. Woche der Embryonalentwicklung geschieht das. Nur bei grossen Eingeweihten ist die Verbindung schon früher da, der Keim wird gleich im Anfang vom dem Ich «abgefangen», so dass nichts ohne das Zutun des Geistes selbst geschieht. – Die ganze wunderbare, nach kosmischer Gesetzmässigkeit verlaufende Entwicklung im Embryonalleben zu schildern, kann nicht unsere Aufgabe sein. Wir verweisen dafür auf die Aufsätze von Karl König[79]. Die Gesetze des alten Mondendaseins leben in dem, was sich da ausgestaltet. Die Seele selber erlebt in wunderbaren Bildern, die aber wie Träume dem Bewusstsein entsinken, die Arbeit des Ätherleibes, des Astralleibes und des Ich an dem Aufbau des neuen physischen Leibes.

Wir haben die Menschenseele auf ihrem Wege verfolgt – skizzenhaft bloss und einseitig, wie es nicht anders sein kann –, wie sie, durch den Tod gehend, in die geistige Welt eintritt, die Himmelsräume durchwandert und durchlebt, um zuletzt zur Erde wieder zurückzukehren. Es war eine Schilderung entsprechend der Zeit, die da liegt nach dem Mysterium von Golgatha. Würde man die vorchristlichen Zeiten schildern wollen, so müsste manches anders dargestellt werden. Darauf ist bei der Schilderung der Sonnensphäre schon hingedeutet worden. Der Christus lebt nicht mehr in der Sonnensphäre, sein Thron steht leer, Luzifers Thron ragt mächtig empor. Doch kann die Menschenseele seit dem Mysterium von Golgatha den Christus auf der Erde selber finden. Der Christus lebt in der Erdenaura, er tritt der Seele entgegen im Augenblick des Sterbens. Aber man kann auch sagen, dass die Seelen dem Christus entgegengeboren werden! Wenn sie sich verkörpern, so leben sie sich ein in jene Welt, die dem Christus, so wie er heute unter uns lebt, am nächsten ist. Die Erde ist eben jene Welt, wo die Kunde von dem Christus zu den Menschenseelen dringen kann. Sie brauchen sich nicht mehr in Mysterienstätten darauf vorzubereiten, den Sonnengott in der Sonnensphäre aufzusuchen. Der Christus ist bei uns alle Tage bis ans Ende der Welt. Unermessliche Bedeutung erwächst dem Erdenleben, das so kurz ist im Verhältnis zu dem Leben zwischen Tod und neuer Geburt, das aber trotzdem die Bedingungen für das ganze geistige Dasein schafft. Man kann manche Einseitigkeit in der historischen Entwicklung der christlichen Menschheit verstehen, die darauf hinausging, die einzigartige Bedeutung des Erdenlebens, das dazu noch als ein einmaliges aufgefasst wurde, den Menschen beizubringen. Diese Saat, so könnte man sagen, ist reichlich aufgegangen. Wir leben in einer Zeit, wo die Erde von den Menschen real und wichtig genommen wird wie nie zuvor. Doch ist es zumeist nicht um des Christus willen. Und so sehen wir, dass doch wieder nur aus der Mysterienweisheit heraus den Menschen unserer Zeit gelehrt werden konnte, warum die Erde uns eine bedeutungsvolle, eine heilige Stätte sein soll. Dass sie der Leib des Christus ist, der aus den Himmeln zu uns herniedergestiegen ist, dass wir im Brot und in allen Erdendingen die Christuskraft spriessend empfinden sollen, die den ganzen Erdenleib durchzieht und belebt, das musste uns der grosse Lehrer Rudolf Steiner offenbaren, von dem wir auch das Wissen über Tod und Wiedergeburt empfangen durften. So schauen wir auf den heiligen Freitag der Karwoche, wo vorbereitet wurde das: In Christus sterben wir, – wir schauen auf den Ostersonntag der Auferstehung, wo das Ereignis stattfand, das für die Menschenseele den Erdenleib geheiligt, das der Erde ihren Sinn gegeben hat, so dass die Seele immer wieder und wieder durch die Geburt zur Erde zurückkehrt, um den Christus zu finden, um die Christuskraft mit hineinnehmen zu können in die geistige Welt, wenn einst die Todesstunde wieder schlagen wird.

Über das Horoskop

8. Rundschreiben II, April 1929

Der Mensch, der sich den neuen Leib aufbaut, lebt in den 10 Mondmonaten vor der Geburt in einer Umgebung, die noch ganz von der *Wirksamkeit* der kosmischen Welt durchdrungen ist. Sie ist nicht völlig Werkwelt, obwohl der Erdenleib für die Werkwelt vorbereitet wird. Die kosmischen Kräfte wirken unmittelbar an dem Aufbau mit. Der Mond zum Beispiel ist besonders an der Bildung des Kopfes beteiligt. Jedesmal, wenn Vollmond ist, wird an der Antlitzseite des Kopfes gearbeitet, bei Neumond an der Rückseite, die Viertel wirken auf die Seitenteile. Wie ein Künstler nicht ein Teil seines Werkes ganz vollenden und die anderen Teile ganz im Rohen lassen kann, so wird der Menschenleib im Laufe des Embryonallebens ganz allmählich aus den unmittelbar wirkenden kosmischen Kräften aufgebaut. Der spätere, durch die Geburt an die Erdenbedingungen angepasste Leib erlebt zwar auch diese Kräfte (siehe 2. und 3. Rundschreiben II), aber sie sind nicht mehr so unmittelbar in das Gefüge seines Organismus eingreifend, und vor allem entziehen sie sich seinem Bewusstsein. Es liegt zwischen den beiden geschilderten Zuständen eben die *Geburt*, die in so gewaltiger Weise einen Einschnitt im Gesamtmenschenleben darstellt. Mit dem ersten Atemzuge dringt die Erdenwelt in den Menschen ein, er emanzipiert sich bis zu einem gewissen Grade von dem Kosmos. Dieser aber drückt sich in demselben Augenblick durch ein bleibendes Abbild im Gehirn ab. Rudolf Steiner sagt darüber in «Die geistige Führung des Menschen und der Menschheit»[59]:

«Wenn man das physische Gehirn eines Menschen herausnehmen und es hellseherisch untersuchen würde, wie es konstruiert ist, so dass man sehen würde, wie gewisse Teile an bestimmten Stellen sitzen und Fortsätze aussenden, so würde man finden, dass das Gehirn bei jedem Menschen anders ist. Nicht zwei Menschen haben ein gleiches Gehirn. Aber man denke sich nun, man könnte dieses Gehirn mit seiner ganzen Struktur photographieren, so dass man eine Art Halbkugel hätte und alle Einzelheiten daran sichtbar wären, so gäbe dies für jeden Menschen ein anderes Bild. Und wenn man das Gehirn eines Menschen photographierte in dem Moment, in dem er geboren wird, und dann auch den Himmelsraum photographierte, der genau über dem Geburtsort dieses Menschen liegt, so zeigte dieses Bild ganz dasselbe wie das menschliche Gehirn. Wie in diesem gewisse Teile angeordnet sind, so in dem Himmelsbilde die Sterne. Der Mensch hat in sich ein Bild des Himmelsraumes, und zwar jeder ein anderes Bild, je nachdem er da oder dort, in dieser oder jener Zeit geboren ist. Das ist ein Hinweis darauf, dass der Mensch herausgeboren ist aus der ganzen Welt» (3. Vortrag).

Vielleicht wird es einmal möglich sein, auch anatomisch-physiologisch das hier Gesagte nachzuweisen! Während der geschilderte Gehirn-Aufbau so im Laufe des ganzen Embryonallebens geschieht, bringt der Geburtsmoment jene Einprägung, die dann mit dem Sternenhimmel übereinstimmt. Es geht aus den angeführten Worten klar hervor, dass auch die Erde sich in diesem Bilde geltend macht, das der Mensch durch das Leben mit sich trägt. Sie spielt herein durch den genauen geographischen Ort und den genauen Augenblick des Tages oder der Nacht, an dem die Geburt stattfindet, das heisst, durch das Auftreten von Horizont und Meridian. Der Horizont teilt den Tierkreis und den ganzen übrigen Sternhimmel in zwei Teile, deren einer sich über der Erde sichtbar erhebt, deren anderer von der Erde zugedeckt wird, so dass die Sternbilder und die Planeten, die sich in diesem Teile befinden, nur durch die Erde hindurch wirken, dadurch eine teils abgeschwächtere, teils aber auch geistigere Wirkung ausüben können. («Sonne um Mitternacht»!) Welche Teile sich gerade über dem Horizont befinden, das hängt von der Stunde der Geburt ab; dadurch ist auch bedingt, welches von den Tierkreissternbildern sich gerade im Osten befindet, an der Stelle, wo Tierkreis (oder Ekliptik) und Horizont sich schneiden. Es ist das der sogenannte Aszendent, das Sternbild, das gerade im Aufgehen begriffen ist. Auch der Breitegrad des Geburtsortes, der die Polhöhe bezeichnet, unter der man geboren wird, differenziert das Himmelsbild von der Erdenseite her. Wie die Sonne sich in das Himmelsbild hineinstellt, ist von Erdenverhältnissen abhängig, nicht nur von der Tageszeit, sondern auch von der Jahresbewegung. Die Sonne befindet sich an einem bestimmten Punkt ihrer Jahresbahn, sie nimmt den Menschen bei der Geburt in ihren Kreislauf auf, ob Sommer oder Winter, kalte oder warme Jahreszeit, – es wird Schicksal, Realität für den Neugeborenen, etwas, das sich plötzlich wie kristallisiert und nun am Ausgangspunkte stehen bleibt. Da drückt sich das «Zeichen» aus, in welchem der Mensch geboren wird, der Monat als Teil des Jahreslaufes, der Sonnenstand im Verhältnis zum Erdenplaneten.

Es soll hier zur Erläuterung des Gesagten ein solches Himmelsbild wiedergegeben werden, wie es am 21. März dieses Jahres (1929), etwa 6 Uhr Ortszeit, für Dornach sich darstellen würde *(Zeichnung 38)*. Der Ostpunkt ist links, der Westpunkt rechts genommen, also entgegengesetzt der

Zeichnung 36 (Seite 196), die von Rudolf Steiner herrührt. (Er pflegte überhaupt den Tierkreis so aufzuzeichnen, wie man ihn oft auf alten Sternkarten findet, in der Richtung der Zeigerbewegung der Uhr. Hier ist die sonst übliche Darstellungsweise beibehalten worden; nur auf die sogenannten «Häuser» der äusseren Astrologie ist keine Rücksicht genommen.) Die Zeichenebene ist diejenige des Tierkreises, die Ost-Westlinie der Durchschnitt des Horizontes, die Senkrechte stellt den Meridian von Dornach (47½° nördliche Breite) dar. Für den hier gewählten Moment (den oft besprochenen Äquator-Übergang der Sonne, die also genau im «Frühlingspunkt» steht) muss der Meridian senkrecht, das heisst, die Ekliptik mitten durchschneidend, dargestellt werden. Sobald aber der Tierkreis nicht mehr genau im Ost- und Westpunkt mündet, sondern mehr nach Süden oder nach Norden hin seinen Aufgangspunkt hat, muss die Meridianlinie dem Horizont gegenüber als schräg gezeichnet werden. Es rührt das selbstverständlich nicht von der Lage des Meridians selber her, der für jeden Ort eine unveränderliche Richtung hat – vom Norden über Polpunkt und Zenit zum Süden gehend –, sondern von der veränderlichen Lage des Tierkreises,

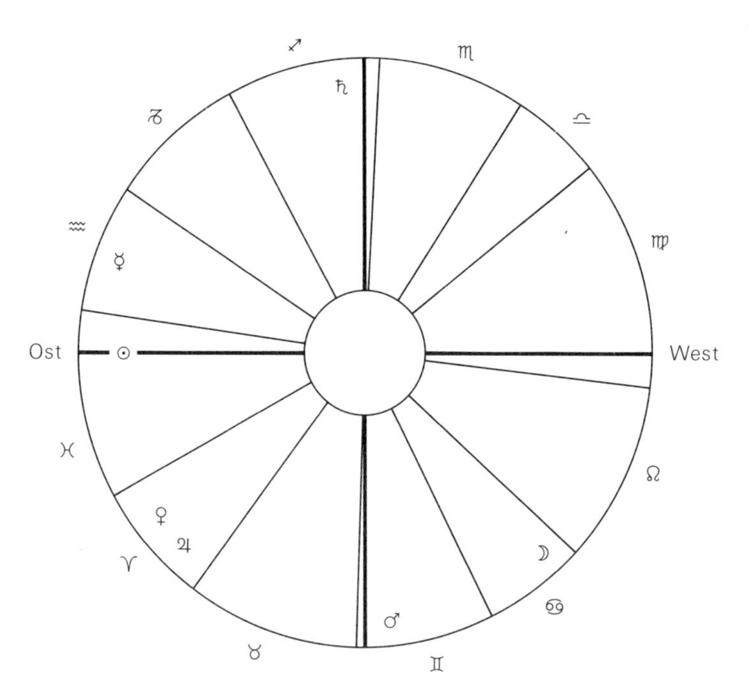

Zeichnung 38: Es sind die wirklichen Stern*bild*-Bereiche gezeichnet.

der sich bald flacher, bald steiler zum Horizont stellt, je nach der Tages- und Jahreszeit, und dadurch auch zum Meridian des Ortes eine wechselnde Stellung einnimmt (vgl. Seite 59 f.).

Das, was sich in der geschilderten Art im Menschen abdrückt, bleibt das ganze Leben wirksam als Grundlage dessen, was man das *Horoskop* (die «Stundenschau») nennt. Was errechnet und aufgezeichnet werden kann – wenn es nicht, wie in ganz frühen Zeiten, wirklich geschaut, «erspäht» wird –, das ist dasselbe wie dasjenige, was der Mensch gewissermassen als Siegelabdruck der geistigen Welt mit ins Leben bekommt. In der «Geistigen Führung des Menschen und der Menschheit» drückt Rudolf Steiner dies mit den Worten aus:

«Wenn ein Vergleich gebraucht werden dürfte, so könnte man sagen: Man denke sich jeden Menschen unter dem Bilde einer spiegelnden Kugel. Wenn man sich einen Kugelspiegel aufgestellt denkt, so gibt er Bilder seiner ganzen Umgebung. Man nehme an, wir führten mit dem Stift die Umrisse nach, welche die ganze Umgebung abbilden. Man könnte dann den Spiegel nehmen und das Abbild überall hintragen. Dies sei ein Sinnbild für die Tatsache, dass, wenn ein Mensch geboren wird, er ein Abbild des Kosmos in sich trägt, und dann die Wirkung dieses *einen* Bildes durch das ganze Leben mit sich führt[59].»

Von diesem Bilde wissen wir, dass es nichts für die Menschenseele Zufälliges darstellt, sondern in einer wahrhaft wunderbaren Weise eine Zusammenfassung ist des ganzen kosmischen Vorlebens der Seele, die da durch die Geburt schreitet. Was der Mensch mit den Planeten, namentlich den oberen, zusammen mit der Sternenwelt durchgemacht hat, wie er beim Herabsteigen durch die Sphären die Planeten antrifft, das ist in diesem Himmelsbilde des Geburtshoroskopes enthalten. Was das Ich, die unsterbliche Wesenheit des Menschen, in den langen Zeiträumen des kosmisch-geistigen Daseins an Kräften erlebt hat, das schafft sich einen Ausdruck in dem Stand von Sternen und Planeten im Verhältnis zur Erde bei der Geburt. Auch dieser Umstand wird in dem angeführten Werk «Die geistige Führung»[59] (das mit den Leitsatzbriefen[8] zusammen überhaupt die Grundlagen einer neuen Astrologie bietet) klar geschildert:

«Mit diesen geistigen Kräften des Kosmos steht der Mensch in Verbindung; und zwar jeder Mensch in einer besonderen Weise, je nach seiner Individualität. Er lebt, wenn er in Europa geboren ist, mit den Wärmeverhältnissen usw. in einem anderen Zusammenhange, als wenn er zum Beispiel in Australien geboren wäre. Ebenso steht er im Leben zwischen Tod und neuer Geburt in Beziehung: der eine mehr zu den geistigen Kräften des Mars, der andere mehr zu denen des Jupiter, mancher mehr zu jenen des ganzen Planetensystems überhaupt usw. Und diese Kräfte sind es auch, die den Menschen wieder auf die Erde zurückführen. So lebt er die Zeit vor einer Geburt mit dem gesamten Sternenraum in Verbindung.

Nach diesen besonderen Verhältnissen eines Menschen zum kosmischen System bestimmen sich auch die Kräfte, die einen Menschen zu diesem oder jenem Elternpaar, in diese oder jene Gegend hinleiten. Der Trieb, der Impuls, sich da oder dort, in diese oder jene Familie, in dieses oder jenes Volk, zu diesem oder jenem Zeitpunkt zu inkarnieren, hängt davon ab, wie der Mensch vor der Geburt in den Kosmos eingegliedert ist» (3. Vortrag).

Wir finden da dasjenige kurz angedeutet, was in den vorhergehenden Rundschreiben ausführlicher geschildert worden ist. Der Mensch hat, namentlich in den letzten Zeiten des vorgeburtlichen Lebens, ein individuelles Verhältnis zur Sternenwelt und insbesondere zu einzelnen Planeten, die für sein Karma besonders bedeutsam sind, und diese sind es, die ihn ins physische Dasein herunter führen. «Und das Horoskop ist das, wonach er sich richtet, bevor er sich hineinbegibt in das irdische Dasein» (vgl. Seite 152). Das heisst, die Geburt muss so stattfinden, dass die Himmelskonstellation demjenigen entspricht, das vorher erlebt worden ist. Nehmen wir an, der Mensch habe seinen Kopf so ausgearbeitet, dass dabei Mars vor dem Widder steht, dass also «gewisse Widderkräfte nicht durch den Mars durchgelassen werden, dass sie abgeschwächt werden», er habe den Saturn besonders im Löwen erlebt, so würden bei der Geburt sich diese Konstellationen zeigen. (Wie wir wissen, wird auch eine Konstellation des letzten Todes wiederum in das Horoskop der neuen Geburt hineinspielen.) Die Kräfte des Widder–Mars, des Löwen–Saturn werden diesen Menschen zur Geburt treiben. *Sie* sind die realen Kräfte, und das, was sich am Himmel an Konstellationen zeigt, ist gewissermassen nur das photographische Abbild dieser wirkenden Kräfte. Wir haben schon früher davon gesprochen (vgl. Seite 150), dass der Mensch – theoretisch gesprochen – auch ohne diese «Photographie», ohne ein aus den Sternen ablesbares Horoskop zur Welt kommen könnte, da ja die kosmischen Kräfte nicht unmittelbar durch die äussere Erscheinung der Planeten und Sterne in der Werkwelt wirken. Dass dieser Zusammenhang da ist, dass es dem Menschen vergönnt ist, einen Zipfel seiner kosmischen Präexistenz zu lüften, wenn er den Aspekt des Sternenhimmels bei seiner Geburt betrachtet, das – so lehrte uns Rudolf Steiner – ist die Tat Michaels, die heute mehr eifrige als wirklich geistgemässe Anerkennung durch dasjenige findet, was als landläufige Astrologie in der Welt getrieben wird.

Diese Tat bringt eben mit sich, dass die Geburtsstunde, man möchte sagen, von langer Hand vorbereitet werden muss. Sie geht zunächst auf diejenige der Empfängnis zurück, wenn da auch Schwankungen vorliegen können. Wir werden auf diese Weise nur weiter in das geistige Vordasein zurückgeführt, da der Moment der Empfängnis wiederum in einem Zusammenhang mit dem Erleben der Seele in der Mondsphäre steht, diesem voran ging das Durchschreiten der Merkursphäre, das wiederum bei einer bestimmten Stellung des Merkur zur Sonne stattfand usw. Bei dem wechselnden Verhältnis von Sonne, Mond und Planeten zu den Tierkreisbildern muss nun derjenige Moment abgewartet werden, der die wesentlichen Merkmale des kosmischen Erlebens zeigt. Man könnte hier zunächst an eine ebenso grosse Kompliziertheit – wenn auch anderen Gründen entspringend – denken, wie bei dem Bestimmen der Vererbungsströmung in der Generationenfolge, von der wir sprachen. Wir wissen ja, dass die Planetenkonstellationen, wenn man sie sozusagen bis auf den Grad genau nimmt, sich eigentlich niemals wiederholen. Eine bis in alle Einzelheiten vorbestimmte Gesamtkonstellation würde vielleicht erst nach Jahrtausenden eintreten.

Wir müssen uns diese Verhältnisse nur nicht schematisch-abstrakt, sondern so recht lebendig vorstellen. Und dann findet man, dass sich zum Beispiel das Verhältnis der Seele zu den oberen Planeten in dem Horoskop in anderer Art ausdrückt als zur Sonne und den unteren Planeten. Hat eine besondere Beziehung des Mars, Jupiter oder Saturn zu einem der 12 Tierkreisbilder bestanden, so werden diese im Horoskop sich wiederfinden, zum Beispiel als Mars im Widder, Jupiter im Löwen usw. Es kann nun sein, und ist auch wohl zu allermeist der Fall, dass der Mensch nur zu *einem* dieser oberen Planeten eine besondere Beziehung entwickelt hat; dann wird er zur Geburt getrieben werden, wenn dieser Planet gerade in dem betreffenden Sternbilde steht, und zwar, wie wir gesehen haben, von den Kräften des Planeten selber. Handelt es sich zum Beispiel um den Saturn, so wird dieser immer während je 2½ Jahren in einem bestimmten Sternbilde stehen und das wird sich in Abständen von je 30 Jahren wiederholen, so dass gewissermassen, wenn sonst die Bedingungen für die Geburt da sind, in solcher Zeit, wo der Saturn, sagen wir, wiederum im Löwen erglänzt, seine Kräfte den Menschen zur Erde herunterführen können. – Es können auch zwei der oberen Planeten ausschlaggebend sein, zum Beispiel Saturn und Jupiter, oder gar alle drei, wobei der Mars vielleicht eben dadurch wirkt, dass er vor dem Widder steht, ihn abschwächt, dann werden die drei Planeten aus ihren drei Sternbildern zusammen den Menschen zur Erdenwelt entlassen. Da jede beliebige Kombination der drei oberen Planeten in je einem Sternbilde des Tierkreises in der Regel alle 118 Jahre zurückkehrt, würde die Geburt in diesem Falle vielleicht erst längere Zeit, nachdem die betreffenden kosmischen Erlebnisse durchgemacht worden sind, stattfinden können. Doch würde ein solches starkes Hereinwirken von allen drei obersonnigen Planeten auch nur bei besonders veranlagten, bedeutenden Seelen geschehen können, bei denen die neue Inkarnation eben durch lange Zeiträume vorbereitet werden muss. (Diese Regeln werden wohl keine einfache Anwendung finden können für den Ausnahmefall einer raschen Wiederverkörperung am Ende des Jahrhunderts, von dem Rudolf Steiner sprach. Doch sagte er auch, dass dieses unter Durchbrechung mancherlei Wiederverkörperungsgesetze geschehen müsse; 14. August 1924).[80]

Aus dem abstrakt errechneten Horoskop lässt sich wohl nicht immer ablesen, ob und in welchem Masse einer oder zwei oder drei von den oberen Planeten als besonders wirksam angesehen werden müssen. Da spielt eben die Individualität eine Rolle, die je nach der Entwicklung ein ganz anderes Verhältnis zu ihrem Horoskop haben muss. Da genügt kein Errechnen, sondern nur die wirkliche Intuition.

Wir können hier an das Verhältnis denken, das die einzelnen Personen der Mysteriendramen[60] zu den drei Seelenkräften «Philia, Astrid, Luna» haben. In den letzten drei Dramen werden sie genannt: «die geistigen Wesenheiten, welche die Verbindung der menschlichen Seelenkräfte mit dem Kosmos vermitteln», wozu dann noch die «andere Philia» kommt, «die geistige Wesenheit, welche die Verbindung der Seelenkräfte mit dem Kosmos hemmt». (In «Der Seelen Erwachen» wird sie genannt: «die Trägerin des Elementes der Liebe in der Welt, welcher die geistige Persönlichkeit angehört».) Rudolf Steiner hat in «Die Geheimnisse der Schwelle» (24. 8. 1913)[81] darauf hingewiesen, dass Maria im 9. Bild von «Der Seelen Erwachen» sowohl Astrid wie Luna als ihre Seelenkräfte objektiv wesenhaft erlebt, für Johannes ist es die andere Philia, für Capesius (im 13. Bild) die Philia selbst. Aus Rudolf Steiners Äusserungen wissen wir, dass es auf Bedeutsames hinweist, dass der Maria zwei von den drei kosmischen Geistwesen erscheinen, den beiden anderen nur eines.

Wir finden die Maria gleichsam in ihrer Rückerinnerung an die «Weltenmitternacht» des vorangegangenen Geistlebens zu zwei Planeten hingeführt, Johannes und Capesius zu je einem. Die Geistwesenheiten Philia, Astrid, Luna weisen allerdings durch sich selbst auf die unteren Planeten hin: Venus, Merkur, Mond – auch die andere Philia ist eine Venus-verwandte Wesenheit, mehr nach der luziferischen Seite hin –; sie vermitteln eben die Verbindung der Seelenkräfte mit dem Kosmos, namentlich mit der Sonne und den oberen Planeten, in deren Bereich sich die Weltenmitternacht abspielt. So sagt Philia zu Capesius im 13. Bild von «Der Seelen Erwachen»:

> «Was deines Selbstes Sonnenwesen strahlt,
> Wird dir Saturns gereifte Weisheit dämpfen.
> ...
> Ich werde dich dann selbst zum Hüter führen,
> Der an des Geistes Schwelle Wache hält.»

Vom Gesichtspunkt des Horoskops aus gesehen, kommt bei den unteren Planeten im wesentlichen ihr Verhältnis zur Sonne in Betracht. Wir wissen, dass von dem Stehen des Merkur, der Venus zur Sonne – ob in Konjunktion oder Elongation, ob Morgen- oder Abendstern – die Intensität des Nationalgefühles, des Familiengefühles einer Seele abhängt. Auch manches Organische, Temperament und dergleichen, die äussere Verstandes- und Liebefähigkeit in einer Inkarnation sind an diese unteren Planeten gebunden. Für die beiden Planeten Merkur und Venus sind die Sternbilder, in denen sie sich befinden, nicht von solcher Bedeutung wie für die oberen Planeten. Die grössere oder geringere Entfernung, die sie im Geburtshoroskop von der Sonne haben, spiegelt im wesentlich die Erlebnisse wider, die die Seele beim Durchschreiten der betreffenden Sphäre hatte. – Der Mond wiederum hat ein starkes Verhältnis zu den einzelnen Sternbildern des Tierkreises, er ist sternen-verwandt in seinem Wesen; auf der anderen Seite, wie wir genügend gesehen haben, sind seine Phasen, das ist sein Verhältnis zur Sonne, von grosser Bedeutung. Der Mond ist es eigentlich, der zuletzt die Geburt des Menschen bewirkt.

Die Sonne selber bringt im Horoskop das Doppelverhältnis zum Ausdruck, das sie einerseits zu den eng mit ihr verbundenen unteren Planeten, andererseits zu den mehr frei von ihr sich bewegenden oberen Planeten hat. Das «Zeichen», in dem sie steht, und auf das so einseitig das Interesse heute gerichtet ist, wenn man nach den gebräuchlichen Regeln ein Horoskop stellt, weist hinunter zur Erde, es zeigt die Menschenseele, die von der Sonnensphäre aus durch die Venus-, Merkur- und Mondsphären zur Erde herabsteigt. Nimmt man die Sonne dagegen im Verhältnis zu dem wirklichen Tierkreissternbilde, in welchem sie bei der Geburt steht, so haben wir etwas von dem Erleben des Menschen, der als reine Geistwesenheit aus den Sternenwelten durch Saturn-, Jupiter- und Marssphären herabgestiegen ist, der noch nicht den Astralleib neu gebildet hat. Schicksalskündung ergibt sich aus der Betrachtung der «Zeichen», geistig-individuelles Erleben aus der Betrachtung der Sternbilder (auf den Unterschied zwischen beiden wurde im 11. und 12. Rundschreiben I hingewiesen).

Auch das unmittelbare Verhältnis der Planeten zur Erde im Augenblick der Geburt muss noch ins Auge gefasst werden. Es ist, wie wir schon sagten, verschieden, je nachdem die Planeten sich über oder unter dem Horizont befinden (vgl. das Himmelsbild auf Seite 202: drei Planeten sind oberhalb, vier sind unterhalb der Erde, also unsichtbar). Rudolf Steiner hat einmal an einem Beispiel aufgezeigt, was es bedeutet, wenn ein Mensch bei seiner Geburt und der darauffolgenden Zeit den Jupiter am nächtlichen Himmel glänzen (das heisst also, in Oppositionsstellung zur Sonne) hat.

«Bedenken Sie, dass dadurch, dass der Mensch also in den Kosmos eingegliedert ist, es etwas anderes ist, ob der Mensch auf einem Punkte der Erde steht und – sagen wir – Jupiter glänzt vom Himmel, oder ob der Mensch hier steht auf der Erde, und Jupiter ist von der Erde zugedeckt. Die Wirkungen in dem einen Falle sind direkt auf den Menschen, die Wirkungen in dem anderen Falle sind so, dass die Erde sich dazwischen stellt. Das gibt einen bedeutsamen Unterschied. Jupiter, haben wir gesagt, steht mit dem Denken in Beziehung. Nehmen wir an, da, wo das menschliche physische Denkorgan in seiner vorzugsweisen Entfaltung ist, da erlebt der Mensch, also bald nach seiner Geburt, von seiner Geburt aus erlebt der Mensch es, dass Jupiter ihm zuglänzt seine Wirksamkeit. Der Mensch bekommt die direkte Jupiterwirkung. Sein Gehirn wird ganz besonders zum Denkorgan umgegliedert. Er bekommt eine gewisse Anlage zum Denken. Nehmen wir an, der Mensch verlebt diese Zeit so, dass der Jupiter auf der anderen Seite ist, dass also die Jupiterwirkungen durch die Erde gehindert sind; da wird sein Gehirn wenig umgestaltet zum Denkorgan. Dagegen wirkt die Erde mit ihren Stoffen und Kräften in ihm, und alles, was von den Stoffen der Erde ausgeht, wird vielleicht gerade umgestaltet – sagen wir – durch die Mondenwirkungen, die ja immer in einer gewissen Weise da sind. Der Mensch wird nur ein dumpf Träumender, ein dumpf bewusstes Wesen, das Denken tritt zurück. Dazwischen liegen alle möglichen Grade. Nehmen Sie an, ein Mensch habe aus seiner früheren Inkarnation solche Kräfte in sich, welche sein Denken prädestinieren, besonders ausgebildet zu sein in dem Erdenleben, das er nun antreten soll; dann schickt er sich an, auf die Erde herunterzukommen. Er wählt sich, da ja der Jupiter seine bestimmte Umlaufszeit hat, diejenige Zeit, in der er auf der Erde erscheint, in der er auf der Erde geboren werden soll, so, dass der Jupiter direkt die Strahlen zusendet. – Auf diese Weise gibt die Sternkonstellation dasjenige ab, in das der Mensch sich hineingeboren werden lässt nach den Bedingungen seiner früheren Erdenleben[82].»

So sehen wir, wie das Karma der vorhergehenden Leben sich in dem Horoskop ausdrückt, indem es zu Kräften wird, die den Menschen in die

Geburt hineintreiben. So wahr dieses ist, so wahr ist auch dasjenige, was unmittelbar auf die oben angeführte Stelle im Vortrag folgt:

«Dasjenige, was sich Ihnen da erweist, von dem muss sich ja allerdings der Mensch heute im Bewusstseinszeitalter immer mehr und mehr frei machen. Aber es handelt sich darum, dass er sich in der richtigen Weise frei macht davon ... Was wir auf die Art aus der Geisteswissenschaft entwickeln, wie ich es dargestellt habe in ‹Wie erlangt man Erkenntnisse höherer Welten?›, ist zugleich eine Anweisung dafür, dass der Mensch in der richtigen Weise unabhängig werde von den kosmischen Kräften, die aber trotzdem in ihm wirken. Indem der Mensch sich geboren werden lässt, lebt er sich in die Erde hinein, je nachdem die Sternkonstellation ist. Aber er muss sich ausrüsten mit Kräften, die ihn in der richtigen Weise unabhängig machen von dieser Sternkonstellation.»

Auf den Quell dieser Kräfte ist ja immer wieder hingewiesen worden. Er ist bei derjenigen Wesenheit zu finden, die um der Menschen Freiheit willen durch das Mysterium von Golgatha gegangen ist. Wir werden zu ihr geführt durch eine richtig verstandene Geisteswissenschaft. Wir verbinden uns neu mit dem Kosmos, indem wir uns von den alten Bindungen befreien durch die Kräfte der Erkenntnis und der Liebe, die uns durch den Christus werden können.

Die Zukunft der Astrologie
Das Leben Christi astrologisch betrachtet

9. Rundschreiben II, Mai 1929

Die in den letzten Rundschreiben gepflogenen Betrachtungen über Astrologie sollten dazu dienen, ein neues Bewusstsein von dem Verhältnis des Menschen zur Sternenwelt zu erwecken, das nur von einem wirklichen Sich-Einleben in die Gesetze der geistigen Welt kommen kann. – Es musste daher viel mehr Gewicht darauf gelegt werden, die Tatsachen, die sich auf das kosmische Leben des Menschen beziehen, in das Bewusstsein zu rufen, als neue (oder auch alte, bewährte) Regeln, sagen wir für die Deutung des Horoskops oder dergleichen zu geben. Wirklich zeit- und geistgemässe astrologische Regeln werden in der Zukunft erst durch eine gemeinsame Arbeit geschaffen werden können, eben auf Grund eines geistigen Erlebens und desjenigen, was uns auf diesem Gebiete von Rudolf Steiner – der auch da noch weitere Mitteilungen in Aussicht gestellt hatte – gegeben worden ist. Man nehme zum Beispiel dasjenige, was im Zyklus «Der Mensch im Lichte von Okkultismus, Theosophie und Philosophie»[72] (5. und 6. Vortrag) über das Verhältnis der Tierkreisbilder zur menschlichen Gestalt und insbesondere, was im 9. Vortrag über das Zusammenwirken von Sonne, Mond und Venus im dreigliedrigen Menschen gesagt worden ist, oder im Zyklus «Christus und die geistige Welt»[83]. Solchen Ausführungen liegt eine astrologische Weisheit vom Menschen zugrunde, die in ihrer weiteren Verarbeitung eben dasjenige ersetzen muss, was jetzt als Horoskoplesen und dergleichen getrieben wird.

Es braucht hier nicht wiederholt zu werden, was über das Bedenkliche des Horoskopdeutens gesagt worden ist. Gerade all das, was hier aus dem umfangreichen Lehrgut der Anthroposophie angeführt werden konnte, soll uns zeigen, wie andersartig die Betrachtung werden muss, die mit Recht und Frucht etwas aus dem Horoskop ablesen will. «Nur die höchsten, dem Menschen noch erreichbaren Grade der Intuition reichen da heran», schrieb Rudolf Steiner 1905 in Lucifer-Gnosis[84]. Wir können vielleicht hinzufügen, dass solche Intuition im Grunde genommen das Errechnen des Horoskopes überflüssig machen wird. Man konnte das an unserem Lehrer selbst erleben. Rudolf Steiner konnte einem Menschen Mitteilungen über dessen Geburtskonstellation machen, ohne das Horoskop überhaupt gesehen zu haben. Diese Mitteilungen waren allerdings nicht im landläufigen astrologischen Sinne gehalten. Aus dem, was über den Abdruck des

Horoskops bei der Geburt gesagt worden ist, können wir verstehen, welche Fähigkeit da im Spiele war.

Eine wirkliche astrologische Wissenschaft, so mussten wir ausführen, die so in der Kultur der Zeit darinnen stehen würde, wie zum Beispiel heute die Naturwissenschaft, die Technik voll darinnen stehen, gibt es seit vielen Jahrhunderten nicht mehr. Aber es hat immer einen realen, konkreten Zusammenhang des Menschen mit der Sternenwelt gegeben, für den nur mit dem Heraufkommen der neueren Naturwissenschaft kein entsprechender Ausdruck da sein konnte, weil eben der Materialismus mit diesem Zusammenhang nichts anfangen konnte, und auch der Mensch im Zeitalter der Bewusstseinsseele die Aufgabe hatte, sich weitgehend vom Kosmos zu emanzipieren. Wir haben auch darauf hingewiesen (vgl. 2. Rundschreiben II). Wenn Michael die Sternenwelt mit dem Menschen durch die Geburtskonstellation verbunden erhalten hat, so war damit eine Tat verrichtet, die in der Zeit, da die Menschen am meisten abgeschlossen waren von der geistigen Welt, während der ganzen Zeit also, da Michael die Herrschaft über die kosmische Intelligenz entglitten war, doch noch einen Zusammenhang zwischen dem Menschen und der göttlichen Welt aufrecht erhielt. Man kann sehen, wie dadurch sogar in der Zeit des stärksten Materialismus im Menschen eine Ahnung von diesem Zusammenhang lebt. Wenn auch nur gewissermassen aphoristisch angedeutet, lebt eine solche Ahnung in dem berühmten Kantschen Ausspruch: «Zwei Dinge erfüllen das Gemüt mit immer neuer und stets zunehmender Bewunderung und Ehrfurcht: der gestirnte Himmel über mir und das moralische Gesetz in mir». Da nennt Kant – wenn er auch den konkreten Zusammenhang wohl niemals zugegeben hätte – doch in diesem Satz zwei Weltengebiete, die durch tief innerliche Gesetze miteinander verbunden sind, und man könnte sagen, es lebt mehr wahre Astrologie in diesem Ausspruch Kants als in manchem heutigen astrologischen Schmöker. Und sein Zeitgenosse, der etwas hausbackene Dichter Matthias Claudius, lässt seine «Sternseherin Lise», das schlichte Volkskind, dasselbe aussprechen, wenn sie nach getaner Arbeit um Mitternacht die Pracht der Sterne auf sich wirken lässt:

> «Dann saget, unterm Himmelszelt, das Herz mir in der Brust:
> ‹Es gibt was Bessres in der Welt als all ihr Schmerz und Lust.›
> Ich werf' mich auf mein Lager hin, und liege lange wach,
> Und suche es in meinem Sinn, und sehne mich darnach.»

Das Ahnen und Sehnen konnte nur durch eine neue Geisteswissenschaft befriedigt werden, nicht durch ein Aufwärmen alter astrologischer

Gesetze! Aber diese Geisteswissenschaft ist es zugleich, die den Menschen ganz real in ein anderes Verhältnis zur Sternenwelt und ihrer Gesetzmässigkeit bringt. Die Erkenntnisse, die sie ihm vermittelt, beschleunigen gewissermassen – wenn die Seele sie wirklich auf sich wirken lässt – einen Prozess, der seit dem neuen Michael-Zeitalter im Zunehmen begriffen ist und auf den am Schluss des letzten Rundschreibens mit den Worten Rudolf Steiners hingedeutet wurde. Der Mensch muss «sich ausrüsten mit Kräften, die ihn in der richtigen Weise unabhängig machen von der Sternkonstellation». Gemeint ist nicht so sehr die Geburtskonstellation, das Horoskop selber, das als kosmischer Ausdruck des Karma ja bestehen bleibt, sondern das Fortwirken der «Aspekte» im Leben, das Bestimmtsein des weiteren Lebensverlaufes durch die später eintretenden Aspekte oder Konstellationen, die, wie wir ausgeführt haben (Seite 156 ff.), sich immer auf die Geburtskonstellation zurückbeziehen. Der geistig sich entwickelnde Mensch unterliegt dem Zwange dieser Konstellationen nicht, wenn sie auch auf seine Leiblichkeit und auf die mehr äusseren Verhältnisse wirken mögen. Das sogenannte «progressive Horoskop», wie es die äussere Astrologie nennt, stimmt nicht mehr. Vergleicht er sein Schicksal mit dem, was es nach den gebräuchlichen astrologischen Regeln sein sollte, so kommt ihm dasjenige, was diese ihm darüber sagen können, etwas wie ein Zerrbild dessen vor, was er wirklich erlebt. So etwa, wie der Inhalt des Dramas «Die Enterbten des Leibes und der Seele»[85] sich zu demjenigen verhält, was die Hauptpersonen in der «Pforte der Einweihung»[60] und den folgenden Mysteriendramen erleben. – Dass der Mensch unter Umständen aus Notwendigkeiten der Weltentwicklung heraus mit einem nicht-stimmenden Horoskop zur Welt kommen könnte, das wurde auch schon kurz angedeutet.

Aus all diesem kann man ersehen, wie sehr eine Fortentwicklung der Astrologie davon abhängen muss, ob es Menschen gelingen wird, sich wirklich zu konkreter Geisterkenntnis zu erheben. Sonst bringen wir bloss Unheil in die Welt hinein. Mit ernsten Worten hat Rudolf Steiner auch darauf hingewiesen:

«Sie (die Astrologie) ist heute tot selbstverständlich, eine blosse Rechnerei. Sie wird erst dann wiederum lebendig, wenn die Dinge lebendig wiederum erfasst werden, wenn also nicht aus den Sternen etwa berechnet wird das Geburtsjahr des Christus Jesus, sondern wenn es geschaut wird mit jenem Schauen, das auf die geschilderte Weise heute errungen werden kann. Da beleben sich die Dinge. Leben ist heute nicht, wenn berechnet wird, ob der eine Stern zum andern in Opposition, in Konjunktion usw. steht, sondern wenn lebendig erlebt wird, was diese Oppositionen sind, wenn das innerlich erfasst wird, nicht in äusserer Mathematik. Damit soll gegen diese äussere Mathematik nichts Besonderes eingewendet werden. Sie kann natürlich auch sogar über manches Licht, allerdings über manches auch Dunkelheit verbreiten, aber sie ist nicht dasjenige, was im Schoss des wirklich heute Notwendigen für die Menschheit liegt. In der alten Weise können die Dinge auch nicht fortgepflanzt werden, sie würden eben nur Vertrocknetes, die Menschheitsentwickelung Lähmendes geben» (28.12.1918)[86].

Und doch wird die Astrologie eine bedeutungsvolle Zukunft haben, sobald sie nämlich zu einer wirklich *sozialen* Wissenschaft werden kann. Das ist sie heute entschieden nicht, wenn das auch bisweilen vorgespiegelt wird. Für unser Zeitalter kann man sagen, dass nur durch die Erkenntnisse der Geisteswissenschaft das soziale Leben gefördert werden kann. So drückt es Rudolf Steiner aus in den letzten Sätzen seiner Fragenbeantwortung über Astrologie[58], die zum grössten Teil im 2. Rundschreiben II wiedergegeben wurde:

«Man halte nur das Verständnis für solche Dinge nicht für wertlose, unpraktische Betätigung, ohne Beziehung zum wirklichen praktischen Leben. Der Mensch wächst durch das Einleben in die übersinnlichen Welten nicht nur in bezug auf seine Erkenntnis, sondern vor allem moralisch und seelisch. Schon eine schwache Vorstellung davon, welche Stellung er einnimmt im Zusammenhange des Sternensystems, wirkt zurück auf seinen Charakter, auf seine Handlungsweise, auf die Richtung, die er seinem ganzen Sein gibt. Und viel mehr, als sich heute mancher vorstellt, hängt eine Fortentwickelung unseres sozialen Lebens von dem Fortschreiten der Menschheit auf dem Wege zu übersinnlicher Erkenntnis ab. Für den Einsichtigen ist unsere jetzige soziale Lage doch nur ein Ausdruck des Materialismus im Erkennen. Und wenn dieses Erkennen von einem geistigen abgelöst werden wird, dann werden auch die äusseren Lebensverhältnisse besser werden.»

Zu diesen Erkenntnissen gehören in erster Linie die grossartige Kosmologie, die Rudolf Steiner entwickelt hat und diejenigen über das Leben zwischen Tod und neuer Geburt, die die Grundlage bilden zu der Erkenntnis des Karma und damit des Horoskops. Gelingt es, dieses Wissen in eine astrologische Erkenntnis umzusetzen, es mit einer wahren Menschenkunde, wie sie auch unserem pädagogischen und medizinischen Wissen zugrunde liegt, zu verbinden, so könnte es zu einem wirklich sozialen Wissen werden. Man muss sich aber klar sein, dass damit eine zukünftige Entwicklung eigentlich vorweggenommen wäre. Erst in der nächsten Kulturperiode, im 6. nachatlantischen Zeitraum, wird die Astrologie etwas wirklich Zeitgemässes sein, wird nicht bloss Erkenntnis, sondern unmittelbare menschliche Fähigkeit, wenigstens bei einem Teile der dann lebenden Menschheit, sein. So finden wir es dargestellt in dem Vortrag über die dreifachen Kräfte, die sich in der Zukunft «aus der Menschennatur selbst auf ganz elementare Weise herausentwickeln» werden[87]. Es sind die Kräfte des mechanischen, des hygienischen und des eugenetischen Okkultismus. Nur mit dem letztgenannten wollen wir uns im Sinne jenes Vortrages hier beschäftigen. Es ist diejenige Fähigkeit, die bei den Menschen des Ostens (von Russland ab gerechnet) zu einer wunderbaren praktischen und vor allem in tiefstem Wesen sozialen, nicht persönlich-egoistischen Astrologie führen wird.

«Eugenetische Fähigkeit nenne ich die Heraushebung der Menschenfortpflanzung aus der blossen Willkür und dem Zufall. Innerhalb der Bevölkerung des Ostens wird sich nämlich ein instinktiv helles Wissen entwikkeln, welches Kenntnis davon haben wird, wie mit gewissen kosmischen Erscheinungen parallel laufen müssen die Gesetze der Population; wie man, wenn man im Einklange mit gewissen Sternkonstellationen die Empfängnis einrichtet, dadurch Veranlassung gibt, gut gearteten oder übel gearteten Seelen den Zugang zur Erdenverkörperung zu verschaffen . . ., einfach im einzelnen zu schauen: wie ist das, was heute chaotisch, nach Willkür über die Erde hin wirkt – Konzeption, Geburt –, im Einklange mit den grossen Gesetzen des Kosmos im einzelnen konkreten Falle zu machen. Da nützen nämlich abstrakte Gesetze nichts, sondern was da erworben wird, ist eine konkrete einzelne Fähigkeit, die im einzelnen Falle wissen wird: jetzt darf eine Konzeption sein oder jetzt darf keine Konzeption sein» (1.12.1918)[87].

Wir sehen, es handelt sich da nicht um das Errechnen eines Geburtshoroskopes, noch viel weniger um den, heute schon hier und da getriebenen Unfug, nach selbstsüchtigen Erwägungen und vermeintlicher Einsicht ein Horoskop für den Konzeptionsmoment «unter günstigen Aspekten» im voraus aufzustellen. Es wird ja von einer *Fähigkeit* gesprochen, die sich bei den östlichen Menschen ausbilden wird. Das wird zu einer Epoche sein, die das Spiegelbild sein wird jener andern Zeit, welche ebenso lange vor dem Mysterium von Golgatha lag, wie diese nach ihr kommen wird und auf die schon hingewiesen wurde. Bei den Stämmen der Ingävonen im alten Germanien des 3., 4. vorchristlichen Jahrtausends durfte die Fortpflanzung nur zu bestimmter Jahreszeit geschehen, so dass die Geburten zwischen unser heutiges Weihnachten und Ostern fielen. Es folgte dann die Zeit der Freiheit und Willkür auf diesem Gebiete. Diese wird nicht von einer neuen Priesterherrschaft abgelöst werden, sondern der Mensch wird selber die

Gesetzmässigkeit in Übereinstimmung mit dem Kosmos regeln. Dazu wird man einerseits eine intime Verbindung herstellen müssen zu den Seelen, die da auf dem Wege sind zur Wiedergeburt, andererseits eben zu dem Geistig-Kosmischen, das sich in der Konstellation ausdrückt. – Heute muss uns das noch als verfrüht erscheinen. Wir sind erst dabei zu versuchen, die Verbindung mit dem Reiche der Toten in geistgemässer Art herzustellen: zu diesem Versuch hat Rudolf Steiner die schönsten, die mannigfachsten Anregungen gegeben. Das Reich der Ungeborenen zu suchen, hat er uns nicht gelehrt. Es ist ja auch ein Reich, das in ganz anderer Weise zum irdisch-menschlichen Egoismus steht als dasjenige der Toten. Doch muss schon auf eine zukünftige Entwicklung immer hingeschaut, die Fähigkeiten, die erst später kommen sollen, von einzelnen im voraus entwickelt werden. So möge das Betrachten der astrologischen Gesetzmässigkeiten, so wie sie uns heute zugänglich sind, dazu beitragen, dass ein bewussteres und reineres Verhältnis zu den kosmischen Reichen sich bilde, als es bis jetzt sein konnte.

Es sei hier nun gestattet, diese Gedanken an andere anzuknüpfen, die während der letzten Ostertagung (1929) von mir im Goetheanum vorgebracht werden konnten und die wiederum zurückführen zu der Wesenheit des Christus, dessen Leben und Taten für das ganze Verhältnis des Menschen zur Sternenwelt eine Umwälzung bedeuteten. Wir werden dabei auch das – allerdings errechnete – Himmelsbild im Augenblick des Mysteriums von Golgatha bringen. Rudolf Steiner gab ja in der 1. Auflage des «Seelenkalenders» 1912 unter den historischen Bemerkungen an: «Der 3. April 33 ist nach geisteswissenschaftlichen Ergebnissen Todestag Jesu Christi[44].» Es handelte sich dabei selbstverständlich nicht um ein Rechnen, sondern um ein Schauen im Sinne einer wirklich lebendigen Astrologie. Doch hat auch die nachträgliche Errechnung des «Horoskops», als sie seinerzeit – es war vor vielen Jahren – erfolgte, ihm anscheinend viel Freude gemacht.

Rudolf Steiner hat in den Vorträgen, deren Inhalt er als das «Fünfte Evangelium»[62] bezeichnete, einen Vergleich zwischen dem Christusleben und dem sonstigen Menschenleben gezogen, der uns zeigen kann, wie das Leben und Sterben des Christus zugleich die Empfängnis und die Geburt des Christusimpulses war. Sehen wir nicht einseitig auf dasjenige hin, was am Kreuz auf Golgatha gestorben ist, sondern auf dasjenige, was sich am Ostersonntage aus dem Grabe erhoben hat, dann haben wir die Schilderung einer Geburt, vorangegangen von einer Art Embryonalleben, gefolgt von einem «bis ans Ende der Tage» dauernden Erdenleben. Und wir können das Christusleben unter diesem Gesichtspunkt so betrachten, dass wir die Übereinstimmung mit dem Verlauf eines Menschenlebens überall finden.

Der Mensch steigt vor seiner Geburt von der Sonnensphäre durch die Planetensphären zur Erde herab, er durchwandert die Mondsphäre, tritt in die Erdensphäre ein. Auch der Christus kam von der Sonne, um sich mit einem auf Erden vorbereiteten Leibe zu verbinden, der nur nicht in dem Keimzustand war, in welchem die Menschenseele bei der Einkörperung in der 3. Woche den Menschenkeim antrifft, sondern der während 30 Jahren eine lange, sorgfältige und komplizierte Vorbereitung durchgemacht hatte. Wir wissen aus den Evangelienzyklen und anderem, wie der Leib des Jesus von Nazareth zustandegekommen war, jenes «nathanischen Jesusknaben», der dann für mehrere Jahre der Träger des Zarathustra-Ich wurde, wie das Zarathustra-Ich ihn verliess, unmittelbar vor der Taufe im Jordan. Dieser Augenblick der Taufe entspricht, für das Herabsteigen des Christus auf die Erde, dem Moment der Empfängnis des Menschen.

Dieser Vergleich und die noch folgenden sollen gewiss nicht so behandelt werden, dass sie durch übermässiges Pressen zu Unmöglichkeiten führen. Aber sie weisen durch sich selbst auf tiefste Zusammenhänge hin, wenn wir die Übereinstimmung in geistiger Weise aufsuchen. – Im Elemente des Wassers vollzieht sich die Johannes-Taufe, die ja nicht ein blosses «Taufen» im heutigen Sinne, sondern ein vollständiges Untertauchen in das Jordanwasser war: im Elemente des Wassers lebt der Mensch im Embryonalzustand. Durch das Wasser werden ihm die kosmischen Kräfte vermittelt. Daher hat der Embryo kein «Horoskop», sondern er schwingt mit allen Planetenkonstellationen mit, er steht mit diesen in einem fortwährenden Zusammenhang. Von dem Christus-Jesus wissen wir, dass er die augenblicklich vorhandenen Planeten- und Stern-Konstellationen fortwährend in sich verwirklichte und sie seiner Umgebung übermitteln konnte. Das finden wir auch in dem Buche «Die geistige Führung des Menschen und der Menschheit»[59], das auf Pfingstvorträge zurückgeht, die Rudolf Steiner später selber als zum Fünften Evangelium gehörig bezeichnet hat.

«Bei einem andern Menschen wirken die kosmisch-geistigen Gesetze nur so, dass sie ihn in das Erdenleben hereinstellen. Dann treten entgegen diesen Gesetzen diejenigen, welche aus den Bedingungen der Erdenentwickelung stammen. Bei dem Christus Jesus blieben nach der Johannes-Taufe die kosmisch-geistigen Kräfte allein wirksam, ohne alle Beeinflussung durch die Gesetze der Erdenentwickelung.»

Der Christus hatte tatsächlich ein Verhältnis zu der kosmischen Umwelt, wie es der ungeborene Mensch hat, der vor den Erdenbedingungen eigentlich geschützt, in dem kleinen Raum lebt, wo die kosmischen

Kräfte walten können. Die Übereinstimmung ist wahrlich mehr als eine bloss oberflächliche. Bis zu diesem Grade, so können wir sagen, muss das Christuswort wirklich genommen werden: So ihr nicht werdet wie die Kindlein – sogar wie das Kindlein im Mutterschoss – ihr könnet nicht ins Himmelreich kommen. Der zur geistigen Freiheit aufsteigende Mensch, der durch Christus mit der geistigen Welt verbundene Mensch, lebt in dem Reiche der Himmel wie das Kind im Mutterleibe.

Das Kind ist da von seinen Hüllen umgeben. Diese Hüllen, drei an der Zahl, arbeitet es im Laufe der Embryonal-Zeit um zu dem, was dann nach der Geburt Ausdruck des Ätherleibes, des Astralleibes und des Ich ist. Auch bei dem Christus kann gesprochen werden von den drei Hüllen, in die er einzieht und die er umgestaltet, es sind der physische Leib, der Äther- und der Astralleib des Jesus von Nazareth. Die Umgestaltung aber ist eine Auflösung, eine allmähliche Zerstörung des physischen Leibes (so wie auch beim Embryo eigentlich Zerfallsprozesse mit den Hüllen der ersten Wochen vor sich gehen). Die Christuskraft verzehrte diesen doch so reinen, einzigartigen Menschenleib, wie eine Flamme reines Wachs verzehrt. Daher war dasjenige, was am Ende dieses 3 Jahre dauernden Embryonallebens stand, zunächst äusserlich genommen ein Tod. Der Tod dieses physischen Leibes, der noch vorher gewaltsam «für der Erde Heil und der Menschheit Fortschritt» durch den furchtbaren Akt der Kreuzigung hindurchgeführt werden musste. Erst dann, als am Kreuze das «Es ist vollbracht» erklang, war für die Erde die Geburt da, die Geburt des Christusimpulses. Und man kann sagen, dass in diesem Augenblick auch das Horoskop da ist, das Todes- und Geburtshoroskop zugleich darstellt, die Sternkonstellation von dem Mysterium von Golgatha, der Himmelsstand an jenem Nachmittag des 3. April des Jahres 33. Es hat dieses Horoskop, das hier wiedergegeben werden soll *(Zeichnung 39),* in der Tat manches vom Tode an sich. Und zu ihm gesellten sich die elementarischen Ereignisse, die mit solcher Wucht auftraten, dass sie wie kosmische Ereignisse wirkten. Finsternis war über der Gegend, die auch für den rückschauenden Blick, wie Rudolf Steiner sagte, sich wie eine Sonnenfinsternis ausnimmt und die doch keine gewesen sein kann, da das jüdische Passahfest ja mit Vollmond zusammenfällt. In der Tat ergibt die Berechnung, dass eine Sonnenfinsternis 14 Tage vorher war, bei Neumond, wie es ja sein muss, dass am Tage der Kreuzigung nur eine partielle Mondfinsternis stattfand, so dass der Mond in teilweise verfinstertem Zustande aufging, als die Sonne im Untergehen begriffen war. Die starke, stundenlange Finsternis über dem Lande Palästina war eine Verfinsterung der Sonne von der *Erde* her, wie eine gewaltige Erinnerung an die Zeit der kosmischen «Wirksamkeit»,

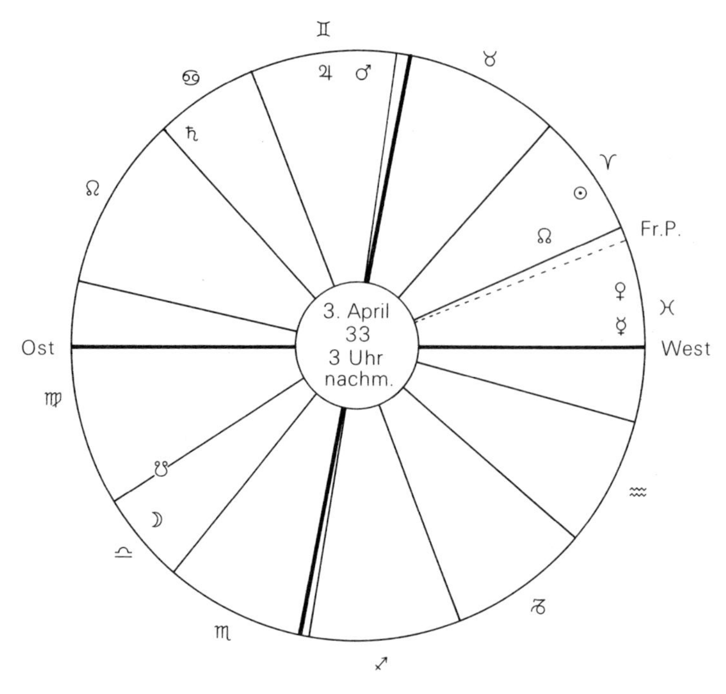

Zeichnung 39: Die Meridianlinie muss hier schräg eingezeichnet werden.

mitten in die «Werkwelt» hinein, so dass die Erde meteorologisch zum Ausdruck brachte, was eine geistige Realität war.

Die eigentliche «Geburt» vollzog sich dann erst am 3. Tage, am Ostersonntag in der Frühe, als der Auferstandene zum erstenmal der Maria Magdalena erscheint. Eine zarte Morgenstimmung liegt über dieser Erscheinung. Wir treffen zwar die Konstellation vom Karfreitag im wesentlichen wieder an - nur der Mond hat sich merkbar verschoben –, aber wie anders nimmt sich doch das Bild aus! Die Sonne war nach den Evangelienberichten kurz vor oder beim Aufgang (hier unmittelbar auf dem Osthorizont dargestellt, *Zeichnung 40*) –, vorangegangen von Venus und Merkur, die am Freitag-Abend, eben weil sie zur Zeit Morgenstern waren, nicht leuchteten, jetzt beide in hellem Glanz, Merkur sogar in «grösster Elongation» – in jener Gegend daher ebenso wie die Venus deutlich sichtbar. Der Mond, etwas über die volle Phase hinaus, steht nahe vor seinem Untergang. Saturn im tiefsten Punkt wie hinweisend in die Unterwelt, so wie er, im Zenit stehend, dem Erdenmenschen den Weg in die geistige Welt eröff-

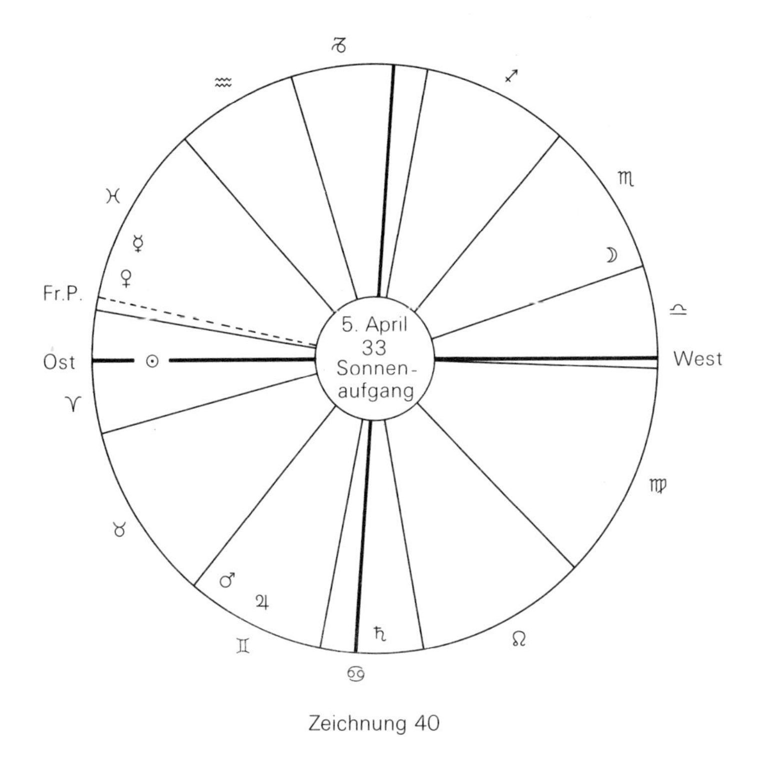

Zeichnung 40

net. Er versinnbildlicht gleichsam jenen Gang des Christus zu den Toten in der Unterwelt, der da stattfindet in der Zeit zwischen Tod und Auferstehung, die «Höllenfahrt Christi».

Wiederum muss darauf hingewiesen werden, dass es sich nicht um «Ausnahmestellungen» der Planeten usw. handelt, doch darum, diese Konstellation in ihrer Eigenart so zu lesen wie die Buchstaben einer Schrift, die ja auch ursprünglich nicht mehr waren als die Zahl der Planeten- und Tierkreiszeichen plus Sonne und Mond am Sternhimmel zusammen betrachtet.

Hat sich so die «Geburt» des Christus für die Erdenwelt vollzogen, folgt nun dasjenige, was dem Erdenleben des Menschen entspricht. Es sind die 40 Tage von der Auferstehung bis zur Himmelfahrt, jene Zeit, da der Christus mit seinen Jüngern in seinem Auferstehungsleibe verkehrte und sie unterrichtet über das Reich Gottes. Manches von dem, was dann in die christliche Gnosis übergegangen ist, hat seinen Ursprung in den übersinnlichen Lehren, die der Christus den Jüngern während dieses vierzigtägigen «Erdenlebens» erteilte. Dann verschwand er bei der Himmelfahrt vor ihren Blicken, so wie der Mensch, der stirbt, den Blicken seiner Angehörigen entzogen ist. Die Himmelfahrt entspricht also dem Tode des gewöhnlichen Sterblichen; die 10 Tage von Himmelfahrt bis zum Pfingstfest dem Leben in der Seelenwelt, dem «Kamaloka». Dann tritt der Mensch in die Geisteswelt, in die Sonnensphäre ein. Der Christus aber hat für die ganze Dauer des Erdendaseins auf das Sein in der Sonnensphäre, im «Himmel» überhaupt, verzichtet. Er bleibt bei der Erde, er zieht am Pfingsttage, als der Heilige Geist sich über die Jünger ausgiesst, endgültig in die Erdensphäre ein. «Er schlug seinen Himmel auf Erden auf», wie es im Fünften Evangelium heisst. Und während die Menschenseele in der Sonnensphäre – und was dann weiter darauf folgt – die Mitternachtsstunde des geistigen Daseins durchlebt, die wiederum den allerersten Anfang eines neuen Erdenlebens darstellt, bleibt der Christus immer weiter bei den Menschen auf Erden. Sein Weg, der sich mit dem Menschenweg durch Empfängnis, Geburt und Tod hin vergleichen liess, biegt da scharf ab, wo der Mensch in die Seligkeit des geistigen Schöpferdaseins eintritt, und wird ein Erdenweg. Mit den Erden- und Menschengeschicken ist der Christus seitdem verbunden. Und wenn er sich in der nächsten Zukunft noch intimer, noch stärker auch den Menschen wird zeigen können, dann wird er selber als der Tröster und Ratgeber, als der Beistand, der Paraklet auftreten, er wird, so wie er unmittelbar nach seiner Auferstehung die Jünger «anblies mit dem Heiligen Geiste», uns den Heiligen Geist selber vermitteln, der da ausgeht nicht nur vom Vater allein, sondern vom Vater und vom Sohne.

Über Kometen I

10. Rundschreiben II, Juni 1929

Nachdem die astrologischen Betrachtungen zu einem gewissen vorläufigen Abschluss gekommen sind, soll dieser 2. Jahrgang mit einigen mehr astronomischen Betrachtungen geschlossen werden, die sich auf das Wesen der Kometen, Meteore und Sterne überhaupt beziehen, wie das am Ende des 1. Jahrganges in Aussicht gestellt worden war.

Wenn die Kometen auch zu den viel beobachteten astronomischen Gegenständen gehören, sind sie doch solche Gebilde, denen man mit der gebräuchlichen materialistischen Auffassung am allerwenigsten nahekommt. Sie sind ja auch in der Geschichte der Menschheit mit bestimmten Anschauungen und Gefühlen betrachtet worden, die auf einen Zusammenhang zwischen den Kometen und der göttlich-geistigen Welt hinweisen, auf ein moralisches Element, das sie in besonderer Weise verkörpern sollen. Im Altertum brachte man sie sogar mit den Seelen der Verstorbenen in Verbindung. So finden wir bei Ovid die Schilderung, wie sogleich nach der Ermordung des Julius Cäsar seine Seele von der Göttin Venus zu den Sternen hinaufgetragen wird, und «Wie sie ihn trug ward licht und feurig der Geist und vom Busen liess sie ihn frei. Hoch über den Mond nun stieg sie im Fluge und im gedehneten Strich nachziehend das flammende Haupthaar glänzt er als Stern.»

Im Mittelalter lebte die Furcht vor den Kometen als «Zuchtruten Gottes», als Anzeichen von Unheil aller Art. Es ist gewiss viel Aberglaube mit dieser Anschauung verknüpft gewesen, den wir heute nicht erneuern wollen, doch weist sie in tieferem Sinne mehr auf das Richtige hin als die heutige wissenschaftliche Auffassung, die hauptsächlich bestrebt ist, die Kometen soviel wie nur möglich in das Netz der gebräuchlichen planetarischen Gesetzmässigkeit einzufangen. Rudolf Steiner verglich daher die Wissenschaft auf diesem Gebiet mit einer Fliege, die über ein Raffaelisches Gemälde kriecht und nun beschreiben würde, was sie an einzelnen Farbenflecken usw. wahrnimmt. Es ist eben eine Haupteigenschaft der Kometen, dass sie den Gesetzen des übrigen Sonnensystems nicht folgen; am wenigsten in der vorurteilsvollen Gestalt, die diese Gesetze im Newtonschen Gravitationssystem annehmen. Wir müssen daher auf das Wesen der Kometen in geisteswissenschaftlicher Beleuchtung eingehen.

Schon im allerersten Rundschreiben wurde von der Ausnahmestellung der Kometen im Sonnensystem gesprochen und von dem scheinbaren Widerspruch, dass sie – die in der Entwicklung zurückgebliebene Gebilde im Grunde genommen sind – von den Wesen der höchsten Hierarchie, den Cherubimen und Seraphimen beherrscht werden, noch über die Planeten und Sterne hinaus (vgl. Vortrag vom 10. 4. 1912)[5].

Unser Sonnensystem hat schon eine lange und komplizierte Vergangenheit hinter sich, und das, was sich in ihm befindet, steht daher auf verschiedener Stufe der Entwicklung – oder des Zurückbleibens. So sind die Kometen solche Wesen, die noch auf der Stufe des alten Mondendaseins stehen, die sich nicht voll nach den Gesetzen des heutigen Planetensystems benehmen können. Rudolf Steiner hat wiederholt hervorgehoben, er habe schon 1906[88] darauf hingewiesen, dass für die Kometen der Stickstoff und Stickstoffverbindungen wie das Cyan eine Rolle spielen müssen, entsprechend der besonderen Rolle, die dem Stickstoff auf dem alten Monde zukam. Als dann 1910 der Halleysche Komet spektroskopisch betrachtet werden konnte, wurde diese geisteswissenschaftliche Tatsache voll bestätigt[89], indem Blausäure – das Cyan – im Spektrum des Kometen nachgewiesen wurde[90].

Nun bilden aber die Kometen gerade den kosmischen Gegenpol zum heutigen Mond, der in anderer Weise etwas nicht ganz «Zeitgemässes» ist, der seine Entwicklung übersprungen hat, zu früh in die Verhärtung eingetreten ist, während die Kometen flüchtig, elementarisch geblieben sind, geistig zwar, aber mit einer nicht den übrigen Verhältnissen des Kosmos entsprechenden Körperlichkeit.

Rudolf Steiner hat besonders in der Zeit, als der Halleysche Komet am Wiedererscheinen war (Frühjahr 1910) wiederholt auf diesen Gegensatz zwischen Lunarischem und Kometarischem hingewiesen[91] als auf das kosmische Urbild eines anderen, menschlichen Gegensatzes, nämlich des Männlichen und Weiblichen im Sinne der Körperlichkeit. So wie der Mond seine Entwicklungsphase überschritten hat, zu früh in den Jupiter-Entwicklungszustand hineingegangen ist, dadurch verhärten musste, so ist der männliche Leib über den geeigneten Punkt der Entwicklung hinausgeschossen, ist verhärtet, zu sehr in die Materie hinabgestiegen. Der weibliche Leib dagegen ist zurückgeblieben hinter dem wahren Punkt der Entwicklung, ist zu weich, zu geistig geblieben, hat sich nicht genügend mit der Materie verbunden, er entspricht dem Kometen. Für den Kosmos ist eine Mitte, eine normale Stufe zwischen beiden Extremen von Mond und Kometen in Sonne und Erde gegeben; für den Menschenleib ist diese wahre Mitte nicht repräsentiert, es gibt nur die beiden Extreme.

Man kann hinweisen auf den Zeitpunkt, wo die Kometen in der Entwicklung des Planetensystems zurückgeblieben sind. Unser Sonnensystem hat seine jetzt geltende Gesetzmässigkeit eigentlich erst in der Mitte der atlantischen Zeit angenommen. Da wurde bei einem himmlischen Konzil von geistigen Wesenheiten beschlossen, dass die Planeten in Zukunft sich in bestimmten Bahnen nach besonderen Umlaufszeiten bewegen sollten. Diesen Umlauf besorgten nunmehr die «Geister der Umlaufszeiten», Nachkommen der Seraphime und Cherubime. Und so haben wir seit jener Zeit ein errechenbares Planetensystem. Nur die Kometen blieben ausgenommen. Sie sollten keine bestimmten Bahnen in bestimmten Zeiträumen beschreiben wie die Planeten. Sie werden von den Seraphimen und Cherubimen direkt in die physische Welt hineingeschickt, um ganz bestimmte Impulse zu verwirklichen. «So etwas Elementares, etwas, was aufrüttelt und in einer gewissen Beziehung notwendig ist, um den fortschreitenden Gang der Entwicklung vom Kosmos aus in der richtigen Art zu unterhalten, so etwas ist das Kometarische» (5.3.1910)[92]. Rudolf Steiner vergleicht daher das Auftreten eines Kometen mit dem Erscheinen eines Neugeborenen in einer Familie, es ist das Neue, im Grunde Unberechenbare, das den gewöhnlichen Verlauf des Alltags durchbricht, das auch in der Familie neue Verhältnisse hervorruft, die sich zunächst gar nicht überschauen lassen. So haben eben die Kometen bestimmte Aufgaben im Sonnensystem zu verrichten.

Wenn wir an die Sonnen- und Mondfinsternisse denken, so haben wir auch da etwas, was besondere Aufgaben gegenüber der Erde zu erfüllen hat. Für die Sonnenfinsternis ist diese Aufgabe sogar nicht ganz unverwandt derjenigen der Kometen (vgl. Anm. 40 und 10. Rundschreiben I). So wie bei Sonnenfinsternissen Böses von der Erde hinweg in das Weltall gelassen wird, so haben die Kometen die Aufgabe, astral-reinigend im Planetensystem zu wirken. Sie sind ein «äusseres Zeichen einer inneren Gesetzmässigkeit», sagte Rudolf Steiner. Nur folgen sie nicht einer streng rhythmischen Gesetzmässigkeit wie die Finsternisse. Sie erscheinen zunächst ganz willkürlich, als ein blosses geistiges Kraftzentrum, ziehen die schlechte Astralität an sich, und nachdem sie ihre Reise vollendet haben, laden sie gewissermassen diese schlechten Kräfte wieder in den allgemeinen Kosmos ab. Zu diesem Zweck müssen sie gerade von den höchsten Geistern, die unmittelbar bis in die physische Materie wirken können, von den Seraphimen und Cherubimen, in das Sonnensystem geschickt werden. Wenn auch nur wenige zu äusserer Sichtbarkeit besonders für das unbewaffnete Auge gelangen, so wissen wir doch seit Kepler – und die heutigen Beobachtungsmöglichkeiten haben diesen Ausspruch voll bestätigt

–, dass Kometen zahlreich sind wie die Fische im Meer. Für die Reinigung der astralen Atmosphäre wird somit gründlich gesorgt.

Wenn so von einer allgemeinen Mission der Kometen gesprochen wird, sind im wesentlichen die einmalig erscheinenden nicht-periodischen Kometen gemeint. Diese erscheinen in der Tat irgendwann, irgendwo, das Erscheinen ist nicht vorauszusehen, ist nicht an eine bestimmte Zeit und räumlich nicht an den Tierkreis gebunden, wo die Planeten alle ihre Bahnen beschreiben. Sie können an irgendeinem Punkt des Himmels zuerst auftreten, sei es am Nordpol oder Südpol, am Äquator oder irgendwo dazwischen. Andere Aufgaben haben wiederum die periodischen Kometen, deren Wiedererscheinen man oft mit mehr oder weniger grosser, aber niemals mit vollkommener Exaktheit angeben kann. Es wird gut sein, zuerst über die Bahnen, die äussere Gestalt und Eigentümlichkeiten der Kometen einiges zu sagen, bevor von der Aufgabe und Geschichte einzelner Kometen gesprochen wird.

Es ist bekannt, dass die Kometen sich in Kegelschnittbahnen um die Sonne bewegen, die in einem Brennpunkt steht. Die heutige Astronomie nimmt seit Kepler auch für die Planeten eine elliptische Bahnform an, die sich aber von einer Kreisform kaum unterscheidet, während die kometarischen Ellipsen viel mehr ovale, bei einigen sogar ausserordentlich langgestreckte Formen haben. Die Ellipse als Kometenbahn tritt, da sie die einzige geschlossene Form bei den Kegelschnitten ist (vom Kreise abgesehen) nur bei den periodischen Kometen auf. Diese durchlaufen, wenigstens anscheinend, immer wieder dieselbe Bahn, wie das auch bei den Planeten der Fall ist. Doch werden bisweilen Bahnen für elliptische angesehen, deren Kometen dann doch nicht zurückkehren. Es ist hier einerseits zu bedenken, dass der Komet nur über einen ganz kleinen Teil seiner Bahn wirklich physisch beobachtet werden kann, da wo er in Erdnähe ist, wobei dann bald die Sonne wiederum mit ihrem Glanz denjenigen Teil des Kometenweges unsichtbar macht, wo der Komet in Sonnennähe («Perihel») ist. Die wirklich beobachtete Strecke ist so klein, dass aus den darauf gegründeten Berechnungen nur schwer zu unterscheiden ist, ob es sich um eine elliptische (periodische) oder eine parabolische (nicht-periodische) Bahn handelt. Das erläutert *Zeichnung 41,* in der A B den wirklich beobachteten Teil der Bahn darstellt.

Doch werfen die Mitteilungen Rudolf Steiners noch ein anderes Licht auf diese Frage. Er hat öfter ausgeführt, dass im Grunde genommen, mit nur ganz wenigen Ausnahmen, der Komet sich *immer* auflöst, wenn er dem physischen Blick entschwindet (7. Vortrag)[5]. Kommt ein Komet scheinbar auf derselben Bahn wieder zurück, so hat er sich doch wieder neu gebildet.

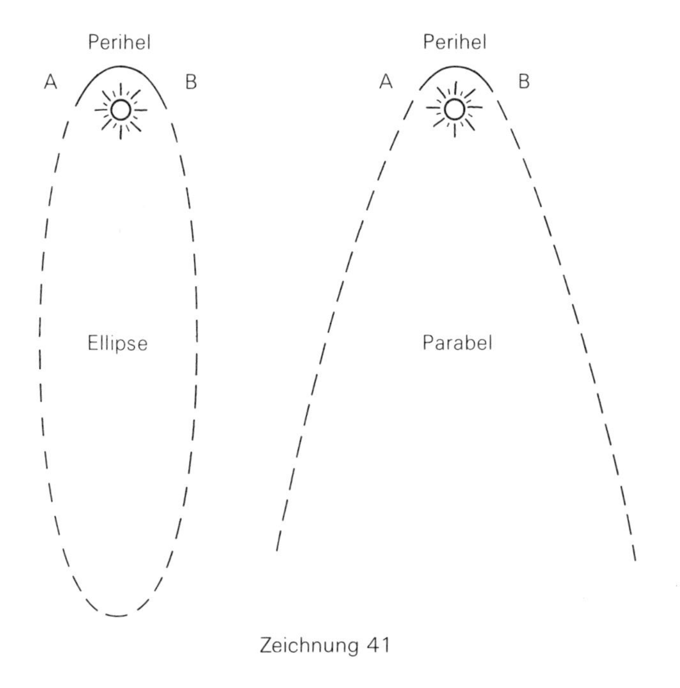

Zeichnung 41

Er ist in der Zwischenzeit (entsprechend dem punktierten Bahnteil) nicht in unserer dreidimensionalen Welt vorhanden. Er entsteht erneut als geistiges Kraftzentrum «auf der andern Seite». Wir können uns daher gut vorstellen, dass ein Komet, der längs einer parabolischen Bahn ins «Nichts» verschwunden ist (dieses «Nichts» ist aber das geistige Weltall), später auf einer andern parabolischen Bahn wieder neu entsteht, so dass eine Identität der beiden Kometen nicht festzustellen ist – ebensowenig wie mit nur äusseren Mitteln eine Identität, sagen wir, zwischen der Individualität des Raffael und derjenigen des Novalis festzustellen ist. Die zugrundeliegende Einheit ist ein Geistimpuls in der übersinnlichen Welt. Von diesem Gesichtspunkt aus ist der Unterschied zwischen elliptischen und parabolischen Kometenbahnen also kein so wesentlicher. Betrachtet man eine Bahn wie diejenige, die der Halleysche Komet nach der Berechnung haben müsste, dann sieht man, dass sie sich bis über die Neptunbahn hinaus erstrecken würde, das Planetensystem also eigentlich schon verlassen hat. Die Ellipsenform dieser Bahn entspricht ungefähr derjenigen der *Zeichnung 41*. Sie wird hier noch einmal gezeichnet, durchkreuzt von den verschiedenen Planetenbahnen, von der Marsbahn angefangen *(Zeich-*

nung 42). Wenn man bedenkt, dass zur Zeit, wo die «Periodizität» dieses Kometen erkannt wurde (von Halley, dem Zeitgenossen und Mitarbeiter Newtons), das Sonnensystem nur bis zum Saturn bekannt war, dann sieht man, welchen gewaltigen «Sprung ins Nichts» diese Kometenbahn damals bedeutete, und man versteht die Spannung, mit der seiner Rückkehr – die erste vorhergesagte und vorausberechnete Rückkehr eines Kometen überhaupt – 1759 entgegengesehen wurde. Wir werden auf diesen Kometen später noch zurückkommen.

Etwa 70 Kometen sind im ganzen für «elliptische» angesehen worden, doch von nur zwei Dutzend ist die «Rückkehr» wirklich beobachtet worden – von der wir ja jetzt wissen, dass sie eigentlich einer Neubildung des Kometen entspricht[94]. Einige ganz wenige Kometen sollen hyperbolische, die allermeisten parabolische Bahnen haben, doch kann dieser Unterschied, wie schon bemerkt, nicht viel besagen. Es ist aber interessant, fest-

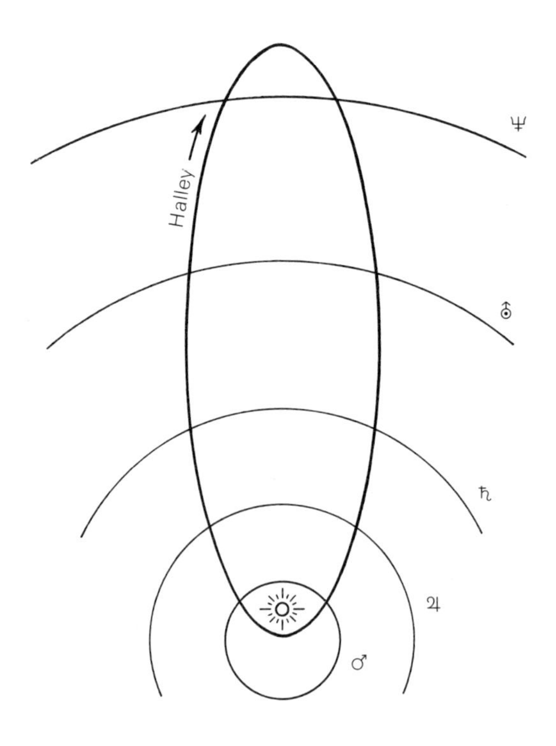

Zeichnung 42: Schematische Darstellung der Bahn des Kometen Halley.

zustellen, dass Kometen bei ihrem Erscheinen eigentlich niemals früher beobachtet worden sind als erst, nachdem sie in die Nähe der Marsbahn gekommen waren. Auch bei ihrem Wiederhinausgehen kann man die Kometen nur verfolgen bis in eine Entfernung, die derjenigen der Asteroiden, der kleinen Planeten zwischen Mars und Jupiter entsprechen, dann entschwinden sie auch dem Fernrohr[97]. (Gemeint ist hier, dass die Entfernungen – die man in der Astronomie errechnet hat für die Planeten und aus denselben Voraussetzungen heraus für einen Kometen an einem bestimmten Punkte seiner Bahn – solche Zahlen ergeben, aus denen sich das vorhin Gesagte schliessen lässt. Auf die Voraussetzungen, nach welchen diese Berechnungen gemacht worden sind, und auf die absolute Grösse dieser Zahlen kommt es hier nicht an, sondern bloss auf das Vergleichen dieser Grössen. Ebenso ist es bei den weiteren Angaben, die sich auf astronomische Berechnungen beziehen.) Es ist vielleicht eine einzige Ausnahme bekannt, bei der ein Komet – er erschien im Jahre 1889 [= 1889V] – über die Jupiterbahn hinaus bis nahe an die Saturnregion sichtbar war. Gerade die *Marssphäre* hat für die Kometen und Meteore grosse Bedeutung.

Wenn ein Komet zuerst sichtbar wird, sieht er zumeist wie ein kleiner Nebelfleck aus, der zunächst nur durch seine rasche Ortsveränderung beweist, dass er kein solches Gebilde ist. Er hat dann noch nicht den späteren «Kern», auch keinen Schweif, besteht nur aus einer leuchtenden Nebelhülle (Coma, daher der Name Komet), die als das eigentliche Urwesen des Kometen angesehen werden muss, ein wirklich «astrales Gebilde», denn in solcher Gestalt verlässt der Komet – nach seiner Reise um die Sonne – auch wieder das Blickfeld. Aus den Äusserungen Rudolf Steiners wissen wir, dass die Bildung von Kern und Schweif mit der Aufgabe des Kometen, astral-reinigend zu wirken, zusammenhängt. Während später der Kern das Sonnenlicht reflektieren soll, so wie Mond und Planeten es tun, muss von der Coma, dem eigentlichen Kometen, wohl Eigenlicht[98] ausgehen, wie die Sterne, die Nebelflecke und die Sonne es haben. Diese Tatsache kann uns begreiflich erscheinen, wenn wir des kosmisch-hierarchischen Ursprungs der Kometen gedenken und der Rolle, die Luzifer dabei spielt.

Das Erscheinen kann, wie gesagt, an irgend einer Stelle des Himmels geschehen, sei es im Grossen Bären, im Orion oder auch im Tierkreis. Der Komet bewegt sich dann immer auf den Tierkreis zu, da er sich der Sonne nähert, um die herum er dann – mit grosser Geschwindigkeit und zumeist in verhältnismässig sehr geringer Entfernung - seine Kurve beschreibt. Es wird hier das Bild einer solchen Kometenbewegung aus dem Jahre 1882

[=1882 II] (nach Flammarion) wiedergegeben *(Zeichnung 43),* aus dem man die rasche Ortsveränderung und die eigentümliche am Firmament beschriebene Kurve, die der theoretischen Parabel entspricht, erkennen kann. Im Sternbild des Sextanten unweit vom Löwen zuerst wahrgenommen, hat der Komet in kurzer Zeit die Sonne erreicht, die sich dann (17. September) bei dem Stern β in der Jungfrau befindet. Da hatte er sein «Perihel» und war am hellichten Tag sichtbar. Nachdem er – von der Erde aus gesehen – zuerst vor, dann hinter der Sonnenscheibe vorbeigegangen war, zog er seine Bahn weiter, die Wasserschlange durchquerend, zu den südlichen Sternbildern, ging durch den Grossen Hund, in weitem Bogen um den Sirius herum und verschwand nach neun Monaten in der Gegend zwischen Orion und Einhorn. Andere Kometen wiederum würden eine ganz andere perspektivische Bahn am Firmament zeigen.

Bisweilen früher, zumeist später (bisweilen überhaupt nicht) kommt es zur Schweifbildung, die für das menschliche Empfinden das Allercharakteristischste an dem Kometen ist und die auch für die Wissenschaft ein grosses Rätsel darstellt. Denn der Komet, der sich nach den Gesetzen der Schwerkraft richten soll, widerspricht diesen Gesetzen in seinem wesentlichsten Teil! Der Schweif bildet sich immer in der der Sonne entgegengesetzten Richtung, statt dass er von der Sonne angezogen wird (*Zeichnung 44*, vergleiche auch *Zeichnung 43*, in der ebenfalls die veränderliche Schweifrichtung dem Fortschreiten der Sonne im Tierkreis entspricht). In

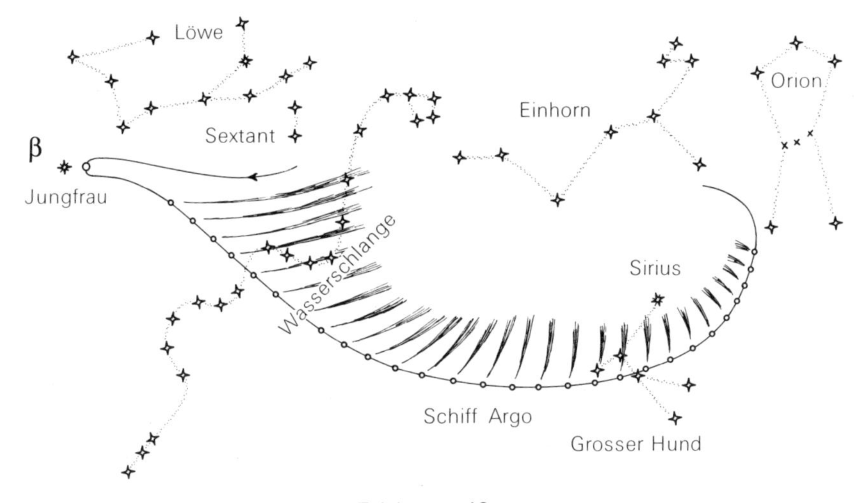

Zeichnung 43

solchem Falle hilft man sich leicht mit «elektrischen» oder ähnlichen Kräften, die eben abstossend wirken können. [Heute spricht man von Repulsivkraft oder Sonnenwind.] Doch führen auch alle sonst gewohnten Vorstellungen hier zu Unmöglichkeiten. Der auf *Zeichnung 44* abgebildete Komet, der 1843 [=1843 I] erschienen ist, soll bei seinem Perihel einen Schweif gehabt haben, der so lange war, dass er von der Sonne bis über die Marsbahn hinaus reichte (in astronomischer Auffassung: 250 Millionen Kilometer). Wenn aber der Komet in Sonnennähe kommt, beschleunigt er gewaltig seine Fahrt, so dass er, das heisst der Kern, bis 600 Kilometer in der Sekunde fortrasen soll. (Mit welcher Geschwindigkeit dann die Schweifspitze den Sonnenumschwung vollziehen soll, mag man sich ausrechnen – oder vorzustellen versuchen! Dabei gehen einige Kometen ausserordentlich nahe an der Sonne vorbei, so dass sie durch die Sphäre der sogenannten «Sonnenflammen» (Protuberanzen) hindurch müssen, aber von einem Einfluss der Sonne auf den Kometen, Kern oder Schweif, ist nichts zu spüren, weder Bahnstörung noch Veränderung in der Konstitution, ausser

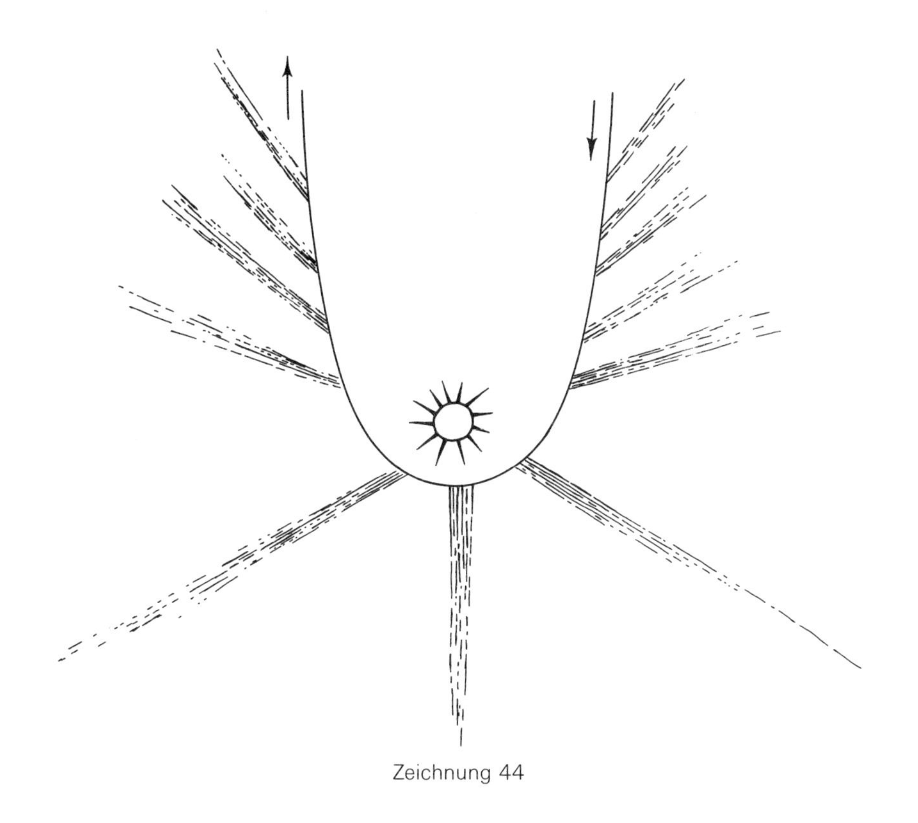

Zeichnung 44

zumeist eine auffallende Zunahme in der Grösse und Helligkeit des Schweifes. [Auf die Zerspaltung von Kometenkernen wird später eingegangen.] Der auf *Zeichnung 43* abgebildete Komet 1882 [=1882 II, September] brauchte 4½ Stunden für seinen Sonnendurchgang, das heisst, er zog während 1¼ Stunden auf der Sonnenscheibe vorbei, gute 2 Stunden dauerte sein Umschwung, in einer weiteren Stunde war er wieder hinter der Sonne hervorgetreten, deren Scheibe einen Durchmesser von 1 400 000 Kilometer haben soll (*Zeichnung 45* nach Meyer «Das Weltgebäude»[99]). Man sieht: hier liegen *Tatsachen* vor, wie zum Beispiel das wirklich beobachtete Vorbeigehen des Kometen an der Sonne, und doch kommt man mit diesen Tatsachen nicht zurecht, wenn man sie mit den gebräuchlichen Auffassungen erklären will. Rudolf Steiner sagt gerade über diesen Punkt in seinem Vortragskurs «Das Verhältnis der verschiedenen naturwissenschaftlichen Gebiete zur Astronomie»[31]:

«Wenn man nämlich die kometarische Natur verfolgt, so kommt man nicht zurecht, wenn man sich den kometarischen Körper auch so denkt, wie man gewöhnt ist, sich den planetarischen Körper zu denken. Den planetarischen Körper können Sie immerhin so darstellen, wie wenn er ein abgeschlossener Körper wäre und sich weiter bewegen würde, und Sie werden den Tatsachen nicht sehr widersprechen . . . Sie werden einen kometarischen Körper niemals verstehen in seinem Hinziehen, seinem scheinbaren Hinziehen durch den Weltenraum, wenn Sie ihn so betrachten, wie Sie

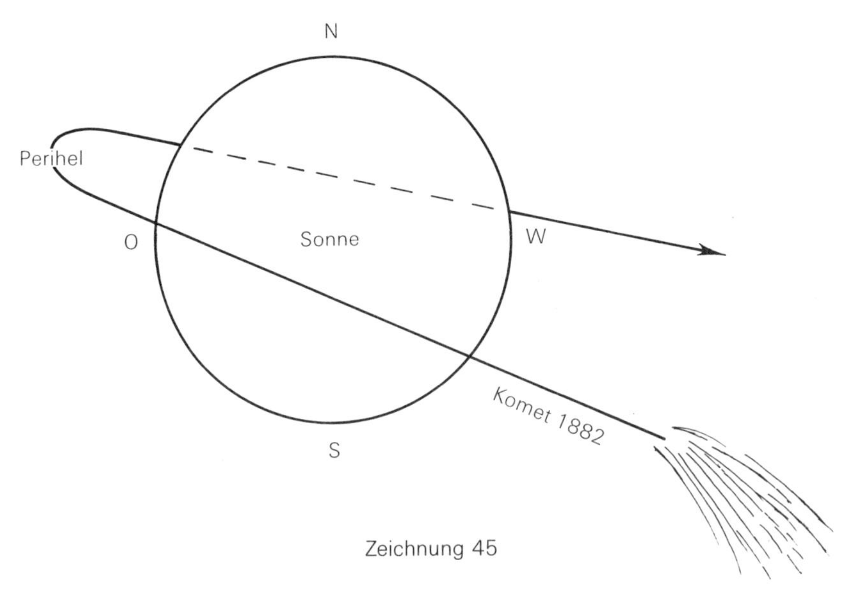

Zeichnung 45

gewöhnt sind, planetarische Körper zu betrachten. Aber versuchen Sie einmal, ihn in der folgenden Weise zu betrachten und alle empirischen Tatsachen, die es gibt, aufzureihen auf dem Faden dieser Betrachtungsweise. Denken Sie sich, in der Richtung hier, wie man sagen kann: gegen die Sonne zu, da *entsteht* fortwährend der Komet. Er schiebt seinen Kern, seinen scheinbaren Kern vor; rückwärts, da verliert sich die Sache. Und so schiebt er sich vor, auf der einen Seite immer neu entstehend, auf der andern Seite vergehend. Er ist gar nicht in demselben Sinn ein Körper wie der Planet. Er ist etwas, was fortwährend entsteht und vergeht, was vorne Neues ansetzt und hinten das Alte verliert. Er schiebt sich wie ein blosser Lichtschein (aber ich sage nicht, dass er ein solcher bloss ist) vorwärts . . . (*Zeichnung 46*).

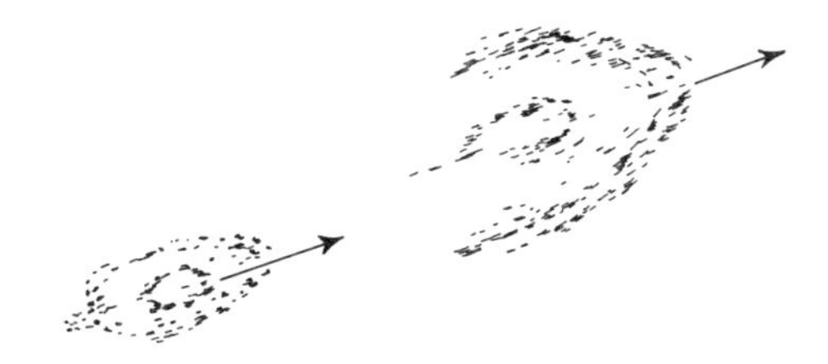

Zeichnung 46

Den Kometen müssen wir durchaus als etwas Flüchtiges ansehen, einen Ausgleich, wenn wir die Sonne und die Erde in Betracht ziehen, zwischen ponderabler Materie und imponderabler Materie; ein Sich-Begegnen von ponderabler und imponderabler Materie, die sich nicht gleich so ausgleichen, wie sie sich ausgleichen, wenn das Licht in der Luft sich ausbreitet, wo sich ja auch Ponderables und Imponderables begegnen, aber da breiten sie sich stetig aus, gewissermassen homogen, sie stossen sich nicht. Beim Kometen haben wir ein gegenseitiges Stossen, weil sie sich nicht anpassen. Nehmen Sie zum Beispiel Luft, und es geht das Licht mit einer gewissen Stärke durch die Luft hindurch, es breitet sich aus, homogen: wenn das Licht sich aber nicht schnell genug anpasst an die Luftausbreitung, dann geschieht gewissermassen (aber ich bitte, das nicht im mechanischen Sinn zu nehmen, sondern als etwas Innerliches) eine innerliche Reibung zwischen ponderabler und imponderabler Materie. Verfolgen Sie den Kometen, da ist diese durch den Raum ziehende Reibung von ponderabler und imponderabler Materie etwas fortwährend Entstehendes und Vergehendes» (18.1.1921).

Man ist ja auch in der Wissenschaft darauf gekommen, dass es sich bei dem Kometenschweif nicht um ein bleibendes Gebilde handeln könne und betrachtet ihn wie eine Rauch- oder Dampfsäule, die von den Gasen gespeist werden soll, welche bei der Sonnenannäherung durch die grosse Wärmeentwicklung aus dem sonst festen Kern frei werden. Mit solchen Vorstellungen kommt man nicht über den Materialismus hinaus, und es werden sich immer weiter Rätsel auf Rätsel türmen. Bei den Kometen aber liegen die wichtigsten Rätsel im Geistigen verankert. Was sie als Ausdruck und Werkzeug geistiger Wesenheiten sind, welcher Weltenkampf um sie gekämpft wird und welche Rolle die Meteore bei diesem Kampfe spielen – das ganze, gewaltige apokalyptische Wesen der Kometen soll uns, nach dieser mehr äusseren Einleitung, im nächsten Rundschreiben beschäftigen.

Über Kometen II

11. Rundschreiben II, Juli 1929

Wir haben gesehen, dass die Kometen in unserem Sonnensystem etwas ganz anderes darstellen als die Planeten, die die eigentlich gesetzmässigen Bewohner darin sind, während die Kometen dieser Gesetzmässigkeit nicht ganz folgen. Sie sind die mehr oder weniger unberechenbaren Wesen, scheinbar aus einer anderen Welt in unser Sonnensystem hineinragend. Und auch da, wo ein gesetzmässiger Zusammenhang zwischen den Kometen und dem Sonnensystem nun wirklich gefunden werden kann, muss er zunächst befremdend erscheinen. So zum Beispiel die Tatsache, dass – wenigstens früher – die Kometen besonders zahlreich auftreten zu Zeiten, wo sich besonders viele Flecken auf der Sonne zeigen, oder auch dann lichtstärker sind als zu anderen Zeiten. Denn zunächst ist ein Grund für einen Zusammenhang zwischen Kometen und Sonnenflecken nicht zu erkennen[100].

Rudolf Steiner hat in den Haager Vorträgen «Der übersinnliche Mensch anthroposophisch erfasst» (17. 11. 1923)[101] einen Zipfel von diesem Geheimnis gelüftet. Da spricht er von einem besonderen Zusammenhang der Marssphäre mit der heutigen Erdenentwicklung im 5. nachatlantischen Zeitraum, den der Mensch schon erlebt, wenn er beim Hinuntersteigen zur Wiedergeburt die Marssphäre durchschreitet. Die Marssphäre ist aber auch von dem Sonnendasein durchdrungen, das für die Menschen der 4. nachatlantischen Kulturperiode dieselbe Bedeutung hatte wie das Marsdasein für unsere Zeit, so dass eine Art von Zusammengehen von Mars- und Sonnendasein für unsere Gegenwart besteht. Das, was sich da zwischen Mars und Sonne abspielt, das ist ein Weltenkampf zwischen guten und bösen Geistern, und die Sonne betätigt sich in diesem Kampfe so, dass durch die dunklen Tore der Sonnenflecken fortwährend Sonnensubstanz in den Kosmos hinausgeworfen wird.

«Und was so von der Sonne als Sonnensubstanz in den Kosmos hinausgeworfen wird, das erscheint dann innerhalb unseres Sonnensystems als Kometen und Meteore, auch als die bekannten Sternschnuppen. Diejenigen Wesenheiten, die innerhalb der Sonne die Welt verwalten, sie werfen, insbesondere in unserem Zeitalter, diese Dinge in unser Zeitalter hinein. Sie haben es schon früher getan, die Dinge sind nicht erst heute aufgetreten, aber sie bekommen nun eine andere Bedeutung, als sie früher gehabt haben. Deshalb sagte ich: In den früheren Zeitaltern haben vorzugsweise die geistigen Impulse gewirkt, die im Sternensystem da sind. Nun beginnen diese Impulse, die da im ausgeworfenen Eisen liegen, eine besondere Bedeutung zu haben für den Menschen. Diese Impulse sind es, die nun ein besonderer Geist, der hier wieder seine besondere Bedeutung gewinnt und den wir den Michael-Geist nennen, im Kosmos anwendet – im Dienste des Geistigen im Kosmos. So dass für unser Zeitalter dasjenige im Kosmos eingetreten ist, was in den früheren Zeitaltern nicht in demselben Grade vorhanden war: dass das kosmische Eisen in seiner geistigen Bedeutung dem Michael-Geist die Möglichkeit gibt, zu vermitteln zwischen dem Übersinnlichen und dem Sinnlichen der Erde»[101].

Da sehen wir unmittelbar in einen Kampf hinein, in den gewaltigen «Streit am Himmel», in dessen Schicksal wir Menschen immer mehr hineinverwoben werden. Auf denjenigen Teil der Ausführungen Rudolf Steiners, der sich auf die Meteore und den Anteil Michaels an diesem Kampfe bezieht, wollen wir später noch weiter eingehen. Zunächst wollen wir die mitgeteilten Tatsachen einmal astronomisch näher betrachten.

Wir haben schon gesagt, dass die Kometen nach dem Durchgang durch das Perihel, nachdem sie also die Sonne gewissermassen passiert haben, oft eine überraschende Zunahme ihrer Helligkeit zeigen. Das Merkwürdigste aber ist, dass manche Kometen überhaupt erst nach dem Periheldurchgang entdeckt worden sind, so dass keine absolute Gewissheit besteht, dass sie auch vorher da waren. In der Wissenschaft nimmt man dann an, der Komet sei vorher so schwach-leuchtend gewesen, dass man sein Kommen nicht bemerkt habe und er erst gesehen werden konnte, nachdem er, aus den Sonnenstrahlen wieder hervortretend, eben eine unvergleichbar stärkere Leuchtekraft erhalten habe. Es gibt eine Reihe solcher Kometen, darunter die von 1843, 1861, 1880. Der mittlere soll sogar durch die Erde hindurch gegangen sein – oder umgekehrt die Erde durch den Schweif des Kometen –, aber eben zu einer Zeit, da er noch nicht gesehen, seine Lage also nur eine hypothetisch errechnete war, und es braucht uns wohl nicht zu verwundern, dass man von diesem Durchgang nichts bemerkt hat.

Am erstaunlichsten ist der Fall aber bei dem Kometen 1843. Wir haben seine theoretische Bahn wiedergegeben, um daran die Gesetzmässigkeit der Schweifrichtung bei Kometen im allgemeinen zu zeigen; aber es muss hier betont werden, dass gerade bei diesem Kometen die eine Hälfte seiner Bahn (in *Zeichnung 44* die rechte) absolut hypothetisch ist, denn der Komet wurde nicht gesehen bis am Tage nach dem Perihel. (Der Moment des Perihel, das am 27. Februar 1843 stattfinden sollte, ist nachträglich aus der weiteren Bahn des Kometen errechnet worden.) Dann allerdings war der Komet so hell und mit dem berühmten, bis zum Mars hinreichenden Schweif versehen, dass man ihn beim klaren Tageslicht schauen konnte, während zwei Tage vorher nichts zu sehen gewesen war. Es ist keine schönere Bestätigung für die Mitteilung Rudolf Steiners zu finden als eben dieser gewaltige Komet vom Jahre 1843. Merkwürdigerweise beschreibt der Astronom Flammarion, der einen guten Sinn für das rein Phänomenale in der Astronomie hatte, diese Erscheinung in einer Weise, die sich fast mit den Worten des Geistesforschers deckt:

«Wir können sogar bemerken, dass, wenn er (der Komet) genau am 27. Februar 10 Uhr 29 Minuten mit einer Geschwindigkeit von etwa 600 km aus der Sonne herausgeschleudert worden wäre, seine Erscheinung und sein Lauf ungefähr mit all den tatsächlich gemachten Beobachtungen übereinstimmen würden».

Es soll damit nicht gesagt sein, dass alle Kometen bei ihrem Periheldurchgang aus der Sonne heraus kommen. Die meisten werden ja tatsächlich entdeckt, bevor sie die Sonnensphäre erreichen[102]. Aber wir müssen sowohl in der Sonne selbst, als auch in der Marssphäre wichtige Kräfte suchen, die an dem Zustandekommen der Kometen mitbeteiligt sind. Man kann den Kometen mehr physikalisch als eine «durch den Raum ziehende Reibung von ponderabler und imponderabler Materie» betrachten, wie ihn Rudolf Steiner im «Astronomischen Kurs»[31] nennt. Man kann ihn geistig als einen Sendboten der höchsten Hierarchie ansehen. Er schiebt sich «wie ein blosser Lichtschein vorwärts», aber er ist nicht oder bleibt nicht bloss ein solcher, sondern das, was aus der Sonne heraus in das Weltall geworfen wird, das durchzieht die Marssphäre durch ihre Kräfte mit der Substanz, die dann den Kern des Kometen ausmacht, und die Sonnensphäre wirkt mit ihrer Astralkraft auf den Schweif, dessen Leuchtekraft dadurch gewaltig zunimmt. Und zwischen beiden, zwischen der Sonne und dem Marsdasein spielt sich dann der gewaltige Kampf ab, von dem wir einiges oben anführten. Man braucht bloss zu bedenken, dass in den mit den Kometen verwandten Meteoren und auch in dem Kometenkern selbst Eisen festgestellt wurde, dass Eisen andererseits die Grundsubstanz der Marssphäre bildet, um den Zusammenhang zu finden. Es wirken bei diesem Kampf im Weltenall, wie schon gesagt wurde, nicht bloss die «guten» Geister der Hierarchien wie Michael oder die Seraphime und Cherubime mit, sondern auch zurückgebliebene Geister, und das, was entsteht, was zuletzt *wird* aus dem geistigen Impuls, dem die Kometen ihr Dasein verdanken, und was dann als Komet durch den Weltenraum zieht, das ist das Ergebnis dieses Kampfes.

Wir wissen aus den Vorträgen über «Die geistigen Wesenheiten in den Himmelskörpern und Naturreichen»[5], dass die Throne die eigentlichen Gruppenseelen der Mineralien bilden. Wären aber nur die regelmässig fortschreitenden Throne und die normalen Geister der Form da, so könnten die Mineralien niemals die feste Gestalt zeigen, die wir an ihnen kennen. Dazu bedarf es der Gegenwirkung, der mächtigen Opposition der zurückgebliebenen Geister des Willens und Geister der Form, die sich den anderen Geistern entgegenwerfen (vgl. auch 1. Rundschreiben I). Zwischen Jupiter und Mars geht dieser Kampf vor sich, dort ist das Kampffeld der Hierarchien, das kosmische «Marsfeld»! Aus der Sonnensphäre wirkt die andere Wesenhaftigkeit, die dieses zurückgebliebene Wesen nicht will, es hinauswirft durch die Sonnenflecken; beide Impulse zusammen verbinden sich zu den Kometen und Meteoren, bei den ersteren entsteht insbesondere dasjenige, was an den Kometen auch das Feste, Mineralische ist, der Kern.

Betrachten wir dasjenige, was Rudolf Steiner im Jahre 1910[92] oder auch 1912 im Helsingforser Zyklus[5] über die Kometen gesagt hat, so sehen wir, dass er dort ein Bild entwirft, das der gleichsam gottgewollten Mission der Kometen entspricht, ihrer Aufgabe, eine astral-reinigende Tätigkeit auszuüben oder auch einen besonderen Impuls in die Menschheitsentwicklung hineinzubringen. Betrachten wir dagegen dasjenige, was die Wissenschaft an den Kometen am meisten interessiert, so sehen wir wiederum, dass es eigentlich das Zurückgebliebene, das Abnorme ist, das sich in den Phänomenen äussert, was dann insbesondere zur Materienbildung führt, zum Mineralischen oder auch, wie bei der äusseren Hülle der Sonne, zur Gasbildung, zum Ponderablen also. Dadurch, dass man bei diesem «Ponderablen» stehen bleibt (gewogen kann es natürlich nicht werden, wenn es sich nicht auf der Erde befindet, sondern bloss errechnet), kommt eben der Materialismus hinein. Betrachtet man auch das sogenannte Ponderable als den Ausdruck von geistigen Wesenheiten und deren Kampf gegen andere Wesenheiten, dann enthüllen sich tiefe Rätsel der Weltenentwicklung.

Wir wollen von diesem Gesichtspunkt aus auf das Wesen der periodischen Kometen näher eingehen, solcher Kometen, die tatsächlich öfter auf derselben Bahn beobachtet worden sind, deren Wiedererscheinen daher mit mehr oder weniger Gewissheit vorhergesagt werden kann. Es wird mit diesen Kometen ein Impuls in die Welt geschickt, der sich stetig wiederholt, wenn auch der Komet selber, wie wir gesehen haben, in der Zwischenzeit aufgelöst ist. Nun ist es das Eigentümliche, dass die Perioden solcher Kometen innerhalb bestimmter Grenzen liegen. Es gibt eine Gruppe, deren Mitglieder alle in 3-7 Jahren zurückkehren (nur einer kommt nach 8 Jahren); andere haben Umlaufszeiten um die Sonne von 13-17 Jahren, einige wenige von 33-46 Jahren, dann die langperiodischen von 61-76 Jahren, deren letzter der Komet von Halley ist. (Es sind hier nur Kometen aufgezählt, deren Rückkehr wirklich beobachtet worden ist.)[103]

Konstruiert man die Bahnen dieser Kometen – es kommen da selbstverständlich nur Ellipsen in Betracht –, so sieht man, dass sie zu bestimmten Planeten im Sonnensystem eine Beziehung haben. Die kurzperiodischen (3-7 Jahre) umringen mit ihren Bahnen den Jupiter, die von 13-17 Jahren den Saturn, die nächsten den Uranus, die langperiodischen den Neptun. Besonders die kurzperiodischen haben oft sehr breite Ellipsen; die kleinste bekannte Bahn, diejenige von Enckes Komet, reicht nicht ganz bis zur Jupiterbahn. Er kommt prompt alle 3 Jahre 4 Monate wieder.

Die Astronomie betrachtet diese Kometen als von den betreffenden Planeten «eingefangen». Ausgehend von der allgemeinen Anziehungskraft («Gravitation») im Weltall, nimmt man an, dass der Komet einmal in die Nähe eines dieser äusseren, verhältnismässig sehr grossen Planeten gekommen ist und dann von ihm «angezogen» und so gezwungen wurde, weiter seine Bahn durch die Anwesenheit des mächtigen Planetenkörpers bestimmt zu haben. Man spricht daher von einer «Jupiter-Familie», einer «Neptun-Familie» usw. Für die Kometen-Familie des Jupiter werden 41 Mitglieder aufgezählt – aber viele kehren überhaupt nicht zurück, trotz der festgestellten elliptischen Bahn, nur 22 bleiben. Saturn und Uranus fesseln nur einige wenige Kometen, Neptun 8, davon auch einige, von denen die Rückkehr noch nicht konstatiert werden konnte[104].

Wir haben hier ein Gebiet, wo durch die auf Grund der Newtonschen Theorie angestellten Berechnungen manches erreicht worden ist, was diese Theorie zu stützen scheint und die Kometen fast als regulär sich benehmende Weltenkörper hinstellen könnte. Die Änderungen, welche die Kometenbahnen durch solche Anziehungen erreichen – das, was man in der Astronomie «Störungen» nennt – konnten ziemlich weitgehend errechnet werden. Und doch widersprechen die Kometen immer wieder den Gesetzen. Ob einer, trotz seiner errechneten elliptischen Bahn, wirklich zurückkehrt oder nicht, muss immer erst abgewartet werden, es ist sehr oft nicht der Fall. Die Kometen des Jupiter und Saturn drängen sich ganz nahe an diese heran, obwohl diese Planeten, nach der Anziehungskraft, die sie ausüben, noch in viel grösserer Entfernung Kometen zu fesseln vermochten. An die Sonne kamen Kometen so nahe heran, dass Astronomen ehrlich erklären, es sei unbegreiflich, dass der Komet nachher überhaupt noch da sein konnte, er hätte in die Sonne stürzen müssen. – Als die Periodizität des Kometen von 1682 durch Halley prophezeit und seine Rückkehr für

1759 errechnet wurde, war weder der Uranus noch der Neptun entdeckt, der Komet wurde durch die «Störungen» des Jupiter und des Saturn allein gefunden, trotzdem er zur «Neptun-Familie» gehört. (Im Zusammenhang mit dem Gesagten, ist es interessant zu bemerken, dass die äusserst langwierigen und komplizierten Berechnungen, die nötig waren, um den Zeitpunkt der Wiederkehr des Halleyschen Kometen festzustellen, von einer Frau verrichtet wurden! Es war dies Mme Hortense Lepaute, die Mitarbeiterin des Astronomen Lalande. Nach ihr wurde aus astronomischer Galanterie die Hortensia-Pflanze benannt.)

Es ist sehr merkwürdig, sich die den Jupiter umschwirrenden Kometen in einer bildhaften Darstellung, wie sie in fast jedem populären Astronomiebuch gegeben wird, einmal anzusehen, wenn man dieses Bild mit den Ergebnissen der geisteswissenschaftlichen Forschung zusammenhält[105].

Es gibt noch andere Wesenheiten im Weltall, die sich für die Kometen «interessieren», weil sie hoffen, mit deren Hilfe das Planetensystem aus den Fugen zu bringen. Rudolf Steiner nannte sie in Anknüpfung an die Apokalypse die «satanischen» Mächte.

Gerade dass sich die Kometen nicht in die allgemeine Gesetzmässigkeit einfügen, macht sie zu einem begehrlichen Objekt für solche Wesen, die die Zukunft nicht den göttlich-geistigen Mächten überlassen, sondern sie für sich in Anspruch nehmen wollen. Satan lauert auf die Kometen im Weltall, er vereinigt sie gewissermassen scharenweise in der Hoffnung, die Planeten allmählich aus ihren Bahnen ablenken zu können. – Einem Menschen, der in der gebräuchlichen wissenschaftlichen Auffassung befangen ist, könnte ein solcher Gedanke nicht kommen. Denn er muss die Kometen für so spinnenwebedünn und gewichtlos im Vergleich zu der mächtigen Planetenmasse halten, dass er niemals glauben würde, diese könnte durch die Kometen aus ihrer Bahn gebracht werden, Er muss umgekehrt meinen, die Planeten ziehen die Kometen in ihren Bann. Diejenige Macht aber, die in der Bibel «Satan» genannt wird, hegt andere Erwartungen, und man bekommt einen Eindruck von seinem unheimlichen Lauern im Kosmos, wenn man den Jupiter und auch die Sonne wie gefangen sieht in dem Netz der überall sie umkreisenden Kometenbahnen. Das in der Astronomie gebräuchliche Wort der «Jupiter-Familie» der Kometen usw. muss in diesem Zusammenhang eigentümlich berühren. Denn diese den Jupiter umkreisenden periodischen Kometen sind eher als die Gehilfen eines Wegelagerers zu betrachten, die einen Menschen auf seinem Wege verfolgen, in der Absicht, ihn zu berauben, als eine durch die friedlichen Bande der «Anziehungskraft» vereinigte Familienschar.

Wir können so auch verstehen, wie Kometen, die zu den periodischen gehören, allmählich von ihrer von den Göttern gestellten Aufgabe abgelenkt und zu schädlichen Wesen im Weltall werden können. Denn ein Impuls, der einmal gegeben worden ist, braucht nicht durch die Jahrhunderte und Jahrtausende das Entsprechende für die Menschheitsentwicklung zu bringen. Im Grunde genommen ist der *Halleysche Komet* ein solcher Impuls, Man kann tatsächlich etwas von dem Kampf um das Dasein der Kometen aus ihren Lebensgeschichten ablesen.

Der Halleysche Komet, der eine Umlaufs- oder besser gesagt Wiedererscheinungszeit von 76 Jahren hat, ist bis in das 3. vorchristliche Jahrhundert (239 v. Chr.) zu verfolgen, von da ab findet man lückenlos jede Erscheinung in chinesischen Sternbüchern, alten Chroniken usw. verzeichnet. Er gehört zu den rückläufigen Kometen, das heisst, dass seine Bewegungsrichtung entgegengesetzt derjenigen der Planeten ist. Wir wissen, dass alle Planeten um die Sonne und die Monde um ihre Planeten sich in demselben Sinne drehen, mit Ausnahme von 4 Jupitermonden, eines Saturnmondes[106], der 5 Uranusmonde [die sich nahezu senkrecht zur Uranusbahn bewegen] und des erst entdeckten des Neptun. Rudolf Steiner hat auf diese Tatsache öfter hingewiesen, um das eigentlich «Nicht-Zugehörigsein» des Uranus und Neptun zu unserem Planetensystem zu beweisen[23]. Sie sind später «hinzugeflogen», sind so etwas wie ein sesshaft gewordener Komet[107]. Auch der Saturn selber hat sogar am Anfang unserer Erdenentwicklung die Gestalt eines Kometen gehabt mit einer Art von Kern, in der Saturnbahn gelegen, und einer Art von Kometenschweif, durch äussere Strömungen aus dem Weltenraum bewirkt (14. 4. 1912)[5]. Die Geister des Willens, die Throne, die zugleich die Gruppenseelen der Mineralien bilden, dirigierten diesen Schweif, bis in einer späteren Zeit das Planetensystem geschlossen wurde und der «Schweif» sich zum Saturnring bildete. «Der Ring des Saturns ist nichts anderes vor dem okkulten Blick als genau dieselbe Erscheinung wie ein Komentenschweif[5]. Eigentümlicherweise finden wir die Andeutung des Kometarischen bei Saturn auch heute noch in seinem 1898 entdeckten Trabanten (Phoebe), dem weit von den übrigen 9 entfernt rückläufig kreisenden Saturnmond, der eigentlich immer noch in die «kometarische Region» des ehemaligen Saturnschweifes hineinreicht.

Der Halleysche Komet kommt als Geist-Impuls eben aus jener Region her, welche *Zeichnung 42* erläutert. Was für ein Impuls das ist, hat Rudolf Steiner zu verschiedenen Gelegenheiten deutlich ausgesprochen.

«Nun hängt das Erscheinen des Halleyschen Kometen, das heisst also, was er geistig bedeutet für die Fortentwicklung der Menschheit, mit demjenigen zusammen, was die Menschheit aufnehmen musste aus dem Kosmos in den verschiedenen Zeiten des Kaliyuga, um immer mehr in bezug auf das Denken in die Materialität hineinzusteigen. Mit jedem neuen Erscheinen wurde für die Menschheit ein neuer Impuls geboren, um aus einer spirituellen Weltanschauung das Ich herunterzutreiben, um die Welt materialistischer aufzufassen» (9. 3. 1910)[91].

Oder auch: «Der Halleysche Komet – und wir reden zunächst vom Geistigen desselben – hat die Aufgabe, in der gesamten menschlichen Natur sein eigenes Wesen so abzudrücken, dass diese menschliche Natur und Wesenheit immer, wenn er in die besondere Sphäre der Erde, wenn er in die Erdnähe tritt, dann einen Schritt in der Entwickelung des Ich weiter macht . . ., der dieses Ich hinausführt in seinen Begriffen auf den physischen Plan[92]».

Das letztere Zitat bezieht sich mehr auf die Aufgabe des Halleyschen Kometen im allgemeinen, das erste insbesondere auf seine Erscheinungen seit 1759. Wir können gut verstehen, dass gerade in derjenigen Zeit, von der die ältesten Nachrichten über den «schrecklichen Kometen» vorliegen, ein solcher Impuls notwendig war, der das Ich des Menschen ergreift und in die physische Sinneswelt hineinführt. Denn in dieser Sinneswelt sollte der Christus erscheinen, um der Erde Sinn zu geben, und das Ich des Menschen sollte sich auf Erden mit dem Christusimpuls verbinden. (Die letzte Erscheinung des Halleyschen Kometen vor dem Mysterium von Golgatha war im Jahre 12 v. Chr.) Dass dadurch zunächst Materialismus, eine unspirituelle Weltauffassung erzeugt werden musste, hängt mit dem Schicksal des Kaliyuga zusammen. Durch die Kometenerscheinung werden dem Menschen im physischen und Ätherleib Organe geschaffen, «feine Organe, die der Fortentwicklung des Ich angemessen sind, dieses Ichs, wie es sich als Bewusstseins-Ich insbesondere seit dem Einschlag des Christus-Impulses auf der Erde entwickelt hat. Seit jener Zeit haben die Kometenerscheinungen die Bedeutung, dass das Ich . . . solche physische und ätherische Organe bekommt, dass dieses fortgeschrittene Ich sie eben brauchen kann»[92].

Die alte Menschheit steht diesem kosmischen Impuls zum Materialismus schreckerfüllt gegenüber, er wird ihr zu einer wahren «Zuchtrute Gottes». 837 erscheint der Komet und bereitet die Absetzung des Geistes auf dem Konzil von Konstantinopel vor. 1066 leuchtet er den Normannen voran, die hinüberziehen, England zu erobern. 1456 erscheint er, 3 Jahre nach der Eroberung von Konstantinopel durch die Türken, und der Papst will durch Glockenläuten die Gottesgeissel abwenden, es ist der Ursprung des «Angelus». 1682 erfüllt der Komet seine Mission, indem er Halley zur Entdeckung seiner Periodizität brachte, nachdem Newton 2 Jahre vorher, an dem Kometen von 1680, die parabolische Bahnform erkannt und nach seinem System bewiesen hatte[108]. Man sieht, es waren damals noch grosse Aufgaben, heroische Impulse. Anders wird das vom 18. Jahrhundert an, die letzten Erscheinungen brachten im Grunde genommen nur einen flachen Materialismus. 1759 kam der Anstoss, der zur «Aufklärungszeit» der französischen Revolution führte, 1835 derjenige, aus dem die Werke eines Büchner, Moleschott usw. geboren sind. Man hat das Gefühl: Des Materialismus ist nun genug gewesen. Daher warnte Rudolf Steiner 1910, zwei Monate vor dem Perihel der damaligen Erscheinung, die Menschheit sollte jetzt wirklich den Kometen als eine Rute ansehen, die der liebe Gott aushängt, damit man dem Materialismus *nicht* verfalle! Sonst würden noch viel schlimmere Formen des Materialismus herauskommen als die des 19. Jahrhunderts. Es sind seitdem bald zwei Jahrzehnte vergangen, und man kann sich heute wohl schon eine Vorstellung bilden von demjenigen, was der Komet unter einer ihn jetzt nicht mehr fürchtenden, aber ihm ahnungslos preisgegebenen Menschheit angerichtet hat . . . Die letzten 3 Erscheinungen des Kometen sind in ihrer Wirkung eben doch anders als die vorhergegangenen. Denn die Notwendigkeit, mit dem «Denken in die Materialität hineinzusteigen», besteht seit dem 18. Jahrhundert nicht mehr in demselben Masse wie vorher und hat mit dem Ende des finsteren Zeitalters völlig aufgehört. Nur die satanische Macht, so könnte man sagen, hat noch ein Interesse daran, den Halleyschen Kometen weiter zu konservieren, ihn immer wieder und wiederum erscheinen zu lassen.

Der Erzengel Michael aber kämpft gegen das kometarische Wesen, das den unrechtmässigen Geistern zum Sieg im Weltall verhelfen möchte. Auch von diesem Kampf ist manches zu erzählen. Es soll das im nächsten Monat, wenn das kosmische Eisen in den August-Meteorschwärmen zur Erde zieht, dann abschliessend geschehen.

Über Kometen III
Über Sternschnuppen und Meteore

12. Rundschreiben II, August 1929

Über die Kometen sind zu den verschiedensten Zeiten die verschiedensten Auffassungen vertreten worden, die ihrerseits wiederum ein Licht auf die besondere Einsicht werfen, die man zu der betreffenden Zeit oder in dem betreffenden Kreis in das kosmische Wesen überhaupt hatte. Aristoteles, der den Kometen aus dem Jahre 372 v. Chr. beobachtet hat und die Kometen in die zwei Klassen der «bärtigen» und der «geschwänzten» einteilte, hatte die Anschauung, Kometen seien Ausdünstungen der Erde, Gase, die vom Erdboden aufsteigen und sich in den höheren Schichten der Atmosphäre entzünden. Es war selbstverständlich, dass er den Kometen einen terrestrischen Ursprung zuschreiben musste, da ja nach ihm der Himmel das Urbild des Unveränderlichen sei und die Kometen daher nicht vom Himmel stammen könnten. Wir haben da gewissermassen eine astralische Auffassung der Kometen, die wohl altem Mysterienwissen entspringen mag. Denn wenn die Kometen tatsächlich in die Erdnähe gelangen, um die astralische Atmosphäre zu reinigen, so ist dasjenige, was in dieser Atmosphäre der Reinigung bedarf, doch gewiss irdischen Ursprungs, nämlich aus den Sünden und Leidenschaften der Menschen in die Astralwelt Aufsteigendes. Die Astralwelt wiederum hat ihren Vertreter in dem Luftförmigen oder Gasigen, ebenso wie das Ätherische in dem Wässrigen; so dass in gewissem Sinne der Komet sich tatsächlich an den «Dünsten», die von der Erde aufsteigen, entzündet. Diese Auffassung des Aristoteles wurde erst dann zu einem Hemmnis für den Fortschritt des menschlichen Erkennens, als man in der Renaissancezeit der Wissenschaften zu einer rein räumlichen Anschauung des Weltalls übergehen und trotzdem die im Grunde genommen geistigere Auffassung des Aristoteles nicht preisgeben wollte. Da Veränderlichkeit und Vergänglichkeit – so, wie man den Aristoteles auffasste – nur in der «sublunarischen Sphäre» vorhanden sein konnten, mussten die Kometen eben sublunarischer Natur sein und eine grosse Aufregung, Krieg, Krankheit und Seuche in der elementarischen Welt «unter dem Monde» hervorrufen. Erst Newton, wie schon gesagt, bestimmte durch Berechnungen an der Kometenbahn von 1680 den kosmischen Ursprung der Kometen. Damit waren sie aber im Laufe der Zeit von astralischen zu elementarischen und von diesen zu rein physikalischen Wesen geworden, und als solche versucht man sie immer mehr zu betrachten. Die Abnormität ihrer Bewegungen und ihres physikalischen Benehmens hofft man allmählich immer mehr und mehr durch die Anwendung der Himmelsmechanik und Himmelsphysik zu durchschauen.

Andere, eben tief geistige Anschauungen hat wiederum derjenige gehabt, der als Verfasser der Apokalypse einen tiefen Einblick in die Geheimnisse hinter dem Schleier der Natur tun konnte. In demselben Dokumente, das von dem Streit im Himmel und Michaels Kampf mit dem Drachen handelt, schildert er das siebenköpfige Tier, das aus dem Meere aufsteigt und 10 Hörner hat, er schildert das zweihörnige Tier, das der Menschheit Böses zufügen will und dessen Zahl 666 ist (Apokalypse, Kapitel XIII).

Wir wissen durch Rudolf Steiner, dass diese Bilder Vorgänge in der jenseitigen Welt schildern, die sich auch in unserer Zeit abspielen, in welcher der Kampf des Michael nicht weniger erhaben und «apokalyptisch» ist, als er in jener Zeit war, die der Apokalyptiker unmittelbar betrachtet. Die bösen Mächte werden auf die Erde geworfen und ihre Stätte nicht mehr im Himmel gefunden. Kometen werden zum Ausdruck des Bösen, der satanischen Macht. Ihre oft mehrfachen Schweife sind die «Hörner» des «Tieres». Wir bringen hier eine Darstellung von dem Kometen aus dem Jahre 1744 (*Zeichnung 47*)[99], dessen fünffacher Schweif in der Tat wie 10 Riesenhörner eines am Meeresstrande aufsteigenden Ungeheuers ausgesehen haben mag. Eigentümlicherweise gibt es von diesem Kometen noch eine andere Darstellung der damaligen Zeit, auf welcher der Komet sich wie siebenschweifig ausnimmt (*Zeichnung 48*).

Seit den vierziger Jahren des letzten Jahrhunderts kämpft Michael erneut gegen den Drachen. Der Kampf ist der gleiche wie der in der Apokalypse geschilderte, wiederum wird der Drache auf die Erde gestürzt, nur wird er jetzt gleichsam zu anderem verwendet als in der Zeit des Apokalyptikers. Auch das zweihörnige Tier hat sich gezeigt, bis es – auf die Erde geworfen – am Himmel nicht mehr gefunden wurde. Es sind die merkwürdigen Geschicke des Bielaschen Kometen, die, in der populär-wissenschaftlichen Literatur immer mit Vorliebe behandelt, doch eben den tieferen geistesgeschichtlichen Hintergrund haben, der uns durch Rudolf Steiner aufgedeckt worden ist.

Der Komet war zuerst 1772 gesehen worden, ohne damals besonders eindrucksvoll zu sein. Und doch scheint der Schrecken, den er später verbreiten sollte, schon damals wie eine Inspiration von ihm ausgegangen zu sein. Denn im folgenden Jahre wollte der Astronom Lalande in der Pariser Akademie einen Vortrag halten, den er auch als Abhandlung herausgegeben hat: «Betrachtungen über Kometen, die der Erde nahe kommen kön-

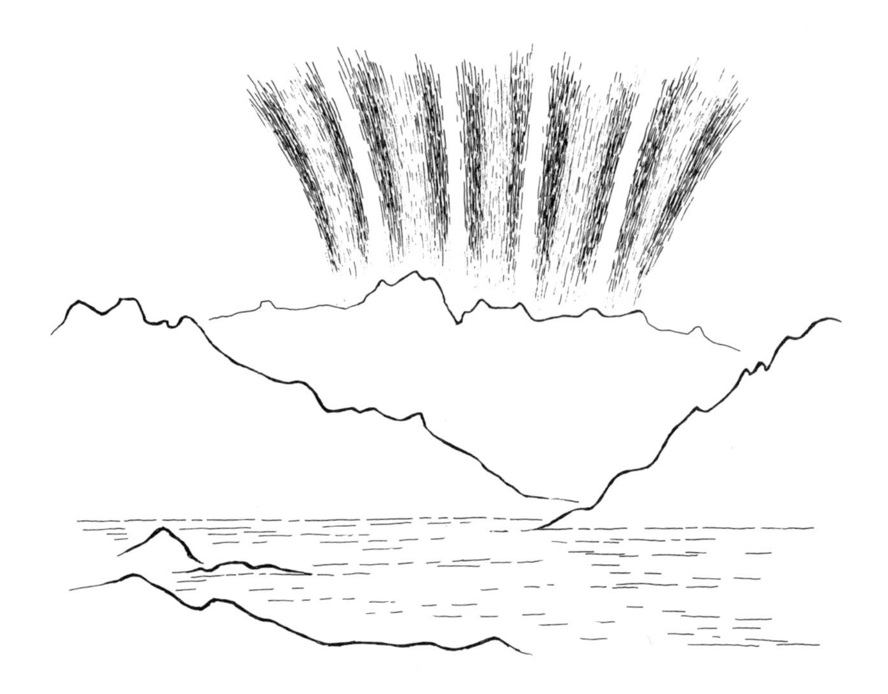

Zeichnung 47

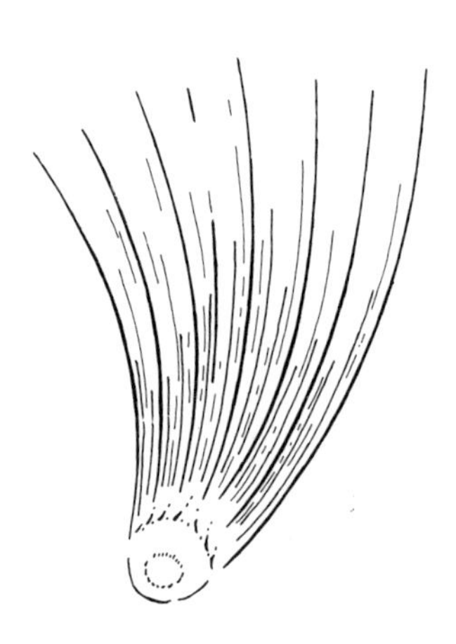

Zeichnung 48

nen», in welcher er sich mehr mit den Wirkungen beschäftigte, die ein eventueller Zusammenstoss haben würde, als mit der Wahrscheinlichkeit eines wirklichen Eintreffens der Katastrophe. Das Gerücht aber verbreitete sich, Lalande wolle einen solchen Zusammenstoss schon für den 12. Mai 1773 voraussagen. In jener Zeit der Aufklärung musste diese neue, wissenschaftliche Art des Weltenunterganges keinen geringeren Schrecken hervorrufen als die frühere, mehr religiös geartete Furcht vor den göttlichen Zuchtruten. Der Komet nun war gerade ein solcher, dessen Bahn die Erdbahn schneidet, was aber noch lange nicht identisch ist mit einem Zusammenstossen mit der Erde selber! Die Erde braucht ja in dem Augenblick, in dem der Komet (kopernikanisch gesprochen) bei der Erdbahn anlangt, sich nicht an derselben Stelle ihrer Bahn zu befinden, an welcher der Komet seinen Kreuzungs- oder Knotenpunkt hat. – Die Panik über den vermeintlichen Weltenuntergang war so gross, dass die Polizei einschreiten musste. – Auf diesen Vorfall bezieht sich das schöne Gedicht von Albert Steffen «Die Schlacht am Himmel»[109], das auch die weiteren Geschicke des Kometen und die Anteilnahme des Astronomen von der geistigen Welt aus schildert.

Der Komet wurde 1805 wieder gesehen, war also ein periodischer, dann wiederum, am 27. Februar 1826, von dem österreichischen Offizier Biela, der seine damalige Bahn errechnete. Die Umlaufszeit betrug ungefähr 6⅔ Jahre, er sollte daher Ende 1832 wieder erscheinen. Und nun wiederholte sich die Erscheinung einer ungeheueren Volkserregung, da für diesmal der Astronom Olbers das Zusammentreffen des Kometen mit der Erdbahn auf den 29. Oktober errechnet hatte. Wiederum aber handelte es sich darum, dass die Erde sich *nicht* beim Schnittpunkt von Kometen- und Erdenbahn befinden würde. Der Astronom Littrow rechnete nun aus («Über den gefürchteten Kometen des gegenwärtigen Jahres 1832 und über Kometen überhaupt»), dass ein Zusammentreffen des Kometen mit der Erde selber nur in einem solchen Jahre möglich sein würde, in dem der Komet in den letzten Tagen des Dezember durch seine Sonnennähe geht. Dieses könnte nach seiner Berechnung erst 1933 der Fall sein.

Rudolf Steiner hat auf das Schwerwiegende dieser Aussicht hingewiesen, dass gerade für die Zeit, in welcher der Menschheit grosse Möglichkeiten in geistiger Beziehung offen stehen werden, der Komet mit der Erde zusammentreffen würde[110]. Dass er *nicht* zusammentreffen wird, weil ihm schon vorher seine Macht genommen worden ist, das verdanken wir der Tat Michaels[111]. Diese Tat offenbart sich in dem merkwürdigen Schicksal des Kometen.

Nachdem er im Jahre 1832 den unzeitgemässen Schrecken verbreitet hatte, war er bei seinem nächsten Erscheinen 1839 ungünstig für die Beobachtung, doch 1845 wurde er wieder gesehen. In den letzten Tagen des Dezember entdeckte man, dass er einen Nebenkometen bei sich hatte, der zuerst ganz in seiner Nähe auf derselben Bahn ging, dann sich immer mehr von dem Hauptplaneten entfernte und zugleich immer heller wurde. Als der Komet 1852 – wiederum in ungünstigen Lageverhältnissen – wiedergesehen wurde, hatten die beiden Teile sich noch mehr voneinander entfernt, aber sie sahen sich beide sehr ähnlich und zogen gemeinsam ihren Weg. Da war das «Tier mit den zwei Hörnern» bereit, der Erde und ihrer Menschheit Schaden zuzufügen! Er kam dann aber nicht wieder. Weder 1859 nocht 1866 wurde er gesehen, man hielt ihn für verschollen, aufgelöst. Was war aus dem zweihörnigen Tier geworden? (Siehe *Zeichnung 49*.)

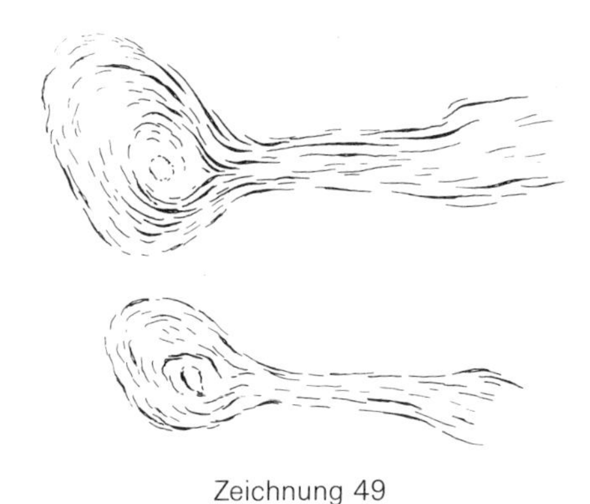

Zeichnung 49

1872 geschah das Wunder, dass genau zu der Zeit, da die Erde in der Nähe des früheren Schnittpunktes mit der Kometenbahn anlangte, ein Teil des Himmels durch einen gewaltigen Sternschnuppenregen wie mit Feuer bedeckt wurde. Zu tausenden und abertausenden schossen Meteore und Sternschnuppen durch die Luft. Rudolf Steiner hat erzählt, wie er selber als kleiner Bub dazumal das wunderbare Schauspiel erlebt hat: «wie wenn ein nächtliches Feuer in vielen versprühenden Fünkchen vom Himmel herunterfiele auf die Erde. Der Komet hatte sich zunächst weiter gespalten in lauter kleine Splitterchen, die von der Atmosphäre der Erde aufgenommen werden konnten, mit dem Wesen der Erde verbunden wurden, er hat den Weg eingeschlagen, von der Erde absorbiert zu werden.»

Der Komet war gespalten worden und hatte sich in Meteore aufgelöst, deren Substanz in die Erde drang. Diese Meteore und Sternschnuppen folgten nun der Bahn des ehemaligen Kometen. 1879 konnten sie nicht wahrgenommen werden, denn die Erde war nicht bei dem Schnittpunkt der Bahnen, obwohl nicht weit entfernt. Doch war es unmittelbar vor jener Zeit, da Michael seine Herrschaft wieder antreten sollte. Und mit diesem Kometenregen, der zu einem Lichtregen geworden war – so sagte Rudolf Steiner –, kam die Michaelsherrschaft an die Erde heran. – Noch einmal in voller Pracht 1885 und teilweise auch 1892 war der Meteorregen wahrzunehmen, dann blieb nur ein unbedeutender Schwarm übrig, der alljährlich in den letzten Tagen des Novembers als Schwarm der Bieliden oder Andromediden einige Sternschnuppenfälle bewirkt (nicht zu verwechseln mit den Leoniden, die Mitte November erscheinen und weit zahlreicher sind).

Teilungen von Kometenkernen sind öfter wahrgenommen worden, unter anderem bei dem schon geschilderten Kometen von 1882[112]; aber in merkwürdiger Weise sind noch andere Kometen ganz verschollen, wenn auch nicht unter so dramatischen Umständen wie der Bielasche gerade in jener Epoche des kosmischen Michaelskampfes. Der Komet Brorsen, 1846 entdeckt, in demselben Jahre also, da die Auflösung des Bielaschen Kometen angefangen hat, von ca. 5½ jähriger Periode, erscheint, nachdem er schon früher einmal unsichtbar geblieben ist, 1879 zum letzten Mal. (Er war dann später überhaupt nicht mehr da.) So ist auch der Komet von Tempel [Tempel I mit ca. sechsjähriger Periode] seit 1879 verschwunden. Ein anderer, 1892 zuerst erschienener Komet (Holmes) mit siebenjähriger Umlaufszeit, war nach zweimaliger Wiederkehr wie ausgelöscht und ist seitdem (1913) nicht mehr gesehen worden.

Es scheint überhaupt – wie auch von Astronomen bemerkt wurde – die Zeit der ganz grossen Kometen vorbei, seitdem Michael die Herrschaft führt. Es wurden in den ersten 80er Jahren noch sehr bedeutsame Kometen gesehen, wenn auch wohl nicht mit denen von 1811, 1843, 1858 vergleichbar. Der grösste Komet des 19. Jahrhunderts, vom September 1882, ging bald einer Art Auflösung entgegen. Das 20. Jahrhundert brachte, wenigstens auf der nördlichen Erdhälfte, kaum bemerkenswerte Kometen (vom Standpunkt des gewöhnlichen Beobachters aus betrachtet), mit Ausnahme von einem Kometen im Jahre 1908 (Morehouse). Auch der Halleysche Komet entsprach nicht den Erwartungen. Die heutige Generation kennt eigentlich kaum einen Kometen vom unmittelbaren Augenschein her[113].

Anders ist das mit den *Sternschnuppen* und insbesondere mit den *Meteoren*, wenn man darunter die zur Erde fallenden Steine (Meteoriten, Uranolithen, Ärolithen usw.) versteht. In diesen Gebilden, mit denen das kosmische Eisen zur Erde kommt, haben wir eine andere Weltenströmung, die – man möchte sagen – im Aufgehen begriffen ist. Es sind die «fallenden Sterne» schon seit dem Altertum bekannt; dass aber Steine wirklich «vom Himmel» fallen können, das ist der Wissenschaft erst sehr spät zum Bewusstsein gekommen. Noch um die Wende des 18. und 19. Jahrhunderts stiess die Kunde von solchen Ereignissen auf Ungläubigkeit sogar bei den Gelehrten in den wissenschaftlichen Akademien. Es werden zwar in alten Chroniken solche Steinfälle erwähnt da, wo Menschen oder Gebäude zu Schaden gekommen sind, man hielt das aber bis ins 19. Jahrhundert für Volksmärchen. Bestenfalls glaubte man an vulkanische Produkte, also an einen irdischen Ursprung. Es spielte hier, viel länger als bei den Kometen, die aristotelische Auffassung eine Rolle, dass man es bei Sternschnuppen mit atmosphärischen Erscheinungen zu tun habe. (Es ist ja das Wort Meteorologie von den Meteoren überhaupt genommen.) Der empirische Nachweis, dass es sich um kosmische Körper handelt, wurde erst um die vorletzte Jahrhundertwende geliefert. Noch das in der Mitte der 30er Jahre des vorigen Jahrhunderts erschienene Werk «Die Wunder des Himmels» von Littrow, das auch von Rudolf Steiner sehr geschätzt wurde, übergeht die Sternschnuppen vollkommen, während es die Kometen sehr ausführlich behandelt.

Das 19. Jahrhundert hat gewiss durch seinen erweiterten Nachrichtendienst – Telegraph usw. – die Möglichkeit, Kunde von Meteorsteinfällen zu erhalten, ausserordentlich vergrössert und dadurch das Studium derselben sehr erleichtert, trotzdem wird man nicht fehlgehen in der Annahme, dass sowohl Sternschnuppen wie Meteore seit dem Anfang des 19. Jahrhunderts viel zahlreicher geworden sind. Sie spielen heute eine Rolle in der Menschheitsentwicklung, die sie eben früher nicht gespielt haben. Das wird ja klar ausgesprochen in der angeführten Stelle aus dem Haager Zyklus[101] (siehe Seite 233). Wir wollen daher diese Gebilde etwas näher betrachten.

Die Unterscheidung, die zwischen Sternschnuppen einerseits, Meteoren andererseits gemacht wird, ist zum Teil eine bloss quantitative, denn es ist anzunehmen, dass bei jeder aufleuchtenden und sogleich wieder verlöschenden Sternschnuppe feinste Substanz in Staub- oder Pulverform zur Erde fällt, wie sie zum Beispiel auf Gletschern oder im Polareis über ganze Flächen ausgebreitet zu finden ist. Unter Meteoriten versteht man Steine verschiedener Grösse, die ihre untere Grenze sehr wohl bei den vorhin genannten kosmischen Staubteilchen haben können. Das, was man im allgemeinen unter Meteoren versteht, unterscheidet sich aber trotzdem in der Erscheinungsart von den Sternschnuppen. Sie haben einen langsameren Gang und ein längeres Verweilen im Zustande des Leuchtens, dann ein

Auseinanderplatzen – bisweilen unter Detonation wie bei einem Raketenfeuerwerk –, insbesondere aber das Erscheinen zu jeder Zeit und an jedem Ort des Himmels, während die Sternschnuppen, wie bekannt, auch in Schwärmen erscheinen, die zu bestimmten Zeiten Jahr um Jahr wiederkehren. Doch gibt es auch Sternschnuppen, die vereinzelt zu jeder Tages- und Jahreszeit zu beobachten sind; es sind überhaupt die Sternschnuppen eine ausserordentlich häufige Erscheinung im Vergleich zu den doch immerhin seltenen Meteoren und den noch selteneren, wirklich konstatierten Meteorfällen. Es sollen in unseren Breiten an einem Orte stündlich 4–6 Sternschnuppen zu sehen sein, was – über die ganze Erde verteilt – eine ungeheure Zahl ergibt, man schätzt sie auf 15–20 Millionen im Tage, die alleine dem freien Auge sichtbar wären. (Auf die verschiedene Verteilung ihres Auftretens im Laufe des Jahres, der Tages- und Nachtstunden, der Himmelsrichtungen usw. können wir hier nicht näher eingehen. Die Sternschnuppen sind überhaupt ein an Phänomenen überreiches Gebiet; man lese darüber in einem ausführlichen astronomischen Werke nach!)

Die Masse, die durch diese Körper zur Erde kommt, ist ebenfalls eine beträchtliche, wenn sie auch im Verhältnis zu der ganzen Erde gering erscheinen mag. Es ist klar, dass man darüber keine genauen Angaben machen kann, doch beläuft sie sich jährlich auf viele tausend Tonnen Gewicht, zu denen sowohl die Staubteilchen der Sternschnuppen wie die grossen Steine der eigentlichen Meteoriten beitragen. Von den letzteren nimmt man an, dass einige tausend jährlich zur Erde fallen – die Zahl ist natürlich ebenfalls sehr unbestimmt und wird nur als Gegensatz zu der oben genannten, die sich auf die Sternschnuppen-Erscheinungen bezog, hervorgehoben. Sie bestehen zumeist aus einem Steingemenge, das fast ohne Ausnahme Eisen in der Form von Eisensulphit und dergleichen enthält. Es gibt auch reine Eisenmeteore (oft gemischt mit etwas Nickel), doch diese sind nicht die Regel. Unter den mannigfachen Substanzen, die in den Ärolithen vorkommen, befinden sich unter anderem Zinn, Kupfer, Kohlenstoff als Diamant und Silizium, nicht aber Quarz. Auch fehlt immer das Blei[114].

Wenn das Meteor in der Luft versprüht, fällt es als wahrer «Steinregen» zur Erde, es wurden bis zu 100 000 Stückchen von einem Körper gefunden. Das Gewicht eines einzelnen Stückes kann in die 10 000 kg gehen, es handelt sich dann immer um Eisenmeteore. – Gerade in der letzten Zeit [1929] gingen Nachrichten durch die Presse über das Auffinden des unvorstellbar grossen Meteorsteines, der 1908 in Zentralsibirien gefallen, aber bis vor kurzem nicht untersucht worden war. (Ein interessanter Aufsatz darüber ist in der deutschen Zeitschrift «Die Koralle» vom Juli 1929 erschienen[115]).

Von den Sternschnuppen sind zweifellos diejenigen, die in Schwärmen erscheinen, die interessantesten. Am bekanntesten sind die Perseiden, die in der zweiten Juli- und in der ersten Augusthälfte erscheinen, am häufigsten sind sie am 10. August. Sie haben, so wie andere Schwärme auch, ihren Namen von dem Sternbild, in dem der sogenannte Radiant ihrer scheinbaren Bahnen liegt. Das ist derjenige Punkt, von dem sie alle strahlenförmig auszugehen scheinen, wenn man ihre durch das Aufleuchten bezeichneten Bahnen alle nach rückwärts verlängert. Der Radiant ist aber zumeist nicht ein einzelner Punkt, sondern die Berechnung ergibt eine kleine Fläche am Firmament als Strahlungszentrum für die Sternschnuppen eines bestimmten Schwarmes.

Der Meteorenschwarm, der im Juli und August erscheint, hat daher seinen Radianten im Perseus, der erste vom November im Löwen (Leoniden), der andere in der Andromeda usw. Ferner gibt es die Lyriden vom 18.–24. April (Radiant in der Leier), während in der ersten Hälfte des August gleichzeitig mit den Perseiden noch ein Strom aus dem Wassermann (Aquariden) leuchtet.

Für eine äussere Betrachtung muss es ganz zufällig und gleichgültig erscheinen, ob der Radiant sich in oder besser gesagt vor diesem oder jenem Sternbilde befindet. Denn wenn man die Sternschnuppen auch als von ausserhalb der Atmosphäre kommend, in diese eindringend, betrachtet, so stellt man sie sich – und wohl mit Recht – ebenso wie die Kometen als innerhalb des Sonnensystems sich bewegend vor. Die Tatsache, dass der Radiant der Juli-Augustschwärme im Perseus erscheint, wäre damit ebenso eine «scheinbare» wie diejenige, dass zum Beispiel der Saturn vor dem Schützen steht. Für eine geistige Betrachtung kann das selbstverständlich nicht gelten; unsere anthroposophische Kosmologie rechnet im höchsten Masse mit der Realität gerade von *Richtungen* im Raume. So muss es uns schon als bedeutungsvoll vorkommen, dass im Sommer, wenn es schon gegen den Herbst zugeht, diejenigen Sternschnuppen, mit denen das kosmische Eisen herabkommt, das den schwefligen Sommerdrachen besiegt, aus derjenigen Richtung her erscheinen, in welcher der Perseus steht, der nach aller Überlieferung als das Sternbild des Michael anzusehen ist.

Es wird hier wohl genügen, auf den Vortrag Rudolf Steiners über das kosmische Eisen im Zusammenhang mit der Michaelsmission zunächst bloss hinzuweisen[77]. Der ganze Zusammenhang zwischen den Kometen und Meteoren einerseits und dem Wirken Michaels andererseits wird uns dann doch noch weiter beschäftigen müssen.

Über Kometen IV
Sternschnuppen und Meteore. Das kosmische Eisen

1. Rundschreiben III, September 1929

Es mag vielleicht befremdend erscheinen, dass das Thema der Kometen und Meteore in diesen Briefen verhältnismässig so ausführlich behandelt wird. Doch wird sich immer deutlicher zeigen, dass wir mit diesen Himmelskörpern etwas haben, das in starker Weise mit dem geistigen Schicksal gerade der Gegenwart und der Zukunft zusammenhängt.

Wie die Menschheit in der Vergangenheit auf die Kometenerscheinungen reagiert hat, ist bekannt. Furcht erregten sie, und Furcht ist niemals ein Ausdruck des Verständnisses. Man konnte die Aufgabe der Kometen im Weltall nicht voll durchschauen. Zwar wusste man, dass sie mit dem Zorn Gottes über menschliche Sündhaftigkeit zusammenhängen und fürchtete sie eben deswegen, aber dieses Wissen war nicht in Einsicht, sondern in Aberglauben getaucht. Es unterschied sich die Seelenhaltung der früheren Menschheit in bezug auf die Kometen stark von der Haltung, die sie gegenüber dem Wirken der Sternen- und Planetenwelt einnahm. Denn der Mensch der griechischen Zeit und auch noch des Mittelalters hatte über das Astrologische sehr bestimmte und im Grunde genommen sehr tiefe Anschauungen. (Noch mehr war das selbstverständlich bei den Babyloniern und Ägyptern der Fall, die wir hier nur deshalb nicht erwähnen, weil von dem Gegensatz einer Kometenfurcht bei diesen Völkern nichts bekannt ist.) Man wusste im einzelnen, wie dasjenige, was die Planeten als Bahnen am Himmel beschreiben, wie sie in Aspekten zueinander stehen usw., zusammenhängt mit dem Walten des Schicksals im Menschen- und Völkerleben. Wir haben schon oft davon gesprochen, dass man ein solches Verhältnis zu den wirkenden Sternenkräften heute nicht mehr in derselben Weise haben kann wie in der Zeit, als die Empfindungsseele oder auch die «Gemütsseele» sich besonders ausbildete. Dazu ist der Mensch schon zu frei, zu unabhängig von diesem Wirken geworden und hat sich auch durch seinen Intellekt zu sehr vom Kosmos emanzipiert. Er hat zunächst nur eine Berechnung von den Himmelserscheinungen vorliegend. Darauf bauen dann die «Astrologen» ihre sehr oft nicht stimmenden Aussagen, so dass wir in der Astrologie einen Erkenntniszweig haben, der seit dem Altertum im Rückgang begriffen ist, dessen Realität für die Menschheit eigentlich immer mehr abnimmt. Es kann sich jetzt nun um ein neues, durch Entwicklung von neuen geistigen Fähigkeiten zu erlangendes Verhältnis zur Sternenwelt handeln.

Die Kometen dagegen haben das eigentümliche Schicksal in der Menschheitsentwicklung gehabt, zuerst gefürchtet, dann wissenschaftlich zu einem gewissen Grade durchschaut, aber geistig überhaupt nicht mehr verstanden zu werden. Die aufgeklärten Menschen hörten auf, sie zu fürchten in einer Zeit, da die geistigen Wesenheiten der allerstärksten gegnerischen Kraft sich anschickten, sie für sich zu erobern. Auch die Mission der Kometen muss sich ändern, wenn der Mensch immer mehr verantwortlich wird für seine Taten. Sie werden nun der Gegenstand eines Weltenkampfes. Im Verlaufe dieses Kampfes tritt immer mehr dasjenige hervor, was gewissermassen als ihr Gegenpol erscheint, was sich aber der flüchtigen Coma zugesellt: die im Raum herumziehenden Steine, das harte Eisen, das dann als Meteoriten zur Erde fällt.

Das ist es, worauf mit den Worten Rudolf Steiners hingewiesen wurde (Seite 233). Die Kometen- und Sternschnuppensubstanz, die da aus der Sonne herausgeworfen wird, sie war auch schon früher da, aber sie bekommt jetzt eine andere Bedeutung, insbesondere aber die Meteore, das kosmische Eisen. Während früher die geistigen Impulse wirkten, die aus den Sternen kommen, das heisst dasjenige, was eben durch die Astrologie erforscht wurde, wirken jetzt vorzugsweise die Impulse, die im ausgeworfenen *Eisen* liegen. «So dass für unser Zeitalter dasjenige im Kosmos eingetreten ist, was in den früheren Zeitaltern nicht in demselben Grade vorhanden war: dass das kosmische Eisen in seiner geistigen Bedeutung dem Michael-Geist die Möglichkeit gibt, zu vermitteln zwischen dem Übersinnlichen und dem Sinnlichen der Erde» (3. Vortrag)[101]. Eine harte, eine handfeste Weisung kommt dem Menschen mit dem kosmischen Eisen zu, und es ist wichtig, einmal den Blick von dem Ewig-Abhängigsein von Sternenkräften ab- und der weisenden Gebärde des Michael zuzuwenden.

Es ist im Zusammenhang mit dem oben angeführten Satz verständlich, dass es gerade dem 19. Jahrhundert vorbehalten blieb, den kosmischen Ursprung der Meteore und ihren Zusammenhang mit den Kometen zu entdecken, ohne selbstverständlich irgendwie die geistigen Untergründe zu ahnen. Auch anthroposophisch können wir zunächst auf diese Verhältnisse nur hinweisen; die tiefere Einsicht wird gewiss der Zukunft sich einmal erschliessen.

Es gab im vergangenen Jahrhundert verschiedene Fälle von ausserordentlich starken Sternschnuppenregen, ähnlich demjenigen, den wir im Zusammenhange mit dem Bielaschen Kometen geschildert haben. Der erste war 1833, im November, er gehörte zu dem schon lange bekannten

Strom der Leoniden (Strahlungspunkt im Löwen), war aber in dem betreffenden Jahr – und auch schon ein Jahr vorher – ganz aussergewöhnlich stark, ein wahrer Feuerregen. Dasselbe wiederholte sich im Jahre 1866, und die bis dahin sehr im argen liegende Erforschung der Sternschnuppen überhaupt kam nun auf eine Reihe von merkwürdigen Gesetzmässigkeiten. (Wir bringen hier *Zeichnung 50* von dem Sternschnuppenregen im November 1866, auf der man deutlich den Radianten im Kopfe des Löwen erblikken kann.)

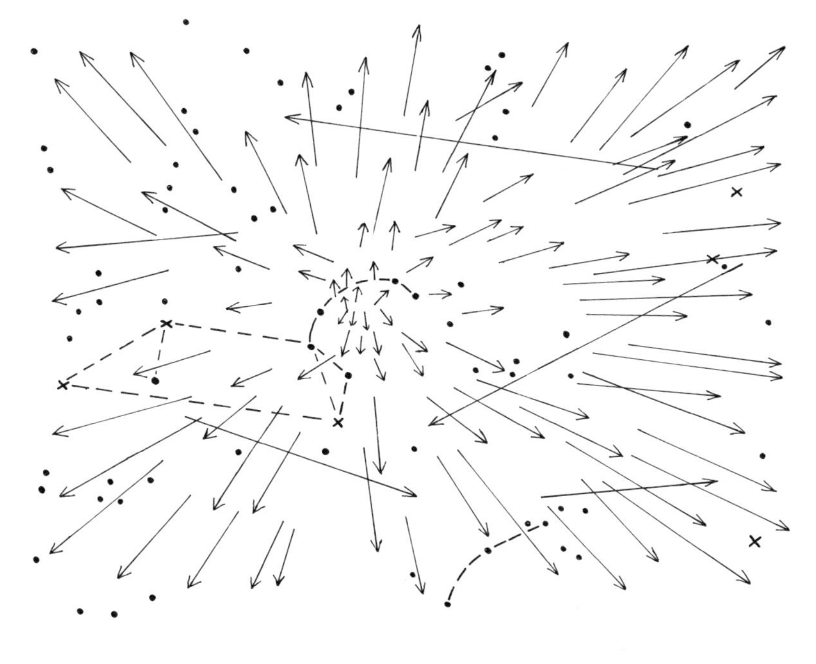

Zeichnung 50

Es stellte sich heraus, dass schon 1799 Alexander von Humboldt einen ähnlichen Meteorschauer des Novemberschwarmes beobachtet hatte, dass nach gewissen Überlieferungen sogar 1766 dasselbe in Zentralamerika gesehen worden ist. Die auch heute noch jährlich im November erscheinenden Leoniden zeigen also ein Maximum ihres Erscheinens alle 33 bis 34 Jahre. In merkwürdiger Weise teilen sie das Jahrhundert in 3 Drittel und scheinen damit einem historischen Gesetz zu folgen. Es wurde nun angenommen, die Meteore des Leonidenschwarmes verteilen sich alle über eine langgestreckte elliptische Bahn, auf der sie eben in 33¼ Jahren einen Umlauf um die Sonne vollziehen. Diese Bahn wäre auf der ganzen Länge gewissermassen mit Meteoren vollbesetzt, an einer bestimmten Stelle seien wolkenähnliche Zusammenhäufungen dieser Meteorkörper. Während die Erde jedes Jahr im November an demjenigen Punkt ihrer Bahn anlangt, wo der ganze Schwarm ununterbrochen vorbeizieht, trifft sie alle 33 Jahre einmal auf die verdichtete Stelle, wodurch der ungewöhnlich starke Sternschnuppenfall dann erfolgen muss.

Man sieht, diese Schilderung ist im wesentlichen dieselbe wie für eine Kometenbahn und das mutmassliche gleichzeitige Zusammentreffen eines Kometen mit der Erdbahn, aber dass der Komet sich eben nur an *einer* Stelle seiner Bahn befindet, während die Meteore gleichsam über die ganze Bahnlänge verstreut gedacht werden, mit nur einer Verdichtung an einer bestimmten Stelle.

Nun war das Auffallende, was zuerst der ausgezeichnete Astronom Schiaparelli – allerdings nicht für den Novemberschwarm, sondern für die Augustmeteore, die Perseiden –, angeregt durch den grossen Sternregen des Jahres 1866, fand, dieses, dass die Bahn des Augustschwarmes fast genau zusammenfällt mit der Bahn des Kometen, der 1862 [1862 III] erschienen war. Bald darauf wurde auch die Übereinstimmung der für die Leoniden errechneten Bahn mit einem Kometen von 1866 festgestellt. Dieser Komet [Tempel-Tuttle 1866 I] hat ebenfalls eine Umlaufszeit von 33,2 Jahren, und die Lage seiner Bahn entspricht eben derjenigen, die von den Meteoren oder Sternschnuppen, welche alljährlich im November aus dem Sternbild des Löwen zu uns herabschiessen, der Berechnung nach verfolgt wird. Man kann sich die *Zeichnung 42* (Seite 226), die die Bahn des Halleyschen Kometen darstellen soll, ungefähr auch als die Bahn der Augustmeteore und des Kometen von 1862 vorstellen, wenn man nur die Form und die Ausdehnung der Bahnen ins Auge fasst. Über die ganze Länge der Ellipse wären dann die Meteorsteine verteilt zu denken, so dass die Erde jedesmal, wenn sie im August diese Bahn kreuzt, auf Teile des Schwarmes treffen muss. Die einzelnen Sternschnuppen auf der Bahn wären dann gewissermassen Abspaltungen, Auflösungsprodukte des Kometen – im wesentlichen von seinem Kern –, die im Laufe von sehr langen Zeiten immer auf der Kometenbahn zurückgeblieben wären und diese allmählich ganz gefüllt hätten.

Diese Ansichten, die damals (1867) von den Astronomen vertreten wurden, erhielten eine bedeutsame Erhärtung durch das Ereignis des Sternschnuppenregens 1872, von dem wir gesehen haben, dass er den aufgelösten, umgewandelten Biela-Kometen darstellt. Auch in früheren Jahren war immer zur selben Zeit (Ende November) ein geringer Schwarm erschienen, von dem auch bekannt wurde, dass er zweimal, 1798 und 1838, zu einem bedeutenden Meteoritenregen Anlass gegeben hatte, – in solchen Jahren eben, die gerade mit einer Wiederkehr des Bielaschen Kometen zusammenfielen. Nachdem der Komet im Jahre 1866 vollständig ausgeblieben war, wurde sein Erscheinen 1872 und auch 1885 durch einen gewaltigen Feuerregen ersetzt, wie wir schon im 12. Rundschreiben II geschildert haben, während auch später nur ein mässiger Schwarm übriggeblieben ist. Wir sehen hier also einen Kometen verschwinden, einen Meteorregen aber weiter bestehen bleiben.

Der Komet 1862 III, der den Perseiden entspricht, ist bis jetzt nur einmal beobachtet worden, sein Umlauf wird auf ca. 120 Jahre berechnet. Das gleiche gilt von dem Kometen 1861 I, dessen Bahn mit derjenigen der Lyriden (Aprilschwarm in der Leier) übereinstimmen würde und der eine nach mehreren Jahrhunderten zählende, das heisst, in Wirklichkeit ganz unsichere Periode haben soll. – Der Komet 1866 [1866 I, Tempel-Tuttle], den Leoniden entsprechend in seiner Bahn, ist ein anderer als derjenige [Tempel I], von dem wir das letzte Mal ausführten, dass er noch 1879 gesehen wurde und dann verschwunden, erloschen ist (seine Umlaufszeit betrug 6 Jahre)[116]. So werden wir hier auf einen Zusammenhang zwischen Kometen und Meteoren gewiesen, der wenigstens in einigen Fällen ganz sichergestellt erscheint.

Es ist eigentümlich, zu bemerken, welch grosse Rolle in diesen ausserordentlich wichtigen Erscheinungen die Jahre 1861 bis 1866 spielen, das heisst, der Ablauf des zweiten Drittels des 19. Jahrhunderts. 1863, als der Lyridenschwarm ein plötzliches Maximum an Sternschnuppenfällen zeigte, ging der Astronom H.A. Newton daran, zum ersten Mal die Bahnen der Meteorschwärme zu errechnen – nicht wie die einzelnen Meteore aufleuchtend in der Atmosphäre erscheinen, sondern wie der ganze Schwarm im Raum eine Bahn beschreibt, entsprechend einer bestimmten Umlaufszeit um die Sonne. 1866 verglichen Schiaparelli und andere, angeregt durch den gewaltigen Sternenregen des Jahres, diese Bahnen mit denen von Kometen und fanden für die bekannten Hauptschwärme des Jahres Übereinstimmung mit 3 Kometen, die 1861, 1862 und 1866 erschienen waren. Der 1866 vergeblich erwartete Biela-Komet trug dann 1872 sein Teil zu der Sicherstellung dieser Anschauungen bei. Damit war das Jahr 1866 ebenso ein Knotenpunkt für das Dasein und die Erkenntnis der Meteore und Kometen geworden wie vorhin das Jahr 1833. (Der «gefürchtete Komet des Jahres 1832», der Sternschnuppenregen mit 33jähriger

Periode von 1833, der überhaupt der erste war, welcher die Astronomen veranlasste, auf das Sternschnuppenproblem im Ernste einzugehen, eine Kometenerscheinung 1834, der Halleysche Komet 1835.)

Kommen wir dagegen auf das Jahr 1899, den Abschluss des letzten Drittels des 19. Jahrhunderts, das Ende des Kaliyuga und der bereits zwanzig Jahre dauernden Herrschaft Michaels, so bietet sich ein anderes Bild. In diesem Jahre sollte sich wiederum der Novemberschwarm der Leoniden zu seinem 33jährigen Maximum erheben, das nun zum ersten Mal bewusst erwartet wurde, das aber glänzend – ausblieb! Damit gleichzeitig fiel die Erwartung vom einem besonderen Aufleben des Bielidenschwarmes Ende November, entsprechend der Periode des ehemaligen Bielaschen Kometen von 6 und 7 Jahren. Dieser Schwarm, der 1872 und 1885 mit solch herrlichem Meteorregen hervorgetreten war, hätte ebenfalls im November 1899 uns ein schönes Schauspiel bieten sollen; – jedoch der Himmel versagte auch dieses. – Was uns im Jahre 1933 bevorstehen sollte, aber in seiner Wesensart schon zum Guten gewendet worden ist, haben wir schon gesehen.

Es sind ausser den genannten kaum irgendwelche Fälle von Übereinstimmung von Kometenbahnen mit Meteorenschwärmen gefunden worden, doch haben wir die wichtigsten Schwärme des Jahres mit den vier bisher angeführten Beispielen eigentlich erschöpft[117]. Eine gewisse Übereinstimmung wurde für die Bahn des Halleyschen Kometen mit derjenigen der Mai-Aquariiden gefunden, die aber nicht gesichert schien. Als dann der Komet 1910 erschien und im Mai seine Konjunktion mit der Sonne hatte, stellte sich das Eigentümliche heraus, dass der eben genannte Schwarm, der im Mai kommt und seinen Radianten im Wassermann hat, plötzlich eine Zunahme seiner Tätigkeit zeigte, als ob die Anwesenheit des Kometen auch auf ihn belebend gewirkt hätte.

Wir sehen hier erst in ganz anfänglicher Weise etwas in das historische Wirken von Kometen und Meteoren hinein. Dass mit diesem Wirken und dem Zusammenhang zwischen den beiden überhaupt noch grosse Rätsel verbunden sind, lässt sich nicht leugnen. Auch für die astronomische Wissenschaft geben die Sternschnuppen heute noch die merkwürdigsten Rätsel auf, deren Lösung wohl nur eine viel geistgemässere Anschauung der Phänomene bringen kann, als heute üblich ist. Man braucht bloss an das Problem der sogenannten «stationären Radianten» zu denken, das noch heute in der kopernikanischen Weltauffassung als völliges Rätsel dasteht[118].

Wir haben ausgeführt, dass die Sternschnuppen, die in Schwärmen erscheinen, durch die Bahnen, die sie bei ihrem kurzen Aufleuchten durchlaufen, alle auf einen Punkt, beziehungsweise eine kleine Fläche hinweisen, aus der sie hervorzutreten scheinen. Auf der *Zeichnung 50* ist dieser Punkt, der Radiant für den Novemberschwarm der Leoniden, deutlich merkbar. Für die Augustmeteore liegt er bekanntlich im Sternbild des Perseus. Da der Fall mehrere Wochen dauert und die Erde infolge ihrer Bewegung im Jahreslauf während dieser Zeit eine andere Stellung zu den Sternbildern einnimmt, muss der Radiant während der Dauer des ganzen Stromes sich in bezug auf die Sterne verschieben, wenn die Meteore, die aus ihm hervorschiessen, wirklich von der Erde und ihrer Bewegung unabhängig sein sollen. Das ist bei dem Schwarm der Perseiden auch wirklich beobachtet worden. Der Radiant bleibt zwar im Perseus, verschiebt sich aber über eine Strecke von ca. 45°, entsprechend der sechswöchigen Dauer der Meteorfälle. Er durchwandert den oberen Teil des Sternbildes, und wie man aus der *Zeichnung 51* (nach dem Bode-Atlas) sieht, führt sein

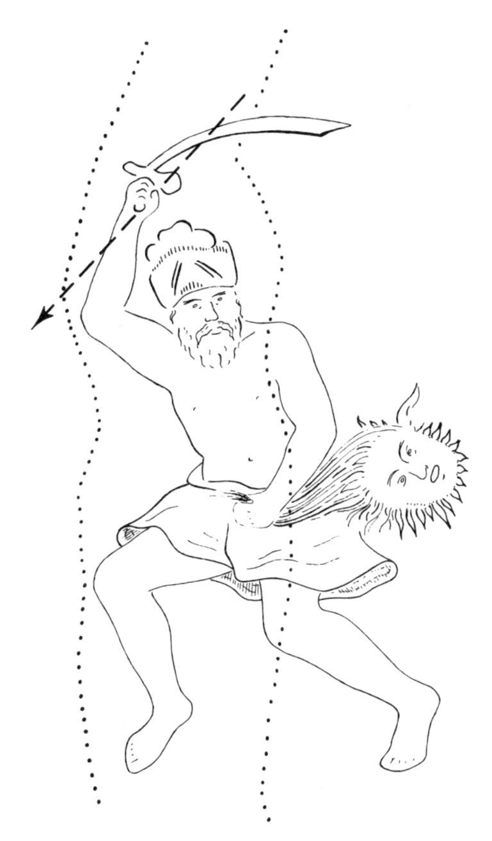

Zeichnung 51 (nach dem Astronomen Bode, 1747–1826)

Weg gerade durch das Schwert und den Arm des Perseus! Wir müssen uns also vorstellen, dass die Sternschnuppen, die in den Sommerwochen des Juli und August aus dieser Gegend hervorschiessen, eine Art Strahlungspunkt gerade da haben, wo der Perseus-Michael sein Schwert schwingt, um das die Andromeda bedrohende Meeresungeheuer zu besiegen. Wenn man den für das blosse Auge deutlich erkennbaren Sternhaufen im Perseus ins Auge fasst, hat man gerade den Punkt (in der Hand, die den Schwertgriff hält, gelegen), wo die Sternschnuppen in der Hauptzeit des Schwarmes herausstrahlen *(Zeichnung 52)*.

Es ist aber ein solches Wandern des Radianten, das theoretisch bei allen länger währenden Strömen vorhanden sein müsste, nur bei den Perseiden festgestellt worden. Bei anderen länger andauernden Schwärmen – es gibt davon mehrere im Laufe des Jahres, die weniger zahlreich, aber sogar von bedeutend längerer Dauer sind als der Augustschwarm – bleiben die Radianten unveränderlich. Sie verschieben sich nicht gegenüber den

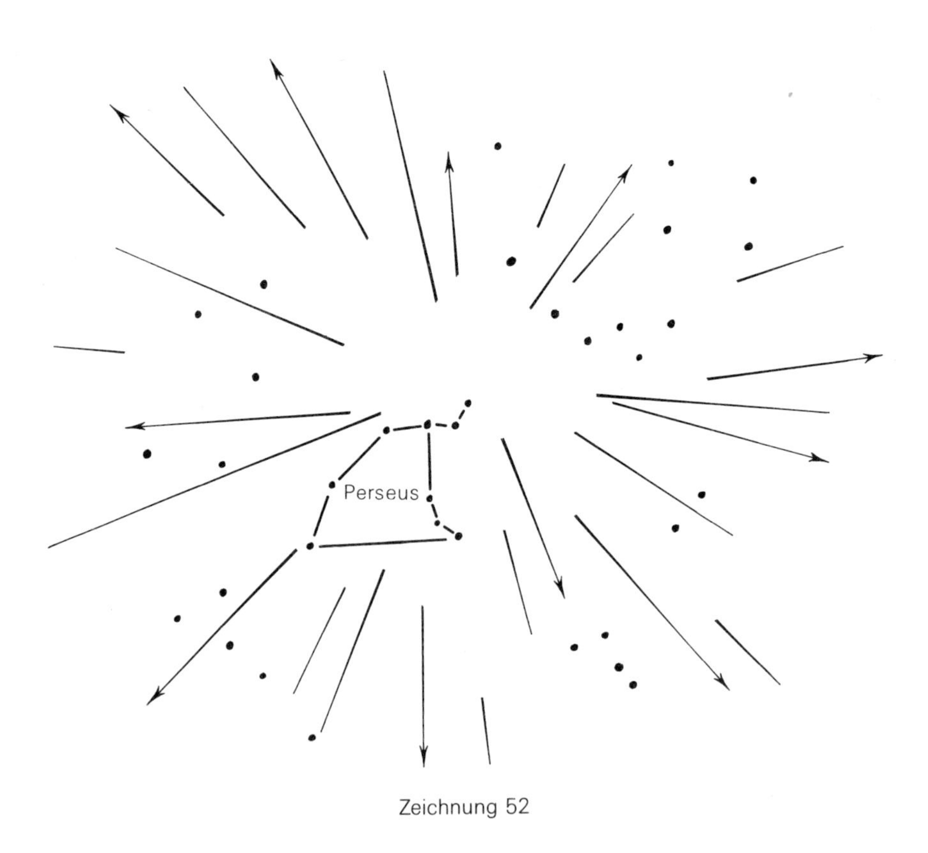

Zeichnung 52

Sternen, die als ihr Hintergrund erscheinen, sondern der Radiant erscheint in jedem einzelnen Falle wie mit einer bestimmten Stelle am Sternhimmel verbunden, während bei den Augustmeteoren der Radiant an dem durch das Sternbild des Perseus gebildeten Hintergrund gleichsam vorbeizuziehen scheint. – Es soll hier diese astronomisch noch umstrittene Sache nur deswegen erwähnt sein, weil sie doch auf einen bedeutsamen inneren Unterschied zwischen den Augustmeteoren – gemeint sind damit immer die Perseiden – und denen aus dem übrigen Teil des Jahres hinzuweisen scheint[118]. Die Perseiden sind durch ihre Häufigkeit und Regelmässigkeit, ihr kurzes, schnelles Aufleuchten, ihre Erscheinung in den heissen Sommernächten für das menschliche Empfinden die Sternschnuppen par excellence, und es muss uns daher bezeichnend vorkommen, dass gerade dieser Schwarm, der von Rudolf Steiner in besondere Beziehung zu dem Erzengel Michael gebracht wurde, sich in seiner sonstigen Gesetzmässigkeit von den übrigen Schwärmen unterscheidet[77].

Wir sind so von der gewissermassen historischen Bedeutung der Sternschnuppen zu demjenigen hingelangt, was sie für das menschliche Leben bedeuten. Von letzterem sprach ja der Vortrag über Michael und das kosmische Eisen. Wenn in der Sommerzeit der Mensch dem Sulphurisierungsprozess unterworfen ist und er geistig-seelisch leuchtend wird für die Wesen im Kosmos, wenn dann Ahriman sich heranschleicht und den Menschen durch Traumhaftigkeit, durch Bewusstseinsdämpfung zu seiner Beute machen will, dann kommt das kosmische Eisen zu den Menschen durch die Sternschnuppen. Dann leuchtet im Blute des Menschen im kleinen ein solcher Sternschnuppenregen, wie er im grossen Ausmasse jeden Sommer draussen am Firmament zu sehen ist. Dann strahlt die Eisenbildung von dem Kopf hinunter in das Blut, während das Sulphurische, von unten nach oben ziehend, ihn verlässt.

«Und so wie die Götter mit ihren Meteorsteinen den Geist bekämpfen, der Furcht über die ganze Erde durch seine Schlangengestalt ausstrahlen möchte, indem sie das Eisen hineinstrahlen lassen in diese Furchtatmosphäre, die am intensivsten ist, wenn der Herbst herannaht oder wenn der Hochsommer zu Ende geht, so geschieht dasselbe, was da die Götter tun, im Innern des Menschen, indem das Blut mit Eisen durchsetzt wird.»

Und das Bild für diesen Vorgang ist dasjenige des Michael im Streit mit dem Drachen.

«Aber wir stellen nur richtig dar, wir malen nur richtig, wenn wir die Atmosphäre, in der Michael seine Herrlichkeit, seine Macht entfaltet gegenüber dem Drachen, wenn wir den Raum angefüllt sein lassen nicht mit gleichgültigen Wolken, sondern mit dahinziehenden, in Eisen bestehenden Meteoritenschwärmen, die durch die Gewalt, die vom Herzen des Michael ausströmt, sich bilden, zusammenschmelzen zu dem eisernen Schwerte des Michael, der mit diesem meteorgeformten eisernen Schwerte den Drachen besiegt» (5.10.1923)[77].

So ist es in der Sommerzeit, die dann zu Michaeli hinführt. Aber in ununterbrochenem Strome geschieht ein Gleiches das ganze Jahr hindurch. Unaufhörlich fällt das Eisen zur Erde, das, aus einem kosmischen Kampfe geboren (wie wir es auf Seite 235 zu schildern versuchten), nun zum heilsamen Dienste verwendet werden soll. Es bildet dann gleichsam die physiologische Grundlage der menschlichen Freiheit, indem es in das Blut die Kräfte des Eisens immer mehr hineinbringt.

In dem Zyklus «Der übersinnliche Mensch anthroposophisch erfasst» wird der Tatbestand so geschildert: «Es streitet, es kriegt hinter den Kulissen des Daseins im Geistigen. Und das, was bis zur physischen Deutlichkeit von den Sonnengeistern als Eisen hineingeworfen wird in den Kosmos, das wird dann im umfassendsten Sinne kosmische Rüstung des Michael, der nun seine Aufgabe in diesem kosmischen Kampfe hat, um gegenüber diesen Mächten des Kampfes und Krieges hinter den Kulissen der Zivilisation der Menschheit im rechten Sinne vorwärtszuhelfen; so dass einem auf der einen Seite entgegentritt Streit und Kampf, auf der anderen Seite die Bemühungen des Michael.

Das alles hängt aber wieder zusammen mit der Entwickelung der menschlichen Freiheit. Denn sehen Sie, wir haben als Erdenmenschen Eisen in unserem Blut. Wären wir Wesen, die kein Eisen in ihrem Blute hätten, so könnte in unseren Seelen ganz gut auch das Freiheitsgefühl, der Freiheitsimpuls auftauchen, aber wir hätten nie einen Körper, den wir benutzen könnten, um diesen Freiheitsimpuls zur Ausführung zu bringen. Dass wir die Freiheitsidee, den Freiheitsimpuls nicht nur fassen können, sondern dass wir in unserem Körper auch die Kraft fühlen, diesen Körper zu einem Träger des Freiheitsimpulses zu machen, das rührt davon her, dass wir in unserem Zeitalter lernen können, wie Michael das kosmische Eisen, das auch früher ausgeworfen worden ist, in seinen Dienst zu stellen vermag, und dass wir lernen können, wenn wir immer mehr und mehr den Michael-Impuls verstehen, das innere Eisen in uns in den Dienst des Freiheitsimpulses zu stellen» (3. Vortrag)[101].

Eisen im Blut braucht der Mensch, um ein Träger des Freiheitsimpulses zu werden, und die Meteore sind die Anreger dieses Vorganges geworden, ebenso wie die Kometen gewisse Organe im Menschen auszubilden hatten. Die Dinge sind ja nicht erst seit unserer Zeit da. Die Perseiden findet man in alten Berichten erwähnt, die bis in das Jahr 830 n. Chr. zurückgehen, die Leoniden bis 902. Es kann sich der Gedanke aufdrängen, dass die Zeit des 8., 9. Jahrhunderts zusammenfällt mit derjenigen Epoche, in der die kosmische Intelligenz dem Michael-Geiste allmählich entfiel. Rudolf Steiner gebraucht den Ausdruck, dass in den vorangegangenen Zeiten die kosmische Intelligenz auf die Erde «herunterregnete». Die ersten grösseren Sternschnuppenregen (einzelne Meteore und Sternschnuppen sind selbstverständlich schon von viel früheren Zeiten her bekannt) mögen eine michaelische Anregung zur menschlichen, nicht-kosmischen Denkkraft gewesen sein, so wie sie jetzt, in das Blut hineinwirkend, dem menschlichen Willen ermöglichen, den Freiheitsimpuls zu verwirklichen.

Noch anderes aber kommt mit den Sternschnuppen zur Erde. Wie wir gesehen haben, sind sie mit den Kometen in irgendeiner Weise verwandt. Als 1872 der Feuerstrom des ehemaligen Biela-Kometen vom Himmel herunterkam, brachte er gewissermassen die vergeistigten Reste des Kometen mit sich zur Erde herab. Und so ist es in anderen Fällen auch. Die Sternschnuppen tragen gleichsam Teile von aufgelöster Kometensubstanz mit sich – und wir wissen ja, dass Kometen sich seit dem letzten Jahrhundert öfter aufgelöst oder zersplittert haben. An diesen Kometenresten haftet auch der Stickstoff, das Cyan, das mit dem Eisen oder dem sonstigen Steingemenge, das den Meteoriten ausmacht, herabfällt. Das geht in die Erde hinein, wird von ihr absorbiert und steigt wieder aus ihr herauf, geht durch die Pflanze, die man isst, durch die Luft, die man atmet, in den Menschen hinein und wirkt in ungeheurer Verdünnung auf den menschlichen Astralleib. Die Wirkungen sind verschieden, je nachdem der Impuls beschaffen war, der mit dem ursprünglichen Kometen verknüpft war. Manche Kometen sind so – führte Rudolf Steiner aus –, dass sie «wilde Kräfte des Astralen entfesseln, wenn sie, nachdem die Erde sie absorbiert hat, wieder heraufdringen». Andere aber gibt es, die gerade durch den ungeheuer geringen Cyangehalt, den sie enthalten, läuternd, heilend und stärkend auf die menschlichen Astralleiber einwirken. Das braucht der Mensch eben seit dem 19. Jahrhundert, seitdem durch die Eisenbahnen und was nachher an Technik gekommen ist, so gewaltige Anforderungen an die menschlichen Nerven, das heisst, an seinen Astralleib gestellt werden. «Ein ungeheuer bedeutsamer kosmischer Arzt ist im Kosmos tätig, der mehr oder weniger solche Therapie fortwährend ausübt.»

Das «Tier» der Apokalypse steigt aus der Erde herauf. Es kann für die heutige Zeit das Böse sein, wie es von dem Apokalyptiker geschaut wurde, aber es kann auch den Menschen so beeinflussen, dass es seine Nervosität therapeutisch ausgleicht, ihm die Kraft gibt, auf dem Umweg durch den Astralleib, den heutigen Kulturanforderungen standzuhalten.

So können wir das Erscheinen der vielen bedeutsamen Kometen im 19. Jahrhundert verstehen, und ihre Neigung zur Spaltung und Zersplitterung, so auch die mächtigen Sternschnuppenregen und Meteoritenfälle der letzten Jahrzehnte. Wir können ahnend verstehen, dass ein Meteor von so ungeheuren Ausmassen, wie das im letzten Rundschreiben beschriebene, gerade in die entlegenste sibirische Gegend fallen musste, wo es 20 Jahre unbeachtet blieb und in die Sümpfe jener Gegend allmählich versank, bevor es für kommerzielle Zwecke ausgebeutet werden konnte.

Wir sehen, wie der Mensch aus dem Kosmos dasjenige erlangt, was er braucht, um ein selbständiges, ein freies Wesen zu werden. Der Michaelgeist selber will diese Freiheit, diese kosmische Unabhängigkeit, denn er führt selber den geistig frei gewordenen Menschen zum Christus, der den neuen Kosmos, das neue Jerusalem als Gesetz in sich trägt. Gegenüber dem seienden Kosmos braucht der heutige Mensch nicht ausschliesslich Abhängigkeitsgefühle, und seien sie noch so dankbarer Art, zu entwickeln, sondern vor allem ein Gefühl der Mitverantwortung. Was aus dem Planetensystem unter den Angriffen des Satans werden wird, was die noch zu erwartenden Kometen des 20. Jahrhunderts (der Komet von Halley muss 1986, andere bekannten periodische Kometen in den Jahren 1954, 1972, 1984 wiederkehren) im Menschenleben ausrichten werden, das ist in immer weitergehendem Masse in des Menschen Hand gelegt. Vor einer Zeit der wichtigsten Entscheidungen und Prüfungen steht die Menschenseele im kommenden Jahrzehnt, aber es wird ihr durch das kosmische Eisen, durch den Michael-Geist überhaupt, die Kraft zum Überwinden gegeben.

Die Sternenwelt: Planeten und Fixsterne

2. Rundschreiben III, Oktober 1929

Wir wollen jetzt die eigentliche Sternenwelt betrachten, die sich so majestätisch in ihrem Erscheinungsglanze und in der Anordnung ihrer Lichtpunkte dem menschlichen Auge offenbart. Es ist eine ganz andere Betrachtungsart, die da einsetzen muss, wo die Sterne in ihrer Fülle und erhabenen Ruhe erscheinen, als da, wo die Planeten oder gar Kometen, die Irr- und Wandersterne vorbeiziehen. Man spricht ja im Gegensatze zu diesen von der Welt der *Fixsterne*. Das Wort ist im heutigen Sinne eigentlich irreführend, denn den Sternen erkennt man in der modernen Astronomie so viel Bewegungen und Veränderlichkeit zu, dass sie eher in solchem Sinne «fix» genannt werden könnten als in dem althergebrachten der festgehefteten Sterne und der Unveränderlichkeit. Und doch müssen wir, wenn wir aus dem Okkultismus heraus sprechen, in der Sternenwelt dasjenige sehen, was zum «Reiche der Dauer» gehört, insbesondere in dem Gebiet des Tierkreises. Ihre Kräfte, ihre Wirkungen sind der Dauer unterworfen. Die Planetenwelt dagegen ist diejenige der «Veränderlichkeit». Die Fixsterne an sich, insbesondere diejenigen, die nicht zum Tierkreis gehören, haben eine «relative Dauer», sie ändern sich zwar, aber erst in langen, langen Zeiträumen, oder die Veränderlichkeit an sich ist eine dauernde, rhythmische, die sich von der Beweglichkeit der Planeten mit ihren Bahnen und Schleifen wohl unterscheidet. Von dieser Veränderlichkeit innerhalb der Fixsternwelt soll noch öfter die Rede sein.

Zuallererst müssen wir uns klar sein, dass wir mit den Planeten, mit der Erde und dem Mond und unserer Sonne zusammen dasjenige haben, was wir «ein Sonnensystem» oder auch «unser Planetensystem» nennen, das in naher Weise mit unserer ganzen Entwicklung verknüpft ist. Wir brauchen bloss an die «Geheimwissenschaft» zu denken, in der die Geschichte unseres Sonnensystems verzeichnet ist, um den Ursprung auch der einzelnen Planeten dieses Systems kennenzulernen. Sie sind Etappen auf dem Entwicklungsweg, den unsere Erde in ihren früheren und ihrer jetzigen Verkörperung durchgemacht hat. Sie umringen und durchdringen uns mit ihren Sphären, die unsere Aufenthaltsorte sind im Leben nach dem Tode, während die Planeten selber sich am Anfang eben der Erdenentwicklung Stück für Stück aus der gemeinsamen Ursprungssubstanz losgelöst haben. Denn «alle Körper dieses Systems sind entstanden durch die verschiedenen Reifezustände der sie bewohnenden Wesen» (Kapitel «Die Weltenentwicklung und der Mensch»)[7]. Sie sind dann aus Gründen, die ebenfalls im Geistigen liegen, ins Kreisen, ins Bewegen geraten, wie auch die Erde selbst[7] (vgl. auch 6. Rundschreiben I).

Schon während der alten Mondenentwicklung war eine Reihe von Planeten einmal vorgebildet, und auch die alte Sonne sah einen Saturnplaneten als Wiedergeburt des alten Saturn sich bilden (Kapitel «Die Weltenentwickelung und der Mensch»)[7]. Die Sonne war schon dazumal, während der alten Sonnenentwicklung, eine Art «Fixstern», eine «Weltensonne, die sozusagen durch ihre eigene Macht Sonne ist»[23], auch in dem Sinne, den wir in der «Akasha-Chronik» geschildert finden: «Im geheimwissenschaftlichen Sinne ist ein Fixstern derjenige, welcher einem (oder mehreren) von ihm entfernten Planeten Lebenskräfte zusendet (Kapitel «Das Leben der Sonne»)[9]. Ebenso war es während der alten Mondenzeit, als sich Mond und Sonne zum ersten Male trennten, und während der Erdenentwicklung, als die Sonne sich von der Erde trennte. Sie hat dann, weil die Christuswesenheit mit ihr verbunden ist, noch eine weitere Entwicklung durchgemacht und wird in einer fernen Zukunft, wiederum mit der Erde vereinigt, zu noch höherem Dasein aufsteigen, doch wollen wir das erst nachher betrachten. Es handelt sich zunächst darum, den Begriff des Fixsterns von demjenigen des Planeten zu unterscheiden.

In den Planeten und auch im Monde und in der Sonne als ehemaligen Planeten haben wir so ein Stück unserer eigenen Geschichte als Menschheit, als Erdenbewohner. Sie sind vielfach Merkzeichen oder Grenzsteine auf diesem Wege. Der Saturn gibt mit seiner Bahn die ungefähre Ausdehnung des ganzen Systems während der alten Saturnzeit an, der Jupiter diejenige der alten Sonnenzeit, Mars diejenige der Mondenzeit. Sie sind sozusagen die einzigen für das physische Auge sichtbaren Stellen in den zugehörigen Sphären, ein «Loch» an der Peripherie eben der Sphäre (6. Vortrag)[5]. In diesen Sphären ist das für uns Menschen besonders Wirksame der ätherischen Bildekräfte enthalten. Wir tragen ihre Wirkungen als organbildende Kräfte in uns. Die gegenseitigen Stellungen der Planeten bei der Geburt zeigen unser Schicksal an. Sie sind ebenso wie unsere Erde mit der Sonne verbunden, wenn auch in anderer und auch unter sich abweichender Art.

Sie sind verhältnismässig wenige an der Zahl; die Alten nannten deren sieben: Mond, Merkur, Venus, Sonne, Mars, Jupiter, Saturn; die heutige Astronomie zählt als Planeten auf: Merkur, Venus Erde, Mars, Jupiter, Saturn, Uranus, Neptun, Pluto und das Heer der kleinen Planeten, der Planetoiden oder Asteroiden zwischen Mars und Jupiter, von denen noch immer mehr entdeckt werden. Die kleinsten sollen nur bis zu wenigen Kilometern Durchmesser besitzen und damit schon fast an die grössten Meteorsteine herankommen. Man hat jetzt über 1000 [heute über 1750] im ganzen entdeckt.

Verfolgt man die Planeten mit dem blossen Auge, so unterscheiden sie sich von den Fixsternen durch ihre der täglichen Umdrehung entgegengesetze Kreisbewegung mit Rückläufigkeit, Schleife etc. Es ist eine stete Beweglichkeit, die zwar errechenbar ist, aber zu immer neuen Kombinationen Anlass gibt. ⟨ Es wird eine schöne Übung sein, in den kommenden Monaten den Jupiter zu beobachten, der jetzt schon in den frühen Abendstunden aufgeht und seit Anfang Oktober seine Schleife beschreibt. Er steht zur Zeit etwa mitten zwischen den beiden hellsten Sternen im Stier, dem Aldebaran und dem «Horn» des Stieres, wird sich zwischen dem erstgenannten und den Plejaden, rückwärts- und aufwärtsgehend, bis zum 31. Januar 1930 bewegen und erst im Mai zu seiner heutigen Stellung zurückkehren.⟩

Im Fernrohr betrachtet, zeigen die Planeten sich als kleine Scheibchen, die meisten von Monden umgeben, die in oft rascher Bewegung ihren Planeten umkreisen, während die Sterne auch im starken Fernrohr nur als kleine scharfe Lichtpunkte erscheinen. Für den äusseren Anblick sehen die Planeten zwar auch wie «Sterne» aus, aber sie unterscheiden sich von diesen doch auch wieder durch ihr ruhiges, nicht flackerndes Licht, wie es die Sterne, besonders in kalten Winternächten, so deutlich zeigen können. Durch das letztere Kennzeichen hat man überhaupt einen Anhaltspunkt, einen Planeten von einem Sterne zu unterscheiden, falls man bei seinem Anblick zunächst in Zweifel sein könnte, was man vor sich hat. Nur der Mars könnte einem auch da bisweilen Zweifel bereiten, denn er kann unter Umständen, insbesondere wenn er noch tief am Horizont steht, sehr beträchtlich flimmern. Dafür fällt er sofort durch seine rote Farbe auf.

Im 7. und 8. Rundschreiben I haben wir die Planetenbewegungen im wesentlichen phänomenal beschrieben, das heisst so, wie sie sich am Firmament für den äusseren Anblick abspielen. Da bewegen sie sich alle, Sonne, Mond und Planeten, gleichsam auf der Innenseite der Hohlkugel dieses Himmelsgewölbes, und es kommt zunächst nicht einmal eine Reihenfolge in Betracht, es sei denn im zeitlichen Sinne, je nach der Dauer ihrer Umläufe. (Auch davon wurde in den genannten Rundschreiben berichtet.) Mit der Sphärentheorie der Alten setzt gewissermassen das räumliche Element ein. Es bleibt zwar zunächst im Unbestimmten, in welcher Weise die Sphären ineinanderstecken, aber jedenfalls haben die Sterne eine Sphäre für sich, die Fixsternsphäre, die im Mittelalter zum Kristallhimmel wurde, und diese ist die äusserste, entfernteste aller Sphären. Die Sphären der Planeten sind uns näher gelegen. Durch Geisteswissenschaft kommen wir darauf, dass dieses Gefühl der räumlichen Nähe von den intimen Beziehungen des Menschen zur Planetenwelt herrührt, von denen wir manches besprochen haben. Wie wenig «räumlich» dieses System trotzdem war, sehen wir aus der pythagoräischen Auffassung der Sphärenharmonie: die Weltenmusik wird erzeugt durch das Übereinandergleiten der Sphären, die also in unmittelbarer Berührung miteinander stehen müssen.

Die Entwicklung geht dann so weiter, dass man die Planeten immer mehr in einer räumlichen Weise betrachtet: auf Kreisen laufend, die sich in gewissen Zwischenräumen voneinander befinden. Man könnte sagen: es werden aus dem ganzen Sterngewimmel am Firmament da oben die Planeten gewissermassen nach vorne gezogen und da räumlich angeordnet. Die Sterne selber bleiben, bis zu Kopernikus, an dem Himmelsgewölbe angeheftet, ohne Unterschied des Näher oder Ferner. Hinter dieser Sternenwelt stellte man sich im Mittelalter die geistige Welt, die Sphäre der Seligen vor.

Versuche, die Entfernungen zunächst von Sonne und Mond zur Erde, rein messend, zu bestimmen, begannen schon sehr früh im Altertum bei derjenigen wissenschaftlichen Strömung, die sich weniger um die aus den chaldäischen Mysterien überkommene Sphärenlehre kümmerte, sondern mehr von den starren Vorstellungen der Ägypter und von der Epizykeltheorie ausging. Aristarch von Samos, der bekanntlich eine heliozentrische Auffassung vertrat und so der Vorläufer des Kopernikus wurde, versuchte zunächst das Verhältnis der Sonnen- und Mondenentfernung zur Erde festzustellen. Hipparch gab, davon ausgehend, zuerst bestimmte Zahlen für die Entfernungen an, die allerdings nach der heutigen wissenschaftlichen Auffassung viel zu klein sind. So tritt nach dem Sphärischen eben das radiale Element, das eigentlich der Erde entspricht, hervor, das Bestreben, die Entfernungen der Planeten von der Erde oder der Sonne in Stadien, Meilen oder Kilometern auszurechnen, den ganzen Raum im irdisch-dreidimensionalen Sinne aufzufassen. Man kommt da auf Zahlen, die zum Beispiel im Falle des Saturn eine Milliarde Kilometer weit übersteigen.

Es handelt sich nun nicht darum, zu fragen, ob diese Zahlen richtig seien oder nicht. Sie sind jedenfalls das richtig errechnete Ergebnis gewisser Voraussetzungen. Und diese Voraussetzungen zu machen, entsprach dem Menschheitsbewusstein einer gewissen Epoche als welthistorische Notwendigkeit. Es handelt sich für uns mehr um die Frage, welche Vorstellungen die historisch gegebenen ablösen sollen. Dazu soll eben die anthroposophische Geisteswissenschaft die Grundlage liefern.

Es kann uns ja klar geworden sein, dass jede Theorie der Planetenbewegungen, sei es des ptolemäischen oder des kopernikanischen Systems, sich von dem blossen Augenschein, das heisst, von dem rein Phänomenalen, das sich am Firmamente zeigt, entfernt und sich Vorgänge in einem irgendwie gearteten Raume vorstellt, den sie sich zwischen dem Sternenhimmel und der Erde vorhanden denkt. Bei Ptolemäus bleiben die Eigenschaften dieses Raumes mehr im Unbestimmten, bei Kopernikus sind sie schon mehr nach dem Muster unseres bekannten Erdenraumes ausgebildet, und seine Nachfolger haben dann vollends Erdenbegriffe in diese Raumesvorgänge hineingetragen. Durch Anthroposophie wird in erster Linie der Raumesbegriff selber neu zu gestalten sein, damit sie die Planeten- und Fixsternwelt richtig zu sondern und richtig zu verbinden vermag.

Die Sterne blieben, wie gesagt bis zu Kopernikus, in der Fixsternsphäre, in unbestimmter Ferne liegend. Das kopernikanische System hat nun aber in seinen Konsequenzen dazu geführt, die Sterne in fast unendliche Weiten, aber zugleich in verschiedene Entfernungen – ähnlich wie die Planeten, nur gewissermassen nach der anderen Seite hin – hinauszurücken. Damit war der Kristallhimmel, die Fixsternsphäre endgültig zerstört, das «blaue Firmament» zu einer Maja geworden. Es kann nicht jetzt – soll aber möglicherweise später geschehen – ausgeführt werden, wieso die kopernikanische Theorie in ihrer konkreten, historischen Ausgestaltung zu den «Lichtjahren» der heutigen Astronomie geführt hat. (Man kann darüber in W. Kaisers Buch «Die geometrischen Vorstellungen in der Astronomie»[119] nachlesen.) Ein «Lichtjahr» ist bekanntlich der Raum, den das Licht in *einem* Jahr durchlaufen soll, wobei an ein wellenartiges Ausbreiten des Lichtes gedacht ist. Die Geschwindigkeit soll dabei 300 000 Kilometer in der Sekunde betragen. Man sieht, dass sogar für die kleinste bis jetzt nach dieser Methode errechneten Entfernung eines Sternes – etwa 4 Lichtjahre – eine Zahl herauskommt, die den Abstand auch des fernsten Planeten unseres Systems gewaltig übertrifft. Denn für den Saturn zum Beispiel wäre diese Zahl nur etwas über eine «Lichtstunde». Seitdem man zu dieser Ansicht gekommen ist, gähnt für die wissenschaftliche Auffassung eine ungeheure Kluft zwischen dem Sonnensystem und der Sternenwelt. Während bei der alten Sphärenlehre die Fixsternsphäre unmittelbar an die Saturnsphäre anschloss – man kann auf alten Atlanten oft noch schöne Darstellungen dieses so gefühlten Zusammenhangs zwischen Sternen- und Planetenwelt bildhaft ausgedrückt finden –, ist die heutige Auffassung so, dass jeder Fixstern mit seinem zu ihm gehörenden Planetensystem wie eine kleine verlorene Insel im unendlich grossen, kalten, leeren, nur vom abstrakten physikalischen «Äther» durchzogenen Weltenraum schwimmt. Nur die Lichtstrahlen der Sterne dringen zu uns, die – trotzdem sie Jahre und Jahrhunderte, sogar Jahrmillionen lang mit der unfassbaren Lichtgeschwindigkeit fortrasen – ungeändert und ungetrübt, sich tausendfach durchkreuzend und doch nicht beeinflussend, zuletzt das Auge des Menschen auf dem kleinen Erdenplaneten erreichen ...

Hält man dieser Auffassung die Erkenntnis der Geisteswissenschaft entgegen, die sich auf das Leben zwischen Tod und neuer Geburt beziehen, so wie sie zum Beispiel in den Rundbriefen des II. Jahrgangs wiedergegeben wurden, dann sieht man, dass für die Realität des nachtodlichen Lebens der Mensch über die Saturnsphäre die Sternenwelt betritt und in ihr wichtigste Erlebnisse im Zusammenhang mit der Vorbereitung seiner neuen Verkörperung durchmacht. Man erlebt dann die Sterne «von der anderen Seite», man ist mit den Wesenheiten vereint, die das Geistig-Seelische der Sterne ausmachen – kurz, man erlebt eine Realität, die sich mit dem räumlich-abstrakten Weltbilde der heutigen Astronomie gar nicht dekken kann.

Wir werden nicht anders zu einer Einsicht in diese Dinge kommen als dadurch, dass auch für die Sternenwelt dasjenige ausgeführt wird, was in der «Geheimwissenschaft» für das Planetensystem geschehen ist: die Schilderung ihres Ursprunges aus göttlich-geistigen Wesenheiten heraus. Wir müssen dazu von der alten Saturnentwicklung zu demjenigen aufsteigen, was auch diesem alten Saturn zu Grunde lag. Im Zyklus «Geistige Hierarchien und ihre Widerspiegelung in der physischen Welt»[23] finden wir geschildert, wie ein anderes «Sonnensystem» noch vor dem Saturn da gewesen sein muss, obwohl auch solche zeitlichen Angaben hier eigentlich ihre Bedeutung verlieren – und wie nun die Wesenheiten der höchsten Hierarchie, die aus diesem vorhergehenden System herüberkommen, diejenigen, die «unmittelbar den Anblick Gottes geniessen», von der göttlichen Dreieinigkeit die Pläne des neuen Weltensystems entgegennehmen. «Nun suchen sich diese nach den Angaben der höchsten Dreieinigkeit einen Kugelraum im Weltenraum aus und sagen sich, hier wollen wir beginnen.» Und die Verwirklichung fängt damit an, dass die Throne «hineinfliessen lassen in den Raum, der sozusagen in Aussicht genommen worden ist für ein neues Weltensystem, ihre eigne Substanz, die Substanz des ursprünglichen Weltenfeuers» (14.4.1909)[23].

Diese Throne, zusammen mit den Cherubim und Seraphim, stellten diejenige Stufe dar, welche im Okkultismus der *Tierkreis* genannt wird. Sie haben aus der vorangegangenen Entwicklung das mitgebracht, dass sie schöpferisch wirken können; sie lassen aus einem nur geringen Teil ihrer eigenen Kräfte die Feuermaterie des alten Saturn und die erste Anlage des menschlichen physischen Leibes entstehen. Selber stehen sie wie ein Reigen, eine «Flammenstreifenmasse» um diesen alten Saturn herum, als der umgewandelte, zur Dauerhaftigkeit aufgestiegene Inbegriff der ganzen vorangegangenen Entwicklungszustände[120/121]. Sie sind den Entwicklungsweg gegangen, den auch unsere Sonne mit der Erde zusammen gehen wird, so dass auch sie einmal am Umkreis einer neuen Epoche als Tierkreis leuchten wird. «Wenn eine Sonne so weit ist, dass sie sich mit ihren Planeten wieder vereinigt hat, dann wird sie Umkreis, dann wird sie selber ein Tierkreis» (14.4.1909)[23].

Wir sehen hier den *geistigen Entwicklungsbegriff* auftreten in kosmischen gewaltigen Ausmassen. Vom Planeten, der in irgendeiner kosmischen Abhängigkeit steht, zum Fixsterndasein, von diesem zum Tierkreisdasein. Klein und unbedeutend scheinen dem gegenüber die Entwicklungsbegriffe der modernen Wissenschaft, die auch auf die Sternenwelt in so trostloser Weise angewendet werden. Und doch müssen wir dankbar sein, dass der Entwicklungsbegriff überhaupt erst im 19. Jahrhundert hervorgetreten ist. Er hat den Weg geöffnet für eine spirituelle Entwicklungslehre, wie sie dem ganzen Werk Rudolf Steiners zugrunde liegt.

Ein nur im Geistigen zu fassender Begriff ist auch derjenige des Tierkreisdaseins, ja des Tierkreises überhaupt. Als physisches Gebilde ist ein Tierkreis nicht zu begreifen. Für den heutigen Astronomen stellt das Wort bloss einen überwundenen Aberglauben des Altertums dar. Für ihn ist damit nur ein die Ekliptik als Mittellinie enthaltender Gürtel von Sternbildern gemeint, in denen die Planeten immer zu finden sind, weil ihre Bahnen sich nicht weiter von der Ekliptik entfernen als eben bis zur Breite dieses Gürtels. Dazu sind noch diese Bahnen, wie auch die Ekliptik, die Sonnenbahn, nur die «scheinbaren», die von den «wirklichen» Bahnen – die man sich dann, um die Sonne herumgehend, als Kreise oder Ellipsen vorstellt – wohl zu unterscheiden sind.

Da treffen wir auf die Unterschätzung des sinnenfälligen Bildes, der Erscheinungswelt an der Himmelssphäre, die dem modernen Bewusstsein so nahe liegt. Es ist gerade das Bild, aus dem das alte atavistische Hellsehen seine tiefsten Weisheiten geholt hat, das nicht-räumliche, man möchte sagen, imaginative Bild (es ist ja die Kugeloberfläche, als deren Innenseite sich das Firmament darstellt, auch mathematisch ein zweidimensionales Gebilde, wie es Bildern, Imaginationen eignet). Man wird dem Verständnis dieser gleichsam sinnenfälligen Imaginationen des Tierkreises und der Sternbilder nicht näher kommen dadurch, dass man sie in ein räumliches Dreidimensionales verwandelt. – Doch kehren wir zu jenen Urzeiten zurück, von denen uns die Geisteswissenschaft kündet.

Nicht eine räumliche Anordnung von Sternen war der Tierkreis in jenen fernen Zeiten, sondern eine Flammenstreifenmasse, die dann während der Sonnenentwicklung zu Lichtstreifen wurde, Nebelgruppen, aus denen allmählich während der Erdenentwicklung die Sterne des Tierkreises wurden, die sich zu den bekannten Sternbildern gruppieren. Und da unsere Erde – und mit ihr alle Planeten des heutigen Sonnensystems – zuletzt aus dem alten Saturn entstanden ist, so ist sie auch aus dem Tierkreis heraus entstanden, das heisst, aus den Wesenheiten der ersten Hierarchie. Diese Wesenheiten sind so hoch gestiegen, dass sie ihre Kräfte nicht auf einen einzigen Fixstern beschränken, sondern sie über die Fixsterne gruppenweise ausdehnen, so dass sie wie das Bett sind, in dem die Sterne der einzelnen Tierkreisbilder ruhen. Jedes der 12 Tierkreissternbilder ist so der äussere Ausdruck eines Zusammenwirkens von Thronen, Seraphim, Cherubim. (Man wird vielleicht auch astrophysikalisch einmal nachweisen können, dass die Sterne des Tierkreises eine andere Beschaffenheit haben als diejenigen der übrigen Fixsternwelt.)

In den übrigen Sternen – ausserhalb des Tierkreises – haben wir ausser den Wesenheiten der ersten Hierarchie noch insbesondere diejenigen Wesen zu sehen, die am Anfang der Saturnentwicklung noch nicht zum schöpferischen Dasein voll aufgestiegen waren: die Geister der Weisheit. Sie stellen die Fixsternstufe der Entwicklung, im Gegensatz zum Tierkreis, dar. In dem ganzen gewaltigen Heer der Fixsterne da oben leben die Geister der Weisheit. Während aus dem Tierkreis fortwährend *Kräfte* herunter «regnen» auf die Erde und von da auch wiederum zum Tierkreis aufsteigen, rufen die übrigen Sterne eine Art Spiegelung ihres Wesens, aber eine wesenhafte, reale Spiegelung auf der Erde hervor. Wir werden davon noch ausführlich sprechen.

Diese Schilderung gibt nur in ganz grossen, allgemeinen Zügen die geistige Entstehung der Sternenwelt wieder. Sie stellt damit ebenso eine spirituelle Realität gegenüber der irrealen materialistischen Auffassung der Gegenwart dar wie die Schilderung von der Erdentstehung aus der «Geheimwissenschaft» gegenüber demjenigen, was die Kant-Laplacesche Theorie darüber zu sagen hat. So wie aber die Geschichte des Erdenplaneten durchkreuzt ist von dem Eingreifen verschiedenster Wesenheiten – darunter die luziferischen, darunter aber auch der Christus –, und so wie dadurch die Erdentwicklung in manchem einen anderen Verlauf genommen hat als dies sonst der Fall gewesen wäre, so müssen wir auch für die Sternenwelt dasjenige ins Auge fassen, was durch das Auftreten zurückgebliebener Wesenheiten aus ihr geworden ist auf der einen Seite, und was auf der anderen Seite für den «ausgezeichneten Fixstern», den wir unsere Sonne nennen, geschehen ist dadurch, dass sie durch lange Zeiträume der Wohnplatz des Christus geworden ist. Erst allmählich werden wir zu diesen Begriffen durchdringen können, die notwendig sind, sollen nicht Planetenwelt und Sternenwelt, Menschenwesenheit und Götterwesenheit bis zur vollkommenen Entfremdung auseinandergerissen werden.

Die Sternenwelt:
Die geistigen Wesenheiten in den Sternen

3. Rundschreiben III, November 1929

Wir haben in der letzten Betrachtung versucht, eine Brücke zwischen Planeten- und Sternenwelt zu schlagen dadurch, dass der Ursprung unseres Sonnensystems aus der Sternenwelt und namentlich aus dem Tierkreis hergeleitet werden konnte. – In der äusseren Wissenschaft legt die Kant-Laplacesche Theorie dagegen von der Weltentstehung aus einem «Urnebel» eigentlich nur in ihrer Art für das irdische Planetensystem Rechenschaft ab, so dass für jeden einzelnen Stern sozusagen ein Extra-Weltennebel gedacht werden müsste, der zu irgend einer Zeit bestanden haben soll, während andererseits – schon wegen der ungeheuren Entfernung, in der man sich die Fixsterne voneinander denkt – diese Urnebel und die daraus entstandenen Sterne nichts mit uns und nichts mit einander zu tun haben können. Wir wollen dieses materialistische Weltbild nicht weiter betrachten, denn die Sterne fordern uns gleichsam unmittelbar auf, nach demjenigen zu fragen, was gerade dem materialistischen Weltbilde so vollkommen fehlt; nach der spirituellen Grundlage, der geistigen Wesenhaftigkeit, aus der sie bestehen und durch die sie auch mit unserem Sonnensystem, mit der Erde und ihrer Menschheit in einer Verbindung sind.

Wir brauchen nur dasjenige anzuführen, was im Zyklus «Die geistigen Wesenheiten in den Himmelskörpern und Naturreichen»[5] gesagt wurde (s. Rundschreiben «Astronomie und Anthroposophie»), um den Zusammenhang zu erblicken. Die Geister der Weisheit, die höchste Stufe von Wesenheiten der zweiten Hierarchie, sind diejenigen, die in den Sternen leben. Zugleich finden wir sie als diejenigen Geister, die das Bewusstsein der Planeten regeln, das niederste gemeinsame Bewusstein, wobei ihr Wohnsitz die Sonne ist. So haben Sonne und Fixsterne von diesem Gesichtspunkt her eine gemeinsame Wesensstufe. – Zwischen den einzelnen Fixsternen herrscht gegenseitige Verständigung, diese wird bewirkt von den Seraphim. Die Geister des Willens oder Throne impulsieren ihrerseits die Bewegungen der Planeten im Raum, die Cherubim regeln die gemeinsame Bewegung des Systems, so dass jeder Planet sich zugleich nach dem ganzen System richtet.

«Wie Ordnung hineingebracht wird, wenn, sagen wir, eine Gruppe von Menschen, von denen der eine dahin, der andere dorthin ging, einem gemeinsamen Ziele zuzustreben beginnt, so werden die Bewegungen der

Planeten geordnet, bis sie zusammenstimmen. Dieses Zusammenstimmen der Bewegungen des einen Planeten mit dem anderen, diese Tatsache, dass in der Bewegung des einen Planeten Rücksicht genommen wird auf die der anderen, das entspricht der Tätigkeit der Cherubim» (7.4.1912)[5].

Man braucht dabei nicht bloss an die Planeten unseres Sonnensystems zu denken. Auch die Sterne können von Planeten umgeben sein, und die moderne Astronomie nimmt auch solche, die Sterne umkreisenden Planeten an, die sich aber neben ihrem Hauptkörper, dem Licht und Leben spendenden Fixstern, nicht sichtbar machen können. Es sind ja, wie das letzte Mal ausgeführt wurde, die Sterne überhaupt von der Planetenstufe zu der Fixsternstufe avanciert und zwar in ähnlicher Art, wie das bei unserer Sonne der Fall war, die sich von der Erde trennen musste, weil diese das Entwicklungstempo der Sonne nicht mitmachen konnte.

«Ein Fixstern ist ein vorgerückter Planet, er hat abgestossen die Dinge, die nicht mitkommen konnten. Die höheren Wesenheiten haben sich auf dem Fixstern ein Dasein gegründet. Jeder Fixstern ist entstanden aus einem Planeten . . . Wir verwandeln uns mit der Erde in Wesenheiten höherer Art, die dann das Fixsterndasein ertragen können» (8.2.1908)[121].

«Und jedes Planetensystem mit seinem Fixstern, der gewissermassen als der Hauptanführer dasteht unter der Leitung der Cherubim, hat seine Beziehung wiederum zu den anderen Planetensystemen, die anderen Fixsternen zugehören, verständigt sich über seinen Ort im Raum und über seine Bedeutung mit seinen Nachbarsystemen, wie die einzelnen Menschen sich unter sich verständigen, miteinander sich besprechen zu ihren gemeinsamen Taten. Wie die Menschen ein soziales System begründen dadurch, dass sie Gegenseitigkeiten haben, so gibt es auch eine Gegenseitigkeit der Planetensysteme. Von Fixstern zu Fixstern waltet gegenseitige Verständigung. Dadurch kommt allein der Kosmos zustande. Das, was sozusagen die Planetensysteme durch den Weltenraum miteinander sprechen, um zum Kosmos zu werden, das wird geregelt durch diejenigen Geister, welche wir Seraphim nennen» (7.4.1912)[5].

Zu einer schier unfassbaren Höhe der geistigen Tätigkeit werden wir da geführt, und wir werden an die erhabenen Zeilen erinnert, die der gottbegnadete Dichter Christian Morgenstern gerade über den Helsingforser Zyklus an Rudolf Steiner richtete:

Zur Schönheit führt Dein Werk!
Denn Schönheit strömt
Zuletzt durch alle Offenbarung ein,
Die es uns gibt . . . Aus: Wir fanden einen Pfad.

Und es überkommt uns zugleich das Gefühl der Nähe, des Geborgenseins, des Kosmos eben, entgegengesetzt allen Empfindungen, die gerade die moderne wissenschaftliche Auffassung hervorzurufen angetan ist.

So werden uns die Sterne zu dem, als was sie Rudolf Steiner immer bezeichnete, wenn er von der äusseren Maja zur Wirklichkeit hinweisen wollte: zu Kolonien von geistigen Wesenheiten. Er wies darauf hin, dass auch die Erde als eine solche Kolonie anzusehen wäre, wenn man sie hellseherisch von aussen betrachten könnte: Gruppenseelen der Pflanzen und der Tiere, die Individualseelen der Menschen, die Volksseelen usw. würden ihre Bevölkerung ausmachen. Das Physische käme dabei weniger in Betracht. So weist uns auch jeder Stern die Richtung, in der eine Kolonie, wenn auch von viel erhabeneren Wesenheiten, anzutreffen ist.

Wir müssen diesen Ausdruck von der «Richtung», die auf den Versammlungsort geistiger Wesenheiten hinweisen soll, recht ernst nehmen. Es ist nämlich nicht so, dass wir in dem Stern, den wir am Himmel glänzen sehen, die geistigen Wesen selber antreffen würden. Sie sind nicht mehr mit dem Stern selber unmittelbar verbunden, ja, der Stern ist in gewisser Beziehung nur deswegen da, nur dadurch für uns sichtbar, dass er nicht mehr der Leib oder der Wohnsitz eine Götterkolonie ist. Wir berühren da erneut das Geheimnis der göttlichen Evolution, der Entwicklung von geistigen Wesenheiten, die sie im Laufe der Zeiten von Stufe zu Stufe aufwärts führt. Wir sahen, wie ein «Planet» zu einem Fixstern werden kann und noch über das Fixsterndasein hinaus zu einem Tierkreisdasein kommt. Der Fixstern aber macht auch Wandlungen durch, wenn die mit ihm verbundenen Wesen in ihrer Entwicklung weiter schreiten. Und so ist es einmal während der Erdentwicklungszeit geschehen, dass die geistigen Wesenheiten sich nicht mehr des Sternenleibes zu bedienen brauchten und ihn verliessen, so wie der Mensch seinen physischen Leib beim Tode verlässt. Sterne sind verlassene Götterleiber, pflegte Rudolf Steiner zu sagen.

«Dasjenige, was aus Götterleibern in den Weltenraum hinausgegangen ist, das ist Stern geworden ... Sie (die geistigen Wesenheiten) haben eine Entwicklung durchgemacht, als sie an jenem Punkt angekommen sind, welcher für den Menschen während seines irdischen Daseins den physischen Tod bedeutet, da trat für diese Götter das Ereignis ein, wo ihre physische Materie sie verliess und Stern wurde. Sterne sind Götterleiber, deren Seelen unabhängig von diesen Leibern in einer anderen Art in der Welt weiterwirken» (21.8.1911)[25].

Die Seraphine, Cherubine, Throne, die mit dem Tierkreis verbunden sind, die Geister der Weisheit, die das Fixsterndasein erreicht haben, sie sind es nicht, die wir im Stern erblicken, sondern der Stern weist eben nur die Richtung derjenigen Stelle an, wo die Wesenheiten ihren Wirkungsimpuls und ihren Aufenthaltsort im Weltall haben. Wäre nur dieses da, wir würden ganz gewiss mit unserem heutigen Bewusstsein und unseren Sinnesorganen von der Sternenwelt nichts wahrnehmen können. Höchstens würde so etwas wie ein kurzes, schnelles Aufblitzen da sein können. Denn die Throne ragen in unsere Welt gerade durch den Blitz, das plötzliche Zerreissen des Raumes als ihre physische Offenbarung herein. Die Sterne aber scheinen zu uns mit einem dem physischen Auge wahrehmbaren, trotz ihres Funkelns doch immerwährenden und ruhigen Leuchten. Dass dies so ist, dass wir überhaupt den Anblick des Sternenhimmels geniessen können, das verdanken wir den luziferischen Geistern! Auch darüber finden wir Aufschluss im Zyklus über die geistigen Wesenheiten in den Himmelskörpern[5].

Es wird uns zunächst das Wesen der luziferischen Geister so geschildert, dass wir ihre Verbindung mit der Sternenwelt verstehen können. Sie sind verschieden, je nach der Hierarchie, der sie eigentlich angehören, innerhalb derer sie aber ihre eigentliche Rangstufe beim Zurückbleiben in der Entwicklung nicht länger inne haben. Bei den Sternen handelt es sich vorzugsweise um luziferische Geister aus der 3. Hierarchie, zurückgebliebene Angeloi und Archangeloi. Es ist die Eigenschaft der Wesen der dritten Hierarchie, «dass sie eigentlich dasjenige wahrnehmen, was sie aus sich selber heraus offenbaren, und dass sie, wenn sie in ihr Inneres einkehren, nicht so etwas Selbständiges, in sich Abgeschlossenes haben wie der Mensch, sondern dass sie in ihrem Innern dann aufspriessen fühlen die Kräfte und Wesenheiten der höheren Hierarchien, die über ihnen sind ... Diese Wesenheiten können also nichts in sich verbergen, was Produkt ihres eignen Denkens oder Fühlens wäre, denn es würde sich alles, was sie in ihrem Innern sich erarbeiten, nach aussen zeigen[5].»

So ist es für die normal in der Entwicklung fortgeschrittenen Engel, Erzengel und Zeitgeister! Wenn sie aber ihre Natur verleugnen und das Gelüste bekommen würden, «in ihrem Innern etwas zu erleben, was sie nicht unmittelbar nach aussen hin offenbaren, dann würden sie eben eine andere Natur annehmen müssen. Das ... ist wirklich geschehen im Laufe der Zeiten ... Sie wollten überwinden die Geist-Erfüllung mit der Substanz der höheren Hierarchien; sie wollten nicht nur mit diesen Wesenheiten der höheren Hierarchien erfüllt sein, sondern mit ihrem eigenen Wesen. Das konnten sie nicht anders machen, als indem sie ... sich abschnürten, abspalteten von den Wesenheiten der höheren Hierarchien, um sich auf diese Weise Eigensubstanz aus der Substanz der höheren Hierarchien zu verschaffen» (8.4.1912)[5].

Es wird dann dieser Tatbestand durch die symbolische *Zeichnung 53* illustriert, die auch hier wiedergegeben sein möge: auf der linken Seite die normalen Wesen der 3. Hierarchie, die das Wesen der höheren Hierarchien ganz in sich aufnehmen und durch sich zur Offenbarung bringen. Rechts die anderen, die für sich selbst geistiges Leben wollen. Sie spalten sich dadurch als selbständige Wesen ab, «in ihrem Inneren das eigene Licht dadurch erhaltend, dass sie dasjenige gleichsam rauben, was sie nur erfüllen sollte und hinaufgeben sollte nach den höheren Hierarchien ... Dies ist nun eine Vorstellung, die uns Aufklärung verschaffen kann über Vorgänge im Kosmos, ohne welche wir ein Sternensystem, überhaupt den Bestand der Sterne, wie wir sie als Menschen mit dem physischen Bewusstsein kennen, gar nicht zu begreifen in der Lage wären» (8.4.1912)[5].

Wir sehen in der schematischen *Zeichnung 53* den Stern gleichsam sich bilden, im Lichte strahlend, das die luziferischen Geister von den über ihnen waltenden Wesen der Geist-Kolonie geraubt, und das, indem sie es als Eigenlicht scheinen lassen, zu dem physisch sichtbaren Sterne wird. Ohne luziferische Angeloi, Archangeloi kein sichtbarer Sternenhimmel! Der Leib, der von den Göttern verlassen wurde, er zerfällt nicht wie der Menschenleib nach dem Tode, sondern er strahlt im äusseren sinnlich-wahrnehmbaren Licht.

«Wo immer wir den okkulten Blick auf einen Fixstern richten, überall begegnen wir zunächst normalen Geistern der Weisheit. Es würde unsichtbar bleiben der ganze Himmel für die physischen Augen und sichtbar nur für ein hellsichtiges Bewusstsein, wenn nur diese normalen Geister der

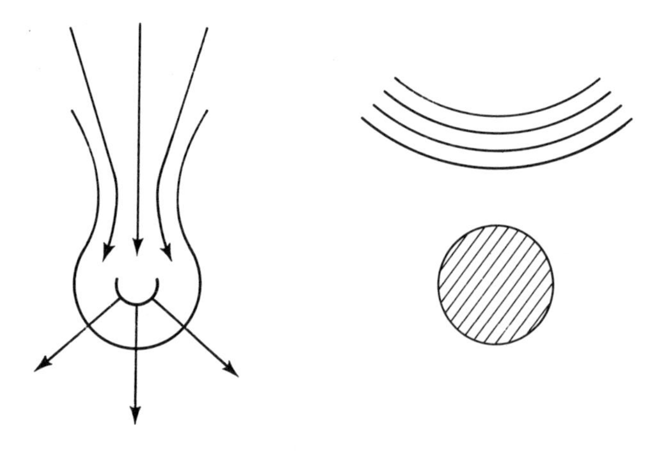

Zeichnung 53

Weisheit wirkten. Aber überall sind in die normalen Geister der Weisheit hineingemischt luziferische Geister, die physisches Eigenlicht in die Fixsternwelten hineinbringen. Wenn uns der nächtliche Sternenhimmel entgegenleuchtet, wirkt eigentlich Phosphoros aus unzähligen Punkten her ... Unleuchtend dem physischen Auge, aber dem geistigen sichtbar, ist der Sternenhimmel durch die normalen Geister der Weisheit; leuchtend wurde er dem physischen Auge, in Maja zeigt er sich durch Luzifer oder durch die luziferischen Geister, die überall tätig sind und sein müssen» (14.4.1912)[5].

So müssen wir in der ganzen Sternenwelt zweierlei unterscheiden: das erhabene Göttlich-Geistige, das da ist, aber unsichtbar bleibt, nicht bloss weil es sich von den Sternen zurückgezogen hat, sondern weil das wahrhaft Geistige nicht für physische Augen sichtbar sein kann – und das rebellisch Geistige, das Luziferische, das den Sternenhimmel unseren Augen zugänglich macht, weil Luzifer eben unsere «Augen geöffnet» hat. Würden wir aber eine Enttäuschung darüber empfinden wollen, dass das Göttliche nicht unmittelbar aus den Sternen spricht, so würden wir uns doch einem Irrtum hingeben. Denn das Göttliche wirkt in der Sternenwelt durch etwas anderes eben, als durch das blosse Licht, es wirkt durch etwas, das – wenn auch wiederum mit Hilfe Luzifers – sehr wohl wahrnehmbar ist, nämlich durch die Konfiguration der einzelnen Sternbilder, durch das Zusammenstehen in bestimmten Gruppen und Figuren von Sternen. Man nehme ein so charakteristisches Sternbild wie das des grossen Bären *(Zeichnung 54a)*, des Orion *(54b)* oder des Löwen *(54c)*. Dass diese Formen gerade so und nicht anders sind, dass diese Sterne sich so zueinander verhalten,

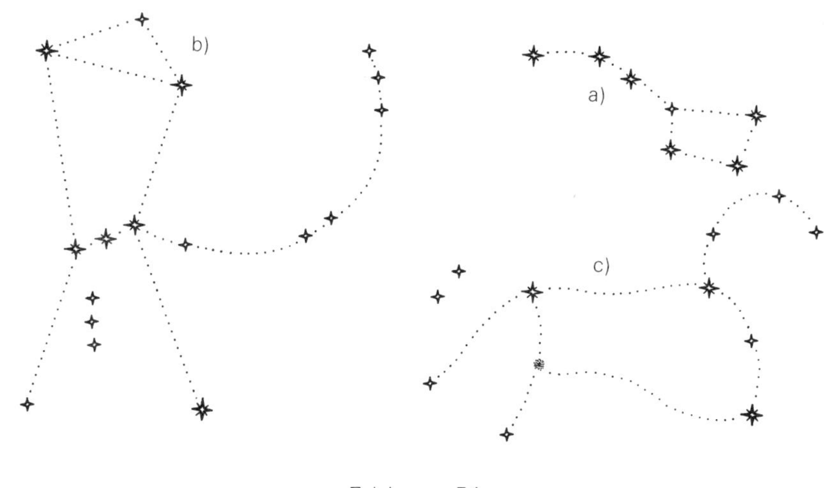

Zeichnung 54

dass sie mit einer bestimmten Konturierung ihren Weg über das Himmelsgewölbe in der Nacht – und natürlich auch am Tage – ziehen, das ist das Ergebnis, der stehengebliebene Rest des Zusammenwirkens göttlich-geistiger Wesenheiten. Das sind die sichtbar gewordenen Taten der Wesen der höchsten Hierarchien. Die Sternbilder haben eine intensive geistige Bedeutung, ihre Formen sind die wahren Urbilder aller Formen und Gestalten auf Erden. (Wir werden das später noch im Konkreten betrachten.)

Es kann vom geistigen Gesichtspunkt selbstverständlich der Einwand nicht gelten, dass diese Sterne doch nur «zufällig» so zusammenstehen, dass sie in Wirklichkeit nichts miteinander zu tun zu haben brauchen – wie ein solcher Einwand von der heutigen wissenschaftlichen Anschauung aus ja gemacht werden könnte. Wenn die Sterne in unermesslichen Entfernungen voneinander gedacht werden, kann das Zusammenstehen der 7 Hauptsterne des Grossen Bären ja nur eine Scheinwirkung sein, an dem ebenfalls scheinbaren Firmament des Nachthimmels hervorgerufen. Und doch hat auch die Astronomie seit dem letzten Jahrhundert zu ihrer eigenen Verwunderung bemerkt, dass nach gewissen Eigenschaften und Bewegungsrichtungen der Hauptteil der Sterne des Grossen Bären, der Plejaden, der Hyaden usw. [bei vielen der markantesten Sternbilder ist dies der Fall] doch in besonderer Art zusammengehörig ist, so dass man sich fragen kann, ob es nicht doch mit den althergebrachten Sternbildern eine gewisse Bewandtnis haben könne . . .

Für die spirituelle Anschauung sind die sieben Sterne des Grossen Bären – um bei diesem Sternbilde zu bleiben – die Spuren, die sieben erhabene Geister zurückgelassen haben (die alten Inder nannten sie die sieben Rischis), deren Zusammenwirken sich eben in der Form vollzogen hat, die wir heute noch am Himmel sehen, wobei ja berücksichtigt werden mag, dass wegen den in der neueren Zeit entdeckten «Eigenbewegungen» der Sterne diese im Laufe der Jahrtausende tatsächlich etwas andere Stellungen in Bezug zueinander einnehmen können.

Die alte Menschheit, unbeirrt durch moderne astronomische Theorien, schaute diese Sternbilder als imaginative Gestalten und hätte sie niemals für zufällige Gruppierungen halten können. Und auch heute noch braucht man bloss mit einem durch Geisteswissenschaft für solche Phänomene etwas geschärften Auge zum Beispiel den Orion zu verfolgen, wie er, schräg stehend, am Horizont auftaucht, dann beim Süden sich aufrichtet, wiederum schräg gestellt im Westen untergeht – oder besser noch ein Zirkumpolar-Sternbild wie eben den Grossen und den Kleinen Bären oder den Drachen, wie sie in ihrer vollkommen starren, unveränderlichen Gestalt in 24 Stunden oder im Jahreslauf den Rundgang um den Himmelspol vollziehen *(Zeichnung 55)*, um den vollkommenen Eindruck des zusammengehörenden Ganzen zu haben. Und dieser Eindruck – der uns allerdings durch Luzifer vermittelt wird, da wir sonst den Sternenhimmel überhaupt nicht sehen würden – er ist für den verkörperten Menschen von einer gewissen Bedeutung. Rudolf Steiner hat das in den sogenannten «Karma-Vorträgen» angedeutet, da wo er spricht von dem Einfluss, den die Aufmerksamkeit, das Interesse, das man gewissen Dingen im Leben entgegenbringt – oder auch nicht entgegenbringt – auf das nächste Erdenleben hat. Da sagt er:

«Es gibt Menschen, die ihr ganzes Leben hindurch – und das war auch schon in früheren Erdenaltern der Fall – niemals zu den Sternen aufsahen, die nicht wissen, wo der Löwe, oder der Widder oder der Stier ist, die sich für gar nichts in dieser Richtung interessieren. Diese Menschen werden in einem nächsten Erdenleben mit einem irgendwie schlaffen Körper geboren, beziehungsweise wenn sie durch die Stärke ihrer Eltern noch das Modell bekommen, das sie darüber hinwegführt, werden sie an dem Körper, den sie sich dann selber aufbauen, schlaff, kraftlos» (1.3.1924)[55].

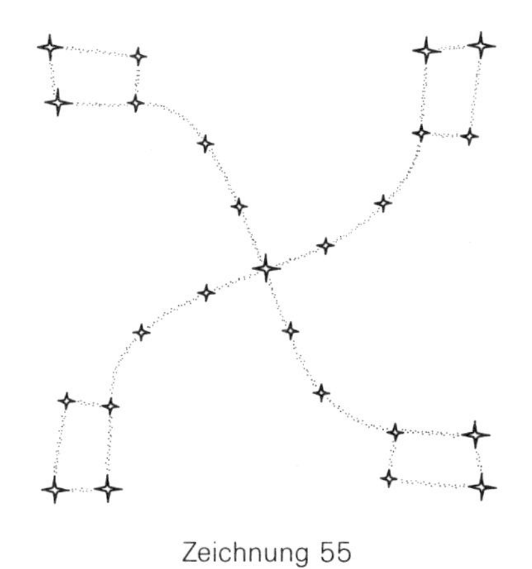

Zeichnung 55

Da sehen wir dasjenige angegeben, was der Mensch von dem Anblick der Sternenwelt in einem Leben haben kann, ja haben muss: das, was ihm das feste Knochengerüst, den straffen Körperbau im nächsten Leben geben soll und wie er das eben an der Betrachtung der Sternbilder mit ihren charakteristischen Gestalten erlangen muss. Nicht ist gemeint ein blosses Schwärmen für die Sterne ohne Unterschied. Im Gegenteil, solches Schwärmen, das nicht auf die streng konturierten Sternbilder acht gibt, das sie vielleicht gar nicht kennt, das nur schwelgen will in dem Glanz der tausenden von funkelnden, glitzernden Sternen, ein solches Schwärmen steht in starkem Masse unter der Einwirkung von dem Gegenpol des Göttlich-Geistigen am Sternenhimmel, dem Luziferischen. Und auch solche Seelenhaltung hat gewisse Folgen, bringt gewisse Gefahren mit sich. Woraus sie selber karmisch entsprungen ist, finden wir in dem Dornacher Vortrag vom 29. Januar 1921[122] dargestellt:

«Wir haben ... den Anblick der Milchstrasse[123], den Anblick des sonst bestirnten Himmels aus dem Grunde, weil er die Offenbarung ist des luziferischen Wesens in der Welt. Was uns gewissermassen leuchtend, strahlend umgibt, ist die Offenbarung des luziferischen Wesens der Welt, es ist dasjenige, was jetzt so ist, wie es ist, weil es auf einer früheren Stufe seines Daseins zurückgeblieben ist ... Daher liegt auch die Möglichkeit vor, dass wir, indem wir uns so der Sinneswelt hingeben, durch den Anblick des Himmelsaspektes uns immer luziferischer und luziferischer machen. Also, wenn wir im Leben zwischen der Geburt und dem Tode diese Neigung haben, uns dem Anblick des Himmelsaspektes hinzugeben, so bedeutet das eigentlich nichts Unmittelbares, nichts Direktes, so bedeutet das etwas, was uns als ein Instinkt bleibt aus unserer Zeit, die wir zugebracht haben vor der Geburt oder der Empfängnis in geistigen Welten, wo wir mit den Sternen gelebt haben. Da haben wir eine zu starke Verwandtschaft eingegangen mit den kosmischen Welten. Da sind wir zu ähnlich geworden diesen kosmischen Welten, und daher ist uns geblieben aus diesen Welten die Neigung, die ja als keine besonders starke Neigung in der Menschheit auftritt, im sinnlichen Anblick der Sternenwelten besonders aufzugehen. Wir entwickeln diese Neigung, wenn wir durch unser Karma – das wir uns ja allerdings immer zuziehen zwischen der Geburt und dem Tode – die Zeit zwischen dem Tode und einer neuen Geburt zu stark verschlafen, wenn wir zu wenig Neigung entwickeln, dort ein volles Bewusstsein zu haben.»

So vermengen sich für uns in dem Anblick des Sternenhimmels das wahrhaft Göttliche, das gleichsam hindurchspricht durch die Lichtesoffenbarung, und das Luziferisch-Zurückgebliebene. Die Sternenwelt ist ja der Ausdruck des Astralischen – wie das Wort selber es bezeichnet –, und die astralische Welt ist sowohl einerseits die Offenbarung des Heiligen Geistes, wie auch andererseits der Wohnsitz luziferischer Geister. So wie das Ätherische sichtbar wird in der Himmelsbläue, so der Astralleib des Kosmos in den Sternen.

«Sehen Sie, in Wirklichkeit ist jeder Stern, den wir am Himmel glänzen sehen, ein Einlasstor für das Astralische. So dass überall, wo Sterne hereinglänzen, das Astralische hereinglänzt. Sehen Sie also den gestirnten Himmel in seiner Mannigfaltigkeit, da gehäuft die Sterne in Gruppen, dort mehr zerstreut, voneinandergestellt, dann müssen Sie sich sagen: In dieser wunderbaren Leuchtekonfiguration macht sich der unsichtbare, der übersinnliche Astralleib des Kosmos sichtbar.

Daher darf man auch nicht die Sternenwelt ungeistig ansehen. Hinaufschauen in die Sternenwelt und von brennenden Gaswelten zu reden, das ist geradeso – verzeihen Sie den paradoxen Vergleich, aber er ist absolut bis aufs i-Tüpfelchen stimmend – wie wenn Sie aus Liebe jemand streichelt und die Finger etwas auseinanderhält beim Streicheln, und Sie sagen, das, was Sie da spüren im Streicheln, das sind kleine Bänder, die Ihnen über die Backe gelegt werden. Ebensowenig, wie Ihnen kleine Bänder über die Backe gelegt werden beim Streicheln, ebensowenig sind da oben diejenigen Wesenhaftigkeiten, von denen die Physik spricht, sondern der Astralleib des Weltenalls, der übt fortwährend seine Einflüsse, so wie das Streicheln auf Ihrer Backe, seine Einflüsse auf die Ätherorganisation aus. Nur ist er auf sehr starke Dauer organisiert. Daher dauert das Halten eines Sternes, was immer ein Beeinflussen des Weltenäthers von seiten der astralischen Welt ist, länger als das Streicheln. Das Streicheln würde der Mensch nicht so lange aushalten. Aber es ist eben so, dass das im Weltenall länger dauert, weil im Weltenall gleich Riesenmasse auftreten. So dass also in dem Sternenhimmel eine Seelenäusserung des Weltenastralischen zu sehen ist.

Es ist damit zu gleicher Zeit ungeheures, und zwar sogar seelisches Leben, wirklich seelisches Leben in den Kosmos hineingebracht. Denken Sie doch nur einmal, wie tot der Kosmos ist, wenn man da hinausschaut und brennende Gaskörper sieht. Denken Sie sich, wie lebendig das alles wird, wenn man weiss, diese Sterne sind der Ausdruck der *Liebe*, mit der der astralische Kosmos auf den ätherischen Kosmos wirkt. Das ist ein ganz richtiger Ausdruck[124].»

Man sieht, immer wiederum muss zu Ausdrücken des moralischen Lebens gegriffen werden, wenn die Natur der Sterne charakterisiert werden soll, immer wieder muss der Glaube zurückgewiesen werden, dass man, aus rein physikalischen Voraussetzungen oder aus blossen Berechnungen heraus die Sternenwelt begreifen könne.

«Man rechnet, rechnet, rechnet. Es ist geradeso, wie wenn die Spinne ihr Netz spinnt und sich dann einbilden würde, dass dieses Netz die ganze Welt durchspinnt. Der Grund davon ist der, dass diese Gesetze, nach denen man da rechnet, da draussen gar nicht mehr gelten, sondern dass man höchstens das Moralische, das in uns ist, benutzen kann, um Begriffe zu bekommen von dem, was da draussen ist. Da draussen im Sternenhimmel geht es nämlich moralisch, zuweilen auch unmoralisch, ahrimanisch, luziferisch usw. zu. Aber wenn ich das Moralische als Gattungsbegriff fasse, geht es moralisch zu, nicht physisch» (28.7.1923)[37].

Es öffnet sich hier die ganze Kluft zwischen der heutigen wissenschaftlichen und der anthroposophisch-spirituellen Auffassung. Die Phänomene, die in so bewunderungswürdiger Weise von der Astronomie erforscht worden sind, brauchen gewiss nicht abgeleugnet zu werden. Sie werden auch da, wo sie schon als einseitige Darstellungen angesehen werden müssen durch die Art, wie sie zu Tage gefördert werden (wie zum Beispiel bei den Erscheinungen der Spektralanalyse) ihre Anerkennung am richtigen Ort und in den richtigen Grenzen zweifellos finden. Es werden aber diese Phänomene von den Astronomen in einem Sinne gedeutet, der dem schlimmsten Materialismus des 19. Jahrhunderts entspricht. Die Entwicklungsidee, wie sie – nicht bloss von populären Schriftstellern, sondern von ernsten Fachwissenschaftlern – auf die Sternenwelt angewendet wird, steht ungefähr auf der Stufe des krassesten Darwinismus mit seinem «Kampf ums Dasein» und dergleichen mehr.

Die biologischen Wissenschaften sind von diesem krassen Darwinismus jetzt etwas abgekommen einfach dadurch, dass man Experimente angestellt hat, die manches von dem früheren orthodoxen Darwinglauben widerlegt haben. Für die Sterne konnte man in der Wissenschaft solche Experimente bis jetzt nicht machen, da man sie eben für unerreichbar hält und daher an ein «Sternenwirken in Erdenstoffen» gar nicht denken, geschweige denn über die Natur der Sterne selber auf experimentellem Wege Aufschluss erhalten konnte. So wurde die Theorie hier viel verhängnisvoller als für die «irdischen» Wissenszweige, weil die Korrektur fehlt. Und so schwelgt man auch heute noch in Weltgeburten aus Nebelflecken, Aufblühen und Abwelken von Sternenkörpern, Zugrundegehen durch allmähliches Erkalten oder durch einen Zusammenstoss mit anderen Himmelskörpern oder durch Entflammung in Folge von Reibung an kosmischen Staubmassen. Es entrollt sich das Bild, das wir in ähnlicher Weise für die Erde aus der Wissenschaft des 19. Jahrhunderts kennen: die Evolution ablaufend zwischen den beiden Polen des «Urnebels» und des «Wärmetodes», das ganze geistig-seelisch-moralische Leben wie in einem Nichts versinkend – nur wird jetzt für die Sternenwelt das Bild vertausend- und vermillionenfacht.

Um gegen dieses Weltbild, das durch die Popularisierung der Wissenschaft ebenfalls tausend- und millionenfach in Menschenherzen eingeprägt wird, ein anderes zu stellen, darum mussten hier gerade die anthroposophischen Grundlagen einer spirituellen Entwicklungslehre, die von Wesenheiten und ihren moralischen Daseinsstufen ausgeht, so ausführlich behandelt werden. Die Wichtigkeit dieser Auseinandersetzung möge auch entschuldigen, dass diesmal so viele Zitate aus Rudolf Steiners Vorträgen gebracht wurden. Es sollte versucht werden, ein Bild von solch erhabenem Geisteswirken zu entrollen, dass nur die Worte des Geistesforschers selber da zutreffend scheinen können. Das Weitere, das noch über dieses Kapitel aus der Astrosophie zu sagen ist, soll der folgenden Weihnachtsbetrachtung vorbehalten sein.

Die Sternenwelt: Menschen und Sterne

«Es leuchten gleich Sternen
Am Himmel des ewigen Seins
Die gottgesandten Geister.
Gelingen mög'es allen Menschenseelen
Im Reich des Erdenseins
Zu schauen ihrer Flammen Licht.»

4. Rundschreiben III, Dezember 1929

Diese wohlbekannten Worte Rudolf Steiners, die er zum ersten Mal am Schlusse eines Vortrages über Zarathustra (19.1.1911)[51] gegeben hat, brauchen uns, gerade in Zusammenhang mit dem Menschheitsführer Zarathustra gebracht, nicht ein blosser Vergleich zu sein. Der Glaube, Sterne sind Menschenseelen, Sterne haben mit Menschenseelen zu tun, ist ein sehr alter. Er musste mit dem Heraufkommen des neuen astronomischen Weltbildes immer mehr zurücktreten und zuletzt in das Absurde übergehen. Nur Geisteswissenschaft wird auf diesen Zusammenhang ohne jeden Aberglauben wiederum Licht werfen können. Es ist auch die Erkenntnis, dass der Name Zoroaster gerade «Goldstern» bedeutet, im geisteswissenschaftlichen Sinne nicht gegen den alten Glauben sprechend, sondern bestätigt ihn eher. Zarathustra oder Zoroaster war eben ein «Stern des Glanzes», und die frühere Namensgebung, sowohl von Menschen wie von Sternen, war keine willkürliche, sondern eine tief bedeutsame. – In humorvoller Weise führte Rudolf Steiner einmal aus, dass man heutzutage von den Sternen wesensgemäss nur noch die *Namen* kennt, daher nur eine *Astronomie* hat, nicht mehr Astrologie oder Astrosophie. Diese Namen – und insbesondere diejenigen der Planeten, Saturn, Jupiter usw., die aus alter Vorzeit zu uns gekommen sind, sind solcherweise aus Konsonanten und Vokalen zusammengesetzt, dass in ihnen das Wesen des Planeten oder des Sternes wie in kosmischer Sprache tönt. Selbstverständlich muss man dann von den «kleinen Wichtern», den Planetoiden absehen, die – allesamt seit dem Anfang des 19. Jahrhunderts entdeckt – ganz willkürliche Namen von Göttern und Menschen bekommen haben, bis der Kalender keine mehr hergab und man sie zuletzt einfach numeriert hat, wie ja die Sterne auch. Neptun ebenfalls, der 1846 auf rechnerischem Wege entdeckt wurde, hat mit dem Meeresgotte nicht mehr viel in seinem Wesen gemeinsam, während Uranus, dessen Entdeckung durch Herschel mit Hilfe des Fernrohrs noch ins 18. Jahrhundert fällt, in seinem Namen noch etwas Richtiges ausdrückt, wenn er mit dem alten Uranos, dem Gatten der Gäa, in Beziehung gebracht wird.

Wir finden den Zusammenhang zwischen Menschen und Sternen sehr unmittelbar ausgedrückt im 3. Vortrag von «Die Karmischen Zusammenhänge der anthroposophischen Bewegung»[125]. Da wird erinnert an die Verbindung, die der Mensch mit der Sternenwelt hat in der Mitte seines Lebens zwischen Tod und neuer Geburt, und wie man mit Recht sagen könne, dass der Mensch, der aus kosmischen Weiten zu einem irdischen Dasein heruntersteigt, immer von einem bestimmten Stern herkommt, so dass sich alte Anschauungen der heutigen Geistesforschung, auch ohne ein Anknüpfen an die Tradition, einfach wieder ergeben. Auf eine *Richtung* kann man hinweisen, von der der Mensch kommt, der zur Geburt herabsteigt, und diese weist hin auf einen bestimmten Stern, einen Fixstern, der die geistige Heimat des Menschen ist. Und es wird wiederum mit der ungeheuren Exaktheit des Geistesforschers der Tatbestand so formuliert:

«Wenn man dasjenige, was ja ausser Raum und Zeit erlebt wird zwischen dem Tode und einer neuen Geburt, umsetzt in eine räumliche Bildlichkeit, dann muss man dazu kommen sich zu sagen: jeder Mensch hat seinen Stern, der bestimmend ist für das, was er sich erarbeitet zwischen dem Tode und einer neuen Geburt, und er kommt aus der Richtung eines bestimmten Sternes her . . . Wir können aber nicht über die Mitternachtsstunde des Daseins sprechen zwischen dem Tode und einer neuen Geburt, ohne an einen Stern zu denken, den dann gewissermassen, aber mit Berücksichtigung dessen, was ich über Sternenwesen gesagt habe, der Mensch bewohnt zwischen dem Tode und einer neuen Geburt.»

Nur diejenigen Seelen, die eben kurz nach dem Tode oder kurz vor der Geburt leben, finden wir in der planetarischen Region, für die anderen sind die Sterne Weltenzeichen, aus denen uns das Seelenleben der nicht auf Erden verkörperten Menschenseelen entgegenschimmert.

Es hat selbstverständlich auch jeder der auf Erden lebenden Menschen einen solchen Stern, und wir müssen – wenn wir scheinbar etwas trivial ins Zahlenmässige hineingehen – schon allein für die verkörperten Menschenseelen mit etwa 1800 Millionen Sternen rechnen. Für die nichtverkörperten wäre die Zahl eine noch viele Male grössere. Die heutige Astronomie, die ausser den durch Tradition überlieferten oder sonstigen Sternennamen auch alles rein Zahlenmässige gut kennt, hat festgestellt, dass mit Hilfe des Fernrohrs und der photographischen Platte bis zu 600 Millionen Sterne aufgenommen worden sind. Ob diese Zahl vielleicht noch verdoppelt oder vervielfacht werden wird, hängt einfach von den Fortschritten der Technik ab. Sie ist aber, mathematisch gesprochen, schon jetzt von derselben Grössenordnung wie die Zahl der auf Erden lebenden Menschen, nämlich etwa ein Drittel. – Dagegen ist die Zahl der mit dem blossen Auge sichtbaren Sterne eine sehr viel kleinere, nämlich etwa 7000 (für den ganzen Himmel), die je nach ihrer Helligkeit als Sterne 1., 2. bis 6. Grösse unterschieden werden. (Auf der lichtempfindlichen Platte zeigen sich heutzutage Sterne bis zur 21. Grösse.)[126] Weitaus die meisten der 600 Millionen Sterne gehören der Milchstrasse an, die ja aus einem Gewimmel kleiner und kleinster Sternchen besteht, während es nur 20 Sterne erster Grösse [oder noch heller], 52 zweiter Grösse gibt usw.

Diese statistischen Zahlen würden hier nicht gegeben werden, wenn wir sie nicht mit dem oben Gesagten in eine Verbindung bringen würden. Stellen die Sterne *alle* Menschenseelen, ob verkörpert oder nichtverkörpert dar, so würden sozusagen etwa 20 davon «erster Grösse» sein und es müssten diese im Laufe ihrer Verkörperungen sich aus der Klasse der übrigen Menschen als Führer, als «gottgesandte Geister» herausheben. Etwas weniger hervortreten würden die «Sterne zweiter Grösse», und bei der 6. Grösse würde die Sichtbarkeit, gleichsam historisch genommen, aufhören.

Um Missverständnisse nicht aufkommen zu lassen, mag auch auf die so wichtige Stelle in dem angeführten Vortrag hingewiesen werden, wo das Verhältnis der Sonne zu dem Stern des Menschen geschildert wird, während der Zeit, da der Mensch auf Erden lebt. Es wird gesagt, dass bei der Geburt die Sonne den Stern zudeckt, dann aber allmählich hinter diesem Stern zurückbleibt und ihn nach 72 Jahren, wenn der Unterschied einen vollen Tag beträgt, gewissermassen frei gibt, so dass der Mensch wieder den Weg zu seinem Stern finden kann – daher 72 Jahre als die normale Dauer eines Menschenlebens gerechnet wird. Wir haben es da mit einem Lesen in der Sternenschrift zu tun, wie ausdrücklich gesagt wird, mit einem imaginativen, inspirativen Erfassen der kosmischen Tatsachen. Es kann daher dieser Passus nicht so aufgefasst werden, als ob die Sonne auf ihrem Weg längs der Ekliptik an jedem der 365 Tage des Jahres auf einen besonderen Stern treffen würde, der erst wieder, wenn die Sonne durch die Präzession um 1° zurückgeblieben ist, frei käme. Denn der Stern, der als Heimatstern eines Menschen betrachtet werden kann, muss ja auch ausserhalb des unmittelbaren Sonnenweges, der Ekliptik, liegen können. Auch würde ja die Jahresbewegung der Sonne diese schon am 2. Lebenstage des Menschen von dem Stern in entgegengesetzter Richtung wegführen usw. Aber: es braucht auch der Mensch nicht gerade 72 Jahre zu leben! Schon daraus sieht man, dass es sich eben darum handelt, die Sternenschrift zu lesen, nicht materialistische Interpretationen zu suchen. Die Sternenschrift spricht deutlich von dem Zurückbleiben der Sonne in bezug auf die Sterne im Verlauf des grossen Weltenjahres und von dem Verhältnis dieses Zurückbleibens zum Menschenleben (1° in 72 Jahren, vgl. 11. Rundschreiben I). Denken wir daran, dass bei der Geburt des Menschen ja der Stand des Sternenhimmels in sein Gehirn abgedruckt wurde, gegenüber dem die Sonne dann eine bestimmte Stellung einnahm, und wie nun gleichsam der ganze Sternenhimmel sich etwas umgedreht, von dieser ins Gehirn eingegrabenen Sonne weggeschoben hat, und wir bekommen eine Empfindung für das «Freigeben» des Sternes durch die Sonne nach 72 Jahren. Die imaginative Sprache des Geistesforschers drückt es mit diesen Worten aus:

«Und während dieser Zeit, während sich die Sonne im Bereiche seines Sternes aufhalten kann, kann der Mensch auf der Erde leben. Dann, unter normalen Verhältnissen, wenn die Sonne nicht mehr seinen Stern beruhigt über sein irdisches Dasein, wenn die Sonne nicht mehr zu seinem Stern sagt: der Mensch ist unten, und ich gebe dir das, was dir dieser Mensch zu geben hat, von mir aus, während ich nun vorläufig, dich zudeckend, mit ihm dasjenige mache, was du sonst mit ihm machst zwischen dem Tode und einer neuen Geburt, wenn die Sonne das nicht mehr zum Stern sagen kann, fordert der Stern den Menschen wiederum zurück . . . – Diese Dinge können eigentlich nicht anders begriffen werden, als wenn sie mit Ehrfurcht begriffen werden, mit jener Ehrfurcht, die die alten Mysterien die Ehrfurcht vor dem Oberen genannt haben. Denn diese Ehrfurcht vor dem Oberen leitet uns immer wieder und wieder an, dasjenige, was hier auf Erden geschieht, im Zusammenhange zu sehen mit dem, was in der gewaltigen majestätischen Sternenschrift sich abspielt[125].»

Der Mensch hängt aber nicht bloss mit diesem einen Stern zusammen, der gewissermassen als *sein* Stern anzusehen ist, und der, wie der Sprachgenius so schön sagt, im «Aufgehen» oder auch im Untergehen begriffen sein kann («Ich konnte deinen Stern erschauen. Er strahlt in voller Kraft», sagt Maria zu Johannes in der «Pforte der Einweihung»[60]), sondern er hat gerade am Beginn seines Lebens zwischen Tod und neuer Geburt mit einer Reihe anderer Sterne noch eine Verbindung, so wie eben auf Erden auch Gruppen von Menschen enger zusammenleben, gewissermassen Konstellationen bilden. Diese Sternengruppen ersetzen dem Menschen gleichsam dasjenige, was er hier auf Erden hat von der Individualisierung durch seinen physischen und Ätherleib. Der Astralleib des Menschen hat nämlich immer die Neigung, mit demjenigen anderer Menschen zusammenzufliessen –, es geschieht das auch bis zu einem gewissen Grade während des Schlafens, aber am Tage sind die Astralleiber und das Ich durch die Verbindung mit dem physischen und ätherischen Leib voneinander gesondert. Nach dem Tode hört die Möglichkeit *dieser* Sonderung auf, aber es tritt nun dasjenige ein, dass der Mensch schon während des Lebens durch seine Gefühle, Lebensauffassungen, Willensimpulse und dergleichen Beziehungen zu bestimmten Angeloi- und Archangeloiwesen gehabt hat, und diese verbinden ihn mit einem bestimmten Sternengebilde. Die Menschen unterscheiden sich dann nach Sterngebieten, aber so, dass verschiedene Menschenseelen eine Anzahl von Sternen gemeinsam haben. (Vgl. den Zyklus «Erdensterben und Weltenleben»[127], 7. Vortrag, dem wir die *Zeichnung 56* entnehmen.) Ein Mensch kann zu Tausenden von Angeloi und Archangeloi gehören, Seelenwesen, die gewissermassen seine Gefühle, Ideen und Vorstellungen in der Astralwelt verkörpern, mehr oder weniger luziferische Wesen, denn solche gibt es eben in der Sternenwelt. Und da auf der Erde solche Gefühle, soziale Auffassungen, Rechtsbegriffe usw. vielen Menschen gemeinsam sind, die zum Beispiel innerhalb eines bestimmten Territoriums leben, so haben diese Menschen eben gemeinsame Sterne in ihrem Seelengebilde nach dem Tode, aber absolut gleich haben nicht zwei Seelen ihr Sternengebiet. Dies gilt, solange der Mensch seinen Astralleib an sich trägt, das heisst, bei seinem Durchgang durch die Monden-, Merkur- und Venussphäre, wo er eben dasjenige erlebt, was mit seinem sozialen Verhalten im grossen und im kleinen zusammenhängt (vgl. 5. Rundschreiben II). Wenn dann der Mensch in die Sonnensphäre eintritt und auch den Astralleib als Leichnam zurücklässt, dann gibt ihn die Sonne gleichsam wiederum seinem Sterne frei, und die Verschmelzung

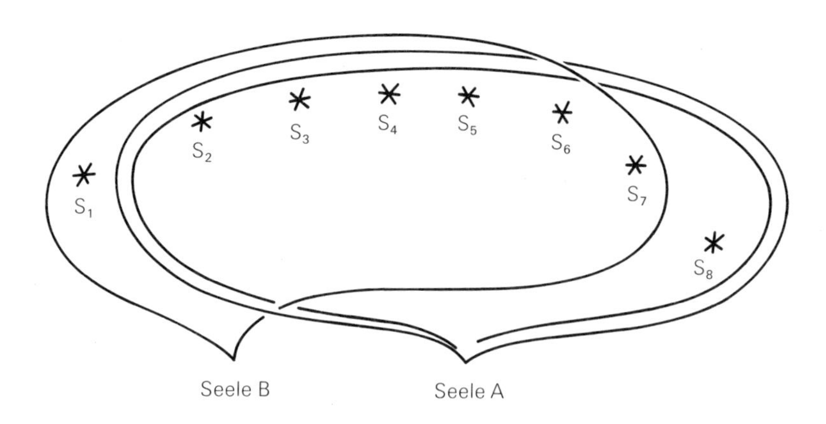

Zeichnung 56

und zugleich Unterscheidung nach den Sterngruppen hört auf. Der Mensch als Ichwesen verbringt die Mitternachtsstunde des Daseins als Bewohner eines bestimmten Sternes.

So bekommen wir eine Ahnung von der grossen Mannigfaltigkeit von Beziehungen, die Menschen und Sterne miteinander verbinden. Den Weg in dieser Vielheit finden wir nur, wenn wir uns nicht von den materialistischen Vorurteilen der heutigen Wissenschaft beirren lassen, und ebensowenig dürfen wir zu einer dogmatischen Fragestellung kommen, die uns die Aussicht verbaut. Rudolf Steiner hat oft darauf hingewiesen, dass solche Fragen wie: Ist die Welt endlich oder unendlich – innerhalb des gewöhnlichen Erdenbewusstseins nicht beantwortet werden können. Es lässt sich beides mit dem gleichen Recht beweisen. – Nach dem Tode aber kommt der Mensch tatsächlich an die Grenze des Physisch-Sinnlichen, und er erlebt diesen Kosmos dann «von aussen». Er erlebt auch die Sternenwelt von aussen, insofern sie zu dem Physisch–Sinnlichen dazugehört.

Wir werden hier zugleich auf eine andere Rätselfrage hingewiesen, die unter unseren Freunden oft gestellt und diskutiert wird, die aber zur Unfruchtbarkeit verurteilt ist, wenn sie nur aus dem Abstrakten heraus entschieden werden soll. Es ist die Frage, ob die Sterne als materielle Körper im irdischen Sinne aufzufassen sind oder nicht. Dass diese Frage nicht in solch einfacher Weise beantwortet werden kann, das geht schon daraus hervor, dass in Rudolf Steiners Vorträgen zahlreiche Ausdrücke zu finden sind, welche die Sterne einmal als überhaupt nicht physisch und nicht materiell darstellen und eine solche Auffassung, man könne sie als materielle Körper denken, stark ablehnen – während ein anderes Mal ebenso deutlich von dem Mineralisch-Physischen der Sterne gesprochen wird oder von der gasigen Natur des Sonnenkörpers. Gerade auf diesem Gebiet sollte durch die Art der Fragenstellung vermieden werden, zu Dogmen zu gelangen.

Im Haager Zyklus von 1923 «Der übersinnliche Mensch, anthroposophisch erfasst», hat Rudolf Steiner einmal ein Schema gegeben, das uns bei diesem Problem helfen kann. Er sprach da von verschiedenen Welten, an denen der Mensch Anteil hat: die erste ist die wahrnehmbare, physische Welt unserer Erdenumgebung. Dann eine zweite, eine unwahrnehmbare, überphysische, die ätherisch-elementarische Welt, in die der Mensch – für den irdischen Anblick – hineinverschwindet mit dem Tode. Dann aber als dritte eine Welt, die wiederum überphysisch, aber zugleich wahrnehmbar ist: die Welt des Sonnenlichtes, auch des Sternen-, des Mondenlichtes. «Überphysisch» ist somit die Natur der Sterne, aber sie wird sichtbar – wir wissen, dass es durch Luzifer geschieht –, und in diesem sichtbaren Lichte offenbaren sich uns die Toten. Es ist das Kleid der Seelen in der geistigen Welt, die damit in diesem kosmischen Lichte eigentlich wiederum für uns sichtbar werden, nachdem sie in die zweite, unsichtbare Welt verschwunden waren. Es ist die Welt der zweiten Hierarchie, wie die vorhin genannte diejenige der dritten Hierarchie. Wir finden ja die höchsten Wesen der zweiten Hierarchie, die Geister der Weisheit in den Sternen sowohl wie in der Sonne. Ihre Natur ist es, die als überphysische sich hinter dem Sonnen- und Sternenlicht verbirgt (2. Vortrag[101]).

Dann aber folgt noch eine vierte Welt, die nun wiederum physisch – aber unwahrnehmbar ist. Sie lebt in solchen Erscheinungen wie denjenigen der physischen «Schwerkraft», mit der wir hier auf Erden gehen, die an sich unwahrnehmbar ist. In diesem unmittelbar Physischen, das aber nichts Materielles an sich hat, wirkt die erste Hierarchie, Throne, Cherubine, Seraphine, und in ihr leben die Menschenseelen, nun gleichsam zum zweiten Mal der Sichtbarkeit entrückt in der Zeit, die wir die Mitternachtsstunde des Daseins nennen, da wo das Physische des zukünftigen Erdenleibes schon in geistiger, das heisst, für das gewöhnliche Bewusstsein unwahrnehmbarer Art aufgebaut wird. Das ist die Tätigkeit, die unmittelbar in der Sternenwelt sich abspielt, im Tierkreis selber, zu dem ja die Wesen der ersten Hierarchie gehören, wobei aber der Tierkreis nicht als sichtbarer Sternengürtel gemeint ist – denn der müsste mitgerechnet werden zur dritten der jetzt aufgezählten Welten –, sondern als geistig-wirksame Wesenheit, die eben die Fähigkeit hat, bis in das Physische unmittelbar hereinzuwirken. So dass dasjenige, was gerade an der Sternenwelt «physisch» genannt werden kann, nicht sichtbar ist, und das Sichtbare an ihr nicht physisch, sondern «überphysisch» ist!

Nur durch solche Betrachtungen wird man auch in diesen Dingen zu einer fruchtbaren Fragestellung kommen können. Auch so nur zu einem Zusammenhang zwischen dem Makrokosmos und dem Mikrokosmos, dem Menschen. Wenn zum Beispiel der Mensch sich hier auf Erden seines Kehlkopfes bedient, so tönt aus ihm heraus dasjenige, was im «Stier» als Kräfte lebt, in jenem Physisch-Unwahrnehmbaren, das seinen Kehlkopf gestaltet hat, als der Mensch selber unter den Wesen der ersten Hierarchie aus der geistig-unsichtbaren Stier-Konstellation heraus gewirkt hat. Aber sichtbar gleichsam wird dieser Weltenstrom für den Menschen, wenn er herabfliesst aus dem Kosmos zu der Zeit, da der Mond aus der Gegend der Plejaden scheint (vgl. den Vortrag vom 29.12.1917)[128]. Es ist eine Verwandtschaft zwischen dem Mondenlichte, das aus dem Stier (zu dem ja die Plejaden gehören) kommt, und demjenigen, was aus dem Menschen kommt, wenn er sich seines Kehlkopfes bedient. Das ist gewissermassen die dritte Welt, die astrale, die dem Menschen wahrnehmbar, aber ihrer Natur nach eben überphysisch ist.

Wir können uns noch durch eine andere Schilderung aus den Vorträgen Rudolf Steiners diese «astrale» Welt klarmachen.

«Überlegen wir uns, was wir eigentlich sehen, wenn wir zum Beispiel einen fernen Planeten oder einen Fixstern ansehen im Weltenraum draussen. Was sehen wir da eigentlich? Ja, was wir um uns herum auf der Erde sehen an grüner Pflanzendecke, an Wolkengebilden, an braungrauem Boden usw., das sehen wir nicht, wenn wir in den Weltenraum hinausblikken und die Sterne sehen; dazu sind die Sterne, selbst der Mond, zu weit entfernt. Aber das . . ., was da lebt auf diesen fremden Weltkörpern, das hat überall ein Inneres, hat umgewandelte stoffliche Vorgänge. Dieses, was da in den entsprechenden höchsten Wesen lebt als stoffliche Vorgänge, das sehen wir, wenn wir das Teleskop auf einen Stern richten. Ebenso, wenn der andere Stern, sagen wir der Mond, das Teleskop auf uns richten würde, sähe er dann unsere Pflanzen, Tiere usw.? Nein, dazu ist unsere Erde viel zu weit entfernt vom Monde. Aber wenn er sein Teleskop herunterrichtet auf die Erde, dann schaut er Ihnen in den Magen, in das Herz usw. Das ist der Inhalt dessen, was hinausscheint in die Welt. Weil der Mensch unter den verschiedenen Reichen auf der Erde dem höchsten Reiche angehört, deshalb sieht man von auswärts dasjenige, was innerhalb der Menschenhäute vorgeht[129].»

So sehen wir: ebenso wie von der Erde – von anderen Welten aus – nur dasjenige wahrgenommen werden würde, was sich in den Menschen an organischen Vorgängen abspielt, so nehmen wir von den Sternen nur dasjenige wahr, was innere, umgewandelte stoffliche Vorgänge in den höchsten Wesen dieser Körper sind. Man kann sich fragen, welcher Art diese «stofflichen Vorgänge» sind, die diese Wesen, auch die luziferischen, in ihrem Inneren tragen, aber man wird den Ausdruck «überphysisch» gewiss darauf anwenden können.

Auf der anderen Seite wird in diesem Vortrag auch geschildert, dass «Materie» eigentlich nicht in der äusseren Natur, sondern nur im Menschen, in seinen organischen Vorgängen zu finden ist. In ähnlicher Weise können wir «Materie» in den Sternen finden, wenn wir die inneren Vorgänge in den Sternenwesen ergreifen können. Hier öffnet sich ein Feld für weitgehende anthroposophisch-astronomische Forschungen.

Wir können uns erinnern an eine Erklärung, die Rudolf Steiner einmal von einer anderen Erscheinung gegeben hat, die uns nur durch das Fernrohr bekannt geworden ist. Es sind das die sogenannten Mars-Kanäle. Bekanntlich hat der Astronom Schiaparelli, der ein ausgezeichnetes Beobachtungsvermögen hatte, in den siebziger Jahren des letzten Jahrhunderts auf dem Mars zum ersten Mal geradlinige, sich kreuzende und verbindende dunkle Streifen gesehen, die man dann für Kanäle hielt, durch die Technik der Marsbewohner zur Herstellung der nötigen Bewässerung gegraben usw. Die «Kanäle» haben sich als ziemlich, aber doch nicht ganz unveränderliche Gebilde auf der Marsoberfläche erwiesen. – Auf eine diesbezügliche Frage antwortete Rudolf Steiner, der Mars sei eben in einem gegenüber der Erde früheren Entwicklungszustande festgehalten; er mache jenes Stadium durch, das man noch in der germanisch-nordischen Mythologie für die Erde festgehalten findet: damals waren es die 12 Ströme aus dem kalten Niflheim, die in den Menschen einströmten und zu den 12 Gehirnnerven des Menschen wurden[38], es war der warme Strom von Muspelheim im Süden, aus dem die Feuerfunken kamen. Diese Vorgänge sind in unserer heutigen Umgebung nur als unregelmässige Erscheinungen da, als Luft- und Meeresströmungen, aber damals verliefen sie ganz regelmässig, so dass man die Erde von solchen «Kanälen», die in die Menschen ein- und ausgingen, durchzogen gesehen hätte, die dann allmählich sich zusammenziehen und im menschlichen Haupte materiell werden. (Etwas ähnliches war auf dem alten Mond der Fall, siehe den Zyklus «Die Theosophie des Rosenkreuzers», 10. Vortrag[11].)

So erblickt man auch in den Marskanälen im Grunde genommen Vorgänge in den Marswesen, die nur noch nicht ganz innere organische Vorgänge geworden sind, wie das beim heutigen Erdenmenschen der Fall ist, sondern die von dem ganzen Planeten aus in die Wesen sich hineinerstrekken. Von den Sternen sind selbstverständlich auch solche Einzelheiten, wie die Kanäle auf dem Mars, die Streifen auf dem Jupiter, nicht zu erblicken, sie bieten uns nur die Möglichkeit, aus ihren Licht- und chemisch-ätherischen Erscheinungen zu einer Kenntnis ihrer Wesensvorgänge zu kommen. Doch nannte Rudolf Steiner gerade das, was auf diese Weise durch die Spektralanalyse usw. erfahren werden kann, ein für den betreffenden Himmelskörper «ziemlich wesenloses Nach-aussen-Scheinen».

Nicht wesenlos dagegen, sondern höchst bedeutsam ist dasjenige, was von dem Menschen-Innern in den Kosmos hineinstrahlt. Wir werden an den ersten der Erzengel-Vorträge erinnert, in welchem geschildert wird, wie im Hochsommer der Mensch von innerem Schwefelfeuer, von einem sulphurischen Prozess durchzogen ist und wie dieser Prozess hinausstrahlt und erglänzt in den Kosmos.

«Da geschieht im Kosmos viel, wenn im Sommer die Menschen innerlich sulfurisch leuchten. Nicht nur die Johanniskäferchen werden für das physische Auge des Menschen zu Johanni leuchtend. Von den anderen

Planeten heruntergeschaut, wird das Innere der Menschen für das ätherische Auge anderer planetarischer Wesen zur Johannizeit leuchtend, ein Leuchtewesen» (5.10.1923)[77].

Und dann strahlt gegen den Herbst hin das Eisen in dem Blut des Menschen, so wie die Meteore da draussen, da wird das menschliche Innere ein Meteorregen für den kosmischen Anblick.

Dann, in der Tiefwinterzeit wird die Erde ein in sich abgeschlossener kosmischer Körper. Ihre Seele hat sich in das Innere zurückgezogen, und sie durchgeistigte sich mit den kosmischen Kräften durch ihr Salzartiges, sie wird lebendig durch die herabgerieselte Pflanzensamen-Asche. Sie wird mondenhaft innerlich, aber sie hat dann zugleich am meisten die Möglichkeit, das Sonnenhafte aufzunehmen. Und über dem Sonnenhaften ragt sie in das Himmlische, das Sternenhafte hinein.

«Würde man hinausgehen in die Weiten des Weltenalls, so würde man das, was sich da oben darstellt, wo der Mensch hinausstrahlt in das Weltenall, schauen wie, ich möchte sagen, eine verhimmlischte Erde-Sternenstrahlung, welche die Erde in den weiten Weltenraum hinaussendet ... Wenn man nämlich vom Weltenall nach der Erde herschaut, so würde sich das so darstellen, dass man durchschaut durch die Sternenstrahlung auf die Erde selbst, wie wenn die Erde unter ihrer Oberfläche in Regenbogenfarben nach innen schimmern würde» (6.10.1923)[77].

Die Erde strahlt sternenhaft in das Weltall hinaus, das Weltall erblickt regenbogenscheinend den in seinen Tiefen gerade zur Winterzeit so lebendigen Erdenleib. Niemals sind Erde und Weltall sich mehr in Freiheit, in voller Bewusstheit nahe wie zur Weihnachtszeit.

Auf diese Erde halten geistige Wesen ihren Blick gerichtet. Eines der Ihrigen, das höchste, das Sonnenwesen selber wird auf diese Erde niedersteigen. Vorangehen muss die Geburt des Christusträgers, die Wiedergeburt auch des Sonnenverkünders Zarathustra. Und die Weisen aus dem Morgenlande sehen seinen Stern im Aufgang, sie ziehen hin zu der Stätte seiner Geburt. Sein Name Zoroaster heisst ja «Goldstern», und es wird uns gesagt, dass die Weisen des Morgenlandes, die zu seinen Schülern gehörten, in ihm den «Stern der Menschheit» selber sahen, einen Abglanz der Sonne. Wir erinnern uns daran, dass auch die Sonne ein Fixstern ist, und dass Zarathustra von Ahura Mazdao, von der Sonne selber eingeweiht worden war. Doch ist die Sonne mehr als blosser Fixstern. Mit ihr verbunden war noch zu des Zarathustra Zeiten die Wesenheit, die über Throne, Cherubim und Seraphim erhaben ist, der Sohn Gottes, Christus. Und als der Christus sich mit dem Jesus von Nazareth, dessen Leib vorbestimmt war, Christusträger zu werden, verband, da war nicht nur ein Stern, nicht nur ein

Abglanz der Sonne, da war die Sonne selbst auf die Erde herabgestiegen; die geistige Sonne war Fleisch geworden und hat unter den Menschen gewohnet. Dann wurde sie in die unsichtbare Welt zunächst durch den Tod entrückt und hat den Tod überwunden und lebt und wirkt in Menschenherzen. Aber es kommt die Zeit, da der Christus sichtbar werden wird, auch wenn er in der überphysischen Welt lebt, nicht im sichtbaren Sonnen- oder Mondenlicht bloss, sondern in den «Wolken», in der ätherischen Welt. Und aus den Menschenherzen und dem Menschenschauen wird die Christuskraft in das Weltall hinausstrahlen als Sonnenweltenkeim zur Weihnachtszeit.

Die Sternenwelt: Pflanzen und Sterne

5. Rundschreiben III, Januar 1930

Aus unseren bisherigen Betrachtungen ist uns ein Bild von der Sternenwelt entstanden, das in dieser Welt auf der einen Seite das Göttlich-Geistige zeigt, das unsichtbar, aber gerade in dem Materiellen kraftend, als «Geistkolonie» hinter den Sternen steht. Wir haben die Menschenseelen gleichsam als Mitbewohner einer solchen Geister-Gemeinschaft im Leben zwischen dem Tode und einer neuen Geburt gefunden. Auf der anderen Seite sind die sichtbaren Sterne uns die Offenbarungen dieses Göttlich-Geistigen in den funkelnden Lichtpunkten, die als «überphysische» Gebilde in der Welt des Seienden durch ihre Konfigurationen, ihre eigentliche Formgestalt wirken. Wir werden diesen Sternenhimmel nicht als in weite Fernen entrückt empfinden, sondern als überall gegenwärtig wirkend in jedem Punkt des Raumes, wo sich Gestalten bilden, und sich nur offenbarend gewissermassen an der Grenze des Räumlichen eben durch die Lichtpunkte der Sterne, durch welche Phosphoros-Luzifer in seiner Art uns die Liebesoffenbarung des Kosmos zuteil werden lässt. Da muss die räumliche Anschauung in eine qualitative übergehen. Und in der Sphäre, die gleichsam jenseits der Sterne liegt, da ist der Raum eigentlich nicht mehr vorhanden, er ist ein Qualitatives geworden, aber es gestaltet sich dieses Räumlich-Unräumliche eben zu Bildern und von diesen Bildern gehen die Kräfte aus, die hier auf der Erde all das bewirken, was Form, was Gestalt hat. Ebenso bewirkt die Planetenwelt all dasjenige, was Bildekräfte im Sinne des Wachsenden, sich metamorphosisch Umbildenden sind. Die Erde gibt schliesslich ihrem Wesen nach das Materielle oder den Stoffwechsel dazu. Und je nachdem diese Kräfte aus den verschiedenen Welten kommen und in verschiedenen Gebieten wirken, entstehen die verschiedenen Reiche der Natur.

Diese Anschauung, die dem ganzen anthroposophisch-wissenschaftlichen Wirken zugrunde liegt, führt auch für das Astronomische dazu, von ganz anderen Voraussetzungen ausgehen zu müssen, als man es heute in der Wissenschaft gewohnt ist. Sie führt dazu, einzusehen, dass eine blosse Astronomie ebensowenig bestehen kann wie eine andere Wissenschaft, die sich bloss mit dem Irdischen beschäftigen würde. Es ist zwar der Sternenhimmel, wenn man ihn in seinem vollen, auch spirituellen Umfang und mit Einschluss der Planeten nimmt, das Urbild und der Urschoss alles auf

Erden Vorhandenen, aber er ist eben aus dem Grunde nur aus dem auf der Erde Vorhandenen zu verstehen, zu erklären. Man wird immer nur zu hypothetischen oder zu bloss relativistischen Theorien der Planetenbewegungen usw. kommen, wenn man diese Bewegungen und die sonstigen Sternenphänomene nur durch diese selber erklären will. Um das vielgebrauchte Bild Rudolf Steiners auch hier wiederum zu gebrauchen: So wie man die Magnetnadel in ihrem nach den Polen Gerichtetsein nicht aus der Nadel selber, sondern nur aus der ganzen Erde heraus erklären kann, so wird man einerseits die Lebenserscheinungen auf der Erde, andererseits die astronomischen Erscheinungen im weitesten Sinne nicht aus sich selbst, sondern nur gegenseitig aus einander erklären und verstehen können. Es war am 20. August 1916[130], dass Rudolf Steiner zum ersten Mal mit grosser Bestimmtheit auf die für die heutige Wissenschaft noch so ungewohnt klingende Tatsache hinwies, die er in den Worten zusammenfasste:

«Die Astronomen werden mit den Mitteln ihrer Wissenschaft die Biologie begründen, und die Biologen werden mit den Mitteln ihrer Wissenschaft die Astronomie begründen. Und eine im echten Sinne mit den Mitteln der Astrologie begründete Biologie wird spirituelle Wissenschaft sein, und eine mit den Mitteln der echten Embryologie begründete Astrologie wird spirituelle Himmelskunde sein.»

Wir wollen in dieser Weise den Zusammenhang etwas betrachten, der gerade zwischen der Welt der Fixsterne und der Pflanzenwelt besteht. Im Torquay-Zyklus «Das Initiaten-Bewusstsein»[29] wird im 2. Vortrag auf einen Zusammenhang zwischen Sternen und Pflanzen hingewiesen, der tief zum menschlichen Fühlen auch des gewöhnlichen Bewusstseins spricht: Die Erde als Spiegel des Kosmos, mit einer spiegelnden Oberfläche, die aber nicht bloss äussere Formen spiegelt, wie es bei den von Menschen gemachten Spiegeln der Fall ist, sondern so, dass das Spiegelbild lebt und wächst und sich entwickelt; das ist die Pflanzenwelt hier auf Erden, sie ist das lebendige Spiegelbild des Himmels. Sie spiegelt eben die Sternenwelt, die Welt der Fixsterne. Und für das Initiatenbewusstsein, das dort geschildert ist, werden auch die Sterne wie wachsendes, webendes Leben, sie nehmen die mannigfaltigsten Formen an. Und die einzelnen Sterne offenbaren sich als die wirklichen Pflanzenwesen, sie sind wie die Tauperlen, die hier auf Erden in den Blumen und auf Blättern glänzen. In der eigentlich geistigen Welt, die noch hinausragt über die Sternenwelt in der Art, wie wir das anzudeuten versuchten, sind die Pflanzen Ichwesen wie Menschen, Wesen mit Selbstbewusstsein, und so wie die Tauperlen in den Blüten ruhen, so ruhen die sichtbaren Sterne wie Tauperlen in der, für das gewöhnliche Bewusstsein unsichtbaren, webend-lebenden Welt mächtiger Geistwesenheiten darinnen. Wir brauchen uns bloss daran zu erinnern, dass die Geister der Weisheit die allen Fixsternen gemeinsame Hierarchie darstellen, und dass die Gruppenseelen der Pflanzen als «Nachkommen» zu den Geistern der Weisheit stehen[5], um den realen Zusammenhang zwischen Sternen und Pflanzen einzusehen.

Es sind nun die Sterne mit den besonderen Sternbildern verbunden, von denen wir schon früher sagten, dass sie nicht zufällige Verbindungen darstellen, sondern der in der sichtbaren Sternenwelt abgedrückte Zusammenhang von den dahinter wirkenden geistigen Wesenheiten sind.

In diesen starren, unveränderlichen Formen liegen die Urbilder aller festen Formen auf Erden. Diese müssen wir für die Pflanzen aufsuchen, wenn wir die Pflanzenwelt nicht mehr als ein Ganzes, sondern die einzelnen Pflanzen selbst auf ihre Formprinzipien hin ansehen.

Betrachten wir dagegen die Pflanzendecke der Erde, so muss sie als ein Ganzes angesehen werden, so wie auch die Sternenwelt ein Ganzes ist. Sie gehört zur ganzen Erde dazu. Rudolf Steiner hat oft das Bild gebraucht, dass man die Pflanzen in bezug auf die Erde so anzusehen habe wie das Haupthaar des Menschen in bezug auf den ganzen Menschen, es wächst gewissermassen aus ihm heraus, kann nur im Zusammenhang mit ihm betrachtet werden. So können wir in dem mannigfaltigen Pflanzenteppich der Erde schon das Abbild des Sternenhimmels sehen. Es bedeckt die Pflanzenwelt mit ihrer Vielheit von Bäumen, Kräutern, Gräsern usw. den Erdenleib so, wie da oben die Sterne über den ganzen Himmel gesät sind. Und wir finden den instinktiven Ausdruck dieses Zusammenhanges in der Sprache wieder: Wie viele Pflanzennamen drücken nicht eine Verwandtschaft mit der Sternenwelt aus, wie oft werden Blumen mit Sternen verglichen! Man kann bisweilen schöne alte Darstellungen finden, die in naiv-imaginativem Bilde dieses wiedergeben: Oben die Sterne, fünf- oder sechszackig, unten auf Erden die Blumen der Pflanzenwelt, unverhältnismässig gross, wie Sterne aussehend, ebenso wie diese den Erdenblüten ähneln. Oder man betrachte den Löwenzahn, der in seinem ganzen Werden so wunderbar das Weltall zum Ausdruck bringt: die ungeheuer lange, gerade Wurzel, den Erdradius markierend, die sonnenhafte Blüte, Planetenwirkungen ausdrückend, und dann zuletzt, wenn die Blütezeit vorbei ist und die Frucht beginnen soll, sich zu entwickeln, das kleine Weltall der mit Sternchen besäten Kugel, die von der ausgeblühten Pflanze übrig bleibt.

So ist die Pflanzenwelt als Ganzes Spiegelbild des Sternenhimmels. Die Spiegelung ist nur, wie in dem Torquay-Vortrag[29] gesagt wurde, keine ganz adäquate. Sie kommt gewissermassen als Farbenspiegelung heraus in dem bunten, gelben, roten oder auch grünen Pflanzenteppich der Erde. Wir wissen, dass aus dieser Farbenwelt der Pflanzen die Wirkungen der Planeten sprechen, die sich gewissermassen modifizierend vor die Sternenwirkungen stellen. Auch die Wachstumskräfte, die Bewegungstendenzen im spiraligen Blattansatz usw., die Bilde*kräfte* rühren von den Planeten her. Was aber von den Sternen kommt, das sind eben die Formen, die Gestalten als solche, und zwar kommen diese, wie in dem Vortrag vom 22. Juli 1922[131] ausdrücklich gesagt wird, von den Fixsternen mit Ausschliessung des Tierkreises, also von all den Sternbildern, die ausserhalb des Tierkreises liegen, wie Grosser und Kleiner Bär, Pegasus, Orion und wie sie alle heissen. Der Tierkreis selber hat mit den Kräften des tierischen Organismus zu tun, wie sein Name ja ganz sachlich ausdrückt. Wir kommen so zu dem Schema, das dort im Vortrag gegeben wurde:

Die Pflanzenwelt hat ihre *Formen* von dem Sternhimmel, das Tier von dem Tierkreis, der Mensch von der ganzen Sphäre – nicht von den einzelnen Sternbildern, wie er ja auch in seinem Haupt ein Abbild des ganzen Sternhimmels trägt. Wiederum finden wir den Menschen als die Synthese, die allseitige Zusammenfassung des ganzen Weltalls, in den anderen Naturreichen dagegen einseitige Ausbildungen von dem einen oder anderen Teil des Ganzen.

Wir finden allerdings auch in der Pflanze eine Nachbildung des Weltalls, nämlich in der Zelle, die ja kugelig ist – und darin zunächst die Erde nachbildet, die aber bis in ihre innere Konfiguration hinein den Kosmos mit ihren Planetenzusammenhängen spiegelt usw. Die Zelle wird in der ganzen Pflanze nur durch die ihr eingelagerte Erdenmaterie sichtbar. Als Ätherform ist die Pflanze aber eine Imagination (vgl. Vortrag vom 28.7.1922)[132]. Als solche wäre sie bloss dem imaginativen Bewusstsein sichtbar, durch die Ausfüllung mit Erdenmaterie wird sie auf physische Art dem physischen Auge sichtbar.

Nun sind aber auch die Sternbilder Imaginationen, stehengebliebene, erstarrte Imaginationen gleichsam des hinter ihnen waltenden geistig Wesenhaften, lebend Wandelbaren. Sie entsprechen den Imaginationen, welche die Pflanzen sind, und die nur in anderer Weise modifiziert sind mit Bezug auf ihren geistigen Ursprung, eben durch ihre Erscheinung im Physischen, durch ihr Unterworfensein den irdischen Gesetzen, dem Aufbau aus Zellkörperchen und dergleichen. Es besteht zwischen beiden Arten von Imaginationen ein Zusammenhang, und der ist eben in den Formen der Pflanzen zu finden.

Rudolf Steiner schildert in dem genannten Vortrag (22.7.1922)[131], wie der Mensch, wenn er durch seinen Willen hellsehend wird, gleichsam mit diesem sich ausbreitenden Willen dahin gelangt, den Kosmos «von aussen» anzuschauen *(Zeichnung 57)*, auch die Sterne von aussen, wie sich dieser Anblick auch der nicht verkörperten Menschenseele darbietet: «von dort, wo schon gar keine Sterne mehr sind, nicht vom Äthergebiet aus, sondern vom astralischen Gebiete aus, von dem man sagen kann, es ist noch Raum da, und von dem man auch sagen kann, es ist kein Raum mehr da. Es hat nicht mehr viel Sinn, von dem, was ich da angedeutet habe, so zu sprechen, als ob das noch Raum wäre. Man fühlt aber so, als ob man den Raum selber in sich hätte. Dann aber sehen Sie keine Sterne. Sie wissen, Sie schauen auf die Sterne hin, Sie sehen aber keine Sterne, sondern Sie sehen Bilder. Sie sehen tatsächlich innerhalb des Sternenraumes überall Bilder. Es wird Ihnen jetzt plötzlich klar, warum in alten Zeiten, wenn die Menschen Sphären dargestellt haben, sie nicht bloss Sterne, sondern Bilder hingemalt haben.»

Von diesen Bildern wird nun gesagt: Wenn der Mensch, der sich in dem geschilderten Zustand befindet, durch diese Bilder auf die Erde hindurchschaut, so bemerkt er, wie Kräfte – Licht- und Krafteffekte – von diesen Bil-

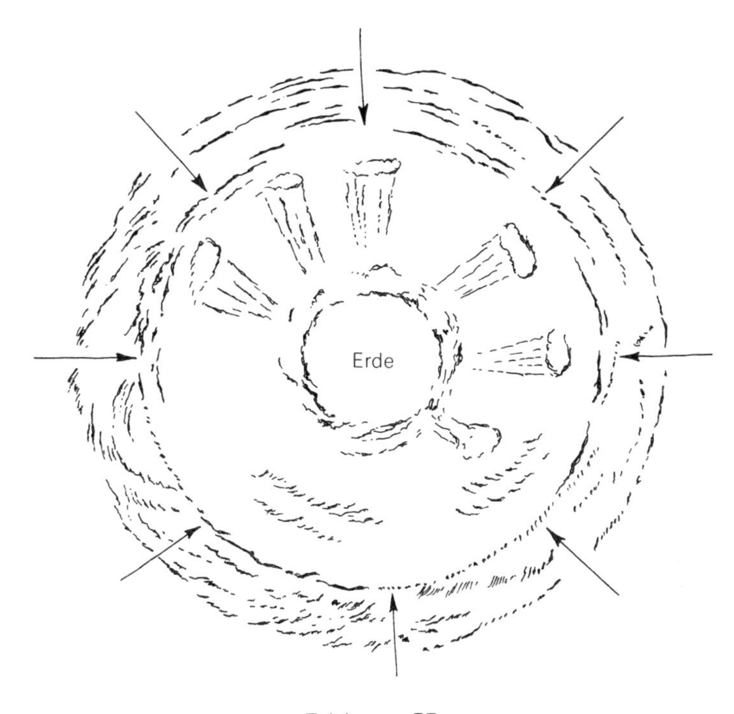

Zeichnung 57

dern ausgehen und herunterströmen auf die Erde. Dort bilden sie eben die Formen der Pflanzen. Hinein mischen sich in diese Formkräfte, die von den ruhenden Sternbildern ausgehen, die Bewegungskräfte der näher zur Erde stehenden Planeten: Saturn, Jupiter, Mars, die gleichsam die Pflanzen aus der Wurzel heraufziehen, emporwachsen lassen usw. Sehen wir von diesen Planetenkräften ab, so bleiben uns eben Sternkräfte, die die Formen der Sternbilder mit sich heruntertragen in die Pflanzenwelt. Diesen Zusammenhang zwischen Sternbildern und Pflanzenformen wollen wir jetzt näher ins Auge fassen.

Es mag uns zunächst unsympathisch vorkommen, bei den Pflanzen gerade von dem Wachsenden, Gedeihenden absehen zu müssen und bloss die starren Formen aufzusuchen, gewissermassen das Skelett, das unsichtbar in jeder Pflanze darinnen steckt. Wir werden auch diese Formen nur mit einer gewissen Anstrengung in der Pflanzenwelt wieder erkennen, da sie ja durch das Leben der Pflanzen fortwährend überwunden, metamorphosiert werden. Es muss eine gewisse Konzentration geübt werden, die in einem Abstrahieren eben des Lebendigen, Veränderlichen besteht, um die zugrunde liegenden Sternbilder-Gestalten schauen zu können, die ja selber auch nicht mehr die realen webenden Imaginationen darstellen, sondern auch, des Lebens und der Wesenhaftigkeit beraubt, zu feststehenden Gebilden geworden sind. Das gilt auch, obwohl in geringerem Masse, von den alten bildhaften Darstellungen der Sternbilder, die ein letztes, traditionelles, aber oft sehr genau festgehaltenes Überbleibsel der früheren Imaginationen sind, zum Beispiel der Stier in seinem Vorwärtsspringen, mit den langen Hörnern stossend, nur in seiner vordern Hälfte ausgebildet, die Andromeda, an den Felsen gekettet zur Sühne für die Anmassung ihrer Mutter Cassiopeia, die, auf einem Throne sitzend, die Attribute ihrer Eitelkeit zeigt, während Perseus als geflügelter Gottesbote, das Schwert in der einen, das abgeschlagene Medusenhaupt in der anderen Hand, ihr zur Hilfe eilt usw.

Es liegt nun, wenn man den Sternenhimmel so betrachtet, die eigentümliche Tatsache vor, dass die so überlieferten Bilder solche von «Göttern, Menschen und Tieren», auch von Gegenständen: Becher, Krone usw. sind, nicht aber von Pflanzen. Man findet am ganzen Himmel kein einziges Sternbild, das den Namen einer Pflanze hätte. Nur die Jungfrau – die aber zum Tierkreis gehört – trägt in ihrer Hand eine Ähre – die Spica, einen Stern erster Grösse. Ein anderer Stern in der Jungfrau – Vindemiatrix, die Winzerin, soll ihren Namen haben von dem Zusammenhang ihres Frühaufganges mit dem Anfang der Winzerzeit in den Zeitläufen, da dieser Name dem Stern gegeben wurde. Heute haben sich diese Verhältnisse infolge der Präzession weitgehend verschoben. Die Jungfrau aber ist dasjenige Sternbild, das die Kräfte der Vervielfältigung, des «Schiessens in die Zahl» in sich enthält, und die Ähre (und wohl auch die Traube) sind als Sinnbild dieser Jungfrau-Kräfte anzusehen. Es offenbaren die Sternbilder also keine Imaginationen, die mit Pflanzen zu tun haben. Sie schicken eben die Formkräfte der Pflanze zur Erde hin, nicht aber das, was dem alten Menschen als das eigentlich Wesentliche der Pflanzen vorkommen musste, das Leben, die Bildekräfte, die zur Ätherwelt gehören.

In dem genannten Vortrag[131] wird sogleich auf einen konkreten Fall sehr nachdrücklich hingewiesen: «Derjenige, der imaginativ schaut, der sagt: Die Lilie ist eine auf der Erde befindliche Pflanzenform, die von dieser Sterngruppe aus in dieser Form, in dieser Gestalt geschaffen ist. Eine andere, eine Tulpenform, ist von einer anderen Sterngruppe aus geschaffen.»

Es sind die Gestalten der Tulpe und der Lilie – beide im Grunde genommen südliche oder orientalische Pflanzen, die nach unseren Gegenden verpflanzt worden sind – sehr oft den Menschen als die Urbilder von Blütenformen überhaupt vorgekommen. Sie stellen gleichsam zweierlei Gebärden dar: der sich öffnende, der sich schliessende Kelch. Im Helsingforser Zyklus[5] finden wir auch (im 4. Vortrag) auf diese beiden Grundformen hingewiesen *(Zeichnung 58)* – neben der spitzen und der breiten Blattform – als auf diejenigen «einer Blüte, welche in dieser Weise nach aufwärts wächst, und einer Blüte, welche etwa so nach aussen sich öffnet. Ganze Welten von Unterschieden in den inneren Erlebnissen stellen sich ein,

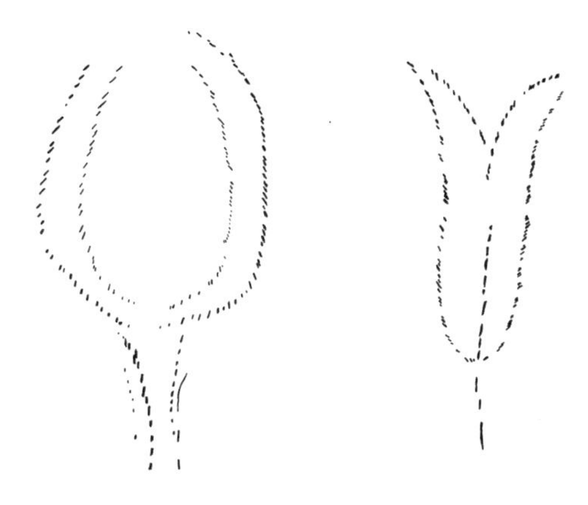

Zeichnung 58

wenn man den okkulten Blick der zweiten Stufe nach einer Lilienblüte oder nach einer Tulpenblüte hinwendet».

Schauen wir zum Sternenhimmel, so finden wir, wenn wir das vorhin Gesagte alles in Betracht ziehen, in dem Sternbild der Nördlichen Krone (Corona Borealis) ein Urbild der Tulpenform *(Zeichnung 59)*. Wir könnten uns sehr wohl vorstellen, dass von diesem Sternbild, das in unseren Gegenden im Frühling so recht sichtbar wird, die Formkräfte für die Tulpe oder tulpenähnliche Blüten ausgehen. Die Lilie dagegen entspricht in dieser Gestalt dem Sternbild der Leier, dem typischen Sommerbilde unserer Zonen, teilweise in der Sternanordnung, noch deutlicher in dem überlieferten Bilde des Leiersternbildes selber enthalten *(Zeichnung 59)*.

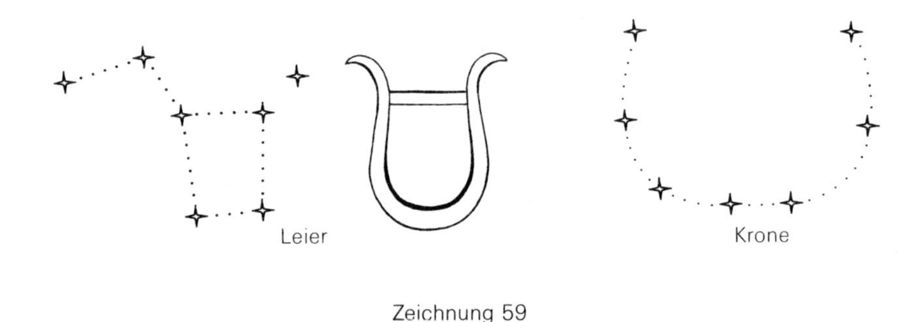

Zeichnung 59

Wir haben hier von Frühling und Sommer gesprochen und müssen tatsächlich den Jahreslauf in Betracht ziehen, indem die Sternbilder allmählich immer früher auf- und untergehen, so dass die Wintersternbilder wie Orion, Grosser Hund, Stier, Zwillinge sich stark von den Sommersternbildern unterscheiden. Diese einmalige Umwälzung des Sternhimmels im Laufe eines Jahres ist ja nur eine Abspiegelung von dem Gang der Sonne durch den Tierkreis. Und ferner kommt die geographische Lage eines Ortes oder vielmehr einer ganzen Zone in Betracht. Dass diese für das Pflanzenwachstum eine Rolle spielt, ist von selbst einleuchtend: die Tropenflora ist eine andere als die der gemässigten Zonen, eine andere wiederum als die arktische. Es kommt da selbstverständlich die Stellung der Sonne zur Erde mit ihren flachen oder steilen Tagesbögen in Betracht, auch das stärkere Einwirken der kosmischen Kräfte in der Polargegend (soweit sich dort noch eine Vegetation entwickeln kann), von tellurischen Kräften am Äquator. Doch für die Formgestalt der Pflanze, die wir insbesondere im Auge haben, muss beachtet werden, welche Sternbilder über einer Gegend scheinen, und in welcher Jahreszeit. Das wird in dem betreffenden Vortrag[131] deutlich gesagt. Man kann die Pflanzen nur begreifen, wenn man dazu kommt, sich zu sagen: «Hier gehe ich über eine Gegend, sagen wir, des mittleren Europa; für dieses mittlere Europa haben in der Zeit des Blütenwachstums ganz besonders diese Sternbilder ihre Bedeutung; daher wachsen hier die Pflanzen dieses Gebietes, denn der Himmel lässt auf der Erde bestimmte Pflanzen auf einem Gebiete wachsen[131].»

Man stelle sich lebhaft vor, wie anders die Sterne in der Polarzone sich zeigen, wo ihre Bahnen immer nahezu parallel zum Horizont bleiben, fast ununterbrochen dieselben Sternbilder sichtbar sind, während in unseren Gegenden durch die schräg ansteigenden Bahnen ein beträchtlicher Wandel im Laufe des Jahres stattfindet. Am Äquator gehen die Sterne senkrecht zum Horizont auf und unter; es sind von einem Halbjahr zum anderen zur selben Nachtzeit vollkommen andere Bilder da (über diese Verhältnisse kann man sich am besten orientieren durch die «Einführungen in die Erscheinungen am Sternenhimmel» von Hermann von Baravalle[133]). Es fehlen dort am Äquator die sogenannten Zirkumpolarsternbilder, die nie untergehen, da der Polarstern dort selber am Horizont ist. In unseren Gegenden müssen als wichtig für die Pflanzenwelt gerade auch diejenigen Sternbilder angesehen werden, die immer, Sommer und Winter, nachts zu sehen sind, weil sie sich in der Nähe vom Nordpol des Himmels bewegen, zirkumpolar sind. In der Polarzone, da wo noch eine merkwürdig üppige Flora in der kurzen Sommerzeit aufblüht, sind fast alle Sternbilder zirkumpolar, es ist viel Dauer und wenig Abwechslung vorhanden.

Schon in dieser Schilderung liegt ein Bild der Unterschiede, die man, von Süden nach Norden gehend, in den Formen, den Gestalten der Pflanzenwelt finden muss. Von Ost nach West hin fällt dieser Unterschied weg, es scheinen über allen Ländern, die auf demselben geographischen Breitegrad liegen, dieselben Sterne. Die Verschiedenheiten, die sich in der Richtung Ost-West in der Pflanzenwelt finden, müssen in terrestrischen Ursachen: Boden, Höhenlage und dadurch bedingtem Klima usw. gesucht werden. (Es darf hier vielleicht die interessante Bemerkung eingeschaltet werden, dass die Alten gerade aus dem Grunde die Ausdrücke «Länge» und «Breite» für die Geographie einführten – es war der Überlieferung nach Hipparch, der berühmte Astronom –, weil sie empfanden: Nach Norden oder Süden gehend, erlebt man raschen Wechsel, die Sternbilder – angezeigt durch den Polarstern – heben oder senken sich, es ist auch ein ständiges Kälter- oder Wärmerwerden bemerkbar. Dagegen in der Ost-West-Richtung sind diese Unterschiede nicht da, die Sterne bleiben genau dieselben, das Klima ändert sich nur nach grossen Länderstrecken. So empfand man die Erde als lang ausgedehnt in der Richtung von Osten nach Westen, als mehr zusammengedrängt nach Norden und Süden und sprach daher von «Länge» und «Breite». Bekanntlich entspricht die geographische Breite der Polhöhe, so dass zum Beispiel Dornach auf 47½° nördlicher Breite liegt und der Polarstern sich 47½° über dem Horizont erhebt. – Am Himmel wird unter Länge und Breite etwas anderes verstanden als in der Geographie, da man sie astronomisch auf der Ekliptik zählt, auf der Erde aber vom Äquator aus.)

Sehen wir nun auf die für unsere Zone wichtigsten Zirkumpolarsterne, die durch ihr immerwährendes Anwesendsein die Urform unserer Vegetation tief beeinflussen müssen, so treffen wir zweimal, beim Grossen und beim Kleinen Bären, auf dieselbe charakterische Sternbilderform, nämlich die 7 Sterne als Viereck mit dreigestirntem Schweif *(Zeichnung 60)*. Ein

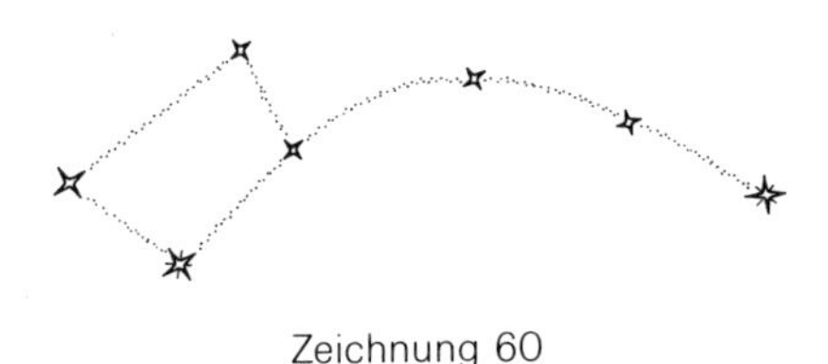

Zeichnung 60

drittes Mal finden wir sogar, in noch grösserem Massstab, dasselbe Zeichen, wenn wir die Andromeda mit dem Pegasus in ihren Hauptsternen zusammen betrachten, Sternbilder, die ebenfalls zu einem grossen Teil des Jahres an unserem Nachthimmel glänzen. Wir können darin das Urbild des Zweiges mit dem Laubblatt sehen, wenn wir all das im Auge behalten, was wir über das Formprinzip der Sterne und der Pflanzen gesagt haben. Für die gemässigten Zonen sind ja die Laubbäume das Charakteristische, oder die einjährigen Pflanzen mit dem Blatt am Stengel. Nur in dieser Zone der nördlichen Erdhälfte ist die dreifach wiederkehrende Form so dominierend am Sternhimmel vorhanden. Nach dem Pol hin verliert die Andromeda mit dem Pegasus an Bedeutung, nach dem Äquator hin der Grosse und der Kleine Bär. Auf der südlichen Erdhälfte ist die Vegetation auch in der gemässigten Zone von ganz anderem Charakter als auf der nördlichen; es scheinen überhaupt andere Sterne dort.

Wer so mit unterscheidendem Blick die Sternbilder und die Pflanzenwelt betrachtet, wird die merkwürdigsten Formprinzipien bei beiden verwirklicht finden. Neben dem steif abgekanteten Blatt-Stengelprinzip ist da das Gewundene, Gebogene, das man zum Beispiel an den Ästen alter

Bäume oder an ihren Wurzeln sehen kann. Alte Eich- oder Apfelbäume zum Beispiel zeigen in dem Verhärtetsein ihres Stammes und der schweren Zweige, in den knorrigen Windungen ihrer Wurzeln – wo eben das erstarrte Formprinzip sich am deutlichsten offenbart, weil am wenigsten vom lebendig-webenden Leben mehr darinnen ist – diejenigen Formen, die ganz charakteristisch am Sternenhimmel auftreten als die mannigfachen Drachen- und Schlangengebilde (Draco, Ophiuchus mit der Schlange, die Schlangen in der Hand des Herkules, *Zeichnung 61*). Auch Rosenhecken bieten bisweilen ein Bild wie das der Wasserschlange (Hydra) mit ihren mehrfachen Verschlingungen. Die Hydra ist für uns ein ausgesprochenes Frühlings- und Sommersternbild; in südlichen Gegenden, wo die tropische Vegetation ein Bild mannigfachen Verschlungenseins bietet, tritt dieses Sternbild noch viel stärker hervor, so auch der Schlangenträger, Ophiuchus. Es ist auffallend, dass der Sternenhimmel der südlichen Erdhälfte allgemein als viel reicher sternenbesät, aber als weniger konfiguriert empfunden wird als der nördliche. Ein ähnlicher Unterschied mag zwischen der Vegetation jener Gegend und der unseren herrschen.

Man kann auch die Erwägung machen, dass infolge der Präzession des Frühlingspunktes, wodurch die Erdachse sich im Laufe von 25 920 Jahren um die Ekliptikachse dreht, allmählich neue Sterne sich über eine gewisse Gegend erheben, andere für Jahrtausende untergehen. Die Präzession, das grosse Weltenjahr, hat in bezug auf die Sterne eine ähnliche Wirkung wie der einzelne Tag: Sterne gehen auf, gehen unter, nur vollzieht sich die Bewegung um den Ekliptik-, nicht um den Äquatorpol (vgl. 11. und 12. Rundschreiben I), und dadurch sind es andere Sterne und Sternbilder, welche die Präzession im Laufe der Jahrtausende heraufbringt, als der Tag oder das Jahr mit ihrer Bewegung. So soll in Europa vor mehreren Jahrtausenden das südliche Kreuz sichtbar gewesen sein, und wiederum nach mehreren Jahrtausenden wird Sirius für den Anblick verschwinden. Ein anderer Stern wird allmählich Polarstern, andere Sternbilder werden zirkumpolar. Der Äquator, der jetzt zum Beispiel durch den obersten der 3 Gürtelsterne (die «drei Könige») des Orion geht, sinkt allmählich unter diese hinunter, der Orion hebt sich in bezug auf den Äquator seit langer Zeit. Liest man die ausführliche Schilderung des Sternhimmels bei Aratos (3. Jh. v. Chr.), der gewissermassen das erste populäre Werk über Sternkunde geschrieben hat (das Werk war eines des meistverbreiteten des Altertums überhaupt, sogar Paulus zitiert es; Apostelgeschichte 17, 28), so findet man für die Lage der Wendekreise (die parallel zum Äquator oberhalb und unterhalb desselben in je 23½° verlaufen) einen bedeutenden Unterschied gegenüber der heutigen Lage, die einem die Wirkung der Prä-

Zeichnung 61
(a) Draco [nach Bayer], (b) Ophiuchus [nach Bode], (c) Hydra [nach Bode].

zession auf die Sternbilder so recht vor Augen führen kann. So schildert Aratos zum Beispiel den Sommerwendekreis:

> «Hierin bewegen im Kreise sich beide der Zwillinge Häupter. Hierin liegen die Kniee des angefügeten Fuhrmanns. Auf ihm ruht mit dem linken Bein und der nämlichen Schulter Perseus; von der Andromeda fasst er über dem Armbug Mitte die Rechte, die Fläche der Hand liegt höher hinauf zu Weiter nach Norden; dem Süden näher dagegen der Armbug. Dann die Hufe des Rosses [Pegasus], der untere Teil von dem Halse Samt dem Kopfe des Schwans; vom Schlangenträger die Schulter ...»

Übersetzung von Manitius

Vergleicht man diese so anschauliche Schilderung mit einer heutigen Darstellung, auf der ebenfalls die Sternbilder bildhaft wiedergegeben sind, so sieht man die ganze Drehung, die der Wendekreis – dem Äquator folgend, zu dem er immer parallel bleibt – in den letzten 2000 Jahren vollzogen hat. Heute geht dieser Kreis (der «Wendekreis des Krebses») nicht mehr durch die Häupter, sondern durch die Schultern, beziehungsweise durch die Knie der beiden Zwillinge, durch die Fusspitze des Fuhrmanns und den linken Arm der Andromeda, während Perseus ganz oberhalb des Kreises liegt usw. Es wird dadurch nur dasselbe ausgedrückt wie mit den Worten: dazumal lag der Frühlingspunkt in dem Widder, jetzt liegt er in den Fischen.

Durch all diese Wandlungen müssen allmählich neue Sternenkräfte, das heisst, Formkräfte die Pflanzenwelt einer weiten Gegend gestalten, und wir empfinden aufs neue, dass mit dem grossen platonischen Weltenjahr zugleich dasjenige gegeben ist, was von Zeitalter zu Zeitalter die ganzen menschlichen Kulturbedingungen umgestaltet, denn diese hängen selbstverständlich auch mit der Vegetation einer bestimmten Zeit zusammen. Etwas allgemein gesprochen, sind diejenigen Sternbilder, die sich in der Umgebung des Frühlingspunktes befinden, durch die Präzession im Steigen begriffen, die in der Umgebung des Herbstpunktes sinken immer mehr herunter. Die Vegetation muss sich dementsprechend umgestalten.

So versuchten wir, Himmel und Erde zusammenzuschauen, uns zu befreien von dem, was Rudolf Steiner das Maulwurfsdasein des modernen Menschen nennt, der gleichsam immer unterhalb der Erde bleibt und nicht zum Sternenhimmel hinaufschaut, oder, wenn er es tut, nur dasjenige über diesen Himmel spinnt, was er maulwurfsartig in seinem eigenen Inneren finden kann: die mathematischen Zusammenhänge. Allerdings, es musste das geschehen, damit der Mensch zur Freiheit kommen konnte. Aber jetzt können wir über diesen Punkt unter Wahrung unserer Freiheit hinauskommen. Und so können wir schliessen mit einigen letzten Anführungen aus dem Vortrag, der so grundlegend für den Zusammenhang zwischen Pflanzenwelt und Sternenwelt ist:

«Es kam diejenige Weltanschauung herauf, ... die nicht mehr fragt: Was ist da draussen, damit auf der Erde eine Lilienblüte entstehen kann, was ist da draussen, damit auf der Erde eine Tulpenblüte entstehen kann? In der neueren Zeit haben die Menschen die Möglichkeit verloren, hinauszuschauen von der Lilienblüte, von der Tulpenblüte in den Sternenhimmel, so wie der Maulwurf nicht die Möglichkeit hat, hinauszuschauen über das Finstere der Erde ... Man könnte ja sagen: Das Erlebnis der Freiheit konnte dem Menschen nur dadurch kommen, dass er einmal eine Weile dieses Maulwurfsdasein geführt hat, dass er hingeschaut hat auf die Lilie und nicht mehr weiss, dass sich in der Lilie ein Himmelsbild abbildet, dass er hingeschaut hat auf die Tulpe, und nicht mehr weiss, ... dass sich abbildet in der Tulpe ein Himmelsbild. Dadurch hat er seine Kräfte mehr auf ein Inneres gewendet, und er ist zu dem Erlebnis der Freiheit gekommen. Aber wir sind heute an dem Punkt angelangt, wo wir notwendigerweise das geistige Weltenall wiederum ins Seelenauge fassen müssen. Es muss wiederum dasjenige, was Jahrhunderte lang nur als mathematisches, mechanisches Gefüge des Raumes erschienen ist, als ein durchgeistigter Kosmos vor das seelische Auge treten[131].»

Die Sternenwelt: Über Nebelflecke

6. Rundschreiben III, Februar 1930

Es bleiben uns noch diejenigen Gebiete der Sternenwelt zu betrachten übrig, die sich zum grössten Teil dem gewöhnlichen Augenschein entziehen, die entweder nur durch lange Beobachtung oder überhaupt nur durch das Fernrohr wahrgenommen werden können. Es ist das die Welt der kosmischen Nebel und der Sternhaufen, auch die Welt der veränderlichen und der neuen Sterne. Von diesen Welten war vor dem 17. Jahrhundert kaum etwas bekannt. Zwar hatte Hipparch 134 v. Chr. zum ersten Mal eine «Nova», einen neuen Stern bemerkt – wenn wir absehen von den Altmeistern in astronomischen Dingen, den Chinesen. Veränderliche Sterne können ebenfalls mit dem blossen Auge gesehen werden, sind aber als solche vor dem 17. Jahrhundert nicht bemerkt worden[134]. Ferner sind einige wenige Nebel und Sternhaufen für den gewöhnlichen Blick sichtbar, aber von einer Erforschung dieser Himmelskörper kann erst seit der Zeit gesprochen werden, da Galilei 1610 das erste, von ihm selbst angefertigte Fernrohr (nachdem er von der Entdeckung vergrössernder Gläser in Holland vernommen hatte) auf den Himmel gerichtet hat. Dabei lagen Galileis Entdekkungen mehr auf dem planetarischen Gebiete: Jupitermonde, Saturnringe, Venusphasen; die eigentliche Sternenwelt wurde erst später erforscht.

Man kann gegenüber dem Teleskop gewiss ähnliche Empfindungen haben wie gegenüber dem Mikroskop. Beide verwirren – so sagt Goethe – den gesunden Menschensinn. Sie bringen gewisse Einzelheiten in ungebührender Weise ins Bewusstsein, die sich vorher einem Ganzen harmonisch eingegliedert hatten (vgl. Wilhelm Meisters Wanderjahre I, 10). Vor allem wissen wir, dass das Fernrohr uns etwas ganz anderes zeigt, als was man oberflächlicherweise erwarten würde. Nicht die «äussere Natur» der Himmelskörper zeigt sich uns im Fernrohr, sondern die inneren Vorgänge in den sie bewohnenden Wesen (siehe Seite 291).

Die Welt aber, die durch das Fernrohr dem Menschensinne geöffnet wurde, ist so ausgedehnt, mannigfaltig und vielsagend, dass sie eigentlich etwas wie eine ganz neue Welt zu der schon bekannten hinzugefügt hat. Es besteht darin eine gewisse Ähnlichkeit mit der Welt des Mikroskops, die auch ungezählt Neues zu den Erkenntnissen über den Menschenleib und die anderen Naturreiche hinzugefügt hat. Die Entstehung beider Instrumente fällt in dieselbe Zeit, da beide ja im Grunde genommen auf demselben Prinzip beruhen. Das Mikroskop hat zu der wichtigen Erkenntnis der Zelle als Urbaustein der organischen Formen geführt und damit vieles über den Aufbau der menschlichen Organe und den Stoffwechsel ans Licht gebracht. Das Teleskop – besonders das Spiegelfernrohr in seiner heutigen technischen Vervollkommnung – zeigt Bilder aus dem Sternenfirmament, die sogar mit den Bildern, die das Mikroskop uns vorzaubert, eine ganz merkwürdige Verwandtschaft aufweisen. Wir müssen, um dasjenige, was das Mikroskop bietet, richtig beurteilen zu können, von dem kleinen Ausschnitt zu dem ganzen Wesen oder wenigstens zu dem Organ aufsteigen, aus dem der kleine Ausschnitt genommen wurde, dann wird es uns nichts Einseitiges, sondern tief Bedeutsames offenbaren können. So ist auch das, was das Fernrohr uns gleichsam wie die Welt hinter den Sternen zeigt, etwas, was wenigstens ahnend verstanden werden kann, wenn man es mit der Wesenheit des Menschen, mit dem, was in seinem physischen Leibe wirkt und was in seiner Seele lebt, in Zusammenhang bringt.

Der ganze Mensch ist aus dem Kosmos heraus geboren. Er baut sich auf aus den Kräften von Sonne, Mond, Planeten und Sternen. Wir wissen, dass die Planeten als ihren Beitrag dasjenige geben, was der Mensch als die 7 Lebensorgane in sich trägt: Milz, Leber, Herz, usw. Wir sind da im Gebiet des rhythmischen Systems, an dem auch das Stoffwechselsystem seinen Anteil hat. In anderer Weise finden wir wiederum die oberen Planeten in dem Kopfsystem vertreten.

Im Haager Zyklus 1923 «Der übersinnliche Mensch anthroposophisch erfasst»[101] führt Rudolf Steiner den Zusammenhang des Menschen mit der Planetenwelt noch weiter aus. Das, was die Planeten als gestaltbildende Kraft haben, das gibt die Haut mit Einschluss der Sinnesorgane, darinnen wirkt die dritte Hierarchie. Die Bewegungen im Planetensystem bilden sich im Menschen ab als Nerven- und Absonderungsdrüsen. Die Blutbahnen rühren von dem Weltenrhythmus und der Weltenmusik her, von der Sphärenharmonie, wie man sie früher nannte. Wir sind mit all diesem im Bereich der zweiten Hierarchie. Durch die höchsten Wesenheiten der zweiten Hierarchie reichen wir schon in die Sternenwelt herein. Und da bilden sich aus den Sternen, den einzelnen, gewissermassen verstreuten Sternen, die das grosse Heer am Sternenhimmel bilden, die Muskeln heraus, das «Fleisch», das nicht zu bestimmten Organen differenziert ist, das durch die gestaltbildenden Kräfte der Planeten gewissermassen mit der konturierten Hautoberfläche überzogen wird. Da sind wir im Gebiet der Weltensprache. Und aus der ersten Hierarchie tönt uns das Weltenwort entgegen, das im Menschen physisch lebt als sein Knochensystem, das dann nur durch die irdischen Substanzen, Kalk, Magnesia etc. zu unserem festen Gerippe, dem

Sinnbild des Todes wird. Da haben wir nicht mehr die Sterne im Allgemeinen, sondern die wirkenden Kräfte des Tierkreises der ersten Hierarchie. Die Zwölfheit der Tierkreiskräfte gliedert des Menschen physischen Leib in dreifacher Weise in 7 Glieder[72]. Da sind wir ganz beim physischen Leib angelangt, der ja in seiner ersten geistigen Anlage in dem Tierkreis und der Sternenwelt überhaupt ausgebildet wird.

Dieser physische Leib ist, wie wir wissen, dreigliedrig. Er besteht aus einem Sinnessystem, einem rhythmischen und einem Stoffwechselsystem. Wir werden diesen ganzen Menschen eben am Sternenhimmel finden müssen, denn er baut sich dort als Geistkeim auf. Und wenn wir auch in der vorhergehenden Schilderung manche Teile des Menschen als Organe und deren Kräfte in der Planetenwelt angetroffen haben – in ihrer Grundstruktur, in ihrem Skelett gewissermassen müssen sie ebenso in der eigentlichen Sternenwelt zu finden sein, wie wir das Skelett der Pflanzenwelt dort angetroffen haben.

Aus der ganzen Sphäre, so sahen wir, baut sich der Mensch auf, und er ist namentlich in seinem Haupte ein Abdruck der Sphäre. In den veränderlichen Sternen werden wir das Grundelement eines rhythmischen Systems finden, das Urprinzip gewissermassen, das dann durch die Planetenkräfte metamorphosiert und zum Leben erhoben wird. In den Nebelflekken verschiedenster Art und in der Milchstrasse[135] offenbaren sich uns die Urbilder des menschlichen Stoffwechselsystems, auch seines Kopfes, insofern der Kopf in dem physischen Gehirninhalt mit den Windungen usw. etwas hat, das wie ein fertig gewordenes, nur träge noch vom Stoffwechsel unterhaltenes Organ des Menschen ist, während das Stoffwechselsystem an sich immer in Bildung und Umbildung begriffen ist.

Betrachten wir die Nebelflecke zuerst als Phänomene, wie sie sich eben nur im Fernrohr zeigen, durch dieses auch auf der photographischen Platte sich abbilden können. Für das blosse Auge sind auf unserer Erdhälfte nur der Andromedanebel und der Orionnebel sichtbar. Andere, ähnlich ausschauende Wölkchen sind Sternhaufen, Ansammlungen von Sternen wie im Perseus; man könnte auch das «Siebengestirn», die Pleiaden, dazurechnen – im Fernrohr sind ja viel mehr als 7 Sterne zu sehen, und dazu noch merkwürdige, zerrissene Nebelschleier um einzelne Sterne herum. Dass die übrigen Nebel alle unsichtbar sind, hat nicht mit ihrer geringen Ausdehnung zu tun; sie sind im Gegenteil die grössten aller Himmelskörper, erstrecken sich über Flächen, auf denen die Vollmondscheibe bis zu einigen dutzend Malen Platz hätte. Sie sind ausserordentlich mannigfaltig in der Struktur, von den kleinen, runden, meist verwaschen aussehenden «Gasnebeln» und den mehr scheibenförmigen sogenannten «Planetennebeln» bis zu den mit fast mathematischer Exaktheit aufgebauten Ring- und Spiralnebeln. Noch viel ausgedehnter, sich bisweilen über mehrere Sternbilder erstreckend, sind die Nebelschleier, wolkenähnliche unkonfigurierte Gebilde, die teils eigenes, teils reflektiertes Licht zu haben scheinen; auch ganz schwarze Wolken tauchen plötzlich auf, die sich wie eine undurchdringliche Wand vor den nie ganz dunklen, weil von schwachen Sonnenlichtreflexen immer durchzogenen Nachthimmel hinstellen. Auch diese sind nur durch das Fernrohr wahrnehmbar, zum Beispiel in der unmittelbaren Nähe des Orionnebels, oder bei den sogenannten «Höhlennebeln» in der Milchstrasse, die am Ende eines dunkeln, sternenleeren Streifens mitten in dem ungeheuren Sternenreichtum der Milchstrasse auftreten, so als wären sie durch diesen Streifen hindurchgegangen und hätten auf ihrem Wege alle Sterne ausgelöscht. Grosse dunkle Strecken, dem blossen Auge sichtbar, gibt es in der Milchstrasse beim Schwan und auf der südlichen Erdhälfte in dem, was sehr unpoetisch der «Kohlensack» genannt wird, im Sternbild des Kentauren.

Wir bilden hier einige von den meistbekannten Nebeln, ihrer typischen Gestalt wegen, ab *(Zeichnung 62 bis 65)*. Leider besteht keine Möglichkeit, hier weitere Einzelheiten oder die ganze Sternenumgebung mitabzubilden, auch nicht die Milchstrasse mit ihrer an mikroskopische Präparate erinnernden Struktur. Man wird aber leicht Gelegenheit finden, sich in irgendeinem astronomischen Buch oder Atlanten andere, ausführlichere Darstellungen anzusehen; oder sogar in den illustrierten Blättern, die solche Abbildungen häufig bringen, veranlasst durch die hervorragenden Photogra-

Zeichnung 62: Andromedanebel.

phien, die mit den neuen Riesenteleskopen der amerikanischen Sternwarten oder in Heidelberg aufgenommen werden. Dass der Text, der zu solchen Darstellungen gegeben wird, zuallermeist einem krassen Materialismus entspringt, braucht wohl nicht besonders betont zu werden. Man wird sich ferner bei solchen Photos vor Augen halten müssen, dass sie trotz der langen Aufnahmedauer im Grunde genommen doch nur «Momentbilder» darstellen. Es ist das nicht aus dem Grunde, weil die Sternennebel verhältnismässig veränderliche Himmelskörper sind, nicht an der ungeheuren Dauerhaftigkeit des Fixsternhimmels vollen Anteil haben, sondern vielmehr, weil sie für jedes Instrument, durch das man sie aufnimmt, zum Beispiel ob mit einem Refraktor oder Reflektor, sich anders ausnehmen, und wiederum ganz anders, wenn sie der Mensch aufzeichnet nach dem, was er mit seinem Auge durch das Fernrohrokular sieht, je nach der Grösse des benutzten Instrumentes, ja auch, wenn verschiedene Forscher ein gleiches Instrument gebrauchen, unter nur wenig verschiedenen Beleuchtungsverhältnissen, so werden immer stark abweichende Darstellungen zustande kommen.

Die Nebelflecke können nicht abgebildet werden. Sie sind so etwas wie Visionen, wie Träume der Sternenwelt. Sie können ebensowenig in bestimmten Gestalten wiedergegeben werden, wie der Mensch seine Träume in scharfen Konturen beschreiben kann, sondern so, wie er diese eigentlich nur aus seiner Phantasie heraus schildern kann, so bringt jeder Mensch und jedes Instrument gleichsam ein eigenes Phantasiebild der kosmischen Nebel hervor. Man vergleiche zum Beispiel einmal die klassischen Zeichnungen, die Lord Rosse mit Hilfe seines berühmten Spiegelfernrohrs in den sechziger Jahren des 19. Jahrhunderts angefertigt hat, mit den unendlich vielen Details, den Schattierungen von Licht und Dunkel, den eingestreuten Sternen, den Öffnungen, Verdichtungen, Windungen usw., zum Beispiel des Orionnebels mit den Photographien desselben, einmal durch ein mittleres, ein anderes Mal durch ein grösseres Fernrohr aufgenommen! (Auch die nachstehende *Zeichnung 63* des Spiralnebels ist nach derjenigen von Lord Rosse.) Bei den Photos verschwinden zumeist die Details, sie sind mehr verschwommen wie milchig; dann aber, wenn die gewaltigen modernen Reflektoren gebraucht werden, tauchen ganz neue Teile, die sich vorher wegen ihrer Lichtschwäche nicht abgebildet hatten, auf, der Nebel gewinnt stark an Ausdehnung, nimmt neue Gestalten an. So hat der Orionnebel sich aus dem bekannten herzförmigen Gebilde, das den mittleren Stern aus dem Schwerte des Orion als sechsfacher Stern in seiner Mitte hat – zu einem gewaltigen zweiflügeligen Spiralnebel entwickelt. Er ist auch mit einem Siegelring verglichen worden, wobei derje-

Zeichnung 63: Spiralnebel in den Jagdhunden (nach Lord Rosse).

nige Teil, der zuerst bekannt war und mit dem blossen Auge sichtbar ist, den Siegelstein darstellt, der «Ring» eben später dazu gefunden wurde. Noch bevor die Photographie die heutige Vervollkommnung erreicht hatte, sprach Rudolf Steiner folgendes aus:[136] «Könnten Sie den Orionnebel ganz sehen, so würden Sie ihn wie zwei ineinander verschlungene Sechsen wahrnehmen. Hier sehen Sie eine zugrunde gehende und eine entstehende Welt.»

So auch im Zyklus «Vor dem Tore der Theosophie»: «Das Zeichen eines solchen Entwickelungsstadiums, wo eine Kultur aufhört und eine andere anfängt, ist der Wirbel. Solche Wirbel gibt es überall in der Welt, der Sternennebel, der Orionnebel zum Beispiel, usw. Auch da geht eine Welt zugrunde und eine neue tritt hervor» (4.9.1906)[10].

Schon durch das Zeichen der okkulten Schrift, dem Krebs- oder Wirbelzeichen, das hier gebraucht wird, werden wir darauf hingewiesen, dass es sich nicht bloss um physische Vorgänge handelt, sondern dass – so wie jeder Vorgang im Physischen der Ausfluss einer geistigen Tat ist – auch hier Geister Welten brechen und Welten erbauen. Gerade in der Welt «hinter

Zeichnung 64: Ringnebel in der Leier.

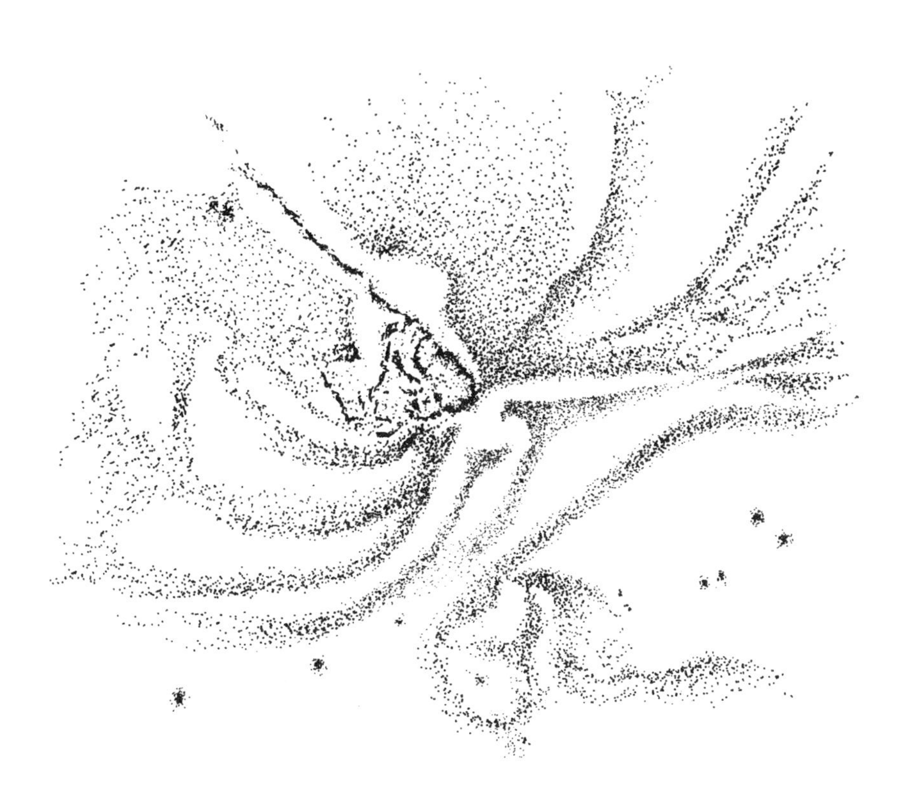

Zeichnung 65: Orionnebel nach einer Zeichnung.

den Sternen» sozusagen, in der Welt der Stenennebel [das heisst, von allem Nebligen am Himmel], die sich dem Menschenauge fast ganz verbergen und deren schwaches Licht nur durch besondere Hilfsmittel einen Eindruck hervorrufen kann, haben wir eine Welt, aus der Luzifer weniger spricht als aus der eigentlichen Sternenwelt. Das Wirbelzeichen des Krebses weist auf Welten-Anfang und Welten-Ende hin und zugleich auf all das, was im Menschen Auf-und Abbauprozesse sind, wenn es aus dem Lebendigen des menschlichen Organismus in das gewaltig Ruhevolle des Kosmos übertragen wird. Denn diese Spiralnebel – trotzdem man bei ihrem Anblick geneigt ist, an wirbelndes, zischendes Feuerwerk zu denken, und trotzdem sie, wie gesagt, nicht ohne Wandlung sind im Laufe der Zeiten, sind doch etwas Bleibendes, ein Wahrzeichen eben der okkulten Schrift. Manch einer nimmt die Form des menschlichen Embryos aufs deutlichste an. Und damit werden wir wiederum auf den Kopfmenschen hingewiesen, mit dem wir die Spiralnebel in Verbindung gebracht haben und als welcher der Mensch eigentlich im Embryonalzustand zuerst erscheint (siehe *Zeichnung 66*).

Die Nebel verteilen sich in einer merkwürdigen Weise über den ganzen Himmel in bezug auf die Milchstrasse. Diese ist selber als ein Riesensternhaufen anzusehen, das heisst, sie besteht, trotz ihres bisweilen nebligen

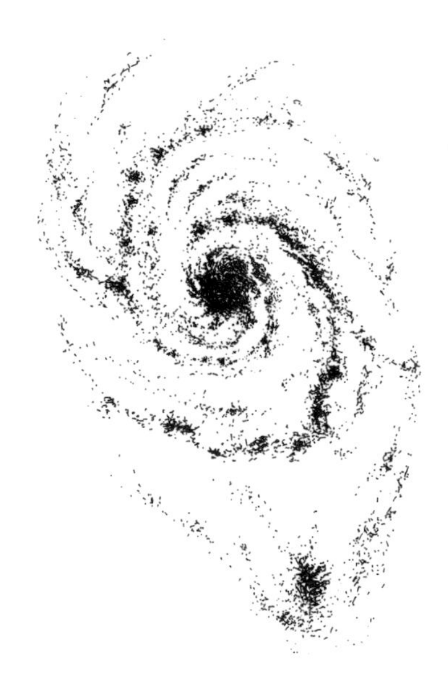

Zeichnung 66
Spiralnebel in den Jagdhunden, gezeichnet nach einer photographischen Wiedergabe.

Aussehens, doch aus einer Ansammlung von Sternen und stellt eben den sternenreichsten Gürtel des ganzen Himmels dar. Die Spiralnebel nun – und zu diesen rechnet man heute fast alle konturierten Nebel wie zum Beispiel den der Andromeda – haben die Neigung, sich da anzusammeln, wo die Sterne am wenigsten zahlreich sind, zum Beispiel bei den Polen der Milchstrasse, so weit wie möglich von dieser entfernt. Für unsere nördliche Erdhälfte liegt der eine Milchstrassenpol in dem Sternbild «Das Haar der Berenice» unweit von der Jungfrau, da wo die Sonne sich im Herbstpunkt befindet. Denkt man sich einen Kreis, der eben durch die Pole der Milchstrassenebene geht und der diese senkrecht kreuzt (das wäre auf unserer Erdhälfte bei der Cassiopeia), so würde man auf diesem Kreis die meisten Sternennebel finden, mit einer besondern Häufigkeit, wie gesagt, bei der Jungfrau[137]. Im allgemeinen würden auf diesem Kreis mehr solche Nebel auf der Nord- als auf der Südhälfte anzutreffen sein.

Wir können in der Milchstrasse etwas wie den Strom des Stoffwechsellebens sehen, dort nur wie in Ruhe erstarrt, in sie eingebettet die Gasnebel gleichsam als das Lymphsystem, als dasjenige, was auch im Stoffwechselmenschen am meisten astralisch ist.[138]. Die Spiralnebel dagegen, die von der Milchstrasse möglichst weit entfernt sind[139], symbolisieren ein mehr zum Kopfsystem gehörendes Astralisches. Man findet sie auch in der Nähe des Äquator- und des Ekliptikpoles: im Grossen Bären und in den Jagdhunden werden die schönsten Spiralnebel angetroffen. Man kann im allgemeinen sagen: je mehr Sterne, desto weniger Spiralnebel sind in einer Gegend, so wie man vom Menschen sagen kann: je mehr er Stoffwechselmensch ist, desto weniger ist er Kopfmensch.

Die Spiralnebel zeigen aber einen Zusammenhang mit den veränderlichen Sternen insofern, als sie eine auffallend grosse Anzahl solcher Sterne in ihrer Nähe haben[140]. Sie haben dadurch auch eine Verbindung mit dem rhythmischen System. Auch neue Sterne treten in diesen Nebelflecken auf, allerdings nur die kleineren, von denen immer realtiv viele gefunden werden, die grösseren dagegen müssen wir im wesentlichen in der Milchstrasse suchen[141]. Da findet sich zumeist die andere Art von Sternennebeln, die sogenannten Gasnebel – der Name rührt nicht so sehr von ihrem Aussehen als vielmehr von der spektralanalytischen Auffassung über diese Körper her[142]. Auch diese suchen in der Milchstrasse die sternenarmen Gegenden aus, die es dort gibt. Man kann von den Gasnebeln mit noch grösserem Recht als bei den spiralförmigen sagen: je mehr Nebel, desto weniger Sterne und umgekehrt.

Ein Beispiel von Nebel-Häufungen sind die «Magellanschen Wolken» (die grosse und die kleine), die ausserhalb der Milchstrasse in der Nähe des Südpols gelegen sind, die aber wie kleine, losgelöste Stückchen der Milchstrasse aussehen. Sie stellen jede für sich einen richtigen kleinen Kosmos dar; die grosse Wolke enthält 291 Nebel, 46 Sternhaufen und 582 Sterne, die kleine entsprechend geringere Zahlen[143].

Hier haben wir gleichsam symbolisch die ganze Fülle an Substanzen und Vorgängen, die sich im menschlichen Stoffwechselsystem abspielen. Und in der Tat, wenn man sich die Abbildungen von grösseren Partien der Milchstrasse oder der angrenzenden Gebiete mit ihren Nebelflecken, Sternenhaufen, Nebelsternen, Nebelschleiern usw. ansieht, so bekommt man ähnliche Bilder wie diejenigen, die uns zum Beispiel die Netzhaut oder das Bauchfell sogar makroskopisch darbieten. Eine Welt drängt und quellt und quirlt dort, die nur in der Unveränderlichkeit, die doch im grossen und ganzen die Sternenwelt kennzeichnet, wenn man nach menschlichem Masse misst, der unmittelbaren Beweglichkeit ermangelt, die uns aber das Urbild des physischen Menschen in bildhafter Art offenbart.

Die Anzahl der Nebel ist eine ungeheuer grosse, man nimmt an, dass sie auf eine Million anzusetzen wäre. Die allermeisten davon rechnet man zu den Spiralnebeln, wobei aber zu sagen ist, dass heute eine Neigung besteht, alle möglichen Nebel als spiralförmige anzusehen, die zunächst nur wie eine länggestreckte Scheibe aussehen, wie zum Beispiel der Andromedanebel, indem man meint, das System wäre «von der Seite» gesehn, perspektivisch, und zeige sich daher so flach, in dem Inneren seien die Windungen der Spirale trotzdem angedeutet. Wir haben da eine Äusserung der neueren Astronomie, die mit der ganzen Raumesvorstellung dieser Wissenschaft zusammenhängt. Sie rechnet mit verschiedenen Weltsystemen, von denen dasjenige, zu dem unsere Sonne gehört, bloss eines ist; es ist dasjenige System, das von der Milchstrasse allseitig umschlossen ist. Hinter diesem Ring der Milchstrasse werden andere «Milchstrassensysteme» angenommen, die sich uns durch ihre Sterne oder Sternnebel kund tun. Es gibt also – nach dieser Ansicht – Sterne und Nebelflecke, die zu «unserem» System gehören, innerhalb des Ringes der Milchstrasse liegen, andere, die ausserhalb desselben zu «anderen» Systemen gehören. Man sieht, es ist ein stark räumlich gedachtes Weltall. Man glaubt diese Auffassung bestätigt durch dasjenige, was das Fernrohr oder der photographische Apparat offenbart.

Für den gewöhnlichen Anblick ist allerdings diese Raumesperspektive nicht vorhanden. Das Auge sieht die Sterne trotz ihrer Helligkeitsunterschiede nicht räumlich hinter einander, sondern alle gleichsam an der inneren Kugeloberfläche des *einen* Firmaments. Auch die sichtbaren Nebel wie der in der Andromeda erwecken nicht den Eindruck des weiter

Zurückstehens als zum Beispiel die Sterne in der Milchstrasse. Dass im Fernrohr und noch mehr durch die photographische Aufnahme eine augenscheinliche Perspektive des Vorn und Hinten, des Näher- und Fernerstehens auftritt, kann eben sehr wohl in der Natur dieser Instrumente begründet sein, durch diese als Eindruck erst hervorgerufen werden. Ich möchte zum Vergleich auf die bekannten Stereoskopbilder hinweisen, bei denen gewöhnliche, zweidimensionale Bildaufnahmen durchaus den Eindruck der Dreidimensionalität in plastisch-realer Gestalt hervorrufen. Dass uns diese Stereoskopbilder den Eindruck einer grösseren (gleichsam körperlichen) Realität geben als die blosse Photographie, hängt doch damit zusammen, dass die Photographie Abbildung eines wirklich dreidimensionalen Räumlichen ist, das durch das Stereoskop in künstlicher Weise wieder hergestellt wird – den Eindruck des Gekünstelten wird man bei den Stereoskopbildern immer etwas haben können. Die Figuren stehen scheinbar in einem «wirklichen» Raum darinnen, sollten eigentlich Leben haben, bewegen sich aber nicht, sind auch keine wirklichen Statuen. Durch das Fernrohr wird in ähnlicher Weise eine plastische Raumesempfindung hervorgerufen, stärker noch durch die Verbindung von photographischem Apparat und Fernrohrlinse – und wir glauben dann in diesem Falle den räumlichen Eindruck als einen realen empfinden zu müssen, wie wir es bei den Stereoskopbildern auf Grund unseres alltäglichen Raumeserlebens tun.

Man glaubt dann auch wieder in anderen Erscheinungen scheinbar Belege für diese ganz räumliche Auffassung zu finden. In der Planetenwelt sehen wir bisweilen den Mond vor die Sonne, die Jupitertrabanten vor ihren Hauptplaneten sich hinstellen, Sterne durch den Mond oder andere Planeten zeitweilig bedeckt werden. Diese Erscheinungen sind zu einem grossen Teil auch dem blossen Auge bemerkbar. Da trifft man eben noch ein räumliches Element. In der eigentlichen Sternenwelt gibt es aber keine entsprechenden Phänomene des perspektivischen Voreinanderstehens oder dergleichen. All das, was man über eine Tiefendimension in der Sternenwelt zu wissen meint, ist aus andersgearteten Phänomenen geschlossen worden, zum Beispiel aus gewissen Linienverschiebungen im Spektrum der Sterne (Dopplersches Prinzip). Man wendet dann auf diese Erscheinungen die für die Erde gefundenen Naturgesetze an. Aber die Wahrheit dieser Naturgesetze nimmt ebenso wie die irdische Schwerkraft «im Quadrat der Entfernung» ab. Zu diesen Naturgesetzen muss man auch die Tatsache, dass unser Erdenraum ein dreidimensionaler ist, rechnen. Er hört eben da auf, wo uns die Sterne erscheinen. Es fängt da eine andere Gesetzmässigkeit an, immer mehr und mehr Geltung zu haben. Wir wissen, es ist diejenige des moralischen Lebens, des menschlichen Seelenlebens[144].

Unser Schicksal steht in den Sternen geschrieben, es ist ein Ausfluss desjenigen, was im Menschen noch über die Sternenwelt hinausgeht, von seinem Ich, seinem ewigen Wesenskern. In der Sternenwelt baut er sich sogar die Anlage zu seinem physischen Leib nicht nach Naturgesetzen, sondern eben nach moralischen Gesetzen, seinem Schicksal gemäss, auf. Aber so wie das Schicksal mit den Sternen, so sind unsere *Träume* verwandt demjenigen, was als Nebelflecke, Nebelschleier, in dieser Sternenwelt zu finden ist, was im gewissen Sinne das reinste «Astralische» der Sternenwelt darstellt. Darauf hat Rudolf Steiner hingewiesen in dem wichtigen Vortrag vom 22. September 1923[145]. Es obliegt uns noch, auf diesen bedeutsamen Gesichtspunkt näher einzugehen. Es soll das nächste Mal damit begonnen werden.

Die Sternenwelt: Nebelflecke und veränderliche Sterne

7. Rundschreiben III, März 1930

Wir haben am Schluss des letzten Rundschreibens die Sternennebel in Zusammenhang mit den menschlichen Träumen gebracht. Schon vorher hatten wir das gleichsam traumhafte Aussehen der kosmischen Nebel, die traumähnliche Veränderlichkeit ihrer Wesensoffenbarungen zu schildern versucht. Mussten wir diese Welt einerseits mit dem Urbild des menschlichen Stoffwechsels und auch des physischen Gehirns in Beziehung bringen, finden wir sie andererseits demjenigen verwandt, was aus dem menschlichen Inneren als Träume aufsteigt. Die Träume entstehen ja dadurch, dass der Astralleib und das Ich, die im Schlafe ausserhalb des physischen und Ätherleibes sind, eine leise Berührung mit diesen letztgenannten Gliedern der Menschennatur haben oder in sie völlig untertauchen, wie es im Moment des Aufwachens der Fall ist. In den Nebelflecken wird ganz leise etwas sichtbar, was zu dem Hellglänzenden der Sternenwelt sich so verhält wie das Traumbewusstsein zum Wachbewusstsein des Menschen. Sie stehen zwischen den unsichtbaren «Geistkolonien», die für das hellseherische Bewusstsein hinter den Sternen zu finden sind, und den sichtbaren Sternen mitten dazwischen. Selbstverständlich sind die Ausdrücke «hinten», «zwischen» nicht quantitativ-räumlich, sondern qualitativ-wesenhaft aufzufassen.

In dem schon erwähnten Vortrag vom 22. September 1923[145] bringt Rudolf Steiner die Träume auch dadurch mit den Sternnebeln in Zusammenhang, dass beide gegen die Naturgesetze gewissermassen protestieren. Der Traum kümmert sich nicht um die Naturgesetze, er hat seine eigene Gesetzmässigkeit. Diese ist im Grunde genommen dem Menschen noch sehr unbekannt. Er nimmt in dieser Welt zunächst bloss phantastisch wahr, in seiner Traumphantasie; das aber «rührt lediglich davon her, dass er nicht die Fähigkeit hat, die Zusammenhänge, die ihm da entgegentreten, zu erkennen. Die Phantastik trägt er hinein. Aber dasjenige, was da webt und lebt, ist eben eine andere Weltensphäre, in die der Mensch im Traum hinuntertaucht».

Eine eigentliche Wissenschaft der Träume gibt es heute noch nicht, ausser in kleinen Anfängen in der anthroposophischen Forschung. Man hat für die Erklärung der Traumwelt entweder selbst Phantasie gebraucht

(Psychoanalyse) oder sich an rein physikalisch-experimentelle Ergebnisse gehalten.

Bei den Nebelflecken ist es im Grunde genommen das gleiche. Ihre so sonderbaren Bildungen zeigen, dass sie den Menschen weit mehr und anderes zu offenbaren haben, als was durch die Anwendung der irdischen Naturgesetzlichkeit von ihnen zu erfahren ist. Es fehlt nur an einer Erkenntnis der Gesetze, die da walten und die man sich eigentlich erträumen müsste, so wie es dem Naturforscher Johannes Müller mit seinen Experimenten bisweilen ging: «Und bei richtiger Erwägung muss vorausgesetzt werden, dass eigentlich, wenn man es so machen würde wie Johannes Müller, man über den Orionnebel nicht denken, wie man auf der Sternwarte oder in den astronomischen Anstalten denkt, sondern träumen müsste, dann würde man mehr davon wissen, als wenn man nachdenkt. Ich möchte sagen, das hängt ja damit zusammen, dass in Hirtenzeitaltern, wo die Hirten in der Nacht auf der Weide geschlafen haben, sie tatsächlich träumten über die Sterne, und da wussten sie mehr, als die Späteren wissen. Es ist wirklich wahr, es ist so.»

Diese Traumes-Nebelwelt wird noch in einer anderen Weise charakterisiert: «Kurz, ob wir in das Innere des Menschen hineingehen und uns der Traumeswelt nähern, oder ob wir hinausgehen ins weite Weltenall, wir treffen, wie die Alten sagten, ausserhalb des Tierkreises eine Welt der Träume. – Und da sind wir an dem Punkt, wo wir verstehen können, was die Griechen meinten, die noch von solchen Dingen etwas wussten, wenn sie den Ausdruck ‹Chaos› gebrauchten ... Was meinte der Grieche, wenn er von Chaos sprach? Er meinte die Gesetzmässigkeit, von der man eine Ahnung kriegt, wenn man in den Traum sich vertieft, oder die man voraussetzen muss im äussersten Umkreise dieses Weltenalls ... Aus dem Chaos heraus ist die Welt geboren für den Griechen, das heisst, aus einem solchen Zusammenhang, der noch nicht naturgesetzlich, sondern so ist wie der Traum, oder so wie heute noch die Weltenweiten, im Sternbild des Orion der Jagdhund usw. Da kommt man zunächst in eine Welt hinein, die sich dem Menschen wenigstens noch ankündigt in der phantastischen, aber lebendigen Welt der Traumesbilder.»[145]

Die Welt ist aus dem Chaos geboren und wird auch aus dem Chaos heraus immer weiter erhalten. Das Chaos – das tohu-wa-bohu der Hebräer – ist dasjenige, was vor der Erscheinung der Welt da war. Konkret gesprochen, können wir sagen, dass die Geister des Willens die Weltensubstanz des Saturn aus dem Chaos – das ihre eigene Wesenheit war – hervorgebracht haben. Diese Substanz ist durch die Sonnen-, Monden- und Erdenevolution hindurch zu demjenigen geworden, was der jetzt geltenden Naturgesetzlichkeit unterliegt. Die Geister des Willens liessen aber nur einen Teil ihres Wesens in diese Substanz fliessen. Alles Übrige, so könnte man sagen, bleibt im Zustande des Chaos und wirkt weiter fort, bildend, umbildend, auflösend, schaffend.

In dem bedeutsamen Vortrag vom 19. Oktober 1907[146] erwähnt Rudolf Steiner, dass das Wort «Gas», das wir für den dampf- oder luftförmigen Zustand gebrauchen, durch den Rosenkreuzer Van Helmont aus dem Worte «Chaos» bewusst gebildet wurde, indem er sagte: «Diesen Geist (oder Hauch) nenne ich Gas, er ist nicht weit verschieden von dem Chaos der Alten». – Aus ihm hat sich die Welt gebildet, auch das Gas ist schon eine Trübung von dem Urgrunde der Welt, dem Chaos. Darin – so sagte Rudolf Steiner – lebt zugleich ein ganz anderer Raumbegriff als der heutige ist: der Raum nicht als die unendliche Leere, sondern als ein unendlich Samenreiches, aus dem die sichtbare Welt verdichtet ist.

«Nun aber wirkt das Chaos nicht nur im Anfang der Weltentwickelung, sondern es wirkt fort . . . Es ist die erste, ursprüngliche Gestaltung. Dann trübte es sich, es bildeten sich die Samen, es formten sich die Welten. Alles ist noch jetzt vom Chaos durchsetzt, jeder Stein, jedes Wesen . . . Und nicht nur sind vom Chaos durchsetzt die Wesen draussen in der Sinnenwelt, durchsetzt vom Chaos sind auch Ihre Seele und Ihr Geist. So wie der Mensch hier ist, nimmt auch seine Seele und sein Geist teil an dem, was zurückgeblieben ist vom Chaos.»

Dann wird ausgeführt, wie im Konkreten das Chaos wirkt, zum Beispiel in den tierischen Abfallprodukten, die zum Dünger werden, der dem Acker die Fruchtbarkeit verleiht und die Saat heraustreibt. Der Dünger war vielleicht erst eine schöne, herrlich geformte Pflanze, die selbst einmal aus dem Chaos des Samens entstanden, durch den tierischen Organismus hindurchgegangen, wiederum zum Chaos zurückkehrt.

«Das Chaos wirkt im Dünger, in allem Ausgeworfenen, und ohne dass Sie das Chaos hineinmischen in den Kosmos zu irgendeiner Zeit, ist niemals eine Fortentwicklung möglich . . . Niemand kann fortbestehen, wenn einzig und allein der Kosmos auf ihn wirkt. Denn, was ist Kosmos? Kosmos ist nichts anderes als was aus vorhergehenden Ursachen und Gestaltungskräften sich gebildet hat. Nicht nur alle physischen Dinge, sondern auch alle moralischen und intellektuellen Lehren entstehen aus Ursachen, die vorher gelegt worden sind[146].»

So wirkt das Genie aus dem Chaos heraus wie ein neuer Funke, der aus der Vermählung von Chaos und Kosmos entspringt. Und so entsteht alles Neue in der Welt, ja die neuen Welten selber, für deren Genesis die Wissenschaft nur äusserlich-natürliche Ursachen anzugeben vermag, die sie aber, wie wir sehen, mit einem gewissen Recht mit den kosmischen Nebelbildern in Zusammenhang bringt. Sie nennt einen Teil derselben ja sogar «Gasnebel».

So wie in den Mikrokosmos der uns unmittelbar umgebenden Natur hinein das Chaos wirkt, so finden wir seine Andeutung in dem Wirken der geheimnisvollen, sich dem unmittelbaren menschlichen Anblick entziehenden Nebelflecke und Nebelschleier. Makrokosmische Fruchtbarkeit mag in diesen Gebilden walten. Sie stehen dem Wesen des Göttlich-Geistigen nahe. Sie unterscheiden sich von dem luziferisch Strahlenden der Sternenwelt ebenso wie von dem ahrimanisch drohend Kalten der dunklen kosmischen Nebelwolken, deren Studium heute so eifrig betrieben wird. Es ist, eigentümlicherweise, besonders durch die jahrzehntelange Arbeit auf der Vatikanischen Sternwarte, bekannt geworden, dass solche dunkle Nebel – von deren Dasein im Gebiet der Milchstrasse man schon lange wusste – sich eigentlich über den ganzen Himmel erstrecken, sogar in der Nähe der Milchstrassenpole, wo auch die meisten hellen Nebel liegen, am dichtesten und ausgedehntesten sind. Der Vatikanische Beobachter (J.G. Hagen) hält die dunklen Nebel für die Urform der stellaren Materie, aus denen sich solche Sterne entwickeln, die, nach ihrer spektroskopischen Beschaffenheit, in den Anfangsstadien ihrer Laufbahn sind ...[147] Man braucht als Anthroposoph diesen Gedanken nicht beizupflichten, und andere Forscher haben auch wieder dem Vorhandensein von dunklen Nebeln in solchem Umfang, wie es der geistliche Beobachter annahm, widersprochen. Man kann vielleicht eher an das schon angeführte Wort Rudolf Steiners denken:

«Da draussen im Sternenhimmel geht es nämlich moralisch, zuweilen auch unmoralisch, luziferisch, ahrimanisch usw. zu ... da geht es moralisch zu, nicht physisch» (siehe 3. Rundschreiben III).

Man kann aber vielleicht auch empfinden, dass hier so gewaltige Tatsachen vorliegen, dass sie eigentlich nur in einer *neuen Mythologie* richtig geschildert werden könnten. So wie die Griechen ihre grossartige Mythologie von der sukzessiven Weltentstehung durch Uranos und Gäa, durch Kronos und Zeus hatten, und wie sie das Chaos kannten und auch dessen Gegenpol, das A-Chaos, das in dem indischen Wort Akasha, dem Äther lebt – so wie das heraufgekommene naturwissenschaftliche Zeitalter die öde, dürftige kopernikanische Mythologie von den rollenden Kugeln im Weltenraum brachte (siehe den Zyklus «Geistige Hierarchien ...», 5. Vortrag),[23] und wie die Neuzeit dazu eine Kosmogonie fügte von unsichtbaren dunklen Nebelgebilden und von Sternen, die, zuerst weiss aufglühend, dann allmählich bis zum Dunkelrot erkalten, um schliesslich durch völligen Temperatur-Ausgleich – den sogenannten Wärmetod – zugrunde zu gehen, so sollte eine nicht zu ferne Zukunft, in der die neuen im Menschen schlummernden Fähigkeiten erwachen, eine neue wahre Mythologie bilden, die in gewaltigen Bildern dasjenige hinstellt, was durch Teleskop, Kamera und Spektroskop zwar enthüllt, aber von dem materialistischen Bewusstsein nicht voll erfasst worden ist. Die Gottheit zwischen Luzifer und Ahriman – das ist der Vorwurf aller Mythologie der Neuzeit und der Zukunft ...

Eine solche Mythologie würde – anders als die kopernikanische – im Geistigen wurzeln, aber trotzdem auf demjenigen, was durch die materialistische Wissenschaft erforscht worden ist, ruhen können, denn diese materialistische Wissenschaft hat Gewaltiges an Tatsachen erforscht. Die Zukunfts-Mythologie könnte nur selbstverständlich nicht dadurch entstehen, dass in spielerischer Weise in die kosmischen Gebilde etwas hineingesehen würde entsprechend den Gestalten der alten Sternbilder; denn diese alten Sternbilder – Bär, Löwe usw. – wurden auch nicht in den alten Zeiten durch eine willkürliche Phantasie zu den äusseren Sternen hinzugesehen, sondern sie waren lebendige Imaginationen des dahinter stehenden Wesenhaften. Sie müsste sich auf das Verhältnis der sichtbaren Himmelskörper zu den unsichtbaren, aber durch die modernen Hilfsmittel noch erreichbaren Himmelsgebilden beziehen, auf das Verhältnis vom Chaos zum Kosmos, von dem geschaffenen Göttlichen zu den schaffenden Göttern und auf das Hineinspielen der widerstrebenden Mächte. Sie könnte, mit anderen Worten, nicht aus der blossen Astronomie, noch aus der Astrologie, sondern sie müsste aus der Astrosophie geboren werden. Und sie müsste auf den *Menschen* Bezug nehmen, der im Wahrnehmen und Denken die Sternenwelt erlebt, für den die Nebelflecke eine Welt des Träumens sind.

So wie aber die Träume eine zweite Strömung sind, in die der Mensch untertaucht, wenn er die physisch-natürliche Welt verlässt, so gelangt er – wie in dem Vortrag, der von dem Orionnebel handelt, gesagt wird – in eine dritte Strömung, «die jenseits der Traumeswelt liegt, die gar nicht mehr eine Beziehung hat zu den Naturgesetzen unmittelbar. Die Traumeswelt protestiert in ihrer Bildhaftigkeit gegen die Naturgesetze. Bei dieser dritten Welt wäre es ganz unsinnig zu sagen, sie richte sich nach Naturgesetzen. Sie widerspricht vollends sogar kühnlich den Naturgesetzen, denn sie tritt auch an den Menschen heran. Während der Traum noch in der lebendigen Bilderwelt zum Vorscheine kommt, kommt diese dritte Welt durch die Stimme des Gewissens in der sittlichen Weltanschauung zunächst zum Vorschein»[145].

Auch diese dritte Welt gehört zur kosmologischen Mythologie dazu. Sie ist diejenige Welt, in der die Götter zu dem Menschen sprechen, wenn er in der Nacht in der geistigen Welt ist. Er erlebt sie nicht bewusst, er ist dann eben im Tiefschlaf, aber er erfährt sie im Wachen als die Stimme des Gewissens. Das ist die Welt, die «jenseits des Tierkreises», jenseits der Sternenwelt überhaupt ist, in die der Mensch, im Gegensatz zum Tier, noch hineinragt, die Götterwelt hinter den Sternen. Da wirkt *nur* moralische Gesetzmässigkeit, da ist zunächst nicht einmal eine sinnlich-wahrnehmbare Andeutung vorhanden.

Wir können das, was als wahre kosmische Mythologie heute noch nicht voll gegeben werden kann, schon in einer bedeutsamen Szene mikrokosmisch verkörpert finden in dem Rosenkreuzermysterium «Die Pforte der Einweihung»[60], wenn wir die Worte Rudolf Steiners selbst zugrunde legen[148]. Im letzten Bild, im Sonnentempel, stehen 12 Persönlichkeiten um Johannes Thomasius herum, sie hängen mit ihm zusammen durch die «Fäden, die Karma spinnt im Weltenwerden» und die sich zu einem Knoten bilden, in dessen Mitte Johannes Thomasius steht. Sie sind nicht nur karmisch mit ihm verbunden, sie stehen so da, dass sich in ihnen Teile der Wesenheit des Johannes ausdrücken, wie die 12 Teile des Tierkreises in dem einen Menschen in seiner Verkörperung vereint sind. Das Selbsterleben und die Selbsterkenntnis des Johannes Thomasius verteilt sich auf diese einzelnen Menschen, und auf alle sind die Eigenschaften eines einzigen Menschen verteilt. «Es spielt sich alles zweimal ab: im Makrokosmos und im Mikrokosmos der Seele des Johannes. Das ist seine Initiation».

Da haben wir gleichsam den Tierkreis – denn dass es gerade 12 Menschen um Johannes Thomasius sind, die mit ihm zusammen nur einen einzigen bilden, das wird ausdrücklich erwähnt. Die Welt ausserhalb des Sonnentempels mit ihren vielen, vielen Menschen, mit dem im Luziferischen, im Ahrimanischen verlaufenden Leben vertritt die übrige Sternenwelt. Es ist aber noch der Hierophant da, Benedictus: «und wir haben das Ganze so, dass doch noch eine menschliche Individualität steht über all diesen Menschen, der Hierophant, der eingreift, der die Fäden lenkt[148]» wie die Sonne selber dieses Sonnentempels, der Sonnenheld, der seinen Weg durch den Tierkreis geht. Wir sehen da die Welt der Initiation mit ihrem Verhältnis zum Wachbewusstsein. In die weiteren Dramen spielt auch jener «rätselvolle Geist» hinein, der selber Johannes auf die Traumeswelt hinweist: die «andere Philia» ist es, die ihm sagt:

«Und wachendes Träumen
Enthüllet den Seelen
Verzaubertes Weben
Des eigenen Wesens».

Traumgestalten treten ihm auf seinem Initiationswege entgegen, Nebelgebilde wie der «Geist von Johannes Jugend», jenes Wesen, das durch seine Schuld ein schlimmes verzaubertes Dasein führen muss, weil es nicht zum Chaos zurückkehren kann. Wie Andeutungen der kosmischen Nebelwelt mit ihrem Chaos-Charakter sind diese Gestalten.

Dann aber ertönt, hörbar, obwohl unsichtbar, die «Geisterstimme», die die Stimme des Gewissens ist, immer wieder an für das Seelenleben entscheidenden Augenblicken in das Drama hinein. Sie tönt von einer Wesenheit her, die nocht nicht in einer verkörperten Gestalt auf der Bühne erscheinen kann. Wir können uns eine Zukunft vorstellen, in der die Menschen die Wesenheit, die sie als die Stimme des Gewissens erleben, in irgend einer Form erleben werden, die mit der Welt des Tiefschlafes zusammenhängt, so wie sie heute in der Welt der Nebelflecke den kosmischen Ausdruck der Traumeswelt haben. So finden wir den ganzen Makrokosmos in den Mysteriendramen Rudolf Steiners mikrokosmisch nachgebildet.

Nach diesem allgemeinen Überblick wollen wir noch die *veränderlichen Sterne* kurz betrachten, um das nächste Mal abschliessend die neuen Sterne zu schildern.

Mit den veränderlichen Sternen haben wir, wie schon bemerkt, eine Art rhythmisches Element auch in dem sonst so unveränderlichen Sternhimmel gegeben. Wäre nicht aus dem Altertum her, besonders durch die Formulierung des Aristoteles, die Sternenwelt als eine Welt der Dauerhaftigkeit, der ewigen Unveränderlichkeit geschildert worden – was ja ihrem Wesen in der Tat im grossen und ganzen entspricht –, so hätte man die Tatsache der veränderlichen Sterne vielleicht schon früher bemerkt, denn von diesen sind einige wenigstens dem blossen Auge wahrnehmbar. Doch bedurfte es erst der neuen Einstellung der Geister, die mit dem naturwissenschaftlichen Zeitalter seit Kopernikus heraufkam, und insbesondere der Tatsache des Erscheinens eines hell leuchtenden Sternes (im Jahre 1572 von Tycho Brahe entdeckt), um die Aufmerksamkeit so weit auf den Sternenhimmel zu lenken, dass diese veränderlichen Sterne auch wirklich gefunden wurden. Es war noch vor der Erfindung des Fernrohres, Ende des 16. Jahrhunderts, dass ein Stern, die berühmte Mira Ceti, «der Wunderliche im Walfisch», wie er dann genannt wurde, durch sein Verschwinden und Wiederauftauchen auffiel, doch blieb diese Beobachtung eigentlich jahrzehntelang vergessen, trotz gelegentlicher Erwähnung durch Kepler. Man stand noch zu sehr unter dem Eindruck der in der damaligen Zeit aufgetretenen neuen Sterne, deren Erscheinen die ganze Diskussion der Anhänger der neuen Naturwissenschaft gegen die stehengebliebenen «Aristoteliker» entfachte, die, auf ihres Meisters Worte noch nach zwei

Jahrtausenden schwörend, die Möglichkeit ableugneten, dass solche «Novae» wirklich *Sterne* sein können. Wir werden beim Besprechen der neuen Sterne darauf zurückkommen. Erst im letzten Drittel des 17. Jahrhunderts hatte man den Stern im Walfisch als einen veränderlichen mit einer Periode von 11 Monaten erkannt, der, von ungefähr 3. Grösse, zeitweilig zu einer solch geringen Leuchtekraft herabsinkt, dass er für die damalige Zeit überhaupt während einiger Monate unsichtbar wurde. Erst um die Wende des 18. und 19. Jahrhunderts wurde die Veränderlichkeit von Algol, einem Stern im Perseus (es ist derjenige, der das abgeschlagene Medusenhaupt in der linken Hand des Perseus darstellt) bemerkt. Dieser Stern hat eine viel kürzere Periode [ca. 69 Stunden] als diejenige im Walfisch und bleibt auch in seinem Minimum dem blossen Auge sichtbar, dagegen ist die Veränderung an sich viel weniger auffallend als bei der Mira. Erst dann fing man an, die Veränderlichen systematisch zu untersuchen.

Heutzutage rechnet man die neuen Sterne einfach als eine besondere Klasse der Veränderlichen zu, doch wollen wir lieber die alte Unterscheidung zwischen veränderlichen oder periodischen und neuen oder temporären Sternen gelten lassen, da wir gerade in dem einmaligen Aufflammen der sogenannten Neuen Sterne etwas anderes sehen müssen als in der regelmässigen – oder auch unregelmässigen – Wiederholung eines Vorganges der Lichtschwankung. (Auch spektroskopisch sind die neuen Sterne etwas ganz anderes als die Veränderlichen.)

Die veränderlichen Sterne zeigen auch untereinander grosse Verschiedenheit in ihren Lichtschwankungen, sowohl was die Dauer als was die Intensität betrifft. Stellt man die Periode nach diesen beiden Grössen graphisch dar, so bekommt man verschiedene Schwingungskurven, ähnlich im Wesen, wenn auch nicht in der Gestalt, wie diejenigen des menschlichen Herzschlages.

Die Länge der Periode, in der ein solcher Stern seine Helligkeit wechseln lässt, kann von mehreren Jahren bis zu wenigen Stunden dauern, die Schwankungen in der Grösse bis zu 9 Klassen gehen. (Es möge daran erinnert werden, dass man die sichtbaren Sterne ja nach ihrer Helligkeit in 6 Grössenklassen einteilt, dann kommen die teleskopischen, dem blossen Auge unsichtbaren Sterne, die bis 10., 12., 15. [heute bis 23., 24.] Grösse haben können.) Am meisten kommen Änderungen von 1 bis 5 Grössenklassen vor. In bezug auf die Dauer des Lichtwechsels werden diese Sterne in kurz- und langperiodische unterschieden; die Grenze, die natürlich keine strenge ist, wird bei etwa 75 Tagen genommen. In der ersteren Gruppe sind diejenigen mit einer Periode von 1 Tag und darunter die häufigsten, in der zweiten diejenigen mit einer Periode, die zwischen 200 und 350 Tagen liegt. Bei mehreren Klassen von Veränderlichen sind die Perioden nicht einheitlich oder überhaupt nur schwer erkennbar.

Um wenigstens eine Vorstellung vom Wirken dieser Sterne hervorzurufen, geben wir die Diagramme *(Zeichnung 67 bis 73)* für einige der charakteristischsten Gruppen (nach Karl Schiller: «Einführung in das Studium der veränderlichen Sterne» 1923). Vertikal sind die Grössenklassen angegeben; horizontal die Dauer der ganzen Periode. «Mira Ceti» steht hier als Vertreter der Gruppe der *langperiodischen* Veränderlichen, von denen über 600 [heute 4500] bekannt sind.

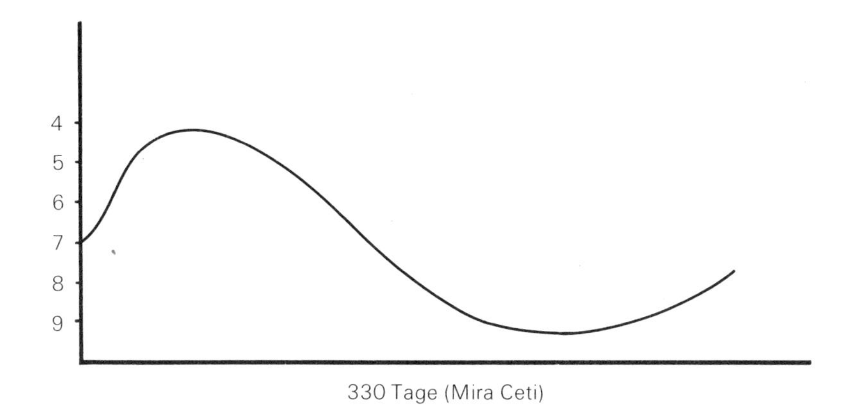

Zeichnung 67

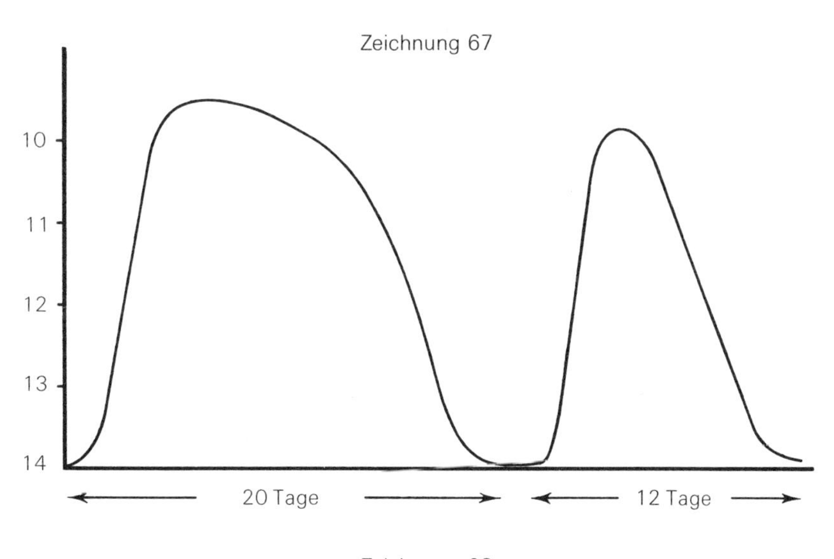

Zeichnung 68

Im 2. Diagramm *(Zeichnung 68)* ist ein Beispiel aus den Sternen mit *veränderlicher* Periode genommen. Die angegebenen Zahlen beziehen sich selbstverständlich auf einen bestimmten Stern dieser Gruppe (es ist der Hauptvertreter U Geminorum), sie würden bei anderen Sternen der Gruppe andere, wenn auch nicht allzusehr verschiedene sein. Es ist nur derjenige Ausschnitt aus der ganzen Periode wiedergegeben, in welchem die Lichtausbrüche stattfinden. Keine von den genannten Zahlen ist aber eine konstante, es treten bei dieser Gruppe fortwährend Änderungen in der Dauer, der Intensität, der Reihenfolge der Maxima usw. auf[149].

Es gibt auch eine Gruppe von *ganz unregelmässig* Veränderlichen, bei denen die Schwankungen allerdings zumeist nur geringe sind. Ihr Lichtwechsel ist vollständig unberechenbar. Ein konkretes Beispiel gibt *Zeichnung 69* mit sehr grosser Lichtschwankung.

Am regelmässigsten sind die *kurzperiodischen* Sterne, auch Blinksterne genannt, von denen wiederum einer der Hauptvertreter abgebildet wird *(Zeichnung 70)*: in etwas metamorphosierter Gestalt findet sich die-

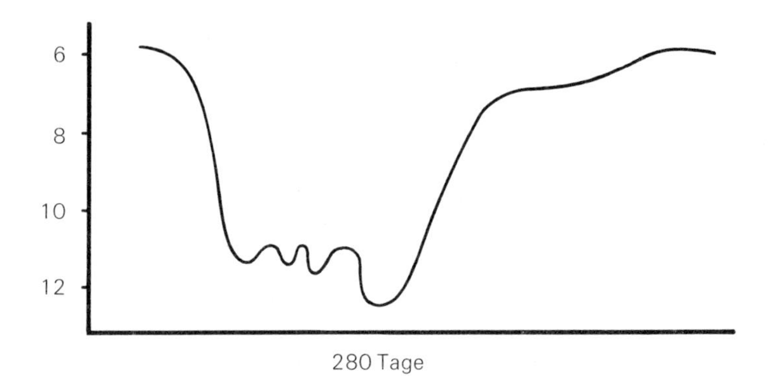

Zeichnung 69

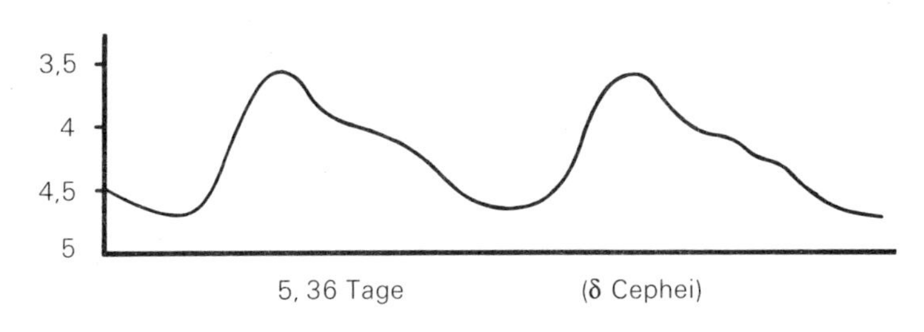

Zeichnung 70

ser Typ am häufigsten unter den veränderlichen Sternen überhaupt und ganz besonders in Sternhaufen. Sie haben in ihrem Verlauf am meisten Ähnlichkeit mit dem menschlichen Pulsschlag, wie aus der Abbildung eines sogenannten Sphygmogramms hervorgeht *(Zeichnung 71)*.

Von *Algol* und den mit ihm verwandten Sternen nimmt man an, dass sie zeitweilig durch einen Begleiter, der sich um den Hauptstern dreht, teilweise verfinstert werden, etwa wie für uns die Sonne durch den Mond bei einer partiellen Sonnenfinsternis. Daher eine plötzliche, nur kurz dauernde Änderung mit einem Minimum an Lichtstärke *(Zeichnung 72)*. Für Algol lässt sich dieser Vorgang, wenn man die Zeiten genau kennt, mit dem blossen Auge verfolgen. Die ganze Änderung spielt sich in einigen wenigen Stunden ab. Zu den ca. 130 Sternen des Algoltypus kommen als «Verfinsterungsvariable» auch noch die 21 Sterne des β-Lyrae-Typus, die sozusa-

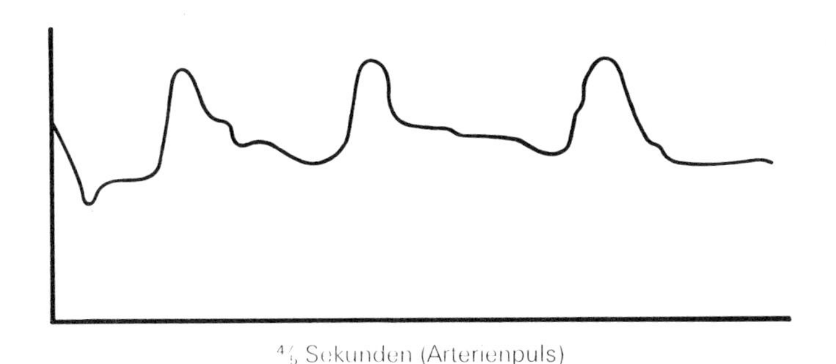

Zeichnung 71

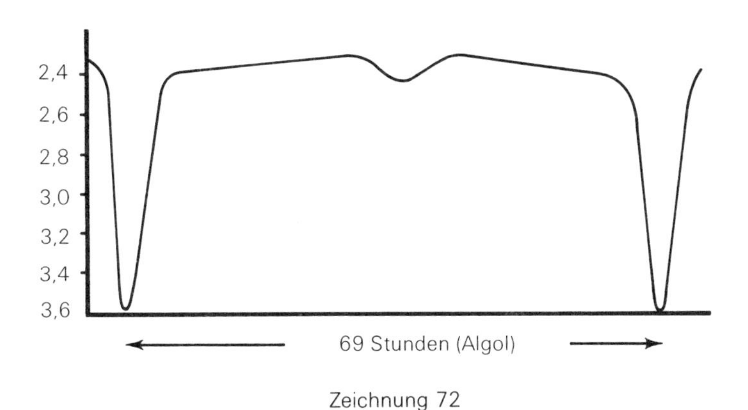

Zeichnung 72

gen fortwährend im Lichtwechsel begriffen sind *(Zeichnung 73)*. [Heute sind es zusammen über 4000.] Man hat gefunden, dass die Periode im Zunehmen ist, und zwar jedesmal um ⅔ Sekunden. Man sieht daraus, dass man auch in der Sternenwelt mit ganz kleinen Zeiträumen bisweilen rechnen muss.

Die Algolsterne sind überwiegend in der Gegend der Milchstrasse zu finden (auch Perseus, zu dem Algol gehört, wird ja von der Milchstrasse durchflossen), ebenso von den Kurzperiodischen diejenigen, welche zu der oben abgebildeten Gruppe (δCephei) gehören, während es für die übrigen kurzperiodischen nicht der Fall ist, insofern der Sternhaufen, in dem sie zumeist vorkommen, nicht gerade in der Milchstrasse gelegen ist. Die unregelmässig Veränderlichen und die Langperiodischen zeigen keine Beziehung zur Milchstrasse. In diesen und ähnlichen Gesetzmässigkeiten verbirgt sich zweifellos Bedeutsames über das Wesen der veränderlichen Sterne. Die Frage muss aber noch betrachtet werden: Was ist der Grund der Veränderlichkeit überhaupt?

Für die Algolsterne, die sogenannten Verfinsterungs- oder Bedekkungsvariablen, gibt die astronomische Wissenschaft eine genaue Theorie, eben diejenige der Bedeckung durch einen Begleiter. Für die anderen wird eine Reihe von Hypothesen aufgestellt, die alle darauf basieren, dass irdische Gesetzmässigkeit auf die Sternenwelt angewendet wird. Wir wol-

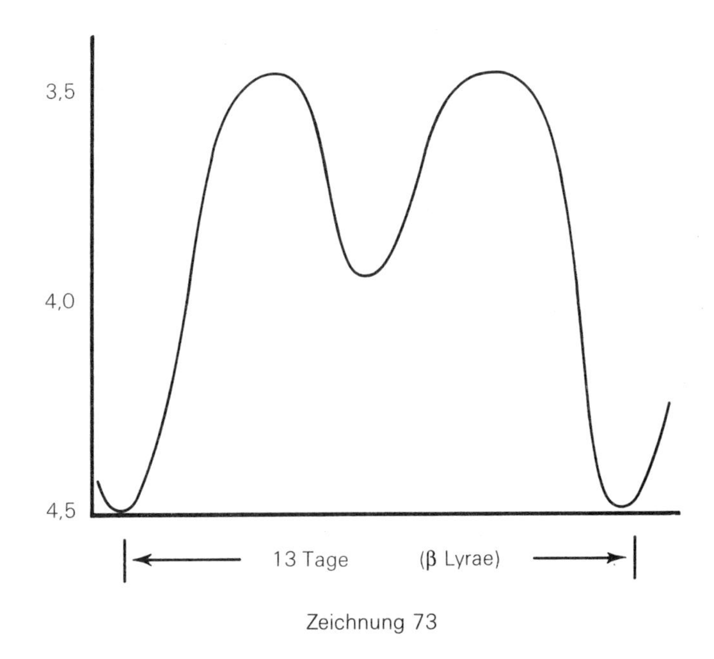

Zeichnung 73

len einige von diesen Hypothesen hier nur dem Namen nach anführen: die Fluthypothese, die Schlackentheorie, die Fleckenbildung (wie auf unserer Sonne), gegenseitige Einwirkung zweier Körper ohne Verfinsterung (Blinksterne) usw.[150].

Betrachten wir die veränderlichen Sterne vom geisteswissenschaftlichen Standpunkt, dann werden wir an die Schilderung des alten Sonnenzustandes erinnert, die sich im Zyklus «Die geistigen Hierarchien . . .»[23] (3. Vortrag) befindet. Was da als diese alte Sonne mit ihrem Atmungsprozess geschildert wird, mit ihrem Auf- und Abfluten von Licht und Rauch oder Gas, das gibt einen Wechselzustand, der demjenigen entspricht, was wir von den verschiedenen veränderlichen Sternen erfahren.

Eine Kugel, leuchtend an ihrer Oberfläche, in ihrem Innern erfüllt von Luft, strömendem Gas, Winden nach allen Richtungen. «Mit völligem Recht nennt man das eine Sonne. Und was heute Sonnen sind, die machen heute noch diesen Prozess durch: die sind heute innerlich strömendes Gas, und nach der anderen Seite bewirken sie, dass dieses Gas zum Licht wird; sie verbreiten Licht in den Weltenraum.»

Dieses Gas, dieses Licht, es sind zugleich Vorgänge der diesen Sonnenkörper bewohnenden Wesen. Die Erzengel, die ihre Menschheitsstufe durchmachten, hatten einen Leib aus Licht, Gas oder Rauch und Feuer, neben der allgemeinen Sonnensubstanz, aber sie konnten auch ihre ganze Umgebung, die aus Rauch und Gas bestand, in sich aufnehmen.

«Jetzt haben Sie einen wirklichen Atmungsprozess! Auf der alten Sonne würden Sie diese Strömungen im Gas wie einen Atmungsprozess wahrgenommen haben. Sie würden gewisse Zustände gefunden haben, wo absolute Windstille war, und Sie hätten sich gesagt: Jetzt haben die Erzengel alles strömende Gas eingeatmet. – Dann aber begannen die Erzengel wieder herauszuatmen: es fing an, innerlich zu strömen und damit zu gleicher Zeit sich Licht zu entwickeln . . . Hier haben Sie die alte Sonne zugleich in ihrem Unterschied geschildert von unserer jetzigen Sonne. Unsere jetzige Sonne leuchtet immer, und die Dunkelheit wird nur bewirkt, wenn sich etwas vor ihr Licht hinstellt. Das war bei der alten Sonne eben nicht so. Sie hatte in sich selbst die Kraft, in abwechselnden Zuständen hell und dunkel zu werden, aufzuleuchten und sich zu verfinstern, denn das war ihr Ausatmen und Einatmen . . . Wie Aus- und Einatmen lässt sie wechseln Helligkeit und Dunkelheit, denn die Sonne war dazumal eine Art Fixstern.»

Es soll mit der Anführung dieser Stelle nicht gesagt sein, dass die ganze erhabene Herrlichkeit des alten Sonnenzustandes auch auf den heutigen veränderlichen Sternen zu finden ist. Denn in den Sternen walten auch luziferische Wesenheiten – und solche gab es während der alten Sonnenentwicklung noch nicht. Im Zyklus «Die Geheimnisse der biblischen Schöpfungsgeschichte» (4. Vortrag)[20] wird ausdrücklich gesagt, dass das ganze pflanzenhafte Weben in der Gas- Wärme- und Lichtkugel der alten Sonne, dieses Aufspriessen des Gases in Licht-Blütenformen heute nirgends mehr im ganzen Universum physisch vorhanden ist wie damals. Das Ein- und Ausatmen des Lichtes aber, das mit dem Erleben der Erzengel auf der alten Sonne verbunden war, das können wir als wesensverwandt ansehen mit demjenigen, was sich noch heute am Sternenhimmel abspielt.

Es ist nun bedeutsam, dass zu den genannten Hypothesen über die Ursachen der Veränderlichkeit auch die sogenannte «Pulsationstheorie» dazu gekommen ist. Diese nimmt an, dass es sich bei den Blinksternen nicht um ein Zweikörpersystem handelt, sondern dass diese an sich gasförmigen oder gar flüssig-glühenden Sterne, durch irgendeine Ursache von aussen in ihrem Gleichgewicht gestört, zu periodischen Schwingungen gelangen und dadurch jedesmal zu Lichtausbrüchen kommen. Diese Erklärung steht wohl zu demjenigen, was wirklich vorgeht, in demselben Verhältnis wie die in der Wissenschaft üblichen Theorien über den Blutumlauf und die Herzbewegung im Vergleich zu der geisteswissenschaftlichen Erklärung. Sie weist uns aber trotzdem darauf hin, dass man durch die Tatsachen selber zu solchen Begriffen geführt wird, wie sie sonst auf den Menschen angewendet werden, zum Beispiel demjenigen der Pulsation. In beiden Fällen kann man zu einer richtigen Erklärung doch erst durch eine geistige Einstellung kommen.

Es sind über die veränderlichen Sterne und die Sternenwelt überhaupt in der Wissenschaft gerade in den letzten Jahrzehnten die umfassendsten Untersuchungen angestellt worden, die – öfter sogar in statistischer Form – viele Beziehungen zwischen Farbe, Helligkeit, Spektrum der Sterne einerseits, ihrer Lage und Verteilung über den ganzen Himmel im Vergleich zur Milchstrassenebene usw. andererseits, in der mannigfachsten Art darlegen. Dieses gewaltige Material wird einmal dazu dienen müssen, den ganzen Sternenhimmel als Ausdruck eines geistig Wesenhaften, als Urbild des Menschen zu begreifen. Dann erst wird es Sinn und Bedeutung, Ordnung und Harmonie erlangen. Nur Weniges konnte hier aus der ganzen Fülle dieser wissenschaftlichen Forschungsergebnisse angeführt werden, nur so wenig, als sich eben bis jetzt mit Bestimmtheit zu dem Inhalte unseres anthroposophischen Geistesgutes in Beziehung bringen lässt. Alles andere muss auf weitere Erforschung warten. Dann werden eines Tages, wenn das Chaos, das heute wirklich noch in diesem ungeheuren Tatsachenmaterial waltet, seines Materialismus entkleidet, zu einem Kosmos von spirituellen Begriffen, Imaginationen und Inspirationen gewandelt sein wird, diese Erkenntnisse, diese Ergebnisse der ungeheuren wissenschaftlichen Forscherarbeit des 19. und 20. Jahrhunderts in die neue Mythologie des Sternenhimmels übergehen können, von der wir sprachen. Das bis jetzt Besprochene sollte aber dazu dienen, dass schon jetzt sich einiges im Menschen erfüllen kann von jener Weihestimmung in bezug auf den Sternenhimmel, die unser Lehrer in dem Büchelchen «Weihnacht»[151] mit den Worten charakterisierte:

«Heute ist für den Menschen, wenn er hineinsieht in den Sternenhimmel durch die abstrakte Astronomie, der Sternenhimmel erfüllt mit abstrakten stofflichen Weltenkugeln. Diese Weltenkugeln werden dem Menschen wieder erscheinen als die Körper von Seele und Geist. Der Raum wird für ihn wiederum durchgeistigt und durchseelt sein. Er wird den ganzen Kosmos empfinden, warm, wie er empfindet an dem Busen eines Freundes; nur wird er den Geist des Kosmos selbstverständlich majestätischer und grossartiger empfinden».

Wir stehen am Anfang solcher Empfindungen, aber sie können schon heute durchaus in uns leben.

Die Sternenwelt: Über Neue Sterne

8. Rundschreiben III, April 1930

Als letztes Gebiet der Sternenwelt wollen wir die neuen Sterne, die «Novae» betrachten – womit übrigens nicht gesagt sein soll, dass die bisherigen Darstellungen irgendwie als erschöpfend anzusehen wären! So wie wir versucht haben, in der Sternenwelt den Ausdruck eines Geistigen zu sehen, so wollen wir auch die neuen Sterne in diesem Lichte schauen. In dem öfter angeführten Pfingstvortrag vom 4. Juni 1924[124], wo von dem «Liebestreicheln» der Sterne die Rede ist und von der «Geistselbstigkeit» des Kosmos, wird auch kurz das Wesen der neuen Sterne angedeutet:

«Aber nun denken Sie an die rätselhaften, nur durch physische Dinge, bei denen man ja eigentlich doch nichts begreift, erklärten Vorgänge des Aufleuchtens gewisser Sterne zu bestimmten Zeiten. Sterne, die noch nicht da waren, sie leuchten auf, sie verschwinden wiederum. Also auch kurzes Streicheln ist im Weltenall vorhanden. In Epochen, in denen, ich möchte sagen, die Götter hereinwirken wollen aus der astralischen Welt in die ätherische Welt, da sieht man solche aufleuchtenden und gleich wiederum sich abdämpfenden Sterne.»

Wir sehen daraus, dass die neuen Sterne einen Impuls darstellen, den die Götter in die Welt hineinschicken. Sie sind daher in der Werkwelt, die uns heute umgibt und die nicht mehr das Göttlich-Geistige unmittelbar in sich trägt, noch der Ausdruck von Göttertaten, die Offenbarung der Wirksamkeit geistiger Wesen, wie wir das in anderer Weise bei den Kometen gefunden haben. Schon aus dieser Erwägung heraus können wir die neuen Sterne nicht einfach zu den «Veränderlichen» zählen, wie es heute in der Astronomie getan wird, nicht nur weil das periodische Element in ihrem Auftreten fehlt, sondern weil wir sie als von einer ganz anderen geistigen Beschaffenheit ansehen müssen. (Auch spektral-analytisch sind die neuen Sterne ganz eine Klasse für sich, sie haben ein so charakteristisches Spektrum, dass man heute sogar einige Sterne, die dieses Spektrum zeigen, als ehemalige Novae ansieht, obwohl ihr Aufleuchten nicht beobachtet worden ist.

Wir wollen zuerst dasjenige beschreiben, was die heutige Wissenschaft über das Phänomen der neuen Sterne zu sagen hat. Auch hier hat die Anwendung des Fernrohrs und der Himmelsphotographie Bedeutendes zu lehren gewusst. Man weiss dadurch, dass der Name «Neue Sterne» nicht ganz zutreffend ist (er wird auch von Rudolf Steiner vermieden), und dass der Ausdruck «temporäre Sterne» in der Tat die Sache besser trifft, trotzdem möchten wir das Impulshafte, das in dem Worte «neu» liegt, nicht aus dem Namen entbehren!

Vor der Erfindung des Fernrohrs kannte man schon einzelne Sterne, die plötzlich aufgeleuchtet, dann wiederum dem Blick entschwunden sind. Das Fernrohr ermöglichte es dann später, die Sterne auch nach ihrem Unsichtbarwerden noch einige Zeit zu verfolgen, so dass damit gezeigt war, dass sie jedenfalls nach ihrem Verschwinden für das blosse Auge noch weiter bestehen bleiben. Erst das 19. Jahrhundert hat vollen Aufschluss gebracht, was diese Seite des Phänomens betrifft: man hat nicht nur feststellen können, bis zu welcher (meist sehr geringen) Grösse sie nach ihrem Aufleuchten wieder herabsinken, um dann mit diesem Lichtgrade weiter – bisweilen unter merkwürdigen Begleiterscheinungen – fortzubestehen, sondern man hat vor allem durch die systematisch betriebene Photographie des ganzen Himmels die Gelegenheit gehabt, festzustellen, dass auf früher gemachten Aufnahmen einer Himmelsgegend, in der ein neuer Stern aufgetaucht ist, an genau derselben Stelle sich schon ein Sternchen befunden hatte, das zumeist ausserordentlich schwach, daher vielleicht gar nicht katalogisiert war, und das dann in der kurzen Zeit von einigen Tagen oder gar Stunden die Metamorphose zu einem helleuchtenden Gestirn durchgemacht hatte. Die grösste erreichte Helligkeit hat man bisweilen sogar mit negativen Vorzeichen andeuten müssen, da die Neuen die Sterne erster Grösse an Glanz weit übertreffen können, daher mit Grösse 0.5, –1, –2 usw. bezeichnet werden müssen. (Auch Sirius trägt übrigens die Grössenbezeichnung –1.6.) In diesem Sinne sind also solche Sterne wirklich keine «neuen», denn sie waren sowohl vorher wie nachher da. Einige Sterne sind allerdings nicht in der geschilderten Weise auf Platten gefunden worden, sie müssen wohl noch kleiner gewesen sein als die kleinste Grösse, die sich noch abbilden kann, vielleicht 16. bis 18. Grösse. Ob einzelne Sterne vorher überhaupt nicht «da waren», lässt sich selbstverständlich nicht entscheiden.

Um ein konkretes Besispiel anzuführen, nehmen wir den neuen Stern im Perseus vom Anfang dieses Jahrhunderts (Nova Persei 1901); er war, wie eben nachträglich gefunden werden konnte, vorher von der 13. bis 14. Grösse; 3 Tage vor dem Maximum war er noch von der 11. Grösse, wurde dann am 21. Februar als Stern der Grössenklasse 2½ entdeckt (rechts oberhalb von Algol), wobei er einige Stunden vorher noch unter der Sichtbarkeitsgrenze (6. Grösse) gewesen sein muss. Er kam dann in einigen Tagen bis zur Helligkeit der Wega, um darauf in den nächsten Monaten unter ziemlich heftigen Helligkeitsschwankungen wieder unter die Sichtbarkeitsgrenze zu sinken. Diesen Teil seiner Laufbahn zeigt *Zeichnung 74* (nach Karl Schiller). Man sieht gleichsam die mächtige Wirkung im plötzlichen Aufflammen, dann das nachzitternde Sich-Abdämpfen, wenn der Impuls aus der astralischen Welt aufhört zu wirken.

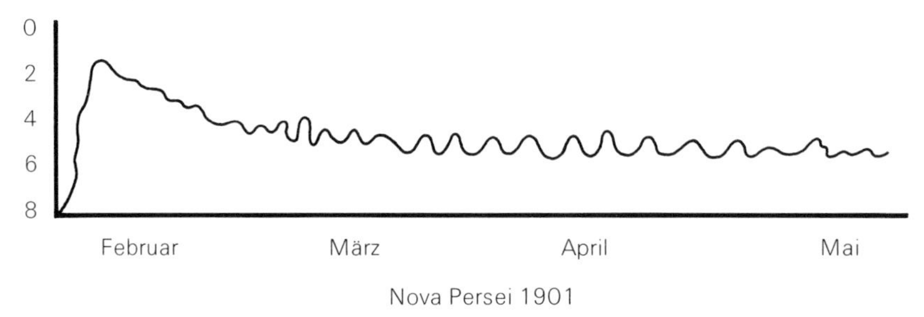

Nova Persei 1901

Zeichnung 74

Das Weitere, was dann eintrat, hat sich seitdem bei mehreren neuen Sternen gezeigt, nämlich ein Auftreten von Nebelmassen, die vorher nicht gesehen worden waren, in der unmittelbaren Umgebung, Nebelwolken und -streifen, die sich zu einer Art Spirale formten und rasch wandelten, so dass der neue Stern wie das Zentrum eines ausgedehnten und komplizierten Feldes von Nebelringen, Spiralnebeln usw. wurde. Wir können dieses Phänomen zunächst nur verzeichnen und möchten auf die wissenschaftlichen Erklärungen nur wenig eingehen. Wir haben ja immer wieder ausgeführt, dass die wirklich herrschende kosmische Gesetzmässigkeit keine physikalische ist. Im Weltall lebt das Ätherische, das Astralische und darüber hinaus die «Geistselbstigkeit». Gerade dieses höhere Glied des Kosmos beteiligt sich, könnte man sagen, an dem Zustandekommen von den Phänomenen der neuen Sterne. Es können dabei die gebräuchlichen wissenschaftlichen Erklärungen, die alle von einem physischen Kausalitätsbegriff ausgehen, nichts als einen trostlosen Materialismus zuwege bringen. In dieser Auffassung wären die neuen Sterne selber das Ergebnis entweder einer Kollision oder einer Eruption, das heisst, sie haben entweder eine äussere oder eine innere Ursache. Die Kollisionen sind entweder solche zwischen zwei (möglichst erstorbenen) Sternen oder zwischen einem schon ziemlich abgekühlten Stern mit einer kosmischen Staubmasse, wobei der «Staub» nicht bloss irdische Dimensionen zu haben braucht. Die Eruption entsteht, nach einer anderen Theorie, durch das gewaltsame Hervorbrechen von inneren Glutmassen durch die schon zur Schlackenkruste erkaltete Oberfläche des Gestirns. (Man wird unwillkürlich an irdische Kohlenfeuer erinnert.) Auch die Nebelwolken, die um neue Sterne herum auftreten können, sollen entweder schon vorhandene, nur durch das Licht des neuen Sterns beleuchtete dunkle Nebel sein, oder aber die Nebelmaterie sei von dem neuen Stern selber ausgegangen usw. Wir sind hier einfach an einem von denjenigen Punkten, wo jede nicht-spirituelle Erklärung versagen muss.

Über die Gegend, in der die neuen Sterne am meisten erscheinen, lässt sich mit Bestimmtheit sagen, dass sie fast immer in der Nähe der Milchstrasse gefunden werden[152]. Auch in der Milchstrasse selber erscheinen sie häufig und auch da wieder in den sternenreichsten Gegenden wie im Schwan oder im Schützen, auch der Skorpion hat mehrere neue Sterne gesehen. Es sind eigentlich im wesentlichen nur zwei Ausnahmen bekannt von Sternen, die weit ausserhalb der Milchstrasse erschienen sind, der eine in der nördlichen Krone (1866); der andere (1925) – fast am anderen Pol der Milchstrasse – ist auf der südlichen Erdhälfte entflammt, was an sich schon eine Seltenheit darstellt. Wir werden beide später noch schildern.

Wichtig und zugleich interessant an den neuen Sternen ist ihre Geschichte. Es zeigt sich, dass sie in früheren Zeiten tatsächlich starke Impulse abgegeben haben, die – abgesehen von dem, was sie sonst noch geistig bedeuten – auf die astronomische Wissenschaft förderlich eingewirkt haben. Wir erfahren mit Gewissheit von einem neuen Stern, der 134 v. Chr. beobachtet wurde, und zwar sowohl aus chinesischen Quellen, als auch von dem schon öfter erwähnten griechischen Astronomen Hipparch, bei diesem zwar nicht direkt – seine Schriften sind fast alle verloren gegangen –, sondern durch den Naturforscher Plinius den Jüngeren. Seine Mitteilung lautet etwa folgendermassen:

«Hipparch ist niemals seiner Bedeutung entsprechend geschätzt worden, denn er, mehr als irgend einer, hat dazu beigetragen, die Beziehungen des Menschen zur Sternenwelt festzustellen und hat bewiesen, dass unsere Seelen Anteil haben am Firmament. Er hat einen anderen, zu seiner Zeit erscheinenden Stern entdeckt und wurde durch dessen Bewegungen zur Frage veranlasst, ob sich dieses Phänomen häufiger ereigne und auch die von uns für angeheftet gehaltenen Sterne sich nicht in Wirklichkeit bewegten. Und so wurde er dazu geführt, ein Werk zu unternehmen, das einem Gotte tollkühn erscheinen könnte, nämlich die Sterne im Hinblick auf die Nachwelt zu zählen; er gab allen Namen und erfand Werkzeuge, um den Ort und die Grösse jedes einzelnen Sternes zu kennzeichnen. Dies tat er, damit leicht festgestellt werden könne, nicht nur ob sie verschwänden und entstünden, sondern auch ob sie zu- und abnähmen, oder ihren Ort verändern. Er hinterliess dergestalt die Himmel als geistige Erbschaft für alle Menschen, die fähig sein würden, ihren Nutzen daraus zu ziehen.»

So wurde der neue Stern Anlass dazu, dass der erste Sternkatalog gemacht wurde, der wiederum dazu führte – durch Vergleich mit früheren Beobachtungen –, dass Hipparch die Präzession des Frühlingspunktes als wissenschaftliche Tatsache entdeckte. So abstrakt und trostlos ein solches Sternenverzeichnis, das die Örter und die Helligkeit der Sterne angibt, erscheinen mag, für die Erforschung des Sternhimmels – im Gegensatz zu den Planeten, auf welche die Aufmerksamkeit damals am meisten gerichtet war – hat dieser Katalog, auf dem dann Ptolemäus wiederum den seinen gebaut hat, viel beigetragen.

Nach den chinesischen Angaben muss es sich um einen Stern im Skorpion gehandelt haben, ob dies aber derselbe Stern ist, den Hipparch gesehen hat, lässt sich nicht mehr mit Sicherheit feststellen.

Wir finden nun mehrere neue Sterne sowohl im 4. wie im 9. Jahrhundert erwähnt; es scheint überhaupt so, als ob diese Erscheinungen zu gewissen Zeiten sich häufen – da, wo «die Götter hereinwirken wollen aus der astralischen in die ätherische Welt» –, dann wieder viel seltener sind. Aus dem ganzen Mittelalter erfahren wir kaum von einer Nova – ausser durch die Chinesen. Es mag wohl auch der für das Mittelalter im Abendlande charakteristische Mangel an Beobachtungssinn sein, durch den die neuen Sterne der Wahrnehmung entgingen. Man rechnete viel, berechnete namentlich die Planetenbahnen, nach alten oder verbesserten ptolemäischen Tabellen, aber man beobachtete wenig, ob das Rechnungsergebnis auch mit der Wirklichkeit übereinstimmte. Das gilt im Grunde noch für Kopernikus. Und so finden wir, dass es wiederum eines neuen Sternes bedurfte, um die Liebe zum Beobachten anzufachen.

Es war der berühmte neue Stern in Cassiopeia *(Zeichnung 75)*, der 1572 von Tycho Brahe gesehen wurde [er wird heute als Supernova anerkannt]. Tycho hatte von seiner Jugend auf einen starken Trieb zur Astronomie, doch galt diese Wissenschaft damals nicht als eine Beschäftigung, eines Edelmannes würdig. So wäre er leicht in andere Bahnen gekommen. Da sah er, 25jährig, einen strahlend hellen, neuen Stern. Man kann sagen, dass dieser Stern ihn zum Astronomen gemacht hat, ja dass davon die ganze neuere Astronomie, insofern sie auf Beobachtung beruht, ausgegangen ist. Tycho schrieb eine Abhandlung über seine Wahrnehmungen, doch hielt ihn wiederum der Stolz davor zurück, das Werk drucken zu lassen, denn auch dieses geziemte nicht einem Edelmann. Erst sein Ärger über die Torheiten, die andere über den Stern schrieben, brachte ihn dazu, das Buch herausgeben zu lassen. Er wurde bekannt, und einige Jahre später erhielt er vom König die Insel Hveen, auf der er sein Schloss Uranienborg baute, das zugleich Observatorium und Hochschule für praktische Astronomie war. Gelehrte und junge Leute kamen von überall her und lernten die Beobachtungskunst nebst manchem anderen. Tycho lebte noch vor der Erfindung des Fernrohres. Seine Instrumente waren im wesentlichen nicht sehr verschieden von denjenigen, mit welchen zum Beispiel ein Ptolemäus gearbeitet hatte. Gerade deshalb vielleicht konnte er die Beobachtungsgabe ausbilden, die so sehr verloren gegangen war: durch Wochen, Monate und Jahre hindurch die Planetenbahnen zu verfolgen, die Sterne einzeln zu verzeichnen. Er verfertigte, eben durch den Stern von 1572 angeregt, einen neuen Sternkatalog. Er ist in dieser Hinsicht, trotzdem man sein «System» so gänzlich hat fallen lassen, der eigentliche Vater der modernen Astronomie geworden.

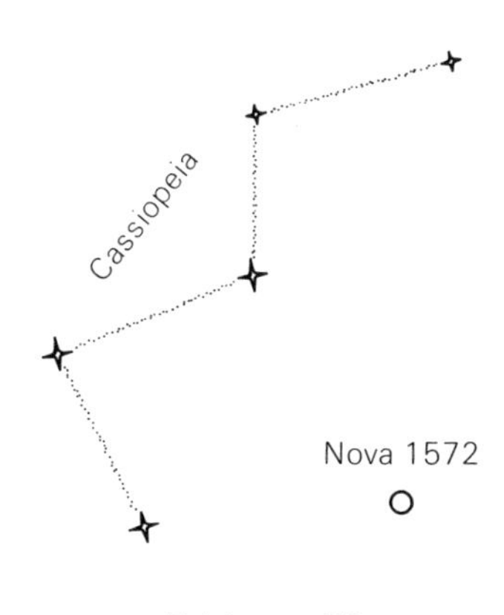

Zeichnung 75

Es ist ausserordentlich interessant, zu erfahren, was Tycho über den neuen Stern gesagt hat. Er hatte auch eine durchaus astrologisch-spirituelle Anschauung darüber. Der Stern, so meinte er, sei nicht mit gewöhnlichem Masstab zu messen; wichtig sei seine Lage auf dem Frühlingskolur (das ist der Kreis durch Frühlings- und Herbstpunkt, senkrecht zum Äquator), wodurch er eigentlich «im Osten» erschienen sei gleich dem Stern von Bethlehem und – astrologisch – zum Widder gehöre. Zuerst habe er der

Venus und dem Jupiter ähnlich gesehen und sei freundlicher Natur gewesen, dann wurde er rot wie Mars und der Bringer von Kriegen in ganz Europa (die schreckliche Bartholomäusnacht am 1. April 1572 war noch in aller Erinnerung); zuletzt sah er dem Saturn ähnlich, grau und bleiern. (Diese Entwicklung von hellweissen zu rötlichen und bläulichen Farben ist auch für andere Novae charakteristisch.) Erst 1592, so meinte Tycho, würde der Stern wirksam werden im Schicksal derjenigen Menschen, die 1572 geboren waren. Er kündige das Ende des «grossen Trigons» an, das um die Jahrhundertwende erfolgen sollte.

An dieser Stelle werden wir uns eine kleine Abschweifung gestatten, um die auch geisteswissenschaftlich so bedeutsame Erscheinung der sogenannten Trigonperioden etwas zu erläutern. Es handelt sich dabei um die Konjunktionen von Jupiter und Saturn, die, infolge der Langsamkeit dieser Planeten, nur alle 20 Jahre stattfinden. Man nannte diese astrologisch immer die «grosse Konjunktion», und Rudolf Steiner spricht einmal davon, dass diese Konjunktionen Renaissanceperioden bedeuten. Selbstverständlich tritt eine «Renaissance» nicht alle 20 Jahre ein, sondern hier spielt eben die «Trigonperiode» eine Rolle. Die Konjunktionen verlaufen nämlich nach einer merkwürdigen Gesetzmässigkeit. Wie man wissen wird, wurde der Tierkreis von altersher in 4 Dreiecke (3 mal 4 Zeichen) eingeteilt, die nacheinander den 4 Elementen Feuer, Wasser, Luft, Erde zugeschrieben werden. (Im Sinne der anthroposophischen Ätherlehre würden wir heute sagen: Wärme-, Licht-, chemischer und Lebensäther, siehe Guenther Wachsmuth «Die ätherische Welt in Wissenschaft, Kunst und Religion»[153].) Drei solcher zusammengehörenden Zeichen bilden ein «Trigon», zum Beispiel Widder, Löwe, Schütze gehören zum feurigen Trigon, Fische, Krebs, Skorpion zum wässrigen usw. Die aufeinanderfolgenden Konjunktionen des Jupiter mit dem Saturn verlaufen nun so, dass sie nacheinander in einem der Zeichen eines bestimmten Trigons eintreten, aber gegen die Richtung des Tierkreises, also zum Beispiel – mit je 20 Jahren Unterschied – im Skorpion, Krebs, Fischen, Skorpion, Krebs etc. Zugleich aber rücken die Punkte, in denen die Konjunktion stattfindet, in den Zeichen selber etwas im Tierkreis vorwärts, so dass nach mehreren solcher Umläufe das Trigon verlassen wird und die Saturn-Jupiter-Verbindungen nun in dem nächsten Trigon stattfinden *(Zeichnung 76)*. Eine solche Periode dauert genau 200 Jahre. In 4 mal 200 oder 800 Jahren wird so der ganze Tierkreis durchlaufen, sämtliche «Elemente» – wir können auch sagen: die 4 Ätherarten – haben ihren Stempel auf die Erscheinung gedrückt. In diesen 800 Jahren können wir eine von denjenigen Epochen sehen, von denen Rudolf Steiner in der Einleitung zu den «Rätseln der Phi-

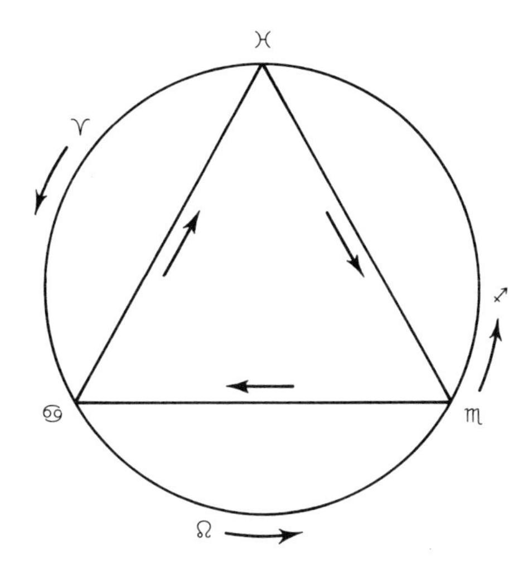

Zeichnung 76

losophie»[26] und auch sonst in Vorträgen gesprochen hat als charakteristisch für den «Entwicklungsverlauf des philosophischen Menschheitsstrebens»: vom 8. Jahrhundert v. Chr. bis zum Mysterium von Golgatha, von da bis 800 n. Chr., von 800 bis 1600; um 1600 fing ein «feuriges» Trigon an, gefolgt seit 1800 von einem «irdischen», in dem wir noch darinnen sind und das bis zum Jahre 2000 dauern wird. (Die letzte Saturn-Jupiterkonjunktion war 1921 im Zeichen der Jungfrau, die nächste wird in der 2. Hälfte von 1940 im Zeichen des Stieres sein; Im Jahre 2000 die letzte «erdige» Konjunktion wiederum im Stier[154].)

Es handelt sich hier immer um die Zeichen, nicht um die Sternbilder, es ist gleichsam ein ätherisches Element, das hier bestimmend zum astralischen Zusammentreffen von Saturn und Jupiter dazukommt.

Der Abschluss des wässrigen Trigons, dem Tycho Brahe entgegensah und für den ihm der neue Stern ein Vorbote zu sein schien, war 1583 in den Fischen, genau zu jener Zeit, da Galilei als 19jähriger Jüngling im Dom zu Pisa die Lampe schwingen sah, an der er die Pendelgesetze fand. 1603 begann das feurige Trigon im Zeichen des Schützen. Diese Jahrhundertwende war für die Geschichte der Astronomie ausserordentlich schicksalbildend, und der Himmel hat zu jener Zeit mit Zeichen nicht gekargt.

Tycho Brahes neuer Stern war schon 1574 unsichtbar geworden. 1596 wurde der erste veränderliche Stern, die Mira Ceti, von einem ehemaligen

Tycho-Schüler bemerkt. Am 18. August 1600 erschien im Schwan ein neuer Stern 3. Grösse, über den Kepler – Tychos Mitarbeiter aus seinen letzten Tagen – einen Bericht geschrieben hat. Dieser Stern hat sich allerdings im Laufe der Jahrhunderte, die seitdem verflossen sind, anders benommen, als dies sonst neue Sterne zu tun pflegen. – Am 17. Februar desselben Jahres war Giordano Bruno, der Dichter und Lobpreiser der kopernikanischen Weltanschauung, in Rom öffentlich verbrannt worden. 1601 starb Tycho Brahe in Prag, von 1602 ab bearbeitet Kepler Tychos langjährige, nachgelassene Beobachtungen über den Planeten Mars und findet daraus seine berühmten Gesetze. 1603 wird die Academia dei Lincei («Akademie der Luchsäugigen») in Rom gegründet, zu der auch später Galilei gehörte, die erste Akademie im modern-wissenschaftlichen Sinne, von der ausserordentlich viel für die experimentelle Naturwissenschaft ausgegangen ist. Am 30. November 1603 begann das feurige Trigon mit einer Konjunktion von Jupiter und Saturn im Schützen. Ein Jahr später, am 9. Oktober 1604 wird wiederum ein neuer Stern gesehen, diesmal im Schlangenträger, zwischen Skorpion und Schütze, gleichsam in der Marsgegend des Tierkreises, nicht weit von Jupiter und Saturn, die sich noch von ihrer Konjunktion im letzten Jahre her in dieser Gegend befanden, während auch Mars selber im Schützen stand *(Zeichnung 77)*. Es ist zu bemerken, dass die Konjunktion 1603 im Zeichen des Schützen, also im Sternbild

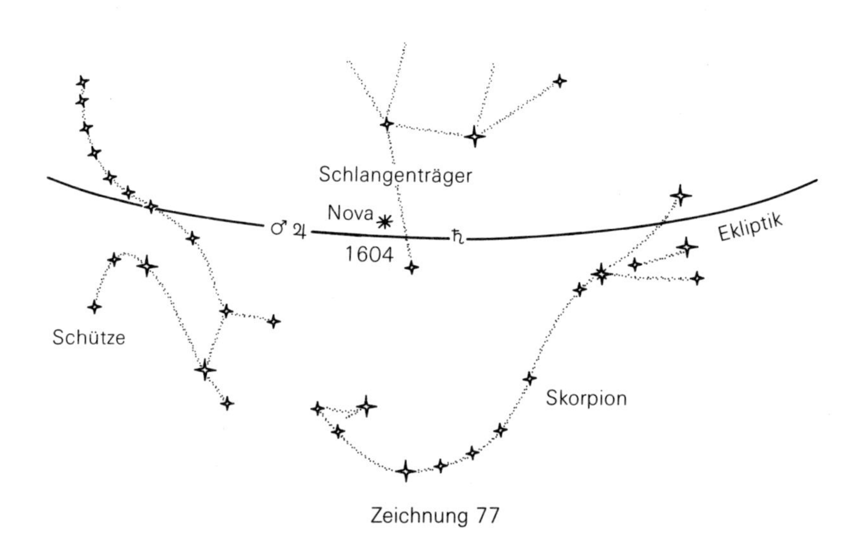

Zeichnung 77

des Skorpion stattfand. Saturn ist jetzt 1604 noch am Ende des Skorpion, Jupiter im Schützen befindlich, wie auf *Zeichnung 77* ersichtlich. Es ist derselbe welthistorische Augenblick, von dem Rudolf Steiner gesprochen hat, da der Buddha die Erdenaura verliess, um sich, auf das Geheiss des Christian Rosenkreuz, auf den Mars zu begeben, um dort inmitten einer kriegerischen, in die Dekadenz geratenden Bevölkerung – wenn man solch irdischen Ausdruck gebrauchen darf – sein Evangelium von Mitleid und Liebe zu verwirklichen[155].

1606 wurde das Prinzip des Fernrohrs entdeckt, das Galilei 1609 verwirklichte und damit zu der von Tycho Brahe inaugurierten Beobachtungskunst die Entdeckungen innerhalb der Planetenwelt hinzufügte, die zunächst das kopernikanische System ganz zu bestätigen schienen.

Zu gleicher Zeit aber tobte ein Kampf der Geister, angefacht durch den neuen Stern von 1604; und man kann sagen, dass er das Ende der aristotelischen Vorherrschaft auf dem Gebiete der Naturwissenschaften, die fast 2000 Jahre bestanden hatte, endgültig herbeiführte.

Aristoteles hatte, wie wir schon einmal bemerkten, die ewige Unwandelbarkeit der kosmischen Dinge gelehrt, wie er zum Beispiel in seinem Werk «Vom Himmel» sagt: «Dieser erste aller Körper ist ewig, hat weder Zu- noch Abnahme, geschützt gegen Alter, Verfall und jegliche Wandlung» (I, 3. Kap.). «Die jenseitigen Dinge können nicht alt werden und es ist gar keine Veränderung möglich bei irgend etwas, das sich daselbst befindet. Die unwandelbaren und ewigen Dinge behalten während der ganzen Dauer der Ewigkeit das vollkommenste Dasein und die vollkommenste Unabhängigkeit» (I, 9. Kap.).

Daraus schlossen die damaligen Aristoteliker, dass ein neuer Stern eben kein Stern sein könne, sondern höchstens ein Komet oder sonst eine Erscheinung aus der Welt «unter dem Monde», wo die Wandelbarkeit, die ewige Umwandlung zu Hause ist. (Eigentümlicherweise scheint Hipparch, der mit der Alexandrinischen Schule in enger Verbindung stand, sich bei der Betrachtung seiner Nova *nicht* durch die aristotelische Lehre behindert gefühlt zu haben.)

Auch Tycho hatte seine Beobachtungen von dem neuen Stern ganz auf diese Frage abgestellt: Zeigt er, wissenschaftlich gesprochen, wirklich eine deutliche tägliche Parallaxe – das ist so etwas wie eine Perspektive –, wodurch er infolge der Tagesbewegung bald höher, bald tiefer im Vergleich zu den Fixsternen stehen würde? Fast alle beobachtenden Astronomen zu Tychos Zeit suchten nach möglichst grossen Parallaxen, damit der «Stern» nur ja erdennah, also sublunarisch sein sollte. Und sie fanden diese auch zumeist ihrem Wunsch gemäss. Nur Tycho blieb dabei, dass seine Beobachtungen ihm keine Parallaxe zeigten, dass das neue Himmelsgebilde daher hinter Mond, Sonne und Planeten bei den Sternen zu suchen sei. (Auch Kepler führt ähnliches aus in seiner Schrift «Über den neuen Stern im Fusse des Schlangenträgers».) Galilei hatte ganz den gleichen Streit auszukämpfen. Er hat ihn in seinem «Dialog über die Weltsysteme» höchst anschaulich geschildert. Zuletzt siegte natürlich das wirklich Beobachtete über das theoretische Gespinst der stehengebliebenen «Peripatetiker», die nicht verstanden hatten, ihres Meisters Methoden auch dem neuen Zeitgeist entsprechend fortzubilden.

Es folgte dann wiederum eine auffallend Nova-arme Periode. Das 19. Jahrhundert brachte erst wiederum mehrere neue Sterne – der erste war im Frühjahr 1848 –, aber jetzt fing neben dem Fernrohr auch die Photographie an, ihre Dienste zu leisten, so dass jetzt neue Sterne gefunden werden, die überhaupt nicht zur äusseren Sichtbarkeit gelangen, sondern in ihrem Maximum vielleicht nur die 10. oder 12. Grösse erreichen. Wir haben den Modus dieser Sternentdeckungen schon am Anfang geschildert.

Als ein solch kleiner, aber bedeutsamer Stern wurde so am 21. Mai 1860 einer im Skorpion gefunden, der am 18. Mai noch überhaupt nicht vorhanden war. Er hatte die bei neuen Sternen jetzt öfter konstatierte Eigentümlichkeit, in einem Nebelfleck zu erscheinen. Er kam bis zur 7. Grösse, nahm schnell wieder ab und ist seither ebenfalls verschwunden. Eine Seltenheit unter den neuen Sternen.

1866, am 12. Mai, erschien dagegen ein sehr stark aufleuchtender Stern in der Nördlichen Krone, der in 4½ Stunden von der 5. bis zur 2. Grösse zugenommen hat! Schon 2 Stunden später fing er wiederum an, abzunehmen, wenn auch sehr langsam, Er ist jetzt von der 10. Grösse.

Von den weiteren wollen wir nur die schon geschilderte Nova Persei vom Februar 1901 hervorheben und die Nova Aquilae (der Neue im Adler) vom Juni 1918. Wenn wir an das auf Seite 285 und 287 wie auch am Beginne des vorliegenden Rundschreibens Gesagte denken, werden wir es verständlich finden, wenn Rudolf Steiner diese Sterne auch mit dem Erscheinen von bedeutenden Menschenindividualitäten auf Erden in Beziehung gebracht hat. Es handelt sich da tatsächlich um eine Wirkung, die zu einer bestimmten Zeit des vorgeburtlichen Daseins aus der astralischen Welt in die ätherische Welt hinein stattfinden muss.

Höchst merkwürdig war der Entwicklungsverlauf des letzten Sternes, der zu einer stark sichtbaren Helligkeit aufgeleuchtet ist, und der zuerst am 25. Mai 1925 gesehen wurde. Er erschien in einem Sternbild der südlichen Erdhälfte, das den Namen trägt: die Staffelei des Malers. (Der Stern heisst daher: Nova Pictoris.) Er hat dadurch eine Lage, die ganz einzigartig ist in der Chronik der Novae, denn diese pflegen, wie gesagt, zumeist in oder in der Nähe der Milchstrasse zu erscheinen, während dieser Stern eher in der Nähe des südlichen Milchstrassenpoles liegt. Da der sternenreiche südliche Himmel nicht so andauernd beobachtet wird wie der nördliche, konnte die Erscheinung des Sternes längere Zeit unbemerkt bleiben. Jedenfalls hat man nachträglich gefunden, dass er auf älteren Platten als Stern 13. Grösse figuriert, dass er am 13. April 1925 schon 3. Grösse war, also schon gut sichtbar geworden war, so dass er im Gegensatz zu den vorher erwähnten Sternen eine sehr langsame Zunahme gehabt hat und vielleicht Anfang April in den Sichtbarkeitsbereich eingetreten ist. Am 9. Juni desselben Jahres war er fast 1. Grösse, nahm dann langsam wieder ab bis zu 9. Grösse.

Im Januar 1926 sah man ihn von einem stark rötlichen Aureol, gleich einer Sonnenprotuberanze, umgeben. Im März 1928 zeigte er sich plötzlich als Doppelstern, er hatte sich gespalten – ein für neue Sterne bis jetzt unbekanntes Phänomen, das sogar die Astronomen der nördlichen Erdhälfte ihren Kollegen von der Südseite, die es beobachtet hatten, zuerst gar nicht glauben wollten. Man sprach dann viel von ungeahnten Weltkatastrophen und erinnerte an die Fabel von dem Frosch, der sich zum Ochsen aufblähen wollte und dann zerplatzte – indem man nämlich auf Grund des Spektrums annehmen musste, der Stern sei nicht eigentlich heisser geworden, seine ungeheure Helligkeitszunahme (50 000 mal, nach einer Berechnung) könne nur einer wirklichen Oberflächenvergrösserung zugeschrieben werden, die dem Stern eben zum Verhängnis geworden sei. Doch brauchen uns diese materialistischen Erklärungen nicht zu beirren. – Zugleich umgab der Stern sich mit Nebeln, wie es auch sonst vorkommt, so dass er eine Weile das Schauspiel von zwei roten Sternen, durch Nebelschleier umgeben, darbot, Bald danach spaltete er sich sogar nochmals, und es gab dann vier Sterne, einen helleren in der Mitte, drei kleinere rings herum, alle von weisslicher Farbe und in einen rosigen Nebel getaucht. Es soll, nach Aussagen der verhältnismässig wenigen Astronomen, die ihn beobachten konnten, ein wunderbares Schauspiel gewesen sein. Um die einzelnen Sterne haben sich dann Ringe gebildet. Mit der Zeit sind die einzelnen Teile noch weiter auseinander gerückt.

So haben wir hier wenigstens einige Phänomene anführen können, die zunächst nicht viel mehr für uns sind als die Buchstaben einer noch sehr verborgenen Schrift. Doch ist es jedenfalls besser, die Buchstaben zunächst so zu betrachten, als über sie in materialistischer oder anderer Auffassung zu spekulieren.

Wir sind mit der Betrachtung der Sternenwelt zu einem gewissen Abschluss gekommen. Es hat sich gezeigt, dass gerade für die Sternenwelt die spirituelle Anschauungsweise eine absolute Notwendigkeit ist. Man ist da eben an einem derjenigen Punkte, wo man ohne eine Berücksichtigung des Geistigen, und zwar des konkret Geistig-Wesenhaften, überhaupt nicht zu einer brauchbaren Vorstellung gelangen kann. Alles Weitere muss sich dann auf dieser Grundlage aufbauen. Nur so kann die Astronomie allmählich in die Spiritualität zurückgeführt werden.

Über das kopernikanische System

9. Rundschreiben III, Mai 1930

Das moderne Weltbild, insofern es aus der Astronomie hervorgeht, hat sich uns dargestellt als ein aus der irdischen Physik und Mechanik geborenes, in dem keine Aussicht auf ein geistiges Walten vorhanden ist. Es lebt dieses Weltbild unbewusst eigentlich in allen heutigen Seelen, es hat sich durch die jahrhundertelange autoritative Stellung der Wissenschaft dort festsetzen können. Wir können als einen charakteristischen Ausdruck dieses Weltbildes die Worte von A.S. Eddington anführen, mit denen der Abschnitt über Astronomie – von Agnes Clerke – in der Encyclopedia Britannica eingeleitet wird:

«Die Erde, auf der wir leben, ist der fünftgrösste Planet eines der kleineren Sterne. Vielleicht ist es heute weniger notwendig als früher, gerade die Kleinheit unseres Planeten ausdrücklich zu betonen. Wissenschaftliche Entdeckungen und die grössere Bequemlichkeit im Reisen scheinen die verschiedenen Teile der Erde näher zu einander gerückt zu haben, und wir hegen heutzutage nicht mehr eine übertriebene Vorstellung von ihrer Ausdehnung. Aber erst, wenn wir zu dem Himmelsgewölbe aufschauen, kommt uns die Unbedeutendheit unserer Erde im ganzen System des materiellen Weltalls so recht zum Bewusstsein. Unser Blick durchdringt Räume hinter Räumen, die uns eine Welt nach der andern von unvorstellbarer Grösse offenbaren, aber auch der grösste dieser Weltenkörper ist doch nur wie ein Stäubchen in der gewaltigen Leere, die sich dazwischen ausdehnt . . .»

Es wird hier ausdrücklich von der Nichtigkeit unserer Erde im *materiellen* Weltenplan gesprochen, und man könnte sagen, dass damit die geistige Grösse der Erde ja unangetastet bleibe. Wir wissen, dass Rudolf Steiner oft davon gesprochen hat, dass die Erde trotz ihrer relativen Kleinheit der Schauplatz des Christuslebens hat sein können, und dass diese Tatsache für das christliche Gefühl eigentlich noch dadurch besonders betont wird, dass die Geburt nicht in einem Palast, sondern in einem Stalle stattfindet. Aber auch, wenn man in dieser Weise geneigt wäre, die Erde als den «fünftgrössten Planeten zu einem der kleineren Sterne» (damit ist unsere Sonne gemeint) hinzunehmen, bleibt die andere Vorstellung von der gähnenden Leere, in der nur wie einzelne Stäubchen, durch unfassbare Entfernungen voneinander getrennt, die Himmelskörper verloren schwimmen. «Wie einige wenige Erbsen, auf dem Ozean verstreut», so wären die Sterne im Weltall zu finden, wobei anstelle des wasserwogenden Ozeans eben das Nichts, höchstens der hypothetische, heute eigentlich schon wieder halbwegs abgeschaffte Weltenäther zu denken wäre.

Dieses Bild mit seiner Geistverlassenheit ist erst einige Jahrhunderte alt. Wir müssen uns doch der Mühe unterziehen, zu sehen, wie es zustande gekommen ist, auf welchen Voraussetzungen es beruht, sonst kann man es nicht innerlich überwinden. Es spielen da welthistorische Notwendigkeiten wie das Heraufkommen des kopernikanischen Systems, mit den Mängeln und Missverständnissen dieses Systems, ineinander. An einem ganz dünnen Faden hängt schliesslich all das, was da als Lichtjahre, als Sternentfernungen herausgerechnet und mit so grosser Sicherheit als eine Realität verkündet wird.

Das kopernikanische System löste das ptolemäische ab. Das Wesentliche dabei für die Entwicklung der Menschheit ist der *geistige* Unterschied, der eine Bewusstseinsveränderung hervorruft, nicht der innere «Wahrheitsgehalt» der beiden Systeme. Auf diese weltgeschichtliche Tatsache hat Rudolf Steiner immer wieder hingewiesen.

Wir verweisen für eine Schilderung des ptolemäischen Systems auf das 6. Rundschreiben des I. Jahrgangs. Über seine geistige Grundlage sagt Rudolf Steiner im Torquay-Zyklus «Das Initiaten-Bewusstsein»[29], dass es, von der Mondensphäre aus gesehen, richtig ist, während Kopernikus nur von der Erdensphäre aus sein System begründet hat. Das ptolemäische System ist die geometrische Abstraktion einer geistigen Realität.

Zur Zeit des Kopernikus war das ptolemäische System noch immer ganz unbestritten. Kopernikus sah seine Mängel, hegte Zweifel – und fand, wie er selber erzählte, bei den Autoren des klassischen Altertums, Cicero, vor allem aber Plutarch, dass ein System der Erdbewegung schon früher, namentlich von den Pythagoräern gelehrt worden war. Denn das war das grosse Wagnis: die *Erde* sich in Bewegung zu denken, sie aus dem Mittelpunkt der Welt zu rücken. Es spielten da sowohl die historische Weltenstunde, die dieses Wagnis von dem Menschengeist forderte, wie auch das Schicksal des Kopernikus – sein Karma aus der alten Ägypterzeit sowohl wie sein innerer Zusammenhang mit Nicolaus Cusanus – mit, doch wollen wir für diesmal nicht näher darauf eingehen[156]. Für das Empfinden der unmittelbar auf Kopernikus folgenden Zeit war sein System so etwas wie eine Befreiung aus kosmischen Banden. Dieses darf ebenso gesagt werden, wie andererseits, dass es eine ungeheure Verödung in das Menschheitsbewusstsein gebracht hat. Die Gewohnheit, die Planeten als blosse rollende Kugeln anzusehen, ohne irgendeine waltende «planetarische

Intelligenz», ist dadurch in der Menschheit heranerzogen worden. Vor allem aber sind die gewaltigen Sternentfernungen, die ungeheure Leerheit des Weltalls zu einer Denkgewohnheit geworden. Man kann zwar sagen, dass dieses nicht so sehr an Kopernikus selber als an denjenigen liegt, die nach ihm gekommen sind. Um dieses zu erkennen, müssen wir das kopernikanische System einmal genauer ansehen, insbesondere die merkwürdige, von Rudolf Steiner immer wieder hervorgehobene «dritte Bewegung»[31] (2. Vortrag).

Als *erste Bewegung* gibt Kopernikus in seinem berühmten Werk «Über die Kreisbewegungen der Weltkörper» (übersetzt von Menzzer 1879) bekanntlich die Drehung der Erde um ihre Achse im Laufe von 24 Stunden, von West nach Ost verlaufend. Als *zweite* die jährliche Umwälzung um die Sonne ebenfalls vom Westen nach Osten (wie die anderen Planeten, wenn sie rechtläufig sind). Bei dieser Bewegung kommt nun die Frage auf, wie sich die Erdachse dabei verhalte. Solange die Erde stillstehend gedacht wird, ist es selbstverständlich, dass die Achse unveränderlich nach dem himmlischen Nordpol gerichtet bleibt. (Ganz stillstehend war sie allerdings auch im ptolemäischen System nicht, da dieses ja schon die Präzession des Frühlingspunktes kannte, die auch als eine Drehung der Erdachse aufzufassen ist (siehe 11. Rundschreiben II). Bewegt sich nun die Erde selber, so kann ihre Achse dabei auch in verschiedener Weise sich stellen und wenden. Kopernikus hatte nun den schönen Gedanken, dass die Erde bei ihrer Bewegung um die Sonne sich eigentlich ganz nach dieser richten müsse, so wie der Mond es in bezug auf die Erde tut. Nicht dass die Erde der Sonne immer dieselbe Seite zuwendet, wie das beim Monde für die Erde der Fall ist –, dass das nicht geschieht, dafür sorgt ja die tägliche Umdrehung, aber im Jahreslauf, meinte er, müsse die Achse eigentlich immer in die Richtung zur Sonne hingeneigt sein. Sie würde «der Bewegung des Mittelpunktes folgen», wie er sagt, das heisst, einen ebensolchen Kreis um die Sonne beschreiben wie die Erde, beziehungsweise ihr Mittelpunkt selber. Das ist in *Zeichnung 78* wiedergegeben. Da ist der Kreis, den die Erde um die Sonne beschreibt, die Ebene der Ekliptik («der Kreis, welcher durch die Mitte der Zeichen geht» nennt ihn Kopernikus) stark perspektivisch als Ellipse gezeichnet, mit der Andeutung der Erdachse in 4 Stellungen, die mit den 4 Hauptpunkten des Jahres, Sommer, Herbst, Winter, Frühling, übereinstimmen mögen. Der Pfeil deutet auf die Umlaufsrichtung der Erde um die Sonne. Die Achse würde immer nach einem bestimmten Punkt am Himmel weisen, da wo der Polarstern ist.

Kopernikus war sich aber bewusst, dass es auf diese Weise nicht geht: «Weil, wenn sie (die Erdachse und mit ihr der Äquator) in unveränderlicher

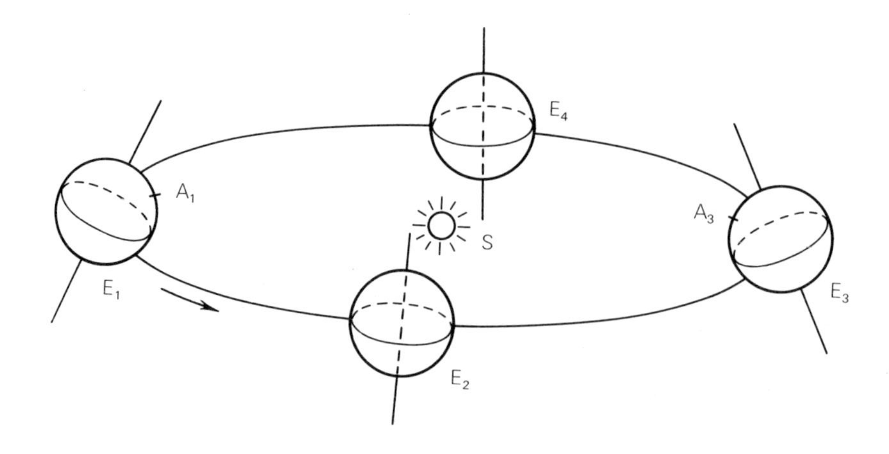

Zeichnung 78 (schematisch)

Neigung verharrten und nur der Bewegung des Mittelpunktes einfach folgten, keine Ungleichheit der Tage und Nächte erscheinen würde, sondern immer entweder Solstitium, oder der kürzeste Tag, oder Nachtgleiche, entweder Sommer, oder Winter, oder was sonst für eine und dieselbe sich gleiche Jahreszeit stattfinden müsste»[157], da ein Punkt A auf der Erde, der in der Stellung 1 – die der Sommersonnenwende entsprechen mag – der Sonne zugekehrt ist, ebenso A3 (Wintersonnenwende) der Sonne zugekehrt sein würde (wobei von der täglichen Erddrehung abgesehen ist) und also das ganze Jahr hindurch, was Tages- und Nachtlängen und Jahreszeiten betrifft, in demselben Verhältnis zur Sonne stehen würde.

Da dieses nicht sein kann, Kopernikus aber durchaus die hier geschilderte zweite Bewegung als die «natürliche» Bewegung empfindet, so führt er noch eine *dritte Bewegung* ein, die er die «Bewegung in Deklination» nennt, die nun bewirkt, dass die Erdachse immer zu sich selber parallel bleibt, während die Erde um die Sonne geht *(Zeichnung 79)*. Der Punkt A (den wir uns, wenn wir wollen, als den Ort des Goetheanums denken können) kommt nach 6 Monaten von A 1 nach A 3, das heisst auf die von der Sonne abgewendete Seite. Durch die Tagesdrehung würde er von A 1 in 12 Stunden nach B 1 gebracht, ebenso von A 3 nach B 3, wobei man sieht, dass in B 3, während der Wintertage, die Sonnenstrahlen schräger auftreffen als in A 1, wenn es Sommer ist. Für Kopernikus war dies nur dadurch möglich, dass noch eine dritte Bewegung vorhanden ist, eben die «Bewegung der Deklination». Diese lässt, nach seiner Auffassung, die Erdachse sich rückwärts drehen, und zwar um genau so viel als der Erdmittelpunkt

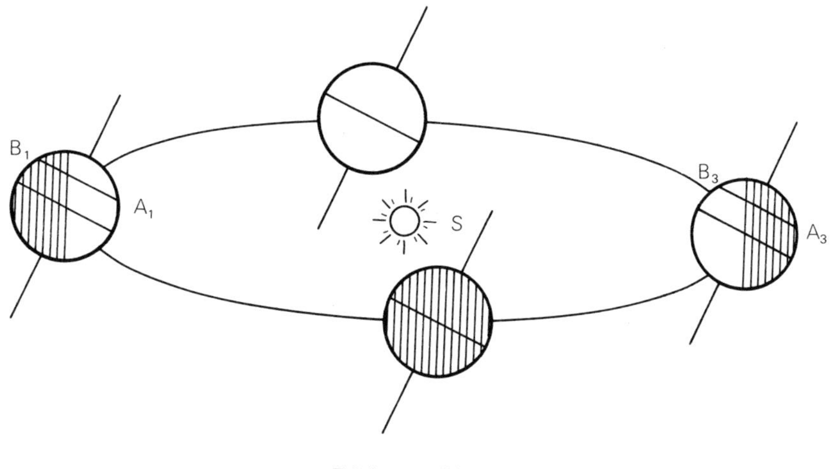

Zeichnung 79

auf seiner Bahn um die Sonne fortgeschritten ist. In *Zeichnung 80* ist es, anknüpfend an eine Bemerkung des Kopernikus, durch das Beschreiben einer Kegeloberfläche wiedergegeben, die ihren Gipfel im Mittelpunkt der Erde hat. In der ersten Stellung ist die Achse in der Richtung A 1, sowohl wenn die dritte Bewegung angenommen wird als wenn sie nicht da wäre. In der zweiten Stellung würde sie in A 2 sein, wenn bloss die «natürliche» Bewegung da wäre, durch die dritte Bewegung wird sie aber in die parallele Lage zurückgeführt. Ebenso rechts (Wintersonnenwende für die nördliche Erdhälfte), die Achse ist von A 3 in einem halben Kreisbogen nach der Parallelstellung geführt worden, während die Erde selber auch in einem Halbkreis um die Sonne gegangen ist. Dabei ist die Richtung der Achsendrehung *mit* dem Sinne des Uhrzeigers, der Erddrehung *gegen* diesen Sinn. Und so für die vierte Stellung und über diese zur ersten zurück. Im ganzen hat die Erdachse also im Laufe des Jahres einen Kreis beschrieben, im umgekehrten Sinne wie die Erde selbst, und Kopernikus sagt daher:[157]

«Es ist also klar, wie die beiden einander entgegengesetzten Bewegungen, nämlich die des Mittelpunktes (der Erde) und der Deklination (der Achse), die Achse der Erde zwingen, in derselben Neigung und in ganz ähnlicher Stellung zu verharren», das heisst, also parallel zu bleiben. Die beiden Bewegungen – die zweite und die dritte nennt er «fast gleich» –, sie sind nicht genau gleich, da die Präzession eine kleine Verzögerung bewirkt.

Wir wissen, dass Rudolf Steiner immer wieder darauf hingewiesen hat, dass man diese dritte Bewegung hat «unter den Tisch fallen lassen» und daher den Kopernikus eigentlich nur zum Teil ernst nimmt. Dieses Fallen-

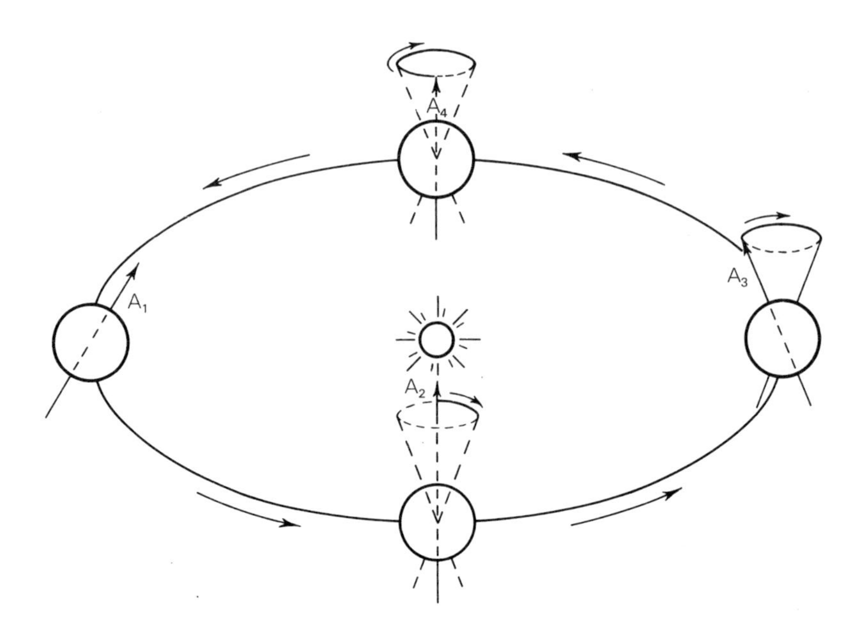

Zeichnung 80

lassen der dritten Bewegung, die ein Zurückdrehen der Nordsüd-Achse um die Ekliptikachse darstellt, ist durch die später heraufkommende Mechanik bewirkt, die im wesentlichen an den Namen Newton anknüpft, wenn auch Anfänge schon bei Galilei und Kepler zu finden sind. Wie man aus der gegebenen Darstellung sehen kann, rechnet Kopernikus ebensowenig wie Ptolemäus mit *Kräften*, sondern nur mit mathematisch gedachten *Bewegungen*. Die Frage: welche Kraft treibt die Planeten im Raume? wurde in der vorkopernikanischen Zeit entweder nicht gestellt oder im spirituellen Sinne beantwortet: durch himmlische Intelligenzen oder durch die antreibende Kraft Gottes. Das naturwissenschaftliche Zeitalter brachte erst den ganz abstrakten Gedanken hervor, dass für einen Körper, der einmal in Bewegung ist, keine weitere Kraft notwendig sei, ihn auch weiterhin in Bewegung zu erhalten, er geht ewig so fort, kraft der ihm innewohnenden «Trägheit». Solche Bewegungen sind zwar nicht auf Erden zu finden, wo durch den Widerstand des Bodens, die Reibung usw. jeder Körper bald zum Stillstand kommt, aber im Weltenraum soll ein Körper, der einmal einen Anstoss erhalten hat, ewig in seiner Richtung und Bewegung verharren. (Woher der ursprüngliche Anstoss kommt, wird nicht gesagt, Rudolf

Steiner sprach daher von dem Newtonschen «Hups», der am Anfang ist.) Nach Newton wäre also die «natürliche» Bewegung der Erde um die Sonne nicht jene, die Kopernikus dafür hielt und die er zum Teil vom Monde abgelesen, zum Teil seinem intuitiven Gefühl für das Verhältnis der Erde zur Sonne entnommen hat (vgl. *Zeichnung 78*), sondern die «natürliche im Newtonschen Sinne wäre eben die, bei der die Erdachse «von selbst» sich parallel bleibt, da ja keine weitere Kraft sie aus dieser einmal angenommenen Richtung führt. Damit fiel für das Ausgestalten der «himmlischen Mechanik» die dritte Bewegung des Kopernikus als eine überflüssige weg; für diese Denkart hätte es gerade einer besonderen Kraft oder Bewegung bedurft, um die Erde so gehen zu lassen, wie es in unserer ersten, hypothetischen *Zeichnung 78* wiedergegeben ist.

Stimmen insofern Kopernikus und Newton überein, dass sie beide zuletzt dieselbe Richtung der Erdachse, nämlich die sich während der ganzen Zeit parallel bleibende *(Zeichnung 79)* annehmen, so müssen wir doch um so mehr den Hinweis beachten, den Rudolf Steiner gegeben hat, indem er immer wieder auf diese dritte Bewegung und ihre unrechtmässige Unterdrückung hingewiesen hat. Er führt uns darauf, gerade diejenige Bewegung, von der Kopernikus ausgeht (wenn man von der ersten, der Tag- und Nachtbewegung, absieht) als wichtig anzusehen. (Es soll damit nicht gesagt sein, dass diese Auffassung des Kopernikus, die unserer ersten *Zeichnung 78* entspricht, die überhaupt richtige wäre. Denn wir haben ja erfahren, dass die Erde eigentlich in einer *lemniskatischen* Bewegung der Sonne *nachläuft*[31].) Aber gerade bei einem solchen Vorgang muss eine Art «Deklinationsbewegung» da sein, das heisst, ein fortwährendes Hinweisen der Erdachse nach dem gleichen Himmelspunkt, ein sich Drehen der Erdachse um die Ekliptikachse, wodurch sie dasjenige bewirkt, was auch Kopernikus glaubte, nur durch die feststehende, sich selbst parallel bleibende Erdachse erreichen zu können, das Spiel der Jahreszeiten[158].

Aber noch ein anderes fällt hier ins Gewicht. Wenn die Erdachse sich selbst immer parallel bleiben würde, dann müsste sie am Himmelsgewölbe einen Kreis beschreiben, der eine Abspiegelung im Jahre sein würde von dem Kreis, den die Erde im Sinne des Kopernikus um die Sonne beschreibt, so wie jeder Stern in 24 Stunden einen scheinbaren Kreis von Ost nach West beschreibt als umgekehrte Abspiegelung der Erdumdrehung von West nach Ost. Bei der Jahresbewegung müsste so jeder Stern einen kleinen Kreis zu beschreiben scheinen in umgekehrter Richtung, wie die Erde um die Sonne geht. Das ist die berühmte «jährliche Parallaxe der Fixsterne».

Man findet von dieser Parallaxe in den Astronomie-Büchern zumeist verschiedene schematische Darstellungen, die alle gewisse Mängel aufweisen; wir wollen aber eine davon hier bringen, um dieses hypothetische Phänomen ganz im Sinne der heutigen Wissenschaft zu schildern. Die Erde geht um die Sonne, und ein Stern wird im Vergleich zu seinen Nachbarsternen beobachtet. Er zeigt im Laufe des Jahres eine kleine Kreis- beziehungsweise Ellipsenbewegung *(Zeichnung 81)*. Im Grunde genommen wird der Winkel A St B gemessen, wobei A und B zwei Stellungen der Erde auf ihrer Bahn sind, die je 6 Monate auseinander liegen. Je weiter der Stern von der Erde (oder Erdbahn) entfernt ist, desto kleiner ist der Winkel St, desto kleiner die jährliche Parallaxe. So ist es der Theorie nach. Und man kann sagen, dass bei den Planeten solche Parallaxen durchaus vorhanden sind und in der ptolemäischen Theorie bei den unteren Planeten als die Deferenten, bei den oberen als die Epizykeln auftreten. Diese sind nur die Widerspiegelung der Erdbahn (oder bei Ptolemäus der Sonnenbahn); sie werden daher auch in 365 Tagen durchlaufen.

Wären nun bei den Sternen wirklich solche Abspiegelungen der Erdbahn zu sehen, wie es bei den Planeten der Fall ist, so würde der Sternenhimmel im Laufe des Jahres ein merkwürdiges Bild zeigen. Die näherge-

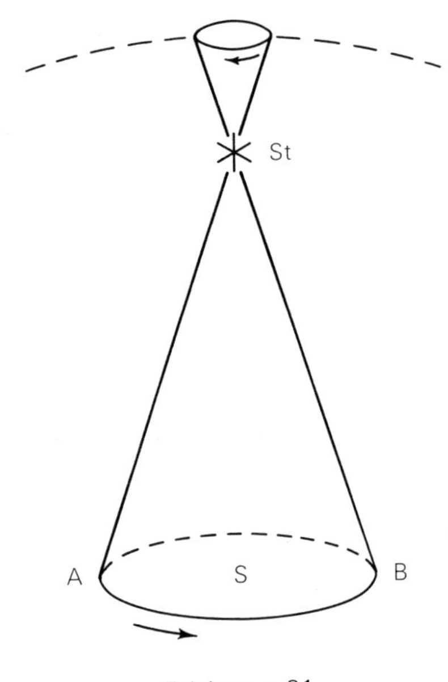

Zeichnung 81

legenen Sterne müssten grössere, die weiteren, entfernt gelegenen müssten kleinere Kreise beschreiben. Von alledem ist aber mit dem blossen Auge nichts zu sehen, und auch die Messinstrumente zeigten noch Jahrhunderte nach Kopernikus keine Spur von solchen Parallaxen.

Hier tritt, wie wir sehen, der Gedanke an «näher» oder «entfernt gelegene» Sterne, von der Erde aus in radialem Sinn gemessen, eigentlich erst auf. Im ptolemäischen System waren die Sterne ja alle an der Fixsternsphäre angeheftet, und von einer bestimmten Entfernung auch von dieser «achten Sphäre» zur Erde war keine Rede. Die Fixsternsphäre behielt auch im Grunde Kopernikus bei, er durchbrach noch nicht den «Kristallhimmel» des Mittelalters. Es ist ihm auch nicht eingefallen, an bestimmte Entfernungen der Sterne, sagen wir im Vergleich zur Erdbahn zu denken. Und so hat ihn die Frage, ob die Sterne wirklich jene Abspiegelung der jährlichen Erdbewegung zeigen, die nach seiner Theorie eigentlich da sein müsste, nicht weiter berührt, denn er sagt: «Dass aber an den Fixsternen nichts von derselben (der Erdbewegung) zur Erscheinung kommt, beweist ihre unermessliche Entfernung, welche selbst die Bahn der jährlichen Bewegung oder deren Abbild für unsere Augen verschwinden lässt.»

Mathematisch würde man sagen: der Winkel bei St ist für ihn gleich 0 und eine Parallaxe überhaupt nicht vorhanden. Die nach ihm Kommenden haben aber tatsächlich die Notwendigkeit empfunden, nach einer jährlichen Parallaxe zu suchen, da man die Sterne doch wiederum nicht «in unendlicher Ferne» annehmen konnte. Und wenn Tycho Brahe das kopernikanische System abgewiesen und sein eigenes dafür an die Stelle gesetzt hat, so hat das schon auch damit zu tun, dass er Kopernikus dadurch für widerlegt hielt, dass eine solche Parallaxe, ein jährlicher Kreislauf auch nur irgendeines Sternes, und wenn er noch so klein wäre, nicht zu finden war. Um so eifriger suchte man im 17., 18. Jahrhundert nach der Parallaxe. Dieses Suchen hatte zwar zur Folge, dass man allerlei andere Stern- und Erdbewegungen entdeckte, nur eben keine Parallaxe. Dazu gehört die Nutation, von der wir im I. Jahrgang gesprochen haben, ferner die jährliche «Aberration» des Lichtes und auch die Eigenbewegungen der Sterne. Wir können auf all diese Einzelheiten hier nicht eingehen.

Erst im 19. Jahrhundert gelang es Bessel, dem hervorragenden und geduldigen Beobachter und Messer des Himmels, für einen Stern im Schwan eine winzig kleine Ellipse nachzuweisen, die der Stern im Laufe eines Jahres beschreibt. Man hat sich also vorzustellen, dass der Stern, wenn er mit einem benachbarten Stern verglichen wird, von dem man zunächst annimmt, dass er keine Parallaxe zeige – im Laufe des Jahres nicht immer seinen Ort beibehält, sondern, abgesehen von dem, was sich für ihn aus den anderen genannten Bewegungen ergibt, noch eine Ellipse beschreibt, deren «grosse Achse» ⅓ Bogensekunde beträgt, das ist etwa $1/6000$ des Durchmessers der Sonnenscheibe! Dabei gehört diese Parallaxe noch zu den grösseren. Sie entspricht, in Entfernung umgerechnet (wie aus *Zeichnung 81* folgt, wenn man davon ausgeht, dass A B, die Grösse der Erdbahn in Kilometer bekannt ist, was auch wiederum das Ergebnis einer Parallaxenmessung ist), fast 11 sogenannten Lichtjahren. Ein «Lichtjahr» ist die Strecke, die das Licht in einem Jahr durchlaufen soll, die Lichtgeschwindigkeit mit 300 000 Kilometern in der Sekunde angenommen. Man kommt für diesen Stern so auf über 10 Billionen Kilometer. Der uns zunächst gelegene Stern, der also die grösste Parallaxe hat, ist 4 Lichtjahre entfernt; nach der anderen Seite hin gehen die Parallaxen, soweit man sie überhaupt noch messen kann, ins verschwindend Kleine, die Entfernungen daher ins unendlich Grosse. Und doch funkeln uns alle diese Sterne an dem einen Firmament, ja, nach den Ergebnissen der Parallaxenmessung sind gerade die hellen Sterne 1. Grösse *nicht* die uns nächstliegenden, sondern ganz unbedeutende kleinere Sterne ...

Wir haben hier den Ursprung jenes Weltbildes, das uns in den anfangs angeführten Worten in so bedrückender Art entgegentönt; von der Kleinheit der Erde, von der Leere des Weltalls; denn wenn die Sterne so weit weg sein sollen – vielleicht eine Million Lichtjahre weit –, dann sind sie trotz ihrer Vielheit recht dünn gesät, und statt des funkelnden Sternenhimmels, statt der sternstrotzenden Milchstrasse gähnt uns die Öde im Universum entgegen. Das ist aber das Bild, das sich überall eingenistet hat, von dem aus alle weiteren Konsequenzen folgen, die – wenn sie wahr wären – jeder spirituellen Anschauung den Weg abschneiden würden. Wenn dieses Bild Wahrheit enthielte, würde all das, was wir von Sternenwirkungen auf Erden reden können, eine Illusion sein; es wäre ganz unsinnig, von dem Herausgeborenwerden der Menschenseele und des Menschenleibes aus der Sternenwelt zu sprechen, eine spirituelle Astronomie überhaupt zu haben.

Diese Erwägungen würden an sich natürlich nichts über die Wahrheit oder Unwahrheit des materialistisch-astronomischen Weltbildes aussagen, und wenn es wahr wäre, müsste es eben hingenommen werden. Doch wird man schon aus der Schilderung haben bemerken können, wie wenig fundiert im Grunde genommen diese «Parallaxen» sind, die man eigentlich nur dadurch gefunden hat, dass man sozusagen jahrhundertelang krampfhaft nach ihnen gesucht hat, weil man eben meinte, sie zur Stützung des kopernikanischen Systems durchaus nicht entbehren zu können. Und es ist bekannt, dass die Natur auf so gestellte Fragen auch immer entsprechende Antworten gibt. Wäre man von einem realen Weltäther ausgegangen, der im blauen Himmelsgewölbe seine Grenze offenbart und in den hinein sich die «astrale Welt» der Sterne einen Abdruck verschafft, so würde man in anderer Weise gefragt und andere Antworten erhalten haben. So können wir aus der Anthroposophie heraus schon davon überzeugt sein, dass dieses materialistische Weltbild keine Realität, sondern eine Maja ist.

Es möge daher an dieser Stelle auf die Arbeiten von Wilhelm Kaiser hingewiesen werden, die dahin führen, die sogenannte jährliche Parallaxe der Fixsterne als nicht-existent nachzuweisen, und zugleich auch die jährliche Aberration (auf die hier nicht näher eingegangen werden kann) von einem spirituellen Gesichtspunkt aus zu deuten. Über den neuesten Fortschritt in dieser Arbeit konnte Wilhelm Kaiser auf der mathematischen Tagung zu Ostern 1930 berichten[119].

Selbstverständlich soll für uns ein Hinwegschaffen dieser Parallaxen-Kreischen oder -Ellipschen nicht bedeuten, dass die Sterne nun erst recht «unendlich weit weg» seien, sondern man dürfte dann den Begriff der Entfernung überhaupt nicht in der nur auf Erden zulässigen Weise anwenden; man müsste andere, spirituellere Begriffe, vor allem was den Raum betrifft, zu Hilfe nehmen.

So sehen wir, wie der einseitig aufgefasste und zu seinen scheinbaren Konsequenzen geführte Kopernikanismus dazu beigetragen hat, den Materialismus zu fördern, ja für diesen die Grundlage abgegeben hat. Sowohl die Kant-Laplacesche Theorie wie der Darwinismus des 19. Jahrhunderts mit ihren geistlosen Evolutionsgedanken wären nicht möglich gewesen, wenn nicht infolge des Kopernikanismus Himmel und Erde, Gott und Mensch so gründlich voneinander getrennt worden wären. Man kann sagen, dass gerade für den Materialismus die Astronomie immer bahnbrechend gewesen ist. Wir haben schon bei früheren Gelegenheiten darauf hingewiesen.

Wir haben hier vielfach von dem missverstandenen Kopernikanismus gesprochen. Missverständnis wäre es auch, nicht zu sehen, dass das, was Kopernikus gebracht hat, ja kommen *musste*. Und so hat Rudolf Steiner die Zeit, als der grosse Kopernikus, der grosse Kepler und Galilei erschienen sind («und sie alle, welche zunächst die Gedanken der Menschen hinlenken mussten auf die äussere Welt»), einmal einen «Weltengründonnerstag» genannt, auf den ein Karfreitag folgte. Begraben wurde die Anschauung von dem Unsterblichen[159]. Der Welten-Ostersonntag muss jetzt kommen, und ihm folgend Welten-Pfingsten, die Ausgiessung des Heiligen Geistes gerade in dasjenige Gebiet, das am meisten der Finsternis zu verfallen droht.

Über Kopernikus, Kepler und ihre Systeme
Die Apsidenbewegung I

10. Rundschreiben III, Juni 1930

Nachdem wir das kopernikanische System ein wenig von seiner theoretischen Seite geschildert haben, wollen wir seinen Schöpfer etwas näher betrachten und die Art, wie er in der Geistesentwicklung der Menschheit darinnen steht.

Kopernikus war ein Geist, der in früheren Zeiten innerhalb der ägyptischen Kultur den Osirisdienst erlebt hatte und diesen Einfluss unterbewusst stark in sich trug (Zyklus «Welt, Erde, Mensch», 11. Vortrag[160]). Osiris war für die Ägypter die geistige Sonne, die auch dem menschlichen Seelenwesen leuchtet – wir haben davon in dem Rundschreiben über die dreifache Sonne (4. Rundschreiben I) gesprochen. Dasjenige, was im 3. nachatlantischen Zeitraum einstmals geistig erlebt wurde, es hat die Tendenz, in unserer 5. nachatlantischen Zeit, in der zunächst ein äusseres Naturwissen entstehen sollte, in einer vermaterialisierten Form wiederum aufzuerstehen. In «Die geistige Führung des Menschen und der Menschheit»[59] sind die tieferen Ursachen dieser Erscheinung angegeben. In Kopernikus, der ganz am Ausgangspunkt dieser neuen Zeit stand, lebte ebenfalls diese Tendenz. Er stellt die äussere physische Sonne – die dritte, nicht die zweite Sonne, die man bei den Ägyptern verehrt hatte, im Sinne der «dreifachen Sonne» gesprochen – in den Mittelpunkt des Planetensystems.

Für Kopernikus selbst war das bloss eine Vereinfachung des mathematisch immer deutlicher versagenden ptolemäischen Systems. In solcher Vereinfachung eine Voraussetzung für grösseren Wahrheitsgehalt zu sehen, war eigentlich schon seit Aristoteles eine Forderung des wissenschaftlichen Denkens geworden. Rudolf Steiner hat darauf selber hingewiesen in dem in Berlin gehaltenen Vortrag «Kopernikus und seine Zeit im Lichte der Geisteswissenschaft»[161]. Auch bei Ptolemäus finden wir diese Vorstellung, er entschuldigt sich sogar, dass seine Hypothesen «zu künstlich seien», dass man Menschliches nicht mit Göttlichem vergleichen dürfe, und dass dasjenige, was am Himmel einfach scheine wie zum Beispiel die Unveränderlichkeit der täglichen Umdrehung, für den Menschen gerade das am allerschwersten Durchzuführende wäre («Handbuch der Astronomie» XIII,2[16]). Er weiss auch von der Theorie der Erdumdrehung, die schon lange vor seiner Zeit aus den Mysterien heraus bekannt geworden war, er sagt auch, dass sie die grössere Einfachheit des Gedankens für sich habe, hält sie aber aus physikalischen Gründen für unmöglich. Es empfanden noch die alten Forscher, dass sie ihre Begriffe auf das Geistig-Seelische des Weltalls, auf das Göttliche anwendeten. Den Sinnenschein nahmen sie zunächst hin, so wie er sich ihnen darbot.

Die Zeit des Kopernikus war aber diejenige, wo man anfing, den Sinnenschein selber zu betrachten, ihn mathematisch so oder so zu behandeln. Und es ist bezeichnend, dass diese erste «Kritik der reinen Sinnesanschauung» in einer Ablehnung des von den Sinnen Gegebenen bestand, in einem Absetzen von der Souveränität der Sinneswahrnehmung. Denn das, was Kopernikus lehrte, war eben nicht das, was die Sinne zeigen, sondern das Gegenteil. Er lehrte eigentlich – und seitdem tut die äussere Wissenschaft dasselbe auf allen Gebieten –, dass die äussere Welt Maja, Illusion sei; nur verband er damit keine konkreten spirituellen Vorstellungen. Das muss erst die Geisteswissenschaft wieder bringen (vgl. «Die geistige Führung . . .»[59]).

Wir erleben hier von neuem die merkwürdige Tatsache, dass eigentlich immer im Astronomischen die Gedankenrichtungen zuerst ausgebildet werden, die dann in den anderen Wissenschaften massgebend werden. Von der kopernikanischen Theorie zu den heutigen naturwissenschaftlichen Hypothesen führt ein gerader Weg, wenn auch bei Kopernikus alles, wie gesagt, im Mathematischen blieb, nicht physikalisch wurde. Es wirkt aber bei ihm noch ein merkwürdiger Umstand mit. Das war der Zusammenhang, der zwischen ihm und seinem Vorläufer Nikolaus Cusanus bestand, über den Rudolf Steiner im Vortragszyklus «Der Entstehungsmoment der Naturwissenschaft in der Weltgeschichte und ihre seitherige Entwickelung»[162] ausführlich gesprochen hat. Nikolaus Cusanus starb 1464, 9 Jahre vor der Geburt des Kopernikus. Dieser war nicht eine eigentliche Wiederverkörperung des Cusanus, sondern er hat den Astralleib des Cusanus einverleibt bekommen. So lebte eine Seelenverwandtschaft in den beiden. Während aber Cusanus in seinem Werk «Von der gelehrten Unwissenheit» scheu vor dem Geistigen stehen bleibt, das vor seinem Seelenblick wie in neblige Fernen verschwindet, während er es höchstens noch mit mathematischer Symbolik auszudrücken wagt, war Kopernikus derjenige, der mutig Geometrie auf den äusseren Sinnenschein, auf die Sternenwelt anwendete. In so kurzer Zeit vollzog sich die Umwandlung vom Alten ins Neue, die zunächst, dem Geistigen gegenüber, durchaus ein Abstieg war.

Aus ganz anderen Impulsen heraus arbeitete Tycho Brahe, der viel mehr als Kopernikus ein Mann der Beobachtung, des realen Sinnenscheines war, der in seinem «System» zwar die Planeten sich um die Sonne, diese aber sich um die Erde drehen lässt. Rudolf Steiner hat öfter gesagt, dass, obwohl das tychonische System nicht akzeptiert worden ist, unsere astronomischen Ephemeriden eigentlich nach ihm eingerichtet sind, so dass die Lage eigentlich diese ist: Man rechnet nach Tycho, als «wahr» gilt der Kopernikus – insofern man den Ort der Sonne in bezug auf ihre Stellung zur *Erde* angibt –, während von den Planeten ihre heliozentrischen Koordinaten angegeben werden, ihre Stellungen in bezug auf die *Sonne*, wie es dem tychonischen System entspricht (2. Vortrag[31]).

Im Grunde ist es gerade das Verhältnis von Erde und Sonne, das die grosse Rätselfrage bei diesen Systemen ausmacht. Für Ptolemäus ist die sphären-umgebene Erde der Mittelpunkt der Welt, denn es ist ja jetzt die Zeit der Erdenentwicklung und nicht etwa der Saturn- oder der Sonnenentwicklung. Dieses geistig im Mittelpunkt des Hierarchienwirkens Stehen der Erde erlebten die alten Menschen lange vor Ptolemäus, und es entstanden daraus die alten Planetentheorien. Als Kopernikus die Sonne in den Mittelpunkt stellte, hat er eigentlich die Erde entthront. Das heisst, er hat eigentlich – so würde es noch ein mittelalterlicher Mystiker empfunden haben – kapituliert vor der Tatsache, dass die Erde durch die Menschen in den Sündenfall hineingerissen worden ist, nicht mehr unverrückt im Mittelpunkt der Welt steht, sondern eigentlich von der Sonne mitregiert wird, da der Mensch infolge der luziferischen Versuchung nicht vermocht hat, der eigentliche Regent der Erde zu sein. Die Sonne wurde «der unrechtmässige Fürst dieser Welt» (siehe den Vortrag vom 11.1.1924)[53].

Aber diese Sonne war doch wiederum der Wohnort des Christus gewesen. Indem Kopernikus auf die Sonne als den Mittelpunkt hinwies, wies er auf diejenige Richtung hin, aus der einstmals das Heil der Menschen kommen musste, aber zu seiner Zeit schon längst gekommen war. So vermischt sich in eigentümlicher Art – für Kopernikus selber, der ein frommer Mann und Kirchendiener war, natürlich tief im Unterbewussten – Fruchtbares und Absterbendes in seiner Anschauung. Die weitere Entwicklung in seinem Zeitalter hat reichlich dafür gesorgt, dass das Absterbende weitergepflegt wurde. Auch heute noch liegt das Keimtragende seines Systems eigentlich tief verborgen, es kann erst durch die Anthroposophie erweckt werden, muss dann aber sogleich durch eine Metamorphose hindurchgehen, entsprechend der sich entwickelnden menschlichen Fähigkeit, das Geistige mit dem Physischen zugleich zu ergreifen.

Kepler wiederum, der geistig – könnte man sagen – ebenfalls aus Ägypten stammt, der weniger arabische Einschläge in seinem Wissen hatte als Kopernikus, Kepler war viel mehr fähig gewesen, die alten Impulse in einer vom Christentum belebten Art neu aufleben zu lassen, sie nicht in die Vermaterialisierung hineinzuführen. Er verficht ganz das Prinzip des kopernikanischen Systems – entgegen seinem Gönner und Vorgesetzten Tycho

Brahe –, aber er benützt gerade die Beobachtungen Tychos dazu, um sich ganz konkret und vorurteilslos zu fragen, wie nun eigentlich die Bahnen der Planeten um die Sonne im Raume beschaffen seien. Er hatte eine starke schöpferische Phantasietätigkeit dem Raume gegenüber (wir haben bei seinem «Mondentraum» – 7. Rundschreiben II darüber gesprochen) und brach in dieser Hinsicht viel entscheidender als Kopernikus mit dem Alten. Denn Kopernikus war von dem Dogma der allein möglichen Kreisbewegungen noch nicht abgekommen, er benützte auch die Epizykeln und dergleichen.

Kepler fand zunächst empirisch für die Marsbahn eine von der Kreisform nur wenig abweichende *Ellipse*, indem er sie nach Tychos Beobachtungen – die ja an sich immer geozentrisch sind – heliozentrisch aufzeichnete. So entwickelte er das erste seiner Gesetze:

> «Die Planeten beschreiben Ellipsen um die Sonne, in deren einem Brennpunkt sich die Sonne selbst befindet.»

Er empfand, so sagte Rudolf Steiner im «Astronomischen Kurs»[31], das ganze Belebte, Beseelte, das in einem Planeten sein muss, wenn er so in einer Ellipse durch die grösseren und kleineren Bahnkrümmungen sich hindurchbewegt, was soviel lebendiger ist als das gleichförmig im Kreise Herumziehen. Und er brachte diese lebendige Planetenkraft in seinem zweiten Gesetz noch besonders zum Ausdruck:

> «Der Radiusvektor des Planeten (das ist die Richtung von ihm zur Sonne hin) beschreibt in gleichen Zeiten gleiche Sektoren,»

das will sagen, dass wenn zum Beispiel die Flächen PSa, Sab, ScA gleich gross sind, die Erde in gleichen Zeiträumen – sagen wir von je 30 Tagen – von P nach a, von a nach b und später von c nach A kommt *(Zeichnung 82)*. Daraus folgt, dass die Erde oder der Planet im allgemeinen in der Nähe von P (Perihelium) schneller geht als in der Nähe von A (Aphelium), da die Strecke P a offensichtlich grösser ist als c A. So geht also die Erde im Winter, wenn sie in Sonnennähe ist, schneller als im Sommer; nur sind die Unterschiede natürlich viel kleiner anzunehmen als sie sich hier aus dieser doch stark oval gezeichneten Ellipse ergeben würden.

Rudolf Steiner hat das mehr Lebendige, das in diesen Keplerschen Gesetzen liegt, im «Astronomischen Kurs» so geschildert:

«Für eine heutige rein quantitative Betrachtung sind das auch nur Quantitäten. Für so jemand wie Kepler war, lag noch einfach in dem Aussprechen des Elliptischen etwas, was bei ihm, indem er an die Kurve dachte, eine grössere Lebendigkeit darstellte als der Kreis. Wenn irgend etwas sich elliptisch bewegt, ist es lebendiger, als wenn es sich nur kreisförmig bewegt, denn es muss innerliche Impulse anwenden, um den

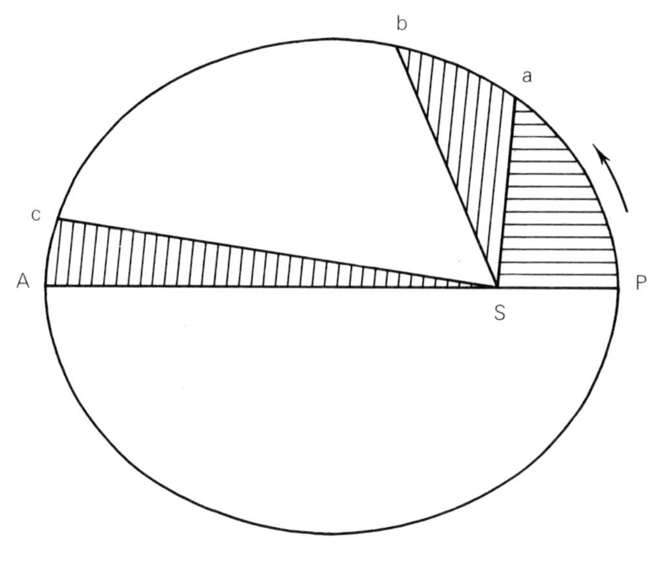

Zeichnung 82

Radius zu verändern. Wenn sich etwas nur im Kreis bewegt, so braucht es nichts zu tun, um den Radius zu verändern. Es muss ein intensiveres inneres Leben anwenden, wenn der Radiusvektor fortwährend geändert werden muss. Also in dem Aussprechen einfach des Satzes, die ‹Planeten bewegen sich in Ellipsen um ihren Zentralkörper, und der Zentralkörper ist nicht im Mittelpunkte, sondern in einem Brennpunkte der Ellipse›, lag ein Zugeständnis, dass man es zu tun habe mit einem Lebendigeren, als wenn man es zu tun hätte mit etwas, was sich im Kreise bewegt.

Und weiter: ‹die Radienvektoren beschreiben in gleichen Zeiten gleiche Sektoren›. Wir haben da den Übergang von der Linie zur Fläche. Bitte, beachten Sie das! Indem uns zuerst bloss die Ellipse beschrieben wird, stehen wir in der Linie, in der Kurve. Indem wir hingeführt werden nach dem Weg, den der Radiusvektor beschreibt, werden wir in die Fläche geführt. Es wird eine wesentlich intensivere Beziehung enthüllt für die Planetenbewegung. Wenn so der Planet dahinrollt – wenn ich mich so ausdrücken darf –, so drückt er etwas aus, was nicht nur in ihm liegt, sondern er zieht gewissermassen seinen Schweif nach sich. Die ganze Fläche, die der Radiusvektor beschreibt, die gehört geistig dazu. Und man muss weiter charakterisieren, nämlich, dass in gleichen Zeiten sie einen gleichen Flächeninhalt hat, muss ihren Charakter hervorheben, wenn man das charakterisieren will, was mit den Planeten geschieht[31]» (3. Vortrag).

Das dritte Keplersche Gesetz klingt zunächst ebenfalls abstrakt, es war für Kepler der Ausdruck der unendlichen Harmonie des Weltalls, die für ihn sich so beredt in Zahlen aussprach:

«Die Quadrate der Umlaufzeiten der Planeten verhalten sich wie die Kuben der grossen Halbachsen ihrer Bahnen.»

Hier werden Zeit und Raum, «das Leben, wie es sich abspielt zwischen verschiedenen Planeten,» miteinander in Verbindung gebracht. Wir wollen auf dieses Gesetz hier nicht weiter eingehen. Rudolf Steiner hat ausgeführt, dass es eben dieses Gesetz ist, das Newton mit seinem Gravitationsgesetz: «Die Anziehungskraft zweier Körper ist in direktem Verhältnis zu dem Produkte ihrer Massen und in umgekehrtem Verhältnis zum Quadrat ihrer Entfernungen» totgeschlagen hat. Es ist das Newtonsche Gesetz unmittelbar aus dem dritten Keplerschen Gesetz abzuleiten – nur ist dann eben kein Leben mehr darin.

Es wird uns das erste Keplersche Gesetz auch nützlich sein können bei der Betrachtung des letzten grossen kosmischen Rhythmus, dem wir uns nun zuwenden wollen.

Es gibt ausser den uns schon bekannten Bewegungen wie der Tages- und Jahresdrehung oder derjenigen der Präzession oder der Nutation, die wir alle im I. Jahrgang geschildert haben, auch noch die sogenannte *Apsidenbewegung*, die mit dem grossen Weltenrhythmus zusammenhängt, der einerseits in den geologischen Epochen, die als Eiszeitperioden bekannt sind, andererseits in den sogenannten Welt-Zeitaltern sich offenbart. Rudolf Steiner hat in seinen Vorträgen an einigen Stellen auf diese Bewegung (immer in Verbindung mit der Präzessionsbewegung, aber ohne sie mit ihrem astronomischen Namen zu bezeichnen) hingewiesen. Das Verfolgen dieser Bewegung führt zu ausserordentlich bedeutsamen Erkenntnissen für die Erd- und Menschheitsentwicklung, und wir wollen daher die Mühe nicht scheuen, sie in ihrem Verlauf etwas mathematisch-astronomisch auseinanderzusetzen.

Man kann sie sowohl geozentrisch, das ist nach der ptolemäischen Theorie, wie heliozentrisch – nach Kopernikus – darstellen; in beiden Fällen hat man selbstverständlich nur eine mathematisch-abstrakte Wiedergabe einer kosmisch wirkenden Kraft. Das ptolemäische System eignet sich für die Wiedergabe ganz gut – obwohl Ptolemäus selbst diese Bewegung noch nicht gekannt hat. Die Entdeckung ist ihm gewissermassen entgangen, denn die Zeit, die zwischen ihm und seinem Vorgänger Hipparch lag, wäre lange genug gewesen, dass er die Bewegung der Apsiden hätte entdecken können. Sie wurde dann erst um 900 n. Chr. von einem arabischen Astronomen namens Albatani oder Albategnius gefunden.

Ptolemäus wusste, ebenso wie Hipparch vor ihm, dass die vier Jahreszeiten ungleiche Länge haben. Es ist die Zeit, die die Sonne braucht, um vom Frühlingspunkt über die Sommersonnenwende bis zum Herbstpunkt zu gehen, länger als diejenige vom Herbstpunkt (oder der Herbst-Tag- und Nachtgleiche) über die Wintersonnenwende zurück bis zur Frühlings- Tag- und Nachtgleiche. Es handelt sich dabei natürlich um astronomische Messungen; die vier Jahrespunkte entsprechen dem tiefsten und dem höchsten Stand der Sonne im Tierkreis (Winter- und Sommeranfang) und den dazwischen liegenden Schnittpunkten mit dem Äquator (Frühlings- und Herbstbeginn – *Zeichnung 83*).

Diese schon im Altertum beobachtete Tatsache zwang die griechischen Astronomen, den Mittelpunkt der Sonnenbahn nicht mit dem Mittelpunkt des Weltalls, der Erde, zusammenfallen zu lassen, das heisst, den Mittelpunkt der Sonnenbahn exzentrisch in den Kreis des Tierkreises hineinzustellen. *Zeichnung 84* (nach der Ptolemäus-Übersetzung des Manitius[16]) soll die Lage zu Ptolemäus' Zeit verdeutlichen. E ist die Erde, M wäre der Mittelpunkt der Sonnenbahn; die Exzentrizität, das heisst, die Entfernung E M ist nur der Übersichtlichkeit halber viel zu gross genommen. Die Sonne geht in dem kleinen Kreis herum, der grosse stellt den Tierkreis dar. Die Sonne braucht nun [natürlich bei gleichförmiger Bewegung] länger von a (Frühlingspunkt) über b (Sommersolstitium) bis c (Herbstpunkt) als für die zweite Jahreshälfte (von c über d bis a), da die Bögen a b c und c a d verschiedene Länge haben.

Es ist klar, dass man bei solcher Darstellung zu einem Punkt kommt, wo Sonne und Erde sich am nächsten sind, nämlich in P auf dem Tierkreis, entsprechend p auf der Ekliptik (beide Punkte sind, von der Erde E aus gesehen, am Himmel ein und derselbe) und 6 Monate später zu einem Punkt A, wo die beiden Himmelskörper sich am fernsten sind. Man nennt den ersteren Punkt Perigäum (Erdnähe), den letzteren Apogäum (Erdferne), die Linie P A, die beide verbindet, die *Apsidenlinie.*

P und A sind selbstverständlich zwei im Tierkreis genau anzugebende Örter, ebenso wie man zum Beispiel die jeweilige Lage des Frühlingspunktes oder der Mondknoten dort andeuten kann. Ptolemäus gibt auf die Autorität des Hipparch an, dass das Apogäum in den Zwillingen 5°30' gelegen ist, das Perigäum also ihm gegenüber 5°30' im Schützen, nach den Zeichen gerechnet. Diese Lage hatte Hipparch auch richtig erfasst. Zu Ptolemäus' Zeit, fast 300 Jahre nach Hipparch, hatte die Apsidenlinie sich schon um fast 5° verschoben, was aber Ptolemäus, wie schon früher gesagt, nicht bemerkt hatte. Erst Albatani fand dann das Apogäum 22° in den Zwillingen gelegen und schloss daraus auf eine Bewegung der Apsi-

Zeichnung 83

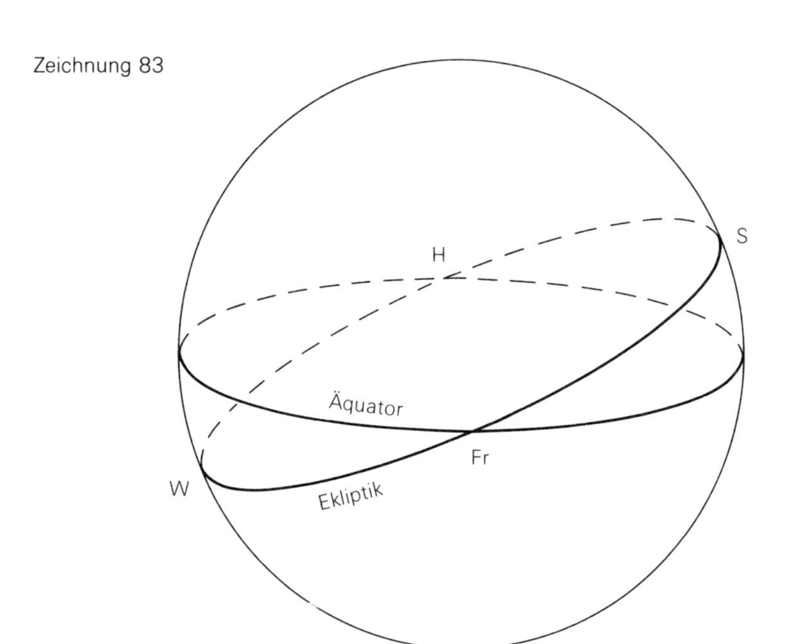

Zeichnung 84

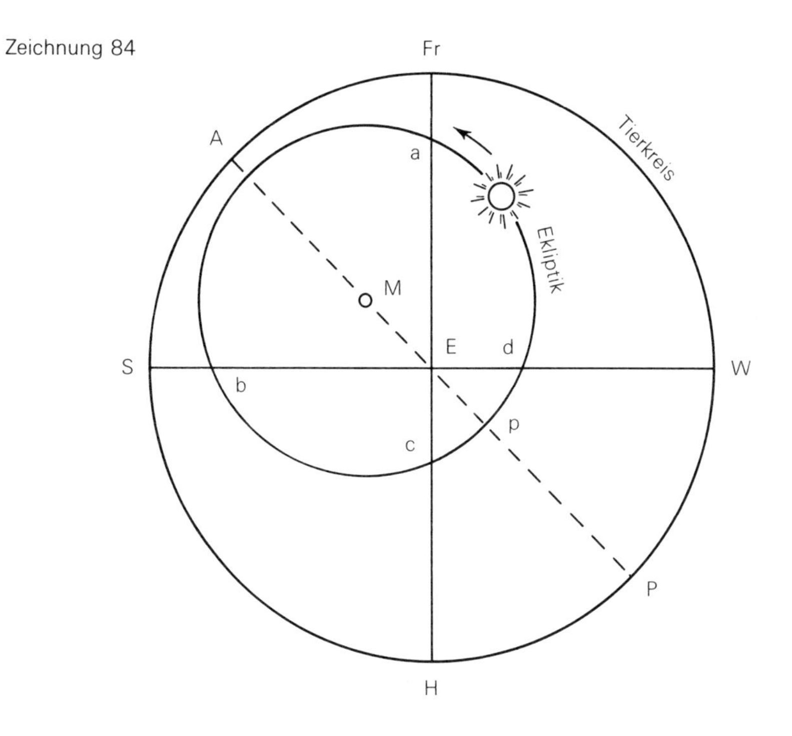

den. Kopernikus findet wiederum die relative Dauer der ersten Jahreshälfte (vom Frühling an gerechnet) im Vergleich zur zweiten verschieden von dem, was Albatani und was Hipparch gefunden hatten und berechnet daraus, dass das Apogäum sich um 10°41′ in 1580 (sogenannten ägyptischen) Jahren verschoben hatte, das ist ungefähr 1° in 148 Jahren, während die heutigen Beobachtungen dafür eine zweimal so lange Zeitdauer angeben.

Im kopernikanischen System stellt sich die Sache in gleicher Weise dar wie im ptolemäischen, nur dass Erde und Sonne ihre Plätze vertauscht haben; und statt von einem Perigäum oder Apogäum wird jetzt von einem Perihelium oder Aphelium (Sonnennähe, Sonnenferne, nämlich von der Erde) gesprochen. (Wir werden, um einheitliche Benennungen zu haben, fernerhin meistens von Perigäum, Erdnähe, sprechen, also gewissermassen ptolemäisch.) Erst bei Kepler bekommt die Apsidenlinie eine besondere Bedeutung, sie stellt sich heraus als die grosse Achse der Ellipse, in welcher Kepler die Erde sich um die Sonne bewegen lässt und wobei die Sonne in einem der beiden Brennpunkte, also exzentrisch steht. Die Ellipse, wiederum zu stark exzentrisch dargestellt, zu sehr von der Kreisform abweichend, sehen wir auf *Zeichnung 85*. Wiederum sieht man deutlich den Punkt der grössten Erdnähe (E_1) und Erdferne (E_2). Die Linie $E_1S\ E_2$ bil-

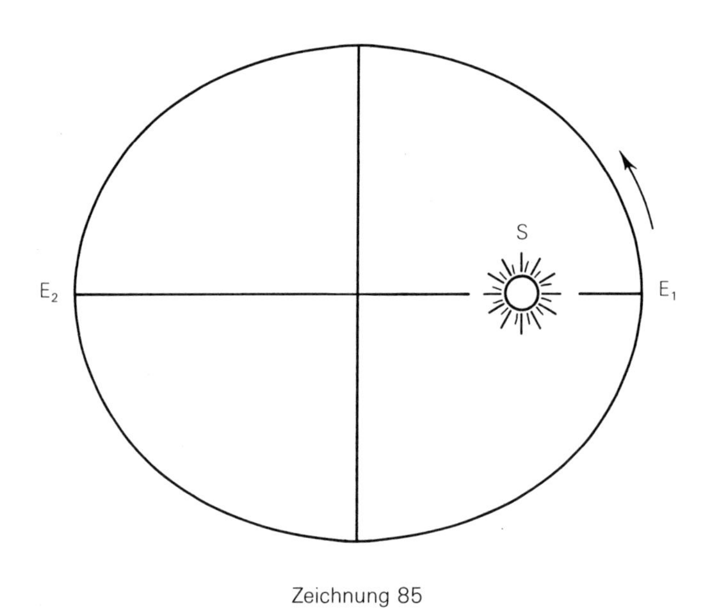

Zeichnung 85

det die grosse Achse, hier genannt Apsidenlinie, diejenige senkrecht darauf ist die kleine Achse der Ellipse. Die grosse Achse und damit selbstverständlich auch die kleine Achse drehen sich nun in bezug auf den Tierkreis im Raum herum in einer Zeit, die nach modernen Beobachtungen auf ca. 110 000 Jahre zu setzen ist.

Um dieses konkreter darstellen zu können, wollen wir uns klarmachen, dass es einen bestimmten Tag im Jahr gibt, an dem Sonne und Erde sich am nächsten sind und dass dann selbstverständlich die Sonne an einem bestimmten Punkt im Tierkreis, auf der Ekliptik, steht, in dem sie sich eben im Jahreslauf an dem Tage befindet. Dieser Tag fällt jetzt auf einen der ersten Tage des Januar, der Punkt liegt daher im Sternbild des Schützen. Fast 6 Monate später findet das Umgekehrte statt. Erde und Sonne sind sich so entfernt wie möglich. Man braucht diese Begriffe des Nah und Fern nicht einmal so stark räumlich aufzufassen (nach der rein räumlichen Anschauung der heutigen Astronomie würde es sich um einen Unterschied von etwa 5 000 000 Kilometern zwischen Apogäum und Perigäum handeln), sondern man kann sich durchaus vorstellen, dass die Erd-Sonnennähe einer stärkeren kosmischen Wirkung entspricht, die Entfernung zwischen Erde und Sonne einem sich mehr Fremdsein der beiden Himmelskörper. Rein äusserlich wird das Perigäum auch dadurch festgestellt – abgesehen von der zeitlichen Differenz vom kürzesten zum längsten, beziehungsweise vom längsten zum kürzesten Tag, an der schon die Alten das Vorhandensein eines Perigäums erkannten –, dass die Sonnenscheibe im Winter, wenn sie in Erdnähe ist, grösser erscheint als im Sommer bei der Erdferne. Diese Differenz ist selbstverständlich nicht dem blossen Auge bemerkbar und nur mit Hilfe guter Instrumente zu messen, sie hat nichts mit dem scheinbaren Grösserwerden des Sonnenballs beim Sonnenuntergang oder dergleichen zu tun. Wir wollen uns aber hier von der Vorstellung durchdringen, dass die Intensität des Erd-Sonnenverhältnisses, insofern es eben von *dieser* Bewegung abhängt, sich im Laufe des Jahres stetig ändert und ein Maximum im Januar, ein Minimum im Juli zeigt.

Kann man so auf zwei Punkte im Schützen, beziehungsweise in den Zwillingen hinweisen, an denen dieses eben Gesagte stattfindet, so lehrt uns die Bewegung der Apsiden, dass diese Punkte sich allmählich verschieben, ebenso wie sich die Jahrespunkte, Frühling, Sommer, Herbst, Winter verschieben durch die Präzession – nur die ersteren viel langsamer und in entgegengesetzter Richtung, das heisst, *mit* den Bildern des Tierkreises. Die ganze Ellipse von *Zeichnung 85*, die man sich gewissermassen in unbestimmter Ferne vom Tierkreis umgeben denken muss *(Zeich-*

nung 86), dreht sich in bezug auf diesen Tierkreis, so dass die Achsen AP und KL allmählich nach anderen Punkten am Himmel hinweisen, die Erd-Sonnen-Annäherung sich unter einem weitergelegenen Stern des Tierkreises abspielt. – Zu gleicher Zeit aber dreht sich auch das Linienkreuz, das gebildet wird durch die vier Jahrespunkte W Fr S H im Sinne der Präzession, *gegen* die Richtung der Tierkreisbilder und in 25920 Jahren. In *Zeichnung 86* ist die Lage für unsere Zeit – natürlich ziemlich im groben – angegeben.

Man sieht daraus eine andere wichtige Tatsache. Bei diesem Sich-Zueinander-Bewegen des Ellipsenachsen-Kreuzes und des «Jahreskreuzes» werden sich die einzelnen Punkte (PAKL und WFSH) abwechselnd begegnen. Das heisst, es werden immer wieder Zeiten eintreten, wo die Jahrespunkte zusammenfallen mit dem Achsen- oder Apsidenkreuz, und zwar kann der Frühlingspunkt mit dem Perigäum zusammenfallen (F auf P) oder der Herbstpunkt, ebenso wie die Sommer- oder die Wintersonnenwende. Der gegenüberliegende Jahrespunkt fällt dann mit dem Apogäum zusammen *(Zeichnung 87)*.

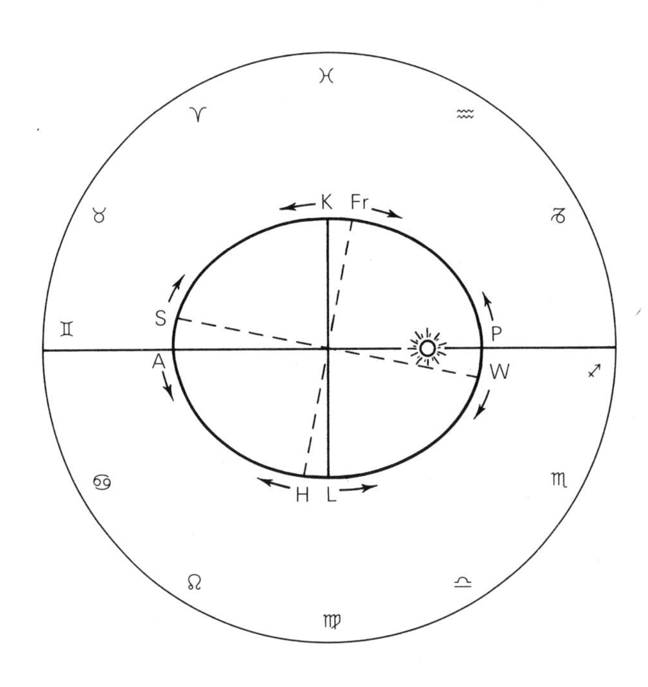

Zeichnung 86

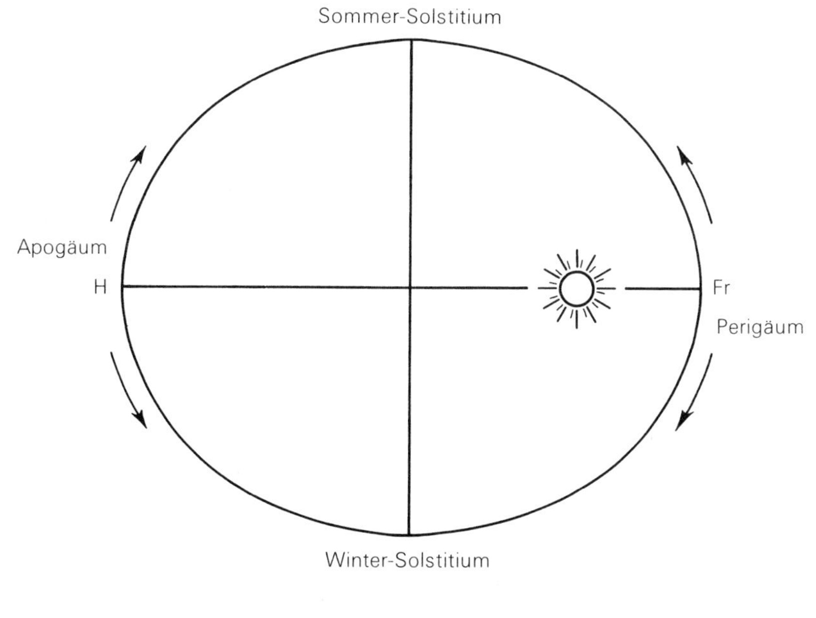

Zeichnung 87

Nehmen wir an, eine solche Begegnung von Frühlingspunkt und Perigäum habe einmal historisch stattgefunden, dann wird eine leicht auszuführende Berechnung uns angeben, nach welcher Zeit eine solche Begegnung zum zweiten Male stattfinden muss. Man braucht sich bloss an die bekannte Schulaufgabe von den beiden sich nachlaufenden und zeitweilig zur Deckung gelangenden Zeiger einer Uhr zu erinnern, nur dass hier die «Zeiger» sich entgegenlaufen. Der eine Zeiger braucht 110 000 Jahre, der andere fast 26 000 Jahre, geht also fast 4mal so schnell. Das Zusammentreffen tritt ein, wenn der «grosse Zeiger» (darunter verstehen wir denjenigen, der am schnellsten geht) fast ⅘ einer Umdrehung vollzogen hat. Man kommt so auf eine Periode von 21 000 Jahren.

In anderer Weise ist es mathematisch so auszudrücken: Das Apogäum oder das Perigäum, das heisst also, die Apsidenlinie verschiebt sich in 100 Jahren um 1°42.6′. Diese Bewegung setzt sich zusammen aus 0°19′ der eigentlichen Apsidenumdrehung und 1°23.4′, die von der Präzession herrühren, zusammen 1°42.6′. Der *siderische* Umlauf des Apogäums ist daher 110 000 Jahre, der tropische 20 900 Jahre.

Handelt es sich darum, dass nach dem Frühlingspunkt nun der Herbstpunkt mit dem Perigäum, die sogenannte Äquinoktiallinie also erneut mit der Apsidenlinie zusammenfallen soll, so kommt man auf die halbe Zeit: etwas über 10 000 Jahre. Da haben wir die von Rudolf Steiner in Übereinstimmung mit wissenschaftlichen Ergebnissen angeführte Eiszeitperiode. Und wenn wir die vier Begegnungen, die da möglich sind, von je einem der Jahrespunkte mit – sagen wir – dem Perigäum ins Auge fassen, dann kommen wir auf einen Zeitraum von 5260 Jahren, in welchem immer bedeutsame kosmische Verhältnisse eintreten, die ihren Ausdruck in wichtigen irdischen Begebenheiten haben müssen.

Wir verweisen auf den Zyklus «Okkulte Geschichte»[163], wo Rudolf Steiner im 5. Vortrag auf diese Dinge hindeutet. Rudolf Steiner spricht da von den Hierarchien, die sich den Menschen in den verschiedenen Kulturperioden besonders geoffenbart haben. In dem 4. nachatlantischen Zeitraum waren es die Geister der Form. Sie wirkten nicht unmittelbar in das menschliche Innere herein, sondern durch die Reiche der Natur. Auf dem Umweg über die Sinne empfing der Mensch damals ihren Einfluss, so dass er dazu kam, den Blick ganz auf die äussere Welt hinauszurichten.

Diese Geister der Form hatten auch schon in der Zeit vor der atlantischen Katastrophe gewirkt. Aber damals lenkte der Mensch nicht den Blick hin auf das, was ihm da äusserlich entgegentrat, er war abgelenkt von der äusseren Welt. Und das kam eben von der kosmischen Konstellation.

«Wir haben gleichsam eine Grenze zwischen den alten Einwirkungen in der atlantischen Zeit und denen in der nachatlantischen Zeit, eine Grenze, die ausgefüllt ist von der atlantischen Katastrophe, von jenen Vorgängen, die das Antlitz unserer Erde in bezug auf Verteilung von Wasser und Land total verändert haben. Solche Zeiten und ihre Veränderungen hängen zusammen mit grossen Vorgängen in der Konstellation, in der Lage und Bewegung der mit der Sonne zusammenhängenden Weltenkörper. Und in der Tat wird aus dem Makrokosmosraum hereindirigiert das, was sich als solche Perioden in der Erde abspielt. Es würde heute zu weit führen, wenn ich Ihnen auseinandersetzen wollte, wie diese aufeinanderfolgenden Perioden dirigiert werden, eingeteilt werden von dem, was man heute in der Astronomie nennt das Vorrücken der Tagundnachtgleiche. Das hängt zusammen mit der Stellung der Erdachse zur Achse der Ekliptik, das hängt mit grossen Vorgängen in der Konstellation unserer benachbarten Weltenkörper zusammen, und da gibt es in der Tat ganz bestimmte Zeiten, in denen durch die eigentümliche Stellung der Erde in ihrer Achse zu den anderen Körpern ihres Systems ganz andere Verteilung von Hitze und Kälte auf unserer Erde vorhanden ist als sonst. Es ändern sich die klimatischen

Verhältnisse durch diese Stellung der Erdachse zu den Nachbarsternen. Und in der Tat: Im Laufe von etwas über 25 000 Jahren beschreibt unsere Erdachse eine Art von Kegel oder Kreisbewegung, so dass unsere Erde Zustände, die sie in einer gewissen Zeit erlebt, in einer anderen Form nach 25 000 bis 26 000 Jahren wieder erlebt, gerade auf höherer Stufe. Immer aber zwischen diesen grossen Zeitabschnitten liegen kleinere Abschnitte. Und die Sache geht auch nicht durchaus kontinuierlich fort, sondern so, dass gewisse Jahre Knotenpunkte, tiefe Einschnitte sind, in denen Wichtiges geschieht. Und da dürfen wir insbesondere darauf hinweisen, weil es für die ganze geschichtliche Entwickelung unserer Erdenmenschheit wesentlich bedeutsam ist, dass im 7. Jahrtausend vor Christo ein ganz besonders wichtiger astronomischer Zeitpunkt war – wichtig, weil er sich durch die Konstellation der Erdachse zu den Nachbarsternen in einer solchen Verteilung der klimatischen Verhältnisse auf Erden ausdrückte, dass eben dazumal die atlantische Katastrophe wirkte.»

Wir haben in den Ausführungen, die diesem Zitat vorangehen, all das ausgeführt, was astronomisch dasjenige erklärt, was hier gesagt ist. Man sieht dann, wie genau – trotz der etwas schwebend gehaltenen Ausdrucksweise – die kosmischen Tatsachen von Rudolf Steiner angegeben werden. Er sagt, dass die aufeinanderfolgenden Perioden «dirigiert werden, eingeteilt werden von dem, was man heute in der Astronomie nennt das Vorrükken der Tagundnachtgleiche ... Immer also zwischen diesen grossen Zeitabschnitten liegen kleinere Abschnitte ... so, dass gewisse Jahre Knotenpunkte, tiefe Einschnitte sind, in denen Wichtiges geschieht».

Diese Einteilung, die Knotenpunkte, sie bestehen eben in dem sich Begegnen der beiden Achsenkreuze, der zwei Paar Uhrzeiger, die sich zueinander hinbewegen und alle 5200 Jahre sich treffen. Zu erläutern ist noch das, was über die eigentümliche Stellung der Erdachse gesagt wird, die dazumal bestand. Es handelt sich darum, dass die Erdachse *senkrecht* stand zur *kleinen* Achse der Erdbahn (oder der Ekliptik), die damals mit der Verbindungslinie Frühlingspunkt – Herbstpunkt (das heisst mit dem Himmelsäquator) zusammenfiel. Bei jeder von den vier Bewegungen, die von 5000 zu 5000 Jahren stattfinden, steht die Erdachse immer entweder zur grossen Achse (Apside, zusammenfallend mit der Linie der Solstitien) oder zur kleinen Achse (zusammenfallend mit der Linie der Äquinoktien) senkrecht. Man kann sich das, insofern man mit geometrischen Darstellungen vertraut ist, an *Zeichnung 88* klarmachen, wobei der Kegel, den die Erdachse in 25 920 Jahren beschreibt, in den Mittelpunkt der Ellipse versetzt worden ist, ebenso die Äquinoktial- und Solstitiallinien. Im Vergleich dazu ist auch die Lage für die heutigen Verhältnisse, wo kein solcher Aus-

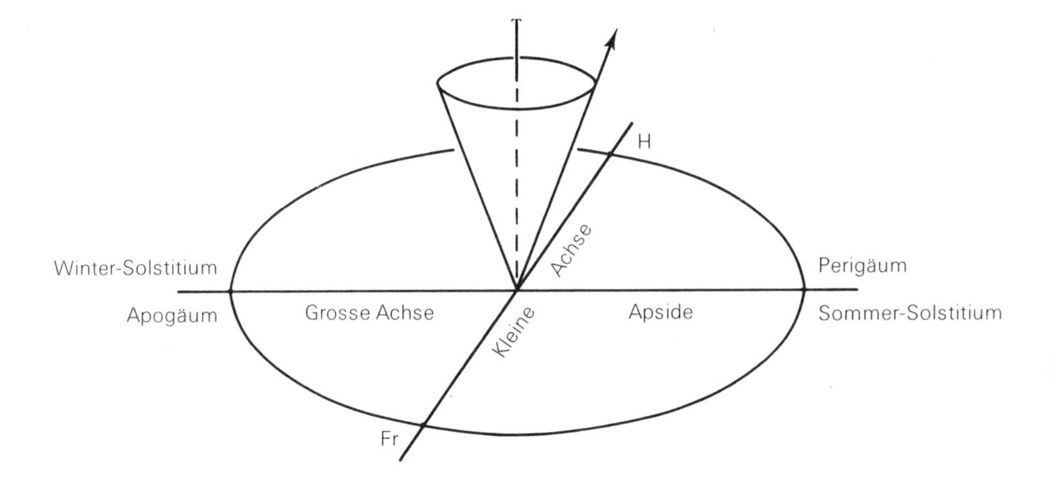

Zeichnung 88: Atlantische Katastrophe.

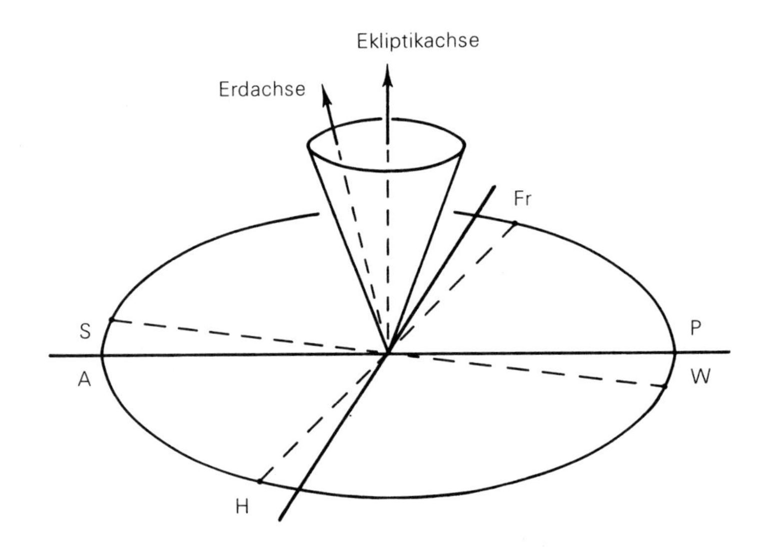

Zeichnung 89: Gegenwart.

nahmezustand besteht, angegeben *(Zeichnung 89)*. Die Erd- und Äquatorachse ist, wie immer, senkrecht zur Äquinoktiallinie (FrP-HP); da aber diese nicht mit einer Ellipsenachse zusammenfällt, ist die Erdachse nicht mehr zu einer der beiden Ellipsenachsen senkrecht.

Man kann errechnen, dass die geschilderte Lage, die zur atlantischen Katastrophe führte, 9200 Jahre vor unserer Zeitrechnung eintrat, und dass sie ihr Spiegelbild hatte in einer anderen, 10 000 Jahre später eintretenden, in der das Perigäum nicht mehr während der Sommersonnenwende, sondern während der Wintersonnenwende stattfand. Es führt das zu der wichtigen Konstellation des Jahres 1250, von der Rudolf Steiner im fünften Vortrag[163] spricht. Er vergleicht ferner in dem Kursus «Das Verhältnis der verschiedenen naturwissenschaftlichen Gebiete zur Astronomie»[31] die beiden Zeitpunkte - in der atlantischen und in der 4. nachatlantischen Zeit – mit einem ebenso lange nachher liegenden Zeitpunkt, ca. 11 000 n. Chr., in dem wiederum die Bedingungen für eine Eiszeitperiode da sein werden. Wir wollen die so bedeutsamen welt- und kulturhistorischen Gesichtspunkte, die sich da eröffnen, das nächste Mal eingehend betrachten.

Die Apsidenbewegung II: Eiszeitperioden

11. Rundschreiben III, Juli 1930

Fortfahrend in der Schilderung der Apsidenbewegung kommen wir zu ganz konkreten Zeitpunkten, in denen wichtige Einschnitte in der Menschheitsentwicklung stattgefunden haben. Ein solcher Einschnitt lag im 10. vorchristlichen Jahrtausend, in der atlantischen Zeit, als das Perigäum, der Zeitpunkt der grössten Annäherung von Erde und Sonne, mit dem Sommersolstitium zusammenfiel und das Apogäum daher mit dem Wintersolstitium. (Die Ausdrücke: Sommersolstitium, Frühlingspunkt etc. werden hier immer für die nördliche Erdhälfte angewendet. Für die südliche wären sie genau umgekehrt. Auch sind sie geozentrisch gemeint, das heisst, so wie man von der *Erde* aus die Erscheinungen am Himmel schaut.) Und eine Art Gegenbild treffen wir im Mittelalter, im Jahre 1250 ungefähr, als das Perigäum zur Zeit der Wintersonnenwende – in der Weihnachtszeit – erreicht wurde.

In dieser mathematisch-trockenen Angabe liegt wie symbolisch der ganze Unterschied zwischen diesen beiden Zeitpunkten darinnen! Zur atlantischen Zeit war die Erd-Sonnenannäherung für die nördliche Erdhälfte, auf der auch im wesentlichen die alte Atlantis lag, im Hochsommer. Wir wissen, dass die Sommerzeit gerade diejenige ist, in der die Erde ihre Seele ausatmet in den Kosmos hinein und von den ihr entgegenkommenden kosmischen Kräften liebevoll aufgenommen wird. Es ist wie eine Umarmung, was zwischen Erde und Himmel zur Sommerzeit sich abspielt. Nun stelle man sich vor, dass dieses Verhältnis ausserordentlich gesteigert wird dadurch, dass zugleich die Sonne im Sommer der Erde näher ist als sonst während des ganzen Jahres, so dass diese Verbindung von Erdseele und Sonnenseele besonders intensiv ist. Aber zugleich ist ja das Apogäum in der Wintersonnenwende. Das heisst, der Winter stellt in seinem Wesen ebenso ein Extrem dar wie der Sommer. Die Erd-Sonnen-Entfernung tritt dann ein, wenn die Erde gerade im Jahreslauf am meisten in sich abgeschlossen ist. Der «fernste Kosmos», der im Winter in Frost- und Schneebildung wirksam ist, findet eine Erde, für die der Zusammenhang mit der Sonne auf ein Minimum reduziert ist. Dieser fernste Kosmos der Sternenwelt, des Tierkreises, kann die Erde mächtig durchsetzen. So müssen gerade in den Gegenden, die nach dem Norden hin sich erstrecken, mächtige Eiswirkungen da sein. Es herrschen da, durch das Zusammenfallen des Apogäums mit dem Winterpunkt, durch die gleichmässige Verteilung der Erd-Sonnenbahn in bezug auf das Jahr, ähnliche Verhältnisse wie sie auch heute am Nordpol sind, wo das Jahr fast gleichmässig aus *einem* Tag und *einer* Nacht von je 6 Monaten besteht und eben die Kälte, das Wintermässige überwiegt.

Die starke Sonnenwirkung wiederum, hervorgerufen durch das Perigäum zur Sommer-Sonnenwende, muss gegen die Eisbildung gleichsam vom Süden her ankämpfen. Und wenn die starke Vereisung der nördlichen Gegenden nachlässt, wirkt im Laufe der Zeiten die lösende Kraft des Sommererlebens, und es kommt zu Überschwemmungen, zu Katastrophen; so – von *diesem* Gesichtspunkt aus – im 7., 8. vorchristlichen Jahrtausend zur atlantischen Katastrophe.

Mit diesen Worten ist allerdings sehr summarisch dasjenige geschildert, was, makrokosmisch betrachtet, zu der atlantischen Katastrophe führte, die ja im Menschheitskarma die Sündflut darstellte. Es ist im 10., 9. Jahrtausend vor Chr. über unsere Gegenden in Europa bis weit in das (heutige) Tropengebiet hinunter die Eiszeit vorhanden. Es kann sich keine Kultur entwickeln, es ist, wie Rudolf Steiner es nannte, eine Ödigkeit, ein Tod der Zivilisation da. Es ist so, wie es noch heute in den Polargegenden für den Menschen beschaffen ist. Durch die eigentümliche Zweiteilung des Jahres in einen Tag und eine Nacht von sechs Monaten wird auf den Menschen so gewirkt, vom Kosmos aus, dass er apathisch wird, kein besonderes Kulturleben entwickelt. Die Jahreswirkung, die im menschlichen Organismus tätig ist so, wie das beim Kind in den ersten sieben Jahren der Fall ist, sie wird nicht gemildert durch einen Tageseinfluss mit kurzfristigem Wechsel, der sonst das Seelische herausreisst aus dem Arbeiten in der Organisation.

Es war die Lage der Erdachse, von der wir schon gesprochen haben, so, dass sie damals, im 9. Jahrtausend, über weite Gegenden das Jahr in Winter und Sommer so einteilte, wie es heute am Nordpol für Tag und Nacht der Fall ist. Und als diese Verhältnisse anfingen, sich zu verändern, konnte die zunehmende Sonnenkraft nur zu Überschwemmungskatastrophen führen.

Es sind bei diesen Ereignissen wohl noch andere Verhältnisse im Spiel als nur diejenigen des Zusammentreffens der Apsidenlinie mit der Solstitiallinie. Noch andere grosse Rhythmen spielen eine Rolle. So zum Beispiel ändert sich ständig die Form der Ellipse, ihre Exzentrizität, wie man sagt. Sie ist heute ja sehr nah einer Kreisform, das heisst, dass die beiden Brennpunkte fast mit dem Mittelpunkt zusammenfallen (Abstand vom Mittelpunkt zum Brennpunkt (Sonne) nach astronomischer Berechnung 4 Millionen km bei einer grossen Achse von 300 Millionen km). In früheren Zeiten war diese Ellipse mehr oval, grosse und kleine Achse unterschieden sich mehr voneinander, und dadurch waren gewisse Verhältnisse, die sich auf die Jahreszeiten beziehen, noch mehr verschärft. Nach den Berechnungen der «Himmelsmechanik» soll die Ellipse um die Zeit herum, von der wir eben sprachen, am meisten exzentrisch gewesen sein. – Doch auch die Neigung der Erdachse zur Ekliptikachse, die ja heute 23° 27′ beträgt, ändert sich in langen Zeiträumen, so dass die Erdachse dadurch auch zu den Nachbarsternen in ein anderes Verhältnis kommen muss.

Wir wollen hier auf diese Verhältnisse nicht näher eingehen. Man findet sie – neben der Präzessions- und Apsidenbewegung – ausführlich behandelt in dem Aufsatz: «Die Eiszeit während der Diluvialperiode und ihre Ursachen» von Franz Kofler[164], der ein Geographielehrer Rudolf Steiners an der Oberrealschule gewesen ist. Rudolf Steiner erwähnt diesen Aufsatz selber in seinem «Lebensgang»[165]. Kofler wiederum knüpfte an andere Werke der damaligen Zeit an, insbesondere an J. d'Adhémar «Revolutions de la Mer. Déluges périodiques». Es waren einige Geologen um die Mitte des 19. Jahrhunderts, darunter der bekannte Lyell, zu der Überzeugung gekommen, dass man geologische Epochen wie die Eiszeiten nicht betrachten könne, ohne den Kosmos mit in Betracht zu ziehen. Diese waren es, die die vier genannten kosmischen Rhythmen: Präzession, Apsidenbewegung, Veränderung der Exzentrizität der Erdbahn und der Schiefe der Ekliptik für die Erklärung der irdischen Phänomene heranzogen. Und das war es, was auf Rudolf Steiner, als er den Aufsatz seines Lehrers gerade beim Verlassen der Realschule kennen lernte, den grossen Eindruck machte. «Ich nahm den Inhalt mit grosser seelischer Begierde auf und behielt dann ein reges Interesse für das Eiszeitproblem», sagt er darüber. Auch der von Rudolf Steiner herrührende Artikel über «Eiszeit» in «Pierers Konversationslexikon» (7. Auflage) ist in demselben Sinne gehalten. Wir möchten hier die knappe, zusammenfassende Schilderung der kosmischen Ursachen der Glazialperioden aus dem letzten Abschnitt wiedergeben:

«Infolge der Exzentrizität der Erdbahn bewegt sich die Erde nicht immer mit derselben Geschwindigkeit, sondern schneller in der Sonnennähe, langsamer in der Sonnenferne. Es hat deswegen auch diejenige Halbkugel, welche ihren Winter innerhalb der sonnennahen Zeit hat, einen kürzeren[166] als die andere. Nun ändert aber die Achse der Erde ihre Lage zur Sonne; deshalb wird jene Zeit eines kürzeren Winters nicht immer für dieselbe Halbkugel stattfinden. Die Erdachse beschreibt nämlich in 21 000 Jahren [relativ zur Apsidenlinie] eine volle Umdrehung, und während dieser Zeit werden zweimal (einmal für die nördliche, einmal für die südliche Halbkugel) die Winter und Sommer wirklich gleich sein. 10 500 Jahre lang aber wird die nördliche und ebenso lange die südliche Halbkugel längere Winter haben. Wenn aber auf einer Halbkugel wesentlich längere Winter als Sommer sind, dann kann die mittlere Jahrestemperatur so weit sinken, dass eine Kälteperiode möglich ist. Diese Differenz kann aber, nach astronomischen Berechnungen, bis zu einem Maximum von 36 Tagen anwachsen.»

Nach fast 21 000 Jahren wird sich, wie wir gesehen haben, die Eiszeitperiode wiederholen, am Ende des 12. Jahrtausends nach Christus. Wiederum wird das Perigäum in der Sommersonnenwende liegen, wiederum die Erdachse senkrecht zur kleinen Bahnachse sein. Selbstverständlich dürfen wir uns nicht vorstellen, dass die übrigen irdischen oder kosmischen Verhältnisse in der Zwischenzeit einfach dieselben geblieben sind. Wir dürfen nicht das Weltenrad einfach weiterrollen lassen. Doch wollten wir auf diesen Zeitpunkt hinweisen, den Rudolf Steiner im «Astronomischen Kurs»[31] erwähnt als gleichsam das andere Ende der Apsidenumdrehung: «Wir haben also, wenn wir so die Entwickelung dieses Gebietes von Europa überblicken, im 10. Jahrtausend vor der christlichen Zeitrechnung, eine eiszeitliche Verödung in der Kultur, und werden sie wieder haben etwa 10 000 Jahre nach diesem Zeitpunkte» (6.1.1921).

Und es wurde ausgeführt, wie der Punkt in der Mitte *(A, Zeichnung 90)* entspricht dem Jahre 1250 unserer nachchristlichen Zeitrechnung, einer

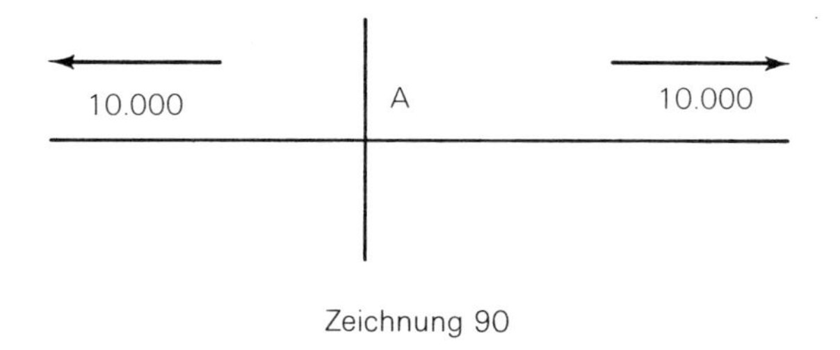

Zeichnung 90

Zeit, die für das menschliche Kulturleben ebenso aufwühlend gewesen ist, wie die Eiszeitperioden für den Erdenorganismus die Verödung bringen müssen, die dann von der Überschwemmungskatastrophe, dem äusseren Aufwühlen gefolgt wird.

Es ist da die Rede von der Ausbildung der mittelalterlichen Scholastik, von diesem einzigartigen Begriffssystem, das in seiner Abwandlung eigentlich die ganze weitere Bewusstseins- und Wissenschaftsentwicklung beeinflusst hat, das mit der Frage nach Realismus oder Nominalismus, mit dem Suchen nach einem Gottesbeweis, tief innerlich des Menschen Verhältnis zur Geisteswelt aufgewühlt hat. Diese Geisteswelt selber war um 1250 den Menschenseelen stark verschlossen, während sie sich bei der atlantischen Katastrophe durch die sinnenfälligen Wirkungen der «Sündflut» kundgab. In «Die Geistige Führung des Menschen und der Menschheit»[15] führt Rudolf Steiner aus, wie sogar Menschenseelen, die schon hohe Entwicklungsstufen erreicht hatten, während ihrer Inkarnation um das Jahr 1250 herum «eine Zeitlang eine vollständige Trübung ihres unmittelbaren Einblickes in die geistige Welt» erleben mussten. Und in dem Zyklus «Okkulte Geschichte»[163] wird darauf hingewiesen, wie wir hier das Umgekehrte von der grossen atlantischen Katastrophe haben:

«Das wird natürlich nicht so leicht zu bemerken sein, denn dem in unserer nachatlantischen Zeit ja sehr auf das Physische veranlagten Menschen, dem wird die atlantische Katastrophe, in der Erdenteile zugrunde gehen, sehr stark auffallen. Weniger wird ihm auffallen, wenn die Geister der Form einen starken Einfluss auf die menschliche Persönlichkeit haben und einen geringen Einfluss nur auf das, was äusserlich sich abspielt. Dieser Zeitpunkt, wo das eingetreten ist, was also naturgemäss die Menschen weniger bemerken, das ist das Jahr 1250 der nachchristlichen Ära. Und dieses Jahr 1250 ist in der Tat ein ausserordentliches, historisch wichtiges Jahr ... der Ausgangspunkt der heute viel zu wenig gewürdigten Scholastik. ... Wenn wir aber vollständig das historische Geschehen verstehen wollen, dann müssen wir noch berücksichtigen, dass solche Knotenpunkte der Entwickelung stets mit gewissen Stellungen der Sterne zusammenhängen; und dass unsere Erdachse 1250 auch in einer gewissen Stellung war, so dass die sogenannte kleine Achse der Ekliptik eine ganz besondere Lage hatte zu der Erdachse» (5. Vortrag).

Wir wissen schon, dass es eine Vertikalstellung war. Wir werden erneut gewiesen auf die kosmische Konstellation, auf die Knotenpunkte der Entwicklung, von denen wir jetzt wissen, dass sie von 5200 zu 5200 Jahren eintreten, immer wenn die Apsidenlinie mit zwei sich gegenüberliegenden Jahrespunkten zusammenfällt. Im Jahre 1250 war das Perigäum in der Wintersonnenwende, zur Weihnachtszeit. Wir bekommen das Gegenbild der Eiszeitperiode, auch rein kosmisch: wenn die Sonne in Erdnähe kommt, findet sie die Erdseele ganz in sich versunken. Dagegen zur Zeit, da die Erde ihre Seele in das Weltall hinausweitet, ist der Sonneneinfluss geringer. Wie abgeschlossen von dem kosmischen Wirken ist der Mensch. In sein Inneres fühlt er sich zurückgeschlagen und dort wühlt als geistige Wirkung, was zur Eiszeitperiode ein starkes äusseres Wirken der geistigen Mächte – der Geister der Form – gewesen war. In dem «Astronomischen

Kurs» wird noch genauer auf die Konstellationen hingewiesen, indem auch der Lauf des Frühlingspunktes in Betracht gezogen wird.

«Wir sehen, dass eintritt in der Zeit, in der die Menschheit geistig durchwühlt wird, der Frühlingspunkt in das Zeichen der Fische. In der griechisch-lateinischen Zeit war er im Zeichen des Widders, vorher im Zeichen des Stieres usw. Wir kommen ungefähr zum Löwen, respektive zur Jungfrau zurück in derjenigen Zeit, in der es gerade in unseren Gegenden und weit über Europa hin, auch über Amerika eisig wird. Und wir werden den Frühlingspunkt zu suchen haben im Zeichen des Skorpion, dann werden wir wiederum in diesen Gegenden Eiszeit haben» (6.1.1921)[31].

In der Tat finden wir, dass im Jahre 9200 v. Chr. der Frühlingspunkt im Löwen war, wir finden ihn für die andere Eiszeitperiode in der Waage, «im Zeichen des Skorpion»; im Jahre 1250 war er bekanntlich in den Fischen. Wir wollen, um die verschiedenen Angaben harmonisch zu vereinigen, eine Reihe von Treffpunkten des Perigäum mit den Jahrespunkten aufschreiben und bei jedem die Lage des Frühlingspunktes (nach den Sternbildern) angeben. Es sind diese Epochen – die in runden Zahlen angegeben werden – immer 5200 Jahre nacheinander liegend zu denken.

1. Fangen wir mit dem Jahre *20 000 v. Chr.* an. Es ist diejenige Zeit, die wir als die Mitte der atlantischen Kultur, ja die Mitte der Erdentwicklung überhaupt betrachten können. Erst von dieser Zeit ab dürfen wir mit einem regelmässig, gesetzmässig wie mechanisch weiterlaufenden Weltall rechnen. Die *Werkwelt* ist da.

Die Konstellation an sich entspricht derjenigen des Jahres 1250, das *Perigäum* ist in der *Wintersonnenwende*, das damals in der Jungfrau lag. Der *Frühlingspunkt* war im *Steinbock*. Es war eine sehr wichtige Zeit, in der sich für die Menschheitsentwicklung Entscheidendes abgespielt hat. Die Zeichnungen zu den Epochen wollen wir *ptolemäisch* machen: Der Tierkreis immer in derselben Lage gezeichnet (Fische-Jungfrau als waagrechte Linie), die Erde immer exzentrisch, nach der Richtung, wo eben das Perigäum sich befindet, die vier Jahrespunkte mit W F S H angedeutet. So kommen wir auf *Zeichnung 91*.

2. Im Jahre *14 500 v. Chr.* haben wir wiederum eine ausserordentlich bedeutsame Stellung *(Zeichnung 92)*. Das *Perigäum* war mit dem *Frühlingspunkt* zusammen in der *Waage*. Wir sind da in jener Zeit, von der Rudolf Steiner in dem wichtigen Vortrag vom 27. Januar 1908[120] gesprochen hat.[167] Es treffen sich, von entgegengesetzten Richtungen kommend, zum ersten Mal seit unserer Erdenentwicklung die Apsiden- und die Äquinoktiallinie in der Waage. Von da ab wird der Mensch mitschaffend am kosmischen Prozess. – Rudolf Steiner gibt in dem genannten Vortrag eine Dar-

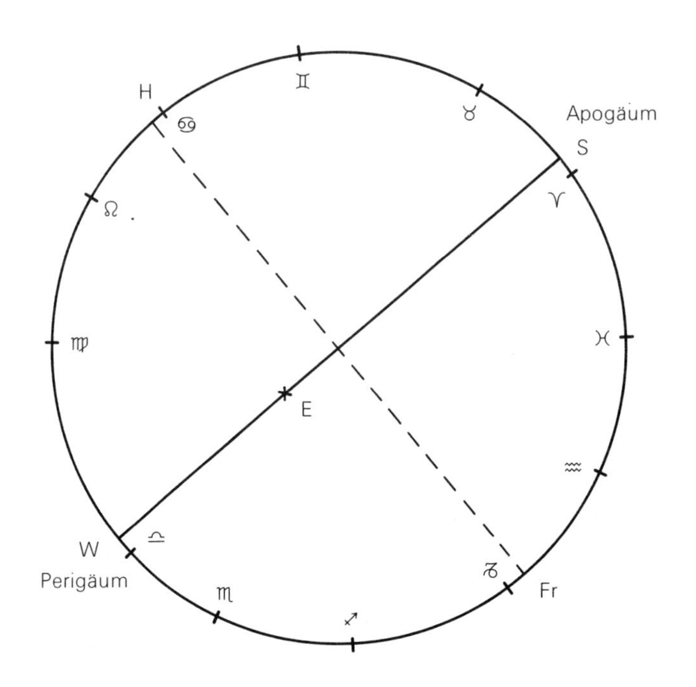

Zeichnung 91: 20 000 v.Chr.

stellung davon, wie aus dem Tierkreis heraus Kräfte stets auf die Erde «herunterregnen», die das Opfer sind dieses Tierkreises an das neue, jetzt bis zum Erdendasein fortgeschrittene planetarische Dasein. Sie müssen aber auch von der Erde wieder aufsteigen, denn durch die Menschheitsentwicklung auf Erden soll ein neuer Tierkreis entstehen. «Darin besteht das geheimnisvolle Zusammenwirken unserer Erde mit dem Tierkreis.»

Seit dem Saturndasein steigen diese Tierkreiskräfte herunter, «und als die Erde in ihrem Mittelpunkte war, da war auch schon wiederum der Schritt getan, dass nach und nach die Kräfte aufsteigen ... Diejenigen Kräfte, die heute in aufsteigender Entwickelung begriffen sind, fassen wir zusammen, weil sie diesen Sternbildern auch angehören, unter den Sternbildern Widder, Stier, Zwillinge, Krebs, Löwe, Jungfrau, Waage. Das sind die sieben Sternbilder, die den aufsteigenden Kräften entsprechen. Fünf Sternbilder etwa entsprechen den absteigenden Kräften: Skorpion, Schütze, Steinbock, Wassermann und Fische. Da sehen Sie also, wie aus

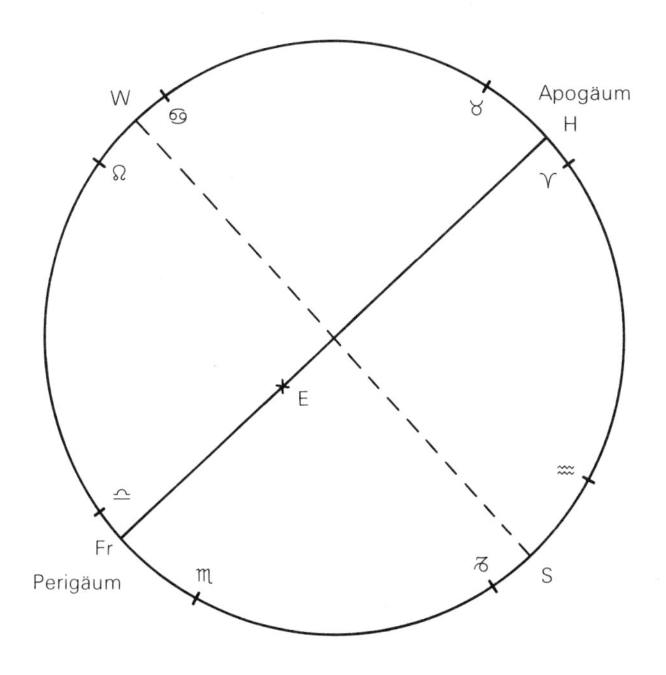

Zeichnung 92: 14 500 v.Chr.

dem Tierkreis Kräfte niederregnen und aufsteigen – wie die aufsteigenden sieben Sternbildern entsprechen, die absteigenden fünf Sternbildern.[120]»

Vor diesem Zeitpunkt aber bis zur Mitte der atlantischen Zeit waren sechs Kräfte im Absteigen, sechs im Aufsteigen. Die Grenze lag bei der Jungfrau, die Waage gehörte noch zu den absteigenden Kräften, so dass bis dahin seit dem Anfang der Erdenentwicklung gewissermassen ohne des Menschen Zutun die ersten sechs Sternbilder, die «hellen Tierkreiszeichen», von dem Widder bis zur Jungfrau von absteigenden in aufsteigende umgewandelt sind. Dann wurden die Kräfte, die aus der Waage kommen, als erste zum Aufsteigen gebracht. Wir finden den Ausdruck davon in der Himmelsschrift, die uns gerade an diesem Knotenpunkt, den wir jetzt betrachten, den Frühlingspunkt, mit dem Perigäum zusammenfallend, in der Waage zeigt.

3. *9200 v. Chr. (Zeichnung 93).* Über diese Stellung haben wir ausführlich gesprochen. Es ist diejenige der Eiszeitperiode mit der darauffol-

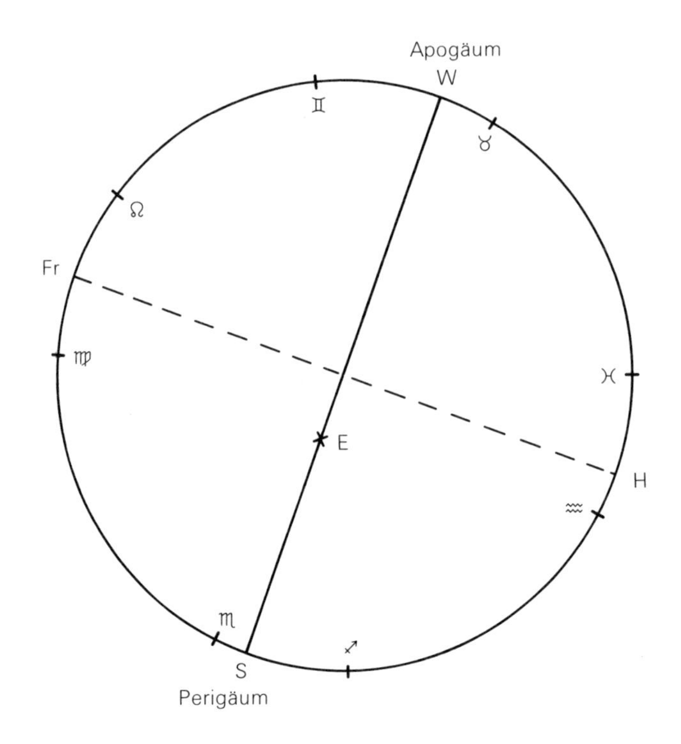

Zeichnung 93: 9200 v. Chr.

genden Sintflut. Das *Perigäum* war in der *Sommersonnenwende* im *Skorpion*, in jenem geheimnisvollen Sternbild des Unterganges und des Todes, das auch als ein Zeichen des Wassers gilt. *Der Frühlingspunkt* war im *Löwen*. Das vielleicht Wichtigste der drei Kreuze im Tierkreis wird durch diese Konstellation angezeigt, das von jenen Sternbildern gebildet wird, aus denen heraus die Chaldäer später die vier Cherubim herankommen sahen: Stier, Löwe, Adler, Mensch (Wassermann). Aus dem Adler ist allerdings der Skorpion geworden.

4. *4000 v. Chr. (Zeichnung 94).* Hatten wir mit der soeben geschilderten Konstellation diejenige der physischen Sintflut, so kommen wir jetzt an die Zeit heran, die Rudolf Steiner in «Der irdische und der kosmische Mensch» (7. Vortrag)[168] als eine Art geistiger Sintflut bezeichnet hat. Das alte Hellsehen schwand immer mehr dahin, das Kalijuga nahte herbei. Es ist noch nicht der Anfang des Kalijuga selbst, aber seine Vorbereitung sehen wir gewissermassen hier, wo das *Perigäum* im *Herbstpunkte* steht,

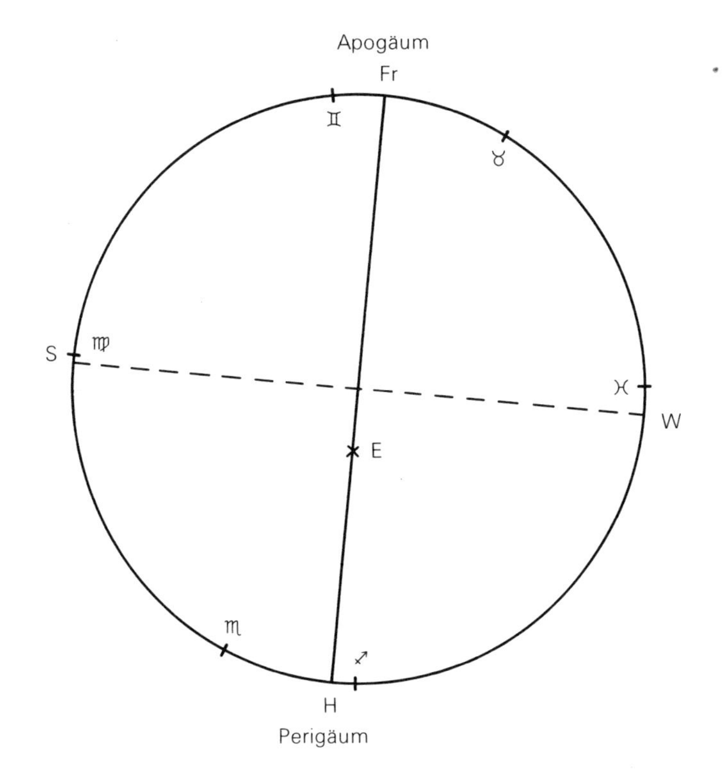

Zeichnung 94: 4000 v. Chr.

wo etwas wie ein Frösteln durch die Menschheitsentwicklung geht. Das Perigäum ist immer noch im *Skorpion*, denn die Apsidenlinie braucht ja fast 10 000 Jahre, um ein Sternbild zu durchlaufen. Der *Frühlingspunkt* ist jetzt in den *Stier* eingetreten. (Wir erinnern dabei an das im 12. Rundschreiben des I. Jahrgangs Gesagte über die Verbindung der Kulturzeitalter mit den Tierkreiszeichen, die von der *Mitte* der Sternbilder aus gerechnet werden. Obwohl der Frühlingspunkt 4000 v. Chr. schon im Stier steht, wird die 3. nachatlantische Kulturperiode erst vom Jahre 2907 v. Chr. ab gerechnet (747 plus 2160 Jahre v. Chr.) Man sieht auch aus *Zeichnung 94*, dass der – mit dem Apogäum zusammenfallende – Frühlingspunkt noch nicht in die Mitte des Stieres gelangt ist, da er sich ja rückwärts bewegt, von den Zwillingen zum Stiere hin.

4a. Wir bringen hier gleichsam als Intermezzo die Lage im Jahre *3101 v. Chr. (Zeichnung 95)*, dem Anfang des Kalijuga, als das grosse Sterben unter den Menschen war, da die Finsternis des «schwarzen Zeitalters»

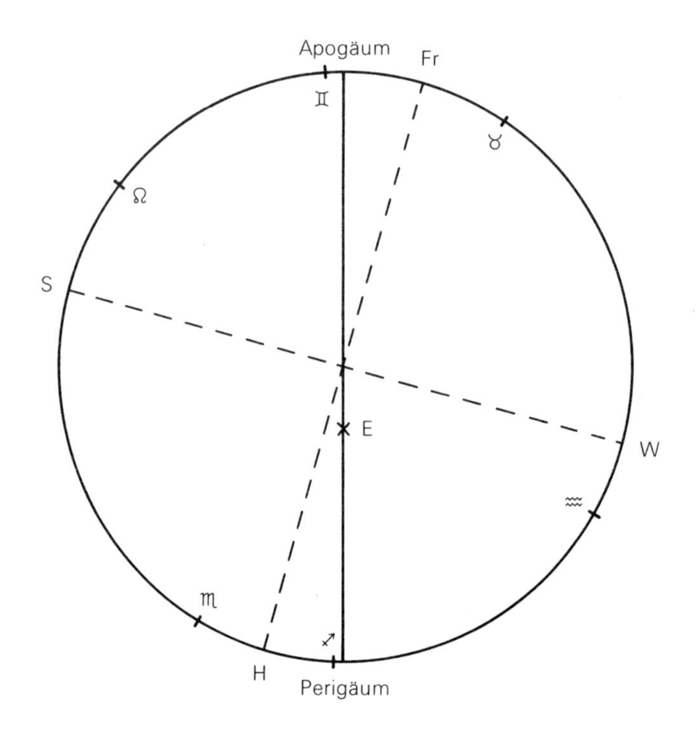

Zeichnung 95: 3101 v. Chr.

wie eine Sintflut das Bewusstsein auslöschte. Das Perigäum fällt nicht mit einem der Jahrespunkte zusammen. Man sieht, wie der *Frühlingspunkt* sich jetzt in der *Mitte des Stieres* befindet, der 3. nachatlantische Zeitraum ist eben daran, zu beginnen. Das *Perigäum* ist gerade in das Sternbild des *Schützen* eingetreten, das dem menschlichen Ich entspricht – in diesem Sternbild ist es auch heute noch.

5. *1250 n. Chr. (Zeichnung 96).* Auch diese Konstellation haben wir schon besprochen. Sie ist das Gegenbild der unter 2 genannten und der unter 7. Das *Perigäum* ist in der *Wintersonnenwende* im Schützen, der *Frühlingspunkt* in den *Fischen*. Wir bringen noch einmal das Bild dieser Lage, entsprechend den vorangehenden Zeichnungen.

5a. Für *unsere eigene Zeit* ist die Lage ungefähr so, wie *Zeichnung 97* andeutet. Es bleiben nun noch einige Zukunfts-Konstellationen zu verzeichnen übrig.

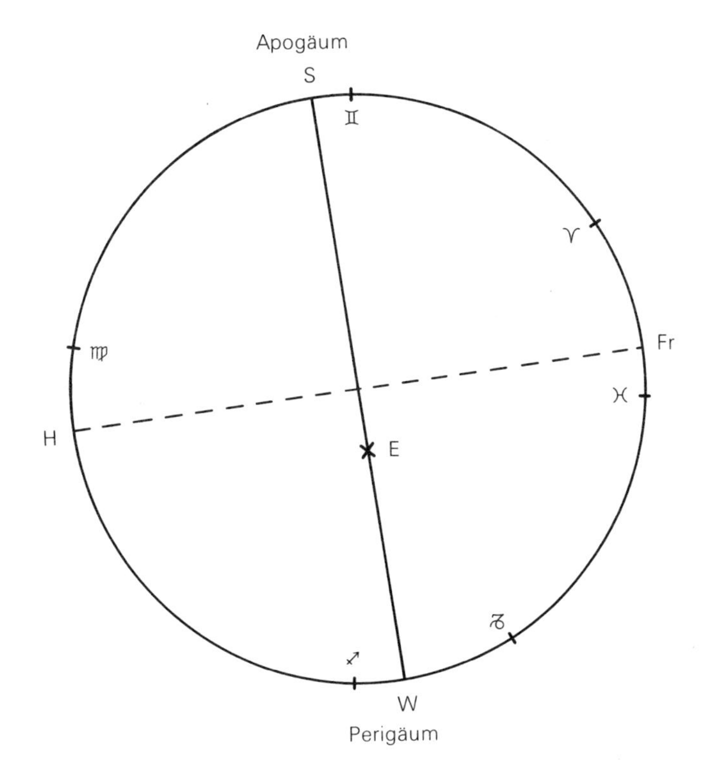

Zeichnung 96: 1250 n. Chr.

6. *6500 n. Chr. (Zeichnung 98).* Das Perigäum ist im *Frühlingspunkt* gerade im Begriff, aus dem Schützen in den *Steinbock* einzutreten. Wir sind hier in derjenigen Zeit, die Rudolf Steiner uns geschildert hat als die Zeit der Wiedervereinigung des Mondes mit der Erde, eine Zeit furchtbarer Katastrophen für denjenigen Teil der Menschheit, der nicht den Intellekt wird vergeistigt haben[169].

7. *12 000 n. Chr. (Zeichnung 99).* Die neue Eiszeit, die sich von der anderen, 21 000 Jahre vorher sich abspielenden, dadurch unterscheidet, dass das *Perigäum* mit der Sommersonnenwende jetzt im *Steinbock* sein wird, während es damals im Skorpion lag. Eine noch mehr verhärtete, weniger «flüssige» Eiszeit als diejenige der atlantischen Zeit, könnte man sagen. Der *Frühlingspunkt* wird im Sternbild der Waage sein. Sie wird dann die dunklen Zeichen, in die sie seit dem Mysterium von Golgatha eingetreten war, verlassen haben und erneut in die hellen Zeichen eintreten. Wie ein

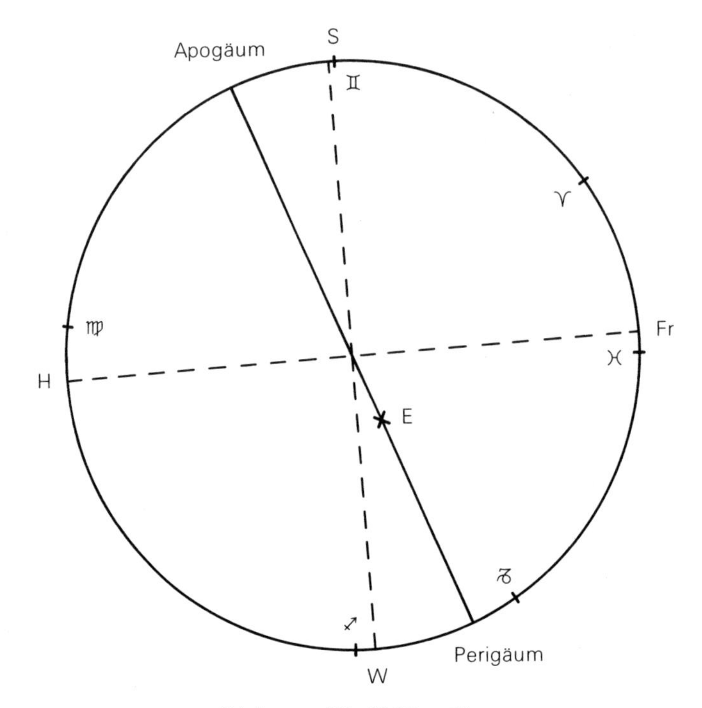

Zeichnung 97: 1930 n. Chr.

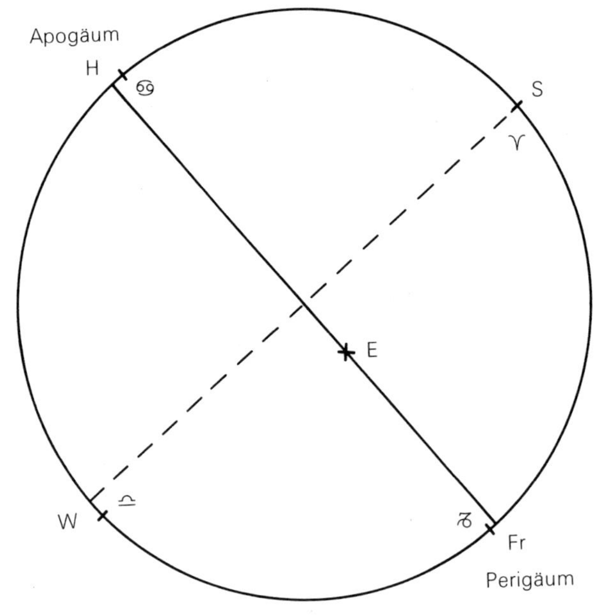

Zeichnung 98: 6500 n. Chr.

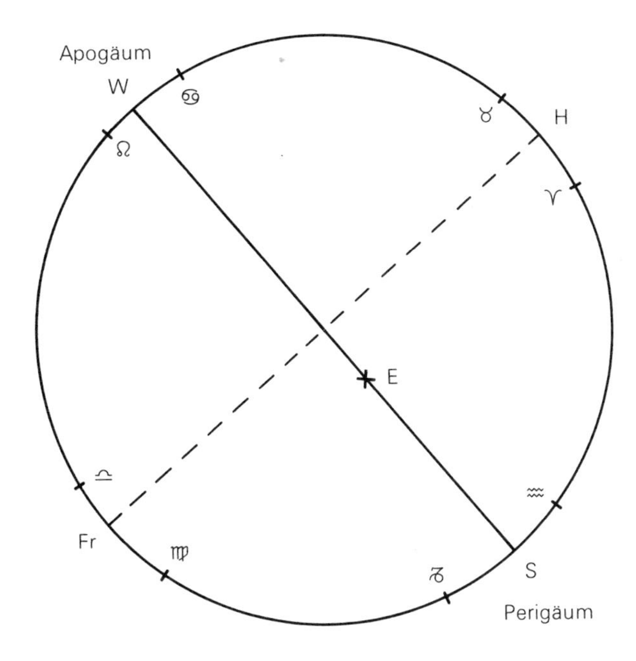

Zeichnung 99: 12 000 n. Chr.

In-die-Verhärtung-Gehen des Irdischen da unten und ein sich lichthaft, frühlingshaft Erheben des befreiten Geistigen da oben, so kann man dieses Zeichen empfinden.

So haben wir die grosse Weltenuhr am Firmament zu lesen versucht. Man sieht, wenn man die Darstellungen nacheinander verfolgt, wie die «Zeiger» sich allmählich fortbewegen und wie in ihrem Zusammentreffen immer neue Zusammenstellungen sich ergeben. So werden sie zu einer wahren Himmelsschrift. Auch über die grossen Weltzeitalter lässt sich aus dieser Himmelsschrift einiges entziffern, wie wir es andeutenderweise bei dem Anbruch des Kalijuga sahen. Wir wollen uns das nächste Mal damit beschäftigen.

Über die Weltalter

12. Rundschreiben III, August 1930

Seit dem frühesten Altertum haben die Lehrer der Menschheit von den grossen Zeitaltern gesprochen, die nacheinander in der Weltgeschichte abgerollt sind. Es gehört diese Erkenntnis zu den meist verbreiteten Wissensschätzen aus der Zeit des alten, atavistischen Hellsehens. Die alten Inder, die einen besonderen Sinn für alles Rhythmische, zyklisch Verlaufende hatten, die auch in der Geschichte viel mehr die rhythmisch-notwendig ablaufende Gesetzmässigkeit betrachteten als das Zufällige, Einmalige, das dem Abendländer die Geschichte ist (es hängt das selbstverständlich mit dem Ätherleib als Grundlage der altindischen Kultur zusammen), die Inder kannten solche Weltalter der verschiedensten Zeitdauer. Diese Erkenntnis muss auf die Weisheitsoffenbarung der 7 heiligen Rishis zurückgeführt werden. In den späteren Werken, die sich mit diesen Zyklen befassen (wie zum Beispiel die Surya-Siddhanta oder «Sonnenlehre»), werden oft gewaltige Zahlen genannt, die sich nur mit den berüchtigten «astronomischen Zahlen» der Jetztzeit vergleichen lassen, wenn es sich darum handelt, die Dauer der grossen Yugas oder Weltalter auszudrücken. Wir wissen auch, dass vieles an solchen ungeheuren Zahlen anders zu lesen ist, als nach unserem heutigen Dezimalsystem. Jede Null bezeichnet eigentlich eine abgelaufene Entwicklung – Zeitraum oder Zeitalter –, es ist das Ei, aus dem die nächste Entwicklungsstufe hervorgeht. – Manches mag auch aus einer späteren Dekadenzzeit herrühren, wo das untergehende Hellsehen wie etwas Wucherndes in die Schauungen hereinbrachte. Aber die Lehre der vier grossen Weltalter ist eine ganz feststehende. Sie wurden mit ihren indischen Namen das Krita-, Treta-, Dvapara- und Kalijuga genannt; auch Rudolf Steiner gebraucht diese Ausdrücke (vgl. «Der Christus-Impuls und die Entwicklung des Ich-Bewusstseins», 3. Vortrag[91]). In der abendländischen Tradition, die von der griechischen Kultur herstammt, sind sie – ebenfalls aus tiefer Erkenntnis heraus – das goldene, silberne, eherne und das schwarze oder eiserne Zeitalter genannt worden. Bisweilen wird noch ein fünftes Zeitalter oder eine fünfte Schöpfung dazugerechnet, bisweilen auch nur von drei Zeitaltern gesprochen, doch ist die Übereinstimmung mit der indischen Geheimlehre da, wo die Zeitalter ihrem Wesen nach charakterisiert werden, unverkennbar.

In dieser Lehre der Zeitalter ruht die Erkenntnis – die besonders im alten, vorchristlichen Orient stark im Bewusstsein lebte –, dass die Entwicklung im allgemeinen in einem Niedergang begriffen ist, dass jede Zeit schlechter ist, weniger spirituell als die vorhergehende, dadurch, dass das alte Hellsehen immer mehr verschwindet. – Es ist das sowohl im grossen wie im kleineren der Fall. So sind die Namen der Zeitalter bisweilen auf die ganz grossen Epochen angewendet worden, die gleichsam vom Anfang unserer Erdenentwicklung ausgehen: sie sind aber auch als kleinere Perioden angesehen worden, denn auch die einzelnen Kulturen verlaufen so, dass man immer auf die vorhergehende als die bessere, geistigere hinschauen kann. Die «Erbsünde» frisst sich immer tiefer in die Menschheit hinein.

So blickten die alten Eingeweihten zurück auf eine Zeit, wo der Mensch mit den Göttern zusammenlebte, noch keine physische Umgebung wahrnahm, sondern noch ganz mit der geistigen Welt verbunden war. Es war das «*goldene* Zeitalter», das *Kritajuga*, das in der indischen Geheimlehre auch Satyajuga oder «Wahrheitszeitalter» genannt wurde. Weit zurück in der Menschheitsentwicklung müssen wir es suchen, noch vor der Atlantis, in der lemurischen Zeit. Es ist jene Zeit, die dem ersten Stadium der Weltenevolution entspricht, gemäss dem öfter angeführten Leitsatzbrief (25. Oktober 1924)[8], in welchem nur die geistigen Wesen vorhanden sind. Wenn auch in diesem ersten Zeitalter die Versuchung durch die Schlange und die Austreibung aus dem Paradiese schon stattgefunden hatte – für die spätere Nachwelt war es immer noch das goldene Zeitalter, da der Mensch noch der Genosse der Götter war und durch Götterwillen gelenkt wurde, nicht seinem eigenen, irrenden, sündhaften Willen nur überlassen war.

Dann kam das nächste Zeitalter, das *silberne*, wo schon weniger aus der geistigen Welt unmittelbar erlebt wurde, aber doch die Menschen durch die Erinnerung an das Vorgeburtliche von der geistigen Welt noch vieles wussten. Man konnte noch die Impulse der göttlich-geistigen Welt erleben; es ist das Zeitalter der Offenbarung, das zweite Stadium der Weltentwicklung. Es entspricht zum grössten Teil der atlantischen Zeit. Daher ist es das «silberne Zeitalter»; denn die alte atlantische Zeit ist eine Abspiegelung der Mondenentwicklung. Als *Tretajuga* hat es seinen Namen von den drei heiligen Feuern auf dem indischen Opferaltar, auch darin die Offenbarung ausdrückend von der Dreieinheit, die noch vom Menschen erlebt wurde.

Dann folgt das *eherne* Zeitalter, Zeuge der grossen Auswanderung vor und während der atlantischen Flut, Zeuge gewaltiger Kriege auch, die die wandernde Menschheit mit den Urvölkern auszukämpfen hatte. Es umfasst auch die altindische, die altpersische Kultur. Das Ichbewusstsein erwacht; die geistige Welt, nicht mehr unmittelbare Erkenntnis, lebt nur mehr in der Erinnerung, in der Sehnsucht auch. In dem Namen *Dvaparajuga* liegt ausgedrückt, dass es eine Zeit des Zweifels ist. Gerade mit dem Erwachen des Ich muss Zweifel in die Seele einziehen. Es ist jener Zweifel, der dann als Verzweiflung so ganz elementarisch zum Ausbruch kommt bei demjenigen Ereignis, das an dem Ausgangspunkt des Zeitalters steht, das auf das Dvaparajuga folgt, des *Kalijuga*, des *schwarzen* oder finsteren Zeitalters, – die morgenländische und die abendländische Bezeichnung dekken sich hier.

Das Kalijuga beginnt 3101 v. Chr. und ist gekennzeichnet durch den gewaltigen Krieg, von dem die Bhagavad Gita kündet[170], bei dem sich – ein bis dahin unbekanntes Ereignis – Blutsverwandte in den beiden Heeren gegenüberstehen und Arjuna, ein Heerführer von der einen Gruppe, zusammenzubrechen droht unter der Verzweiflung über die Gottlosigkeit dieses Tuns. Da belehrt ihn Krishna, der Göttlich-Inkarnierte, dass diese Untat notwendig ist und ihr nur mit Seelenkräften begegnet werden kann. Arjuna rafft sich auf, die Schlacht beginnt, das finstere Zeitalter ist angebrochen. Wir wissen, dass es 1899 abgelaufen ist.

Rudolf Steiner hat einmal bestimmte Zahlen für die Dauer der Weltalter angegeben, aus denen man ihren Zusammenhang mit dem kosmischen Rhythmus, von dem wir zuletzt gesprochen haben, noch leise ablesen kann[171]. Das Kalijuga, so wissen wir, umfasste genau 5000 Jahre. Bei den anderen Weltenaltern handelt es sich um Zahlen, die alle ein Mehrfaches von 5000 sind. Das Dvaparajuga oder eherne Zeitalter hat 10 000 Jahre gedauert, das silberne 15 000, das goldene 20 000. Wir werden hingewiesen auf die Umdrehung der Apsidenlinie und ihr Zusammentreffen mit den Jahrespunkten in Abschnitten von ungefähr 5000 Jahren.

Wir haben es hier mit einem kosmischen *Rhythmus* zu tun, nicht mit einer unmittelbaren Konstellation (über den Unterschied vgl. 2. Rundschreiben I). Der Zeitpunkt zum Beispiel des Eintretens des Kalijuga fällt nicht mit einer der grossen Begegnungen der «Zeiger» der Weltenuhr zusammen, aber in der Periode des Zeitalters selber spiegelt sich das Zusammentreffen von Präzessionsrhythmus und Apsidenrhythmus. Erkennt man das an den oben gegebenen Zahlen von 1, beziehungsweise 2,3 und 4 mal 5000 Jahren, so tritt der Zusammenhang mit dem «platonischen Weltenjahr» als Umlauf des Frühlingspunktes noch mehr hervor in jenen Zahlen, die H.P. Blavatsky für die Jugas nach dem indischen Okkultismus angibt (Geheimlehre II. Band). Man muss nur dabei wiederum im

Auge behalten, dass die vielen Nullen nicht auf eine Dezimalrechnung hinweisen – Blavatsky gibt für die Dauer der vier Jugas nacheinander die Zahlen: 1 728 000 (Krita), 1 296 000 (Treta), 864 000 (Dvapara) und 432 000 (Kalijuga). Damit sind die *grossen* Zeitläufe gemeint; auch Blavatsky rechnet das gewöhnliche Kalijuga auf 5000 Jahre. – Wir haben da wiederum 4, 3, 2 und 1 Mal die Dauer des Kalijuga, und wenn man dieses auf 4320 nimmt, so wird es ⅙ des grossen Weltenjahres von 25 920 Jahren. Die vorhin von Rudolf Steiner gegebenen Perioden umfassen (wenn man das fünfte Zeitalter von 2500 Jahren dazurechnet) zusammen etwa 52 000 Jahre, die Hälfte eines siderischen Apsidenumlaufes. Auch eine solche Zeitdauer führt uns schon zurück in Zeiten, bei denen von einer eigentlichen Chronologie nicht gut gesprochen werden kann, da das «Jahr» noch nicht eine so bestimmte Länge hatte wie heute. Wir haben in diesen «Jahren» und in den Berechnungen, die wir darauf gründen können, etwas, was sich immer mehr von dem äusserlich Kosmischen loslöst, was immer mehr nur auf einen blossen Rhythmus hinweist, das heisst, auf eine astralisch-ätherische Gesetzmässigkeit. Während wir bei den grossen «Begegnungen» der zwei Paar «Uhrzeiger» noch auf bestimmte Punkte am Himmel hinweisen konnten, wo diese tatsächlich in regelmässig sich folgenden Zeiträumen von je 5200 Jahren stattfanden, haben wir hier nur mit verschiedenen Vielfachen dieser Periode zu rechnen, ohne besonderen Himmelsstand. Auf der anderen Seite entschlüpft uns auch – wie soeben gesagt wurde – der genaue Zusammenhang zwischen den Kulturperioden oder «Unterrassen», wie man sie für die atlantische Zeit genannt hat, und dem Zeitverlauf, indem die Länge des Jahres im Zurückgehen von – sagen wir – der Mitte der atlantischen Zeit an keine unveränderliche Grösse bleibt. Man braucht ja bloss daran zu denken, dass beim Anfang der lemurischen Zeit die Sonne die Erde verliess, und dass alle die Verhältnisse, die dann zu unserem heutigen Jahreslauf geführt haben, noch ganz andere waren als später. Wenn wir trotzdem die gebräuchlichen Zahlen in der Rechnung anwenden werden, sowohl für die atlantischen Zeiträume wie für die Weltalter, so geschieht es nur, um einen gewissen Parallelismus zustande zu bringen, wodurch die Weltalter zu den grossen Weltperioden der lemurischen, der atlantischen und der nachatlantischen Zeit in eine Beziehung gesetzt werden können. So müssen wir zum Beispiel für die alte atlantische Kultur 7 Zeiträume oder Unterrassen von je 2160 Jahren rechnen, das sind im ganzen 15 000 Jahre, deren Ende beim Beginn des 1. nachatlantischen Zeitraumes liegt. Das heisst, etwa 7200 v. Chr., wenn wir den Anfang des 4. nachatlantischen Zeitraumes wie üblich auf 747 v. Chr. nehmen. So ergibt sich das folgende Schema:

Das *Kritajuga* oder goldene Zeitalter verläuft in der lemurischen Zeit. Dauer 20 000 Jahre.

Vom *Tretajuga*, dem silbernen Zeitalter, verlaufen die ersten 6 Jahrtausende noch in der lemurischen, die folgenden 9 Jahrtausende in der atlantischen Zeit, im ganzen 15 000 Jahre.

Das *Dvaparajuga* oder eherne Zeitalter fängt 6000 Jahre vor der 1. nachatlantischen Kulturperiode und erstreckt sich noch über weitere 4000 Jahre während der urindischen und urpersischen Kultur, im ganzen 10 000 Jahre.

Das *Kalijuga*, das finstere Zeitalter, geht von 3101 v. Chr. bis 1899 n. Chr. Dauer 5000 Jahre. – In die zweite Hälfte dieses Zeitalters fällt das Mysterium von Golgatha.

Nach diesem kommt ein anderes Zeitalter, das unsrige, in das wir seit 1899 eingetreten sind und das 2500 Jahre dauern wird. Wir können es in Anlehnung an ein von Rudolf Steiner oft gebrauchtes Wort das *lichte Zeitalter* nennen. Wir wissen auch, worin das «Lichte» dieses Zeitalters besteht, trotz allem Schweren, das es uns in der kurzen Zeit seines Daseins geschenkt hat und gewiss noch weiter bringen wird. Es ist die Zeit der auferstehenden spirituellen Fähigkeiten, des neuerwachenden Hellsehens der Menschen, jetzt nicht mehr eines dumpfen, traumhaften Hellsehens, sondern eben einer lichten, hellen, «exakten Clairvoyance». Der Ichimpuls ist endgültig in den Menschen eingezogen, er kann sich durch eigene Kraft, durch eigene Anstrengung in die geistige Welt erheben, er kann begnadet werden, die lichte Götterwelt zu erleben, aus der er seine Stärke, seine Führung sowohl für das eigene Seelenleben wie für das menschliche Zusammenleben ziehen wird.

Wir wissen auch, dass diese neue Fähigkeit des Hellsehens, des Bilderschauens in der ätherischen Welt, schon in ihren ersten Anfängen dazu führen wird, dass die Menschen – zuerst einzelne, dann im Laufe der nächsten Jahrhunderte immer mehr und mehr – den Christus in ätherischer Gestalt hier im Erdenleben unmittelbar erleben werden. Es ist keine Willkür, wenn wir von der Betrachtung der Weltalter, die sich wiederum aus der Betrachtung der grossen bekannten kosmischen Rhythmen ergeben hat, zu dem grössten Ereignis des «lichten Zeitalters» aufsteigen. Rudolf Steiner selber hat die ersten Mitteilungen über dieses Ereignis immer in Anknüpfung an die Mitteilungen über die Weltalter gebracht. Es sind die Vorträge von den ersten Monaten des Jahres 1910, die in unmittelbarem Zusammenhang die beiden Themen behandeln (siehe zum Beispiel den Vortrag vom 2. Februar 1910[91]). Denn « . . . der Okkultist kann geradezu darauf hindeuten, wie seit dem Jahre 1909 ungefähr in deutlich vernehmbarer Weise sich vorbereitet dasjenige, was da kommen soll, dass wir seit dem Jahre 1909 innerlich in einer ganz besonderen Zeit leben. Und es ist heute möglich, wenn es nur gesucht wird, dem Christus ganz nahe zu sein, den Christus in ganz anderer Art zu finden, als ihn frühere Zeiten gefunden haben» (1. Vortrag).[48]

So sind wir in unseren Betrachtungen gewissermassen den Weg gegangen von der Maja der äusseren Natur über die kosmischen Bewegungen, die sich in dieser Maja offenbaren, hinauf zu der Realität der geistigen Wesenheiten. Es schliesst sich in gewisser Weise der Kreis, der mit diesen Rundschreiben vor drei Jahren angefangen wurde.

Als Ausgangspunkt nahmen wir dasjenige, was in gewaltiger Überschau Rudolf Steiner über das Hervorgehen der Himmelskörper aus den geistigen Wesenheiten der Hierarchien und ihre Lenkung durch höhere und niedere Wesenheiten im Helsingforser Zyklus[5] gegeben hatte. Dass die Welt – die gewordene, die Werkwelt – Maja ist, eine Maja der Vergangenheit, war der Ausgangspunkt. Diese Maja versuchten wir in ihrem reinsten Aspekt zu nehmen, da wo sie sich als Sinnesphänomene offenbart, indem wir die Himmelserscheinungen und die kosmischen Bewegungen vom Gesichtspunkt des Sinnenscheins betrachteten. Um diese wirklich verstehen zu können, mussten wir immer wieder zu dem geistigen Ursprung des Weltalls zurückkehren, für den alles Dasein der Werkwelt nur wie eine Schrift am Himmel ist. Wir sahen die Menschenseele durch Tod und Geburt mit dem Sternenhimmel verbunden, wir sahen den Kampf zwischen geistigen Mächten der verschiedensten Art, der sich im Himmel abspielt. Und zuletzt betrachteten wir die grossen kosmischen Perioden, die in ihrem Zusammenwirken das Bild der Menschheitsentwicklung für uns abrollen lassen, in das sich dann das Bild unserer Zeit und der nächsten Zukunft hineinstellt.

Wir sind wiederum bei geistigen Wesen angelangt, das heisst, bei dem Zentralwesen unserer Menschheitsentwicklung, das, aus kosmischen Höhen einst herabgestiegen, der Erde ihren Sinn gegeben hat, das «im Urbeginne war» und «alle Dinge gemacht hat» und das von sich selber zu den Menschen sprechen konnte: Ich bin bei Euch alle Tage bis ans Ende der Weltalter – und auch das Wort: Himmel und Erde werden vergehen, aber meine Worte werden nicht vergehen. – In dem neuen Jupiterdasein wird die neue Erde verkörpert sein, und sowohl diese «Erde» wie der Himmel, der dann da sein wird, werden die Merkmale tragen der Spiritualität oder der Unspiritualität unserer irdischen Menschheitsentwicklung. So konkret sind die Zusammenhänge, die eine äussere Astronomie heute nur im Physisch-Materiellen suchen will.

«Die astronomische Wissenschaft ist diejenige, welche am ehesten Gelegenheit hat, wieder zurückgeführt zu werden in die Spiritualität,» sagte Rudolf Steiner[1], und aus demjenigen heraus, was wir hier und da aus der Geschichte der Astronomie bringen konnten, wird man sowohl die Notwendigkeit, wie auch die Möglichkeit eines solchen Unternehmens bejahen können. Wir haben auch hingewiesen auf diejenigen Vorstellungen, die sich heute ganz besonders einer spirituellen Auffassung hemmend in den Weg stellen, die das heutige durch und durch materialistische, gott- und geistverlassene Weltbild der äusseren Astronomie geschaffen haben. Dass noch vieles, sehr vieles zu tun sein wird, um dieses Weltbild durch das andere, vom Geistesforscher entrollte, zu ersetzen, wird keiner von denen, die eine solche vergeistigte Astronomie wünschen, in Abrede stellen wollen. Es kann das spirituelle Bild aber jetzt schon in den Herzen und Seelen derjenigen Menschen leben, die Anthroposophie zu ihrem Lebensinhalt gemacht haben, und aus diesen Herzen heraus kann es in die Welt strahlen und zukunftsgestaltend wirken.

Anmerkungen

1 Rudolf Steiner, Exkurse in das Gebiet des Markus-Evangeliums (7. 11. 1910), Zyklus 30. GA 124, 3. Aufl., Dornach 1963.

2 Die 3mal 12 Rundschreiben, die in diesem Buch zusammengefasst wurden, erschienen monatlich während 3 Jahren von Michaeli 1927 bis Michaeli 1930, herausgegeben von der Mathematisch-Astronomischen Sektion am Goetheanum. Beim ernsthaften Studium wird man bemerken, wie die Briefe – in den drei Jahren sich zu einer Ganzheit schliessend – in einem innigen Zusammenhang mit dem ganzen Jahreslauf stehen und nicht zuletzt dadurch zu einem wahren Kunstwerk sich gestalten. Es sei hier für das ganze Werk noch das Folgende gesagt: Alle Angaben, die in den Briefen über die speziellen Konstellationen des betreffenden Zeitpunktes gemacht wurden und nur da ihre Gültigkeit hatten, sind mit Klammern ‹ › gekennzeichnet. Die Bemerkungen des Herausgebers im Text sind wie üblich in eckige Klammern [ ] gesetzt. Wo es für den gesamten Zusammenhang wichtig war, hinzuweisen auf den gegenwärtigen Stand der Wissenschaft, wurde meistens verwiesen auf zwei Kompendien der Astronomie, die jedem zugänglich sind, nämlich:
1. Das Fischer-Lexikon: Astronomie, siehe Anmerkung 95;
2. dtv-Atlas zur Astronomie, siehe Anmerkung 96.
Die Zusammenstellung der Rundschreiben wurde beibehalten mit Ausnahme von einem Fall, wo im 7. Rundschreiben I wegen eines Fehlers zurückgegriffen werden musste auf das vorige Rundschreiben. Die beiden betreffenden Absätze wurden sinngemäss im 6. Rundschreiben I aufgenommen. Einige tatsächliche Fehler wurden ohne Kommentar korrigiert.

3 Rudolf Steiner, Die Konstitution der Allgemeinen Anthroposophischen Gesellschaft und der Freien Hochschule für Geisteswissenschaft (Nachrichtenblatt vom 17. 2. 1924). GA 260a, Dornach 1966.

4 Rudolf Steiner, Anthroposophischer Seelenkalender (1912/13), 52 Wochensprüche. Dornach 1977.

5 Rudolf Steiner, Die geistigen Wesenheiten in den Himmelskörpern und Naturreichen (Helsingfors 3.–14. 4. 1912), Zyklus 21. GA 136, 4. Aufl., Dornach 1974.

6 Siehe auch Elisabeth Vreede, Sternenwelt und Menschenschicksal, Vortrag vom 3. 1. 1926 in: Elisabeth Vreede – Ein Lebensbild, Arlesheim 1976.

7 Rudolf Steiner, Die Geheimwissenschaft im Umriss (1910). GA 13, 29. Aufl., Dornach 1977, Kapitel: Die Weltentwickelung und der Mensch; zu S. 25 oben: siehe S. 226 in «Geheimwissenschaft»; zu S. 26 oben: S. 252; zu S. 64 Mitte: S. 196; zu S. 264: S. 258, 252 und 196.

8 Rudolf Steiner, Anthroposophische Leitsätze. Der Erkenntnisweg der Anthroposophie. Das Michael-Mysterium (1924/25). GA 26, 7. Aufl., Dornach 1976; zu S. 18: siehe den «Michael-Brief» vom 25. 10. 1924.

9 Rudolf Steiner, Aus der Akasha-Chronik (1904). GA 11, 5. Aufl., Dornach 1973.

10 Rudolf Steiner, Evolution der Erde (10. Vortrag vom 31. 8. 1906), in: Vor dem Tore der Theosophie, Zyklus 1. GA 95, 3. Aufl., Dornach 1978; zu S. 187: siehe den 5. Vortrag vom 26. 8. 1906.

11 Rudolf Steiner, Die Technik des Karma (31. 5. 1907), in: Die Theosophie des Rosenkreuzers, Zyklus 2. GA 99, 5. Aufl., Dornach 1962.

12 Rudolf Steiner, Entsprechungen zwischen Mikrokosmos und Makrokosmos. Der Mensch

– eine Hieroglyphe des Weltenalls (Dornach, 9. 4.–16. 5. 1920). GA 201, Dornach 1958. Besonders der 4. Vortrag vom 16. 4. 1920.

13 Sternkalender. Erscheinungen am Sternenhimmel. Jährliche Publikation der Mathematisch-Astronomischen Sektion am Goetheanum. Siehe auch Joachim Schultz, Drehbare Sternkarte Zodiak. 11. Aufl., Dornach 1976.

14 Lili Kolisko, Sternenwirken in Erdenstoffen. Studien aus dem biologischen Institut am Goetheanum. Schriftenreihe «Natura» I, Stuttgart 1927.

15 Rudolf Steiner, Die geistige Führung des Menschen und der Menschheit (1911). GA 15, 9. Aufl., Dornach 1974; zu S. 34: 3. Vortrag.

15a Siehe Anmerkung 95 (S. 207).

16 Ptolemäus, Handbuch der Astronomie. Übersetzt von K. Manitius, Teubner Verlag, Leipzig 1963, vor allem Band II, 9. Buch 1. Kapitel; zu S. 366: S. 152 und 168.

17 Siehe Rudolf Steiner, Die dreifache Sonne und der auferstandene Christus (24. 4. 1922), in: Das Sonnenmysterium und das Mysterium von Tod und Auferstehung. GA 211, Dornach 1963. Siehe auch Anmerkung 124.

18 Siehe Rudolf Steiner, Bausteine zu einer Erkenntnis des Mysteriums von Golgatha (Berlin, 27. 3.–24. 4. 1917), Zyklus 45. GA 175, 3. Aufl., Dornach 1961; zu S. 49: Vortrag vom 27. 3. 1917.

19 Vgl. Rudolf Steiner, Christus-Mysterium und Sonnen-Mysterium. Die ägyptische Isislegende und ihre Erneuerung für die heutige Zeit (24. 12. 1920), in: Die Brücke zwischen der Weltgeistigkeit und dem Physischen des Menschen, GA 202, Dornach 1970.

20 Rudolf Steiner, Die Geheimnisse der biblischen Schöpfungsgeschichte (19. 8. 1910), Zyklus 14. GA 122, 5. Aufl., Dornach 1976.

21 Es sei für den Kenner der üblichen Darstellungen bemerkt, dass an dieser Stelle noch abgesehen wird von der Bewegung der Ekliptik bezüglich des Horizonts; diese Schlängelbewegung wird später betrachtet. Jetzt denke man sich einen festen Tierkreis-Gürtel, der sich in sich selber dreht. Weil wir hier in dieser Übung ganz absehen von der Tagesbewegung (so, wie im 3. Rundschreiben I abgesehen wurde von der Jahresbewegung), und die Schlängelbewegung der Ekliptik ja erst durch die Tagesbewegung hineinkommt, ist das in dieser phänomenologischen Einführung ein konsequenter Gedankengang. Die Ost-West-Bewegung der Sternbilder (als doppelte Maja) ist hier auch nicht aufzufassen als vom Ostpunkt zum Westpunkt verlaufend (ebensowenig wie man das meint bei der Ost-West-Bewegung der Sonne im Laufe des Jahres). In *Zeichnung 6* betrachtet man darum auch die Benennungen O, W, S, N und Nordpol als hindeutend auf einen bestimmten Moment in der ganzen Betrachtung. – Wenn man sich den Tierkreis als *festen* Gürtel – in sich drehend – denkt und als Bezugskreis die Ekliptik nimmt (also ohne «Schlängelbewegung»), beschreiben alle Sterne im Laufe des Jahres Kreise parallel zur Ekliptik. Weil die «Schlängelbewegung» sozusagen noch nicht da ist, dürfen wir auch die verschiedenen Stellungen der Ekliptik zum Horizont noch nicht «sehen». (Man versuche, sich ganz dem Himmel hinzugeben, ganz losgelöst von örtlichen Gegenständen sich zu konzentrieren auf den Tierkreis.)

22 An dieser Stelle hat Elisabeth Mulder in der ersten Buchausgabe der «Astronomischen Rundschreiben» (E. Vreede, Anthroposophie und Astronomie. Freiburg i.B. 1954) eine verdienstvolle Ergänzung eingefügt: «Der Abstand zwischen dem Himmelspol und dem Himmelsäquator bleibt sich immer gleich (90°). Je höher also der Polarstern am Himmel stehen wird, das heisst, je mehr wir uns auf der Erde nach Norden hin begeben, desto flacher wird am Südhimmel die Lage des Himmelsäquators sein. Am Nordpol der Erde wird der Polarstern im Zenit stehen, während der Himmelsäquator mit dem Horizonte zusammenfallen wird. So ist es begreiflich, dass man in nördlichen Gegenden immer mehr Sterne haben wird, die zirkumpolar sind, immer weniger, die am südlichen Himmel über den Horizont kommen. Am Nordpol wären alle sichtbaren Sterne zirkumpolar, das heisst, sie würden nie unter dem Horizont verschwinden und jene Tagesbewegung parallel dem Himmelsäquator würde man da am deutlichsten wahrnehmen können, weil alle Sternenbah-

nen sich parallel dem Horizonte vollziehen würden. Allerdings würde man da nur die Sterne der nördlichen Halbkugel sehen. – Ein ganz anderes Bild bietet der Sternenhimmel, wenn wir uns am Erdäquator befinden. Die Entfernung vom Nordpol beträgt da 90°, folglich muss auch der Himmels-Nordpol 90° von unserem Zenit entfernt sein, das heisst, er liegt auf dem Horizont. Die Weltenachse, um die sich die Tagesbewegung vollzieht, liegt in der Horizontebene, die Sterne beschreiben Bahnen, die senkrecht zu ihr stehen. – Es gibt am Äquator keine Sterne, die zirkumpolar sind; man sieht von jedem Stern aber nur den halben Tageskreis, und auch die Sonne geht um 6 Uhr auf und um 6 Uhr unter.»

23 Rudolf Steiner, Geistige Hierarchien und ihre Widerspiegelung in der physischen Welt (Düsseldorf, 12.–18. 4. 1909), Zyklus 7. GA 110, 5. Aufl., Dornach 1972, zu S. 64: 5. und 6. Vortrag; zu S. 71: 6. Vortrag; zu S. 239: 6. und 10. Vortrag; siehe auch: Rudolf Steiner, Über Gesundheit und Krankheit (18 Vorträge für die Arbeiter am Goetheanumbau 1922/23). GA 348, Dornach 1976, 18. Vortrag – und: Rudolf Steiner, Geisteswissenschaft und Medizin (20 Vorträge, Dornach 1920). GA 312, Dornach 1976, 6. Vortrag; zu S. 264: 3. Vortrag.

24 Rudolf Steiner, Die Evolution vom Gesichtspunkte des Wahrhaftigen (Berlin, 31. 10.–5. 12. 1911), Zyklus 35. GA 132, 4. Aufl., Dornach 1969.

25 Rudolf Steiner, Weltenwunder, Seelenprüfungen, Geistesoffenbarungen (München, 18.–28. 8. 1911), Zyklus 18. GA 129, 5. Aufl., Dornach 1977, 8. und 9. Vortrag.

26 Rudolf Steiner, Die Rätsel der Philosophie in ihrer Geschichte als Umriss dargestellt. (1914.) GA 18, 8. Aufl., Dornach 1968; zu S. 67: S. 52 im Kapitel «Die Weltanschauung der griechischen Denker».

27 Ergänzung von Elisabeth Mulder: «Sein homozentrisches Sphärensystem ist insofern interessant, als durch das Zusammenspielen von verschiedenen Sphären eine lemniskatische Planetenbewegung zustande kam. Er dachte sich aber die Planeten noch ganz ‹substanzlos›, so dass zum Beispiel Merkur und Venus durch die Sonne hindurchgehen konnten». Vgl. auch Anmerkung 28, S. 61 ff. und S. 271 ff.

28 Kuno Fladt/Hans Seitz, Astronomie. Ernst Klett Verlag, Stuttgart 1928, S. 65.

29 Rudolf Steiner, Das Initiaten-Bewusstsein (11 Vorträge, Torquay, 11.–22. 8. 1924). GA 243, 3. Aufl., Dornach 1969; zu S. 350: 9. Vortrag.

30 Rudolf Steiner, Das Osterfest als ein Stück Mysteriengeschichte der Menschheit (Dornach, 19.–22. 4. 1924). Dornach 1974; auch in: Die Weltgeschichte in anthroposophischer Beleuchtung. GA 233, 2. Aufl., Dornach 1979.

31 Rudolf Steiner, Das Verhältnis der verschiedenen naturwissenschaftlichen Gebiete zur Astronomie (Stuttgart, 1.–18. Januar 1921), hg. von der Mathematisch-Astronomischen Sektion am Goetheanum, Dornach 1926; zu S. 85: 12. Vortrag; zu S. 375: 6. Vortrag. (Vorgesehen als GA 323.)

32 Rudolf Steiner, Das Verhältnis der Sternenwelt zum Menschen und des Menschen zur Sternenwelt (Dornach, 26. 11.–22. 12. 1922). GA 219, 3. Aufl., Dornach 1976.

33 Rudolf Steiner, Theosophie (1904). GA 9, 30. Aufl., Dornach 1978.

34 Rudolf Steiner, Die Philosophie der Freiheit (1894). GA 4, 14. Aufl., Dornach 1978.

35 Rudolf Steiner, Wie erlangt man Erkenntnisse der höheren Welten? (1904). GA 10, 22. Aufl., Dornach 1975.

36 Rudolf Steiner, Sprachgestaltung und dramatische Kunst (Dornach, 5.–23. 9. 1924). GA 282, 3. Aufl., Dornach 1969.

37 Rudolf Steiner, Die geistigen Individualitäten unseres Planetensystems. Schicksalsbestimmende und menschenbefreiende Planeten (Dornach, 27.–29. 7. 1923), in: Initiationswissenschaft und Sternenerkenntnis. GA 228, Dornach 1964.

38 Rudolf Steiner, Die Mission einzelner Volksseelen im Zusammenhange mit der germanisch-nordischen Mythologie (Kristiania, 7.–17. 6. 1910), Zyklus 13. GA 121, 4. Aufl., Dornach 1962; zu S. 292: 8. Vortrag.

39 Vgl. auch: Lili Kolisko, Sternenwirken in Erdenstoffen (Anmerkung 14) und: Die Sonnenfinsternis vom 29. Juni 1927. Studien aus dem biologischen Institut am Goetheanum,

Schriftenreihe der «Natura» II, Stuttgart 1927. Siehe auch die Besprechung davon in: «Das Goetheanum», 7. Jg., Nr. 5.

40 Rudolf Steiner, Menschenfragen und Weltenantworten (Dornach, 24. 6.–22. 7. 1922). GA 213, Dornach 1969, Vortrag vom 25. 6. 1922.

41 Werner Bohm, Vom Rhythmus der Mondknoten in Goethes Leben. In: Sternkalender 1949, vgl. Anmerkung 47.

42 Vgl. Joachim Schultz, Rhythmen der Sterne. 2. Aufl., Dornach 1977.

43 Es gibt in der wissenschaftlichen Literatur des 19. Jahrhunderts, die so reich an bewunderungswürdigem Forschungsmaterial ist, das hervorragende Werk von Oppolzer «Kanon der Finsternisse», in dem alle diese Verhältnisse rechnerisch und auch zeichnerisch dargestellt sind. Vgl. auch F.K. Günzel «Spezieller Kanon der Sonnen- und Mondfinsternisse» (E. Vreede).

44 Kalender 1912/13. Berlin 1912, abgedruckt in «Beiträge zur Rudolf Steiner Gesamtausgabe», Nr. 37/38, Dornach 1972. – Siehe auch Emil Funk, Der Kalender von 1912/13, Dornach 1973.

45 Elisabeth Vreede, Über den Tierkreis, in: Nachrichtenblatt, Beilage zu Das Goetheanum, 2. Jg., 1925, Nr. 19, 23, 27.

46 Rudolf Steiner, Wahrspruchworte. GA 40, 3. Aufl., Dornach 1978. (Darin: Worte zur ersten eurythmischen Darstellung und drei Gedichte, 29. 8. 1915.)

47 Der jährlich im Auftrag der Mathematisch-Astronomischen Sektion am Goetheanum erscheinende «Sternkalender» wurde früher von Elisabeth Vreede, Hermann von Baravalle, Joachim Schultz und wird jetzt von Suso Vetter herausgegeben.

48 Rudolf Steiner, Kosmische und menschliche Metamorphose (Berlin, 6. 2.–20. 3. 1917), Zyklus 44, in: Bausteine zu einer Erkenntnis des Mysteriums von Golgatha (vgl. Anmerkung 18); zu S. 129: siehe den Vortrag vom 13. 2. 1917.

49 Das erste Goetheanum, dessen Grundstein am 20. September 1913 gelegt wurde, ging in der Silvesternacht 1922/23 in Flammen auf. Das neue Goetheanum wurde an Michaeli 1928 eröffnet. – Siehe Rudolf Grosse, Die Grundsteinlegung des ersten Goetheanums, in: Die Weihnachtstagung als Zeitenwende. 2. Aufl., Dornach 1977.

50 Unter Abendstern wird astronomisch gemeint, dass der Planet der Sonne nachfolgt, also nach ihr sowohl auf- wie untergeht. Er kann zur Zeit des Sonnenunterganges selbstverständlich auch Morgenstern sein, wenn er gerade westlich von der Sonne steht. Er würde dann vor der Sonne untergehen, daher überhaupt am Abendhimmel unsichtbar sein. Über die Bewegungen von Merkur und Venus siehe 7. Rundschreiben I (E. Vreede).

51 Rudolf Steiner, Wendepunkte des Geisteslebens (Berlin 1911/12), in: Antworten der Geisteswissenschaft auf die grossen Fragen des Daseins. GA 60, Dornach 1962.

52 Rudolf Steiner, Alte Mythen und ihre Bedeutung (Dornach 4.–17. 1. 1918), in: Mysterienwahrheiten und Weihnachtsimpulse. GA 180, Dornach 1966.

53 Rudolf Steiner, Mysterienstätten des Mittelalters. Rosenkreuzertum und modernes Einweihungsprinzip (Dornach, 4.–13. 1. 1924), in: GA 233, vgl. Anmerkung 30.

54 Rudolf Steiner, Der Sinn des Prophetentums (9. 11. 1911), in: Menschengeschichte im Lichte der Geistesforschung. GA 61, Dornach 1962.

54a Siehe Rudolf Steiner, Okkulte Geschichte, 4. Vortrag (Anmerkung 163).

55 Rudolf Steiner, Esoterische Betrachtungen karmischer Zusammenhänge, Band I–VI (Vorträge von 1924). GA 235–240, 2.–6. Aufl., Dornach 1974–1977.

56 Rudolf Steiner, Das Leben zwischen Tod und neuer Geburt (München, 26./28. 11. 1912), in: Okkulte Untersuchungen über das Leben zwischen Tod und neuer Geburt. GA 140, 2. Aufl., Dornach 1970.

57 Rudolf Steiner, Das Geheimnis des Lebens nach dem Tode (Dornach, 20.–22. 1. 1917), in: Zeitgeschichtliche Betrachtungen, 2. Teil. GA 174, Dornach 1966.

58 Rudolf Steiner, Wie verhält sich die Theosophie zur Astrologie? In: Luzifer-Gnosis (Aufsätze von 1903–1908). GA 34, Dornach 1960.

59 Vgl. Anmerkung 15, 3. Vortrag.

60 Rudolf Steiner, Vier Mysteriendramen: Die Pforte der Einweihung, Die Prüfung der Seele, Der Hüter der Schwelle, Der Seelen Erwachen (1910–1913). GA 14, 3. Aufl., Dornach 1962.
61 Rudolf Steiner, Die Suche nach der neuen Isis, der göttlichen Sophia (Basel/Dornach, 23.–26. 12. 1920), in: Die Brücke zwischen der Weltgeistigkeit und dem Physischen des Menschen. GA 202, Dornach 1970.
62 Rudolf Steiner, Aus der Akasha-Forschung. Das Fünfte Evangelium (Vorträge in verschiedenen Städten 1913/14). GA 148, 2. Aufl., Dornach 1975.
63 Es liegt hier eine Anspielung vor auf Äusserungen Rudolf Steiners über die Änderungen in der Farbwahrnehmung (siehe zum Beispiel Anmerkung 61, 3. Vortrag und den Vortrag vom 15. 10. 1911 in: Bilder okkulter Siegel und Säulen. GA 284/85, 2. Aufl., Dornach 1977; siehe auch den Vortrag vom 8. 1. 1922 in: Alte und neue Einweihungsmethoden (Dornach 1. 1.–19. 3. 1922). GA 210, Dornach 1967. Ausserdem hatten ja die Griechen ein Wort, das blau und schwarz zugleich bedeutete (kuanéos).
64 Siehe den Vortrag vom 23. 12. 1917 (Anmerkung 65), den Vortrag vom 23. 12. 1920 (Anmerkung 61) und die Aufsätze von Emil Funk und Joachim Schultz (Anmerkung 66, S. 51–66).
65 Rudolf Steiner, Et incarnatus est (Basel, 23. 12. 1917), in: GA 180, vgl. Anmerkung 52.
66 Emil Funk/Joachim Schultz, Zeitgeheimnisse im Christus-Leben. Dornach 1970.
67 Rudolf Steiner, Was hat die Astronomie über Weltentstehung zu sagen? (Berlin, 16. 3. 1911), in: GA 60, vgl. Anmerkung 51.
68 Rudolf Steiner, Das Leben zwischen dem Tod und der neuen Geburt im Verhältnis zu den kosmischen Tatsachen (Berlin 1912/13), Zyklus 37. GA 141, 3. Aufl., Dornach 1964.
69 Rudolf Steiner, Das Leben zwischen Tod und neuer Geburt (12. 3. 1913), in: GA 140, vgl. Anmerkung 56.
70 Rudolf Steiner, Initiations-Erkenntnis (Penmaenmawr, 19.–31. 8. 1923). GA 227, 2. Aufl., Dornach 1960.
71 Assia Turgenieff, Rudolf Steiners Entwürfe für die Glasfenster des Goetheanum. Dornach 1961. Siehe auch: Georg Hartmann, Goetheanum-Glasfenster. Dornach 1971.
72 Rudolf Steiner, Der Mensch im Lichte von Okkultismus, Theosophie und Philosophie (Kristiania, 2.–12. 6. 1912), Zyklus 22. GA 137, 4. Aufl., Dornach 1973, 5. und 6. Vortrag.
73 Siehe Rudolf Steiner, Erlebnisse der Menschenseele im Schlaf und nach dem Tode (London, 12.–19. 11. 1922), in: Geistige Zusammenhänge in der Gestaltung des menschlichen Organismus. GA 218, 2. Aufl., Dornach 1976; zu S. 183: Vortrag vom 19. 11. 1922; zu S. 190: Vortrag vom 12. 11. 1922.
74 Rudolf Steiner, Das Leben im Licht und in der Schwere (Dornach, 10. 12. 1920), in: Das Wesen der Farben. GA 291, 2. Aufl., Dornach 1976.
75 Rudolf Steiner, Die verborgenen Seiten des Menschendaseins und der Christus-Impuls (Den Haag, 5. 11. 1922), in: GA 218, vgl. Anmerkung 73.
76 Rudolf Steiner, Über den Verkehr mit den Toten (Düsseldorf, 27. 4. 1913), in: GA 140, vgl. Anmerkung 56.
77 Rudolf Steiner, Das Miterleben des Jahreslaufes in vier kosmischen Imaginationen (Dornach, 5.–13. 10. 1923). GA 229, 3. Aufl., Dornach 1976; zu S. 250: 1. Vortrag.
78 Rudolf Steiner, «Offenbarung aus den Höhen und Friede auf Erden». Weihnachten in schicksalsschwerster Zeit (Basel, 21. 12. 1916). Dornach 1972. Auch in: Zeitgeschichtliche Betrachtungen, Erster Teil. GA 173, Dornach 1966.
79 Siehe zum Beispiel: Karl König, Einige geisteswissenschaftliche Betrachtungen über die Eihüllen und die erste Anlage des Menschenkeimes; in «Natura», 1. Jg., 1926/27, S. 327–332.
80 Rudolf Steiner, Die Vertiefung des Christentums durch die Sonnenkräfte Michaels (Torquay, 12.–21. 8. 1924), in: GA 240, vgl. Anmerkung 55.
81 Rudolf Steiner, Die Geheimnisse der Schwelle (München, 24.–31. 8. 1913), Zyklus 29. GA 147, 4. Aufl., Dornach 1969.

82 Rudolf Steiner, Pneumatosophie. Das Ich und die Sonne. Der Mensch innerhalb der Sternenkonstellation (Dornach, 5. 5. 1921), in: Perspektiven der Menschheitsentwickelung. GA 204, Dornach 1979.
83 Rudolf Steiner, Christus und die geistige Welt. Von der Suche nach dem heiligen Gral. (Leipzig, 28. 12.–2. 1. 1913/14), Zyklus 31. GA 149, 5. Aufl., Dornach 1977.
84 Rudolf Steiner, «Lucifer-Gnosis» (September 1905), siehe Anmerkung 58.
85 Siehe erstes Mysteriendrama, Vorspiel (Anmerkung 60).
86 Rudolf Steiner, Wie kann die Menschheit den Christus wiederfinden? (Dornach, 28. 12. 1918), in: GA 187, 2. Aufl., Dornach 1968.
87 Rudolf Steiner, In geänderter Zeitlage (Dornach, 29. 11.–8. 12. 1918), Zyklus 51. In: GA 186, 1. Aufl., Dornach 1963.
88 Rudolf Steiner, Die Evolution der Planeten und der Erde (Paris, 11. 6. 1906), in: Kosmogonie, GA 94, Dornach 1979.
89 Das Wichtige hier ist, dass Rudolf Steiner geisteswissenschaftlich das Cyan als Bestandteil des Kometen erforscht hat. Die Tatsache, dass schon im Jahre 1881 Sir William Higgins aus dem Spektrum des Kometen Cruls-Tebbutt (1881 III = 1881b), das überhaupt das erste Spektrum eines Kometen war, auf Cyan im Kometen schloss – dieses Ergebnis wurde im Jahre 1910 beim Halleyschen Kometen dann voll bestätigt –, macht Rudolf Steiners unabhängige Erkenntnis nicht weniger wertvoll.
90 Siehe Anmerkung 91 (5. Vortrag), 92 und 93 (1. Vortrag).
91 Rudolf Steiner, Der Christus-Impuls und die Entwickelung des Ich-Bewusstseins (Berlin 1909/10), Zyklus 17. GA 116, 3. Aufl., Dornach 1961.
92 Rudolf Steiner, Die Geheimnisse des Weltenalls. Kometarisches und Lunarisches (Stuttgart, 5. 3. 1910), Dornach 1937, und in: Das Ereignis der Christus-Erscheinung in der ätherischen Welt. GA 118, 2. Aufl., Dornach 1977.
93 Rudolf Steiner, Die Offenbarungen des Karma (Hamburg, 16.–28. 5. 1910), Zyklus 12. GA 120, 6. Aufl., Dornach 1975.
94 Die Zahlen gelten für den Stand von damals (1930). Es werden heute jährlich verschiedene Kometen entdeckt; siehe auch Anmerkung 95 oder 96.
95 dtv Atlas zur Astronomie. München 1974.
96 Fischer Lexikon Astronomie. Hg. von Karl Stumpff und H.H.Voigt, Frankfurt a.M. 1972.
97 Durch die heutigen Beobachtungsmöglichkeiten (Radioastronomie) sind diese Grenzen weiter hinausgerückt.
98 Dies betrifft hier ein Bandenspektrum bei der spektroskopischen Beobachtung. Es ist das Kennzeichen des Leuchtens von Molekülen, ein Fluoreszieren. Siehe Anmerkung 96 (S. 126).
99 M. Wilhelm Meyer, Das Weltgebäude. Leipzig 1908.
100 Vergleiche aber auch Fischer Lexikon, S. 128 (Anmerkung 96).
101 Rudolf Steiner, Der übersinnliche Mensch anthroposophisch erfasst (Den Haag, 13.–18. 11. 1923). GA 231, 2. Aufl., Dornach 1962.
102 Auch über den Kometen von 1843 ist später in einigen Berichten – deren Aussagen aber nicht gesichert sind – bekannt geworden, dass er vor dem Periheldurchgang gesehen wurde.
103 1. Heute ist es üblich, diejenigen Kometen langperiodisch zu nennen, deren Umlaufszeit mehr als 200 Jahre beträgt. – 2. Diese vier Gruppen kann man auch heute noch deutlich unterscheiden, obwohl dadurch, dass einige Kometen dazugekommen sind, sich die Grenzen erweitert haben; so muss man zum Beispiel die zweite Gruppe angeben zwischen 10 und 18 Jahren ; siehe die Tabellen auf Tafel I, II und III, S. 418–422.
104 Auch hier gelten heute natürlich andere Zahlen. Aus der Tabelle auf Tafel I geht hervor, dass von den Kometen, die in mehr als einer Erscheinung beobachtet wurden
39 zur Jupiter-Familie,
6 zur Saturn-Familie,
3 zur Uranus-Familie,

5 zur Neptun-Familie
und 2 zur Pluto-Familie gehören.
Diese Zahlen unterliegen selbstverständlich einem dauernden Wechsel.

105 Siehe die Zeichnung auf Tafel IV, S. 423.

106 Gemeint ist der Saturnmond Phoebe, der 1898 von Pickering entdeckt wurde; 1966 entdeckte Dolfuss den Mond Janus; die Existenz des Mondes Themis (1905) wird heute wieder angezweifelt.

107 Auch heute noch kann man sagen, dass die Unregelmässigkeiten in bezug auf die Monde hauptsächlich bei Uranus und Neptun auftreten. Ausserdem ist auffallend, dass bei den vier rückläufigen Jupitermonden die mittlere Entfernung vom Jupiter aus viel grösser ist als bei den anderen Jupitermonden. Das Entsprechende ist auch beim Saturnmond Phoebe der Fall; vgl. Anmerkung 95 (S. 98–103) und Anmerkung 96 (S. 208–212).

108 Siehe zum Beispiel K. Wurm, Die Kometen. Berlin 1954; zu S. 241: S. 49 ff.

109 Albert Steffen, Wegzehrung. 5. Aufl., Dornach 1964.

110 Rudolf Steiner, Was will Anthroposophie? – Vom Bielakometen, Vortrag vom 20. 9. 1924; in: Die Schöpfung der Welt und des Menschen (Dornach 30. 6.–24. 9. 1924). GA 354, 2. Aufl., Dornach 1977.

111 Anmerkung 77, 1. Vortrag, sowie: Johannes Tautz, Der Eingriff des Widersachers. Freiburg 1976. Und: Elisabeth Vreedes Aufsatz: Sternschnuppen und Kometen in ihrer Bedeutung für die Menschheit. – Der Sternschnuppenregen vom 9. Oktober 1933 (aus: Korrespondenz der anthroposophischen Arbeitsgemeinschaft, 3. Jg., Nr. 3, Dezember 1933). Vorgesehen für eine Aufsatzsammlung.

112 Siehe Fischer Lexikon, S. 130 (Anmerkung 96).

113 Die Kometen Bennet (1970), Kohoutek (1973 f) und West (1976) sind für europäische Beobachter ziemlich eindrucksvoll gewesen. Der Komet Ikeya-Seki (1965), obwohl sehr kurz sichtbar, ist sogar am hellichten Tage gesehen worden. Trotzdem gilt auch heute noch, dass das 20. Jahrhundert im Verhältnis zum 19. kometenarm ist.

114 Vgl. dtv Atlas S. 137 (Anmerkung 95) und Fischer Lexikon S. 163 (Anmerkung 96).

115 Heute glaubt man, dass es sich um einen Kometenkern handelte, der restlos verdampfte, vgl. dtv Atlas, S. 137 (Anmerkung 95).

116 Es wurde der auffallend starke Meteoritenregen vom 9. Oktober 1933 in Zusammenhang gebracht mit dem Kometen Giacobini-Zinner (1900), seitdem als Draconiten bekannt. Vgl. E. Vreedes Aufsatz «Sternschnuppen und Kometen» (Anmerkung 111).

117 Vgl. für den heutigen Stand dtv Atlas, S. 131 (Anmerkung 95) und Fischer Lexikon, S. 161 (Anmerkung 96).

118 Nachdem schon im 19. Jahrhundert tausende von Meteoren beobachtet worden waren und W.F. Denning diese (ca. 120 000) Beobachtungen und seine eigenen Ergebnisse (ca. 30 000) gesammelt und dabei über 4000 Radianten bestimmt hatte (Denning, General Catalogue of the Radiant Points. London 1899), entstand im ersten Viertel dieses Jahrhunderts ein Streit unter den Astronomen über die Existenz von «stationären Radianten». Denning war es, der glaubte, dass Radianten von bestimmten Meteorströmen sich durch mehrere Monate hindurch nicht ändern könnten. Sein hauptsächlichster Gegner war Ch.P. Olivier («Meteors», Baltimore 1925). Auch Th. Bredichin («Etudes sur l'origine des météors cosmiques et la formation de leurs courants», St. Petersburg 1903) hat schon bewiesen, dass ein scheinbares Strömen von Meteoren aus einem festen Punkt des Himmels eine Folge sein kann von dem perspektivischen Übereinanderliegen der Radianten von Strömen, die nichts miteinander gemeinsam haben (vgl. auch C. Hoffmeister, Die Meteore. Leipzig 1937).

Heute ist man allerdings allgemein der Meinung, dass das Phänomen des stationären Radianten, das ja beobachtet werden kann, nur noch historische Bedeutung hat, und erklärt es durch Perspektive oder zufällige statistische Häufung. Tatsache aber bleibt, dass bei dem Perseidenstrom als erstem (von Denning nachgewiesen) ein Meteorstrom vorliegt, der eine wahrnehmbare Verschiebung des Radianten zeigt, während bei den anderen Strömen der Radiant anscheinend – etwa durch die Lage in der Ekliptik bedingt – stationär ist.

119 Wilhelm Kaiser, Die geometrischen Vorstellungen in der Astronomie. Basel 1928.

120 Rudolf Steiner, Planeten- und Tierkreisdasein (Berlin, 27. 1. 1908), in: Das Hereinwirken geistiger Wesenheiten in den Menschen. GA 102, 1. Aufl., Dornach 1974.

121 Rudolf Steiner, Einflüsse aus andern Welten auf die Erde (Stuttgart, 8. 2. 1908). Nicht veröffentlicht.

122 Rudolf Steiner, Die Verantwortung des Menschen für die Weltentwickelung durch seinen geistigen Zusammenhang mit dem Erdplaneten und der Sternenwelt (Dornach, 29. 1.–1.4. 1921). GA 203, 1. Aufl., Dornach 1978.

123 Es mag hier die Aufmerksamkeit darauf gelenkt werden, wie an dieser Stelle von der Milchstrasse die Rede ist, also von dem, was am meisten sternbesät, aber am meisten unkonfiguriert ist, während in dem vorangehenden Beispiel gerade drei ausgesprochen charakteristische Sternbilder angeführt wurden: Widder, Stier, Löwe. – Immer wieder kann man die wunderbare Genauigkeit, die bis in alle Details gehende Sachlichkeit in den Darstellungen unseres Lehrers bewundern (E. Vreede).

124 Rudolf Steiner, Der Pfingstgedanke als Empfindungsgrundlage zum Begreifen des Karma (Dornach, 4. 6. 1924), in: GA 236, vgl. Anmerkung 55.

125 Rudolf Steiner, Die karmischen Zusammenhänge der anthroposophischen Bewegung (Dornach, 1. 7.–8. 8. 1924), in: GA 237, vgl. Anmerkung 55.

126 Die Zahlen galten für die zwanziger Jahre dieses Jahrhunderts. Heute muss man für die Anzahl verkörperter Menschenseelen eine Zahl nennen, die gegen 4 Milliarden geht, und man muss, weil man bis zur 24. Grösse fotografieren kann, mit fast 10 Milliarden festzustellender Sterne rechnen.

127 Rudolf Steiner, Erdensterben und Weltenleben (Berlin, 22. 1.–26. 3. 1918), Zyklus 48. In: GA 181, 1. Aufl., Dornach 1967.

128 Rudolf Steiner, Mysterienwahrheiten und Weihnachtsimpulse (Dornach, 24.–31. 12. 1917), in: GA 180, vgl. Anmerkung 52.

129 Rudolf Steiner, Das Wirken der materialistischen und der mystischen Strömung im Leben der Menschenseele (Stuttgart, 25. 7. 1920), in: Gegensätze in der Menschheitsentwickelung. GA 197, 1. Aufl., Dornach 1967.

130 Rudolf Steiner, Geisteswissenschaftliche Erläuterungen zu Goethes Faust, Band I: Faust, der strebende Mensch. GA 272, 3. Aufl., Dornach 1967.

131 Rudolf Steiner, Pflanze, Tier und Mensch in ihrer Beziehung zum Kosmos und der Erde; Gregor Mendel (Dornach, 22. 7. 1922), in: GA 213, vgl. Anmerkung 40.

132 Rudolf Steiner, Das Geheimnis der Trinität (Dornach, 23. 7.–9. 8. 1922). In: GA 214, Dornach 1970.

133 Hermann von Baravalle, Die Erscheinungen am Sternenhimmel. Stuttgart 1962. Siehe auch: Schultz, Rhythmen der Sterne (Anmerkung 42).

134 Der erste veränderliche Stern, Mira Ceti (im Walfisch), wurde gerade noch zu Ende des 16. Jahrhunderts (1596) von D. Fabricius entdeckt.

135 Es zeigt sich deutlich, dass hier und auch im folgenden die «Nebelflecke» ganz phänomenologisch betrachtet werden, insbesondere die verschiedenen Arten von «Nebeln» (die Sternsysteme oder Galaxien und die eigentlichen Nebel oder Gas- und Staubsysteme) werden gesamthaft behandelt. – Für Abbildungen von Nebelflecken verwies Elisabeth Vreede damals auf: Joseph Plassmann, Himmelskunde. Freiburg 1913. Heute gibt es natürlich auch unzählige weitere Bücher mit Abbildungen von Nebelflecken.

136 Rudolf Steiner, Wer sind die Rosenkreuzer? (Leipzig, 16. 2. 1907), in: Das christliche Mysterium. GA 97, Dornach 1968.

137 Die Entdeckung der Tatsache, dass es einen Grosskreis gibt, der senkrecht zur Milchstrassenebene steht und der die grösste Dichte der Galaxien zeigt (er wird supergalaktischer Äquator genannt), ist für die heutige Astronomie mit dem Namen von Gerard de

Vaucouleurs und den fünfziger Jahren dieses Jahrhunderts verbunden. Bemerkenswert ist, dass Elisabeth Vreede darüber schon 1930 sprach.

138 Rudolf Steiner, Einiges über die Astralwelt in Anlehnung an die Göttersagen. Weltentwicklung und Planetenwesen (Berlin, 6. 1. 1908), in: GA 102, vgl. Anmerkung 120.

139 Das Phänomen wird mit der Existenz der dunklen, absorbierenden Materie erklärt. Diese Materie, ebenso wie die Sterne unserer Galaxie, konzentriert sich in der Milchstrassenebene. Hinter diesen dunklen Materie-Flecken sind die Galaxien (Spiralnebel) unsichtbar. Auch hier ist aber wiederum das Phänomenologische am wichtigsten.

140 Dies kann man heute nicht mehr so extrem sagen, weil über den ganzen Himmel hin Tausende von veränderlichen Sternen entdeckt worden sind.

141 Auch hier bezieht sich das, was mit «kleiner» und «grösser» bezeichnet wird, auf die *Beobachtung*. Die zuerst entdeckten «neuen Sterne» in Spiralnebeln (Galaxien) sind heute als eine besondere Klasse der Sterne, als «Supernovae» bekannt. Vgl. Fischer Lexikon, S. 182 (Anmerkung 96).

142 Heute spricht man von Interstellarer Materie; vgl. Anmerkung 95, S. 169 und Anmerkung 96, S. 115.

143 Im Fischer Lexikon wird von Hunderten von Sternhaufen, Tausenden von Veränderlichen Sternen und Millionen von Einzelsternen gesprochen (Anmerkung 96, S. 87).

144 Im Zusammenhang mit der Auffassung, dass die Sternen- und Galaxienwelt keine Raumwelt ist, lese man auch die Abhandlung von Thomas Schmidt in «Die Drei», November 1970: «Raum und Zeit im Kosmos der Astronomie».

145 Rudolf Steiner, Das Traumleben. Die Traumeswelt als Übergang zwischen der physisch-natürlichen und der sittlichen Welt (Dornach, 22. 9. 1923), in: Kulturphänomene. Drei Perspektiven der Anthroposophie. GA 225, Dornach 1961.

146 Rudolf Steiner, Über das Chaos (Berlin, 19. 10. 1907), in: Bilder okkulter Siegel und Säulen. GA 284/85, 2. Aufl., Dornach 1977.

147 All dies hat heute noch an Aktualität gewonnen. Man vergleiche zum Beispiel den Abschnitt über Dunkelwolken im Fischer Lexikon, S. 120/21 und auch den Artikel von Robert L. Dickman «Bok Globules» in: Scientific American, Juni 1977, S. 66.

148 Rudolf Steiner, Selbsterkenntnis; «Die Pforte der Einweihung», (Basel, 17. 9. 1910), in: Wege und Ziele des geistigen Menschen. GA 125, Dornach 1973.

149 Vgl. dtv Atlas, S. 165 ff. (Anmerkung 95) und Tafel V im Anhang, S. 424.

150 Heute teilt man die Veränderlichen Sterne ein in:
Bedeckungsveränderliche,
pulsierende Veränderliche,
eruptive Veränderliche.
(Siehe dtv Atlas, S. 159 ff. und Fischer Lexikon, S. 306.)

151 Rudolf Steiner, Weihnacht; Eine Betrachtung aus der Lebensweisheit (Vitaesophia), Berlin 13. 12. 1907. Dornach 1977.

152 Heute sind auch in den aussergalaktischen Systemen, zum Beispiel im Andromeda-Nebel, eine grosse Anzahl Novae festgestellt worden; vgl. Fischer Lexikon, S. 181.

153 Guenther Wachsmuth, Die ätherische Welt in Wissenschaft, Kunst und Religion. 1. Aufl., Dornach 1927. Umgearbeitet in: Erde und Mensch – ihre Bildekräfte, Rhythmen und Lebensprozesse, Band I, 3. Aufl., Dornach 1965, und: Die Entwicklung der Erde. Band II, 2. Aufl., Dornach 1960.

154 Vgl. auch Schultz, Rhythmen der Sterne (Anmerkung 42, S. 19).

155 Rudolf Steiner, Vortrag vom 18. 12. 1912 in Neuchâtel. In: Das esoterische Christentum und die geistige Führung der Menschheit. GA 130, 2. Aufl, Dornach 1977.

156 Siehe Rudolf Steiner, Das Prinzip der spirituellen Ökonomie im Zusammenhang mit Wiederverkörperungsfragen (Heidelberg, 21. 1. 1909), in: GA 109/111. Dornach 1965. – Siehe auch Anmerkung 162.

157 Nikolaus Kopernikus, De revolutionibus orbium coelestium. (Über die Kreisbewegungen der Weltkörper, übersetzt von Menzzer, 1879, S. 29–31.)

158 Es ist an dieser Stelle wichtig, zu bemerken, dass die heutige Astronomie, die sich auf die Himmelsmechanik gründet, dadurch, dass sie diese dritte kopernikanische Bewegung weglässt, gezwungen ist, die Stellung der Erdachse und damit die Gesamtheit der Ephemeriden (alle Ortsangaben der Himmelskörper) infolge der Präzession immer wieder zu korrigieren; es geschieht dies neben anderen durch die sogenannten Besselschen Korrekturen. (Rudolf Steiner erwähnt diese auch mehrmals im «Astronomischen Kurs», 17. Vortrag, siehe Anmerkung 31. – Heute enthalten die Besselschen Korrekturen natürlich auch noch die kurzperiodischen Schwankungen.) In der dritten kopernikanischen Bewegung ist aber die Präzession schon enthalten! Denn Kopernikus kannte die Verschiebung des Frühlingspunktes und hat sich diese dritte Bewegung, die sich ja auf die Erdachse bezieht, nur ein wenig schneller vorgestellt als die zweite Bewegung (diejenige der Erde um die Sonne). Wenn sich nämlich die Erdachse jedes Jahr um $1/_{25920}$ einer ganzen Umdrehung mehr dreht, wird sich während eines platonischen Weltenjahres von 25 920 Jahren die Erdachse zu immer neuen Himmelsgegenden neigen und sich der Frühlingspunkt durch den ganzen Tierkreis hindurchbewegen. (Siehe Nikolaus Kopernikus, Erster Entwurf seines Weltsystems. Hg. von Fritz Rossmann, München 1948, S. 12 ff. und 40 ff. und auch Kopernikus' Hauptwerk «De revolutionibus orbium coelestium» 1. Buch, Kapitel 11.)

159 Rudolf Steiner, Gegenwärtiges und Vergangenes im Menschengeiste (Berlin, 13. 2.–30. 5. 1916), Zyklus 42. GA 167, 2. Aufl., Dornach 1962; 6. Vortrag.

160 Rudolf Steiner, Welt, Erde und Mensch (Stuttgart 4.–16. 8. 1908), Zyklus 4. GA 105, 4. Aufl., Dornach 1974.

161 Rudolf Steiner, Kopernikus und seine Zeit (Berlin, 15. 2. 1912), in: Menschengeschichte im Lichte der Geistesforschung. GA 61, Dornach 1962.

162 Rudolf Steiner, Der Entstehungsmoment der Naturwissenschaft in der Weltgeschichte und ihre seitherige Entwicklung (Dornach, 24. 12.–6. 1. 1922/23). GA 326, 3. Aufl., Dornach 1977. – Siehe auch Anmerkung 156.

163 Rudolf Steiner, Okkulte Geschichte (Stuttgart, 27. 12.–1. 1. 1910/11), Zyklus 16. GA 126, 4. Aufl., Dornach 1975.

164 Der Aufsatz wurde 1927 von C.S. Picht (im Privatdruck) neu herausgegeben. Siehe auch Elisabeth Vreedes Besprechung im «Goetheanum» vom 12. Juni 1927. Wer den Aufsatz im Zusammenhang mit diesem Rundschreiben lesen sollte, muss dabei im Auge behalten, dass Kofler den in der heutigen Astronomie gebräuchlichen heliozentrischen Standpunkt einnimmt, wodurch sich die Verhältnisse alle umkehren. (Auch gebraucht er die Zeichen, wir jedoch die Sternbilder des Tierkreises.) So ist es kein Widerspruch zu dem vom anderen Standpunkt aus früher Gesagten, sondern im Gegenteil dasselbe, wenn Kofler schreibt: «Im Jahre 1248 lag, wie bemerkt, das Perihel genau im Sommersolstitium und auf dem südlichen Wendekreis.» (E. Vreede).

165 Rudolf Steiner, Mein Lebensgang (1923–1925). GA 28, 7. Aufl., Dornach 1962, Kapitel II, S. 48.

166 Obwohl auch in Pierers Konversationslexikon «längeren» steht, sollte es hier doch heissen «kürzeren».

167 Einiges davon ist in Elisabeth Vreedes Vortrag enthalten, der 1925 im Nachrichtenblatt Nr. 19, 23, 27 referiert worden ist und der zum Teil auch von der Apsidenbewegung handelt. – Vgl. Anmerkung 45.

168 Rudolf Steiner, Der irdische und der kosmische Mensch (Berlin, 23. 10.–20. 6. 1911/12), Zyklus 36. GA 133, 3. Aufl., Dornach 1964.

169 Rudolf Steiner, Vom Mondenaustritt bis zur Mondenrückkunft (Dornach, 13. 5. 1921), in: Perspektiven der Menschheitsentwickelung. GA 204, Dornach 1979.

170 Rudolf Steiner, Die okkulten Grundlagen der Bhagavad Gita (Helsingfors, 28. 5.–5. 6. 1913), Zyklus 28. GA 146, 3. Aufl., Dornach 1962.

171 Rudolf Steiner, Das Ereignis der Christus-Erscheinung in der ätherischen Welt (Karlsruhe, 25. 1. 1910), in: GA 118, vgl. Anmerkung 92.

Stichwortregister

Zahlen verweisen immer auf Seiten; runde Klammern ( ) weisen auf den Beginn des betr. Rundschreibens, eckige Klammern [ ] auf Zeichnungen.

Abendstern 73 ff, 132, 138
Ägyptische Epoche 19, 46, 67, 136 ff, 158, 251, 266, 350, 360
Ägyptisch-Chaldäische Zeit 28, 36, 112 f, 141
Ahriman 22 f, 50, 66, 137, 160, 166, 168, 259, 324 f
Ahura Mazdao 46
Akasha 175, 324
Albatani (Albategnius) 365, 368
Alchimisten 89
Alexander der Grosse 165
Alexandrinische Schule 68, 345
Amenophis 47
Anubis 138
Anziehungskraft 28, 70, 127, 238
Aphelium 363, 368
Apogäum 98, 366 ff
Apollo 140
Apostel 166 f
Apsiden-Bewegung (360), (376), [367], [370], [382 ff], 392 f
Äquator-Erde 59, 60, 120, 127 ff, 303
- -Himmels 58 ff, 110, 133
Äquinoktien (s.a. Präzession) 110, 118, 194, 373
Arabismus 362, 365
Aratos 307
Arjuna 392
Aristarch 266
Aristoteles 67 f, 242, 248, 327, 345, 360
Ärolithe 247
Aspekt s. Horoskop
Asteroiden s. Planetoiden
Astral-Atmosphäre des Sonnensystems 21; - Erde 22; - Reinigende 223, 236
Astrologie 13, 18, 31, 89, 115 f, 118, 133 f, 138, (141), (152), (173), (182), (190), 202, (210), 251, 296, 325
Astronomie - Moderne 13, 15, 35, 49, 116, 171, 296, 359, 396
- Rechnende 142, 164;
- Rhythmische 80, 138 f
Astrosophie 13, 14, 44, 325
Aszendent 197, 201
Atheismus 177 f
Äther-Arten 65, 189, 342; - Welten 350, 394
Ätherleib - Sonnensystem 21
Atlantische Zeit 26, 67, 142, 223, 372, 383, 391, 393 f
- Katastrophe 372, [374], 377, 380
Atmung - Makrokosmos 129 f;
- Mensch 53, 129 f
Atomismus 168 f
Aufgang und Untergang der Gestirne 37 ff

Babylonier 67, 115, 251
Baravalle, H.v. 303
Befruchtung s. Empfängnis
Bessel, F.W. 357
Bewegung u. Kraft 354
Bewusstsein 53 f; - Planeten 272
Bibel - Altes Testament 31; - Apokalypse 243, 261; - Apostelgeschichte 305
Biela s. Komet
Biologie 296
Blavatsky, H.P. 392 f
Blei 153 f, 249
Blitz 275
Böse 99, 108, 223, 261
Bradley, J. 127
Breite - astronomische 304
- geographische 59, 201, 303 f
Bruno, Giordano 36, 344
Buddha 345

Chaldäer 19, 95, 141, 266, 384
Chaos 197, 322 ff
Chinesische Astronomie 108, 239, 309, 339 f
Christus 16, 21, 26, 31, 34, 46, 49, 53 f, 64 ff, 80, 99, 117, 130, 142, 150, 165 ff, 180, 185, 198, (210), 240, 262, 264, 270, 293, 349, 362, 394 f; – Auferstehung 218 f, [218]; – Tod 217 ff, [219]
Chromosphäre 50
Chronologie 26, 293
Cicero, M.T. 165, 350
Claudius, M. 211
Clemens, Romanus 166
Corona 52
Cusanus, Nicolaus 350, 361
Cyan 222, 261

D'Adhémar J. 378
Darwinismus 282, 359
Deferent 69 f, 356
Deklination (Bewegung in –) 352 ff
Diamant 249
Dimensionen 171, 319
Dodekaeder 132
Dopplerscher Effekt 319
Dornach 304
Drache (Michael) 243, 259
Drachenkopf u. -schwanz 92 ff, [93], 105
Dreifache Sonne (44)
Dreieinigkeit 44, 368
Dreigliederung s. Mensch
Drüse 310
Du Bois Reymond, E. 170
Dünger 323

Ebbe, s. Gezeiten
Ech-en-Aton 47
Eddington A.E. 349
Eingeweihte 44, 136, 198
Eisen 234 f, 247 f, (251), 293
Eiszeitperioden 365, (376)
Ekliptik 43, 56 ff, 92, 110 ff, 120 ff, [124 ff], 269, 305, 351, 378
Elektromagnetismus 168
Elementarische Welt s. Erdensphäre
Elohim 21, 45, 53, 64, 117
Elongation 75 f, 86
Elternpaar s. Mensch 184 ff
Embryo 173, 198, 200, 215
Empfängnis 188, 194, 205, 214, s. a. Mensch
Entfernungen 267
Entwicklungsbegriff 269, 282
Ephemeriden 118, 362
Epileptiker 195
Epizykel 69 f, 266, 356
Erbsünde 391
Erde
– Achsendrehung 19, 41, 61, 175, 351, 360; – Nutation 101, 123 ff; – Ätherleib 22; – Beben 16; – Bewegung 111 f, 114, 350 ff, [352 ff]; – Geist 21, 198; – und Mensch 195, 208; – und Mond 387; – und Pflanze 295; – «Phasen» 192; – physischer Leib 22; – Seele 376, 380; – und Sonne 222, 362; – Sphäre 193, 195, 345, 350; – und Weltall 293, 349; – Zonen 302
Erdenzustand (planet. Entwicklung) 18, 26, 65
Erinnerung 29
Erzengelperioden 31, 34
Eruptionstheorie 338
Eudoxus 68
Exzenter 69

Familie 88, 184 f. s. auch Mensch
Feuergeister s. Salamander
Finsternis s. Mond- u. Sonnen-
Flammarion C. 228, 235
Fleckenbildung 333
Flut s. Gezeiten
Fluthypothese 333
Fortpflanzung s. Empfängnis
Frühling – Beginn 79 f, 193 f; – Punkt 61, 92, 110 ff, 120 ff, [121], 366, 370 ff, 381 ff

Gäa 324
Gabriel – Erzengel 140, 193; – Periode 31 f
Galilei, G. 78, 309, 343 ff, 354, 359
Gas 323
Geisterland 181
Geisteswissenschaft 14, 15, 109, 141, 170, 211 f, 264 ff, 291, 359, 362, 396
«Geistselbstigkeit» 336, 338
Geologische Epochen 365, 378
Geometrie (astr.) 267
Geschichte 16, 114, 121 f, 174, 240 f, 342 f, 372 ff, (376), (390)

Gezeiten 16
Gnomen 19 f
Gnosis 176
Goethe, J.W. v. 37, 101, 176, 309
Goetheanum 132 ff, 182, 304
Golgatha (Mysterium von) 16, 21, 46, 48 f, 66, 89, 100, 116, 120 f, 139, 142, 166, 180, 198, 214 ff, 394
Götter 19, 68
Gravitation (s. a. Schwere) 23, 61, 71, 127 ff, 221, 237, 365
Griechische Zeit 36, 47 f, 67 f, 70 f, 112, 116, 140, 142, 233, 322, 324, 365, 390
Grundsteinlegung 117, 132 ff
Gruppenseele s. Mineral, Pflanze, Tier

Hagen, J.G. 324
Halley, E. s. Komet
Heilige – Geist 99 f, 220, 280; – Nächte 194
Helios 48
Heliozentrisches Weltbild 266 f, (349)
Helmont, J.E. van 323
Herbst – Punkt 92, 110, 116, 120, 133, 317, 370
Hermanubis 137
Hermes 67, 78, 136 f, 163
Hermetische Regel 35
Hierarchien (15), 177, (272)
– Erste 235 f, 268 ff, 290, 311; – Seraphim 222 f; – Cherubim 222 f, 384; – Throne (Geister des Willens) 239, 323; – Zweite 45, 50, 290, 310; – G. d. Weisheit (Kyriotetes) 270 ff, 297; – G. d. Bewegung (Dynamis) 65; – G. d. Form (Exusiai) 50, 236, 372, 380; – Dritte 50 f, 290, 310; – Archai (Zeitgeister) 65, 187; – Erzengel (Archangeloi) 65, 187 f, 288, 333; – Engel (Angeloi) 288; – Entwicklung 274; – Nachkommen 19 f, 223
Himmel – Fahrt 220; – Richtung (Mensch) 196; – (Erde) 303
Hipparch 114 ff, 120, 266, 303, 309, 339 f, 345, 365
Horizont 38, 49 f, 174, 201
Horoskop 142 ff, 152 ff, 173 ff, 182 ff, 197, (200), [202], 210 ff, [218], [219]
Horus 137, 140, 166
Humboldt, A.v. 253
Hyperboräische Epoche 25, 65

Idioten 195
Illusionsfähigkeit 90
Imagination 169 ff
Indische Zeit 18, 46, 278, 390, 392, 394
Ingävonen 214
Inkommensurabilität 28
Inspiration 169 ff
Intuition 210
Isis 136 ff, 166; – Sophia (162)

Jahr
– Bewegung – Erde [352 ff], – und Mensch 201; – Sonne und Sterne 43 f, 53, (56); – Feste (s. a. daselbst) 99; – Lauf 19, 22, 43 f, 193, 302, 377; – Monden 30 f; – Rhythmus 31; – Sonnen 30 f; – Zeiten (s. a. daselbst) 56 f, 214, 293, 351 ff, 365 ff
Jahve 21, 41 f, 44 f, 53, 64, 66, 80 f, 117, 130
Januskopf 182
Jesus von Nazareth 99, 162 ff, 216 f, 293
– Nathanischer 216; – Salomonischer 165, 216
Johannes der Täufer 166, 179, 216
Jordantaufe 54, 216
Jüdisches Volk 143, 168
Julian Apostata 144
Jupiterzustand 222, 395

Kaiser, W. 267, 359
Kalender 122 f; – Bauern 118; – Julianische 123; – Papst Gregor XIII 123; – Seelen- 13, 22, 112, 118, 215; – Stern- 118
Kali-Yuga 239, 256, 384 ff, 394
Kamaloka 220
Kant, I. 211, 270, 359
Karfreitag 218
Karma 28, 88, 146, 157, 159, 173 ff, 182 ff, 195, 210 ff
Kausalitätsbegriff 338
Kegelschnitte 224
Kepler, J. 20, 71, 144, 159, 191 f, 223 f, 327, 344 ff, 354, 359, (360)
Klangäther 65
Klima 16, 372
Koenig, K. 198
Kofler, F. 378
Kohlenstoff 249
Kolisko, L. 34
Kollisionstheorie 338
Kolur 341

Kometen 17 f, 20 ff, 27, (221), [225 ff], (233), 242, [244 ff], (251), 336; – Bahnen, 237; – Bielascher 243 ff, 252 ff; – Bieliden 247, 256; – Brorsen 247; – Encke 237; – Halley 222, 225, [226], 237 ff, 254 ff; – Holmes 247; – Morehouse 247; – Periodische 236 ff, 262; – Schweif 228 ff, 234 f, 239; – Tempel I 247, 255; – 1811 247; – 1843 229, 234, 247; – 1858 247; – 1861 234; – 1862 254 f; – 1866 254 f; – 1880 234; – 1882 230, 247; – 1889 227
Konjunktion 83 f, 154 ff; – Venus 76 f
Konstantinopel, Konzil v. 49, 240
Konzentration 158
Kopernikanisches System 35 f, 57, 72 ff, 82, 191, 325, 344 f, (349), (360)
Kopernikus, N. 36 ff, 71, 115, 159, 266, 327, 340, 359, (360)
Kraft und Bewegung 354
Krishna 392
Kristallhimmel 36, 357
Kronos 324
Kulturperioden s. Sterne
Kupfer 249

Lalande, J.J. 238, 243 f
Länge astr. 304; – geogr. 303 f
Laplace, P.S. 169, 270, 272, 359
Lazarus 143
Lebensäther 65
Leibniz, G.W. 170
Lemniskatenbewegung 72, 355
Lemurische Epoche 25, 137, 391, 393 f
Leonardo da Vinci 176 f
Lepaute, Hortense 238
Le Verrier, U.J. 169
Licht 23, 289 f; – Aberration 357, 359; – Äther 189; – Jahr 35, 267, 350, 358; – Schwankung 328
Lilie [301], 301 f, 308
Littrow, J.J. v. 245, 248
Luft 65 f
Lüge 90, 175
Luzifer 22 f, 26, 41 f, 44, 45 ff, 64 ff, 78, 80 f, 130, 140, 148, 160, 166 f, 180, 183 ff, 198, 206, 227, 270, 275 ff, 280, 288 f, 295, 324 f, 333
Lyell, C. 378

Magellansche Wolken 317
Maria-Sophia 166 f
Materialismus 62, 144 f, 169, 211, 241, 325, 338, 359, 396
Mathematik 70, 141 f, 168 ff, 361
Mechanische Gesetze 18 f, 70 f, 103, 169, 354 f
Meditation 158
Mensch
– Astralleib 22, 29, 130, 141, 148, 153, 158, 176, 187, 198, 217, 261, 287 f; – Ätherleib 22, 28 f, 148, 153, 173 f, 188 f, 192, 195 f, 217, 287 f; – Aufrechtheit 182, 184; – Auge 154, 193; – Bewusstseinsseele 35 f, 211; – Blutzirkulation 53, 129, 310, [331], 334; – Brust 53 f, 196, [197], 311; – Denken (s. Seelenleben); – Dichotomie 49; – Dreigliederung 44 f, 49, 53, 311; – Eltern 184 ff; – Empfängnis 188, 194, 205, 214; – Empfindungsseele 36, 141, 251; – Erde 17, – Familie 88, 184 f; – Fortpflanzung (siehe Empfängnis); – Freiheit 19 f, 26 ff, 66, 88, 142, 148 f, 167, 175, 177, 184, 209, 217, 260 ff, 308; – Fühlen (s. Seelenleben); – Geburt (s. a. Horoskop) 27, 34, 156, (173), (182), (190), 200, 205; – Gedächtnis 29, 45 f, 149, 157 f; – Gehen 184; – Gehirn 156, 200, 311, 321; – Geistkeim 192 ff, [197], 216; – Gemütsseele 36, 242; – Geschlecht 190 ff, [191], 222; – Gewissen 326 f; – Gliedmassen 53 f, 196; – Haarfarbe 193; – Haut 310; – Herz 53, 196, 310; – Ich 22, 26 f, 44 ff, 130, 142, 148, 155, 198, 217, 240, 287 f, 386, 392, 394; – Jahreslauf 377; – Kehlkopf 182, 290; – Kopf 53, 117, 153, 182, 196, 200, 292, 311, 317; – Leben zw. Tod u. neuer Geburt (173), (182), (190), 216; – Lebensorgane 310; – Metamorphose 196; – Mond 101; – Muskeln 310; – Nahrungsaufnahme 37; – Natur 20, 22, 81; – Nerven 90, 155, 310; – Physischer Leib 28, 148, 153, 158, 173, 183, 188, 198, 217, 287 f, 311; – Planeten 86 ff, 310; – Reinkarnation 27, 46, 86 ff, 113, 145 f, 182 ff, 206; – Rhythmen 29, 101, 154 ff; – Rückschau (Tableau) 173, 195; – Schlafen/Wachen 37, 130, 183; – Seelenleben 45, 153, 158, 197 [197]; – Sinnesorgane 310; – Sternen-

welt 39 ff, 119, 278 ff, (284), 298, 325, 339; – Stoffwechsel 53 f, 156, 196, 311, 321; – Tierkreis 117; – Vererbung 185 f, 194 ff, [197]; – Verstandesseele 36; – Volk 88, 184 ff; – Wollen (s. Seelenleben)
Meridian 38 f, 82, 201 ff, [218]
Meteor 23, 232, 233 ff, 247 ff, (251), 293
Meteoriten 247
Meteorologische Erscheinungen 16
Metonscher Zyklus 138
Michael 14, 31 f, 34, 81, 89, 140, 149, 157, 204, 211, 234 f, 241, 243 ff, 256 ff; – Zeitalter 142, 149, 159
Milchstrasse 280, 286, 311 ff, 332, 339
Mineral – Bewusstsein 40 f; – Gruppenseele 19 f, 23, 236, 239
Mithras 48
Mitternachtsstunde des Daseins s. Weltenmitternacht
Monat (Tierkreis) 116
Mond – Bahn 62, 92, [93], 125; – Finsternis 67, (91), [93 f], (101), 139, 217, 223; – Jahr 30 f; – und Jahve 45, 64; – Knoten 92 ff, [93], 101 ff, [102], 110, 124 ff, 139; – Licht 290; – Mensch 88, 134 f, 188 f, 190 ff, 200, 205, 207, 288; – Phasen 27 f, 34, 62, 73, 137, 190 f; – als Planet 82; – Rotation 61 f, 191 f; – und Sonne 29, [30], 61 f, [74]; – Sphäre 15, 175, 188 f, 190 ff, 350; – Synodischer Monat 29, 42; – Tagesbewegung 62; – Trennung 25; – West-Ost-Bewegung 62; – Wiedervereinigung 387
Monde (der Planeten) 21, 239, 265
Mondenzustand 18, 25, 52, 64 f, 222, 264, 292, 391
Moralität 88 f, 159 f, 183, 221, 281 f, 320, 324 ff; – Äther 189
Morgenstern 73 ff, 86, 137; 140
Morgenstern, Chr. 273
Müller, J. 322
Muspelheim 292
Mysterien 28, 31, 44 ff, 70, 74, 79 f, 108, 114, 142, 198, 266, 360
Mythologie 136 ff, 166 ff, 324 f

Nachatlantischer Zeitraum 46 ff, 213, 394
Nacht (u. Tag) 37
Natur – Geister 19, 22; – Gesetze 20, 22; – Wissenschaft 50, 165, 168
Nazaratos 164
Nebel (s. a. Sternbilder) – Gas 317, 324; – Spiral 317, [314]; – Ur 272, 282
Nebelflecken (309), (321), 338 f
Newton, H.A. 255
Newton, I. 23, 61, 70 f, 127, 130 f, 221, 237, 240, 242, 354 f, 365
Nicäa, Konzil von 79, 123
Nickel 249
Niflheim 292
Nominalismus 379 f
Nordpol – Erde 59; – Himmel 38 f, 57 ff, 127
Nostradamus, M. 144
Nova s. Sterne, neue
Nutation 101, (120), 357

Olbers, W. 245
Opposition 82 ff, 154 ff
Origenes 167
Osiris 46, 136 ff, 166 ff, 360
Ost-Punkt 59 f, 201; – (Mensch) 174 f, 195 f, [196]; – West-Bewegung 37, 43, 53, 56 ff
Ostern 54, 79 ff, 99 f, 199, 214 ff
Ovid 221

Paracelsus, Th. 144
Parallaxe 98, 345 f, 355 ff
Paulus 305
Perigäum 94, 366 ff
Perihel 224, [225], 228, 235, 363, 368, 392, 394
Periodizität 24
Persische Epoche 18, 46, 164
Perspektive 98
Pfingstfest 99 f, 220
Pflanze 16, 293; – Ätherleib 21; – Gruppenseele 19 f; – u. Sterne (295), 311
Phosphoros s. Luzifer 78
Photographie 319, 336 f
Pistis-Sophia 166
Planeten 16 ff, (64), (72), (82); – Aspekte 27; – Bewegung 17, 68, [364]; – Entwicklungsstufe 274; – und Fixsterne (263), 272 ff; – Geist 22; – Ich 21; – Intelligenzen 350 f; – Kometen 224 ff, 233; – Licht 265; – und Mensch 86 f, 284 ff, 310; – Namen 284 f; – u. Pflanzen 295 ff; – Rückläufigkeit 84 ff; – Schleifen 78, 83 ff; – Sphären 23, 68, 73, 88, 175 ff, 182 ff, 190 ff, 206 f; – Siderischer Umlauf 69 f, 83 f; – Substanz 22, 65;

- Synodischer Umlauf 69 f, 83 ff;
- Systeme 263 ff, 273; - Tierkreis 62;
- West-Ost-Bewegung 84
- Obersonnige (äussere) 69 f, 73, 83 ff, 179, 205 ff; *Saturn* - Alter 25; - Bahn 264; - Bewegung 82 ff, [87], [154], 155; - Kometen 227, 237, 239; - Mensch 88, 153 ff, 218; - Monde 21, 239; - Ringe 239; - Sphäre 23, 86, 179 f, 184; - Trennung 25, 65; - Trigon 342 f; *Jupiter* - Abspaltung 25, 65; - Bahn 264; - Bewegung 82 ff, 155; - Kometen 227, 237 ff; - Mensch 88, 155, 208; - Monde 21, 239; - Sphäre 23, 64, 86, 179, 184; - Trigon 342 f; *Mars* - Bahn 225, 229, 235, 264, 344, 363; - Bewegung 82 ff, [87]; - Kanäle 292; - Kometen 227, 235; - Licht 265; - Mensch 88, 188; - Monde 21; - Sphäre 64, 86, 178, 184, 188, 227, 233 ff; - Trennung 25, 65
- Untersonnige (innere) 69 f, 73, 83 ff, 179, 187, 205 ff; *Merkur* - Bewegung 68 ff, (72), [74 ff]; - Konjunktion 76 f, 156; - Mensch 88, 117, (132), 156, 185 ff, 207, 218, 288; - Phasen 77; - Schleife 78; - Sphäre 65, 177 ff, 185 ff; - Synodischer Umlauf 69 f, 78; - Verwechslung mit Venus 73 f; - Trennung 25, 65; *Venus* - Bewegung 68 ff, (72), [74 ff], [87]; - Konjunktion 76 f; - Mensch 88, 187 f, 207, 218, 288; - Phasen 77; - Schleifen 78, [87]; - Sphäre 65, 177, 187 f; - Synodischer Umlauf 69 f, 78; - Verwechslung mit Merkur 73 f; - Trennung 25, 65
- *Neptun* 85, 169, 225, 237, 239, 284; *Pluto* 85; *Uranus* 85, 237, 239, 284
Planetoiden 64, 92, 179, 227, 236, 264 f, 284
Plato 48, 67 f, 70 f, 114 f; - Jahr 61, 111 ff, 307, 392; - Zahl 114 f
Plinius 339
Plutarch 138, 350
Pol - Ekliptik 57, [58], 61, 111 ff, 124 ff, 305; - Himmel s. Nordpol-Himmel; - Höhe s. geogr. Breite
Polargegend 302 f
Präzession (110), [111 ff], (120), [123 ff], 286, 305, 340, 351, 353, 365, 369 ff, 378, 392; - Luni - solar 130
Propheten 144, 168
Ptolemäus (System) 35, 68, 72 ff, 82, 115, 267, 340 f, 350, 360, 362, 365 ff
Pulsationstheorie 334
Pythagoras 164, 266, 350

Quadratur 155

Radiales Element (u. Sphäre) 71, 95
Raffael 179
Raphael (Erzengel) 140
Raum 35, 50 f, 98 ff, 169, 177, 267, 295, 318 f, 323, 363; - u. Zeit 73, 99, 174, 285, 365
Realismus 379
Re Osiris 46 f
Reinkarnation s. Mensch
Relativitätstheorie 37
Religion (Religiosität) 24
Rhythmus 24, (25), 34 f, 80, 128 ff, 392
Rischis 278, 390
Römer 48 f
Rosenkreuz, Chr. 345
Rosse, Lord 313 f
Rotation - Beginn 65; - Erde 42, 61; - Mond 61; - Sternenhimmel (34)
Rückschau 174

Salamander 19 f
Sarosperiode 95, (101), [102]
Satanische Mächte 238 ff, 262
Saturnzustand 18, 25, 51 f, 264, 268 f, 382
Schaltjahr 80, 103, 123
Schatten-Kegel 95 ff, 104
Schiaparelli, G. 254 f, 291
Schiller, K. 329, 338
Schlackentheorie 333
Schlafen und Wachen 37, 130, 183
Schleifenbildung 78 f, 84 ff
Scholastik 379 f
Schwere 23, 28, 183, 290
Seelenland 175, 181
Siderisch s. Stern
Silizium 249
Sinneswelt 22, 130, 149, 361
Solstitium 117, 370 ff
Sommer 59 f, 258 ff, 376
Sonne
- Auf-/Untergang 60; - Corona 52; - Dreifache 44 ff, 360; - Erde 222, 349, 362; - Finsternis 52, 67, (91), [93], [96], (101), [106 f], 217, 223; - Fixstern 21,

35, 264, 270 f, 333; – Flammen 51, 229; – Flecken 51, 233, 236; – Hierarchien 16, 64, 272; – Jahr 30; – Jahresbewegung 43 f, (56); – Kern 49 f; – Kometen 228 ff, 234 ff; – Licht 108, 189, 289 f; – Mensch 153 ff, 207, 286 ff; – «Mitternacht» 54, 99, 201, 285; – Mond 29 ff; – Nähe s. Perihel; Photosphäre 51; – Planeten 69, 82; Protuberanzen 51, 229; – Seele 376, – Solstitium 117, 370 ff; – Sphäre 87, 180 f, 187, 198, 288; – System 21, 263; – Tag 40 f, 44; – Tagesbogen 60; – Trennung 25, 65, 393; – Wende s. Solstitium; – West-Ost-Bewegung 43, 57
Sonnenzustand 18, 25, 51 f, 264, 333
Soziales Leben 213, 288
Spektralanalyse 50, 169, 282, 292, 317 ff, 336
Sphäre – Achte 357; – Klang (– Harmonie) 28, 183, 265 f; – u. Radiales 71, 95
Spirale (Pflanze) 16
Sprache 88, 184, 188
Staub (kosmischer) 338
Steffen, A. 245
Steiner, Rudolf s. die Liste der angeführten Schriften und Vorträge am Schluss dieses Stichwortregisters.
Sterne (Fix) – Bewegung 17, (56) (Jahres –), 278 (Eigen –); – Tages (34); – Bilder (s.a.u.) 277 f, 300, 325; – Blink 330, 333 f; – Doppel 347; – Entfernung 177, 350 f, 357 ff; – als Entwicklungsstufe 270, 274; – Farbe 342; – Haufen 309; – Hierarchien (272); – Katalog 340 f; – Konstellationen (25), 278, 300; – Kulturperioden 112 f, 121, [122], 385, 393; – Licht 289 f – Mensch (284); – Monat 42; – Namen 118 f; – Nebelflecke (309), (321); – Neue 309 ff, (336); – Pflanze (295); – Planeten (263); – Polhöhe 39; – Schnuppen 233, 247 ff, (251), [253 ff]; – Schrift (132); – Sonne 40; – Substanz 289, 291; – Tag 40 ff, 56; – Temporäre 337; – Veränderliche 309 ff, (321); – Wirkungen 358; – Zahl 285 f, 339 f; – Zirkumpolare 38, 57, 278, 303 f
– Bilder
Adler – Nova 346
Andromeda 258, 300, 304, 307; – Andromediden 247, 250; – Nebel 311, [312], 317
Bär, Grosser 57, [277], 277 f, 304, 317; – Kleiner 57, 112, 278, [279], 304;
Berenice, Haar der 317
Cassiopeia 300, 317, 340 f; – Nova [341]
Drache 57, 61, 112, 124 f, 278, 305 f
Fische 56, 114 ff, 307, 381, 386; – Zeitalter 112 ff, 122, 143
Fuhrmann 307
Herkules 57, 305 f
Hunde 57
Hydra 305 f
Jagdhunde – Nebel [314], [316], 317
Jungfrau 56, 112, 117, 120, 165, 300, 381
Kentaur 312
Krebs 56, 116 f, 316
Kreuz (südliches) 305
Krone (nördliche) 302, 339, 346
Leier 57, 302; – Lyriden 250, 255; – Nebel [315]
Löwe 56, 120, 277, 279, 381, 384; – Leoniden 247, 250, 253 ff; – Mensch 184
Orion 57, [277], 277 f, 305; Nebel 311 ff, [315], 325
Pegasus 120 f, 304, 307
Perseus 257 ff, 300, 307, 311, 328; – Nova 337 f, 346; – Perseiden 250, 254 ff
Plejaden 138, 278, 311
Schlange 305 f
Schlangenträger 121, 305 f; – Nova 344 ff
Schütze 56, 121, 339, 343, 366, 386 f
Schwan 57, 307, 339, 357; – Nova 344
Skorpion 56, 121, 138, 339, 381 ff; – Nova 346
Staffelei – Nova 346 f
Steinbock 56, 194, 381, 387; – Mensch 184
Stier 56, 59, 113 f, 121, 138, 279, 300, 381 ff; – Mensch 113 f, 182, 290; – Zeitalter 112 ff, 122, 143
Waage 56, 116 ff, (132), 381, 387
Walfisch – Mira Ceti 327 ff, 343
Wassermann 56; – Aquariden 250, 256; – Mensch 184
Widder 56, 61, 113 ff, 122, 194, 279,

307, 381; – Mensch 182; – Punkt 116; – Zeitalter 112 ff, 122, 143
Zwillinge 56, 59, 121, 165, 307, 330, 366
Sterne (einzelne)
Algol 328, 331 f; Antares 138; Arktur 57 f; β-Lyrae 331 f; δ-Cephei 330; Mira Ceti s. Walfisch; Polarstern 38, 57, 59, 112, 120, 124, 305; Procyon 57; Regulus 120; Sirius 57 f, 305, 337; Spica 120, 300; μ-Geminorum 330; Vindemiatrix 300; Wega 57, 337
Stickstoff 222, 261
Störungen 237 f
«Streit am Himmel» 234, 245
Sublunarische Sphäre s. Erdensphäre
Sündenfall 142, 362, 391
Sündflut 377, 380, 384
Swedenborg 144
Sylphen 19 f
Synodisch s. Merkur; Mond; Planeten; Venus

Tag-Rhythmus 31, (34), 43 f, 53, 57 ff
Technik 168
Teleskop 50, 309 ff, 345
Tellurische Kräfte 302 f
Thales 67
Thoth 136 ff
Tier – Gruppenseele 19 f; – und Mensch 182, 326; – u. Sterne 298
Tierkreis 25, 29, 31, 41, 43, 56 ff, 92, 174, 263 ff, 326; – Bewegung (– Jahr) 59, (– Tag) 59 f, 201 ff; – Bilder 113 ff, 182, 193, 343; – Darstellung 201 f, [218], [219]; – als Entwicklungsstufe 268 f, 274; – Einteilung 116, 118, 160, 311, 342, 385; – Hell/Dunkel 117, 383, 387; – Erde 381 f; – Hierarchien 290; – Kometen 224; – Kulturzeitalter 121 ff, 385; – Mensch 117, 182, 193 f, 210, 311; – Planeten 155, 182; – Tier 298; – Trigon 342 f; – Zeichen 113 ff, 132 ff, 182, 193, 207, 343
Tod (Leben zwischen Tod und neuer Geburt) 86, (173), (182), (190), 290; – Horoskop 146, 173 ff
Tohuwabohu 322
Tote (Offenbarung im Sternenlicht) 289 f
Totenbuch 138
Traumwelt 30, 101, 129, 313 ff, 321 ff
Trigon 342 f
Trithemius von Sponheim 31
Tropen 302
Tulpe 301 f, 308
Tycho Brahe 71, 144, 159, 192, 327, 340 ff, 357, 361 ff
Typhon 137, 166

Undinen 19 f
Untergang und Aufgang der Gestirne 37 ff
Uranolithe 247
Uranos 324
Urkräfte s. Hierarchien – Archai
Urnebel s. Nebel – Ur

Vaterprinzip 54
Viergetier (Stier, Löwe, Adler, Mensch) 384
Volksgeister 16, 185, 187 f, 192
Vulkane 16

Wachsmuth, G. 342
Wärmetod 282, 325
Weihnachten 54, 99, 162 ff, 193 f, 214, 294, 380
Welt – Alter 365, (390), s.a. Kali-Yuga; – Jahr s. Platonisches Jahr; – Mitternacht 180, 182, 185, 206, 285, 289 f; s.a. Sonne – «Mitternacht»
Wendekreise 305 f
Werkwelt (Wesen, Offenbarung, Wirksamkeit) 18, 26 f, 34, 67, 99, 136, 155, 200, 217 f, 336, 381, 395
West-Ost-Bewegung s. Mond; Sonne
Winter 59 f, 193 f, 293, 376
Wishwakarman 46

Yugas s. Weltalter

Zahlenverhältnisse 28
Zarathustra 18, 46, 163 ff, 284, 293
Zeit 40 f; – u. Raum 73, 99, 174, 285, 365
Zenit 38
Zeus 48, 324
Zinn 249
Zirkumpolarsterne 38, 57, 303 f
«Zwölf Stimmungen» 117

Liste der angeführten Schriften und Vortragszyklen Rudolf Steiners mit den betreffenden Anmerkungsnummern und Seitenzahlen in diesem Buch (Anordnung nach der Gesamtausgabe GA)

GA	*Anmerkung*	*Seiten*
4	34	90
9	33	87
10	35	90, 158, 209
11	9	25, 264
13	7	15, 18, 22, 25, 64, 87, 158, 171, 264, 268
14	60; 85	160, 180, 206, 212, 287, 326; 212
15	15; 59	34, 216, 380; 152, 156, 159, 200, 203, 360, 361
18	26	67, 343
26	8	18, 136, 148, 150, 151, 203, 391
28	165	378
34	58; 84	147, 213; 210
40	4; 46	13, 22; 117, 145, 166, 172
60	51; 67	136, 284; 170
61	54; 161	144; 360
95	10	26, 187, 314
97	136	314
99	11	26, 195, 292
102	120; 138	269, 381, 383; 317
105	160	360
109/111	156	350
110	23	64, 71, 92, 239, 264, 268, 269, 324, 333
116	91	222, 240, 390, 394
118	92; 171	222, 223, 236, 240; 392
120	93	222
121	38	98, 292
122	20	51, 334
124	1	13, 396
125	148	326
126	54a; 163	144; 372, 375, 380
129	25	66, 274
130	155	345
132	24	65
133	168	384
136	5	14, 15, 21, 222, 236, 239, 264, 272, 273, 275, 276, 277, 297, 301, 395
137	72	182, 210, 311
140	56; 69; 76	146, 173; 176, 179; 186
141	68	175, 177
146	170	392
147	81	206
148	62	162, 215, 220
149	83	210
167	159	359
173	78	194
174	57	146, 173, 196
175	18; 48	49; 129, 395
180	52; 65; 128	138, 171; 165; 290

181	127	288
186	87	214
187	86	213
197	129	291
201	12	30, 101, 128, 129, 130, 131
202	19; 61; 63; 64	50; 162, 171; 164; 165
203	122	280
204	82; 169	208; 387
210	63	164
211	17	44
213	40; 131	98, 108, 223; 298, 301, 303, 308
214	132	298
218	73; 75	183, 187, 190; 184, 186
219	32	86
223/229	77	193, 250, 259, 260, 293
225	145	320, 321, 322, 325
227	70	179
228	37	90, 158, 282
231	101	233, 234, 248, 252, 260, 290, 310
233	30; 53	80, 189; 143, 362
235–240	55	146, 174, 279
236	17; 124	44; 281, 336
237	125	285, 287
240	80	206
243	29	78, 134, 135, 136, 296, 297, 350
260[a]	3	13
272	130	296
282	36	90
284/285	63; 146	164; 323
291	74	184
312	23	239
323	31	85, 230, 235, 351, 355, 362, 363, 364, 375, 379, 381
326	162	361
348	23	239

Die freundliche Erlaubnis für den Abdruck der Tafeln wurde uns von folgenden Verlagen erteilt:

Tafel I, IV, V: Deutsche Taschenbuch Verlag GmbH + Co. KG., München.

Tafeln IIa und b: Springer-Verlag, Berlin/Göttingen/Heidelberg.

Tafeln IIa und b: Johann Ambrosius Barth Verlag, Leipzig.

Nr.	Name	P	N	ω	Ω	i	q	e	Q
		a		°	°	°			
1	Encke	3.30	47	185.22	334.72	12.35	0.339	0.8471	4.09
2	Grigg-Skjellerup	4.90	10	356.32	215.41	17.61	0.857	0.7030	4.88
3	Honda-Mrkos-Pajdušáková	5.21	2	185.15	233.09	13.18	0.556	0.8148	5.46
4	Tempel 2	5.25	13	191.03	119.27	12.48	1.364	0.5489	4.68
5	Neujmin 2	5.43	2	193.73	328.00	10.63	1.338	0.5668	4.79
6	Brorsen	5.46	5	14.93	102.27	29.38	0.589	0.8098	5.61
7	Tuttle-Giacobini-Kresák	5.48	4	37.96	165.58	13.76	1.123	0.6390	5.10
8	Tempel-Swift	5.68	4	113.63	290.91	5.44	1.153	0.6378	5.21
9	de Vico-Swift	5.85	3	296.68	49.40	2.96	1.391	0.5716	5.11
10	Tempel 1	5.98	4	159.54	79.70	9.76	1.771	0.4626	4.82
11	Pons-Winnecke	6.30	15	172.01	92.87	22.32	1.230	0.6392	5.53
12	Kopff	6.31	8	161.93	120.88	4.70	1.519	0.5554	5.32
13	Giacobini-Zinner	6.41	7	172.84	196.02	30.90	0.936	0.7289	5.97
14	Forbes	6.42	4	259.71	25.40	4.62	1.544	0.5530	5.36
15	Wolf-Harrington	6.51'	3	187.02	254.22	18.47	1.604	0.5399	5.37
16	Schwassmann-Wachmann 2	6.53	6	357.74	126.00	3.72	1.568	0.3828	4.83
17	Biela	6.62	6	223.22	247.28	12.55	0.860	0.7559	6.19
18	Wirtanen	6.66	3	343.50	86.46	13.38	1.618	0.5433	5.47
19	d'Arrest	6.67	10	174.50	143.60	18.08	1.369	0.6137	5.73
20	Perrine-Mrkos	6.70	4	166.03	240.21	17.75	1.270	0.6428	5.84
21	Reinmuth 2	6.71	3	45.48	296.17	6.99	1.932	0.4568	5.18
22	Brooks 2	6.71	10	197.10	176.89	5.57	1.763	0.5049	5.36
23	Harrington	6.80	2	232.79	119.16	8.68	1.582	0.5592	5.60
24	Arend-Rigaux	6.81	2	328.86	121.61	17.85	1.436	0.6002	5.73
25	Holmes	6.85	3	14.30	332.37	20.82	2.121	0.4123	5.10
26	Johnson	6.86	3	205.92	118.16	13.87	2.247	0.3771	4.97
27	Finlay	6.90	7	321.61	42.05	3.64	1.077	0.7027	6.17
28	Borelly	7.02	7	350.75	76.23	31.08	1.452	0.6039	5.88
29	Daniel	7.09	4	10.97	68.51	20.13	1.661	0.5500	5.72
30	Harrington-Abell	7.24	2	338.29	145.90	16.80	1.784	0.5229	5.70
31	Faye	7.38	15	203.56	199.12	9.09	1.608	0.5757	5.95
32	Whipple	7.46	5	189.98	188.39	10.24	2.471	0.3528	5.16
33	Ashbrook-Jackson	7.50	3	349.08	2.30	12.49	2.324	0.3938	5.34
34	Reinmuth 1	7.65	4	12.93	123.55	8.39	2.026	0.4782	5.74
35	Arend	7.79	2	44.53	357.61	21.65	1.831	0.5340	6.03
36	Oterma 3	7.88	3	354.87	155.10	3.99	3.387	0.1445	4.53
37	Schaumasse	8.17	6	51.95	86.24	12.01	1.196	0.7054	6.92
38	Wolf 1	8.42	10	161.07	203.90	27.29	2.506	0.3945	5.78
39	Comas-Sola	8.58	5	40.01	62.84	13.44	1.777	0.5761	6.61
40	Väisälä 1	10.45	3	44.44	135.42	11.29	1.741	0.6358	7.82
41	Neujmin 3	10.57	2	147.65	150.68	3.85	1.970	06 910	7.66
42	Galle	10.81	2	209.81	66.04	11.43	1.150	0.7648	8.70
43	Tuttle	13.61	8	206.96	269.84	54.65	1.022	0.8206	10.38
44	Schwassmann-Wachmann 1	16.10	3	355.82	321.60	9.48	5.537	0.1315	7.21
45	Neujmin 1	17.97	3	346.68	347.17	15.00	1.547	0.7745	12.17
46	Crommelin	27.87	6	196.04	250.36	28.86	0.743	0.9192	17.64
47	Tempel-Tuttle	33.17	2	170.93	232.57	162.69	0.976	0.9054	19.67
48	Stephan-Oterma	38.96	2	358.36	78.58	17.89	1.595	0.8611	21.39
49	Westphal	61.73	2	57.06	347.30	40.87	1.254	0.9197	29.98
50	Olbers	65.56	3	64.63	85.41	44.60	1.178	0.9303	32.65
51	Brorsen-Metcalf	69.05	2	129.50	311.17	19.19	0.484	0.9712	33.18
52	Pons-Brooks	70.85	3	199.02	255.19	74.17	0.773	0.9548	33.47
53	Halley	76.02	29	111.71	57.84	162.21	0.587	0.9673	35.31
54	Herschel-Rigollet	156.04	2	29.29	355.28	64.20	0.748	0.9742	57.22
55	Rigg-Mellish	164.31	2	328.42	189.82	109.83	0.923	0.9692	59.08

P = Umlaufszeit in Jahren, N = Zahl der bis 1970 beobachteten Erscheinungen; ω, Ω, i, q, e, Q = Bahnelemente (s. S. 60/61)

Tafel I:
Tabelle der kurzperiodischen Kometen, die in mehr als einer Erscheinung beobachtet wurden (aus dtv-Atlas zur Astronomie, München 1974, S. 120).

Nr.	Komet	T	π	Ω	e	q	i	ω	Q	P	Nr.
1	Encke	1937 Dec. 27.2	159°6	334°7	0.846	0.3	12°5	184°9	4.1	3.3	1
2	Grigg-Skjellerup .	1942 May 23.2	211.8	215.4	0.704	0.9	17.6	356.4	4.9	4.9	2
3	Tempel 2	1946 July 2.3	310.3	119.4	0.54	1.4	12.4	190.9	4.7	5.3	3
4	Neujmin 2	1927 Jan. 16.2	161.4	327.7	0.565	1.3	10.6	193.7	4.8	5.4	4
5	Brorson 1	1879 April 1.0	116.2	101.3	0.810	0.6	29.4	14.9	5.6	5.5	5
6	Tempel 3 - L. Swift	1908 Oct. 1.4	44.0	290.3	0.62	1.2	5.4	113.7	5.2	5.7	6
7	de Vico - E. Swift .	1894 Oct. 12.7	345.4	48.8	0.57	1.4	3.0	296.6	5.1	5.9	7
8	Tempel 1	1879 May 7.6	238.3	78.8	0.463	1.8	9.8	159.5	4.8	6.0	8
9	Pons-Winnecke . .	1945 July 10.6	264.5	94.4	0.654	1.2	21.7	170.1	5.6	6.1	9
10	Kopff	1945 Aug. 11.3	284.6	253.0	0.556	1.5	7.2	31.5	5.3	6.2	10
11	Forbes	1929 June 26.0	285.0	25.5	0.56	1.5	4.6	259.5	5.3	6.4	11
12	Schwaßmann-Wachmann 2 . . .	1942 Feb. 14.3	124.0	126.0	0.385	2.1	3.7	358.0	4.8	6.5	12
13	Perrine 1	1922 Dec. 25.7	49.6	242.3	0.66	1.2	15.7	167.3	5.8	6.6	13
14	Giacobini - Zinner .	1946 Sept. 18.5	8.1	196.3	0.717	1.0	30.7	171.9	6.0	6.6	14
15	Biela	1852 Sept. 24.2	109.2	245.9	0.756	0.9	12.6	223.3	6.2	6.6	15
16	d'Arrest	1943 Sept. 23.8	318.0	143.6	0.611	1.4	18.0	174.4	5.7	6.7	16
17	Daniel	1943 Nov. 22.2	76.6	70.5	0.574	1.5	19.9	6.1	5.7	6.8	17
18	Finlay	1926 Aug. 7.2	5.9	45.3	0.70	1.1	3.4	320.6	6.2	6.9	18
19	Holmes	1906 Mar. 14.6	346.0	331.7	0.42	2.1	20.8	14.3	5.1	6.9	19
20	Borelly	1932 Aug. 26.3	69.6	77.1	0.617	1.4	30.5	352.6	5.8	6.9	20
21	Brooks 2	1946 Aug. 25.8	13.3	177.7	0.484	1.9	5.5	195.5	5.4	7.0	21
22	Reinmuth	1935 May 1.4	133.8	125.0	0.504	1.9	8.1	8.8	5.7	7.2	22
23	Faye	1940 April 23.0	46.7	206.4	0.566	1.6	10.6	200.3	5.9	7.4	23
24	Whipple	1941 Jan. 13.3	19.0	188.8	0.349	2.5	10.2	190.2	5.2	7.5	24
25	Oterma 3	1942 Sept. 13.7	153.9	154.9	0.143	3.4	4.0	359.0	4.6	8.0	25
26	Schaumasse	1943 Nov. 4.5	137.7	86.7	0.705	1.2	12.0	51.0	6.8	8.2	26
27	Wolf 1	1942 June 7.6	5.3	204.3	0.405	2.4	27.3	161.0	5.8	8.3	27
28	Comas Solá	1944 April 11.6	104.6	65.7	0.576	1.8	13.7	38.9	6.6	8.5	28
29	Gale	1938 June 18.5	276.4	67.3	0.761	1.2	11.7	209.1	8.7	11.0	29
30	Tuttle 1	1939 Nov. 10.1	116.8	269.8	0.821	1.0	54.7	207.0	10.3	13.6	30
31	Schwaßmann-Wachmann 1 . .	1941 Sept. 1.2	323.4	323.0	0.142	5.5	9.4	0.4	7.3	16.3	31
32	Neujmin 1	1931 May 7.4	334.3	347.3	0.775	1.5	15.2	347.0	12.0	17.7	32
33	Pons-Forbes. . . .	1928 Nov. 5.0	86.0	250.1	0.93	0.7	28.9	195.9	18.0	27.9	33
34	Stephan-Oterma . .	1942 Dec. 18.9	76.7	78.6	0.858	1.6	17.9	358.1	17.9	37.8	34
35	Westphal	1913 Nov. 26.8	43.9	346.8	0.92	1.3	40.9	57.1	30.0	61.7	35
36	Brorson 2 - Metcalf .	1919 Oct. 17.4	80.3	310.8	0.97	0.5	19.2	129.5	33.2	69.1	36
37	Pons-Brooks . . .	1884 Jan. 26.2	93.3	254.1	0.955	0.8	74.0	199.2	33.7	71.6	37
38	Olbers	1884 Oct. 9.0	149.8	84.5	0.931	1.2	44.6	65.3	33.6	72.7	38
39	Halley	1910 April 20.2	169.0	57.3	0.97	0.6	162.2	111.7	35.3	76.0	39
40	Herschel-Rigollet .	1939 Aug. 9.5	24.4	355.1	0.974	0.7	64.2	29.3	57.2	150.7	40

Tafel IIa:
Kurzperiodische Kometen mit mehr als einer Erscheinung – nach E. Strömgren (aus K. Wurm, Die Kometen, Berlin/Göttingen/Heidelberg 1954, S. 96, 97).

Nr.	Komet	T	π	Ω	e	q	i	ω	Q	P	Nr.
1	1766 II	1766 April 28.2	252°.0	71°.6	0.834	0.4	7°.8	180°.4	4.5	3.9	1
2	1819 IV	1819 Nov. 20.8	67.5	77.4	0.699	0.9	9.1	350.1	5.0	5.1	2
3	1678	1678 Aug. 18.8	322.8	163.3	0.627	1.1	2.9	159.5	4.9	5.2	3
4	1930 VI	1930 June 14.2	269.1	76.8	0.666	1.0	17.3	192.3	5.0	5.3	4
5	1884 II	1884 Aug. 17.0	306.1	5.1	0.584	1.3	5.5	310.0	4.9	5.4	5
6	1743 I	1743 Jan. 8.7	93.3	86.9	0.721	0.9	1.9	6.4	5.3	5.4	6
7	1941 e	1941 July 21.1	298.8	229.6	0.579	1.3	3.2	69.2	4.9	5.4	7
8	1770 I	1770 Aug. 14.0	356.3	132.0	0.786	0.7	1.6	224.3	5.6	5.5	8
9	1886 IV	1886 June 7.2	230.3	53.5	0.579	1.3	12.7	176.8	5.0	5.6	9
10	1940 a	1939 Oct. 3.5	70.4	137.6	0.448	1.7	4.8	292.8	5.1	5.6	10
11	1783	1783 Nov. 20.4	50.3	55.7	0.552	1.5	45.1	354.6	5.1	5.9	11
12	Giacobini	1928 Mar. 26.8	182.0	196.8	0.71	1.0	1.4	345.2	5.9	6.4	12
13	1890 VII	1890 Oct. 27.0	58.4	45.1	0.471	1.8	12.8	13.3	5.1	6.4	13
14	1900 III	1900 Nov. 28.5	7.8	196.7	0.733	0.9	29.8	171.1	6.1	6.5	14
15	1858 III	1858 May 3.5	200.8	175.1	0.674	1.1	19.5	25.7	5.9	6.6	15
16	1892 V	1892 Dec. 11.0	16.3	206.4	0.594	1.4	31.3	169.9	5.6	6.6	16
17	1896 V	1896 Oct. 28.5	334.0	193.5	0.589	1.5	11.4	140.5	5.6	6.6	17
18	1918 III	1918 Sept. 30.7	37.4	117.9	0.468	1.9	5.6	259.5	5.2	6.7	18
19	1916 I	1928 Oct. 22.4	103.8	108.3	0.487	1.8	20.7	355.5	5.3	6.8	19
20	1895 II	1895 Aug. 21.3	338.1	170.3	0.652	1.3	3.0	167.8	6.2	7.2	20
21	1894 I	1894 Feb. 9.9	130.6	84.4	0.697	1.1	5.5	46.2	6.4	7.4	21
22	1925 I	1925 Jan. 24.0	84.6	260.5	0.374	2.4	23.1	184.1	5.3	7.5	22
23	1906 VI	1906 Oct. 10.3	34.6	194.6	0.584	1.6	14.6	200.0	6.2	7.8	23
24	1936 IV	1936 Oct. 3.4	1.5	164.2	0.650	1.5	13.3	197.3	6.9	8.5	24
25	1881 V	1881 Sept. 13.8	18.4	65.9	0.828	0.7	6.9	312.5	7.7	8.7	25
26	1889 VI	1889 Nov. 30.1	40.2	330.4	0.685	1.4	10.3	69.8	7.2	8.9	26
27	1939 IV	1939 Feb. 9.0	179.9	135.5	0.624	1.8	11.1	44.4	7.6	10.1	27
28	1929 III	1929 June 28.2	298.7	158.2	0.585	2.0	3.7	140.5	7.8	10.9	28
29	1846 VI	1846 June 1.6	240.0	260.4	0.729	1.5	30.7	339.6	9.7	13.4	29
30	1944 c	1944 June 17.5	279.4	22.3	0.781	1.3	18.6	257.1	10.4	14.0	30
31	1585	1585 Oct. 8.5	9.9	38.0	0.826	1.1	5.4	331.9	11.4	15.5	31
32	1916 III	1916 June 14	319	224	0.93	0.5	103	95	12.4	16.4	32
33	1866 I	1866 Jan. 11.6	42.4	231.4	0.905	1.0	162.7	171.0	19.7	33.2	33
34	1863 V	1863 Dec. 27.1	59.3	305.0	0.946	0.8	63.6	114.3	27.8	53.2	34
35	1873 VII	1873 Dec. 2.5	85.9	250.0	0.949	0.7	29.2	195.9	28.1	54.8	35
36	1931 III	1931 June 10.8	150.4	191.6	0.935	1.0	42.5	318.8	30.6	62.9	36
37	1827 II	1827 Jan. 7.7	337.0	317.7	0.949	0.8	136.4	19.3	31.1	63.8	37
38	1883 II	1883 Dec. 25.6	41.9	264.3	0.981	0.3	114.7	137.6	31.9	64.6	38

Tafel IIb:

Kurzperiodische Kometen mit nur einer Erscheinung – nach E. Strömgren (aus K. Wurm, Die Kometen, Berlin/Göttingen/Heidelberg 1954, S. 98, 99).

Komet	N	P	ω	☊	i	a	e	q	Q
1950 e Encke	43	$3\overset{a}{.}30$	$185\overset{\circ}{.}2$	$334\overset{\circ}{.}7$	$12\overset{\circ}{.}4$	2.214	0.847	0.338	4.09
1907 III Tuttle-Giacobini	2	4.13	36.0	167.8	13.6	2.573	0.554	1.147	4.00
1947 a Grigg-Skjellerup	7	4.90	356.4	215.4	17.6	2.887	0.704	0.854	4.92
1946 b Tempel (2) . . .	10	5.31	190.9	119.4	12.4	3.042	0.542	1.393	4.69
1927 I Neujmin (2) . .	2	5.43	194.7	328.0	10.6	3.089	0.567	1.338	4.84
1879 I Brorsen (1) . .	5	5.46	14.9	101.3	29.4	3.100	0.810	0.590	5.61
1908 II Tempel-Swift .	4	5.68	113.7	290.3	5.4	3.181	0.638	1.153	5.21
1894 IV de Vico-Swift .	3	5.86	296.6	48.8	3.0	3.251	0.572	1.392	5.11
1879 III Tempel (1) . . .	3	5.98	159.5	78.8	9.8	3.295	0.463	1.771	4.82
1945 a Pons-Winnecke .	14	6.15	170.1	94.5	21.7	3.359	0.655	1.159	5.56
1945 b Kopff	6	6.18	31.5	253.1	7.2	3.368	0.556	1.496	5.24
1948 e Forbes	3	6.42	259.7	25.4	4.6	3.452	0.553	1.545	5.36
1909 III Perrine	2	6.45	166.9	242.3	15.7	3.466	0.662	1.173	5.76
1947 I Schwassmann-Wachmann (2) . .	4	6.53	358.1	126.0	3.7	3.487	0.384	2.144	4.83
1946 c Giacobini-Zinner	6	6.59	171.8	196.2	30.7	3.513	0.717	0.996	6.03
1852 III Biela	6	6.62	223.3	245.9	12.6	3.526	0.756	0.861	6.19
1950 d Daniel	4	6.66	7.2	69.7	19.7	3.557	0.586	1.465	5.65
1950 a d'Arrest	10	6.70	174.4	143.6	18.1	3.554	0.612	1.378	5.73
1926 V Finlay	5	6.85	320.6	45.3	3.4	3.604	0.707	1.059	6.15
1906 III Holmes	3	6.86	14.3	331.7	20.8	3.611	0.412	2.122	5.10
1932 IV Borrelly	5	6.87	352.5	77.1	30.5	3.612	0.617	1.385	5.84
1946 e Brooks (2) . . .	8	6.96	195.6	177.7	5.5	3.644	0.484	1.879	5.41
1947 g Whipple	3	7.41	190.1	188.6	10.2	3.799	0.356	2.449	5.15
1947 f Faye	13	7.44	200.3	206.4	10.6	3.810	0.564	1.660	5.96
1949 f Reinmuth (1) .	3	7.69	12.9	123.6	8.4	3.828	0.477	2.037	5.62
1942 VII Oterma (3) . . .	*	7.89	354.8	155.2	4.0	3.960	0.144	3.390	4.53
1943 V Schaumasse . .	4	8.16	51.0	86.7	12.0	4.061	0.705	1.193	6.93
1950 c Wolf (1)	9	8.42	161.1	203.9	27.3	4.124	0.396	2.498	5.75
1944 II Comas Solá . .	3	8.50	38.9	65.7	13.7	4.168	0.576	1.766	6.57
1949 h Väisälä (1) . . .	2	10.52	44.3	135.5	11.3	4.802	0.635	1.752	7.85
1938 I Gale	2	10.99	209.1	67.3	11.7	4.941	0.761	1.183	8.70
1939 X Tuttle	8	13.61	207.0	269.8	54.7	5.702	0.821	1.022	10.38
1925 II Schwassmann-Wachmann (1) . .	*	16.15	356.2	322.0	9.5	6.386	0.136	5.523	7.25
1948 f Neujmin (1) . .	3	17.93	346.7	347.1	15.0	6.853	0.774	1.547	12.16
1928 III Crommelin . .	4	27.91	195.9	250.1	28.9	9.197	0.919	0.745	17.65
1942 IX Stephan-Oterma	2	38.96	358.3	78.5	17.9	11.413	0.861	1.596	21.39
1913 VI Westphal . . .	2	61.73	57.1	346.8	40.9	15.617	0.920	1.254	29.98
1919 III Brorsen-Metcalf	2	69.06	129.5	310.8	19.2	16.832	0.971	0.485	33.18
1884 I Pons-Brooks . .	2	71.56	199.2	254.1	74.0	17.238	0.955	0.776	33.70
1887 V Olbers	2	72.65	65.3	84.5	44.6	17.369	0.931	1.199	33.54
1910 II Halley	29	76.03	111.7	57.3	162.2	18.254	0.967	0.587	35.31
1939 VI Herschel-Rigollet	2	156.0	29.3	355.1	64.2	28.984	0.974	0.748	57.22
1907 II Grigg-Mellish .	2	164.3	328.4	189.2	109.8	30.001	0.969	0.923	59.08

Tafel IIIa:
Kometen des zentralen planetarischen Systems, deren Wiederkehr bis Ende des Jahres 1950 mindestens 2mal beobachtet wurde – N = Zahl der beobachteten Umläufe (aus N.B. Richter, Statistik und Physik der Kometen, Leipzig 1954, S. 119).

Komet		P	ω	☊	i	a	e	q	Q
1949 g	Wilson-Harrington	$2\overset{a}{.}3$	$91\overset{\circ}{.}9$	$278\overset{\circ}{.}6$	$2\overset{\circ}{.}2$	1.750	0.412	1.028	2.472
1766 II	Helfenzrieder . .	3.89	180.4	71.6	7.8	2.473	0.834	0.411	4.535
1945 c	du Toit	4.56	203.4	358.7	6.5	2.748	0.551	1.235	4.261
1948 n	Honda-Mrkos-Pajdusáková . .	5.00	183.8	233.0	13.1	2.922	0.809	0.558	5.286
1819 IV	Blanpain	5.10	350.1	77.4	9.1	2.962	0.699	0.892	5.032
1884 II	Barnard (1) . . .	5.40	301.0	5.1	5.5	3.078	0.584	1.280	4.876
1930 VI	Schwassmann-Wachmann (3) .	5.43	192.3	76.8	17.4	3.088	0.672	1.011	5.165
1743 I	Grischow	5.44	6.4	86.9	1.9	3.091	0.721	0.862	5.320
1941 VII	du Toit-Neujmin-Delporte	5.52	69.3	229.6	3.3	3.130	0.582	1.305	4.955
1886 IV	Brooks (1) . . .	5.60	176.8	53.5	12.7	3.152	0.579	1.327	4.977
1770 I	Lexell	5.60	224.3	132.0	1.6	3.153	0.786	0.674	5.632
1939 VIII	Kulin	5.64	292.8	137.6	4.8	3.167	0.448	1.749	4.585
1783	Pigott	5.89	354.6	55.7	45.1	3.261	0.552	1.459	5.063
1916 I	Taylor	6.37	354.8	113.9	15.5	3.434	0.546	1.558	5.310
1890 VII	Spitaler	6.37	13.3	45.1	12.8	3.437	0.471	1.817	5.057
1947 j	Reinmuth (2) . .	6.57	43.3	297.4	7.1	3.515	0.469	1.863	5.167
1892 V	Barnard (2) . . .	6.63	169.9	206.4	31.3	3.531	0.594	1.434	5.628
1896 V	Giacobini (1) . .	6.65	140.5	193.4	11.4	3.535	0.588	1.454	5.616
1918 III	Schorr	6.71	278.6	118.0	5.6	3.556	0.471	1.882	5.230
1949 d	Johnson	6.85	206.1	118.2	13.9	3.608	0.377	2.248	4.968
1895 II	L. Swift	7.22	167.8	170.3	3.0	3.735	0.652	1.298	6.172
1948 b	Wirtanen	7.25	344.0	86.3	13.5	3.747	0.560	1.648	5.846
1894 I	Denning (2) . . .	7.42	46.2	84.4	5.5	3.804	0.698	1.147	6.461
1948 i	Ashbrook-Jackson	7.47	348.9	2.4	12.5	3.823	0.395	2.311	5.335
1924 IV	Wolf (2)	7.49	177.8	260.3	23.8	3.827	0.365	2.431	5.223
1949 e	Shajn-Schaldach .	7.76	217.2	168.0	6.7	3.921	0.413	2.302	5.540
1906 VI	Metcalf	7.77	200.0	194.6	14.6	3.924	0.584	1.632	6.216
1881 V	Denning (1) . . .	8.49	312.5	65.9	6.9	4.226	0.828	0.725	7.727
1936 IV	Jackson-Neujmin	8.53	197.3	164.2	13.3	4.175	0.650	1.462	6.888
1889 VI	Swift	8.92	69.8	330.4	10.3	4.300	0.685	1.356	7.244
1929 III	Neujmin (3) . .	10.90	140.5	158.2	3.7	4.916	0.585	2.040	7.792
1846 VI	Peters	13.38	339.6	260.4	30.7	5.635	0.729	1.529	9.741
1944 III	du Toit	14.87	257.0	22.4	18.8	6.047	0.789	1.277	10.817
1866 I	Tempel	33.16	171.0	231.4	162.7	10.325	0.905	0.977	19.673
1827 II	Pons-Gambart .	46.0?	19.2	317.5	136.5	15.971	0.940	0.806	31.136
1883 II	Ross	64.6	137.6	264.3	114.7	16.105	0.981	0.309	31.901
1921 I	Dubiago	67.0	97.4	66.1	22.3	16.498	0.932	1.116	31.880
1846 IV	de Vico	75.7	12.9	77.6	85.1	17.897	0.963	0.664	35.130
1942 II	Väsisälä	85.5	335.2	171.6	38.0	19.411	0.934	1.244	37.578
1862 III	Swift-Tuttle . .	119.6	152.8	137.5	113.6	24.279	0.960	0.963	47.595
1889 III	Barnard	128.3	60.1	271.0	31.2	25.439	0.957	1.102	49.776
1917 I	Mellish	145.0	121.3	87.5	32.7	27.643	0.993	0.190	55.096

Tafel IIIb:
Kometen des zentralen planetarischen Systems, die bis Ende des Jahres 1950 nur einmal im Perihel beobachtet wurden (aus N.B. Richter, Statistik und Physik der Kometen, Leipzig 1954, S. 120).

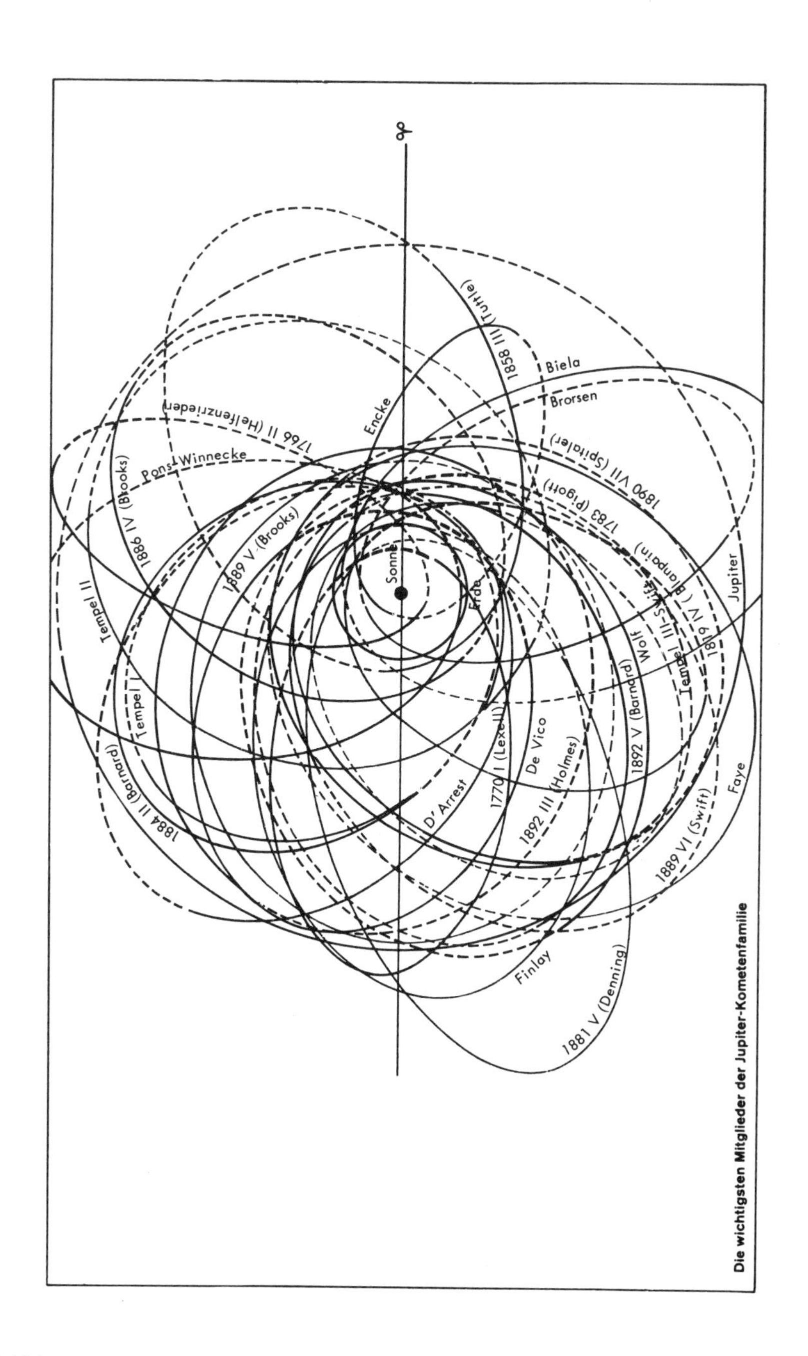

Tafel IV:
Die wichtigsten Mitglieder der Jupiter-Kometenfamilie (aus dtv-Atlas zur Astronomie, München 1974, S. 126).

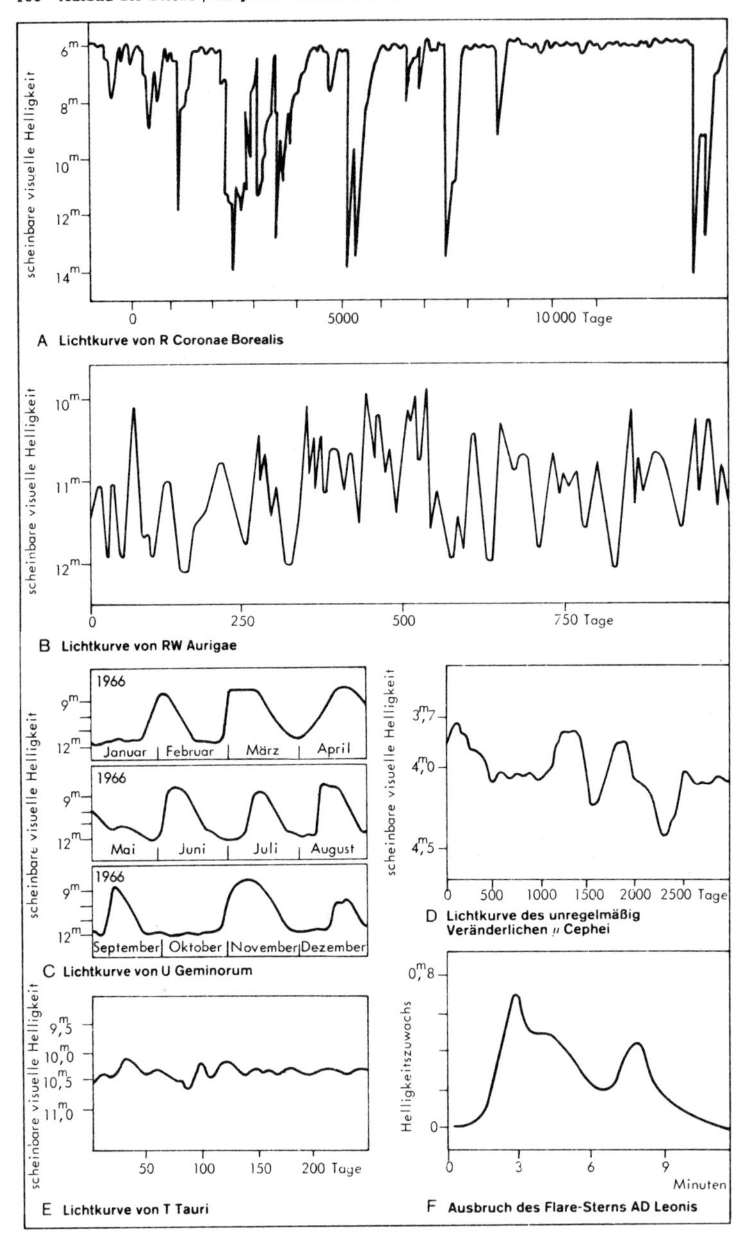

Tafel V:
Lichtkurven einiger unregelmässiger Veränderlichen (aus dtv-Atlas zur Astronomie, München 1974, S. 166).

1
...3723502501.3